普通高等教育机器人工程系列教材

机器人技术

——设计、应用与实践

主　编　芮延年

副主编　王　能　吴勤芳　管向东　洪　峰

参　编　廖维启　安　旭　王炳生　许春山

俞建平　杨　耀　陈怀远

主　审　徐绪炯

科学出版社

北　京

内 容 简 介

在机器人技术快速发展的今天，要想成为一名现代工程师，大学生和相关技术人员都有必要学习和掌握一些机器人学方面的知识。对于机电类专业的学生，机器人技术应该是必修课。特别是近几年新增的机器人工程专业的学生，更是需要学习机器人工程的设计和应用技术。

本书是根据教育部新工科创新人才培养理念，以面向 21 世纪为指导思想编写而成的。本书共分 10 章。第 1 章为概论，第 2 章为机器人机械系统结构与设计，第 3 章为机器人运动学和动力学，第 4 章为机器人传感器技术，第 5 章为机器人驱动系统设计，第 6 章为机器人控制技术，第 7 章为智能机器人，第 8 章为机器人编程，第 9 章为机器人在不同领域中的应用，第 10 章为机器人系统设计实践实例。本书从机器人技术基础出发，由浅入深，图文并茂，系统地介绍机器人技术原理、设计、应用及其发展趋势。

本书适合理工类专业本科生教学使用。如果作为大专生教材，部分章节可适当删减；作为研究生用书时，部分章节应适当加深。同时本书也可供从事机器人研究、开发和应用的科技人员参考。

图书在版编目(CIP)数据

机器人技术：设计、应用与实践/芮延年主编. —北京：科学出版社，2019.12

（普通高等教育机器人工程系列教材）

ISBN 978-7-03-064000-0

Ⅰ.①机…　Ⅱ.①芮…　Ⅲ. ①机器人工程-高等学校教材　Ⅳ. ①TP24

中国版本图书馆 CIP 数据核字(2019)第 294356 号

责任编辑：邓　静　张丽花　陈　琼 / 责任校对：王　瑞

责任印制：张　伟 / 封面设计：迷底书装

科学出版社出版

北京东黄城根北街 16 号

邮政编码：100717

http://www.sciencep.com

固安县铭成印刷有限公司 印刷

科学出版社发行　各地新华书店经销

*

2019 年 12 月第　一　版　开本：850×1168　1/16

2023 年 8 月第三次印刷　印张：19 1/2

字数：500 000

定价：69.80 元

（如有印装质量问题，我社负责调换）

前　言

机器人学是一门高度交叉的前沿学科，是典型的机电一体化技术系统。它涉及机械学、电子工程学、计算机科学与工程、控制工程学、人工智能、生物学、人类学、社会学等众多领域。

在机器人技术快速发展的今天，要想成为一名现代工程师，大学生都有必要学习并掌握一些机器人学方面的知识。特别是对于机电类专业的学生，机器人技术是必修课。

近年来，随着微电子技术、信息技术、计算机技术、材料技术等的迅速发展，现代机器人技术已突破了传统工业机器人的范畴，逐渐向娱乐、海空探索、军事、医疗、建筑、农业、服务业及家庭应用等领域扩展。

作者在多年从事机器人技术研究、教学和生产的过程中，深深感到需要一本由浅入深、循序渐进、理论与应用相结合的教材，有鉴于此，编写了本书。在教材内容的编排方面，充分考虑到有一定专业知识基础和正在从事机器人设计的读者的需求，同时充分考虑到当今机器人领域的研究和发展，力求反映当今国内外机器人技术的新进展。

虽然目前有关机器人的书很多，但有关机器人设计及应用的书还很少。本书在机器人技术概述的基础上，先后对机器人机械系统结构与设计、机器人运动学和动力学、机器人传感器技术、机器人驱动系统设计、机器人控制技术、智能机器人、机器人编程，以及机器人在不同领域中的应用等内容进行了较为详细的介绍，并通过设计实例对机器人设计及应用方法进行了举例，为机器人实际设计及应用提供参考。

参加本书编写工作的有苏州大学芮延年教授，成都工业学院王能教授，苏州明志科技有限公司吴勤芳高级工程师和俞建平高级工程师，南通诺博特机器人制造有限公司管向东高级工程师和杨耀工程师，苏州澳冠智能装备股份有限公司洪峰先生和廖维启高级工程师，苏州斯莱克精密设备股份有限公司安旭高级工程师和王炳生高级工程师，上海英集斯自动化技术有限公司许春山博士和陈怀远博士。其中，芮延年编写第 1 章、第 3 章、第 6 章、第 9 章部分内容和第 10 章部分内容，王能编写第 4 章、第 9 章部分内容和第 10 章部分内容，吴勤芳、俞建平编写第 5 章和第 9 章部分内容，管向东、杨耀编写第 2 章和第 9 章部分内容，洪峰、廖维启编写第 8 章和第 9 章部分内容，安旭、王炳生编写第 7 章，许春山、陈怀远编写第 10 章部分内容。本书由芮延年主编，并负责全书的统稿及修改。在编写过程中吴江工信委沈国祥先生提供了一些参考资料，博众精工科技股份有限公司提供了一些设计实例。全书由机器人专家徐绪炯先生主审。

在本书编写过程中参考并引用了大量有关机器人方面的论著、资料，特别是博众精工科技股份有限公司、昆山华恒焊接股份有限公司、苏州明志科技有限公司、南通诺博特机器人制造有限公司、上海英集斯自动化技术有限公司、亿嘉和科技股份有限公司等为本书的编写提供了大量设计实例。限于篇幅，不能在书中一一列举，在此一并对其致以衷心的谢意。

由于作者水平有限，书中内容难免存在不足和疏漏之处，恳请读者给予批评指正。最后对支持本书编写和出版的所有人员表示衷心的感谢。

作　者

2019 年 9 月于苏州彩虹居

目　录

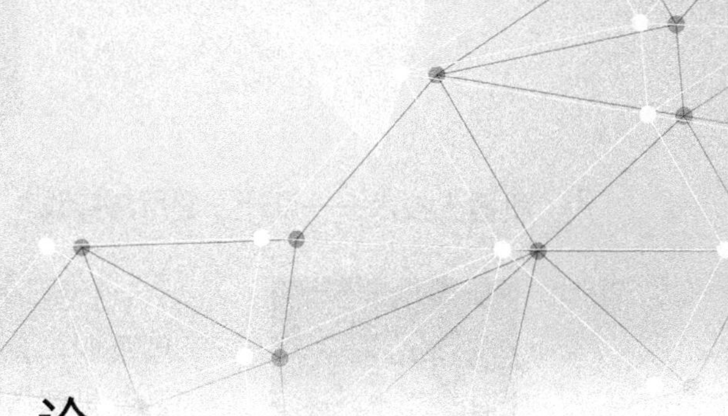

第1章 概　　论

本章重点：本章通过对机器人的由来与发展、定义、分类及机器人技术研究等内容的介绍，使读者首先对机器人技术有一个概括性的认识与了解，为后续内容的学习奠定基础。

1.1　机器人的发展史

机器人技术作为20世纪人类最伟大的发明之一，自20世纪60年代初问世以来，经历60多年的发展，已取得了显著成果。机器人技术包括工业机器人以及各种用途的特种机器人技术，日益成熟的机器人技术昭示着机器人发展的辉煌灿烂时刻正在到来。

在制造领域，目前世界上有200多万台工业机器人正在各种生产现场工作着。

在非制造领域，服务机器人、水下机器人、医疗机器人、军用机器人、娱乐机器人、仿人机器人等各种用途的特种机器人纷纷面世，并且正迅速地向实用化迈进。

机器人的英文Robot一词源于捷克著名作家Karel Capek（卡雷尔·卡佩克，1890—1938）1921年创作的剧本*Rossum's Universal Robots*（简称RUR），中文意思是“罗萨姆的万能机器人”。RUR剧中的人造机器人取名为Robota，捷克语的意思是“苦力”“奴隶”。Robot一词就是由此而来的，以后世界各国都用Robot作为机器人的代名词。

机器人一词虽然出现得较晚，然而这一概念在人类的想象中却早已出现。制造机器人是机器人技术研究者、爱好者的梦想，代表了人类重塑自身、了解自身的一种强烈愿望。自古以来，就有不少科学家和杰出工匠制造出了具有人类特点或模拟动物特征的机器人雏形。从机器人的发展史来看，机器人可以分成古代机器人和现代机器人两类。

1.1.1　古代机器人

西周时期，我国的能工巧匠偃师研制出了能歌善舞的木偶艺人，这是我国最早记载的具备机器人概念的文字资料。

春秋后期，我国著名的木匠鲁班在机械方面也是一位发明家，据《墨经》记载，他曾经制造过一只木鸟，能在空中飞行“三日而不下”，体现了我国劳动人民的聪明才智。

公元前2世纪，亚历山大时代的古希腊人发明了最原始的机器人——自动机。它是以水、空气和蒸汽压力为动力的会动的雕像，可以自己开门，还可以借助蒸汽压力发声唱歌。

东汉时期，大科学家张衡不仅发明了地动仪，还发明了计里鼓车。计里鼓车每行一里，车上木人击鼓一下，每行十里，车上木人击钟一下。这是一种具有复杂轮系装置的指南车，车上木人运动始终指向南方，即该车无论左转右转、上坡下坡，指向始终不变，可谓精巧绝伦。

三国时期，蜀国丞相诸葛亮成功地制造了木牛流马，用其运送粮草，并用其中的机关“牛舌头”巧胜司马懿，被后人传为佳话。木牛流马虽已失传，但其已明显具有机器人的结构和功能。

我国宋代科学家沈括在《梦溪笔谈》一书中也记载了一个“自动木人抓老鼠”的故事：该木人名钟馗，身高三尺，能“左手扼鼠，右手持铁简毙之”，动作灵巧。

1662年，日本的竹田近江利用钟表技术发明了自动机器玩偶，并在大阪的道顿崛演出。

图 1-1　18 世纪瑞士的写字偶人

1738 年，法国天才技师杰克·戴·瓦克逊发明了一只机器鸭，它会嘎嘎叫，会游泳和喝水，还会进食和排泄。瓦克逊的本意是想把生物的功能机械化以进行医学上的分析。

1768—1774 年，瑞士钟表匠德罗斯父子三人合作制造出三个像真人一样大小的机器人——写字偶人、绘图偶人和弹风琴偶人，其中的写字偶人如图 1-1 所示。它们是靠弹簧驱动，由凸轮控制的自动机器，至今还作为国宝保存在瑞士纳切尔市艺术和历史博物馆内。

19 世纪中叶，自动玩偶分为两个流派，即科学幻想派和机械制作派，并各自在文学艺术和近代技术中找到了自己的位置。1832 年，歌德创作完成的《浮士德》中塑造了人造人“荷蒙克鲁斯”；1870 年，霍夫曼出版了以自动玩偶为主角的作品《葛蓓莉娅》；1883 年，科洛迪的《木偶奇遇记》问世；1886 年，《未来的夏娃》问世。在机械实物制造方面，摩尔于 1893 年制造了“蒸汽人”，“蒸汽人”靠蒸汽驱动双腿沿圆周走动。

20 世纪后期，机器人的研究与开发得到了更多人的关心和支持，一些实用化的机器人相继问世。1927 年，美国西屋电气公司工程师温兹利制造了第一个机器人“电报箱”，并在纽约举行的世界博览会上展出，它是一个电动机器人，装有无线电发报机，可以回答一些问题，但不能走动。1959 年，第一台工业机器人(采用可编程序控制器、圆柱坐标机械手)在美国诞生，开创了机器人发展的新纪元。

为了防止机器人伤害人类，科幻作家阿西莫夫于 1940 年提出了“机器人三原则”：

(1) 机器人不应伤害人类。

(2) 机器人应遵守人类的命令，与第一条相违背者除外。

(3) 机器人应能保护自己，与第一条相抵触者除外。

这是给机器人赋予的伦理性纲领。机器人学术界一直将“机器人三原则”作为机器人技术发展的准则。

1.1.2　现代机器人

现代机器人的研究始于 20 世纪中期，其技术背景是计算机和自动化的发展，以及原子能的开发利用。自 1946 年第一台数字电子计算机问世以来，计算机取得了惊人的进展，并向高速度、大容量、低价格的方向发展。

一方面，大批量生产的迫切需求推动了自动化技术的进展，其结果之一是 1952 年数控机床的诞生。与数控机床相关的控制、机械零件的研究又为机器人的开发奠定了基础。

另一方面，原子能实验室的恶劣环境要求某些操作机械代替人类处理放射性物质。在这一需求背景下，美国原子能委员会的阿贡国家实验室于 1947 年开发了遥控机械手，1948 年又开发了机械式的主从机械手。

1954 年，美国戴沃尔最早提出工业机器人的概念，并申请了专利。该专利的要点是借助伺服技术控制机器人的关节，利用人手对机器人进行动作示教，机器人能实现动作的记录和再现。这就是示教再现机器人，现有的机器人差不多都采用这种控制方式。

机器人产品最早的实用机型(示教再现)是 1962 年美国 AMF 公司推出的 VERSTRAN 和 Unimation 公司推出的 UNIMATE。这些工业机器人的控制方式与数控机床相似，但外形特征迥异，主要由类似人的手和臂组成。

1965 年，美国麻省理工学院(MIT)的 Robots 演示了第一个具有视觉传感器的、能识别与定位简单积木的机器人系统。

1967 年，日本成立了人工手研究会(现称仿生机构研究会)，同年召开了日本首届机器人学术会。

1970 年，美国召开了第一届国际工业机器人学术会议。1970 年以后，机器人的研究得到迅速普及。

1973年，辛辛那提·米拉克隆公司的理查德·豪恩制造了第一台由小型计算机控制的工业机器人。它由液压驱动，能提升的有效负载达45kg。

1980年，工业机器人在日本普及，故称该年为“机器人元年”。随后，工业机器人在日本得到了巨大发展，日本也因此而赢得了“机器人王国”的美称。

随着计算机技术和人工智能技术的飞速发展，机器人在功能和技术层次上有了很大的提高，移动机器人及机器人的视觉和触觉等技术就是典型的代表。这些技术的发展推动了机器人概念的延伸。20世纪80年代，将具有感觉、思考、决策和动作能力的系统称为智能机器人，这是一个概括的、含义广泛的概念。这一概念不但指导了机器人技术的研究和应用，而且赋予了机器人技术向深度、广度发展的巨大空间。水下机器人、空间机器人、空中机器人、地面机器人、微小型机器人等各种用途的机器人相继问世，许多梦想成为现实。

目前，对全球机器人技术发展最有影响的国家应该是美国和日本。美国在机器人技术的综合研究水平上仍处于领先地位，而日本生产的机器人在数量、种类方面居世界首位。机器人技术的发展推动了机器人学的建立，许多国家成立了机器人协会，美国、日本、英国、瑞典等国家设立了机器人学学位。

20世纪70年代以来，许多大学开设了机器人课程，并开展了机器人学的研究工作，美国的MIT、Stanford University、Carnegie-Mellon University、Cornell University、Purdue University、University of California等都是研究机器人学富有成果的著名学府。随着机器人学的发展，相关的国际学术交流活动也日渐增多，目前最有影响的国际会议是IEEE每年举办的国际机器人学及自动化会议。此外，还有国际工业机器人会议（ISIR）和国际工业机器人技术会议（CIRT）等，出版的相关期刊有 *Robot Today*、*Robotics Research*、*Robotics and Automation* 等。

1.1.3 中国机器人的发展

我国的机器人技术起步较晚，于20世纪70年代末80年代初开始。20世纪90年代中期，我国6000m深水作业机器人试验成功，以后的近10年中，在步行机器人、精密装配机器人、多自由度关节机器人的研制等方面，我国与国际先进水平的差距正在逐渐缩小，特别是近10年来，我国机器人技术有了快速发展。目前，我国的水下服务机器人技术已经达到世界先进水平，2012年我国的蛟龙号载人潜水器成功下潜到海底超过7000m的距离，将我国的水下科研机器人技术明显提高到新的水平。另外，我国对于各类远程控制机器人的研究也比较深入，如远程排爆机器人、高层建筑墙体清洁机器人以及远程控制无人机等，其中无人机技术已经达到国际先进水平。同时，我国的农业机器人、工业机器人技术的发展速度也比较快，其中机器人抓取结构技术、识别系统技术以及触觉传感系统技术等都在国际上取得了较大的成果。近些年，政府更是进一步加强了对于机器人技术的研发投资，增设了我国机器人技术研发基地，并对相关人才的培养提供了优越的环境和便利的条件。在未来的发展过程中，我国的自主机器人技术必然能够达到世界超一流水平。

1.2 机器人的定义和分类

1.2.1 机器人的定义

虽然现在机器人已得到广泛应用，且越来越受到人们的重视，但是机器人这一名词至今还没有一个统一、严格、准确的定义。不同国家、不同研究领域的学者给出的定义也不尽相同，虽然定义的基本原则大体一致，但是仍有较大区别。原因之一是机器人还在发展，新的机型、新的功能不断地涌现，同时，由于机器人涉及人的概念，成为一个难以回答的哲学问题，就像机器人一词最早诞生于科幻小说中一样，人们对机器人充满了幻想。也许正是机器人的模糊定义才给了人们充分的想象和创造空间。

随着机器人技术的飞速发展和信息时代的到来，机器人所涵盖的内容越来越丰富，机器人的定义也不断地充实和创新。下面给出一些有代表性的定义。

(1) 国际标准化组织(ISO)的定义：机器人是一种自动的、位置可控的、具有编程能力的多功能机械手，这种机械手具有几个轴，能够借助可编程序操作来处理各种材料、零件、工具和专用装置，以执行各种任务。

(2) 美国国家标准局(NBS，现称美国国家标准与技术研究院(NIST))的定义：机器人是一种能够进行编程并在自动控制下执行某些操作和移动作业任务的机械装置。

(3) 美国机器人工业协会(RIA)的定义：机器人是一种用于移动各种材料、零件、工具或专用的装置，通过可编程序动作来执行各种任务的，并具有编程能力的多功能机械手。

(4) 日本工业机器人协会(JIRA)的定义：机器人是一种装备有记忆装置和末端执行器的，能够转动并通过自动完成各种移动来代替人类劳动的通用机器。

综上所述，概括各种机器人的性能，可以按以下特征来描述机器人。

(1) 机器人的动作机构具有类似于人或其他生物体某些器官（肢体、感官等）的功能。

(2) 机器人具有通用性，工作种类多样，动作程序灵活易变，是柔性加工的主要组成部分。

(3) 机器人具有不同程度的智能，如记忆、感知、推理、决策、学习等。

(4) 机器人具有独立性，可以不依赖于人的干预进行工作。

1.2.2 机器人的分类

机器人的分类方法很多，也相当复杂，几乎没有一种分类可以令人满意地将各类机器人都包括在内。目前通常按照机器人的发展历程、负载能力和作业空间、应用、结构形式和运动形态、控制方式、驱动方式等进行分类。

1. 按照发展历程分类

按照从低级到高级的发展历程可分为三代机器人。

1) 第一代机器人(First Generation Robots)

第一代机器人是指可编程、具有示教再现功能的工业机器人，该类机器人已实现商品化、实用化，通常也可以称为通用机械手。

示教是指由人教机器人运动的轨迹、停留点位、停留时间等；再现是指机器人依照人教给它的行为、顺序和速度重复运动。示教可由操作人员手把手地进行。例如，操作人员抓住机器人上的喷枪把喷涂时要走的位置走一遍，机器人记住了这一连串运动，然后机器人工作时自动重复这些运动，从而完成给定的喷涂工作，这种方式是手把手示教。但是，比较普遍的示教方式是通过控制面板完成的，即操作人员利用控制面板上的开关或键盘控制机器人一步一步地运动，机器人自动记录下每一步，然后重复。常见的第一代机器人如图 1-2 (a) 和 (b) 所示，分别是搬运机器人和上下料机器人。

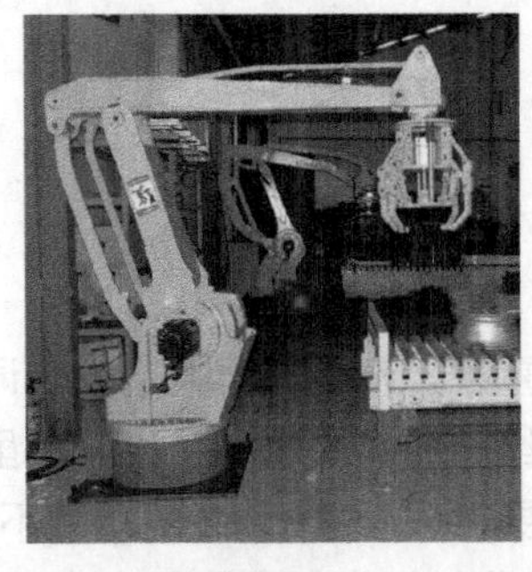

(a) 搬运机器人

(b) 上下料机器人

图 1-2　第一代机器人

2) 第二代机器人(Second Generation Robots)

第二代机器人是指装备一定数量的传感装置，能获取作业环境、操作对象的简单信息，通过计算机处理、分析，能作出简单的推理，对动作进行反馈的机器人，通常称为低级智能机器人，如图1-3(a)和(b)所示的焊接机器人、救援机器人等。

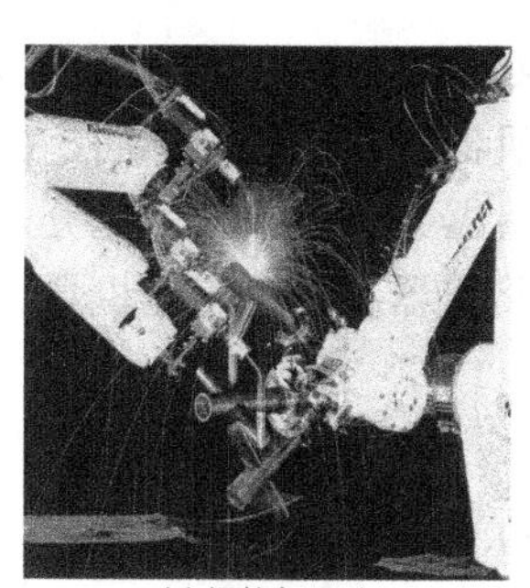
(a) 焊接机器人

(b) 救援机器人

图1-3　第二代机器人

焊缝自动跟踪技术属于第二代机器人。在机器人焊接的过程中，一般通过编程或示教方式先给出机器人的运动曲线，然后机器人携带焊枪按照这条曲线进行焊接。在实际生产过程中，由于受热或其他原因，被焊工件易发生变形，因而跟踪所要焊的焊缝是十分重要的。焊缝自动跟踪技术是通过机器人的传感器感知焊缝位置的，再通过反馈控制，机器人自动跟踪焊缝，从而对示教或编程的位置进行修正。即使实际焊缝相对于原始设定的位置有变化，机器人仍然可以很好地完成焊接工作。

3) 第三代机器人(Third Generation Robots)

第三代机器人是指具有高度适应性的自治机器人。它具有多种感知功能，可进行复杂的逻辑思维、判断决策，在作业环境中独立行动。第三代机器人又称为高级智能机器人，如图1-4(a)和(b)所示的人形机器人和服务机器人等。

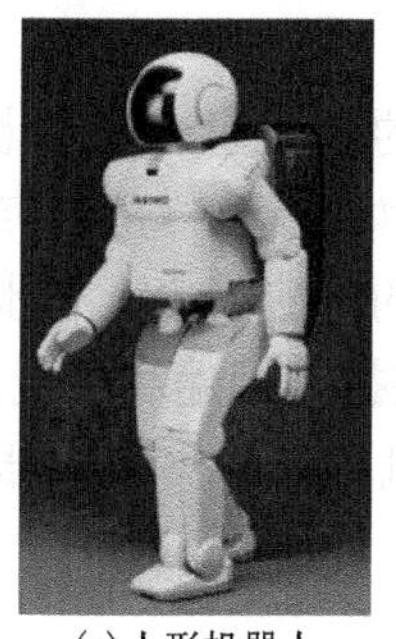
(a) 人形机器人

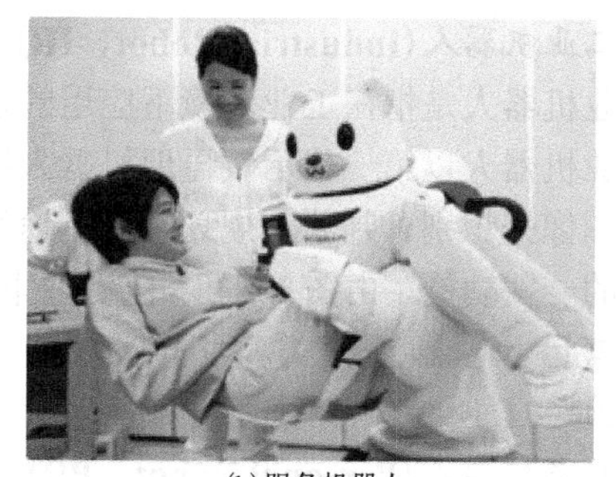
(b) 服务机器人

图1-4　第三代机器人

这类机器人带有多种传感器，使机器人可以知道其自身的状态，例如，在什么位置，自身的系统是否有故障等；可以通过装在机器人身上或者工作环境中的传感器感知外部的状态，例如，发现道路与危险地段，测出与协作机器的相对位置、距离以及相互作用力等。机器人能够根据得到的这些信息进行逻辑推理、判断、决策，在变化的内部状态与外部环境中，自主决定自身的行为。但是，在已应用的机器人中，机器人的自适应技术仍十分有限，第三代机器人是今后研究发展的方向。

2. 按照负载能力和作业空间分类

按照负载能力和作业空间可分为以下5类机器人。

(1) 超大型机器人：负载能力为1000kg以上。

(2)大型机器人：负载能力为100～1000kg，作业空间为$10m^2$以上。

(3)中型机器人：负载能力为10～100kg，作业空间为1～$10m^2$。

(4)小型机器人：负载能力为0.1～10kg，作业空间为0.1～$1m^2$。

(5)超小型机器人：负载能力为0.1kg以下，作业空间为$0.1m^2$以下。

3. 按照应用分类

应用分类法是根据机器人应用环境(用途)进行分类的方法，其定义通俗，易为公众所接受。例如，日本分为工业机器人和智能机器人两类；我国分为工业机器人和特种机器人两类等。然而，由于对机器人的智能性判别尚缺乏科学、严格的标准，加上工业机器人和特种机器人的界限较难划分，在通常情况下，公众较易接受的是参照国际机器人联合会(IFR)的分类方法，将机器人分为工业机器人和服务机器人两类；当然还可以进一步细分，如图1-5所示。

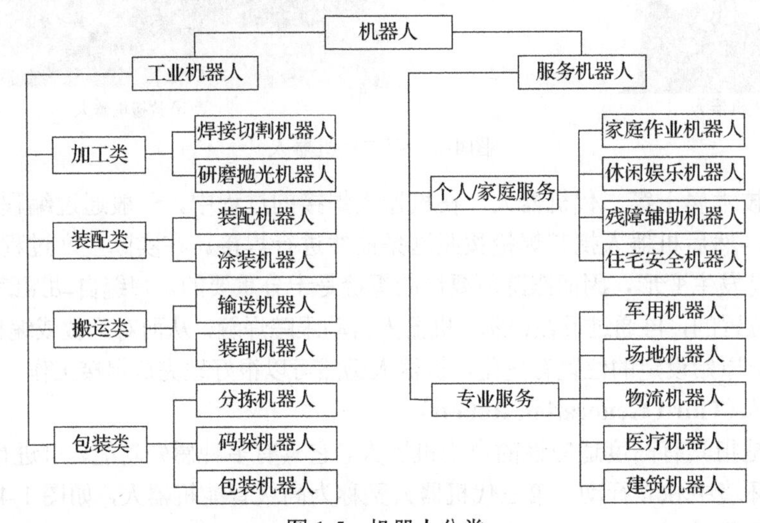

图1-5 机器人分类

1)工业机器人(Industrial Robot，IR)

工业机器人是指在工业环境下应用的机器人，它是一种可编程的多用途、自动化设备。当前实用化的工业机器人以第一代示教再现机器人居多，但部分工业机器人(如搬运、焊接和装配机器人等)已能通过图像来识别、判断、规划或探测途径，对外部环境具有一定的适应能力，初步具备第二代感知机器人的一些功能。由图1-5可知，工业机器人的涵盖范围很广，根据其用途和功能，又可分为加工、装配、搬运、包装4大类。目前应用最多的是搬运机器人、装配机器人和焊接机器人，它们分别如图1-6(a)～(f)所示。

2)服务机器人(Personal Robot，PR)

服务机器人是除工业机器人之外服务于人类非生产性活动的机器人总称。根据IFR的定义，服务机器人是一种半自主或全自主工作的机械设备，它能完成有益于人类健康的服务工作，但不直接从事工业产品的生产。

(a)搬运机器人

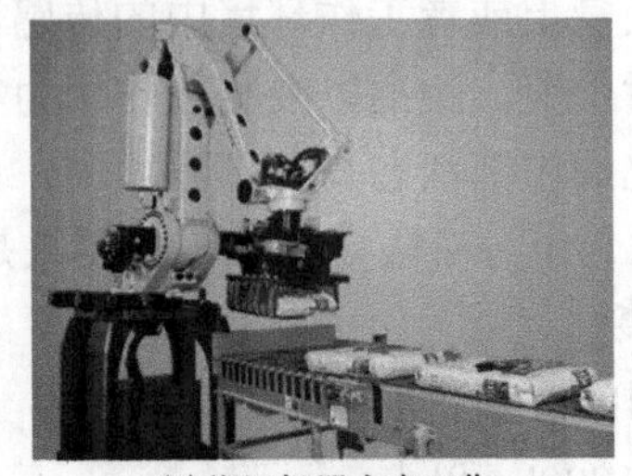

(b)搬运机器人在工作

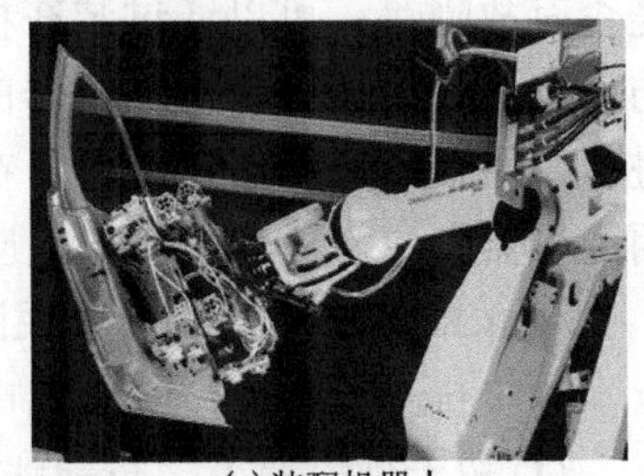

(c)装配机器人

图1-6 工业机器人及应用

(d)装配机器人在工作

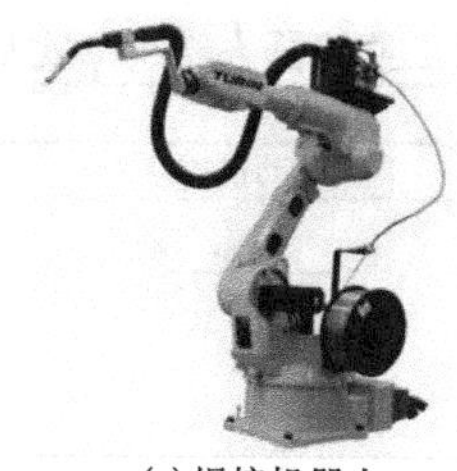
(e)焊接机器人

(f)焊接机器人在工作

图 1-6(续)

服务机器人的涵盖范围较工业机器人来说更广，简言之，除工业生产用的机器人外，其他所有机器人均属于服务机器人的范畴。因此，人们根据其用途，将服务机器人分为个人/家庭服务机器人和专业服务机器人两类，在此基础上还可对每类进行细分。常见的有餐厅服务机器人、休闲娱乐机器人、住宅安全机器人、救援机器人、医疗机器人、建筑机器人、军用机器人、水下机器人和空间机器人等，如图 1-7(a)～(i)所示。

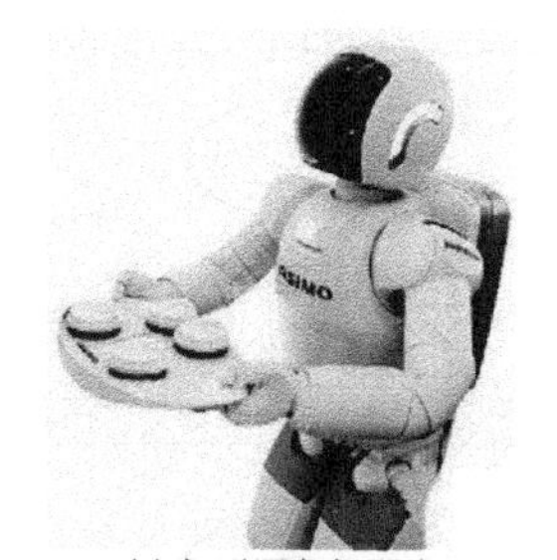
(a)餐厅服务机器人

(b)休闲娱乐机器人

(c)住宅安全机器人

(d)救援机器人

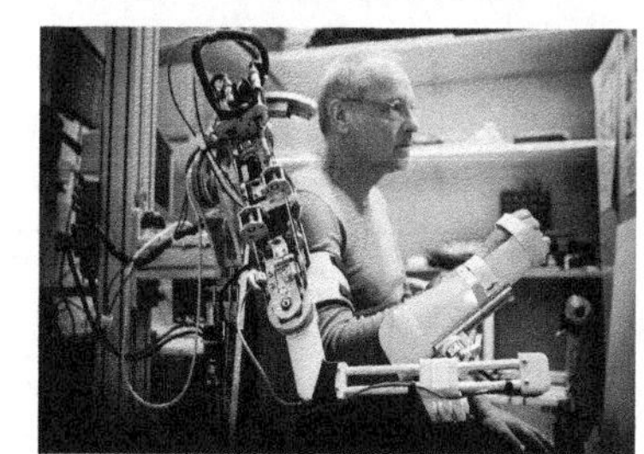
(e)医疗机器人

(f)建筑机器人

(g)军用机器人

(h)水下机器人

(i)空间机器人

图 1-7 常见各种服务机器人

4. 按结构形式和运动形态分类

通常机器人依据结构形式和运动形态可分为直角坐标型机器人、圆柱坐标型机器人、球坐标型机器人、SCARA 型机器人、关节型机器人、并联机构机器人等。常见工业机器人的结构形式和运动形态见表 1-1。

表 1-1 常见工业机器人结构形式及运动形态

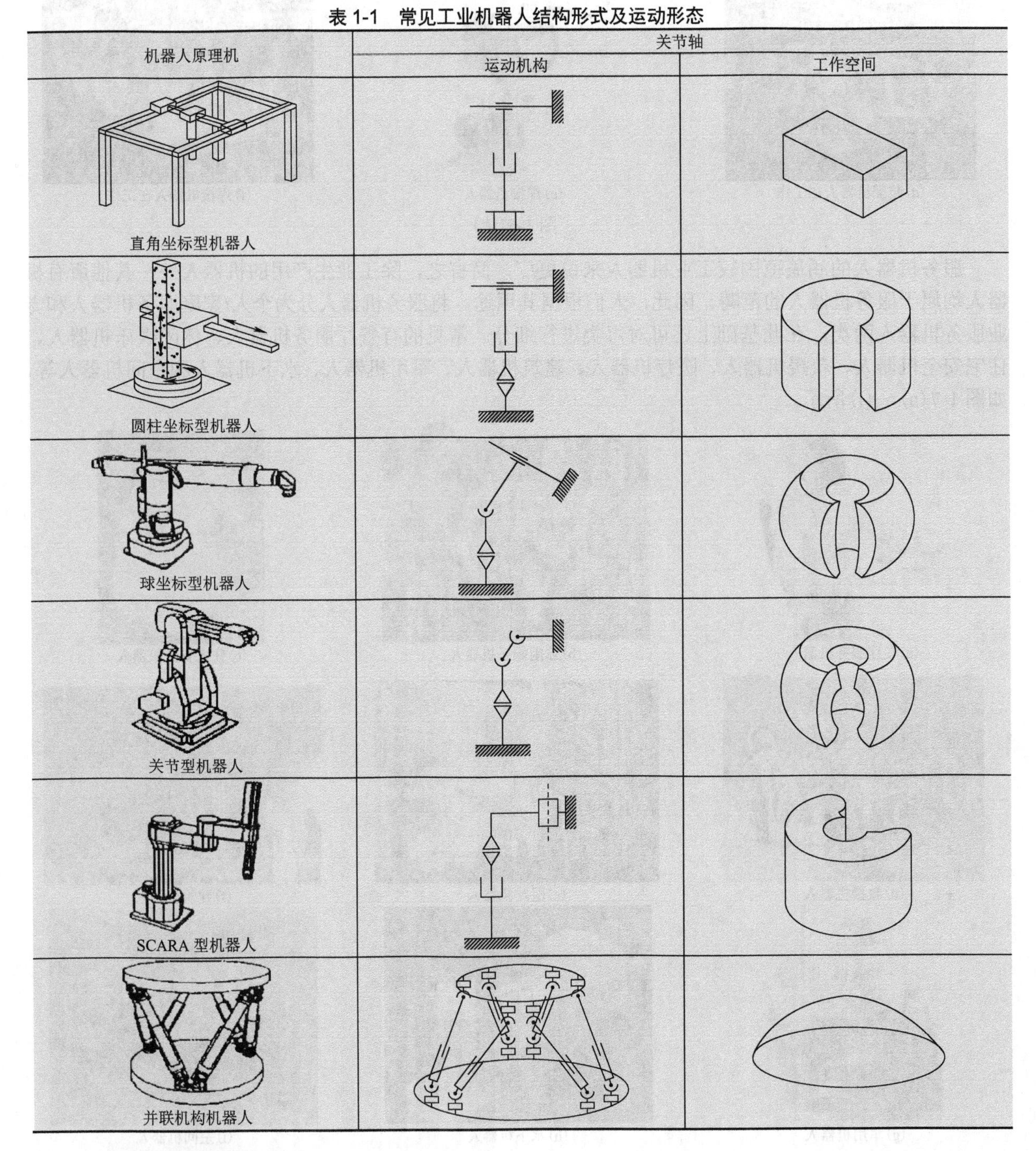

机器人原理机	关节轴	
	运动机构	工作空间
直角坐标型机器人		
圆柱坐标型机器人		
球坐标型机器人		
关节型机器人		
SCARA 型机器人		
并联机构机器人		

1) 直角坐标型机器人

直角坐标型机器人手部空间位置的改变是通过沿 3 个互相垂直轴线的移动来实现的，即沿着 X 轴的纵向移动、沿着 Y 轴的横向移动以及沿着 Z 轴的升降。直角坐标型机器人具有位置精度高、控制简单无耦合、避障性好等特点，但是结构较庞大，动作范围小，灵活性差，难与其他机器人协调，且移动轴的结构较复杂，占地面积较大。

2) 圆柱坐标型机器人

圆柱坐标型机器人通过两个移动和一个转动实现手部空间位置的改变，机器人手臂的运动系由垂直立柱平面内的伸缩和沿立柱的升降两个直线运动及手臂绕立柱的转动复合而成。圆柱坐标型机器人的位置精度仅次于直角坐标型机器人，其控制简单，避障性好，但是结构也较庞大，难与其他机器人协调工作，两个移动轴的设计较为复杂。

3）球坐标型机器人

球坐标型机器人手臂的运动由一个移动和两个转动组成，即手臂沿 X 轴的伸缩、绕 Y 轴的俯仰和绕 Z 轴的回转。球坐标型机器人具有占地面积小、结构紧凑、重量较轻、位置精度尚可等特点，能与其他机器人协调工作，但是存在着避障性差、平衡差等问题。

4）SCARA 型机器人

SCARA 型机器人手臂的前端结构采用在二维空间内能任意移动的自由度，所以它具有垂直方向刚性高、水平面内刚性低(柔顺性好)的特征。SCARA 型机器人更能简单地实现二维平面上的动作，所以在装配作业中普遍采用。

5）关节型机器人

关节型机器人主要由立柱、前臂和后臂组成。机器人的运动由前、后臂的俯仰及立柱的回转构成，其结构最紧凑，灵活性大，占地面积最小，工作空间最大，能与其他机器人协调工作，避障性好，但是位置精度较低，存在平衡以及控制耦合问题，故比较复杂。关节型机器人是目前应用最多的机器人之一。

6）并联机构机器人

并联机构机器人是一种新型结构的机器人，它通过各连杆的复合运动，给出末端的运动轨迹，以完成不同类型的作业。并联机构机器人的特点在于刚性好，它可完成复杂曲面的加工，是数控机床一种新的结构形式，也是机器人功能的一种拓展，因此也称为并联机床。其不足之处是控制复杂，工作范围比较小，精度也比普通数控机床低一些。

5. 按控制方式分类

1）点位控制

按点位方式控制的机器人的运动轨迹为空间点到点之间的直线，在作业过程中只控制几个特定工作点的位置，不对点与点之间的运动过程进行控制。在点位控制的机器人中，所能控制的点数取决于控制系统的复杂程度。

2）连续轨迹控制

按连续轨迹方式控制的机器人的运动轨迹可以是空间的任意连续曲线。机器人在空间的整个运动过程都处于控制之中，控制系统能同时控制两个以上的运动轴，比如使手部位置可沿任意形状的空间曲线运动的同时，手部的姿态也可以通过腕关节的运动得到控制，这对于焊接和喷涂作业是十分有利的。

6. 按驱动方式分类

1）气力驱动式

气力驱动式机器人以压缩空气来驱动执行机构。这种驱动方式的优点是空气来源获取方便，动作迅速，结构简单，造价低；缺点是空气具有可压缩性，致使工作速度的稳定性较差，因气源压力一般只有 0.6MPa 左右，故气力驱动式机器人通常应用于抓举力要求较小的场合。

2）液力驱动式

相对于气力驱动来说，液力驱动式机器人具有大得多的抓举能力，可高达 100kg。液力驱动式机器人具有结构紧凑、传动平稳且动作灵敏等优点，但是对密封的要求较高，不宜在高温或低温的场合工作，且制造精度要求高，成本高。

3）电力驱动式

目前越来越多的机器人采用电力驱动式，这不仅是因为电动机品种众多，可供选择，更因为可以运用多种灵活的控制方法。

电力驱动式机器人利用各种电动机产生的力或力矩，直接或经过减速机构驱动机器人，以获得所需的位置、速度、加速度。电力驱动具有无环境污染、易于控制、运动精度高、成本低、驱动效率高等优点，因此，现在越来越多的机器人采用电力驱动式。电力驱动又可分为步进电动机驱动、直流伺服电动机驱动、无刷伺服电动机驱动等。

4)新型驱动方式

机器人技术不断发展，出现了利用新的工作原理制造的新型驱动器，如静电驱动器、压电驱动器、形状记忆合金驱动器、人工肌肉及光驱动器等。

1.3 机器人学的研究内容

经历了多年的发展，机器人技术逐步形成了一门新的综合性学科——机器人学(Robotics)。它包括基础研究和应用研究两个方面，主要研究内容如下。

(1)机器人基础理论与方法的研究，如运动学和动力学、作业与运动规划、控制和感知理论与技术、机器人智能理论等。

(2)机器人设计理论与技术的研究，如机器人机构分析和综合、机器人结构设计与优化、机器人关键器件设计、机器人仿真技术等。

(3)机器人仿生学的研究，如机器人的形态、结构、功能、能量转换、信息传递、控制与管理等特性和功能、仿生理论与技术方法等。

(4)机器人系统理论与技术的研究，如多机器人系统理论、机器人语言与编程、机器人与人融合、机器人与其他机器系统的协调和交互等。

(5)机器人操作和移动理论与技术的研究，如机器人装配技术、移动机器人运动与步态理论、移动机器人稳定性理论、移动操作机器人协调与控制理论等。

(6)特种机器人的研究，如水下机器人、空间机器人、军用机器人等的设计制造以及控制理论与技术等。

(7)类人机器人的研究，如类人机器人的形状与结构、传感与智能控制理论与方法等。

(8)微机器人学的研究，如微机器人的分析、设计、制造和控制等理论与技术方法等。

习题

1-1 机器人的英文名词是Robot，Robot一词最早是由谁提出来的？我们的祖先对机器人技术的发展都做过哪些贡献？

1-2 “机器人三原则”对机器人做了哪些要求？

1-3 简述第一代、第二代、第三代机器人的主要特征与区别。

1-4 机器人通常分为哪两大类？具体都包含哪些机器人？

1-5 在使用过程中，对于位置精度要求较高、运动范围相对大的工作场合，你认为选什么形式的机器人较合适？对于要求占地面积小、活动范围大、运动灵活的工作场合，你认为选什么形式的机器人较合适？

1-6 机器人常有哪几种驱动方式？各自的优缺点是什么？驱动发展的趋势是什么？

1-7 你能否通过机器人学的研究内容所介绍的8个方面，归纳哪些属于基础研究？哪些属于应用研究？

第2章　机器人机械系统结构与设计

本章重点：本章首先介绍机器人的基本构成、主要技术参数、人的手臂作用机能，在此基础上对机器人的手部、手腕、手臂、机身、行走机构等原理及相关的结构设计进行讨论，使读者对工业机器人有关空间机构有一个较为清楚的了解。

2.1　概　　述

2.1.1　机器人及其系统组成

机器人是一种功能完整、可独立运行的典型机电一体化设备，它有自身的控制器、驱动系统和操作界面，可对其进行手动、自动操作及编程，它能依靠自身的控制能力来实现所需要的功能。

广义上的机器人是由图 2-1 所示的机器人及相关附加设备组成的完整系统，系统总体可分为机械部件和电气控制系统两大部分。

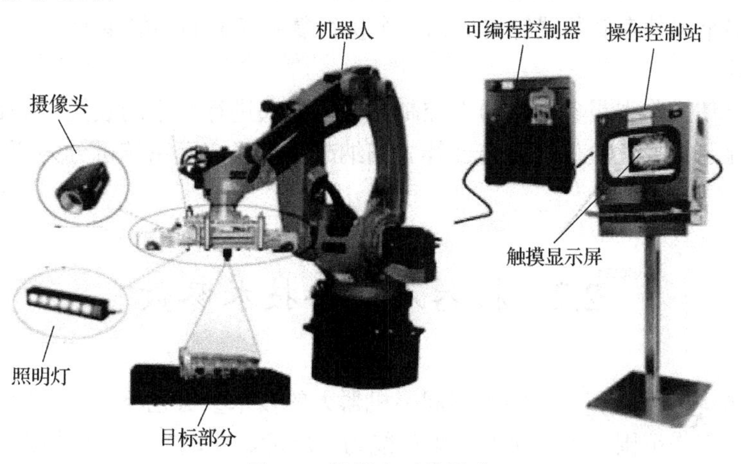

图 2-1　机器人系统组成

2.1.2　机器人的基本构成

不同类型的机器人的机械、电气和控制结构千差万别，但是作为一个机器人系统，通常由 3 部分、6 个子系统组成，如图 2-2 所示。这 3 部分是机械部分、传感部分、控制部分；6 个子系统是机械系统、驱动系统、感知系统、控制系统、机器人环境交互系统、人机交互系统。

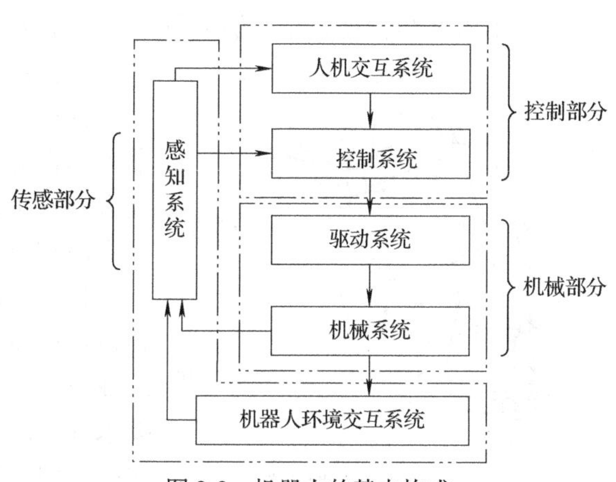

图 2-2　机器人的基本构成

1）机械系统

机械系统是由关节连在一起的许多机械连杆的集合体，形成开环运动学链系。连杆类似于人类的小臂、大臂等。关节通常又分为转动关节和移动关节，移动关节允许连杆做直线移动，转动关节仅允许连杆之间发生旋转运动。由关节-连杆结构所构成的机械系统一般有 3 个主要部件，即臂、腕和手，它们可在规定的范围内运动。

2) 驱动系统

驱动系统是使各种机械部件产生运动的装置。常规的驱动系统有气动传动、液压传动或电动传动，它们可以直接地与臂、腕或手上的机械连杆或关节连接在一起，也可以使用齿轮、带、链条等机械传动机构间接驱动。

3) 感知系统

感知系统由一个或多个传感器组成，用来获取内部和外部环境中的有用信息，通过这些信息确定机械部件各部分的运行轨迹、速度、位置和外部环境状态，使机械部件的各部分按预定程序或者工作需要进行动作。传感器的使用提高了机器人的机动性、适应性和智能化水平。

4) 控制系统

控制系统的任务是根据机器人的作业指令程序，以及由传感器反馈的信号支配机器人执行机构去完成规定的运动和功能。若机器人不具备信息反馈特征，则为开环控制系统；若机器人具备信息反馈特征，则为闭环控制系统。根据控制原理，控制系统又可分为程序控制系统、适应性控制系统和人工智能控制系统。根据控制运动的形式，控制系统还可分为点位控制系统和连续轨迹控制系统等。

5) 机器人环境交互系统

机器人环境交互系统是实现机器人与外部环境中的设备相互联系和协调的系统。机器人可与外部设备集成为一个功能单元，如加工制造单元、焊接单元、装配单元等，当然，也可以是多台机器人、多台机床或设备及多个零件存储装置等集成为一个执行复杂任务的功能单元。

6) 人机交互系统

人机交互系统是使操作人员参与机器人控制并与机器人进行联系的装置，如计算机的标准终端、指令控制台、信息显示板及危险信号报警器等。归纳起来人机交互系统可分为两大类：指令给定装置和信息显示装置。

2.2 机器人主要技术参数

由于机器人的结构、用途和用户要求不同，机器人的技术参数也不同。一般来说机器人的主要技术参数包括自由度、工作范围、工作速度、承载能力、精度、驱动方式、控制方式等。

1. 自由度

机器人的自由度是指机器人所具有的独立坐标轴运动的数目，但是一般不包括末端执行器（手部）的开合自由度。自由度表示机器人动作灵活的尺度。一般在三维空间中描述一个物体的位置和姿态(简称位姿)需要 6 个自由度，但机器人的自由度是根据其用途而设计的，可能小于 6 个自由度，也可能大于 6 个自由度。图 2-3 是三自由度机器人，包括底座水平旋转、肩弯曲和肘弯曲 3 个独立的运动。

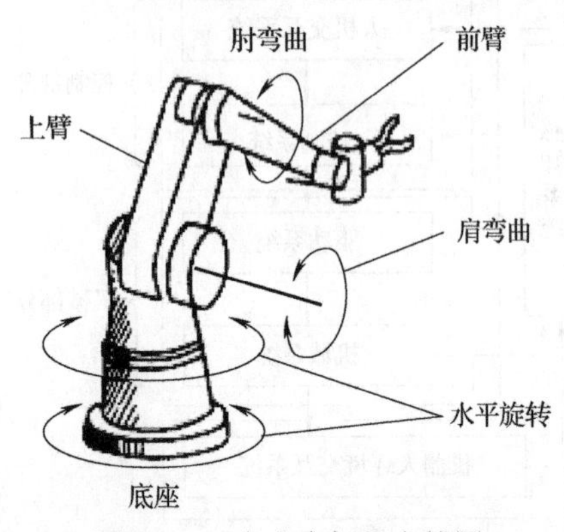

图 2-3　三自由度机器人简图

机器人的自由度越多，越接近人手的动作机能，通用性就越好；但是自由度越多，结构也就越复杂，这是机器人设计中的一个矛盾。工业机器人自由度的选择与生产要求有关，若批量大，操作可靠性要求高，运行速度快，机器人的自由度可少一些；如果要便于产品更换，增加柔性，机器人的自由度要多一些。工业机器人多为 4～6

个自由度，7 个以上的自由度是冗余自由度，是用来避障碍物的。

2. 工作范围

机器人的工作范围是指机器人手臂或手部安装点所能达到的空间区域。因为末端执行器（手部）的尺寸和形状是多种多样的，为了真实反映机器人的特征参数，所以这里指不安装末端执行器时的工作区域。机器人工作范围的形状和尺寸十分重要，机器人在执行作业时可能会因为存在手部不能到达的作业死区而无法完成工作任务。机器人所具有的自由度及其组合决定其运动图形，而自由度的变化量（即直线运动的距离和回转角度）则决定着运动图形的大小。图 2-4 为装配机器人的工作范围。

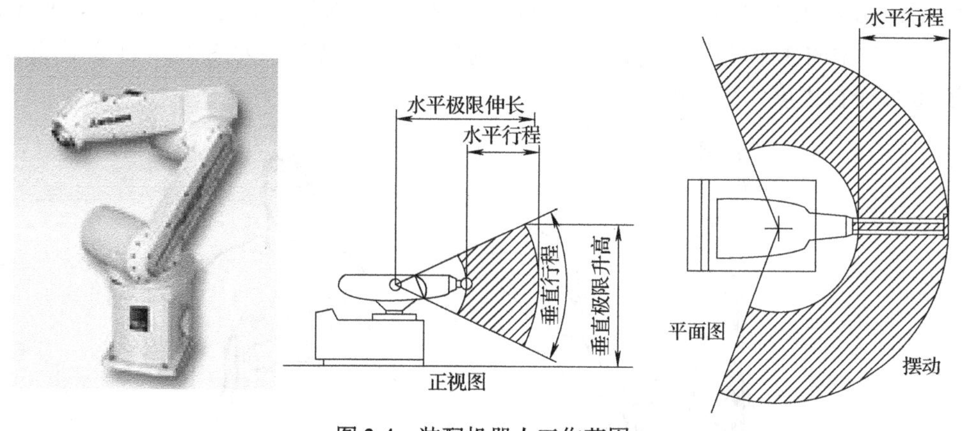

图 2-4　装配机器人工作范围

3. 工作速度

工作速度是指机器人在工作载荷条件下、匀速运动过程中，机械接口中心或工具中心点在单位时间内的移动距离或转动角度。说明书中一般提供了主要运动自由度的最大稳定速度，但在实际应用中仅考虑最大稳定速度是不够的。这是因为运动循环包括加速启动、等速运行和减速制动 3 个过程。如果最大稳定速度高，允许的极限加速度小，则加减速的时间就会长一些，即有效速度就要低一些；反之，如果最大稳定速度低，允许的极限加速度大，则加减速的时间就会短一些，这有利于有效速度的提高。但是如果加速或减速过快，有可能引起定位时超调或振荡加剧，而且过大的加减速度会导致惯性力加大，影响动作的平稳和精度。

4. 承载能力

承载能力是指机器人在工作范围内的任何位姿上所能承受的最大负载，通常可以用质量、力矩、惯性矩来表示。承载能力不仅取决于负载的质量，而且与机器人运行的速度和加速度的大小与方向有关。一般低速运行时，承载能力大，为安全考虑，规定在高速运行时所能抓取的工件重量作为承载能力指标。

5. 定位精度、重复精度和分辨率

定位精度是指机器人手部实际到达位置与目标位置之间的差异。如果机器人重复执行某位置给定指令，它每次走过的距离并不相同，而是在一平均值附近变化，变化的幅度代表重复精度。分辨率是指机器人每根轴能够实现的最小移动距离或最小转动角度。

6. 驱动方式

驱动方式是指机器人的动力源形式，主要有液压驱动、气压驱动和电力驱动等方式。

7. 控制方式

控制方式是指机器人用于控制轴的方式，目前主要分为伺服控制和非伺服控制等。

2.3　人的手臂作用机能初步分析

人的上肢大体上可以分为大臂、小臂、手部 3 大部分。大臂通过肩关节与躯干相连接，大臂与小臂之间由肘关节相连接，小臂与手之间通过腕关节相连接。手部由手掌与 5 个手指构成。通常人类的大臂和小臂几乎一样长，手部只占臂长的2/5。从工程学角度出发，将臂部从肩关节到腕关节的活动机能用自由度加以描述，则每个可看作刚体的部分，在空间都具有沿 X 、Y 、Z 轴的 3 个移动自由度，以及绕 X 、Y 、Z 轴的 3 个转动自由度，经关节连接后，可将其表示为图 2-5。手部比臂部更为复杂，是一个具有 20 多个自由度的精巧机构。

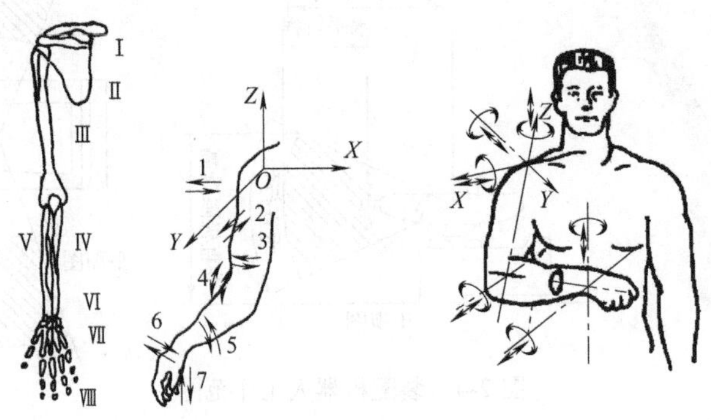

图 2-5　人臂的结构与自由度

人手自由度如图 2-6 所示。人的手指通过关节的曲伸，可以进行各种复杂动作。从机构学的角度来看，由食指到小指这 4 个手指，虽然也有稍许相互隔开，以扩大手指的作用范围，但是主要的移动方向还是指的曲方向。而大拇指则与其不同，它除了有与其他 4 个手指相同的曲伸功能，还具有内外转动的机能，以及与其他 4 个手指的对向机能。这种对向动作大大提高了手的把握机能。若将日常生活中常见手拿持物体的动作大致加以区分，就可以分成如图 2-7 所示的六种类型。

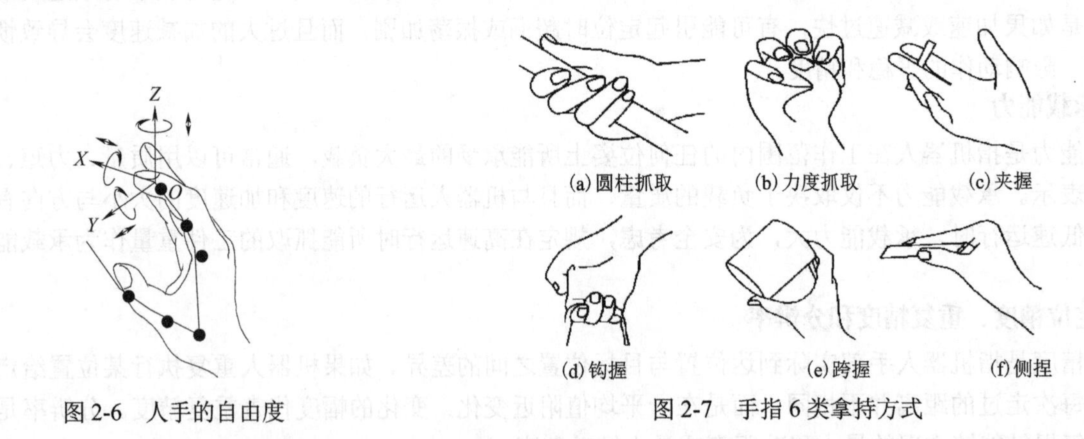

图 2-6　人手的自由度　　　　图 2-7　手指 6 类拿持方式

在考虑机械手的把握机能时，除必须考虑机械手自身的机构和结构外，还必须对对象物及环境等进行分析。机械手自身存在手指的大小、手指形状、手指根数、手指接触表面的状态、手指的配置情况等问题，同时存在为充分发挥其作用，全体所具有的自由度问题。

此外，对象物则存在大小、形状、姿势等几何条件；重量、软硬、是否受外力等物理条件；所放置的环境条件等问题。同时，拿持对象物还有一个约束其几个自由度的问题。关于对象物的条件见表 2-1。

表 2-1 对象物的条件

约束内容	状态
基本形状	平板、圆棒、角棒、方体、球形等
局部特征形状	突起、凹槽、孔、沟、洼等
基本尺寸	基准形状长、宽、高、直径、厚度等
重量	重量分布、全重量、重心、密度等
变形特征	柔顺性、可塑性、刚度、弹性系数等
损伤性	脆性、易伤性、分解性等
特殊性	高精度、危险性、温度、贵重、磁性体、有附着物等
稳定性	滑落性、翻转性、倾倒性等
堆放性	单个放置、多数排列、混乱堆放
被放置状态	平面、沟、箱、洼槽、台架、落下等
作业空间的大小	高、宽、深、开口角、端部锐角等
作业空间的障碍	有无障碍物、障碍物的移动和变化等
周围介质	极低温、高湿度、油中、水中、特殊气体中、电场、磁场等

要想利用机械手完全约束被拿持物体的 6 个自由度，这不仅难以做到，而且并非必需，因此，往往存在条件约束问题。例如，用有两个带 V 形槽手指的机械手夹持圆棒，从夹着以后圆棒就不会掉下来这个作业目的来看，约束已经够了。但是如果从约束移动自由度的观点出发，两个手指仅仅约束了沿半径方向的两个移动自由度和绕着半径方向的两个转动自由度，在长轴方向则靠手指和圆棒之间的摩擦力阻止沿长轴移动，因而，若在长轴方向上作用一个足够大的加速度，则圆棒将滑脱而掉落下来。同样，圆棒沿圆周方向的转动也靠摩擦力阻止，这就是条件约束。对于有条件约束的机械手，在确定手指所需握力时还应考虑由惯性与振动的影响而产生的附加力。

如果在机械手再加上感知性传感元件，感知到手指表面是否已接触对象物、抓着对象物时的强弱、被加在手上的外力大小、手指的开闭程度等，就成了智能的高级机械手。

2.4 工业机器人机械结构组成

由于应用场合的不同，工业机器人结构形式多种多样，各组成部分的驱动方式、传动原理和机械结构也有不同的类型。本节以通用的串联关节型机器人为例来说明工业机器人基本机械结构。工业机器人机械结构主要包括传动部件、机身与机座机构、臂部、腕部及手部。关节型机器人的主要特点是模仿人类腰部到手臂的基本结构，因此机械结构通常包括机器人的机座(即底部和腰部的固定支撑)结构及腰部关节转动装置、大臂(即大臂支撑架)结构及大臂关节转动装置、小臂(即小臂支撑架)结构及小臂关节转动装置、手腕(即手腕支撑架)结构及手腕关节转动装置和末端执行器(即手部)。串联结构具有结构紧凑、工作空间大的特点，是机器人机构采用最多的一种结构，可以达到其工作空间的任意位置和姿态。关节型机器人总体结构如图 2-8 所示。

1. 机器人的机座

如图 2-9 所示，Ⅰ轴利用 J1 轴电机的旋转输入通过一级齿轮传动到 J1 轴的 RV 减速器，减速器输出部分驱动回转腰座的转动。RV 减速器具有回转精度高、刚度大及结构紧凑的特点，回转腰座转动范围为-180°～180°。回转腰座(Ⅱ轴基座)底座和回转腰座材料为球墨铸铁。

2. 机器人的Ⅱ、Ⅲ、Ⅳ轴

如图 2-10 所示，Ⅱ轴的驱动方式是利用Ⅱ轴电机的旋转直接输入减速器，减速器输出部分驱动Ⅱ轴大臂的转动。机器人的Ⅱ轴大臂要承担Ⅲ轴小臂、腕部和末端负载，所受力及力矩最大，要求其具有较高的结构强度。Ⅱ轴大臂材料为球墨铸铁，然后对各基准面进行精密加工。机器人Ⅳ轴的驱动方式是利用电机的旋转通过齿轮、驱动轴输入减速器，减速器输出部分驱动Ⅳ轴。

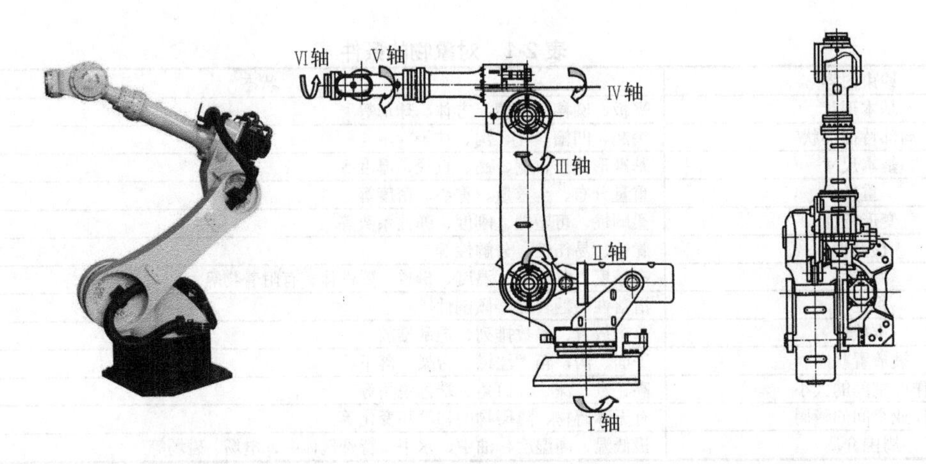

图 2-8　关节型机器人总体结构

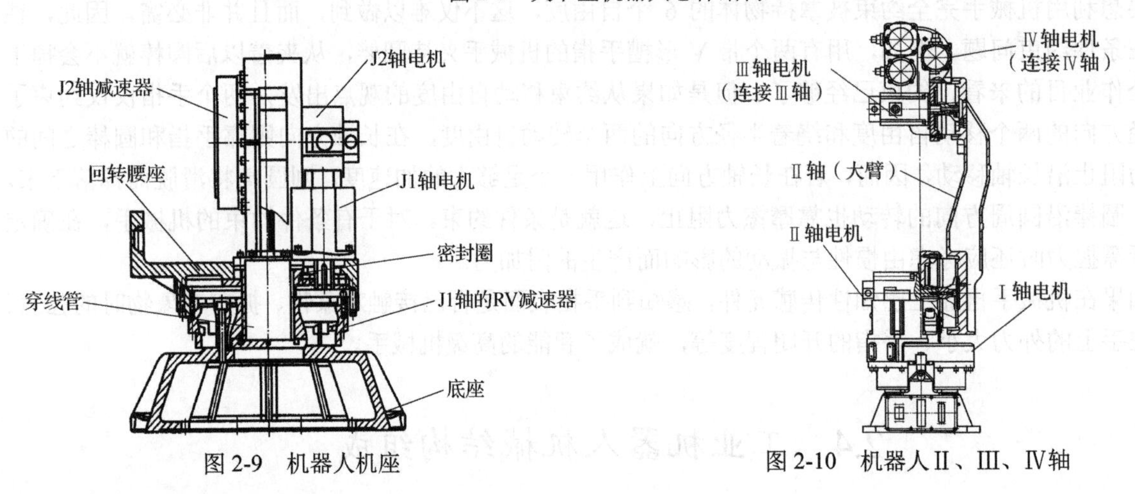

图 2-9　机器人机座　　　　图 2-10　机器人Ⅱ、Ⅲ、Ⅳ轴

3. 机器人的Ⅴ、Ⅵ轴

如图 2-11 和图 2-12 所示，机器人Ⅴ、Ⅵ轴的驱动方式是分别利用电机的旋转通过齿轮、驱动轴输入减速器，减速器输出部分驱动Ⅴ轴和Ⅵ轴。

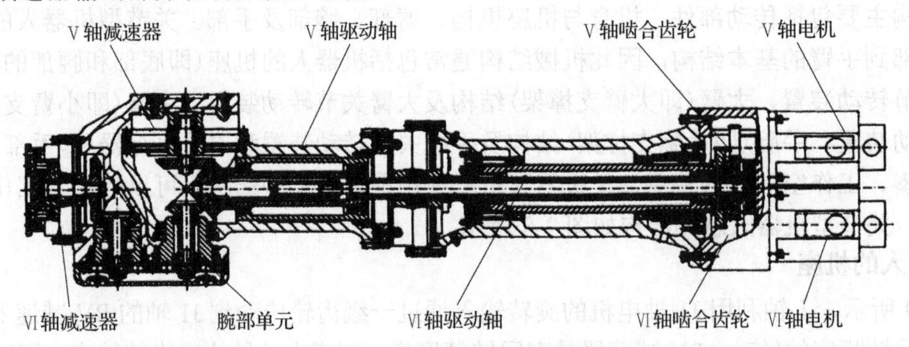

图 2-11　机器人的小臂结构图

4. 机器人末端工具及手爪

手部与手腕相连处可拆卸。手部与手腕有机械接口，也可能有电、气、液接头，当工业机器人作业对象不同时，可以方便地拆卸和更换手部。

手部是机器人末端执行器。机器人末端执行器可以像人手那样有手指，也可以不具备手指，可以是类人的手爪，也可以是进行专业作业的工具，如装在机器人手腕上的喷漆枪、焊接工具等。图 2-13 为常见的几种工业机器人手爪形式。

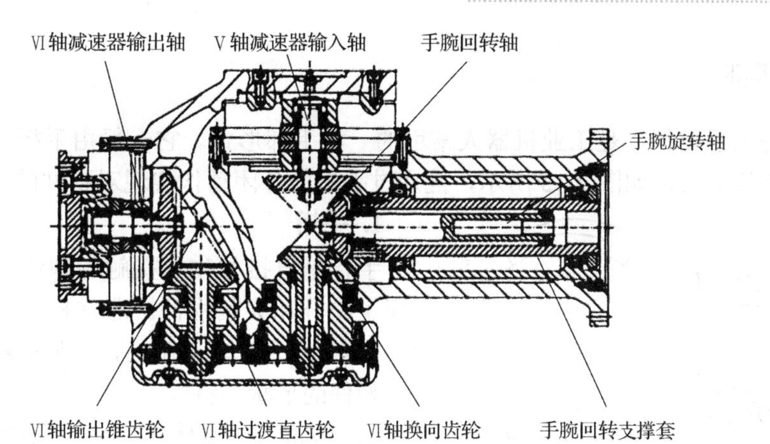

图 2-12 机器人的Ⅴ、Ⅵ轴及手腕部分

把持机能良好的机械手，除手指具有适当的开闭范围、足够的握力与相应的精度外，其手指的形状应顺应被抓取对象物的形状。例如，对象物若为圆柱形，则采用 V 形指，如图 2-13(a)所示；对象物若为多边形，则采用平面指，如图 2-13(b)所示。用于夹持小型或柔性工件的尖指如图 2-13(c)所示，适用于形状不规则工件的特形指如图 2-13(d)所示。

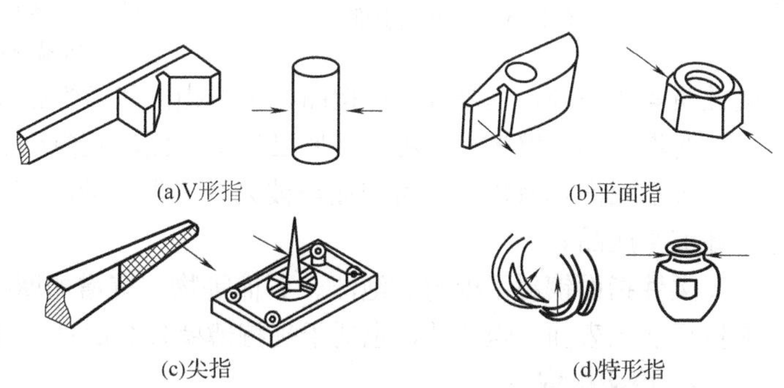

图 2-13 常见工业机器人手爪形式

手部对于整个工业机器人来说是完成作业质量以及作业柔性的关键部件之一。最近出现了具有复杂感知能力的智能化手爪，增加了工业机器人作业的灵活性和可靠性。

目前，有一种弹钢琴的表演机器人的手部已经与人手十分相近，如图 2-14 所示，其具有多个多关节手指，一个手的自由度达到 20 余个，每个自由度独立驱动。

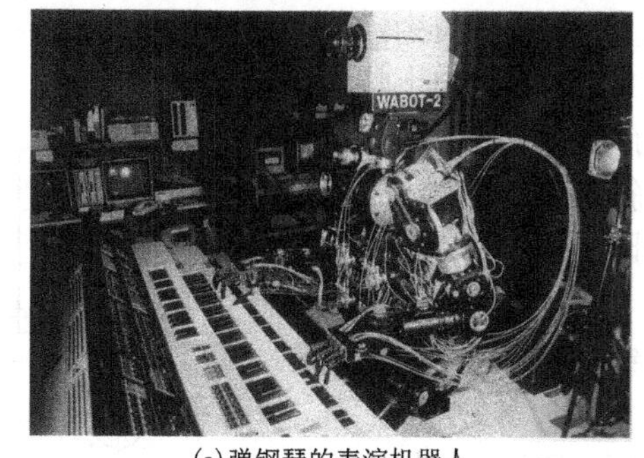

(a) 弹钢琴的表演机器人

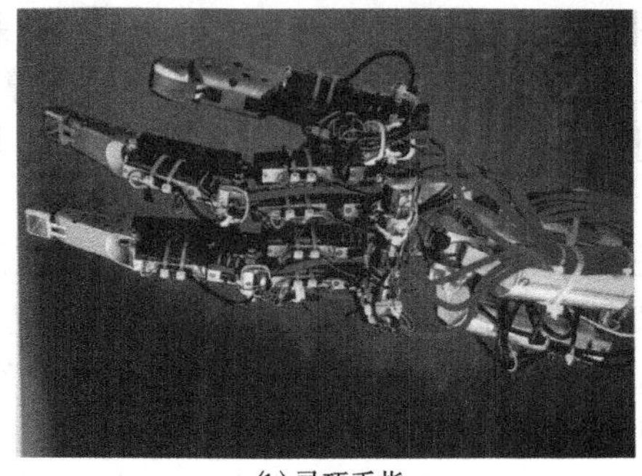
(b) 灵巧手指

图 2-14 弹钢琴的表演机器人及其手指

2.5 机器人的手部

机器人手部是最重要的执行机构，从功能和形态上可分为两大类：工业机器人的手部和仿人机器人的手部。工业机器人的手部用来握持工件或工具。由于握持物件的形状、尺寸、重量、材质不同，手部的工作原理和结构形态也不同。常用的手部按其握持原理可以分为夹钳式和吸附式两大类。

2.5.1 夹钳式手部

夹钳式手部与人手相似，是工业机器人常用的一种手部形式。它一般由手指(手爪)和驱动装置、传动机构和承接支架组成，如图2-15所示，能通过手爪的开闭动作实现对物件的夹持。

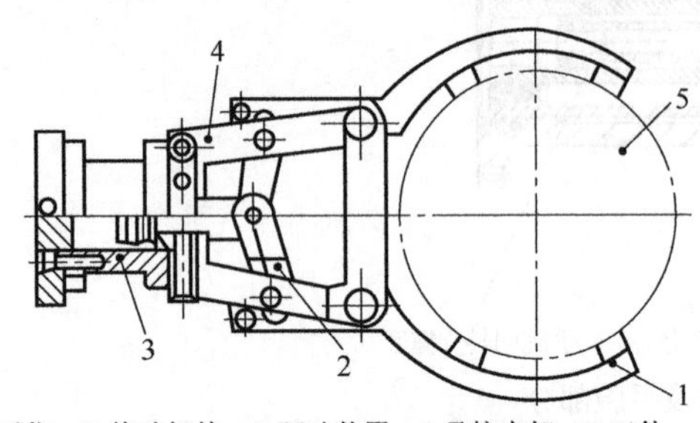

1-手指；2-传动机构；3-驱动装置；4-承接支架；5-工件

图2-15 夹钳式手部

1. 手指

手指是直接与物件接触的构件，手指的张开和闭合实现了松开和夹紧物件。通常机器人的手部只有两个手指，也有3个或多个手指，它们的结构形式常取决于被夹持物件的形状和特性。

把持机能良好的机械手，除手指具有适当的开闭范围、足够的握力与相应的精度外，其手指的形状应顺应被抓取物件的形状。

根据物件形状、大小及其被夹持部位材质软硬、表面性质等的不同，主要有光滑指面、齿形指面和柔性指面3种形式。

光滑指面平整光滑，用来夹持已加工表面，避免已加工的光滑表面受损伤。

齿形指面刻有齿纹，可增加与被夹持工件间的摩擦力，以确保夹紧可靠，多用来夹持表面粗糙的毛坯或半成品。

柔性指面镶衬了橡胶、泡沫、石棉等物，有增加摩擦力、保护工件表面、隔热等作用，一般用来夹持已加工表面、炽热件，也适于夹持薄壁件和脆性工件。

2. 传动机构

传动机构是向手指传递运动和动力，以实现夹紧和松开动作的机构。根据手指开合的动作特点可分为回转型和平移型两类。

1)回转型传动机构

夹钳式手部中运用较多的是回转型手部，其手指就是一对(或几对)杠杆，再同斜楔、滑槽、连杆、齿轮、蜗轮蜗杆或螺杆等机构组成复合式杠杆传动机构，以改变传力比、传动比及运动方向等。

图2-16为斜楔式回转型手部的简图。斜楔向下运动，克服弹簧拉力，通过杠杆作用使手指装着滚子的一端向外撑开，从而夹紧工件。斜楔向上移动，则在弹簧拉力作用下，手指松开。手指与斜楔通过滚子接触可以减少摩擦力，提高机械效率。有时为了简化结构，也可让手指与斜楔直接接触。

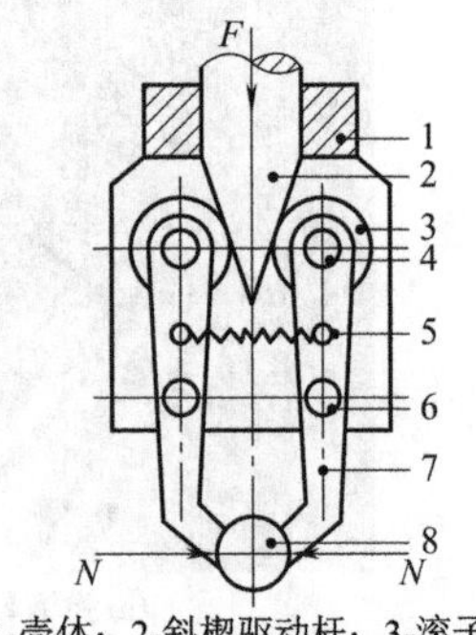

1-壳体；2-斜楔驱动杆；3-滚子；4-圆柱销；5-弹簧；6-铰销；7-手指；8-工件

图2-16 斜楔式回转型手部

图2-17为滑槽杠杆式回转型手部的简图。杠杆形手指的一端装有V形指，另一端则开有长滑槽。驱动杆上的圆柱销套在滑槽内，当驱动杆同圆柱销一起做往复运动时，即可拨动两个手指各绕其支点(铰销)做相对回转运动，从而实现手指对工件的夹紧与松开。

图2-18为双支点连杆杠杆式回转型手部的简图。驱动杆末端与连杆由铰销铰接，当驱动杆做直线往复运动时，连杆推动两杆手指各绕支点做回转运动，从而使手指松开或闭合。该机构的活动环节较多，故定心精度一般比斜楔传动差。

图2-19为由齿条齿轮直接传动的齿条齿轮杠杆式回转型手部的简图。驱动杆末端制成双面齿条，与串形齿轮相啮合，而扇齿轮与手指固连在一起，可绕支点回转。驱动力推动齿条做上下往复运动，即可带动扇齿轮回转，从而使手指闭合或松开。

2)平移型传动机构

平移型夹钳式手部是通过手指的指面做直线或平面移动实现张开或闭合动作的，常用于夹持具有平行平面的工件。平移型传动机构根据其结构大致可分为平面平行移动机构和直线往复移动机构两种类型。它们通过驱动器和驱动元件带动平行四边形铰链机构实现手指平移。图 2-20(a)和(b)均为齿轮齿条传动手部，图 2-20(c)为连杆斜滑槽传动手部。

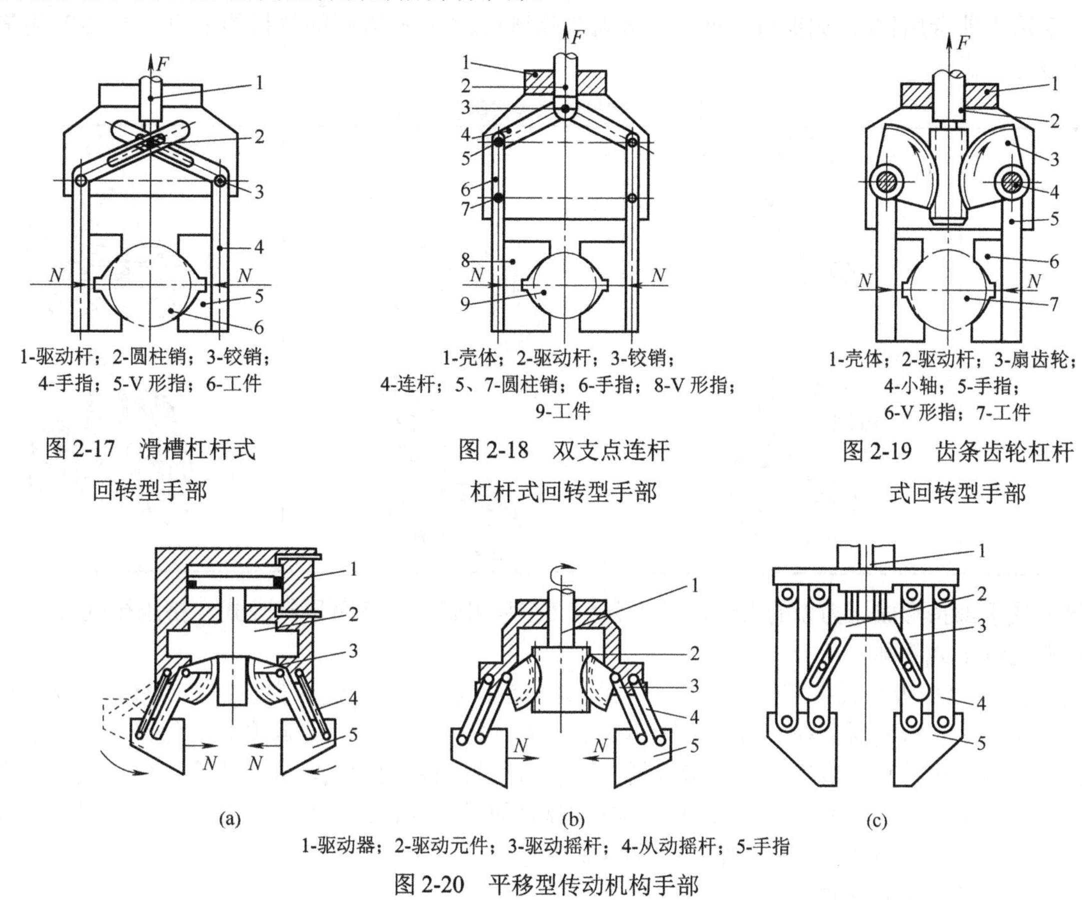

1-驱动杆；2-圆柱销；3-铰销；4-手指；5-V 形指；6-工件

图 2-17　滑槽杠杆式回转型手部

1-壳体；2-驱动杆；3-铰销；4-连杆；5、7-圆柱销；6-手指；8-V 形指；9-工件

图 2-18　双支点连杆杠杆式回转型手部

1-壳体；2-驱动杆；3-扇齿轮；4-小轴；5-手指；6-V 形指；7-工件

图 2-19　齿条齿轮杠杆式回转型手部

1-驱动器；2-驱动元件；3-驱动摇杆；4-从动摇杆；5-手指

图 2-20　平移型传动机构手部

图 2-21 为常见直线往复移动机构手部的简图。实现直线往复移动的机构很多，常用的斜楔传动、齿条传动、螺旋传动等均可应用于手部结构。图 2-21(a)为斜楔平移机构，图 2-21(b)为连杆杠杆平移结构，图 2-21(c)为螺旋斜楔平移结构。它们可以是双指型，也可以是三指(或多指)型。

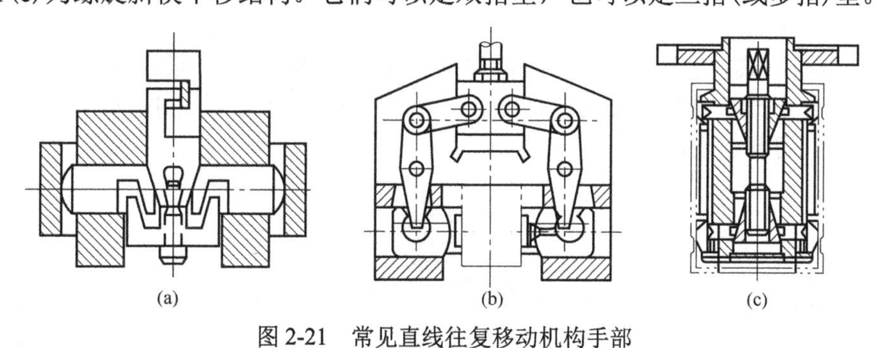

图 2-21　常见直线往复移动机构手部

2.5.2　吸附式手部

吸附式手部依靠吸附力取料，根据吸附力的不同分为气吸式手部和磁吸式手部两种形式。气吸式手部适应于抓取大平面(单面接触无法抓取)、易碎(玻璃、磁盘)、微小(不易抓取)的物体。

1. 气吸式手部

气吸式手部是工业机器人常用的一种吸持工件的装置，是利用吸盘内的压力和大气压之间的压力差工作的。它由一个或几个吸盘、吸盘架及进排气系统组成，具有结构简单、重量轻、使用方便等优点，广泛用于非金属材料(如板材、纸张、玻璃等物体)或不可有剩磁的材料的吸附。表 2-2 为常见的气吸式吸盘示意图。

表 2-2　常见的气吸式吸盘示意图

气吸式名称	真空吸附式	气流负压气吸式	挤压排气式
示意图			

气吸式手部按形成压力差的方法，又可分为真空吸附式、气流负压气吸式、挤压排气式等。

1) 真空吸附式手部

图 2-22 为真空吸附式手部结构。主要零件为橡胶吸盘，通过固定环安装在支承杆上，支承杆由螺母固定在基板上。取料时，橡胶吸盘与物体表面接触，橡胶吸盘的边缘起密封和缓冲作用，然后真空抽气，橡胶吸盘内腔形成真空，以吸附取料。放料时，管路接通大气，失去真空，物体放下。为了更好地适应物体吸附面的倾斜状况，有的在橡胶吸盘背面设计球铰链。真空吸附式手部的优点是取料工作可靠、吸引力大，但是所需的真空系统成本较高。

2) 气流负压气吸式手部

图 2-23 为气流负压气吸式手部结构。利用流体力学的原理，当需要取物时，压缩空气高速流经喷嘴时，其出口处的气压低于橡胶吸盘腔内的气压，于是腔内的气体被高速气流带走而形成负压，完成取物动作。切断压缩空气即可释放物件。

3) 挤压排气式手部

图 2-24 为挤压排气式手部结构。其工作原理为：取料时橡胶吸盘压紧物件，橡胶吸盘变形，挤出腔内多余空气，手部上升，靠橡胶吸盘恢复力形成负压将物件吸住。压下拉杆，使橡胶吸盘腔与大气连通而失去负压，即可释放物件。

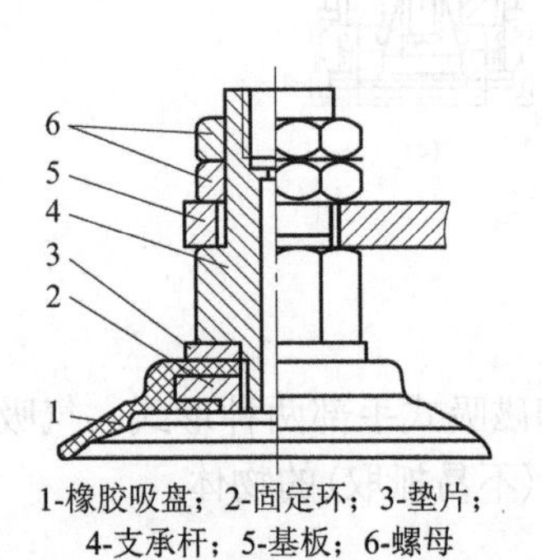

1-橡胶吸盘；2-固定环；3-垫片；4-支承杆；5-基板；6-螺母

图 2-22　真空吸附式手部结构

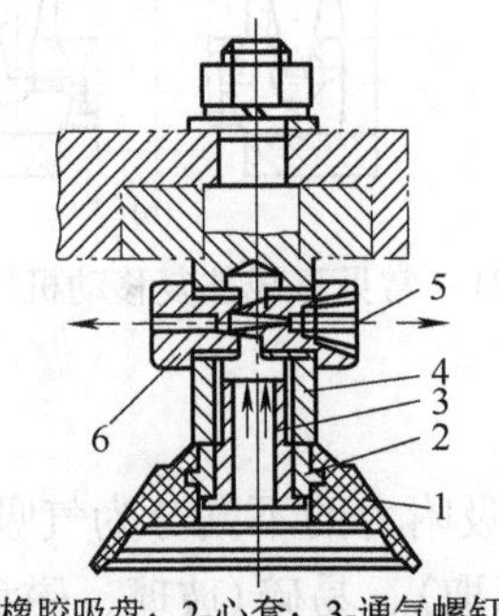

1-橡胶吸盘；2-心套；3-通气螺钉；4-支承杆；5-喷嘴；6-喷嘴套

图 2-23　气流负压气吸式手部结构

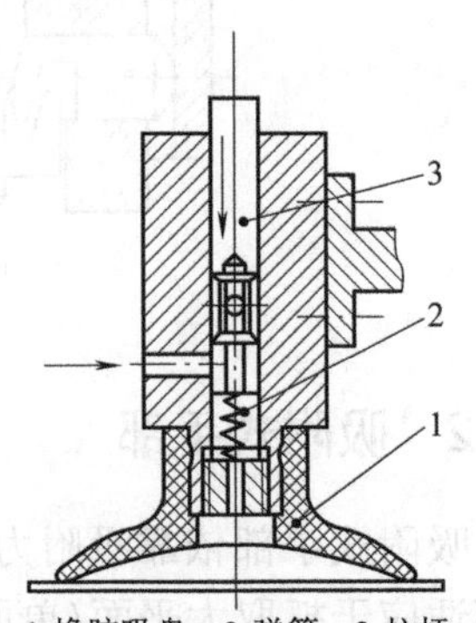

1-橡胶吸盘；2-弹簧；3-拉杆

图 2-24　挤压排气式手部结构

2. 磁吸式手部

磁吸式手部利用永久磁铁或电磁铁通电后产生磁力来吸附工件，与气吸式手部相比，磁吸式手部不会破坏被吸件表面。磁吸式手部有较大的单位面积吸力，对工件表面粗糙度及通孔、沟槽等无特殊要求。其不足之处是：只对铁磁物体起作用，且存在剩磁等问题。

电磁铁工作原理如图2-25(a)和(b)所示。当线圈1通电后，在铁心2内外产生磁场，磁力线穿过铁心，空气隙和衔铁3被磁化并形成回路，衔铁受到电磁吸力F作用被牢牢吸住。图2-26为常见的电磁式吸盘吸料的示意图。

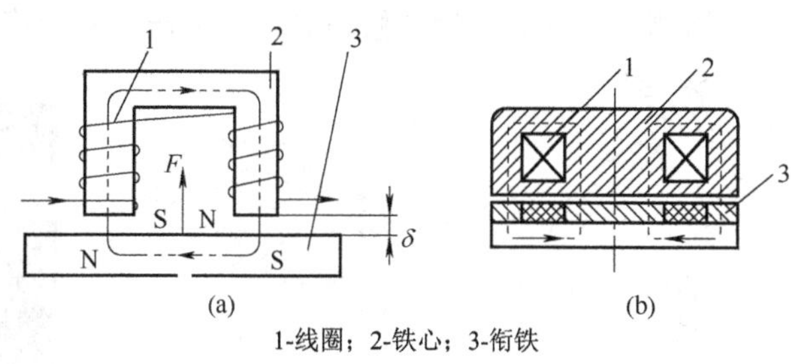

1-线圈；2-铁心；3-衔铁

图2-25 电磁铁工作原理

图2-27为盘状磁吸附取料手的结构图。铁心1和磁盘3之间用黄铜焊接并构成隔磁环2，使铁心和磁盘分隔，使铁心1成为内磁极，磁盘3成为外磁极。其磁路由壳体6的外圈，经磁盘、工件和铁心，再到壳体内圈形成闭合回路，吸附盘铁心、磁盘和壳体均采用8～10号低碳钢制成，可减少剩磁。盖5为用黄铜或铝板制成的隔磁材料，用以压住线圈11，防止工作过程中线圈的活动。挡圈7、8用以调整铁心和壳体的轴向间隙，即磁路气隙δ。在保证铁心正常转动的情况下，磁路气隙越小越好，磁路气隙增大，则电磁吸力会显著地减小，因此，一般取$\delta = 0.1 \sim 0.3\text{mm}$。在机器人手臂的孔内可做轴向微量移动，但不能转动。铁心1和磁盘3一起装在轴承10上，用以实现在不停车的情况下自动上下料。

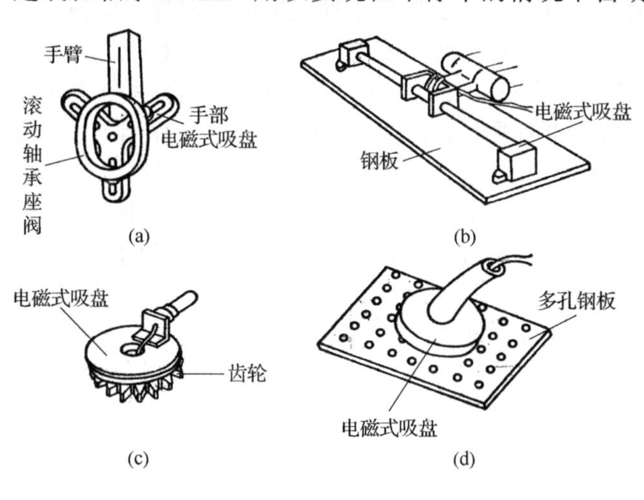

图2-26 常见的电磁式吸盘吸料的示意图

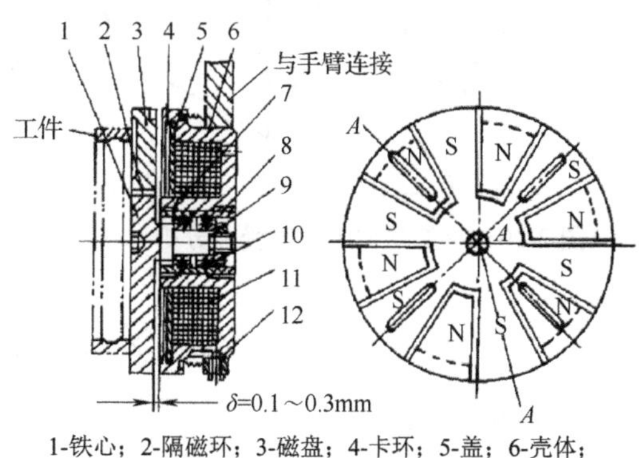

1-铁心；2-隔磁环；3-磁盘；4-卡环；5-盖；6-壳体；7、8-挡圈；9-螺母；10-轴承；11-线圈；12-螺钉

图2-27 盘状磁吸附取料手结构

2.5.3 仿人机器人的手部

简单的夹钳式取料机械手不能适应物体外形变化，夹持力不均匀，因此无法对复杂形状、不同材质的物体进行夹持和操作。为了提高机器人手爪和手腕的灵活性与适应性能力，使机器人能像人手那样进行各种复杂的作业，如装配、维修、设备操作以及机器人模特的礼仪手势等，就必须有一个运动灵活、动作多样的灵活手，即仿人手。

1. 柔性手

图2-28为多关节柔性手，每个手指由多个关节串联而成。手指传动部分由牵引钢丝绳及摩擦滚轮组成，每个手指由两根钢丝绳牵引，一侧为握紧，另一侧为放松。这样柔性手就可抓取凹凸不平的外形并使物体受力较为均匀。

2. 多指灵巧手

图 2-29 为哈尔滨工业大学和德国宇航中心基于 DLRII 灵巧手合作开发的具有多传感功能的机器人 HIT/DLR 四指灵巧手，它有 4 个相同结构的模块化手指、13 个自由度，具有位置、温度等多种传感器。这种机器人灵巧手可以为人工智能、遥控操作等方面的科研工作提供帮助，在太空、核及生化环境中从事探测、取样、装配、修理等方面工作，有着广阔的应用前景。

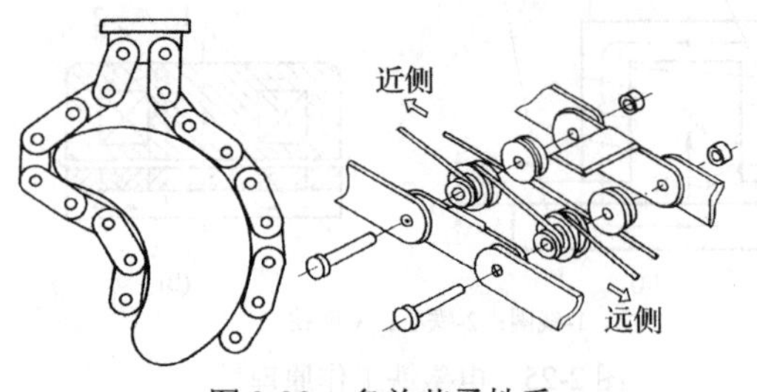

图 2-28 多关节柔性手

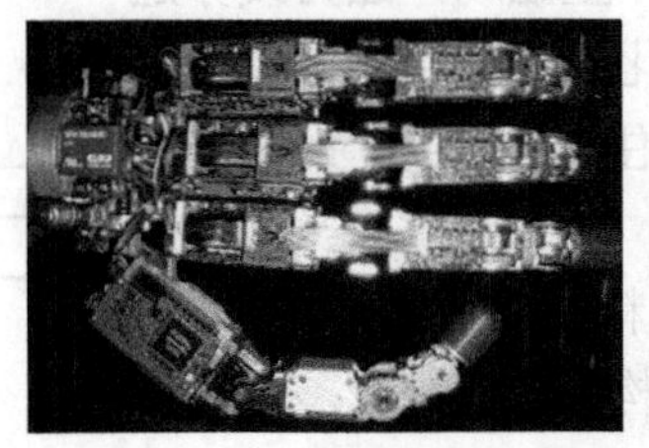
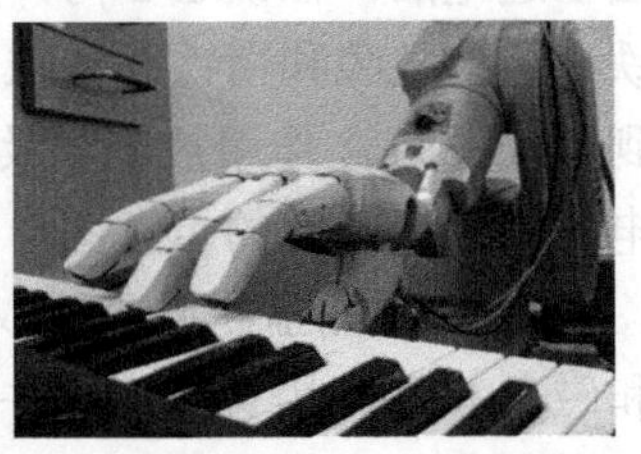
图 2-29 HIT/DLR 四指灵巧手

2.5.4 机械手驱动力学的计算

1. 夹紧力的计算

手指握紧工件时所需要的力称为夹紧力，夹紧力的大小与被夹持工件的重量、重心位置及夹持工件方位有关，其受力如图 2-30 所示。

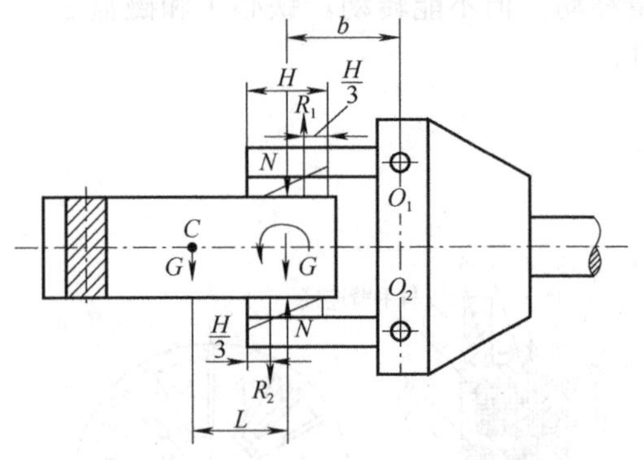

图 2-30 夹持悬伸工件时受力分析

设夹紧力 N 位于手指与工件接触面的对称平面内，两力大小相等，方向相反。工件重 G，重心在 C 点。由于重力作用线与手指夹持工件时的对称平面不重合，手指附加承受工件的悬伸偏重力矩为 GL。设在偏重力矩作用下，工件对手指的反作用力按三角形分布。为防止工件下移，下指对工件产生反作用力 $R_1 = G$；为防止工件转动，上下指对工件产生力矩 $2R_2H/6 = GL$，其中 R_2 为手指对工件的反作用力的合力。

对 O_1 点取矩，则

$$\sum m_{O1}(F) = 0, \quad Nb = R_2\left(b - \frac{H}{6}\right) \tag{2-1}$$

对 O_2 点取矩，则

$$\sum m_{O2}(F) = 0, \quad Nb = R_1 \cdot b + R_2\left(b + \frac{H}{6}\right) \tag{2-2}$$

将式(2-1)与式(2-2)相加、整理并代入 R_1 和 R_2 值后得夹紧力 N 为

$$N = G\left(\frac{3L}{H} + \frac{1}{2}\right) = K_3 G \tag{2-3}$$

式中，K_3 为方位系数，它与手指和工件的形状，以及手指夹持工件时的方位有关。

当工件重量、手指指形、工件的形状和夹持的方位确定后，即可借助表 2-3 查出夹紧力计算公式，结合驱动力的计算方法，可求出驱动力 P。考虑工件在传送过程中产生的惯性力、振动以及传力机构效率的影响，其实际的驱动力 P_s 为

$$P_s \geqslant P\frac{K_1 K_2}{\eta} \tag{2-4}$$

式中，η 为手部的机械效率，一般取 0.85～0.95；K_1 为安全系数，一般取 1.2～2；K_2 为工作情况系数，

主要考虑惯性力的影响，K_2 可估计为 $K_2 = 1 + a/g$，其中 a 为被抓取工件运动时的最大加速度，g 为重力加速度（$g = 9.8\text{m/s}^2$）。常见夹紧方式及夹紧力计算如表 2-3 所示。

表 2-3　常见夹紧方式及夹紧力计算

手指与工件位置	手指与工件形状	
	平面指夹方料	V 形指夹圆棒料
手指水平位置夹紧水平位置放置的工件	$N = 0.5G$	$N = 0.5G\cos\theta$
手指垂直位置夹紧水平位置放置的工件	$N = \frac{0.5}{\mu}G$ μ 为摩擦系数，钢对钢 $\mu \approx 0.1$	$N = 0.5G\tan(\theta - \varphi)$ $\varphi = \arctan\mu$
手指水平位置夹紧垂直位置放置的工件	$N = \frac{0.5}{\mu}G$	$N = \frac{\sin\theta}{4\mu}G$
手指垂直位置夹紧垂直位置放置的工件	$N = \frac{0.5}{\mu}G$	$N = \frac{\sin\theta}{4\mu}G$ （注：此处 θ 同上，本图中 θ 位置被遮挡，无法标注）
手指水平位置夹紧悬伸放置的工件	$N = \left(\frac{3L}{H} + \frac{1}{2}\right)G$	$N = \left(\frac{3L}{H} + \frac{1}{2}\right)G$

2. 驱动力的计算

夹紧力 N 与驱动力 P 的关系取决于传力机构的结构形式及尺寸等。

1）滑槽杠杆式回转型的驱动力计算

图 2-31（a）为常见的滑槽杠杆式回转型手部结构。在拉杆 3 作用下销轴 2 向上的拉力为 P，并通过销轴中心 O 点，两手指 1 的滑槽对销轴的反作用力为 P_1 和 P_2，其力的方向垂直于滑槽的中心线 OO_1 和 OO_2 并指向 O 点，P_1 和 P_2 的延长线交 O_1O_2 于 A 及 B，见图 2-31（b），由于$\triangle O_1OB$ 和$\triangle O_2OA$ 均为直角三角形，故 $\angle AOC=\angle BOC=\alpha$。根据销轴的力平衡条件，即 $\sum F_x=0, P_1=P_2, \sum F_y=0$，得

$$P=2P_1\cos\alpha$$

$$P_1=\frac{P}{2\cos\alpha} \tag{2-5}$$

由手指的力矩平衡条件得

$$P_1'h=Nb \tag{2-6}$$

因为 $P_1'=P_1$，$h=a/\cos\alpha$，所以

$$P=\frac{2b}{a}\cos^2\alpha\cdot N \tag{2-7}$$

式中，a 为手指的回转支点到对称中心线距离；α 为工件被夹持时手指的滑槽方向与两回转支点连线间的夹角。

由式（2-7）可知，当驱动力 P 一定时，α 角增大则夹紧力 N 也随之增加，但 α 角过大会导致拉杆的行程过大，手指滑槽长度增加，因此一般取 $\alpha=30°\sim40°$。这种手部结构简单，动作灵活，手指开闭角度大，但增力比 $N/P=a/(2b\cos^2\alpha)$ 较小。

2）连杆杠杆式回转型的驱动力计算

图 2-32 为连杆杠杆式回转型手部受力分析图。作用在拉杆上的驱动力为 P，两连杆对拉杆的反作用力为 P_1 和 P_2，其方向沿连杆铰链中心的连线指向 O 点并与水平方向成 α 角。由拉杆的力平衡条件得

$$P=2P_1\sin\alpha$$

$$P_1=\frac{P}{2\sin\alpha} \tag{2-8}$$

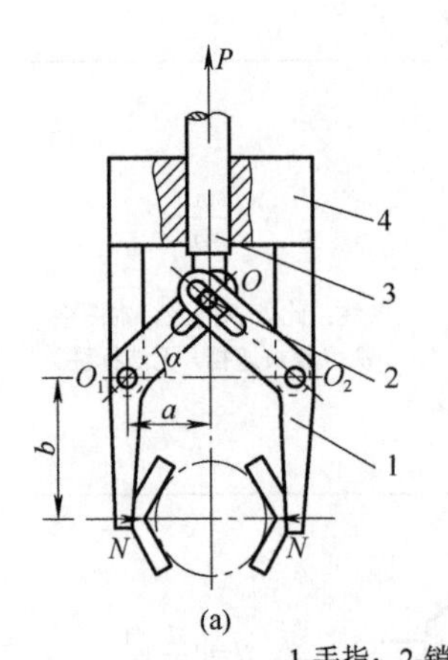

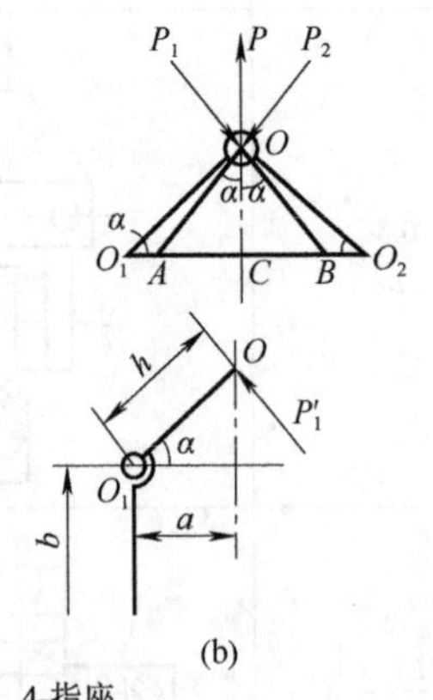

1-手指；2-销轴；3-拉杆；4-指座

图 2-31 滑槽杠杆式回转型驱动力分析

1-调整垫片；2-手指；3-连杆；4-拉杆

图 2-32 连杆杠杆式回转型驱动力分析

连杆对手指 2 的作用力为 P_1'，因连杆 3 为二力杆，故 $P_1'=-P_1$，由手指的力矩平衡条件，即

$$\sum m_{O1}(F)=0$$

$$P_1'h=Nb$$

因为$h = c \cdot \cos\alpha$，所以

$$P = \frac{2b}{c} \cdot \tan\alpha \cdot N \tag{2-9}$$

由式(2-9)可知，当结构尺寸c和b、驱动力P一定时，夹紧力N与α角的正切成反比。显然当α角小时，可获得较大的夹紧力。当$\alpha = 0$时，手指闭合到最小的位置即自锁位置，这时如果撤去驱动力，工件也不会自行脱落。若拉杆再向下移动，则手指反而会松开，为了避免上述情况的出现，对于不同规格尺寸的工件可以更换手指。如果工件允许有少量的尺寸变化，可更换调整垫片 1，调整到使手指在夹紧最小尺寸的工件时保持α角大于零。

3) 真空吸盘的吸力计算

真空吸盘吸力大小与吸盘内的真空度及吸盘的吸附面积有关。此外，被吸对象物表面质量也影响吸力大小。

真空吸盘启动过程的吸力P为

$$P = \frac{n\pi D^2}{4K_1K_2K_3}\frac{h}{760} \tag{2-10}$$

式中，P为吸盘吸力(kg)；h为吸盘内真空度(mmHg)；D为吸盘直径(cm)；n为吸盘数量；K_1为吸盘吸附后考虑启动状态的安全系数，可取$K_1 = 1.2 \sim 2$；K_2为工作情况系数，一般可取$K_2 = 1 \sim 3$，当板料间由于存在油膜而吸附力较大或需将工件从模具中取出时应选取较大值，吸盘在运动过程中产生的惯性力大时取大值；K_3为方位系数，当吸盘垂直吸附时，取$K_3 = 1/\mu$，μ为摩擦系数，吸盘吸附金属材料时取$\mu = 0.5 \sim 0.8$，当吸盘水平吸附时取$K_3 = 1.1$。

4) 电磁吸盘的吸力计算

设计电磁吸盘时，主要是确定电磁铁的形状、尺寸、线圈匝数。一般可按吸力的大小进行初步计算，然后通过调整电压的大小，进行吸力的调整。盘状电磁吸盘的结构如图 2-27 所示。

对于直流电磁铁，两个气隙共同作用所产生的电磁吸力F为

$$F = 2\left(\frac{B}{5000}\right)^2 S \frac{1}{1 + A\delta} \tag{2-11}$$

式中，F为电磁吸力(J/cm)；B为空气隙中的磁感应强度(Gs，$1\text{Gs}=10^{-4}\text{T}$)，又称磁通密度($\text{Wb/cm}^2$)；$S$为空气隙的横截面积，也就是铁心柱横截面积($\text{cm}^2$)；$A$为气隙较大时的修正系数，一般取 3～5；$\delta$为气隙长度(cm)。

对于交流电磁铁，吸力是波动的，一般按平均吸力计算。其平均吸力为吸力最大值的 1/2，故其平均吸力为

$$F_{\text{cp}} = \left(\frac{B_{\text{m}}}{5000}\right)^2 S \frac{1}{1 + A\delta} \tag{2-12}$$

式中，B_{m}为磁感应强度最大值。

交流电磁铁中磁场的周期变化会引起吸力的波动，因此易产生振动和噪声，可按图 2-27 加隔磁环(短路环)以消除振动。

2.6 机器人的手腕

机器人手腕是连接手部和手臂的部件，它的作用是调节或改变工件的方位，因而具有独立的自由度，以使机器人手部满足复杂的动作要求。

2.6.1 手腕结构形式

为了使手部能处于空间任意方向，需要手腕能实现如图 2-33 所示的对空间 3 个坐标轴 X、Y、Z 的转动，即具有翻转、俯仰和偏转 3 个自由度。一般手腕结构为上述 3 个转动方式的组合。

手腕按自由度数目可分为单自由度手腕、二自由度手腕和三自由度手腕。

(1) 单自由度手腕如图 2-34 所示。图 2-34(a) 是一种翻转(Roll)关节(简称 R 关节)，它把手臂纵轴线和手腕关节轴线构成共轴形式。R 关节旋转角度大，可达到 360° 以上。图 2-34(b) 和 (c) 是一种折曲(Bend)关节(简称 B 关节)，关节轴线与前后两个连接件的轴线相垂直。B 关节因为受到结构上的干涉，旋转角度小，大大限制了方向角。图 2-34(d) 为移动关节(简称 T 关节)。

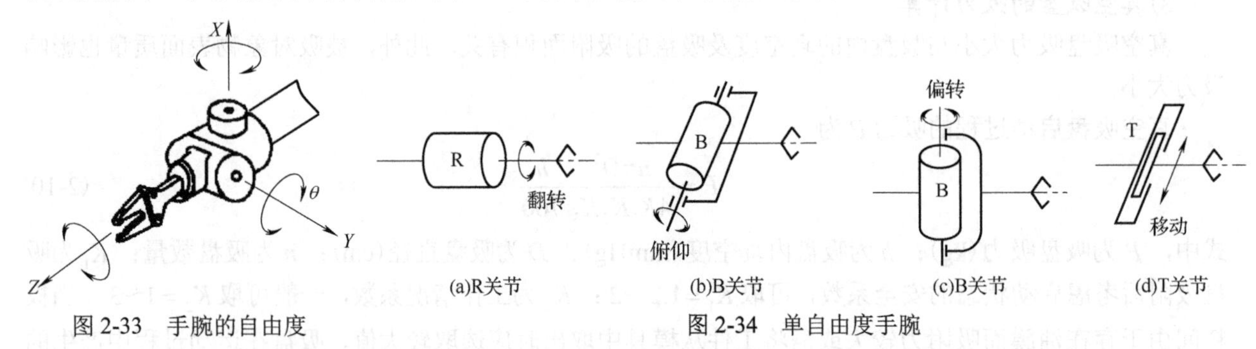

图 2-33 手腕的自由度

图 2-34 单自由度手腕

(2) 二自由度手腕如图 2-35 所示。二自由度手腕可以由一个 R 关节和一个 B 关节组成 BR 手腕，如图 2-35(a) 所示；也可以由两个 B 关节组成 BB 手腕，如图 2-35(b) 所示。但是，不能由两个 R 关节组成 RR 手腕，因为两个 R 共轴线，所以退化了一个自由度，实际只构成了单自由度手腕，如图 2-35(c) 所示。

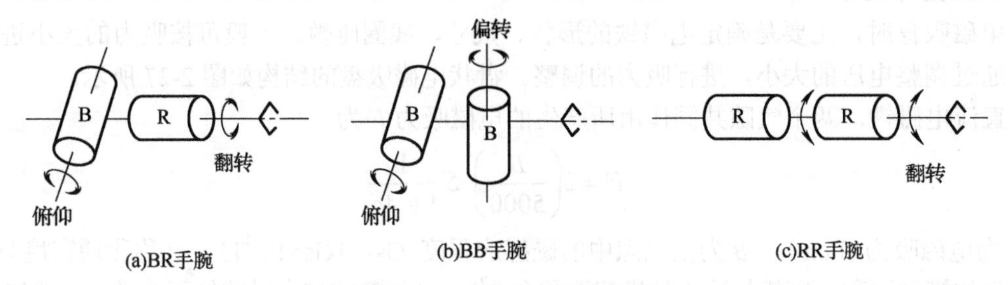

图 2-35 二自由度手腕分析

(3) 三自由度手腕如图 2-36 所示。三自由度手腕可以由 B 关节和 R 关节组成多种形式。

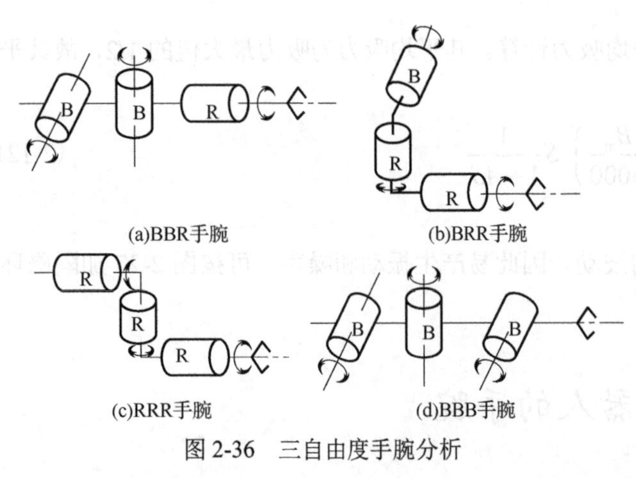

图 2-36 三自由度手腕分析

图 2-36(a) 是常见的 BBR 手腕，使手部具有翻转、俯仰和偏转运动，即 RPY 运动。图 2-36(b) 是一个 B 关节和两个 R 关节组成的 BRR 手腕，为了不使自由度退化，使手部产生 RPY 运动，第一个 R 关节必须进行如图 2-36(b) 所示的偏置。图 2-36(c) 为 3 个 R 关节组成的 RRR 手腕，它也可以实现手部 RPY 运动。图 2-36(d) 为 BBB 手腕，很明显，它已退化为二自由度手腕，只有 PY 运动，通常不采用这种手腕。此外，B 关节和 R 关节排列的次序不同，也会产生不同的效果，会产生其他形式三自由度手腕。为了使手腕结构紧凑，通常把两个 B 关节安装在一个十字接头上，这大大减小了 BBR 手腕纵向尺寸。

2.6.2 手腕的典型结构

设计手腕时除应满足启动和传送过程中所需的输出力矩外，还要求手腕结构简单，紧凑轻巧，避免干涉，传动灵活。多数情况下，要求将手腕结构的驱动部分安排在小臂上，使外形整齐，也可以设法使几个电动机的运动传递到同轴旋转的心轴和多层套筒上去，运动传入手腕后再分别实现各个动作。下面介绍常见的机器人手腕结构。

1. 单自由度手腕

图2-37为单自由度手腕回转结构。定片1与后盖3、回转缸体6和前盖7均用螺钉和销子进行连接和定位，动片2与手部的夹紧缸体(或转轴)4用键连接。夹紧缸体与指座8固联成一体。当回转缸体的两腔分别通入压力油时，驱动动片连同夹紧缸体和指座转动，即手腕的回转运动。此手腕具有结构简单和紧凑等优点。

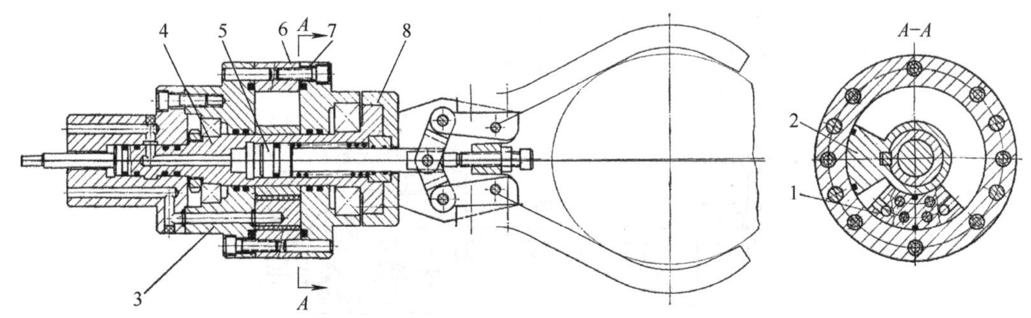

1-定片；2-动片；3-后盖；4-夹紧缸体；5-活塞杆；6-回转缸体；7-前盖；8-指座

图2-37 单自由度手腕回转结构

2. 二自由度手腕

图2-38为双手悬挂式机器人实现手腕回转和左右摆动的结构图。$V-V$剖面所表示的是油缸外壳转动而中心轴不动，以实现手腕的左右摆动；$L-L$剖面所表示的是油缸外壳不动而中心轴回转，以实现手腕的回转运动。其油路的分布如图2-38中剖面所示。

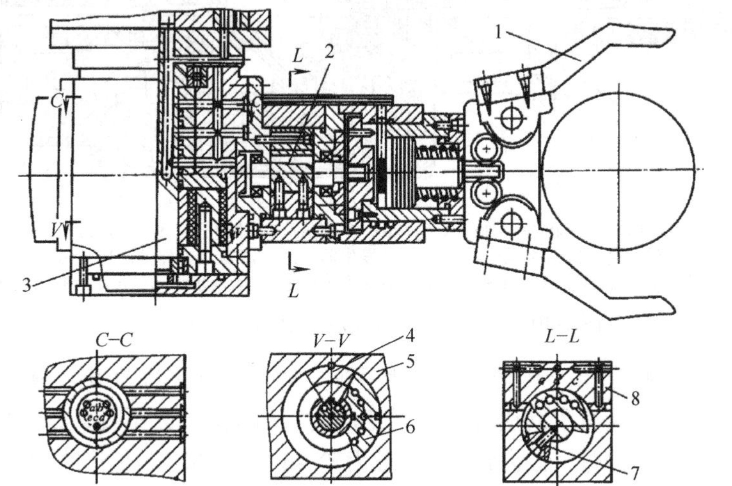

1-手腕；2-中心轴；3-固定中心轴；4-定片；5-摆动回转油缸；6-动片；7-回转轴；8-回转油缸

图2-38 具有回转与摆动的二自由度手腕结构

图2-39为KUKA IR 662/100型机器人的手腕传动结构图。这是一个具有三自由度的手腕结构，关节配置形式为臂转、腕摆、手转结构。其传动链分成两部分：一部分传动链在机器人小臂壳内，3个电动机的输出通过带传动分别传递到同轴传动的心轴、中间套、外套筒上；另一部分传动链安排在手腕

部，图 2-40 为其手腕装配图。其传动路线如下。

(1) 臂转运动。臂部外套筒与手腕壳体 7 通过端面法兰连接，外套筒直接带动整个手腕旋转完成臂转运动。

(2) 腕摆运动。臂部中间套通过花键与空心轴 4 连接，空心轴另一端通过一对锥齿轮 12、13 带动腕摆谐波减速器的波发生器 16，波发生器上套有轴承 1 和柔轮 14，谐波减速器的定轮 10 与手腕壳体相连，动轮 11 通过盖 18 和腕摆壳体 19 相固接，当中间套带动空心轴旋转时，腕摆壳体做腕摆运动。

(3) 手转运动。臂部心轴通过花键与腕部中心轴 2 连接，中心轴的另一端通过一对锥齿轮 45、46 带动花键轴 41，花键轴的一端通过同步齿形带传动 36、44 带动花键轴 35，再通过一对锥齿轮传动 17 和 33，带动谐波减速器的波发生器 25，波发生器上套有轴承和柔轮 29，谐波减速器的定轮 31 通过底座 34 与腕摆壳体相连，动轮 24 通过安装架 23 与连接手部的法兰盘 30 相固定，当臂部心轴带动中心轴旋转时，法兰盘做手转运动。

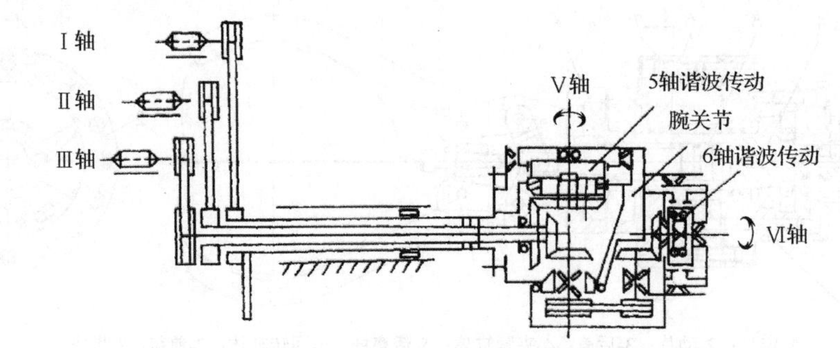

图 2-39 KUKA IR 662/100 型机器人的手腕传动结构图

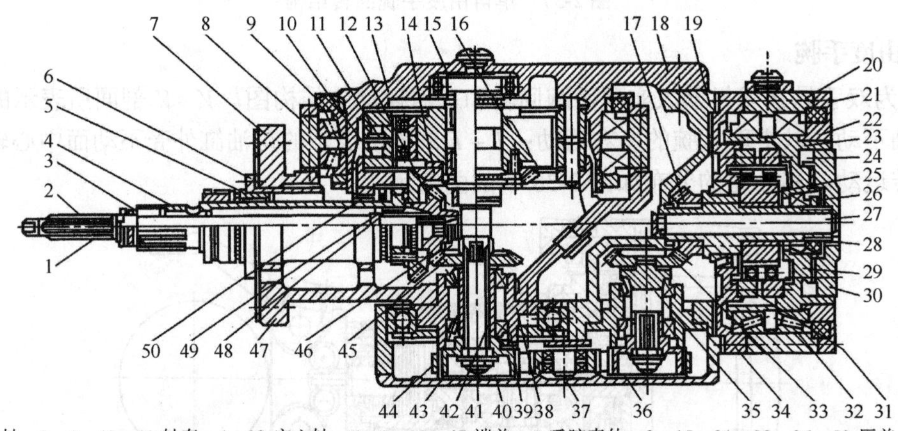

1-轴承；2-中心轴；3、5、42、49-轴套；4、28-空心轴；6、8、20、47-端盖；7-手腕壳体；9、15、21、22、26、50-压盖；10、31-定轮；11、24-动轮；12、13、45、46-锥齿轮；14、29-柔轮；16、25-波发生器；17、33-锥齿轮传动；18、40-盖；19-腕摆壳体；23-安装架；27、37、48-轴；30-法兰盘；32-锥轴承；34-底座；35、41-花键轴；36、44-同步齿形带传动；38、43-轴承套；39-固定架

图 2-40 KUKA IR 662/100 型机器人手腕装配图

然而，臂转、腕摆、手转 3 个传动并不是相互独立的，彼此之间存在较复杂的干涉现象。当中心轴 2 和空心轴 4 固定不转、仅有手腕壳体做臂转运动时，锥齿轮 12 不转，锥齿轮 13 在其上滚动，因此有附加的腕转运动输出；同理，锥齿轮 45 在锥齿轮 46 上滚动时，也产生附加的手转运动。当中心轴 2 和手腕壳体 7 固定不转、空心轴 4 转动使手腕做腕摆运动时，也会产生附加的手转运动。这些在最后需要通过控制系统进行修正。

2.7 机器人的手臂

2.7.1 机器人手臂的结构形式

手臂是机器人执行机构中重要的部件，它的作用是支承手腕和手部，并将被抓取的工件运送到给定的位置。机器人的手臂主要包括臂杆以及与其运动有关的构件，包括传动机构、驱动装置、导向定位装置、支承连接和位置检测元件等。

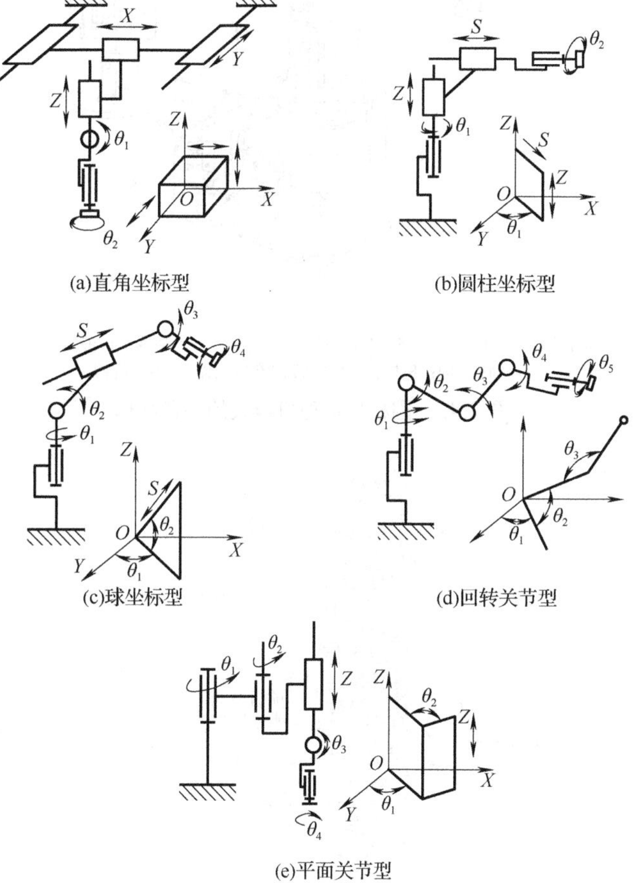
(a)直角坐标型　(b)圆柱坐标型
(c)球坐标型　(d)回转关节型
(e)平面关节型
图 2-41 机器人手臂机械结构形式

一般机器人手臂有 3 个自由度，即手臂的伸缩、左右回转和升降(或俯仰)运动。手臂回转和升降运动是通过机座的立柱实现的，立柱的横向移动即手臂的横移。手臂的各种运动通常由驱动机构和各种传动机构来实现。手臂的 3 个自由度可以有不同的运动(自由度)组合，通常可以将其设计成如图 2-41 所示的 5 种形式。

1) 直角坐标型

如图 2-41(a)所示，直角坐标型工业机器人的运动部分由 3 个相互垂直的直线移动组成，其工作空间图形为长方体。它在各个轴向的移动距离可在各坐标轴上直接读出，定位精度高、结构简单、易于位置和姿态编程计算，但机体所占空间体积大、灵活性较差。

2) 圆柱坐标型

如图 2-41(b)所示，这种运动形式是由一个转动和两个移动共 3 个自由度组成的运动系统，工作空间图形为圆柱形。它与直角坐标型比较，在相同的工作空间条件下，机体所占体积小，而运动范围大。

3) 球坐标型

如图 2-41(c)所示，又称极坐标型，它由两个转动和一个直线移动组成，即一个回转、一个俯仰和一个伸缩运动组成，其工作空间图形为球体，它可以做上下俯仰动作并能够抓取地面上或较低位置的工件，具有结构紧凑、工作空间范围大的特点，但结构较复杂。

4) 回转关节型

如图 2-41(d)所示，回转关节型又称回转坐标型，或简称关节型。这种机器人的手臂与人体上肢类似，其前 3 个关节都是回转关节。这种机器人一般由立柱和大、小臂组成，立柱与大臂间形成肩关节，大臂与小臂间形成肘关节，可使大臂做回转运动 θ_1 和俯仰摆动 θ_2、小臂做俯仰摆动 θ_3。其特点是工作空间范围大，动作灵活，通用性强，能抓取靠近机座的物体。

5) 平面关节型

如图 2-41(e)所示，采用两个回转关节和一个移动关节；两个回转关节控制前后、左右运动，而移动关节则实现上下运动。其工作空间图形的纵截面为矩形的回转体，纵截面高为移动关节的行程长，两回转关节转角的大小决定回转体横截面的大小、形状。平面关节型机器人又称 SCARA 型机器人，是 Selective Compliance Assembly Robot Arm 的缩写，意思是具有选择柔顺性的机器人手臂，在水平方向有柔顺性，在垂直方向有较大的刚性。它结构简单、动作灵活，多用于装配作业中，特别适合小规格零件的插接装配，如在电子工业零件的接插、装配中应用广泛。

机器人的手臂相关结构如图 2-42～图 2-46 所示。

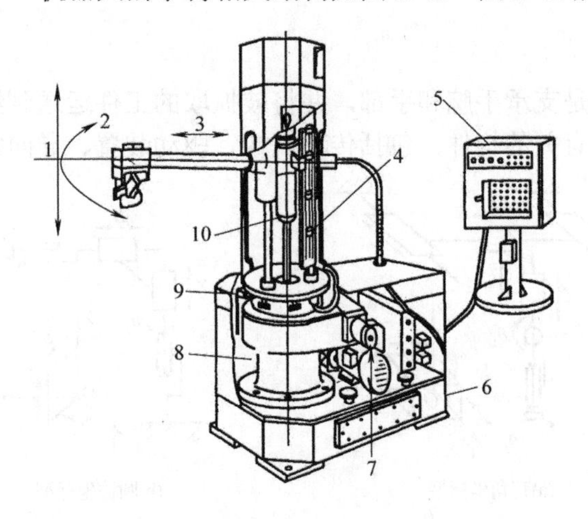

1-升降；2-回转；3-伸缩；4-升降位置检测器；5-控制器；6-液压源；7-回转机构；8-机身；9-回转位置检测器；10-升降缸

图 2-42 圆柱坐标型机器人的手臂结构

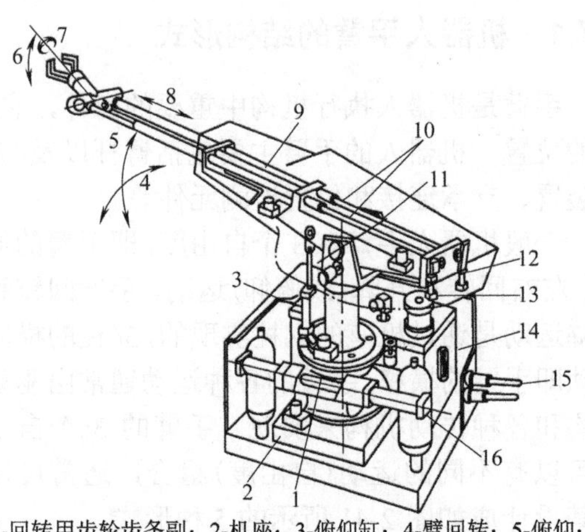

1-回转用齿轮齿条副；2-机座；3-俯仰缸；4-臂回转；5-俯仰；6-上下弯曲；7-回转；8-伸缩；9-伸缩缸；10-花键；11-俯仰回转轴；12-手腕回转油缸；13-手腕弯曲油缸；14-液压源；15-电气控制接头；16-回转齿条缸

图 2-43 球坐标型机器人的手臂结构

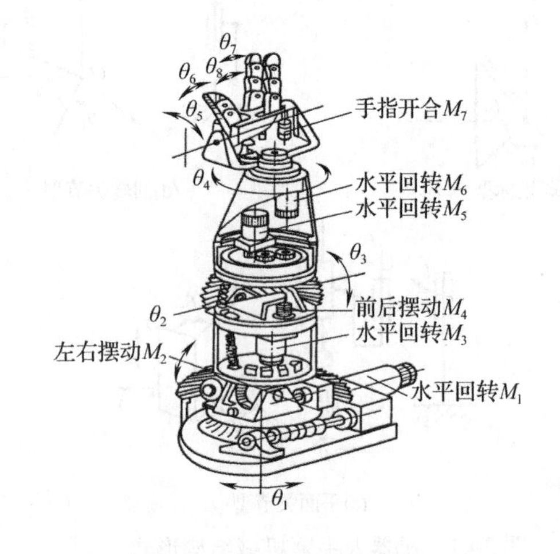

图 2-44 多回转与摆动关节

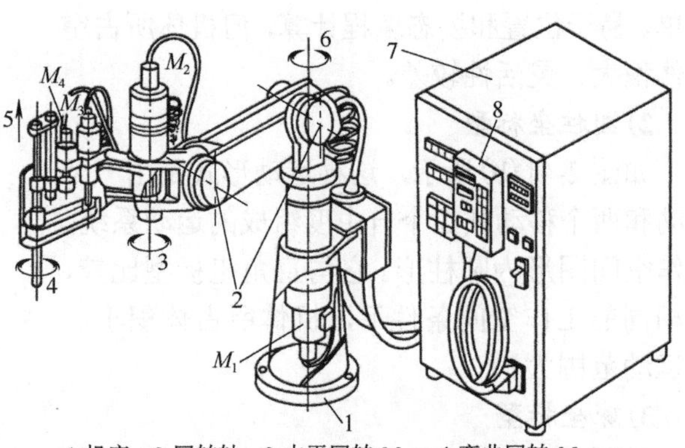

1-机座；2-回转轴；3-水平回转 M_2；4-弯曲回转 M_3；5-腕上下运动 M_4；6-水平回转 M_1；7-控制柜；8-示教盒

图 2-45 平面关节型机器人的手臂结构

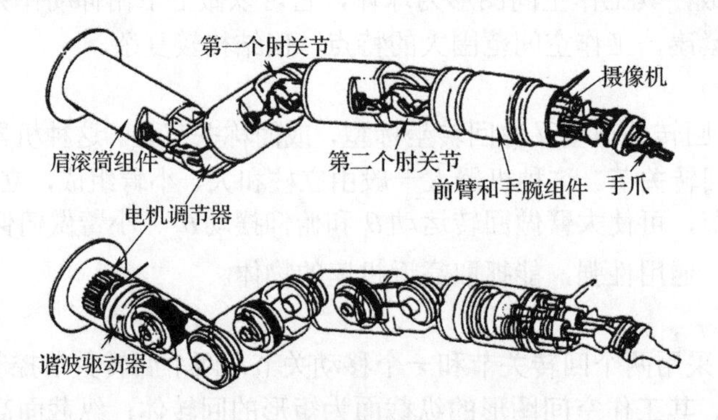

图 2-46 柔性机器人的手臂结构

2.7.2 机器人手臂的典型机构

1. 手臂直线与回转运动机构

机器人手臂的伸缩、横向移动均属于直线运动。实现手臂往复直线运动的机构形式比较多，常用的有活塞油(气)缸、齿轮齿条机构、丝杠螺母机构以及连杆机构等。活塞油(气)缸的体积小、重量轻，在机器人的手臂结构中得到的应用比较多。

图2-47为手臂直线和回转运动的结构原理图。手臂直线运动采用双导向伸缩杆结构。手臂和手腕通过连接板安装在升降油缸的上端，当双作用油缸1的两腔分别通入压力油时，推动活塞杆2(即手臂)做往复直线移动。导向杆3在导向套4内移动，以防手臂伸缩时的转动(兼作手腕回转油缸6及手部夹紧油缸7用的输油管道)。手臂回转是由回转油缸14来实现的，如图2-47中$A-A$所示。中心轴13固定不动，而回转油缸14与手臂座8一起回转。手臂横向移动是由活塞缸15来驱动的，回转油缸与滑台10用螺钉连接，活塞杆16通过连接板12用螺钉固定在滑座11上。当活塞缸15通压力油时，回转油缸就带动滑台10沿着燕尾形滑座11做横向往复移动，如图2-47中$B-B$所示。此手臂结构具有结构简单、紧凑等特点。

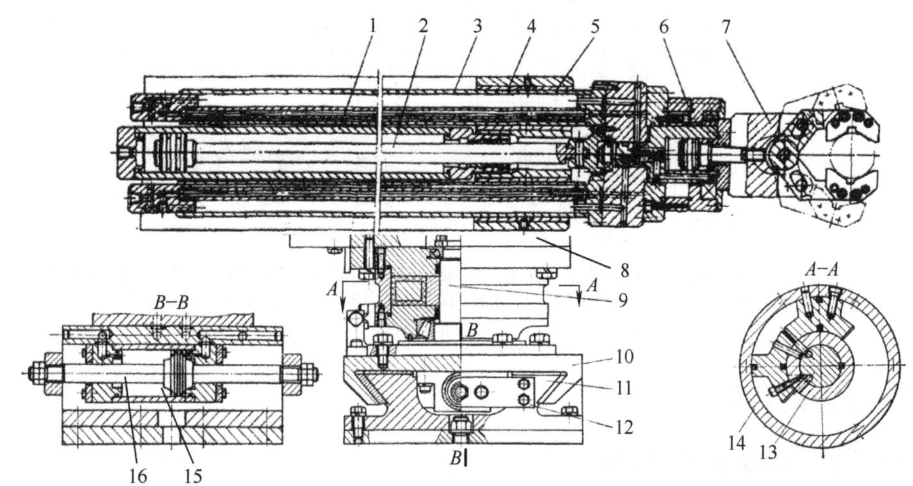

1-双作用油缸；2-活塞杆；3-导向杆；4-导向套；5-支承座；6-手腕回转油缸；7-手部夹紧油缸；8-手臂座；9-手臂回转油缸；10-滑台；11-滑座；12-连接板；13-中心轴；14-回转油缸；15-活塞缸；16-活塞杆

图2-47 手臂直线和回转运动的结构原理

2. 手臂俯仰运动机构

如图2-48所示，机器人手臂的俯仰运动一般采用俯仰缸与铰链机构联用来实现。手臂俯仰运动用的俯仰缸位于手臂的下方，其油(气)缸活塞杆和手臂用铰链连接，缸体采用尾部耳环或中部销轴等方式与立柱连接。

图2-49为采用铰接活塞缸多自由度手臂俯仰运动示意图。铰接活塞缸多自由度手臂通过铰接活塞缸5、7连杆机构，使小臂4和大臂6相对立柱8进行运动，可以实现多手臂自由度俯仰运动。该结构的特点是工作活动范围大、灵活性好，但是位置精度不高。

图2-50为球坐标式俯仰机械手结构图。其手臂4的俯仰由铰接活塞油缸杆1和活塞油缸杆5及连杆机构来实现，手臂回转由手臂回转油缸9带动手臂回转缸体11，经两根导向杆8，驱动手臂4回转。而铰接活塞缸6与升降缸10连接如图2-50中$A-A$所示，其上的两根导向杆8能防止升降缸10的铰接活塞油缸杆1转动，手臂升降由升降油缸驱动铰接活塞油缸杆1从而带动手臂4做上下移动。此手臂的特点是用齿轮轴套7作导向套，刚度大、导向性好、传动平稳、传动结构简单紧凑，外形美观整齐。

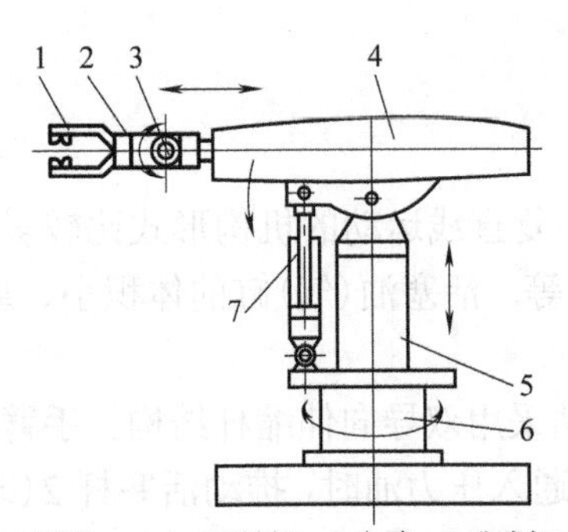

1-手爪；2-夹紧缸；3、6-回转缸；4-大臂；5-升降缸；7-俯仰缸

图 2-48 手臂俯仰运动驱动缸安置示意图

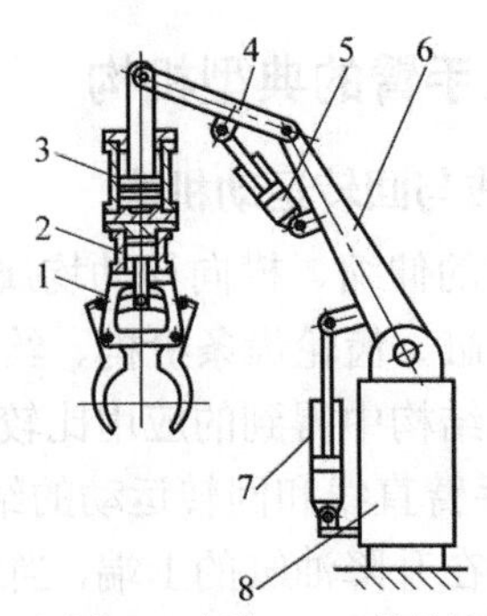

1-手部；2-夹紧缸；3-升降缸；4-小臂；5、7-铰接活塞缸；6-大臂；8-立柱

图 2-49 铰接活塞缸多自由度手臂俯仰运动示意图

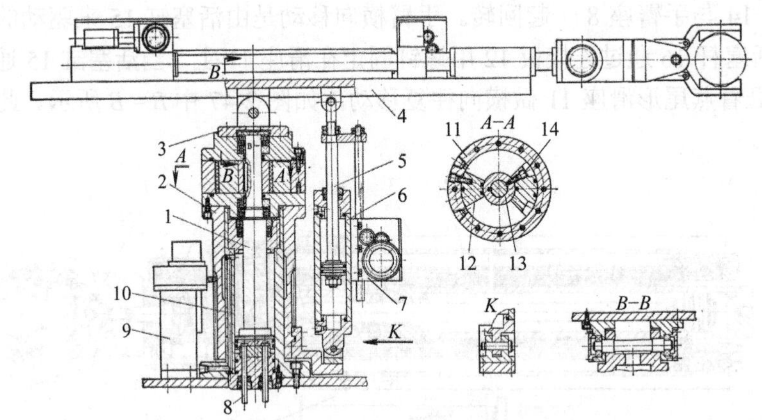

1-铰接活塞油缸杆；2-齿轮套；3-支承架；4-手臂；5-活塞油缸杆；6-铰接活塞缸；7-齿轮轴套；8-导向杆；9-手臂回转油缸；10-升降缸；11-手臂回转缸体；12-定片；13-轴套；14-动片

图 2-50 球坐标式俯仰机械手结构图

2.7.3 手臂驱动力的计算

1. 手臂垂直升降运动驱动力的计算

手臂做垂直运动时，除克服摩擦力之外，还要克服机身自身运动部件的重力和其支承的手臂、手腕、手部及工件的总重力以及升降运动的全部部件惯性力，故其驱动力 P_q 为

$$P_q = F_m + F_g + F_b \pm W \tag{2-13}$$

式中，F_m 为各支承处的摩擦力(N)；F_g 为启动时的总惯性力(N)；F_b 为气(油)缸非工作腔压力(背压力)所造成的阻力，若非工作腔与油缸或大气相连，则 F_b=0；W 为运动部件的总重力(N)，对于式中的正、负号，上升时为正，下降时为负。

2. 手臂回转运动驱动力矩的计算

回转运动驱动力矩只包括两项：回转部件的总摩擦阻力矩和机身自身运动部件与其支承的手臂、手腕、手部及工件的总惯性力矩，故驱动力矩 M_q 为

$$M_q = M_m + M_g \tag{2-14}$$

式中，$M_m = M'_m + M''_m$ 为总摩擦阻力矩(N·m)，主要包括回转缸动片圆柱面与缸径之间的摩擦阻力矩 M'_m 和动片端面与缸盖之间的摩擦阻力矩 M''_m；M_g 为各回转运动部件的总惯性力矩(N·m)，有

$$M_g = J_0 \frac{\Delta\omega}{\Delta t} \tag{2-15}$$

式中，$\Delta\omega$ 为升速或制动过程中的角速度增量(rad/s)；Δt 为回转运动升速过程或制动过程的时间(s)；

J_0为全部回转零部件对机身回转轴的转动惯量$(kg\cdot m^2)$。

由于参与回转的零件形状、尺寸和重量各不相同，所以计算J_0比较复杂，为了简化计算，可将形状复杂的零件简化成几个简单形体，分别计算，然后将各值相加，即得复杂零件对回转轴的转动惯量。

若手臂回转的零件重心与回转轴线不重合，其零件对回转轴的转动惯量为

$$J_0 = J_C + \frac{G}{g}\rho^2 \tag{2-16}$$

式中，J_C为回转零件对过重心轴线的转动惯量，具体可查转动惯量表；ρ为回转零件的重心到回转轴线的距离(cm)。

3. 升降立柱下降不卡死(不自锁)的条件计算

偏重力矩是指手臂全部零部件与工件的总重量对机身回转轴的静力矩。当手臂悬伸为最大行程时，其偏重力矩最大。故偏重力矩应按悬伸最大行程且最大抓重进行计算。

各零部件的重量可根据其结构形状和材料密度进行粗略计算。大多数零件采用对称形状的结构，其中心位置就在几何截面的几何中心上，因此，根据静力学原理可求出手臂总重量的重心位置与机身立柱轴的距离，也称为偏重力臂，如图2-51所示。

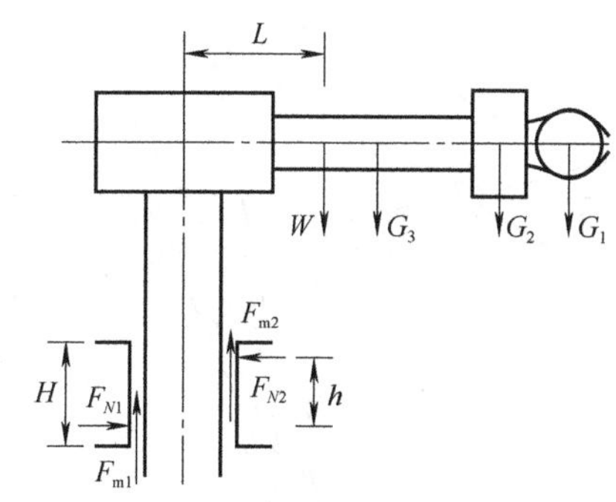

图2-51 手臂的偏重力矩

偏重力臂的大小为

$$L = \frac{\sum G_i L_i}{\sum G_i} \tag{2-17}$$

式中，G_i为零部件及工件的重量(N)；L_i为零部件及工件的重心到机身回转轴的距离(m)。

偏重力矩为

$$M = W \cdot L \tag{2-18}$$

式中，W为零部件及工件的总重量(N)。

手臂在总重量W的作用下有一个偏重力矩，而立柱支承导套中有阻止手臂倾斜的力矩，显然偏重力矩对升降运动的灵活性有很大影响。如果偏重力矩过大，使支承导套与立柱之间的摩擦力过大，出现卡滞现象，此时必须增大升降驱动力，相应的驱动及传动装置的结构庞大。如果依靠自重下降，立柱可能卡死在导套内而不能做下降运动，这就是自锁。故必须根据偏重力矩的大小决定立柱支承导套的长短。根据升降立柱的平衡条件可知

$$F_{N1}h = WL$$

得

$$F_{N1} = F_{N2} = \frac{L}{h}W$$

要使升降立柱在导套内下降自由，手臂总重量$G_1 + G_3$必须大于导套与立柱之间的摩擦力F_{m1}及F_{m2}，因此升降立柱依靠自重下降而不引起卡死的条件为

$$W > F_{m1} + F_{m2} = 2F_{N1}\mu = 2\frac{L}{h}W\mu$$

即

$$h > 2\mu L \tag{2-19}$$

式中，h为导套的长度(m)；μ为导套与立柱之间的摩擦因数，$\mu = 0.015\sim0.1$，一般取较大值；L为偏重力臂(m)。

如果立柱升降都是依靠驱动力进行的，则不存在立柱自锁(卡死)条件，升降驱动力计算中摩擦阻力按式(2-19)计算。

4. 手臂俯仰运动驱动力矩的计算

1) 铰接活塞缸和连杆机构的驱动力矩计算

图 2-52 为铰接活塞缸和连杆机构的驱动力矩计算图。

由图 2-52 可知，当手臂与水平位置成仰角 β_1 和俯角 β_2 时，铰接活塞缸的驱动力(推力或拉力) P 的作用线与铅垂线的夹角 α 是在 α_1～α_2 变化的。而作用在活塞上的驱动力通过连杆机构产生的驱动力矩与手臂俯仰角 β 有关，其变化关系分析如下。

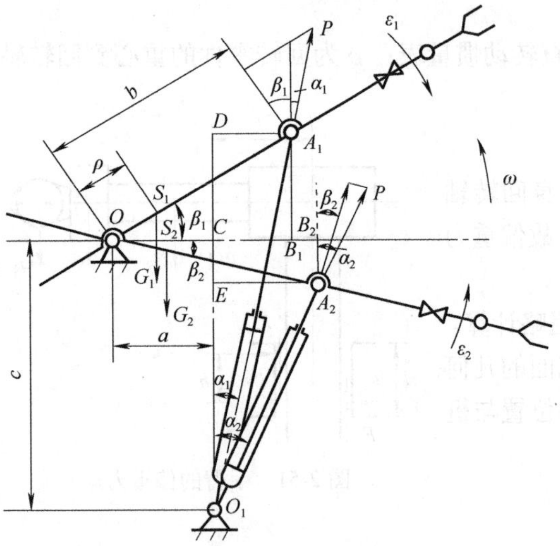

图 2-52　铰接活塞缸和连杆机构的驱动力矩计算图

当手臂处在仰角为 β_1 的位置 OA_1 时，驱动力 P 通过连杆机构产生的驱动力矩 $M_{驱}$ 为

$$M_{驱} = Pb\cos(\alpha_1 + \beta_1)$$

式中，$M_{驱}$ 的单位为 kgf·cm。

因为 $\tan\alpha_1 = \dfrac{A_1D}{O_1D} = \dfrac{B_1C}{O_1C}$，而 $B_1C = b\cos\beta_1 - a$，$O_1D = c + b\sin\beta_1$，$\alpha_1 = \arctan\dfrac{b\cos\beta_1 - a}{c + b\sin\beta_1}$，所以

$$M_{驱} = Pb\cos\left(\arctan\frac{b\cos\beta_1 - a}{c + b\sin\beta_1} + \beta_1\right)$$

其中

$$P = \frac{\pi D^2}{4}p - P_f - P_b$$

式中，a、b、c 为机械手的手臂尺寸(cm)；P 为作用在铰接活塞缸上的驱动力；p 为铰接缸的工作压力(kg/cm^2)；D 为铰接缸的内径(cm)；P_f 为铰接活塞缸活塞与缸径、活塞杆与端盖的密封装置处的摩擦阻力(N)；P_b 为铰接活塞缸、非工作腔的背压阻力(N)，当非工作腔通油箱或大气时 $P_b = 0$。

当手臂处在俯角为 β_2 的位置 OA_2 时，驱动力 P 通过连杆机构产生的驱动力矩为

$$M_{驱} = Pb\cos(\alpha_2 - \beta_2)$$

因为 $\tan\alpha_2 = \dfrac{A_2E}{O_1E} = \dfrac{A_2E}{O_1C - EC}$，而 $A_2E = B_2C = OB_2 - OC = b\cos\beta_2 - a, O_1C = c$，$EC = A_2B_2 = b\sin\beta_2$，所以有

$$\alpha_2 = \arctan\frac{b\cos\beta_2 - a}{c - b\sin\beta_2}$$

$$M_{驱} = Pb\cos\left(\arctan\frac{b\cos\beta_2 - a}{c - b\sin\beta_2} - \beta_2\right)$$

当手臂处在水平位置，即 $\beta_2 = 0$ 时，驱动力矩为

$$M_{驱} = Pb\cos\left(\arctan\frac{b - a}{c}\right)$$

驱动手臂俯仰的驱动力矩应克服手臂等部件的重量对回转轴线所产生的偏重力矩和手臂在启动时所产生的惯性力矩，以及各回转处摩擦阻力矩，即

$$M_{驱} = M_{惯} \pm M_{偏} + M_m$$

一般因手臂座与立柱连接轴 O 处装有滚动轴承，其摩擦阻力矩 M_m 较小，在铰链 A 和 O 处的 $M_{驱}$ 方程式可简化成

$$M_{驱} = M_{惯} \pm M_{偏}$$

式中，$M_{惯}$ 为手臂做俯仰运动在启动时的惯性力矩(kgf·cm，1kgf=9.8N)；$M_{偏}$ 为手臂等部件的重量对

回转轴线的偏重力矩(kgf·cm)，当手臂上仰时为正，下俯时为负。

由上述分析可知，手臂做俯仰运动时，为克服外界阻力矩，所需驱动力随手臂俯仰角度的变化而异。通常以手臂上仰和加速启动时的情况来计算铰接活塞缸结构尺寸和工作的压力。

2)齿条活塞缸和连杆机构的驱动力矩计算

图 2-53 为齿条活塞缸和连杆机构的驱动力矩计算简图。通过齿条活塞 3 与扇形齿轮 4 相啮合，带动连杆机构(图中 $OABO_1$ 所示机构)的摇杆(即 OA 杆与手臂连接成一体)一起俯仰，图示手臂处于水平位置。若四杆机构各杆的尺寸和回转轴 O 与 O_1 的相对位置均已确定，并且各构件的运动副摩擦忽略不计，当手臂上仰到图示 $OA_1B_1O_1$ 位置时，作用在齿条活塞气缸上的推力通过连杆机构所产生的驱动力矩 $M_{驱}$ 为

$$M_{驱} = P'\cos(90° - \gamma_1) \cdot l_{OA_1} = P' l_{OA_1} \sin\gamma_1$$

因为 $P'\cos(90° - \alpha_1) \cdot l_{OA_1} = P\sin\alpha_1$，$Pl_{O_1B_1} = P_1 R$，所以

$$M_{驱} = P_1 \frac{R \cdot l_{OA} \cdot \sin\gamma_1 \cdot \sin\alpha_1}{l_{O_1B_1}}$$

其中

$$P_1 = \frac{\pi}{4} D_1^2 p$$

同理，当手臂下俯到图示 $OA_2B_2O_1$ 位置时，其驱动力矩 $M_{驱}$ 为

$$M_{驱} = P_2 \frac{R \cdot l_{OA} \cdot \sin\gamma_2 \cdot \sin\alpha_2}{l_{O_1B}}$$

其中

$$P_2 = \frac{\pi}{4} D_2^2 p$$

同理，当手臂处于水平位置时，$AB \perp OA$，即 $\gamma = 90°$，其驱动力矩 $M_{驱}$ 为

$$M_{驱} = P' \frac{R \cdot l_{OA} \cdot \sin\alpha}{l_{O_1B}}$$

其中，$\sin\alpha = \dfrac{l_{O_1C}}{l_{O_1B}}$，$l_{O_1C} = l_{OA} - a$，所以

$$M_{驱} = P' \frac{R \cdot l_{OA}(l_{OA} - a)}{l^2_{O_1B}}$$

其中，$P' = P_1$ 或 P_2 依俯仰运动情况而定。式中，α 为曲柄与连杆所夹的角度；γ 为传动角(即摇杆与连杆所夹的角度)；R 为扇形齿轮的分度圆半径(cm)；l_{OA}、l_{O_1B}、a 为四杆机构的各杆尺寸；α_1、α_2 和 γ_1、γ_2 可根据手臂俯仰位置(即设计要求的 β 角)和活塞缸的齿条活塞位移、扇形齿轮的转角之间关系，进行几何作图求解或解析运算求解。

此外，手臂俯仰的驱动力矩应克服手臂在启动时所产生的惯性力矩和手臂等部件的重量对回转轴心的偏重力矩以及各回转副处摩擦阻力矩，其各力矩的计算同前述。

由上述分析可知，驱动力矩是随 α、γ 角变化的，而 α、γ 又取决于 β 角的变化，所以 $M_{驱}$ 随 β 角而异。同样，偏重力矩和惯性力矩也随 β 角而变化。因此，必须计算所需的最大 $M_{驱}$ 作为设计两个齿条活塞气缸的结构尺寸和确定气压的依据。

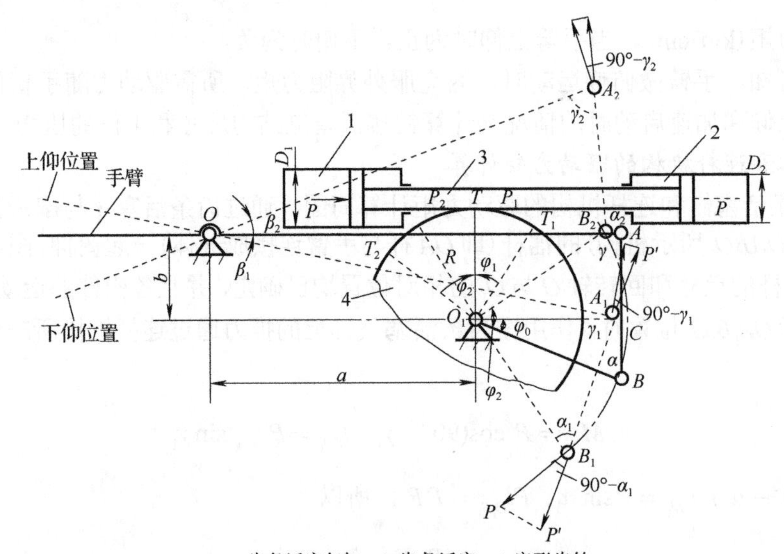

1、2-齿条活塞气缸；3-齿条活塞；4-扇形齿轮

图 2-53　齿条活塞缸和连杆机构的驱动力矩计算简图

2.8　机器人的机身

机器人必须有一个便于安装的基础件机座或行走机构。机座往往与机身做成一体。机身和手臂相连，机身支承手臂，手臂又支承手腕和手部，机身运动的平稳性是一个重要的问题。

机身结构一般由机器人总体设计确定。例如，直角坐标型机器人有时把升降或水平移动自由度归属于机身；圆柱坐标型机器人把回转与升降这两个自由度归属于机身；球坐标型机器人把回转与俯仰这两个自由度归属于机身；关节型机器人把回转自由度归属于机身。下面主要介绍直线移动机身、回转与升降机身、回转与俯仰机身和类人多自由度机身等。

1. 直线移动机身

直线移动机身通常设计成横梁式，用于悬挂手臂部件，这类机器人的运动形式大多为移动式。它具有占地面积小、有效地利用空间、运动直观等优点。横梁可设计成固定型或行走型，一般横梁安装在厂房原有建筑的柱梁或有关设备上，也可从地面架设。

图 2-54 为一种双臂对称交叉悬挂式横梁直线移动式机器人机身。这种结构大多用于机床(如卧式车床、外圆磨床等)上、下料服务，一个臂用于上料，另一个臂用于下料。这种形式可以缩短辅助时间，缩短动作循环周期，有利于提高生产率。双臂在横梁上的配置有双臂平行配置、双臂对称交叉配置和双臂一侧交叉配置等。具体配置形式视工件的类型、工件在机床上的位置和夹紧方式、料道与机床间相对位置及运动形式等不同而各异。

2. 回转与升降机身

回转与升降机身的回转运动采用摆动油缸驱动；升降油缸可以布置在回转油缸上面，也可以布置在回转油缸下面。有的采用链条链轮传动将直线运动变为链轮的回转运动，也有用双杆活塞气缸驱动链条链轮回转的方式，这种驱动方式的回转角度可大于 360°。图 2-55 为回转与升降式机器人机身，采用单杆活塞气缸驱动链条链轮传动机构实现机身的回转运动。

3. 回转与俯仰机身

机器人手臂的俯仰运动一般采用活塞油(气)缸与连杆机构实现。手臂俯仰运动用的活塞缸位于手臂的下方，其活塞杆和手臂用铰链连接，缸体采用尾部耳环或中部销轴等方式与立柱连接，如图 2-56 所示。此外有时也采用无杆活塞缸驱动齿条齿轮或四连杆机构实现手臂的俯仰运动。

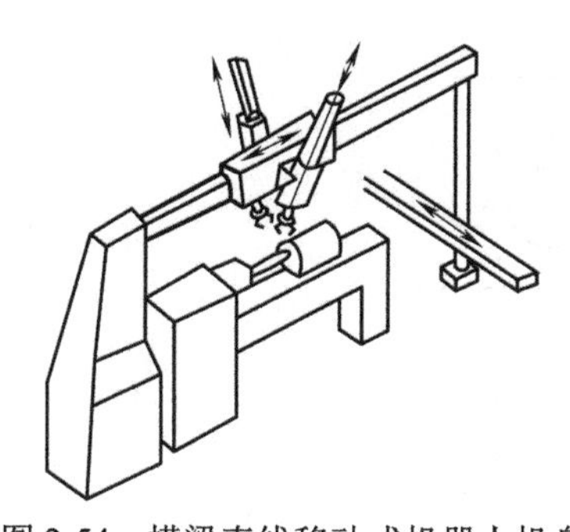

图 2-54　横梁直线移动式机器人机身

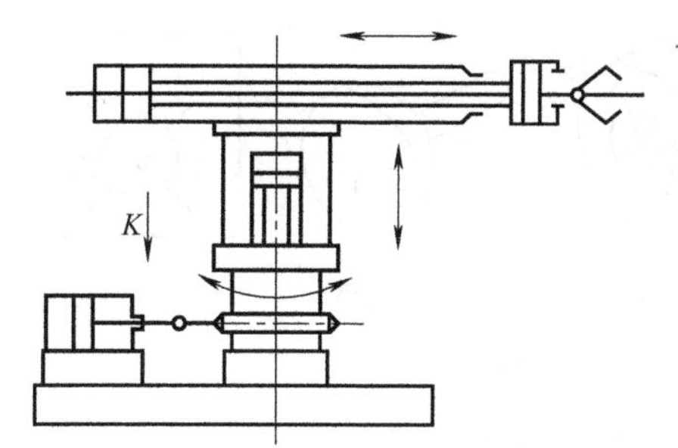

图 2-55　回转与升降式机器人机身

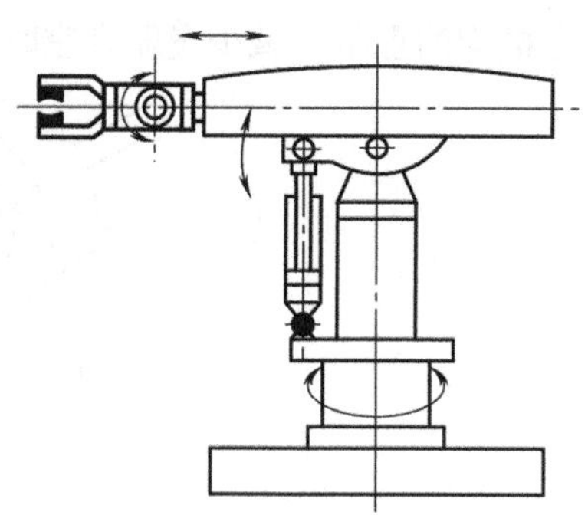

图 2-56　回转与俯仰式机器人机身

4. 类人多自由度机身

荷兰的 Mark Ho 设计的 ARTFORM No.1 类人机器人的机身如图 2-57 所示。它的机身上除装有驱动手臂的运动装置外，还有驱动足部运动的装置和腰部关节。靠足部和腰部的曲伸运动来实现升降，腰部关节实现左右和前后的俯仰及人身轴线方向的回转运动。

图 2-57　类人多自由度机身

5. 机身设计要注意的问题

(1) 刚度和强度大，稳定性好。

(2) 运动灵活，导套不宜过短，避免卡死。

(3) 驱动方式适宜。

(4) 结构布置合理。

2.9　机器人的行走机构

行走机构是行走机器人的重要执行部件，它由行走的驱动装置、传动机构、位置信息传感器等组成。它支承机器人机身、手臂和手部，并带动机器人在它的环境中无约束地运动。

机器人的行走机构按其行走运动轨迹可分为固定轨迹式行走机构和无固定轨迹式行走机构。工业机器人大多采用固定轨迹式行走机构。无固定轨迹式行走机构按其结构特点可分为车轮式行走机构、履带式行走机构和足式行走机构。

1. 固定轨迹式行走机构

该类机器人机身底座安装在一个可移动的拖板座上，靠丝杠螺母驱动，整个机器人沿丝杠纵向移动。除了这种直线驱动方式，还有类似起重机梁行走方式等。这种可移动机器人主要用在作业区域大的场合，如大型设备装配、立体化仓库中材料搬运等。

2. 无固定轨迹式行走机构

1) 车轮式行走机构

迄今为止，轮子一般是移动机器人中最流行的行走机构，它可达到很高的效率，而且用比较简单的机械就可实现。

车轮的形状或结构形式取决于地面性质和车辆的承载能力。在轨道上运行的车轮多采用实心钢轮，在室外路面行驶的车轮采用充气轮胎，在室内平坦地面行驶的车轮可采用实心轮胎，图 2-58 是不同地面上采用的不同车轮形式。图 2-58(a) 适合于平坦的坚硬路面；图 2-58(b) 适合于沙丘地形；图 2-58(c) 为车轮的一种变形，称为无缘轮，适合于爬越阶梯和在水田中行驶；图 2-58(d) 和 (e) 分别是超轻金属线编织轮和半球形轮，这两种轮为火星表面移动车辆开发而研制，其中超轻金属线编织轮用来减轻行走机构的重量，减少飞船升空时的功耗。

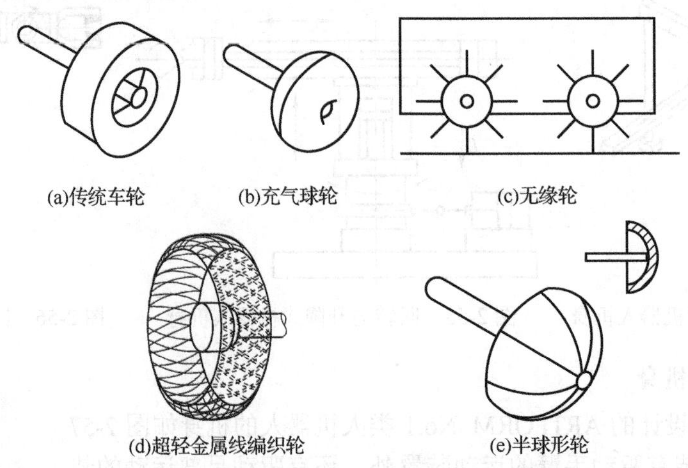

图 2-58　车轮的形式

车轮式行走机构依据车轮的数量分为 1 轮、2 轮、3 轮、4 轮以及多轮机构。1 轮和 2 轮行走机构在实现上的主要障碍是稳定性问题。实际应用的车轮式行走机构多为 3 轮和 4 轮。

车轮式机器人一般都被设计成在任何时间里所有轮子均与地接触，因此 3 个轮子就足以保证稳定平衡。代表性的车轮配置方式是一个前轮，两个后轮。图 2-59(a) 为后轮用两轮独立驱动、前轮用小脚轮构成辅助轮组合而成的方式，它的特点是机构组成简单，而且旋转半径可从零到无限大任意设定，但是它的旋转中心是在连接两驱动轴的直线上，所以旋转半径即使是零，旋转中心也与车体的中心不一致。图 2-59(b) 为前轮驱动、前轮转向的方式，与图 2-59(a) 相比，操舵和驱动的驱动器都集中在前轮部分，所以机构复杂。在这种场合，旋转半径可以从零到无限大连续变化。图 2-59(c) 为了避免图 2-59(b) 机构的缺点，选用差动齿轮进行驱动的方式。

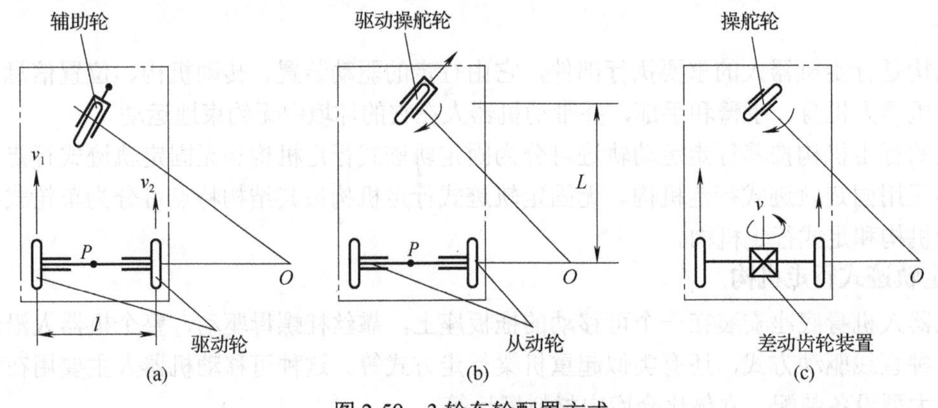

图 2-59　3 轮车轮配置方式

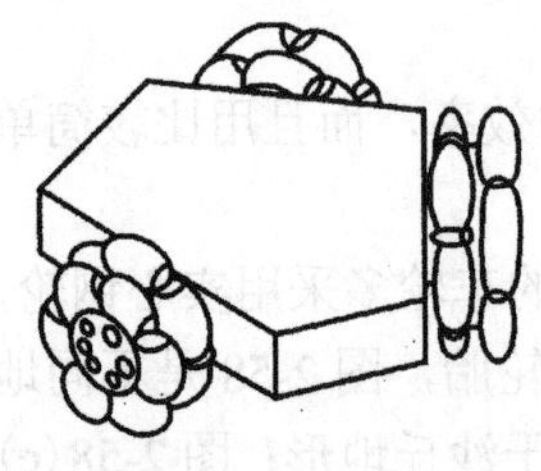

图 2-60　3 轮机器人

图 2-60 为美国 Unimation-Stanford 研究小组设计的一种 3 轮机器人。该 3 组轮子呈等边三角形分布在机器人的下部，每组轮子由若干个滚轮组成，这些轮子能够在驱动电动机的带动下自由地转动，从而使机器人移动。驱动电动机控制系统既可以同时驱动所有 3 组轮子，也可以分别驱动其中 2 组轮子，这样，机器人就能够在任何方向上移动。图 2-61 为上海英集斯自动化技术有限公司设计的 3 轮移动机器人。

4 轮行走机构的应用最为广泛，4 轮机构采用不同的方式实现驱动和转向。图 2-62(a) 为两轮独立驱动、前后带有辅助轮的方式，与图 2-62(b) 相比，当旋转半径为0时仍能绕车体中心旋转，因此有利于在狭窄场所改变方向。图2-62(b)是汽车方式，适合于高速行走，当用于低速的运输搬运时费用不合算，所以小型机器人不大采用。

在某些使用小脚轮的4轮室内机器人情况下，把软橡胶可变形的轮胎用在轮上，制作基本的悬挂体。但这种有限的解决方案不能与应用中错综复杂的悬挂系统相比拟。对明显的非平坦地形，动态的悬挂系统是非常重要的。如图2-63所示，为了克服崎岖的火星地面，美国NASA第一个成功登陆火星的Sojourney 6轮火星车实验机器人就使用了具有动态悬挂系统的6轮行走机构。

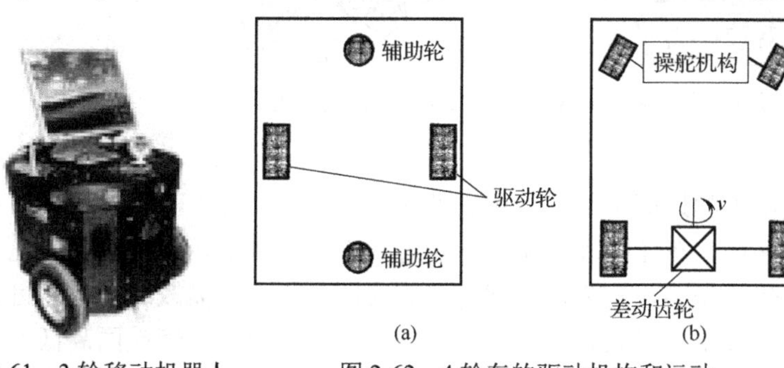

图2-61 3轮移动机器人　　图2-62 4轮车的驱动机构和运动　　图2-63 Sojourney 6轮火星车实验机器人

2)履带式行走机构

履带式行走机构的主要特征是将圆环状的无限轨道带卷绕在多个车轮上，使车轮不直接与路面接触。利用履带可以缓冲路面状态，因此可以在各种路面条件下行走。图2-64的INSPECTOR反恐排爆机器人采用的即履带式行走机构。

图2-64 美国INSPECTOR反恐排爆机器人

履带式行走机构的优点主要有：①能登上较高的台阶；②由于履带具有突起，路面保持力强，因此适合在荒地上移动；③能实现原地旋转；④重心低，稳定性好。

通过进一步采用适应地形的履带，可产生更有效地利用履带特性的方法。图2-65是适应地形的履带的例子。

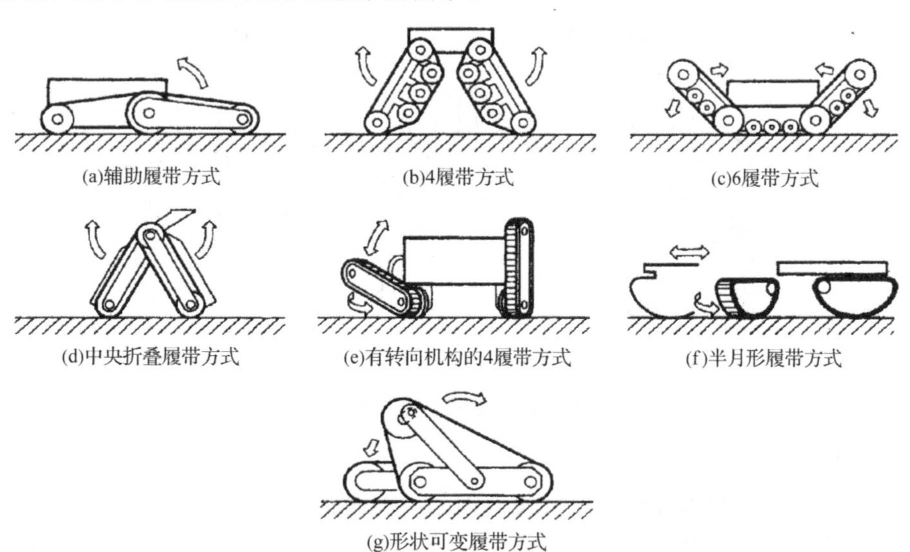

图2-65 适应地形的履带驱动方式

波兰学者Fijalkowski利用现代技术，设计了仿龟形步行橡胶履带车辆，如图2-66所示。像龟腿似的4条履带可以在普通路面上高速行驶；当地面变软或遇到障碍物时，4条履带可以像地面行星轮一样实现缓慢的行驶。其设计原理与地面行星轮原理相似，但在松软地面的通过性需进一步改善。

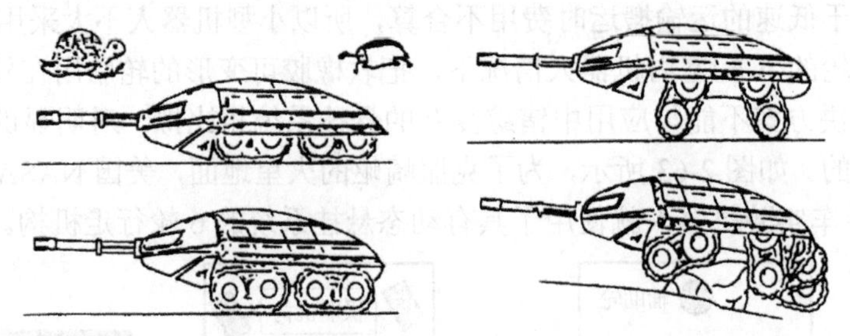

图 2-66 高速行驶的 4 条履带和双螺旋桨的水陆两用仿龟形战车

3) 足式行走机构

履带式行走机构虽然可以在高低不平的地面上运动，但它的适应性不够，行走时晃动太大，在软地面上行驶运动效率低。面对崎岖的路面，车轮式和履带式行走方式必须接触最坏的地形上的几乎所有的点，相比之下，足式行走方式则优越得多。首先，足式行走方式的立足点是离散的点，它可以在可能到达的地面上选择最优的支撑点；其次，足式行走方式具有主动隔振能力，尽管地面高低不平，机身的运动仍然可以相当平稳；最后，足式行走方式在不平地面和松软地面上的运动速度较高、能耗较少。

足式行走机构有单足、双足、三足、四足、六足等，如图 2-67 所示。足的数目越多，重载能力越强，但是运动速度越慢。双足和四足具有较好的适应性与灵活性，最接近人类和动物行走。

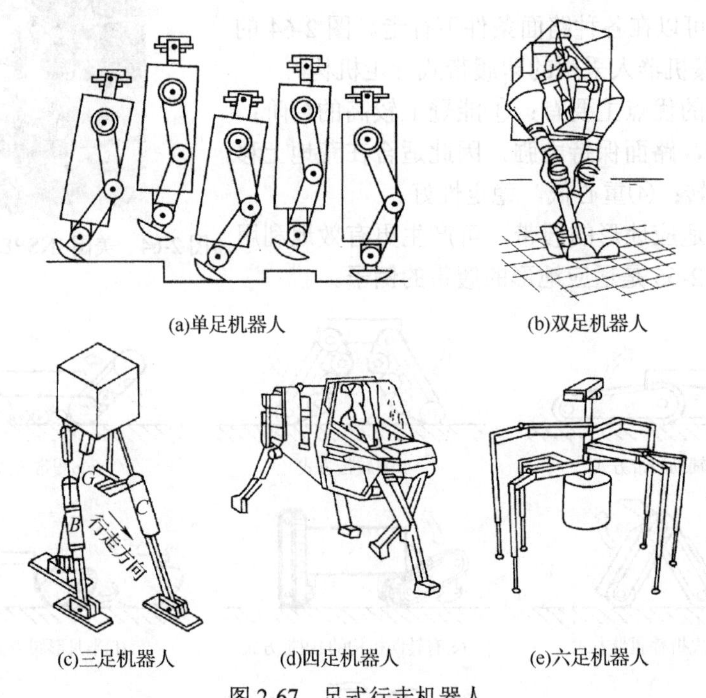

(a)单足机器人　(b)双足机器人

(c)三足机器人　(d)四足机器人　(e)六足机器人

图 2-67 足式行走机器人

(1) 单足机器人。

单足机器人使足式运动的基本优点最大化：因为足与地面只有一个接触点，单足机器人只需要一系列的单点接触，就能经受粗糙的地形。此外，取一个跳步的起点，单足机器人可动态地跨过比它的步幅大的沟隙。

单足机器人的主要困难是保持平衡。单足机器人不仅不可能静态行走，而且在静止时保持静态稳定也很困难，因此，成功的单足机器人必须动态地稳定。

(2)双足机器人。

为了开发以人为理想模型的双足机器人，各国根据自己设定的目标进行了各种各样的研究，目前美国、日本、德国、法国、英国等都成功地开发出多种双足机器人，有的已经达到了相当高的水平。

由人腿各关节部移动状态和重心轨迹图(图 2-68)可知，人的步行过程首先是一只脚在前方着地，当另一只脚离开地面处于抬起状态时，重心转移到接地的脚上。在用这一只脚站立并保持平衡的同时，抬起的另一只脚向前方跨出。跨出的这只脚接地以后，原接地的那只脚的脚尖蹬着地面离地向前跨出。首先是膝关节部向前摆出，最后几乎达到大腿与小腿呈一条直线的程度，再一次在前方从脚后跟起开始着地，这样就完成了一个步行过程。用两只脚步行的最大特点是，在步行过程中用一只脚站立也不会倒下。为了实现这一点，除必须使每个关节具有足够的功率外，还必须对股关节、膝关节、踝关节以及躯干部进行复杂的控制。

图 2-69 为人以 4km/h 的行进速度步行时各关节移动状态和重心的变化轨迹图，其中实线与点线分别表示左、右下肢。若将图 2-69 中具有代表性的图形用绝对坐标加以表示，即可得图 2-70。

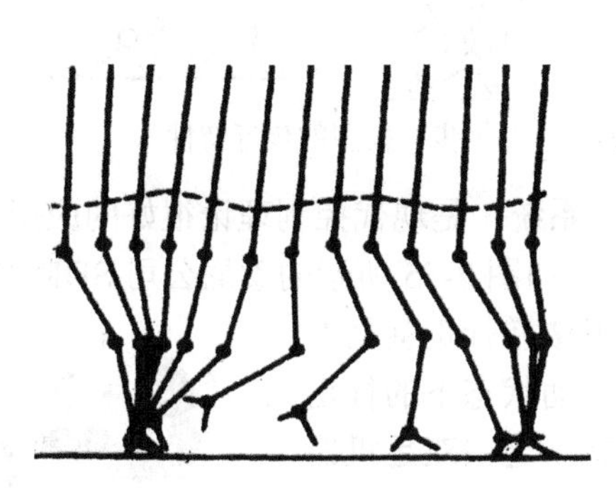

图 2-68 人腿各关节移动状态和重心轨迹图

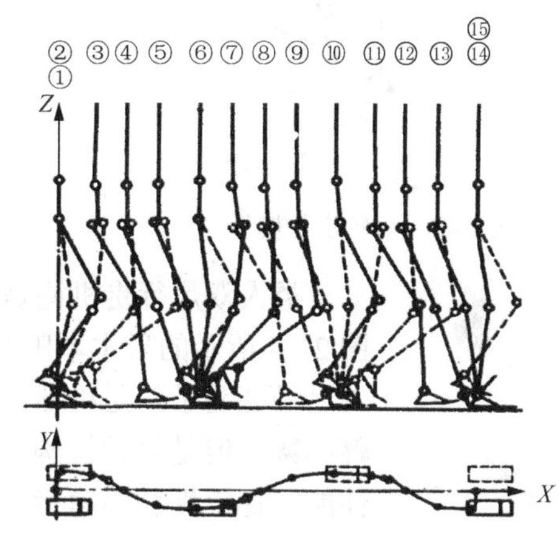

图 2-69 人腿各关节移动状态和重心变化轨迹图

图 2-71 为考虑双足左右不能倒下这一附加条件的模型。躯干呈倒立振动子形，有前后及左右两个摆动自由度，下肢与五轴步行模型相同，共有 6 个自由度，臂固定在躯干上，全体共有 8 个自由度。其特别之处是有一个骨盆部，外轮廓与人相近。

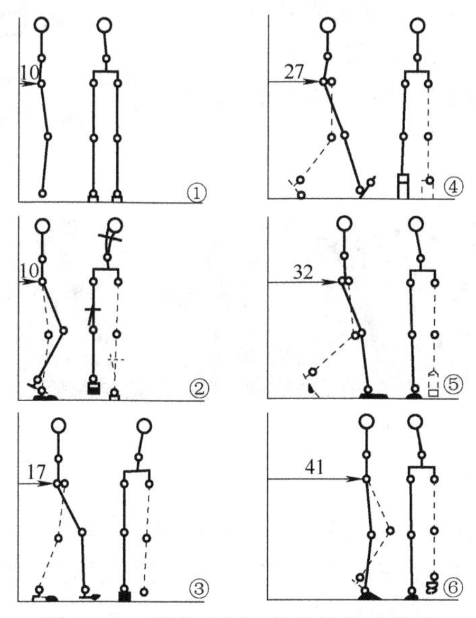

图 2-70 用绝对坐标表示的移动状态

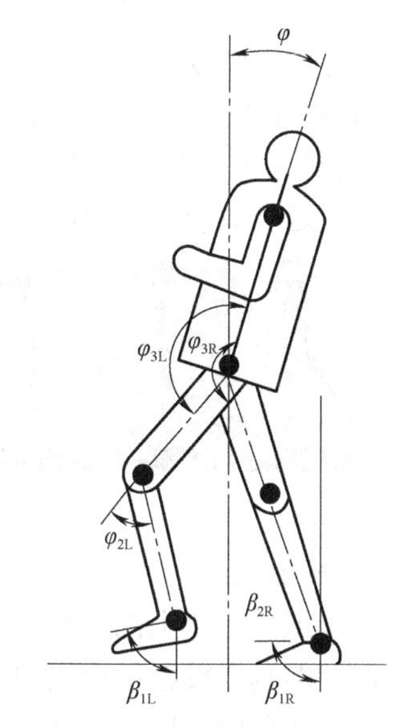

图 2-71 双足左右不能倒下的步行模型

图 2-72 为在各关节上具有与前进方向垂直的回转自由度的五轴步行模型。图 2-73 给出了五轴步行模型的步行特性。在支持期 D 两脚均接地，同时重心由后面一只脚向前一只脚上移动，接着后脚尖蹬地离开地面成为游脚，进入一脚支持期。在一脚支持期，向前方迈出的游脚由脚后跟起开始接地，并以脚后跟为中心回转，身体移向前方，进而以踝关节为中心身体向前移动。此外，立脚的脚后跟离开地面，以脚尖为中心回转向前，从而进入 D' 期间。这种步行模型必须附加向两侧不能倒下这一必要条件。

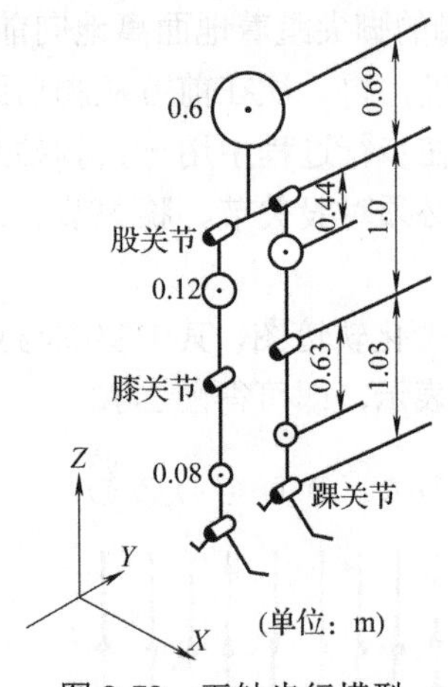

图 2-72　五轴步行模型

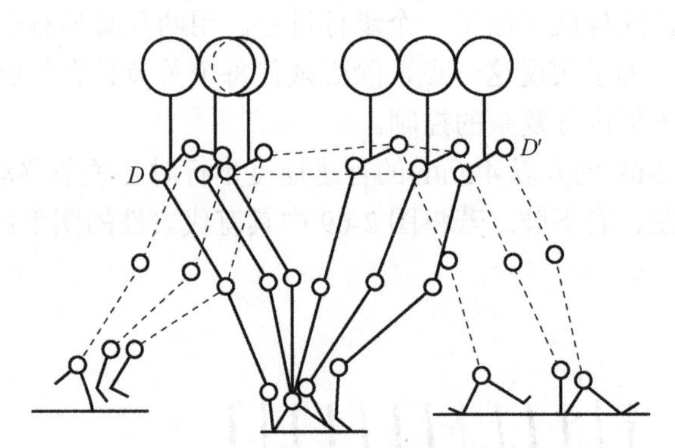

图 2-73　五轴步行模型的步行特性

图 2-74　日本本田公司 Asimo 机器人

类人双足行走机构是多自由度的控制系统，是现代控制理论很好的应用对象。图 2-74 所示的日本本田公司 Asimo 机器人和图 2-75 所示的索尼公司 SDR-3X 机器人已经证明了双足机器人能跑、跳和上下楼梯行走甚至翩翩起舞。但是这种机构结构复杂，在静、动状态下的行走性能、稳定性和高速运动等都不是很理想。这些双足机器人只能在某些限制内静态地稳定。因此，即使 Asimo 和 SDR-3X 这样的机器人站着不动，通常也必须连续地进行伺服平衡校正，并且每条腿都必须具有独立支撑机器人全部重量的能力。

图 2-75　日本索尼公司 SDR-3X 机器人

由苏格兰格拉斯哥大学和斯德林大学组成的联合研究小组成功设计出了当今世界上行进速度较快的双足机器人，如图 2-76 所示。在运动过程中通过一个神经网络来不断地调整系统控制参数，这个被称为 RunBot 的机器人在一秒内行进的距离可达到其腿长的 3.5 倍，这个相对速度已能和人类奥运会短跑冠军相比，遗憾的是它无法保持稳定。

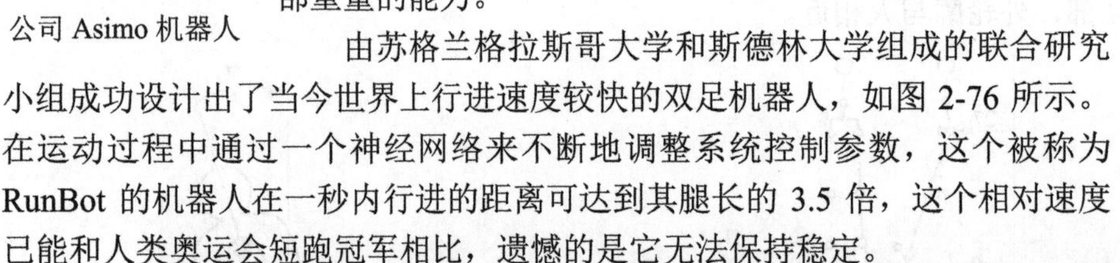

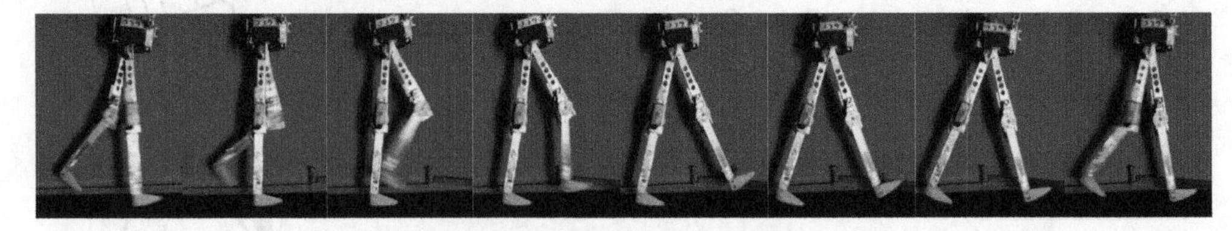
图 2-76　RunBot 的行进过程

(3) 多足机器人。

对于三足或三足以上的多足机器人，在行走过程中要保持稳定，机身重心的垂直投影始终落在支撑足着落地点的垂直投影所形成的凸多边形内。这样，即使在运动中的某一瞬时将运动“凝固”，机体也不会有倾覆的危险。四足机器人在静止状态是稳定的，在步行时，当一只脚抬起、另三只脚支撑自重时，必须移动身体，让重心落在三只脚接地点所组成的三角形内，如图 2-77 所示。六足、八足机器人由于行走时至少有三足同时支撑机体，更容易得到稳定的重心位置。图 2-78 所示 Genghis 六足机器人在平地上显示了很好的运动性能，已成功地在商业中使用。

图 2-77　日本安川公司四足机器狗

图 2-78　美国麻省理工学院 Genghis 六足机器人

4) 轮足混合式行走机构

足式机器人在粗糙的地形中可提供很好的机动性，然而，它在平地上效率差，并且需要复杂的控制。混合式行走机构是将足的自适应性和轮子的效率相结合，得到被动适应地形的解决方案，这对野外空间的机器人特别有意义。根据这个原理，瑞士洛桑联邦理工学院已生产了一个叫 Shrimp 的具有出色被动爬行能力的全地形移动机器人，如图 2-79(a) 和 (b) 所示。Shrimp 是一个菱形结构，它的前端和后端各有 1 个操纵轮，另有 4 个轮子安装在两侧的转架上，前轮有 1 个弹簧悬架，保证在任何时刻所有轮子都有最好的地面接触。它共有 6 个动力轮，能够爬过高到其轮子直径 2 倍的物体，这使它能够攀登楼梯。

(a)

(b)

图 2-79　瑞士洛桑联邦理工学院 Shrimp 全地形移动机器人

习　题

2-1　机器人通常由哪几部分构成？

2-2　机器人主要技术参数包括哪些？

2-3　在设计机械手的把握机能时，除必须考虑机械手自身的机构外，还必须对对象物及环境等进行哪些考虑？

2-4　简述机器人手指的结构形式与夹持工件形状的关系。

2-5　简述机器人气吸式手部和磁吸式手部各自的优缺点及用途。

2-6　机器人手腕要完成空间任意方向动作需要几个自由度？手腕自由度如何划分？

2-7　机器人手臂通常有哪几种形式？各有什么优缺点？

2-8　机器人机身通常有哪几种形式？各有什么优缺点及用途？

2-9　机器人的行走机构通常有哪几种形式？各有什么优缺点及用途？

第3章 机器人运动学和动力学

本章重点：本章主要讨论机器人运动学和动力学的基本问题。先后引入齐次坐标与动系位姿矩阵、齐次变换，通过对机器人的位姿分析，介绍机器人运动学方程；在此基础上对机器人运动学方程进行较为深入的研究探讨，为机器人的研究奠定理论基础。

3.1 概 述

机器人以关节型机器人最具有代表性。关节型机器人实质上是由一系列关节连接而成的空间连杆开式链机构，要研究关节型机器人，必须对其运动学和动力学知识有一个基本的了解。分析机器人连杆的位置和姿态与关节角之间关系的理论称为运动学。而研究机器人运动和受力之间关系是动力学的内容。

3.2 齐次坐标与动系位姿矩阵

3.2.1 点的位置描述

在关节型机器人的位姿控制中，首先要精确描述各连杆的位置。为此，先定义一个固定坐标系，其原点为机器人处于初始状态的正下方地面上的点，如图3-1(a)所示。记该坐标系为$\{A\}$，并以此为参考基准来描述机器人的位姿，称该坐标系为直角坐标系。

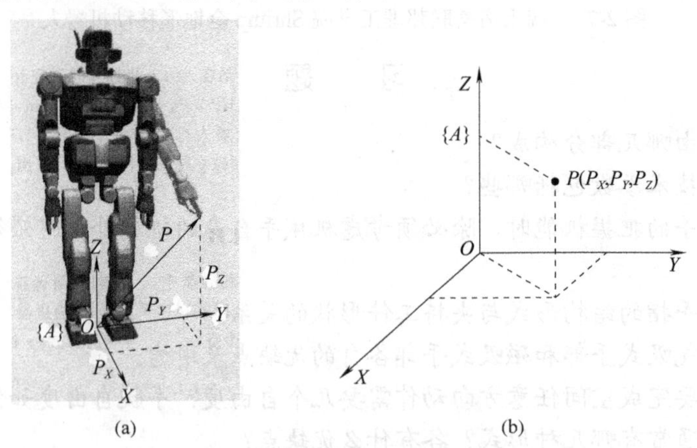

图3-1 直角坐标系与点的位置描述

在选定的直角坐标系$\{A\}$中，空间任一点P的位置可以用3×1的位置矢量${}^{A}\boldsymbol{P}$表示，其左上标表示选定的坐标系是$\{A\}$，此时有

$$ {}^{A}\boldsymbol{P}=\begin{bmatrix} P_X \\ P_Y \\ P_Z \end{bmatrix} \tag{3-1} $$

式中，P_X、P_Y、P_Z 是点 P 在坐标系 $\{A\}$ 中的 3 个位置坐标分量，如图 3-1(b)所示。

3.2.2　齐次坐标

如果用 4 个数组成 4×1 的列阵，即

$$ \boldsymbol{P}=\begin{bmatrix} P_X \\ P_Y \\ P_Z \\ 1 \end{bmatrix} $$

则 P 表示三维空间直角坐标系 $\{A\}$ 中的点 P。列阵 $[P_X \quad P_Y \quad P_Z \quad 1]^{\mathrm{T}}$ 称为三维空间点 P 的齐次坐标。

必须注意，齐次坐标的表示不是唯一的。将 P 的齐次坐标中各元素同乘以一个非零因子 w 后，仍代表同一点 P，即

$$ \boldsymbol{P}=\begin{bmatrix} P_X \\ P_Y \\ P_Z \\ 1 \end{bmatrix}=\begin{bmatrix} a \\ b \\ c \\ w \end{bmatrix} \tag{3-2} $$

式中，$a=wP_X$；$b=wP_Y$；$c=wP_Z$。

3.2.3　坐标轴方向的描述

如图 3-2 所示，$\boldsymbol{i}$、$\boldsymbol{j}$、$\boldsymbol{k}$ 分别表示直角坐标系中 X、Y、Z 坐标轴的单位矢量，用齐次坐标表示为

$$ \boldsymbol{i}=\begin{bmatrix} 1 \\ 0 \\ 0 \\ 0 \end{bmatrix},\quad \boldsymbol{j}=\begin{bmatrix} 0 \\ 1 \\ 0 \\ 0 \end{bmatrix},\quad \boldsymbol{k}=\begin{bmatrix} 0 \\ 0 \\ 1 \\ 0 \end{bmatrix} $$

由上述可知，若规定：

(1)4×1 列阵 $[a \quad b \quad c \quad 0]^{\mathrm{T}}$ 中第 4 个元素为零，且满足 $a^2+b^2+c^2=1$，则 $[a \quad b \quad c \quad 0]$ 中 a、b、c 表示某轴(某矢量)的方向。

(2)4×1 列阵 $[a \quad b \quad c \quad w]^{\mathrm{T}}$ 中第 4 个元素不为零，则 $[a \quad b \quad c \quad w]$ 表示空间某点的位置。

图 3-2 中矢量 $\boldsymbol{u}$ 的方向可用 4×1 列阵表达为

$$ \boldsymbol{u}=[a \quad b \quad c \quad 0]^{\mathrm{T}} \tag{3-3} $$

式中，$a=\cos\alpha$；$b=\cos\beta$；$c=\cos\gamma$。

图 3-2 中矢量 $\boldsymbol{u}$ 的起点 O 为坐标原点，用 4×1 列阵表达为

$$ \boldsymbol{O}=[0 \quad 0 \quad 0 \quad 1]^{\mathrm{T}} $$

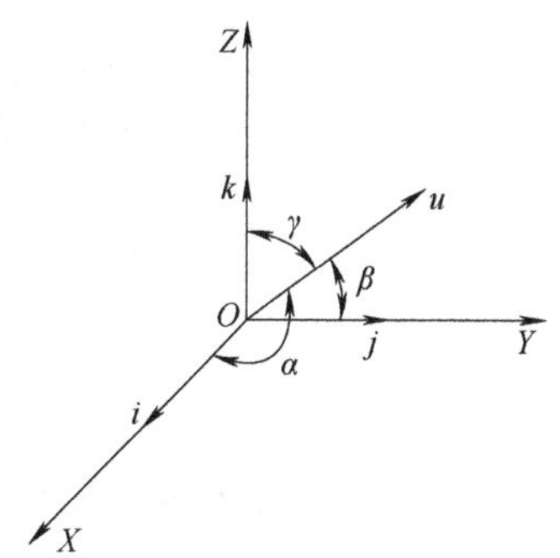

图 3-2　坐标轴方向的描述

【例 3-1】 用齐次坐标表示图 3-3 所示的矢量 $\boldsymbol{u}$、$\boldsymbol{v}$、$\boldsymbol{w}$ 的坐标方向。

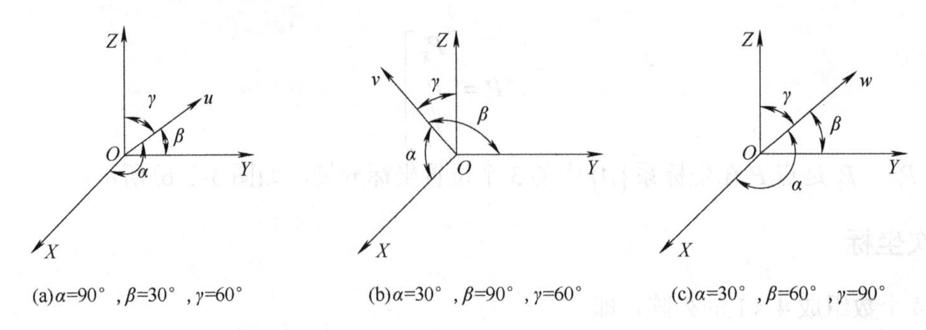

图 3-3 用不同方向角表示方向矢量 u 、v 、w

解

矢量 $\boldsymbol{u}$：$\cos\alpha = 0, \quad \cos\beta = 0.866, \quad \cos\gamma = 0.5$

$$\boldsymbol{u} = \begin{bmatrix} 0 & 0.866 & 0.5 & 0 \end{bmatrix}^{\mathrm{T}}$$

矢量 $\boldsymbol{v}$：$\cos\alpha = 0.866, \quad \cos\beta = 0, \quad \cos\gamma = 0.5$

$$\boldsymbol{v} = \begin{bmatrix} 0.866 & 0 & 0.5 & 0 \end{bmatrix}^{\mathrm{T}}$$

矢量 $\boldsymbol{w}$：$\cos\alpha = 0.866, \quad \cos\beta = 0.5, \quad \cos\gamma = 0$

$$\boldsymbol{w} = \begin{bmatrix} 0.866 & 0.5 & 0 & 0 \end{bmatrix}^{\mathrm{T}}$$

3.2.4 动系的位姿表示

在机器人坐标系中，运动时相对于连杆不动的坐标系称为静坐标系，简称静系；跟随连杆运动的坐标系称为动坐标系，简称动系。动系位置与姿态的描述是对动系原点位置及各坐标轴方向的描述。

1. 连杆的位姿描述

设有一个机器人的连杆，若给定了连杆 PL 上某点的位置和该连杆在空间的姿态，则称该连杆在空间是完全确定的。

如图 3-4 所示，O' 为连杆上任一点，$O'X'Y'Z'$ 为与连杆固接的一个动系。连杆 PL 在固定坐标系 $OXYZ$ 中的位置可用齐次坐标表示为

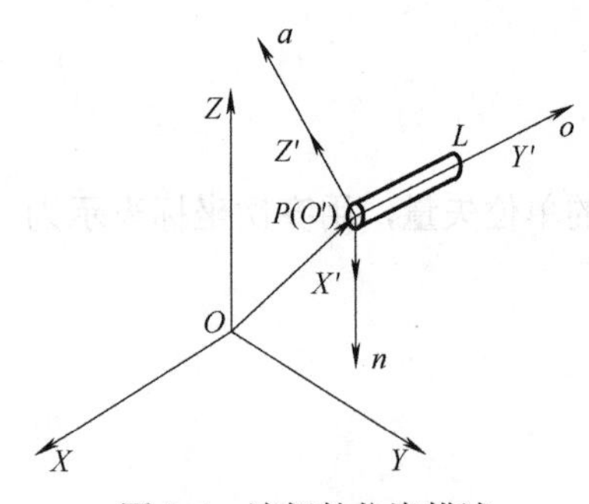

图 3-4 连杆的位姿描述

$$\boldsymbol{P} = \begin{bmatrix} X_0 \\ Y_0 \\ Z_0 \\ 1 \end{bmatrix} \tag{3-4}$$

连杆的姿态可由动系的坐标轴方向来表示。

令 $\boldsymbol{n}$、$\boldsymbol{o}$、$\boldsymbol{a}$ 分别为 X'、Y'、Z' 坐标轴的单位矢量，各单位矢量在静系上的分量为动系各坐标轴的方向余弦，以齐次坐标形式分别表示为

$$\boldsymbol{n} = \begin{bmatrix} n_X & n_Y & n_Z & 0 \end{bmatrix}^{\mathrm{T}}, \quad \boldsymbol{o} = \begin{bmatrix} o_X & o_Y & o_Z & 0 \end{bmatrix}^{\mathrm{T}}, \quad \boldsymbol{a} = \begin{bmatrix} a_X & a_Y & a_Z & 0 \end{bmatrix}^{\mathrm{T}} \tag{3-5}$$

由此可知，连杆的位姿可用下述齐次矩阵表示为

$$\boldsymbol{T} = \begin{bmatrix} n & o & a & P \end{bmatrix} = \begin{bmatrix} n_X & o_X & a_X & X_0 \\ n_Y & o_Y & a_Y & Y_0 \\ n_Z & o_Z & a_Z & Z_0 \\ 0 & 0 & 0 & 1 \end{bmatrix} \tag{3-6}$$

显然，连杆的位姿表示就是对固连于连杆上的动系位姿的表示。

【例 3-2】 如图 3-5 所示，固连于连杆的坐标系$\{B\}$位于O_B点，$X_B=2$，$Y_B=1$，$Z_B=0$。在XOY平面内，坐标系$\{B\}$相对固定坐标系$\{A\}$有一个 30° 的偏转，试写出表示连杆位姿的坐标系$\{B\}$的4×4矩阵表达式。

解　X_B的方向列阵　$\boldsymbol{n}=[\cos30°\quad\cos60°\quad\cos90°\quad0]^{\mathrm{T}}$
$=[0.866\quad0.5\quad0\quad0]$

Y_B的方向列阵　$\boldsymbol{o}=[\cos120°\quad\cos30°\quad\cos90°\quad0]^{\mathrm{T}}$
$=[-0.5\quad0.866\quad0\quad0]$

Z_B的方向列阵　$\boldsymbol{a}=[0\quad0\quad1\quad0]^{\mathrm{T}}$

坐标系$\{B\}$的位置阵列 $\boldsymbol{P}=[0\quad1\quad0\quad1]^{\mathrm{T}}$

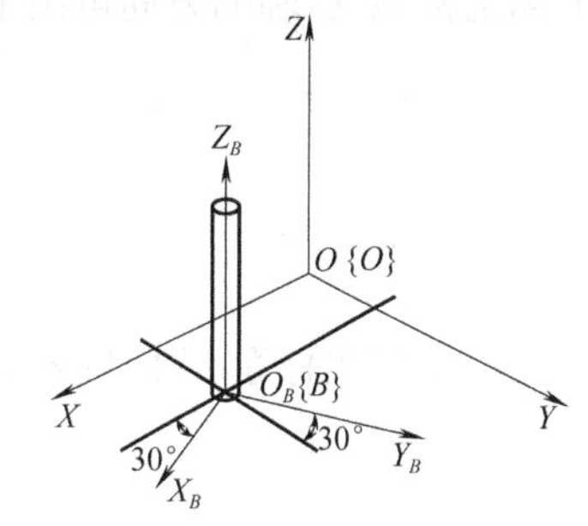

图 3-5　连杆的坐标系$\{B\}$位姿描述

则坐标系$\{B\}$的4×4矩阵表达式为

$$\boldsymbol{T}=\begin{bmatrix}0.866 & -0.5 & 0 & 0\\ 0.5 & 0.866 & 0 & 1\\ 0 & 0 & 1 & 0\\ 0 & 0 & 0 & 1\end{bmatrix}$$

2. 手部位姿的描述

机器人手部的位姿如图 3-6 所示，可用固连于手部的坐标系$\{B\}$的位姿来表示。坐标系$\{B\}$由原点位置和 3 个单位矢量唯一确定。

(1) 原点：取手部中心点为原点O_B。

(2) 接近矢量：关节轴方向的单位矢量$\boldsymbol{a}$。

(3) 姿态矢量：手指连线方向的单位矢量$\boldsymbol{o}$。

(4) 法向矢量：$\boldsymbol{n}$为法向单位矢量，同时垂直于$\boldsymbol{a}$、$\boldsymbol{o}$矢量，即$\boldsymbol{n}=\boldsymbol{o}\times\boldsymbol{a}$。

手部位姿矢量为从固定坐标系$OXYZ$原点指向手部坐标系$\{B\}$原点的矢量$\boldsymbol{P}$。

手部的位姿可由4×4矩阵表示为

$$\boldsymbol{T}=[n\quad o\quad a\quad P]=\begin{bmatrix}n_X & o_X & a_X & X_0\\ n_Y & o_Y & a_Y & Y_0\\ n_Z & o_Z & a_Z & Z_0\\ 0 & 0 & 0 & 1\end{bmatrix} \tag{3-7}$$

【例 3-3】 图 3-7 表示手部抓握物体Q，物体为边长 2 个单位的正立方体，写出表达该手部位姿的矩阵式。

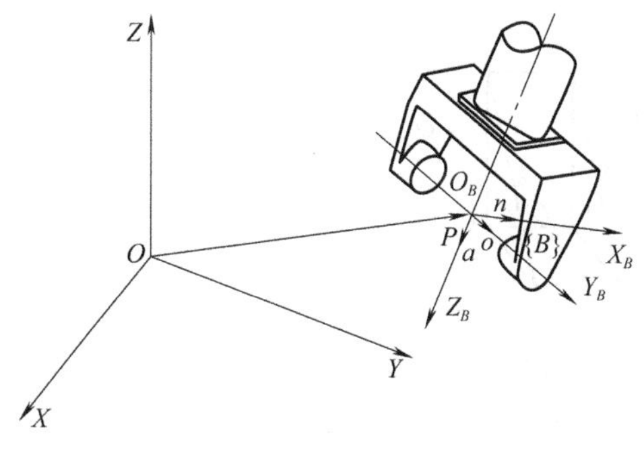

图 3-6　手部位姿的描述

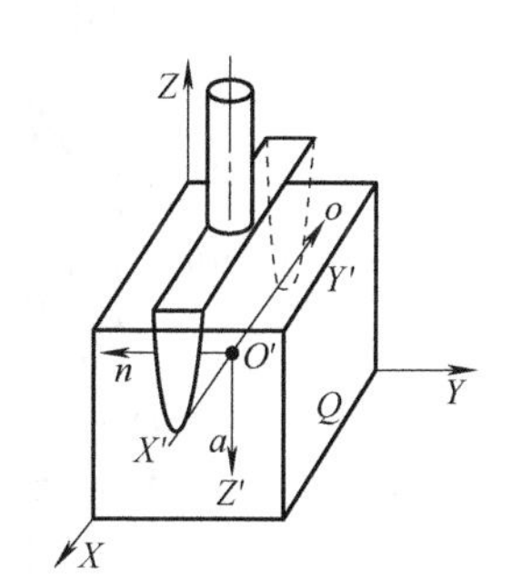

图 3-7　抓握物体Q的手部

解 因为物体 Q 形心与手部坐标系 $O'X'Y'Z'$ 的坐标原点 O' 相重合，所以手部位置的 4×1 列阵为

$$\boldsymbol{P}=\begin{bmatrix}1 & 1 & 1 & 1\end{bmatrix}^{\mathrm{T}}$$

手部坐标系 X' 轴的方向可用单位矢量 $\boldsymbol{n}$ 来表示。

$$\text{矢量}\boldsymbol{n}：\alpha=90°,\ \beta=180°,\ \gamma=90°$$

$$\boldsymbol{n}_X=\cos\alpha=0$$

$$\boldsymbol{n}_Y=\cos\beta=-1$$

$$\boldsymbol{n}_Z=\cos\gamma=0$$

同理，手部坐标系 Y' 轴与 Z' 轴的方向可分别用单位矢量 $\boldsymbol{o}$ 和 $\boldsymbol{a}$ 来表示。

$$\text{矢量}\boldsymbol{o}：o_X=-1,\ \boldsymbol{o}_Y=0,\ o_Z=0$$

$$\text{矢量}\boldsymbol{a}：a_X=0,\ \boldsymbol{a}_Y=0,\ a_Z=-1$$

根据式(3-7)可知，手部位姿可用矩阵表达为

$$\boldsymbol{T}=\begin{bmatrix}n & o & a & P\end{bmatrix}=\begin{bmatrix}0 & -1 & 0 & 1\\ -1 & 0 & 0 & 1\\ 0 & 0 & -1 & 1\\ 0 & 0 & 0 & 1\end{bmatrix}$$

3. 目标物位姿的描述

任何一个物体在空间的位置和姿态都可以用齐次矩阵来表示。

【例 3-4】 如图 3-8 所示，楔块 $\boldsymbol{Q}$ 在图 3-8(a)的情况下可用 6 个点描述，矩阵表达式为

$$\boldsymbol{Q}=\begin{bmatrix}1 & -1 & -1 & 1 & 1 & -1\\ 0 & 0 & 0 & 0 & 4 & 4\\ 0 & 0 & 2 & 2 & 0 & 0\\ 1 & 1 & 1 & 1 & 1 & 1\end{bmatrix} \tag{3-8}$$

若让其绕 Z 轴旋转 90°，记为 Rot(Z,90°)；再绕 Y 轴旋转 90°，即 Rot(Y,90°)；然后沿 X 轴方向平移 4，即 Trans(4,0,0)，则楔块成为图 3-8(b)位姿，其齐次矩阵表达式为

$$\boldsymbol{Q}'=\begin{bmatrix}4 & 4 & 6 & 6 & 4 & 4\\ 1 & -1 & -1 & 1 & 1 & -1\\ 0 & 0 & 0 & 0 & 4 & 4\\ 1 & 1 & 1 & 1 & 1 & 1\end{bmatrix} \tag{3-9}$$

可见用符号表示对目标物变换方式不但可以记录物体移动的过程，也便于矩阵的运算。

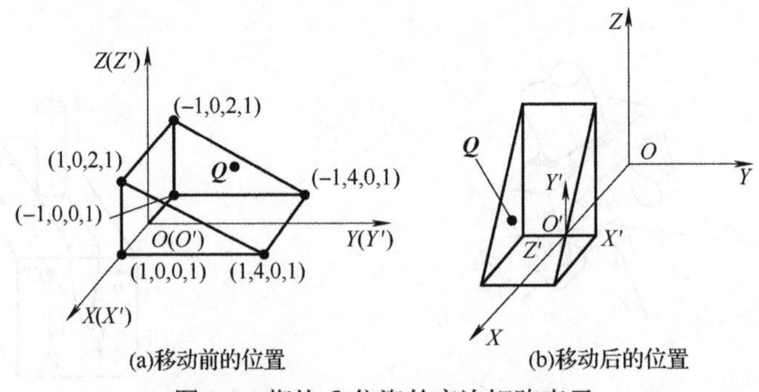

图 3-8 楔块 $\boldsymbol{Q}$ 位姿的齐次矩阵表示

3.3 齐次变换

在工业机器人中，手臂、手腕等被视为(连杆)刚体。刚体的运动一般包括平移运动、旋转运动和平移加旋转运动。把刚体每次简单的运动用一个变换矩阵来表示，那么，多次运动即可用多个变换矩阵的积来表示，表示这个积的矩阵称为齐次变换矩阵。这样，用连杆的初始位姿矩阵乘以齐次变换矩阵，即可得到经过多次变换后该连杆的最终位姿矩阵。通过多个连杆位姿的传递，可以得到机器人末端执行器的位姿，即进行机器人正向运动学的讨论。

3.3.1 平移的齐次变换

点在空间直角坐标系中的平移如图 3-9 所示。空间某一点 A 坐标为 (X_A,Y_A,Z_A)，当它平移至 A' 点后，坐标为 $(X_{A'},Y_{A'},Z_{A'})$，其中

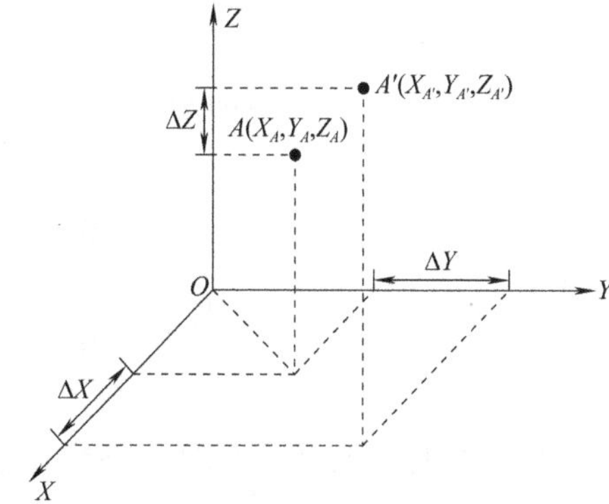

图 3-9 点的平移变换

$$\begin{cases} X_{A'} = X_A + \Delta X \\ Y_{A'} = Y_A + \Delta Y \\ Z_{A'} = Z_A + \Delta Z \end{cases} \tag{3-10}$$

或写成

$$\begin{bmatrix} X_{A'} \\ Y_{A'} \\ Z_{A'} \\ 1 \end{bmatrix} = \begin{bmatrix} 1 & 0 & 0 & \Delta X \\ 0 & 1 & 0 & \Delta Y \\ 0 & 0 & 1 & \Delta Z \\ 0 & 0 & 0 & 1 \end{bmatrix} \begin{bmatrix} X_A \\ Y_A \\ Z_A \\ 1 \end{bmatrix}$$

也可简写为

$$A' = \text{Trans}(\Delta X, \Delta Y, \Delta Z) A \tag{3-11}$$

式中，$\text{Trans}(\Delta X, \Delta Y, \Delta Z)$ 为齐次坐标变换的平移算子(可简写为 $\boldsymbol{T}$)，且

$$\text{Trans}(\Delta X, \Delta Y, \Delta Z) = \begin{bmatrix} 1 & 0 & 0 & \Delta X \\ 0 & 1 & 0 & \Delta Y \\ 0 & 0 & 1 & \Delta Z \\ 0 & 0 & 0 & 1 \end{bmatrix} \tag{3-12}$$

式中，第 4 列元素 ΔX 、ΔY 、ΔZ 分别为沿坐标轴 X 、Y 、Z 的移动量。

若算子左乘，表示坐标变换是相对固定坐标系进行的；假如相对动坐标系进行坐标变换，则算子应该右乘。

由上述推导可以看出，平移变换的数学实质是求两个矢量的和，$\boldsymbol{T}$ 又称平移变换矩阵。对于二维情况，它是 3×3 单位矩阵，它由一个 2×2 单位矩阵和所求点的列矢量以及满足齐次坐标表达式而增加的一个行矢量 $[0 \quad 0 \quad 1]$ 组成。对于三维情况，它是 4×4 单位矩阵。完成平移变换的关键在于要构造一个平移变换矩阵 $\boldsymbol{T}$ 。平移的齐次变换式(3-12)同样适用于坐标系、物体运动等的变换。

【例 3-5】 如图 3-10 所示，坐标系与物体的平移变换给出了下面 3 种情况：动坐标系 $\{A\}$ 相对于固定坐标系的 X_0 、Y_0 、Z_0 轴做 $(-1,2,2)$ 平移后到 $\{A'\}$ ；动坐标系 $\{A\}$ 相对于自身坐标系的 X 、Y 、Z 轴分别做 $(-1,2,2)$ 平移后到 $\{A''\}$ ；物体 Q 相对于固定坐标系做 $(2,6,0)$ 平移后到 Q' 。已知：

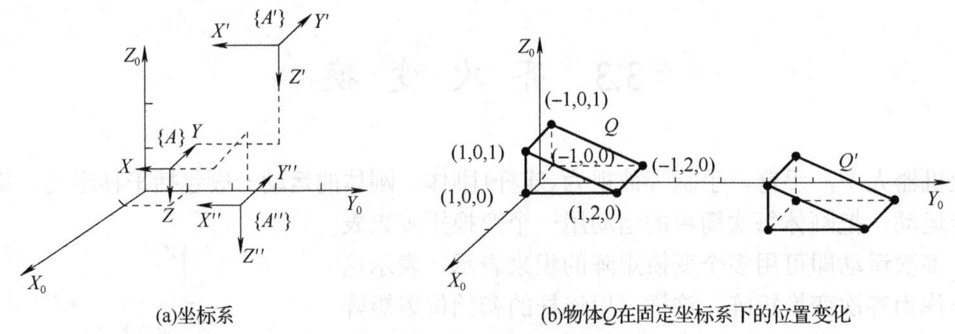

图 3-10　物体的平移变换

$$\{A\}=\begin{bmatrix}0&-1&0&1\\-1&0&0&1\\0&0&-1&1\\0&0&0&1\end{bmatrix},\quad \boldsymbol{Q}=\begin{bmatrix}1&-1&-1&1&1&-1\\0&0&0&0&2&2\\0&0&1&1&0&0\\1&1&1&1&1&1\end{bmatrix}$$

写出坐标系$\{A'\}$、$\{A''\}$以及物体Q'的矩阵表达式。

解　动坐标系$\{A\}$的两个齐次坐标变换平移算子均为

$$\mathrm{Trans}(\Delta X,\Delta Y,\Delta Z)=\begin{bmatrix}1&0&0&-1\\0&1&0&2\\0&0&1&2\\0&0&0&1\end{bmatrix}$$

坐标系$\{A'\}$是动坐标系$\{A\}$沿固定坐标系做平移变换得来的，故算子左乘，$\{A'\}$的矩阵表达式为

$$\{A'\}=\mathrm{Trans}(-1,2,2)\{A\}=\begin{bmatrix}1&0&0&-1\\0&1&0&2\\0&0&1&2\\0&0&0&1\end{bmatrix}\begin{bmatrix}0&-1&0&1\\-1&0&0&1\\0&0&-1&1\\0&0&0&1\end{bmatrix}=\begin{bmatrix}0&-1&0&0\\-1&0&0&3\\0&0&-1&3\\0&0&0&1\end{bmatrix}$$

$$\{A''\}=\{A\}\,\mathrm{Trans}(-1,2,2)=\begin{bmatrix}0&-1&0&1\\-1&0&0&1\\0&0&-1&1\\0&0&0&1\end{bmatrix}\begin{bmatrix}1&0&0&-1\\0&1&0&2\\0&0&1&2\\0&0&0&1\end{bmatrix}=\begin{bmatrix}0&-1&0&-1\\-1&0&0&2\\0&0&-1&-1\\0&0&0&1\end{bmatrix}$$

物体Q的齐次坐标变换平移算子为

$$\mathrm{Trans}(\Delta X,\Delta Y,\Delta Z)=\mathrm{Trans}(2,6,0)=\begin{bmatrix}1&0&0&2\\0&1&0&6\\0&0&1&0\\0&0&0&1\end{bmatrix}$$

故有

$$\boldsymbol{Q}'=\mathrm{Trans}(2,6,0)\boldsymbol{Q}=\begin{bmatrix}1&0&0&2\\0&1&0&6\\0&0&1&0\\0&0&0&1\end{bmatrix}\begin{bmatrix}1&-1&-1&1&1&-1\\0&0&0&0&2&2\\0&0&1&1&0&0\\1&1&1&1&1&1\end{bmatrix}=\begin{bmatrix}3&1&1&3&3&1\\6&6&6&6&8&8\\0&0&1&1&0&0\\1&1&1&1&1&1\end{bmatrix}$$

经过平移坐标变换后，坐标系$\{A'\}$、$\{A''\}$以及物体Q'的实际情况如图 3-10 所示。

3.3.2 旋转的齐次变换

1. 点在空间直角坐标系中绕坐标轴的旋转变换

如图 3-11 所示，空间某一点 A 坐标为(X_A,Y_A,Z_A)，它绕 Z 轴旋转 θ 角后至 A'点，坐标为$(X_{A'},Y_{A'},Z_{A'})$。A'点和 A 点的坐标关系为

$$\begin{cases} X_{A'}=X_A\cos\theta-Y_A\sin\theta \\ Y_{A'}=X_A\sin\theta+Y_A\cos\theta \\ Z_{A'}=Z_A \end{cases} \tag{3-13}$$

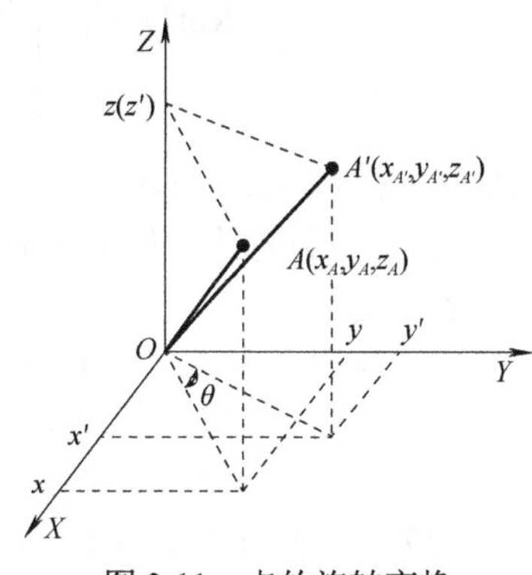

图 3-11 点的旋转变换

或用矩阵表示为

$$\begin{bmatrix} X_{A'} \\ Y_{A'} \\ Z_{A'} \end{bmatrix}=\begin{bmatrix} \cos\theta & -\sin\theta & 0 \\ \sin\theta & \cos\theta & 0 \\ 0 & 0 & 1 \end{bmatrix}\begin{bmatrix} X_A \\ Y_A \\ Z_A \end{bmatrix}$$

A'点和 A 点的齐次坐标分别为$[X_{A'}\quad Y_{A'}\quad Z_{A'}\quad 1]^{\mathrm{T}}$和$[X_A\quad Y_A\quad Z_A\quad 1]^{\mathrm{T}}$，因此 A 点的旋转齐次变换过程为

$$\begin{bmatrix} X_{A'} \\ Y_{A'} \\ Z_{A'} \\ 1 \end{bmatrix}=\begin{bmatrix} \cos\theta & -\sin\theta & 0 & 0 \\ \sin\theta & \cos\theta & 0 & 0 \\ 0 & 0 & 1 & 1 \\ 0 & 0 & 0 & 0 \end{bmatrix}\begin{bmatrix} X_A \\ Y_A \\ Z_A \\ 1 \end{bmatrix} \tag{3-14}$$

也可简写为

$$A'=\mathrm{Rot}(Z,\theta)A \tag{3-15}$$

式中，$\mathrm{Rot}(Z,\theta)$为齐次坐标变换时绕 Z 轴的转动变换矩阵，又称旋转算子，旋转算子左乘表示相对于固定坐标系进行变换，旋转算子为

$$\mathrm{Rot}(Z,\theta)=\begin{bmatrix} \mathrm{c}\theta & -\mathrm{s}\theta & 0 & 0 \\ \mathrm{s}\theta & \mathrm{c}\theta & 0 & 0 \\ 0 & 0 & 1 & 0 \\ 0 & 0 & 0 & 1 \end{bmatrix} \tag{3-16}$$

式中，$\mathrm{c}\theta=\cos\theta$；$\mathrm{s}\theta=\sin\theta$；下同。

同理，可写出绕 X 轴转动的旋转算子和绕 Y 轴转动的旋转算子为

$$\mathrm{Rot}(X,\theta)=\begin{bmatrix} 1 & 0 & 0 & 0 \\ 0 & \mathrm{c}\theta & -\mathrm{s}\theta & 0 \\ 0 & \mathrm{s}\theta & \mathrm{c}\theta & 0 \\ 0 & 0 & 0 & 1 \end{bmatrix} \tag{3-17}$$

$$\mathrm{Rot}(Y,\theta)=\begin{bmatrix} \mathrm{c}\theta & 0 & \mathrm{s}\theta & 0 \\ 0 & 1 & 0 & 0 \\ -\mathrm{s}\theta & 0 & \mathrm{c}\theta & 0 \\ 0 & 0 & 0 & 1 \end{bmatrix} \tag{3-18}$$

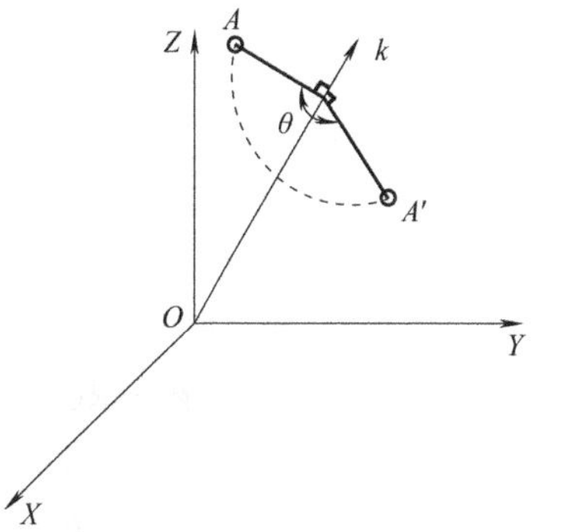

2. 点在空间直角坐标系中绕过原点任意轴的一般旋转变换

图 3-12 为点 A 绕任意过原点的单位矢量 $\boldsymbol{k}$ 旋转 θ 角的情况。k_X、k_Y、k_Z分别为 $\boldsymbol{k}$ 矢量在固定坐标系坐标轴 X、Y、Z 上的 3 个分量，且 $k_X^2+k_Y^2+k_Z^2=1$。

图 3-12 一般旋转变换

可以证得，绕任意过原点的单位矢量 $\boldsymbol{k}$ 转 θ 角的旋转算子为

$$\mathrm{Rot}(k,\theta)=\begin{bmatrix} k_X k_X \mathrm{vers}\theta+\mathrm{c}\theta & k_Y k_X \mathrm{vers}\theta-k_Z \mathrm{s}\theta & k_Z k_X \mathrm{vers}\theta+k_Y \mathrm{s}\theta & 0 \\ k_X k_Y \mathrm{vers}\theta+k_Z \mathrm{s}\theta & k_Y k_Y \mathrm{vers}\theta+\mathrm{c}\theta & k_Z k_Y \mathrm{vers}\theta-k_X \mathrm{s}\theta & 0 \\ k_X k_Z \mathrm{vers}\theta-k_Y \mathrm{s}\theta & k_Y k_Z \mathrm{vers}\theta+k_X \mathrm{s}\theta & k_Z k_Z \mathrm{vers}\theta+\mathrm{c}\theta & 0 \\ 0 & 0 & 0 & 1 \end{bmatrix} \tag{3-19}$$

式中，$\mathrm{vers}\theta=1-\cos\theta$。

式(3-19)称为一般旋转齐次变换通式，它概括绕 X 轴、Y 轴及 Z 轴进行旋转齐次变换的各种特殊情况，例如：

当 k_X=1，即 k_Y=k_Z=0 时，由式(3-19)可得到式(3-17)；

当 k_Y=1，即 k_X=k_Z=0 时，由式(3-19)可得到式(3-18)；

当 k_Z=1，即 k_X=k_Y=0 时，由式(3-19)可得到式(3-16)。

反之，若给出某个旋转算子

$$\mathrm{Rot}=\begin{bmatrix} n_X & o_X & a_X & 0 \\ n_Y & o_Y & a_Y & 0 \\ n_Z & o_Z & a_Z & 0 \\ 0 & 0 & 0 & 1 \end{bmatrix}$$

则可根据式(3-19)求出其等效转轴矢量 k 及等效转角 θ 为

$$\begin{cases} \sin\theta=\pm\dfrac{1}{2}\sqrt{(o_Z-a_Y)^2+(a_X-n_Z)^2+(n_Y-o_X)^2} \\ \tan\theta=\pm\dfrac{\sqrt{(o_Z-a_Y)^2+(a_X-n_Z)^2+(n_Y-o_X)^2}}{n_X+o_Y+a_Z-1} \\ k_X=\dfrac{o_Z-a_Y}{2\sin\theta} \\ k_Y=\dfrac{a_X-n_Z}{2\sin\theta} \\ k_Z=\dfrac{n_Y-o_X}{2\sin\theta} \end{cases} \tag{3-20}$$

式中，当 θ 取 0°～180° 的值时，式中的符号取“+”号；当 θ 很小时，很难确定转轴；当 θ 接近 0° 或 180° 时，转轴完全不确定。

旋转算子式(3-16)～式(3-18)以及一般旋转算子式(3-19)不仅适用于点的旋转变换，而且适用于矢量、坐标系、物体等的旋转变换计算。

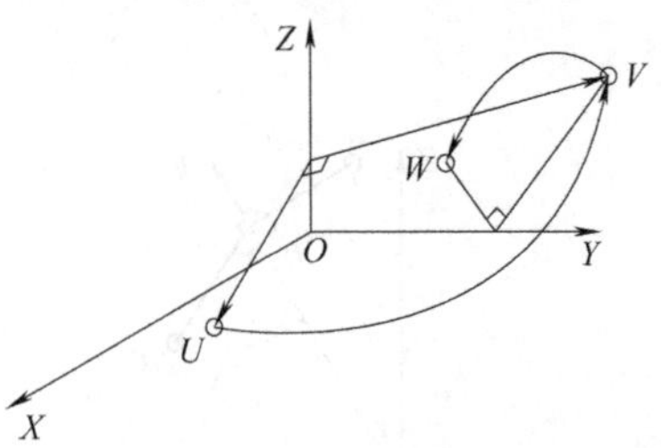

3. 算子左、右乘规则

若相对固定坐标系进行变换，则算子左乘；若相对动坐标系进行变换，则算子右乘。

【例 3-6】 已知坐标系中点 U 的位置矢量 $\boldsymbol{U}$=[7 3 2 1]$^\mathrm{T}$，将此点绕 Z 轴旋转 90°，再绕 Y 轴旋转 90°，如图 3-13 所示，求旋转变换后所得的点 $\boldsymbol{W}$。

图 3-13 两次旋转变换

解 $\boldsymbol{W}=\mathrm{Rot}(Y,90°)\,\mathrm{Rot}(Z,90°)U$

$$=\begin{bmatrix} 0 & 0 & 1 & 0 \\ 0 & 1 & 0 & 0 \\ -1 & 0 & 0 & 0 \\ 0 & 0 & 0 & 1 \end{bmatrix}\begin{bmatrix} 0 & -1 & 0 & 0 \\ 1 & 0 & 0 & 0 \\ 0 & 0 & 1 & 0 \\ 0 & 0 & 0 & 1 \end{bmatrix}\begin{bmatrix} 7 \\ 3 \\ 2 \\ 1 \end{bmatrix}=\begin{bmatrix} 0 & 0 & 1 & 0 \\ 1 & 0 & 0 & 0 \\ 0 & 1 & 0 & 0 \\ 0 & 0 & 0 & 1 \end{bmatrix}\begin{bmatrix} 7 \\ 3 \\ 2 \\ 1 \end{bmatrix}=\begin{bmatrix} 2 \\ 7 \\ 3 \\ 1 \end{bmatrix}$$

【例 3-7】 图 3-14 所示单臂操作手的手腕也具有一个自由度。已知手部起始位姿矩阵为

$$G_1=\begin{bmatrix}0&1&0&2\\1&0&0&6\\0&0&-1&2\\0&0&0&1\end{bmatrix}$$

若手臂绕 Z_0 轴旋转 90°，则手部到达 G_2；若手臂不动，仅手部绕手腕 Z_1 轴旋转 90°，则手部到达 G_3。写出手部坐标系$\{G_2\}$及$\{G_3\}$的矩阵表达式。

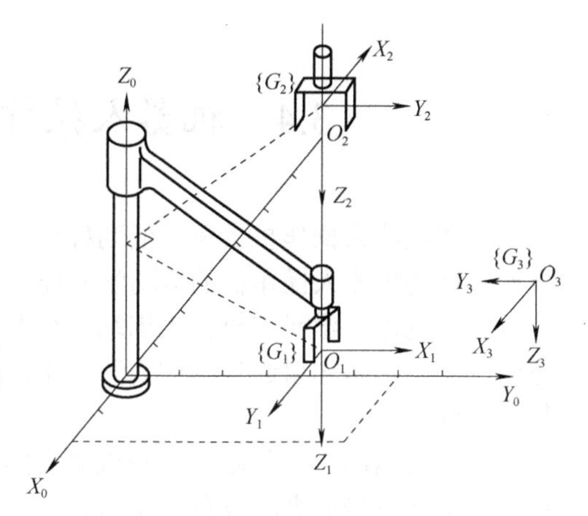

图 3-14　手臂的转动与手腕转动

解　手臂绕定轴转动是相对固定坐标系做旋转变换，故有

$$G_2=\mathrm{Rot}(Z,90°)G_1$$

$$=\begin{bmatrix}0&-1&0&0\\1&0&0&0\\0&0&1&0\\0&0&0&1\end{bmatrix}\begin{bmatrix}0&1&0&2\\1&0&0&6\\0&0&-1&2\\0&0&0&1\end{bmatrix}=\begin{bmatrix}-1&0&0&-6\\0&1&0&2\\0&0&-1&2\\0&0&0&1\end{bmatrix}$$

手部绕手腕轴旋转是相对动坐标系做旋转变换，所以有

$$G_3=G_1\mathrm{Rot}(Z,90°)$$

$$=\begin{bmatrix}0&1&0&2\\1&0&0&6\\0&0&-1&2\\0&0&0&1\end{bmatrix}\begin{bmatrix}0&-1&0&0\\1&0&0&0\\0&0&1&0\\0&0&0&1\end{bmatrix}=\begin{bmatrix}1&0&0&2\\0&-1&0&6\\0&0&-1&2\\0&0&0&1\end{bmatrix}$$

3.3.3　复合变换

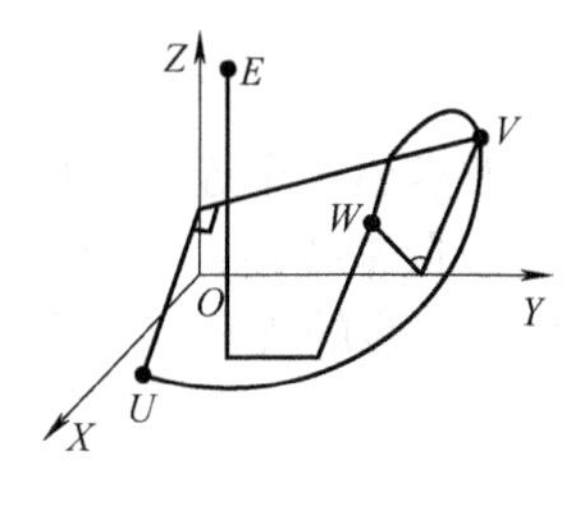

图 3-15　平移加旋转变换

平移变换和旋转变换可以组合在一个齐次变换中，称为复合变换。

如果图 3-13 中的点 W 还要做 $4\boldsymbol{i}-3\boldsymbol{j}+7\boldsymbol{k}$ 的平移至 E 点(图 3-15)，则只要左乘上平移变换算子，即可得到最后 E 点的列阵表达为

$$E=HU=\mathrm{Trans}(4,-3,7)\mathrm{Rot}(Y,90°)\mathrm{Rot}(Z,90°)U$$

$$=\begin{bmatrix}1&0&0&4\\0&1&0&-3\\0&0&1&7\\0&0&0&1\end{bmatrix}\begin{bmatrix}0&0&1&0\\1&0&0&0\\0&1&0&0\\0&0&0&1\end{bmatrix}\begin{bmatrix}7\\3\\2\\1\end{bmatrix}=\begin{bmatrix}0&0&1&4\\1&0&0&-3\\0&1&0&7\\0&0&0&1\end{bmatrix}\begin{bmatrix}7\\3\\2\\1\end{bmatrix}=\begin{bmatrix}6\\4\\10\\1\end{bmatrix}$$

式中，$H=\begin{bmatrix}0&0&1&4\\1&0&0&-3\\0&1&0&7\\0&0&0&1\end{bmatrix}$为平移加旋转的复合变换矩阵。

平移加旋转的齐次变换也称为复合齐次变换或一般齐次变换，由上述可看出，复合变换并不限定平移变换或旋转变换的次数或先后次序。在运算时规则同前，凡相对固定坐标系进行变换则算子左乘，凡相对动坐标系进行变换则算子右乘。上面以点为例做平移和旋转的一般齐次变换，当然同样适用于坐标系的一般齐次变换。

3.4 机器人操作机运动学方程的建立及求解

描述机器人操作机上每一活动杆件在空间相对于绝对坐标系或相对于机座坐标系的位置及姿态的方程，称为机器人操作机的运动学方程。

操作机运动学研究机器人末端执行器相对于参考坐标系的位置、速度和角速度以及加速度和角加速度，但是不考虑引起运动的力和力矩。机器人操作机末端执行器的位置和姿态问题通常可分为两类基本问题。

一类是运动学正问题，已知机器人操作机中各运动副的运动参数和杆件的结构参数，求末端执行器相对于参考坐标系的位置和姿态。

另一类是运动学逆问题，根据已给定的满足工作要求时末端执行器相对于参考坐标系的位置和姿态以及杆件的结构参数，求各运动副的运动参数。这是机器人设计中对其进行控制的关键，因为只有使各关节运动到逆解中求得的值，才能使末端执行器到达工作所要求的位置和姿态。

机器人运动学的重点是研究手部的位姿和运动，而手部位姿是与机器人各杆件的尺寸、运动副类型及杆间的相互关系直接相关联的。因此研究杆件坐标系的建立十分重要。

3.4.1 连杆参数及连杆坐标系的建立

1. 坐标系连杆号的分配方法

机器人的各连杆通过关节连接在一起，关节有移动副与转动副两种。按从机座到末端执行器的顺序，由低到高依次为各关节和各连杆编号，如图 3-16 所示。机座的编号为杆件 0，与机座相连的连杆编号为杆件 1，以此类推。机座与连杆 1 的连接关节编号为关节 1，连杆 1 与连杆 2 的连接关节编号为关节 2，以此类推。各连杆的坐标系 Z 轴方向与关节轴线重合(对于移动关节，Z 轴线沿此关节移动方向)。

末端执行器上的坐标系依据夹持器(手爪)手指的运动方向固定在末端执行器上，原点位于形心。$\boldsymbol{X}_n$ 沿末端执行器手指组成的平面的法向，故又称为法线矢量。$\boldsymbol{Y}_n$ 垂直于手指，称为姿态矢量。$\boldsymbol{Z}_n$ 的方向朝外指向目标，称为接近矢量。

2. 各坐标系的方位的确定

机器人机械手是由一系列连接在一起的连杆(杆件)构成的。需要用两个参数来描述一个连杆，即公共法线距离 i，如图 3-17 所示。连杆两端有关节 i 和 $i+1$。该连杆尺寸可以用两个量来描述：一个是两个关节轴线沿公垂线的距离 a_i，称为连杆长度；另一个是垂直于 a_i 的平面内两个轴线的夹角 α_i，称为连杆扭角。这两个参数为连杆的尺寸参数。

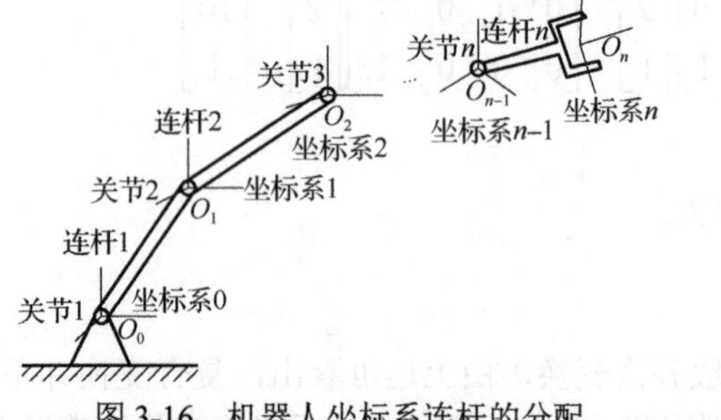

图 3-16 机器人坐标系连杆的分配

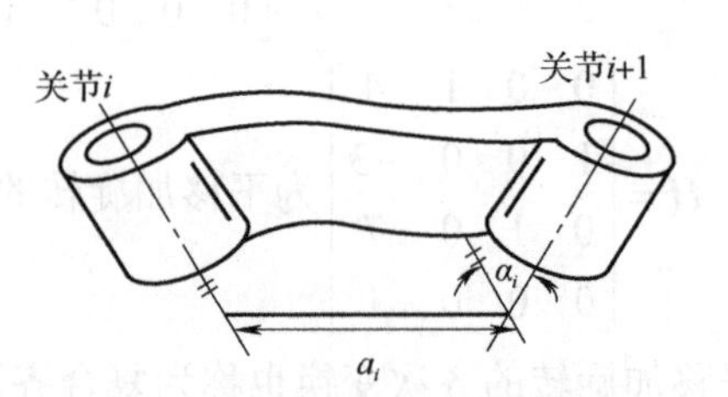

图 3-17 连杆尺寸参数 a_i 和 α_i

机器人机械手上坐标系的配置取决于机械手连杆连接的类型。有两种连接——转动关节和棱柱联轴器，如图 3-18 和图 3-19 所示。每个连杆两端的轴线各有一条法线，相邻两连杆的法线距离为 d_i，两连杆夹角为 θ_i。对于转动关节，θ_i 为关节变量。连杆 i 的坐标系原点位于关节 i 和 $i+1$ 的公共法线与关

节 $i+1$ 轴线的交点上。如果两相邻连杆的轴线相交于一点，那么原点就在这一交点上。如果两轴线互相平行，那么就选择原点使对下一连杆(其坐标原点已确定)的距离 d_{i+1} 为零。连杆 i 的 Z 轴与关节 $i+1$ 的轴线在一条直线上，而 X 轴则在连杆 i 和 $i+1$ 的公共法线上，其方向从 i 指向 $i+1$，如图 3-18 所示。当两关节轴线相交时，X 轴的方向与两矢量的交积 $Z_{i-1} \times Z_i$ 平行或反向平行，X 轴的方向总是沿着公共法线从关节 i 指向关节 $i+1$。当两轴 X_{i-1} 和 X_i 平行且同向时，第 i 个转动关节的 θ_i 为零。

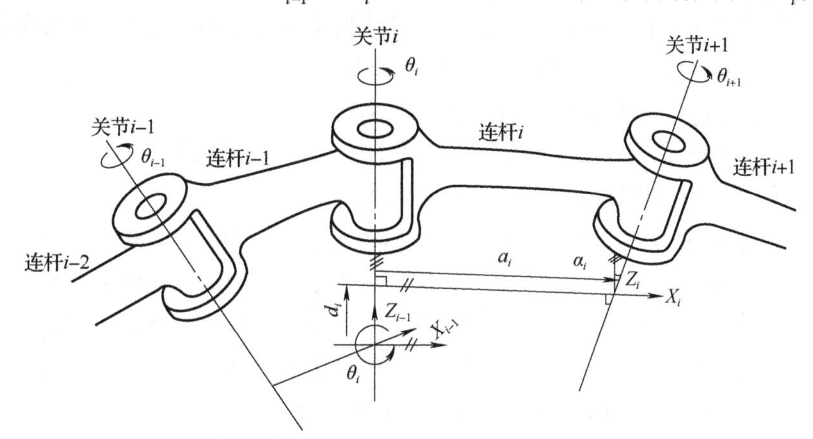

图 3-18　转动关节连杆坐标系建立示意图

对于图 3-19 所示的棱柱联轴器，距离 d_i 为联轴器(关节)变量，而联轴器轴线的方向即此联轴器移动的方向。该轴的方向是规定的，但不同于转动关节的情况，该轴的空间位置则是没有规定的。棱柱联轴器的长度 a_i 没有意义，令其为零。联轴器的坐标系原点与下一个规定的连杆原点重合。棱柱式连杆的 Z 轴在关节 $i+1$ 的轴线上。X_i 轴平行或反向平行于棱柱联轴器方向矢量与 Z_i 矢量的交积。当 $d_i=0$ 时，定义该联轴器的位置为零。

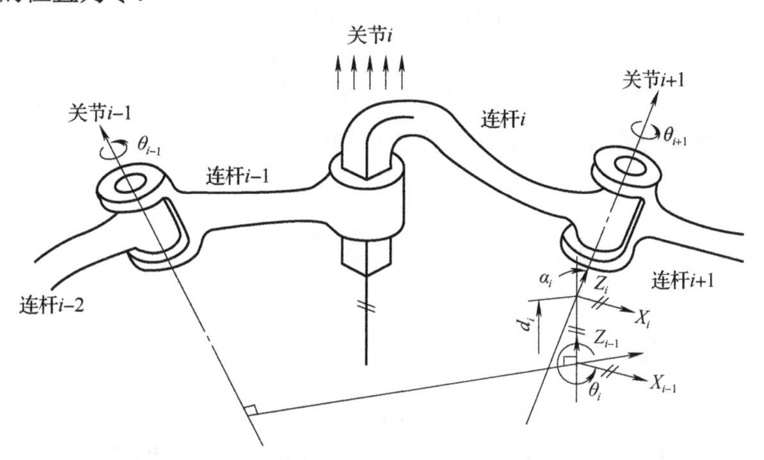

图 3-19　棱柱联轴器连杆坐标系建立示意图

3.4.2　连杆坐标系间的变换矩阵

1. 连杆坐标系间变换矩阵的表示方法

用 $\boldsymbol{A}_n^{n-1}$ 表示机器人连杆 n 坐标系的坐标变换成连杆 $n-1$ 坐标系的坐标的变换矩阵，通常把上标省略，写成 $\boldsymbol{A}_n$。对于 n 个关节的机器人，前一个关节向后一个关节的变换矩阵分别为

$$\boldsymbol{A}_n^{n-1}, \boldsymbol{A}_{n-1}^{n-2}, \cdots, \boldsymbol{A}_1^0$$

也就是

$$\boldsymbol{A}_n, \boldsymbol{A}_{n-1}, \cdots, \boldsymbol{A}_1$$

式中，$\boldsymbol{A}_1^0(\boldsymbol{A}_1)$ 为杆件 1 上的 1 号坐标系到机座的 0 号坐标系的变换矩阵。

2. 连杆坐标系间变换矩阵的确定

如图 3-18 及图 3-19 所示，一旦对全部连杆规定坐标系后，就能按照下列的步骤建立相邻两连杆 i 与 $i+1$ 之间的相对关系：

(1) 绕 Z_{i-1} 轴旋转 θ_i 角，使 X_{i-1} 轴转到与 X_i 轴同一平面内。

(2) 沿 Z_{i-1} 轴平移距离 d_i，把 X_{i-1} 轴移到与 X_i 轴同一直线上。

(3) 沿 X_i 轴平移距离 A_i，把连杆 $i-1$ 的坐标系移动到使其原点与连杆 i 坐标系原点重合的地方。

(4) 绕 X_i 轴旋转 a_i 角，使 Z_{i-1} 轴转到与 Z_i 轴同一直线上。

连杆 $i-1$ 的坐标系经过上述变换与连杆 i 的坐标系重合。如果把表示相邻连杆相对空间关系的矩阵称为 $\boldsymbol{A}$ 矩阵，那么根据上述变换步骤，从连杆 i 到连杆 $i-1$ 的变换矩阵 $\boldsymbol{A}_i$ 为

$$\begin{aligned}\boldsymbol{A}_i &= \mathrm{Rot}(Z,\theta_i)\,\mathrm{Trans}(0,0,d_i)\,\mathrm{Rot}(X,\alpha_i)\\ &= \begin{bmatrix}\cos\theta_i & -\sin\theta_i & 0 & 0\\ \sin\theta_i & \cos\theta_i & 0 & 0\\ 0 & 0 & 0 & 0\\ 0 & 0 & 0 & 1\end{bmatrix}\begin{bmatrix}1 & 0 & 0 & a_i\\ 0 & 1 & 0 & 0\\ 0 & 0 & 1 & d_i\\ 0 & 0 & 0 & 1\end{bmatrix}\begin{bmatrix}1 & 0 & 0 & 0\\ 0 & \cos\alpha_i & -\sin\alpha_i & 0\\ 0 & \sin\alpha_i & \cos\alpha_i & 0\\ 0 & 0 & 0 & 1\end{bmatrix}\\ &= \begin{bmatrix}\cos\theta_i & -\sin\theta_i\cos\alpha_i & \sin\theta_i\sin\alpha_i & a_i\cos\theta_i\\ \sin\theta_i & \cos\theta_i\cos\alpha_i & -\cos\theta_i\sin\alpha_i & a_i\sin\theta_i\\ 0 & \sin\alpha_i & \cos\alpha_i & d_i\\ 0 & 0 & 0 & 1\end{bmatrix}\end{aligned} \tag{3-21}$$

同理，对联轴器的变换矩阵有

$$\boldsymbol{A}_i = \begin{bmatrix}\cos\theta_i & -\sin\theta_i\cos\alpha_i & \sin\theta_i\sin\alpha_i & \sin\theta_i\sin\alpha_i\\ \sin\theta_i & \cos\theta_i\cos\alpha_i & -\cos\theta_i\sin\alpha_i & -\cos\theta_i\sin\alpha_i\\ 0 & \sin\alpha_i & \cos\alpha_i & d_i\\ 0 & 0 & 0 & 1\end{bmatrix} \tag{3-22}$$

实际上很多机器人在设计时，常常使某些连杆参数取特别值，如使 $\alpha_i=0$ 或 $90°$，也有使 $d_i=0$ 或 $a_i=0$，从而可以简化变换矩阵 $\boldsymbol{A}_i$ 的计算，这样也可简化控制。

3.5 工业机器人运动学

3.5.1 机器人运动学方程

对机器人的每一个连杆建立一个坐标系，并用齐次变换来描述这些坐标系间的相对关系，也称相对位姿。通常把描述一个连杆坐标系与下一个连杆坐标系间相对关系的齐次变换矩阵称为 $\boldsymbol{A}$ 变换矩阵或 $\boldsymbol{A}$ 矩阵。

如果 $\boldsymbol{A}_1$ 矩阵表示第一连杆坐标系相对于固定坐标系的齐次变换，则第一连杆坐标系相对于固定坐标系的位姿 $\boldsymbol{T}_1$ 为

$$\boldsymbol{T}_1 = \boldsymbol{A}_1\boldsymbol{T}_0 = \boldsymbol{A}_1$$

式中，$\boldsymbol{T}_0$ 为固定坐标系的齐次矩阵表达式，即

$$\boldsymbol{T}_0 = \begin{bmatrix}1 & 0 & 0 & 0\\ 0 & 1 & 0 & 0\\ 0 & 0 & 1 & 0\\ 0 & 0 & 0 & 1\end{bmatrix}$$

如果 $\boldsymbol{A}_2$ 矩阵表示第二连杆坐标系相对于第一连杆坐标系的齐次变换，则第二连杆坐标系在固定坐标系中的位姿 $\boldsymbol{T}_2$ 可用 $\boldsymbol{A}_2$ 和 $\boldsymbol{A}_1$ 的乘积来表示，并且 $\boldsymbol{A}_2$ 应该右乘，即

$$\boldsymbol{T}_2 = \boldsymbol{A}_1\boldsymbol{A}_2$$

同理，若 $\boldsymbol{A}_3$ 矩阵表示第三连杆坐标系相对于第二连杆坐标系的齐次变换，则有

$$\boldsymbol{T}_3 = \boldsymbol{A}_1\boldsymbol{A}_2\boldsymbol{A}_3$$

如此类推，对于六连杆机器人，有下列矩阵

$$\boldsymbol{T}_6 = \boldsymbol{A}_1\boldsymbol{A}_2\boldsymbol{A}_3\boldsymbol{A}_4\boldsymbol{A}_5\boldsymbol{A}_6 \tag{3-23}$$

该等式称为机器人运动学方程。此式右边表示从固定参考系到手部坐标系的各连杆坐标系之间的变换矩阵的连乘，左边 $\boldsymbol{T}_6$ 表示这些变换矩阵的乘积，也就是手部坐标系相对于固定参考系的位姿。式(3-23)计算结果 $\boldsymbol{T}_6$ 是一个 4×4 矩阵，即

$$\boldsymbol{T}_6 = \begin{bmatrix} n_X & o_X & a_X & P_X \\ n_Y & o_Y & a_Y & P_Y \\ n_Z & o_Z & a_Z & P_Z \\ 0 & 0 & 0 & 1 \end{bmatrix}$$

式中，前 3 列为手部的姿态；第 4 列为手部的位置。

3.5.2 正向运动学及实例

正向运动学主要解决机器人运动学方程的建立及手部位姿求解问题，下面给出建立机器人运动学方程的方法及实例。

【例 3-8】 图 3-20 为斯坦福机器人及赋给各连杆的坐标系。斯坦福机器人的手臂有两个转动关节(关节 1 和关节 2，且两个转动关节的轴线相交于一点)和一个移动关节(关节 3)，共 3 个自由度：杆 1 绕固定坐标系的 Z_0 轴旋转 θ_1；杆 2 绕杆 1 坐标系的 Z_1 轴旋转 θ_2；杆 3 绕杆 2 坐标系的 Z_2 轴平移 d_3。手腕有 3 个转动关节，转动关节的轴线相交于一点，共 3 个自由度：手腕整体围绕杆 3 旋转 θ_3；杆 4 绕杆 3 坐标系的 Z_3 轴旋转 θ_4；杆 5 绕杆 4 坐标系的 Z_4 轴旋转 θ_5；杆 6 绕杆 5 坐标系的 Z_5 轴旋转 θ_6；(X_6, Y_6, Z_6) 为手部坐标系，原点位于手部两手爪的中心，离手腕中心的距离为 H，当夹持工件时，需确定它与被夹持工件上固连坐标系的相对位置关系和相对姿态关系。

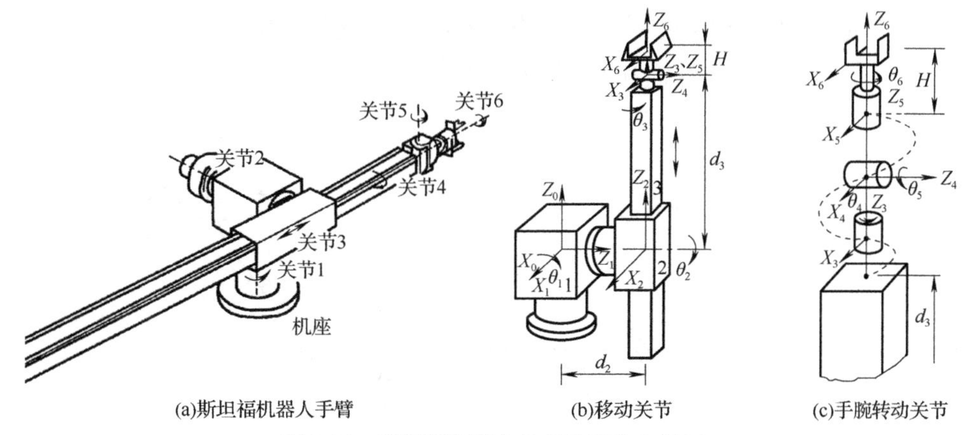

图 3-20 斯坦福机器人及各连杆的坐标系

设斯坦福机器人的起始位置为零位，如图 3-21 所示。现已知关节变量为 $\theta_1 = 90°$，$\theta_2 = 90°$，$d_3 = 300\text{mm}$，$\theta_4 = 90°$，$\theta_5 = 90°$，$\theta_6 = 90°$。机器人结构参数为 $d_2 = 100\,\text{mm}$，H =50mm。根据斯坦福机器人运动学方程进行正向运动学分析，写出坐标系 $\boldsymbol{T}_6$ 的齐次矩阵方程表达式。

解 按照本例给出的关节变量进行图解，机器人手部及各杆件的零位状态如图 3-21 所示。根据

表 3-1 所示的斯坦福机器人各连杆的参数和齐次变换矩阵公式（3-21），可求得 $\boldsymbol{A}_i$(即 $\boldsymbol{A}_1,\boldsymbol{A}_2,\cdots,\boldsymbol{A}_6$)为

$$\boldsymbol{A}_1=\begin{bmatrix} c_1 & 0 & -s_1 & 0 \\ s_1 & 0 & c_1 & 0 \\ 0 & -1 & 0 & 0 \\ 0 & 0 & 0 & 1 \end{bmatrix},\quad \boldsymbol{A}_2=\begin{bmatrix} c_2 & 0 & s_2 & 0 \\ s_2 & 0 & -c_2 & 0 \\ 0 & 1 & 0 & d_2 \\ 0 & 0 & 0 & 1 \end{bmatrix},\quad \boldsymbol{A}_3=\begin{bmatrix} 1 & 0 & 0 & 0 \\ 0 & 1 & 0 & 0 \\ 0 & 0 & 1 & d_3 \\ 0 & 0 & 0 & 1 \end{bmatrix},$$

$$\boldsymbol{A}_4=\begin{bmatrix} c_4 & 0 & -s_4 & 0 \\ s_4 & 0 & c_4 & 0 \\ 0 & -1 & 0 & 0 \\ 0 & 0 & 0 & 1 \end{bmatrix},\quad \boldsymbol{A}_5=\begin{bmatrix} c_5 & 0 & s_5 & 0 \\ s_5 & 0 & -c_5 & 0 \\ 0 & 1 & 0 & 0 \\ 0 & 0 & 0 & 1 \end{bmatrix},\quad \boldsymbol{A}_6=\begin{bmatrix} c_6 & -s_6 & 0 & 0 \\ s_6 & c_6 & 0 & 0 \\ 0 & 0 & 1 & 0 \\ 0 & 0 & 0 & 1 \end{bmatrix}$$

式中，$c_1=\cos\theta_1$；$s_1=\sin\theta_1$；其余以此类推，则斯坦福机器人运动方程为

$$\boldsymbol{T}_6=\boldsymbol{A}_1\boldsymbol{A}_2\boldsymbol{A}_3\boldsymbol{A}_4\boldsymbol{A}_5\boldsymbol{A}_6=\begin{bmatrix} n_X & o_X & a_X & P_X \\ n_Y & o_Y & a_Y & P_Y \\ n_Z & o_Z & a_Z & P_Z \\ 0 & 0 & 0 & 1 \end{bmatrix} \tag{3-24}$$

式中

$$\begin{cases} n_X=c_1\left[c_2\left(c_4c_5c_6-s_4s_6\right)-s_2s_5c_6\right]-s_1\left(s_4c_5c_6+c_4s_6\right) \\ n_Y=s_1\left[c_2\left(c_4c_5c_6-s_4s_6\right)-s_2s_5c_6\right]+c_1\left(s_4c_5c_6+c_4s_6\right) \\ n_Z=-s_2\left(c_4c_5c_6-s_4s_6\right)-c_2s_5c_6 \\ o_X=c_1\left[-c_2\left(c_4c_5c_6-s_4s_6\right)+s_2s_5c_6\right]-s_1\left(-s_4c_5c_6+c_4s_6\right) \\ o_Y=s_1\left[c_2\left(c_4c_5c_6-s_4s_6\right)-s_2s_5c_6\right]+c_1\left(s_4c_5c_6+c_4s_6\right) \\ o_Z=s_2\left(c_4c_5s_6+s_4c_6\right)+c_2s_5s_6 \\ a_X=c_1\left(c_2c_4s_5+s_2c_5\right)-s_1s_4s_5 \\ a_Y=s_1\left(c_2c_4s_5+s_2c_5\right)+c_1s_4s_5 \\ a_Z=-s_2c_4s_5+c_2s_5 \\ P_X=c_1\left[c_2c_4s_5H-s_2\left(c_5H-d_3\right)\right]-s_1\left(s_4s_5H+d_2\right) \\ P_Y=s_1\left[c_2c_4s_5H-s_2\left(c_5H-d_3\right)\right]+c_1\left(s_4s_5H+d_2\right) \\ P_Z=-\left[s_2c_4s_5H+c_2\left(c_5H-d_3\right)\right] \end{cases}$$

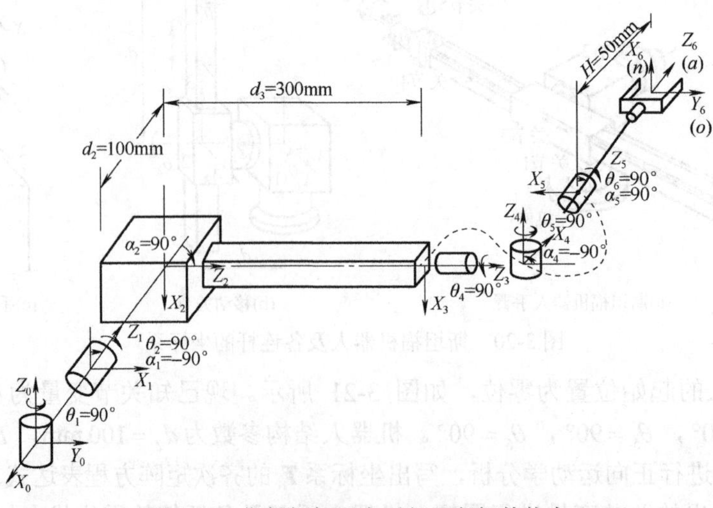

图 3-21 斯坦福机器人手部及各杆件状态

表 3-1 斯坦福机器人各连杆的参数

杆件号	关节转角 θ	扭角 α	杆长 a	距离 d
1	θ_1	−90°	0	0
2	θ_2	90°	0	d_2
3	θ_3	0	0	d_3
4	θ_4	−90°	0	0
5	θ_5	90°	0	0
6	θ_6	0	0	H

假设$H=0$，则n、o、a三个方向矢量不变，而位置矢量的分量$\boldsymbol{P}_X$、$\boldsymbol{P}_Y$、$\boldsymbol{P}_Z$分别为

$$\boldsymbol{P}_X = c_1 s_2 d_3 - s_1 d_2$$

$$\boldsymbol{P}_Y = s_1 s_2 d_3 + c_1 d_2$$

$$\boldsymbol{P}_Z = c_2 d_3$$

该$\boldsymbol{T}_6$的4×4矩阵即斯坦福机器人在给定情况下手部的位姿矩阵，即运动学正解。

代入本例给出的已知参数值和变量值（$\theta_1=90°$，$\theta_2=90°$，$d_3=300\text{mm}$，$\theta_4=90°$，$\theta_6=90°$，$d_2=100\text{mm}$，$H=50\text{mm}$），求得数值解为

$$\boldsymbol{T}_6=\begin{bmatrix}0&0&-1&-150\\0&1&0&300\\1&0&0&0\\0&0&0&1\end{bmatrix}$$

当$H=0$时，则有

$$\boldsymbol{T}_6=\begin{bmatrix}0&0&-1&-100\\0&1&0&300\\1&0&0&0\\0&0&0&1\end{bmatrix}$$

3.5.3 逆向运动学及实例

逆向运动学解决的问题是已知手部的位姿，求各个关节的变量。在机器人的控制中，往往已知手部到达的目标位姿，需要求出关节变量，以驱动各关节的电机，使手部的位姿得到满足，这就是运动学的逆向问题。运动学逆解如式(3-25)所示：

$$\begin{bmatrix}n_X&o_X&a_X&P_X\\n_Y&o_Y&a_Y&P_Y\\n_Z&o_Z&a_Z&P_Z\\0&0&0&1\end{bmatrix}=\boldsymbol{A}_1\boldsymbol{A}_2\boldsymbol{A}_3\boldsymbol{A}_4\boldsymbol{A}_5\boldsymbol{A}_6 \tag{3-25}$$

图 3-22 为一个 2 连杆机器人，对于一个给定的位置和姿态，它具有两组解。虚线和实线各代表一组解，它们都能满足给定的位置与姿态。这就是多解性。多解性是由于解反三角函数方程产生的。显然，对于一个真实的机器人，只有一组解与实际情况相对应。为此，必须作出判断，以选择合适的解。通常采用剔除多余解的方法：

(1)根据关节运动空间来选择合适的解；

(2)选择一个最接近的解；

(3)根据避障要求选择合适的解；

(4)逐级剔除多余解。

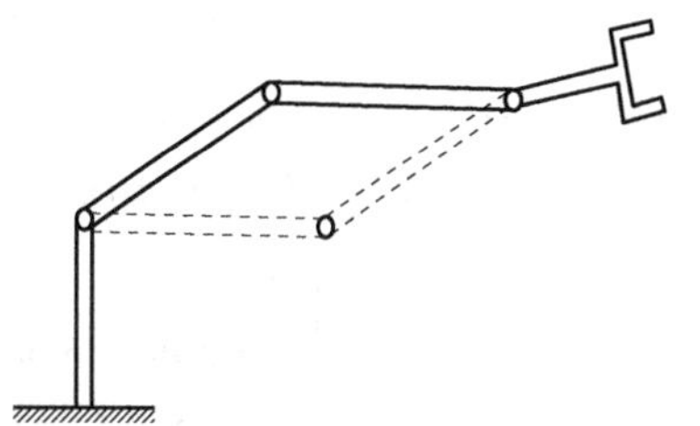

图 3-22 机器人运动学逆解多解性示意图

能否求得机器人运动学逆解的解析式是机器人的可解性问题。

对于逆向运动学的求解是用一系列变换矩阵的逆 A_i^{-1} 左乘，然后找出右端为常数的元素，并令这些元素与左端元素相等，这样就可以得出一个可以求解的三角函数方程式。

对于有解析解的机器人，求得它的解是运动学中最重要但又最困难的事情。现仍以斯坦福机器人为例来介绍求逆解的一种方法。

【例 3-9】 如图 3-20(b)所示，以六自由度斯坦福机器人为例，其连杆坐标系如图 3-23 所示。

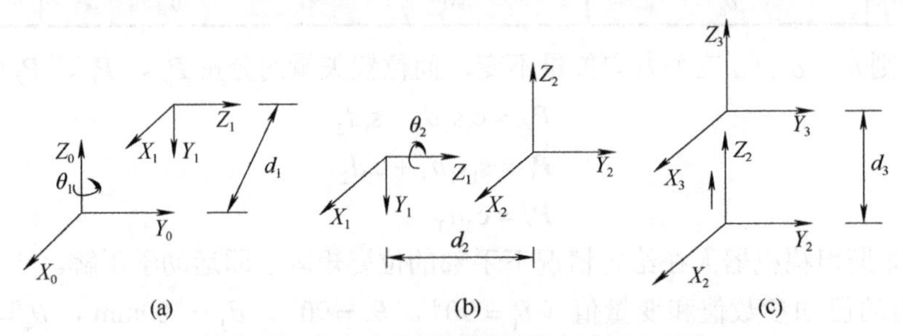

图 3-23 六自由度斯坦福机器人连杆坐标系

解 设坐标系 $\{6\}$ 与坐标系 $\{5\}$ 原点重合，其运动学方程为

$$\boldsymbol{T}_6=\boldsymbol{A}_1\boldsymbol{A}_2\boldsymbol{A}_3\boldsymbol{A}_4\boldsymbol{A}_5\boldsymbol{A}_6=\begin{bmatrix} n_X & o_X & a_X & P_X \\ n_Y & o_Y & a_Y & P_Y \\ n_Z & o_Z & a_Z & P_Z \\ 0 & 0 & 0 & 1 \end{bmatrix} \tag{3-26}$$

现在给出 $\boldsymbol{T}_6$ 矩阵及各杆参数 a、α、d，求关节变量 $\theta_1,\theta_2,\cdots,\theta_6$，其中 $\theta_3=d_3$。

(1) 求 θ_1。

$\boldsymbol{A}_1$ 为坐标系 $\{1\}$，相当于固定坐标系 $\{O\}$ 的 Z_0 轴旋转 θ_1，然后绕自身坐标系 X_1 轴做 α_1 的旋转变换，$\alpha_1=90°$，所以

$$\boldsymbol{A}_1=\mathrm{Rot}(Z_0,\theta_1)\mathrm{Rot}(X_1,\alpha_1)=\begin{bmatrix} \mathrm{c}_1 & 0 & -\mathrm{s}_1 & 0 \\ \mathrm{s}_1 & 0 & \mathrm{c}_1 & 0 \\ 0 & -1 & 0 & 0 \\ 0 & 0 & 0 & 1 \end{bmatrix} \tag{3-27}$$

只要列出 $\boldsymbol{A}_1^{-1}$，在式(3-26)两边分别左乘运动学方程，即可得

$$\boldsymbol{A}_1^{-1}\boldsymbol{T}_6=\boldsymbol{A}_2\boldsymbol{A}_3\boldsymbol{A}_4\boldsymbol{A}_5\boldsymbol{A}_6=\boldsymbol{T}_6^1 \tag{3-28}$$

方程(3-28)左端为

$$\boldsymbol{A}_1^{-1}\boldsymbol{T}_6=\begin{bmatrix} \mathrm{c}_1 & \mathrm{s}_1 & 0 & 0 \\ 0 & 0 & -1 & 0 \\ -\mathrm{s}_1 & \mathrm{c}_1 & 0 & 0 \\ 0 & 0 & 0 & 1 \end{bmatrix}\begin{bmatrix} n_X & o_Z & a_X & P_X \\ n_Y & o_Y & a_Y & P_Y \\ n_Z & o_Z & a_Z & P_Z \\ 0 & 0 & 0 & 1 \end{bmatrix}=\begin{bmatrix} f_{11}(n) & f_{11}(o) & f_{11}(a) & f_{11}(P) \\ f_{12}(n) & f_{12}(o) & f_{12}(a) & f_{12}(P) \\ f_{13}(n) & f_{13}(o) & f_{13}(a) & f_{13}(P) \\ 0 & 0 & 0 & 1 \end{bmatrix} \tag{3-29}$$

式中，$f_{11}(i)=\mathrm{c}_1 i_X+\mathrm{s}_1 i_Y$，$f_{12}(i)=-i_Z$，$f_{13}(i)=-\mathrm{s}_1 i_X+\mathrm{c}_1 i_Y$，其中 $i=n,o,a$。因而得

$$\begin{aligned}\boldsymbol{T}_6^1&=\boldsymbol{A}_2\boldsymbol{A}_3\boldsymbol{A}_4\boldsymbol{A}_5\boldsymbol{A}_6\\&=\begin{bmatrix} \mathrm{c}_1(\mathrm{c}_4\mathrm{c}_5\mathrm{c}_6-\mathrm{s}_4\mathrm{s}_6)-\mathrm{s}_2\mathrm{s}_5\mathrm{s}_6 & -\mathrm{c}_2(\mathrm{c}_4\mathrm{c}_5\mathrm{c}_6+\mathrm{s}_4\mathrm{s}_6)+\mathrm{s}_2\mathrm{s}_5\mathrm{s}_6 & \mathrm{c}_2\mathrm{c}_4\mathrm{s}_5+\mathrm{s}_2\mathrm{c}_5 & \mathrm{s}_2 d_3 \\ \mathrm{s}_1(\mathrm{c}_4\mathrm{c}_5\mathrm{c}_6-\mathrm{s}_4\mathrm{s}_6)+\mathrm{c}_2\mathrm{s}_5\mathrm{s}_6 & -\mathrm{s}_2(\mathrm{c}_4\mathrm{c}_5\mathrm{c}_6+\mathrm{s}_4\mathrm{s}_6)-\mathrm{s}_2\mathrm{s}_5\mathrm{s}_6 & \mathrm{c}_2\mathrm{c}_4\mathrm{s}_5-\mathrm{s}_2\mathrm{c}_5 & -\mathrm{c}_2 d_3 \\ \mathrm{s}_4\mathrm{c}_4\mathrm{c}_6+\mathrm{c}_4\mathrm{s}_6 & -\mathrm{s}_4\mathrm{c}_5\mathrm{s}_6+\mathrm{c}_4\mathrm{c}_6 & \mathrm{s}_4\mathrm{s}_5 & d_2 \\ 0 & 0 & 0 & 1 \end{bmatrix}\end{aligned} \tag{3-30}$$

式中，第 3 行、第 4 列的元素为常数，把式(3-29)对应的元素等同起来，可得

$$f_{13}(P)=d_2 \tag{3-31}$$

$$-s_1P_X+c_1P_Y=d_2 \tag{3-32}$$

采用三角代换

$$P_X=\rho\cos\varphi,\ \ P_Y=\rho\sin\varphi$$

式中，$\rho=\sqrt{P_X^2+P_Y^2}$；$\varphi=\arctan(P_Y/P_X)$。进行三角代换后可解得

$$\sin(\varphi-\theta_1)=\frac{d_2}{\rho},\quad \cos(\varphi-\theta_1)=\pm\sqrt{1-\left(\frac{d_2}{\rho}\right)^2}$$

$$\varphi-\theta_1=a\tan\left\{2\left[\frac{d_2}{\rho},\pm\sqrt{1-\left(\frac{d_2}{\rho}\right)^2}\right]\right\}$$

$$\theta_1=\arctan\left[2\left(P_Y,P_X\right)\right]-\arctan\left[2\left(d_2,\pm\sqrt{P_X+P_Y-d_2^2}\right)\right] \tag{3-33}$$

式中，正、负号对应的两个解对应于 θ_1 的两个可能解；a 为齐次坐标变换系数(式(3-2))。

(2)求 θ_2。

根据前述原则，用 $\boldsymbol{A}_2^{-1}$ 左乘方程(3-26)，得

$$\boldsymbol{A}_2^{-1}\boldsymbol{A}_1^{-1}\boldsymbol{T}_6=\boldsymbol{A}_3\boldsymbol{A}_4\boldsymbol{A}_5\boldsymbol{A}_6 \tag{3-34}$$

查找右边的元素，这些元素是各关节的函数。计算矩阵后可知，第 1 行、第 4 列和第 2 行、第 4 列是 s_2d_3 的函数。因此可得

$$s_2d_3=c_1P_X+s_1P_Y \tag{3-35}$$

$$-c_2d_3=-P_Z \tag{3-36}$$

由于 d_3 大于 0(菱形导轨的伸展大于 0)，所以 θ_2 有唯一解

$$\theta_2=\arctan\frac{c_1P_X+s_1P_Y}{P_Z} \tag{3-37}$$

(3)求 $d_3(=\theta_3)$。

用 $\boldsymbol{A}_3^{-1}$ 左乘方程(3-30)，得

$$\boldsymbol{A}_3^{-1}\boldsymbol{A}_2^{-1}\boldsymbol{A}_1^{-1}\boldsymbol{T}_6=\boldsymbol{A}_4\boldsymbol{A}_5\boldsymbol{A}_6 \tag{3-38}$$

因已经求得 θ_1、θ_2，故 s_1、c_1、s_2、c_2 的值为已知。计算式(3-38)，令第 3 行、第 4 列元素相等，可以得到 d_3 的方程为

$$d_3=s_2(c_1P_X+s_1P_Y)+c_2P_Z \tag{3-39}$$

(4)求 θ_4。

用 $\boldsymbol{A}_4^{-1}$ 左乘式(3-38)，得

$$\boldsymbol{A}_4^{-1}\boldsymbol{A}_3^{-1}\boldsymbol{A}_2^{-1}\boldsymbol{A}_1^{-1}\boldsymbol{T}_6=\boldsymbol{A}_5\boldsymbol{A}_6 \tag{3-40}$$

计算矩阵式，因右端第 3 行、第 3 列元素为 0，令左、右第 3 行、第 3 列元素相等，有

$$-s_4[c_2(c_1a_X+s_1a_Y)-s_2a_Y]+c_4(-s_1a_Y+c_1a_Y)=0 \tag{3-41}$$

解得

$$\theta_4=\arctan\{2[-s_1a_X+c_1a_Y,c_2(c_1a_X+s_1a_Y)-s_2a_Y]\} \tag{3-42}$$

(5)求 θ_5。

用 $\boldsymbol{A}_5^{-1}$ 左乘式(3-40)，得

$$\boldsymbol{A}_5^{-1}\boldsymbol{A}_4^{-1}\boldsymbol{A}_3^{-1}\boldsymbol{A}_2^{-1}\boldsymbol{A}_1^{-1}\boldsymbol{T}_6=\boldsymbol{A}_6 \tag{3-43}$$

根据式(3-43)左右两边对应的元素，可以得到 s_5、c_5 的方程，即

$$s_5=c_4[c_2(c_1a_X+s_1a_Y)-s_2a_Y]+s_4(-s_1a_Y+c_1a_Y) \tag{3-44}$$

$$c_5=s_2(c_1a_X+s_1a_Y)+c_2a_Y \tag{3-45}$$

解得

$$\theta_5=\arctan(2\{c_4[c_2(c_1a_X+s_1a_Y)-s_2a_Y]+s_4(-s_1a_Y+c_1a_Y)+s_2(c_1a_X+s_1a_Y)+c_2a_Y\}) \tag{3-46}$$

(6) 求 θ_6。

根据式(3-43)左右两边对应的元素，可以得到 s_6、c_6 的表达式为

$$s_6=-c_5\{c_4[c_2(c_1o_X+s_1o_Y)-s_2o_Y]+s_4(-s_1o_X+c_1o_Y)\}+s_5[s_2(c_1o_X+s_1o_Y)+c_2o_Y] \tag{3-47}$$

$$c_6=-s_4[c_2(c_1o_X+s_1o_Y)-s_2o_Y]+c_4(-s_1o_X+c_1o_Y) \tag{3-48}$$

解得

$$\theta_6=\arctan(s_6/c_6) \tag{3-49}$$

3.6 工业机器人动力学

机器人动力学主要研究机器人运动和受力之间的关系，目的是对机器人进行控制、优化设计和仿真。机器人动力学主要解决动力学正问题和逆问题两类问题。动力学正问题是根据各关节的驱动力(或力矩)，求解机器人的运动(关节位移、速度和加速度)，主要用于机器人的仿真；动力学逆问题是已知机器人关节的位移、速度和加速度，求解所需要的关节的驱动力(或力矩)，满足实时控制的需要。其中雅可比矩阵是机器人速度和静力分析的基础。

3.6.1 机器人雅可比矩阵

机器人雅可比矩阵(简称雅可比)揭示了操作空间与关节空间的映射关系。雅可比不仅表示操作空间与关节空间的速度映射关系，也表示二者力的传递关系，为确定机器人的静态关节力矩以及不同坐标系间速度、加速度和静力的变换提供了便捷的方法。

1. 机器人速度雅可比矩阵

在数学上，雅可比矩阵是一个多元函数的偏导矩阵。假设有 6 个函数，每个函数有 6 个变量，即

$$\begin{cases} Y_1=f_1(X_1,X_2,X_3,X_4,X_5,X_6) \\ Y_2=f_2(X_1,X_2,X_3,X_4,X_5,X_6) \\ \quad\vdots \\ Y_6=f_6(X_1,X_2,X_3,X_4,X_5,X_6) \end{cases} \tag{3-50}$$

可简写成

$$Y=F(X)$$

将其微分，得

$$
\begin{cases}
\mathrm{d}Y_1 = \dfrac{\partial F_1}{\partial X_1}\mathrm{d}X_1 + \dfrac{\partial F_1}{\partial X_2}\mathrm{d}X_2 + \cdots + \dfrac{\partial F_1}{\partial X_6}\mathrm{d}X_6 \\
\mathrm{d}Y_2 = \dfrac{\partial F_2}{\partial X_1}\mathrm{d}X_1 + \dfrac{\partial F_2}{\partial X_2}\mathrm{d}X_2 + \cdots + \dfrac{\partial F_2}{\partial X_6}\mathrm{d}X_6 \\
\quad\vdots \\
\mathrm{d}Y_6 = \dfrac{\partial F_6}{\partial X_1}\mathrm{d}X_1 + \dfrac{\partial F_6}{\partial X_2}\mathrm{d}X_2 + \cdots + \dfrac{\partial F_6}{\partial X_6}\mathrm{d}X_6
\end{cases} \tag{3-51}
$$

可简写成

$$
\mathrm{d}Y = \frac{\partial F}{\partial X}\mathrm{d}X
$$

式中，6×6 矩阵 $\dfrac{\partial F}{\partial X}$ 称为雅可比矩阵。

机器人学中，雅可比是一个把关节速度向量 $\dot{q}$ 变换为手爪相对基坐标的广义速度向量 v 的变换矩阵。

【例 3-10】 图 3-24 为二自由度平面关节型机器人(2R 机器人)，端点位置 X 、Y 与关节 θ_1 、θ_2 的关系为

$$
\begin{aligned}
X &= l_1 \mathrm{c}_1 + l_2 \mathrm{c}_{12} \\
Y &= l_1 \mathrm{s}_1 + l_2 \mathrm{s}_{12}
\end{aligned} \tag{3-52}
$$

即

$$
\begin{aligned}
X &= X(\theta_1, \theta_2) \\
Y &= Y(\theta_1, \theta_2)
\end{aligned} \tag{3-53}
$$

式中，$\mathrm{c}_{12} = \cos(\theta_1 + \theta_2)$；$\mathrm{s}_{12} = \sin(\theta_1 + \theta_2)$。

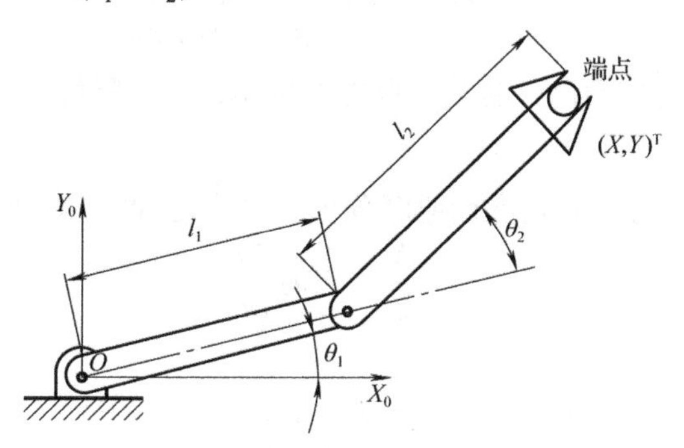

图 3-24 二自由度平面关节型机器人简图

将式(3-53)取微分得

$$
\begin{cases}
\mathrm{d}X = \dfrac{\partial X}{\partial \theta_1}\mathrm{d}\theta_1 + \dfrac{\partial X}{\partial \theta_2}\mathrm{d}\theta_2 \\
\mathrm{d}Y = \dfrac{\partial Y}{\partial \theta_1}\mathrm{d}\theta_1 + \dfrac{\partial Y}{\partial \theta_2}\mathrm{d}\theta_2
\end{cases}
$$

将其写成矩阵形式为

$$
\begin{bmatrix} \mathrm{d}X \\ \mathrm{d}Y \end{bmatrix} = \begin{bmatrix} \dfrac{\partial X}{\partial \theta_1} & \dfrac{\partial X}{\partial \theta_2} \\ \dfrac{\partial Y}{\partial \theta_1} & \dfrac{\partial Y}{\partial \theta_2} \end{bmatrix} \begin{bmatrix} \mathrm{d}\theta_1 \\ \mathrm{d}\theta_2 \end{bmatrix} \tag{3-54}
$$

令

$$J=\begin{bmatrix}\dfrac{\partial X}{\partial \theta_1} & \dfrac{\partial X}{\partial \theta_2}\\ \dfrac{\partial Y}{\partial \theta_1} & \dfrac{\partial Y}{\partial \theta_2}\end{bmatrix} \tag{3-55}$$

于是式(3-54)可简写为

$$\delta \boldsymbol{X}=\boldsymbol{J}\delta\boldsymbol{\theta} \tag{3-56}$$

式中

$$\delta \boldsymbol{X}=\begin{bmatrix}\mathrm{d}X\\ \mathrm{d}Y\end{bmatrix},\quad \delta\boldsymbol{\theta}=\begin{bmatrix}\mathrm{d}\theta_1\\ \mathrm{d}\theta_2\end{bmatrix}$$

$\boldsymbol{J}$ 称为图 3-24 所示 2R 机器人的速度雅可比，它反映了关节空间微小运动 $\delta\boldsymbol{\theta}$ 与手部作业空间微小位移 $\delta\boldsymbol{X}$ 的关系。

若对式(3-55)进行运算，则图 3-24 所示 2R 机器人的雅可比可写为

$$\boldsymbol{J}=\begin{bmatrix}-l_1\mathrm{s}_1-l_2\mathrm{s}_{12} & -l_2\mathrm{s}_{12}\\ l_1\mathrm{c}_1+l_2\mathrm{c}_{12} & l_2\mathrm{c}_{12}\end{bmatrix} \tag{3-57}$$

从 $\boldsymbol{J}$ 中元素的组成可见，$\boldsymbol{J}$ 是关于 θ_1 及 θ_2 的函数。

推而广之，对于 n 自由度机器人，关节变量可用广义关节变量 q 表示，$\boldsymbol{q}=[q_1,q_2,\cdots,q_n]^{\mathrm{T}}$，当关节为转动关节时 $q_i=\theta_i$；当关节为移动关节时 $q_i=d_i$，$\mathrm{d}\boldsymbol{q}=[\mathrm{d}q_1,\mathrm{d}q_2,\cdots,\mathrm{d}q_n]^{\mathrm{T}}$ 反映了关节空间的微小运动。机器人末端在操作空间的位置和方位可用末端手爪的位姿 X 表示，它是关节变量的函数，$X=X(q)$，并且是一个 6 维列矢量。$\delta\boldsymbol{X}=[\mathrm{d}X,\mathrm{d}Y,\mathrm{d}Z,\Delta\varphi_X,\Delta\varphi_Y,\Delta\varphi_Z]^{\mathrm{T}}$ 反映了操作空间的微小运动，它由机器人末端微小线位移和微小角位移(微小转动)组成。因此，式(3-56)可写为

$$\delta\boldsymbol{X}=\boldsymbol{J}(\boldsymbol{q})\delta\boldsymbol{q} \tag{3-58}$$

式中，$\boldsymbol{J}(\boldsymbol{q})$ 为 $6\times n$ 偏导数雅可比矩阵，称为 n 自由度机器人速度雅可比。

2. 机器人速度分析

利用机器人速度雅可比可对机器人进行速度分析。对式(3-58)左、右两边各除以 $\mathrm{d}t$，可得

$$\frac{\mathrm{d}X}{\mathrm{d}t}=\boldsymbol{J}(q)\frac{\mathrm{d}q}{\mathrm{d}t} \tag{3-59}$$

或表示为

$$v=\dot{X}=\boldsymbol{J}(q)\dot{q} \tag{3-60}$$

式中，v 为机器人末端的操作空间速度；$\dot{q}$ 为机器人的关节空间速度；$\boldsymbol{J}(q)$ 为确定关节空间速度 $\dot{q}$ 与操作空间速度 v 之间关系的雅可比矩阵。

对于图 3-24 所示 2R 机器人而言，$\boldsymbol{J}(q)$ 是式(3-57)所示的 2×2 矩阵。若令 $\boldsymbol{J}_1$、$\boldsymbol{J}_2$ 分别为式(3-57)所示雅可比的第 1 列矢量和第 2 列矢量，则式(3-60)可写为

$$v=\boldsymbol{J}_1\theta_1+\boldsymbol{J}_2\theta_2$$

式中，右边第一项表示仅由第一个关节运动引起的端点速度；右边第二项表示仅由第二个关节运动引起的端点速度；总的端点速度为这两个速度矢量的合成。因此，机器人速度雅可比的每一列表示其他关节不动而某一关节运动产生的端点速度。

图 3-24 所示 2R 机器人手部的速度为

$$\boldsymbol{v}=\begin{bmatrix}v_X\\ v_Y\end{bmatrix}=\begin{bmatrix}-l_1\mathrm{s}_1-l_2\mathrm{s}_{12} & -l_2\mathrm{s}_{12}\\ l_1\mathrm{c}_1+l_2\mathrm{c}_{12} & l_2\mathrm{c}_{12}\end{bmatrix}\begin{bmatrix}\dot{\theta}_1\\ \dot{\theta}_2\end{bmatrix}=\begin{bmatrix}-(l_1\mathrm{s}_1+l_2\mathrm{s}_{12})\dot{\theta}_1-l_2\mathrm{s}_{12}\dot{\theta}_2\\ (l_1\mathrm{c}_1+l_2\mathrm{c}_{12})\dot{\theta}_1+l_2\mathrm{c}_{12}\dot{\theta}_2\end{bmatrix}$$

如果已知的 θ_1 及 θ_2 是关于时间的转角函数，即 $\theta_1 = f_1(t)$，$\theta_2 = f_2(t)$，则可求出该机器人手部在某一时刻的速度 $v = f(t)$，即手部瞬时速度。

反之，如果给定机器人手部速度，可由式(3-60)解出相应的关节速度为

$$\dot{q} = \boldsymbol{J}^{-1} v \tag{3-61}$$

式中，$\boldsymbol{J}^{-1}$ 为机器人逆速度雅可比。

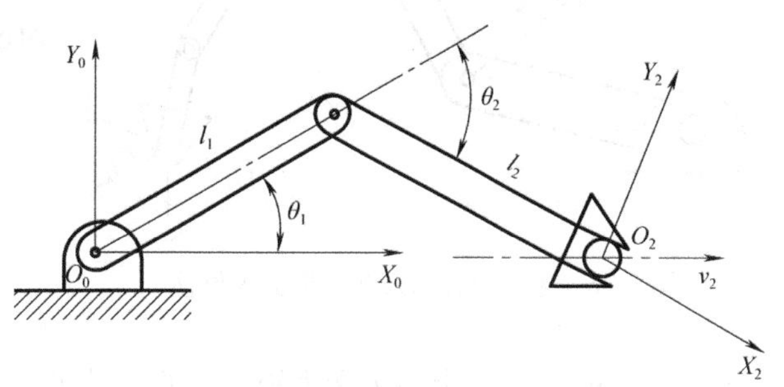

图 3-25　二自由度机械手手爪沿 X_0 方向运动示意图

【例 3-11】 如图 3-25 所示的二自由度机械手，手部沿固定坐标系 X_0 轴正向以 1.0m/s 的速度移动，杆长 $l_1 = l_2 = 0.5\text{m}$。设在某瞬时 $\theta_1 = 30°$，$\theta_2 = 60°$，求相应瞬时的关节速度。

解 由式(3-57)知，二自由度机械手速度雅可比为

$$\boldsymbol{J} = \begin{bmatrix} -l_1 s_1 - l_2 s_{12} & -l_2 s_{12} \\ l_1 c_1 + l_2 c_{12} & l_2 c_{12} \end{bmatrix}$$

因此，逆速度雅可比为

$$\boldsymbol{J}^{-1} = \frac{1}{l_1 l_2 s_2} \begin{bmatrix} l_2 c_{12} & l_2 s_{12} \\ -l_1 c_1 - l_2 c_{12} & -l_1 s_1 - l_2 s_{12} \end{bmatrix} \tag{3-62}$$

由式(3-61)可知，$\dot{\theta} = \boldsymbol{J}^{-1} \boldsymbol{v}$，且 $\boldsymbol{v} = [1,0]^{\mathrm{T}}$，即 $v_X = 1\,\text{m/s}$，$v_Y = 0$，因此

$$\begin{bmatrix} \dot{\theta}_1 \\ \dot{\theta}_2 \end{bmatrix} = \frac{1}{l_1 l_2 s_2} \begin{bmatrix} l_2 c_{12} & l_2 s_{12} \\ -l_1 c_1 - l_2 c_{12} & -l_1 s_1 - l_2 s_{12} \end{bmatrix} \begin{bmatrix} 1 \\ 0 \end{bmatrix}$$

$$\dot{\theta}_1 = \frac{c_{12}}{l_1 s_2} = -\frac{1}{0.5} \text{rad/s} = -2\text{rad/s}$$

$$\dot{\theta}_2 = \frac{c_1}{l_1 s_2} - \frac{c_{12}}{l_1 s_2} = 4\text{rad/s}$$

因此，在该瞬时两关节的位置分别为 $\theta_1 = 30°$，$\theta_2 = -60°$；速度分别为 $\dot{\theta}_1 = -2\text{rad/s}$，$\dot{\theta}_2 = 4\text{rad/s}$；手部瞬时速度为 1m/s。

3.6.2 机器人力雅可比矩阵静力计算

机器人作业时与外界环境的接触会在机器人与环境之间引起相互的作用力和力矩。机器人各关节的驱动装置提供关节力矩(或力)，通过连杆传递到末端执行器，克服外界作用力和力矩。各关节的驱动力矩(或力)与末端执行器施加的力(广义力，包括力和力矩)之间的关系是机器人操作臂力控制的基础。本节讨论操作臂在静止状态下力的平衡关系。假定各关节“锁定”，机器人成为一个机构。这种“锁定”用的关节力矩与手部所支持的载荷或受到外界环境作用的力取得静力平衡。求解这种“锁定”用的关节力矩，或求解在已知驱动力矩作用下手部的输出力就是对机器人操作臂的静力计算。

1. 机器人力雅可比矩阵

假定关节无摩擦，并忽略各杆件的重力，则广义关节力矩 $\boldsymbol{\tau}$ 与机器人手部端点力 $\boldsymbol{F}$ 的关系可用式(3-63)描述：

$$\boldsymbol{\tau} = \boldsymbol{J}^{\mathrm{T}} \boldsymbol{F} \tag{3-63}$$

式中，$\boldsymbol{\tau}$ 为广义关节力矩；$\boldsymbol{F}$ 为机器人手部端点力；$\boldsymbol{J}^{\mathrm{T}}$ 为 $n \times 6$ 机器人力雅可比矩阵(简称力雅可比)，并且是机器人速度雅可比 $\boldsymbol{J}$ 的转置矩阵。

式(3-63)可用虚功原理证明。

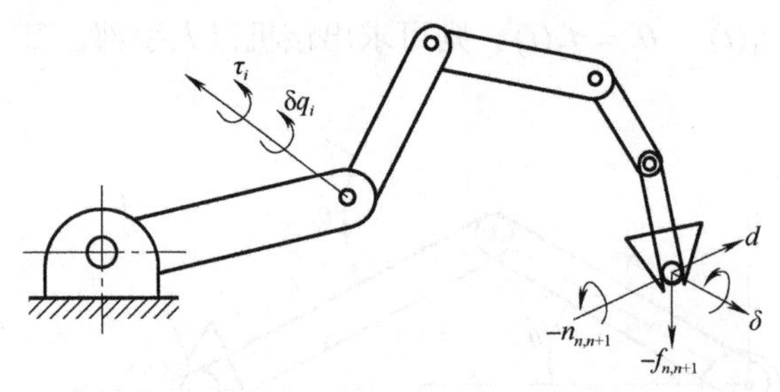

图 3-26 末端执行器及各关节的虚位移

【例 3-12】如图 3-26 所示，各个关节的虚位移组成机器人关节虚位移矢量 $\delta\boldsymbol{q}_i$；末端执行器的虚位移矢量为 $\delta\boldsymbol{X}$，由线虚位移矢量 d 和角虚位移矢量 ϕ 组成。

$$\delta\boldsymbol{X}=\begin{bmatrix} d \\ \phi \end{bmatrix}=\begin{bmatrix} d_X & d_Y & d_Z & \phi_X & \phi_Y & \phi_Z \end{bmatrix}^{\mathrm{T}} \tag{3-64}$$

$$\delta\boldsymbol{q}=\begin{bmatrix} \delta q_1 & \delta q_2 & \cdots & \delta q_n \end{bmatrix}^{\mathrm{T}} \tag{3-65}$$

设发生上述虚位移时，各关节力为 $\tau_i\left(i=1,2,\cdots,n\right)$，环境作用在机器人手部端点上的力和力矩分别为 $-f_{n,n+1}$ 和 $-n_{n,n+1}$，由上述力和力矩所做的虚功可以由式(3-66)求出：

$$\delta W=\tau_1\delta q_1+\tau_2\delta q_2+\cdots+\tau_n\delta q_n-f_{n,n+1}d-n_{n,n+1}\delta \tag{3-66}$$

或写成

$$\delta W=\tau^{\mathrm{T}}\delta q-F^{\mathrm{T}}\delta X \tag{3-67}$$

根据虚位移原理，机器人处于平衡状态的充分必要条件是对任意的符合几何约束的虚位移，有 $\delta W=0$，又因 $\mathrm{d}X=J\mathrm{d}q$，得

$$\delta W=\tau^{\mathrm{T}}\delta q-F^{\mathrm{T}}\delta X=\tau^{\mathrm{T}}\delta q-F^{\mathrm{T}}J\delta q=\left(\tau-J^{\mathrm{T}}F\right)^{\mathrm{T}}\delta q \tag{3-68}$$

式中，δq 为几何上允许位移的关节独立变量，对任意的 δq，欲使 $\delta W=0$ 成立，必有

$$\boldsymbol{\tau}=\boldsymbol{J}^{\mathrm{T}}\boldsymbol{F}$$

2. 机器人静力计算

从操作臂手部端点力 $\boldsymbol{F}$ 与广义关节力矩 $\boldsymbol{\tau}$ 之间的关系式 $\boldsymbol{\tau}=\boldsymbol{J}^{\mathrm{T}}\boldsymbol{F}$ 可知，操作臂静力计算可分为两类问题。

(1) 已知外界环境对机器人手部的作用力 $\boldsymbol{F}$ (即手部端点力 F–F')，利用式(3-63)求相应的满足静力平衡条件的广义关节力矩 $\boldsymbol{\tau}$。

(2) 已知广义关节力矩 $\boldsymbol{\tau}$，确定机器人手部对外界环境的作用力或负载的质量。

第二类问题是第一类问题的逆解。逆解的关系式为

$$\boldsymbol{F}=(\boldsymbol{J}^{\mathrm{T}})^{-1}\boldsymbol{\tau} \tag{3-69}$$

机器人的自由度不是 6 时，如 $n>6$ 时，力雅可比矩阵就不是方阵，则 $\boldsymbol{J}^{\mathrm{T}}$ 就没有逆解。因此，对第二类问题的求解就困难得多，一般情况不一定能得到唯一的解。如果 $\boldsymbol{F}$ 的维数比 $\boldsymbol{\tau}$ 的维数低，且 $\boldsymbol{J}$ 满秩，则可利用最小二乘法求得 $\boldsymbol{F}$ 的估计值。

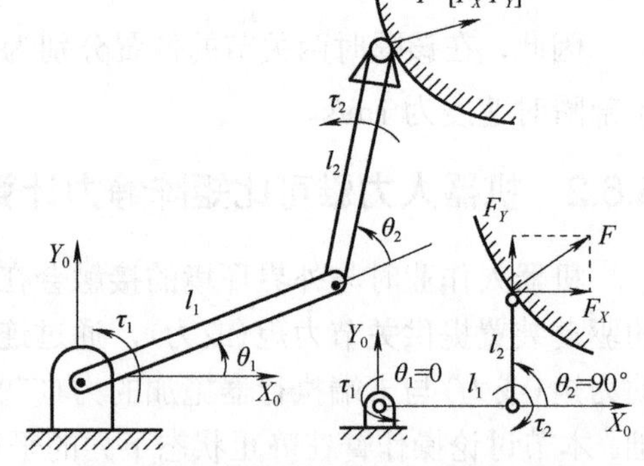

图 3-27 手部端点力 F 与关节力矩 τ

【例 3-13】 图 3-27 为一个二自由度平面关节机械手，已知手部端点力 $\boldsymbol{F}=[F_X\quad F_Y]^{\mathrm{T}}$，忽略摩擦，求 $\theta_1=0$，$\theta_2=90°$ 时的关节力矩。

解 根据式(3-57)，该机械手的速度雅可比为

$$\boldsymbol{J}=\begin{bmatrix} -l_1\mathrm{s}_1-l_2\mathrm{s}_{12} & -l_2\mathrm{s}_{12} \\ l_1\mathrm{c}_1+l_2\mathrm{c}_{12} & l_2\mathrm{c}_{12} \end{bmatrix}$$

则该机械手的力雅可比为

$$\boldsymbol{J}^{\mathrm{T}}=\begin{bmatrix} -l_1\mathrm{s}_1-l_2\mathrm{s}_{12} & l_1\mathrm{c}_1+l_2\mathrm{c}_{12} \\ -l_2\mathrm{s}_{12} & l_2\mathrm{c}_{12} \end{bmatrix}$$

根据 $\boldsymbol{\tau}=\boldsymbol{J}^{\mathrm{T}}\boldsymbol{F}$ 得

$$\boldsymbol{\tau}=\begin{bmatrix}\tau_1\\ \tau_2\end{bmatrix}=\begin{bmatrix}-l_1\mathrm{s}_1-l_2\mathrm{s}_{12} & l_1\mathrm{c}_1+l_2\mathrm{c}_{12}\\ -l_2\mathrm{s}_{12} & l_2\mathrm{c}_{12}\end{bmatrix}\begin{bmatrix}F_X\\ F_Y\end{bmatrix}$$

所以

$$\tau_1=-(l_1\mathrm{s}_1+l_2\mathrm{s}_{12})F_X+(l_1\mathrm{c}_1+l_2\mathrm{c}_{12})F_Y$$

$$\tau_2=-l_2\mathrm{s}_{12}F_X+l_2\mathrm{c}_{12}F_Y$$

在某一瞬时 θ_1=0，θ_2=90°，如图 3-27 所示，则与手部端点力相对应的关节力矩为 $\tau_1=-l_2F_X+l_1F_Y$，$\tau_2=-l_2F_X$。

3.6.3 工业机器人动力学分析

随着工业机器人向重载、高速、高精度以及智能化方向的发展，对工业机器人设计和控制都提出了新的要求。特别是在控制方面，机器人的动态实时控制是机器人发展的必然要求。机器人是一个非线性的复杂的动力学系统。动力学问题的求解比较困难，而且需要较长的运算时间。因此，简化解的过程可以最大限度地缩短工业机器人动力学在线计算的时间。

动力学研究物体的运动和作用力之间的关系。机器人动力学问题有两类：

(1) 给出已知的轨迹点上的 θ、$\dot{\theta}$ 及 $\ddot{\theta}$，即机器人关节位置、速度和加速度，求相应的关节力矩向量。这对实现机器人动态控制是相当有用的。

(2) 已知关节驱动力矩，求机器人系统相应的各瞬时的运动。也就是说，给出关节力矩向量 τ，求机器人所产生的运动 θ、$\dot{\theta}$ 及 $\ddot{\theta}$。这对模拟机器人的运动是非常有用的。

分析研究机器人动力学特性的方法很多，有拉格朗日(Lagrange)方法，牛顿-欧拉方法、高斯方法等。拉格朗日方法不仅能以最简单的形式求得非常复杂的系统动力学方程，而且具有显式结构，物理意义比较明确，对理解机器人动力学比较方便。因此，本节只介绍拉格朗日方法及其在机器人动力学上的应用。

1. 拉格朗日方程

定义拉格朗日函数是一个机械系统的动能 E_K 和势能 E_P 之差，即

$$L=E_\mathrm{K}-E_\mathrm{P} \tag{3-70}$$

由于系统的动能 E_K 是广义关节变量 q_i 和 $\dot{q}_i$ 的函数，系统势能 E_P 是 q_i 的函数，因此拉格朗日函数 L 也是 q_i 和 $\dot{q}_i$ 的函数。

机器人系统的拉格朗日方程为

$$F_i=\frac{\mathrm{d}}{\mathrm{d}t}\frac{\partial L}{\partial \dot{q}_i}-\frac{\partial L}{\partial q_i},\quad i=1,2,\cdots,n \tag{3-71}$$

式中，F_i 为关节广义驱动力(对于移动关节为驱动力；对于转动关节为驱动力矩)。

那么，用拉格朗日方法建立机器人动力学方程的步骤如下所述：

(1) 选取坐标系，选定独立的广义关节变量 q_i，$i=1,2,\cdots,n$；

(2) 选定相应的关节广义驱动力 F_i；

(3) 求出各构件的动能和势能，构造拉格朗日函数；

(4) 代入拉格朗日方程求得机器人系统的动力学方程。

2. 关节空间的动力学

n 个自由度操作臂末端位姿 X 是由 n 个关节变量决定的，这种 n 个关节变量称为 n 维关节矢量 $\boldsymbol{q}$，$\boldsymbol{q}$ 所构成的空间称为关节空间。

末端执行器的作业是在直角坐标空间中进行的，位姿 X 是在直角坐标空间中描述的，这个空间称为操作空间。

关节空间动力学方程为

$$\boldsymbol{\tau}=\boldsymbol{D}(\boldsymbol{q})\ddot{\boldsymbol{q}}+\boldsymbol{H}(\boldsymbol{q},\dot{\boldsymbol{q}})+\boldsymbol{G}(\boldsymbol{q}) \tag{3-72}$$

式中

$$\boldsymbol{\tau}=\begin{bmatrix}\tau_1\\ \tau_2\end{bmatrix},\quad \boldsymbol{q}=\begin{bmatrix}\theta_1\\ \theta_2\end{bmatrix},\quad \dot{\boldsymbol{q}}=\begin{bmatrix}\dot{\theta}_1\\ \dot{\theta}_2\end{bmatrix},\quad \ddot{\boldsymbol{q}}=\begin{bmatrix}\ddot{\theta}_1\\ \ddot{\theta}_2\end{bmatrix}$$

对于 n 个关节的操作臂，$\boldsymbol{D}(\boldsymbol{q})$ 是 $n\times n$ 的正定对称矩阵，是 $\boldsymbol{q}$ 的函数，称为操作臂的惯性矩阵；$\boldsymbol{H}(\boldsymbol{q},\dot{\boldsymbol{q}})$ 是 $n\times 1$ 的离心力和科氏力矢量；$\boldsymbol{G}(\boldsymbol{q})$ 是 $n\times 1$ 的重力矢量，与操作臂的形位 $\boldsymbol{q}$ 有关。

【例 3-14】 如图 3-28 所示，对于二自由度平面关节型机器人，有

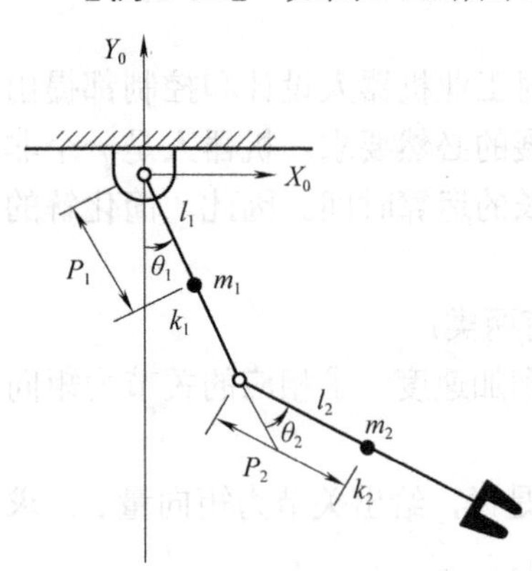

图 3-28 二自由度平面关节型机器人

$$\boldsymbol{D}(\boldsymbol{q})=\begin{bmatrix}m_1P_1^2+m_2\left(l_1^2+P_2^2+2l_1P_2\mathrm{c}_2\right) & m_2\left(P_2^2+l_1P_2\mathrm{c}_2\right)\\ m_2\left(P_2^2+l_1P_2\mathrm{c}_2\right) & m_2P_2^2\end{bmatrix} \tag{3-73}$$

$$\boldsymbol{H}(\boldsymbol{q},\dot{\boldsymbol{q}})=\begin{bmatrix}-m_2l_1P_2\mathrm{s}_2\dot{\theta}_2^2-2m_2l_1P_2\mathrm{s}_2\dot{\theta}_1\dot{\theta}_2\\ m_2l_1P_2\mathrm{s}_2\dot{\theta}_1^2\end{bmatrix} \tag{3-74}$$

$$\boldsymbol{G}(\boldsymbol{q})=\begin{bmatrix}(m_1P+m_2l_1)g\mathrm{s}_1+m_2P_2g_2\mathrm{s}_{12}\\ m_2g_1P_2\mathrm{s}_{12}\end{bmatrix} \tag{3-75}$$

式(3-72)就是操作臂在关节空间的动力学方程的一般结构形式，它反映了关节力矩与关节变量、速度、加速度之间的函数关系。

与关节空间动力学方程相对应，在笛卡儿操作空间中可以用直角坐标变量即末端执行器位姿的矢量 $\ddot{\boldsymbol{X}}$ 表示机器人动力学方程。因此，操作力 $\boldsymbol{F}$ 与末端加速度 $\ddot{\boldsymbol{X}}$ 之间的关系可表示为

$$\boldsymbol{F}=\boldsymbol{M}_X(\boldsymbol{q})\ddot{\boldsymbol{X}}+\boldsymbol{U}_X(\boldsymbol{q},\dot{\boldsymbol{q}})+\boldsymbol{G}_X(\boldsymbol{q}) \tag{3-76}$$

式中，$\boldsymbol{M}_X(\boldsymbol{q})\ddot{\boldsymbol{X}}$、$\boldsymbol{U}_X(\boldsymbol{q},\dot{\boldsymbol{q}})$、$\boldsymbol{G}_X(\boldsymbol{q})$ 分别为操作空间惯性矩阵、离心力和科氏力矢量、重力矢量，它们都是在操作空间中表示的；$\boldsymbol{F}$ 为广义操作力矢量。

关节空间动力学方程和操作空间动力学方程之间的对应关系可以通过广义操作力 $\boldsymbol{F}$ 与广义关节力矩 $\boldsymbol{\tau}$ 之间的关系

$$\boldsymbol{\tau}=\boldsymbol{J}^{\mathrm{T}}(\boldsymbol{q})\boldsymbol{F} \tag{3-77}$$

和操作空间与关节空间之间的速度、加速度的关系

$$\begin{cases}\dot{\boldsymbol{X}}=\boldsymbol{J}(\boldsymbol{q})\dot{\boldsymbol{q}}\\ \ddot{\boldsymbol{X}}=\boldsymbol{J}(\boldsymbol{q})\ddot{\boldsymbol{q}}+\boldsymbol{J}(\boldsymbol{q})\dot{\boldsymbol{q}}\end{cases} \tag{3-78}$$

求出。

习　题

3-1 简述齐次坐标与动系位姿矩阵基本原理。

3-2 简述连杆参数及连杆坐标系建立过程。

3-3 简述机器人运动学方程基本原理。正向运动学和逆正向运动学各解决什么问题？

3-4 简述机器人动力学方程以及雅可比矩阵基本原理。

3-5 点矢量为 $\boldsymbol{v}=[10 \quad 20 \quad 30]^{\mathrm{T}}$，相对参考系做如下齐次变换：

$$\boldsymbol{A}=\begin{bmatrix} 0.866 & -0.5 & 0 & 11 \\ 0.5 & 0.866 & 0 & -3 \\ 0 & 0 & 0 & 9 \\ 0 & 0 & 0 & 1 \end{bmatrix}$$

写出变换后矢量 $\boldsymbol{v}$ 的表达式，并指出变换的性质。

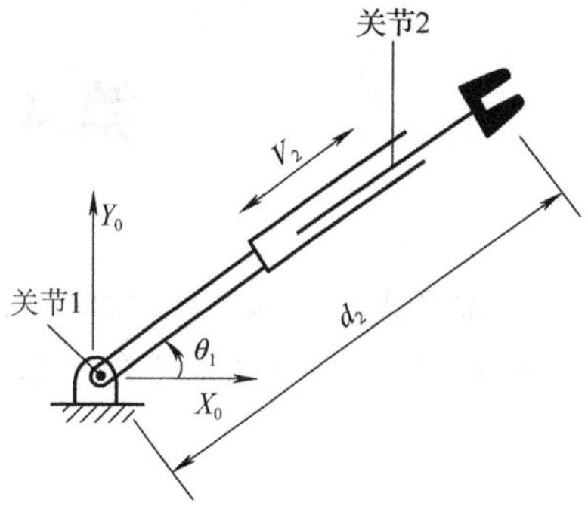

3-6 图3-29为二自由度平面机械手，关节1为转动关节，关节变量为 θ_1；关节2为移动关节，关节变量为 d_2。

图3-29 二自由度平面机械手

(1)建立关节坐标系，写出该平面机械手的运动方程式。

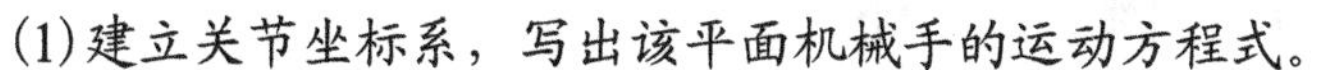

(2)按下列关节变量参数，求出手部中心位置值。

$\theta_1/(°)$	0	30	45	60	90
d_2 /m	0.5	0.7	0.9	1.1	0.7

3-7 已知二自由度机械手的雅可比矩阵为

$$\boldsymbol{J}=\begin{bmatrix} -l_1 \mathrm{s}_1 & -l_2 \mathrm{s}_{12} \\ l_1 \mathrm{c}_1 & l_2 \mathrm{c}_{12} \end{bmatrix}$$

如果忽略重力，当手部端点力 $\boldsymbol{F}=[1 \quad 0]^{\mathrm{T}}$ 时，求相应的关节力矩 τ。

3-8 对图3-30所示的三自由度平面关节机械手，其手部握有焊接工具。若已知各个关节的瞬间角度及瞬间角速度，求焊接工具末端 A 的线速度 v_X、v_Y。

3-9 二自由度机械臂如图3-31所示，取 $\theta_1=0$，$\theta_2=\pi/2$，分别求出当手爪力 $\boldsymbol{F}_a=[f_X \quad 0 \quad 0]^{\mathrm{T}}$ 和 $\boldsymbol{F}_b=[0 \quad f_Y \quad 0]^{\mathrm{T}}$ 的驱动力 τ_a、τ_b。

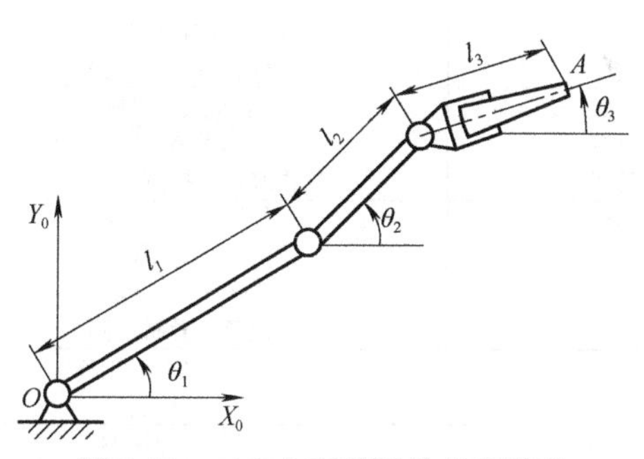

图3-30 三自由度平面关节机械手

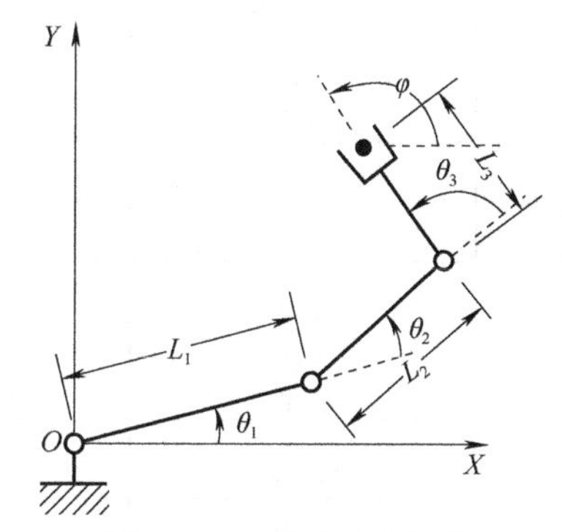

图3-31 二自由度机械臂

第4章 机器人传感器技术

本章重点：本章介绍机器人传感器的分类，以及触觉传感器，接近觉传感器，视觉传感器，听觉、嗅觉、味觉传感器和智能传感器等内容，为机器人设计和应用奠定基础。

4.1 概 述

机器人传感器可分为内部检测传感器和外界检测传感器两大类。

内部检测传感器以机器人本身的坐标轴来确定其位置，安装在机器人自身中用来感知它自己的状态，以调整和控制其行动。内部检测传感器通常由位置、速度、加速度及压力传感器等组成。

外界检测传感器用于使机器人获取周围环境、目标物的状态特征信息，使机器人与环境能发生交互作用，从而使机器人对环境有自校正和自适应能力。外界检测传感器通常包括触觉、接近觉、视觉、听觉、嗅觉、味觉等传感器。表4-1列出了这些传感器的分类和功用。

表4-1 机器人外界检测传感器的分类和功用

传感器	检测内容	检测器件	应用
触觉	接触	限制开关	动作顺序控制
	把握力	应变计、半导体感压元件	把握力控制
	荷重	弹簧变位测量器	张力控制、指压控制
	分布压力	导电橡胶、感压高分子材料	姿势、形状判别
	多元力	应变计、半导体感压元件	装配力控制
	力矩	压阻元件、马达电流计	协调控制
	滑动	光学旋转检测器、光纤	滑动判定、力控制
接近觉	接近	光电开关、LED、激光、红外线	动作顺序控制
	间隔	光电晶体管、光电二极管	障碍物躲避
	倾斜	电磁线圈、超声波传感器	轨迹移动控测、探索
视觉	平面位置	ITV摄像机、位置传感器	位置决定、控制
	距离	测距器	移动控制
	形状	线图像传感器	物体识别、判别
	缺陷	面图像传感器	检查、异常检测
听觉	声音	麦克风	语言控制(人机接口)
	超声波	超声波传感器	移动控制
嗅觉	气体成分	气敏传感器、射线传感器	化学成分探测
味觉	味道	离子敏感器、pH计	化学成分探测

4.2 触觉传感器

人的触觉是人类感觉的一种，它通常包括热觉、冷觉、痛觉、触压觉和力觉等。机器人触觉实际上是对人触觉的某些模仿，它是有关机器人和对象物之间直接接触的感觉，包含的内容较多，通常指以下几种。

(1)接近觉。对机器人手指与被测物是否接触进行检测。

(2)压觉。垂直于机器人和对象物接触面上压力的感觉。

(3)力觉。机器人动作时各自由度力的感觉。

(4)滑觉。物体向着垂直于手指把握面方向的移动或变形。

若没有触觉，就不能完好平稳地抓住纸质杯子，也不能握住工具。机器人的触觉主要有两方面的功能。

(1)检测功能。对对象物进行物理性质检测，如光滑性、硬度等，其目的是：

① 感知危险状态，实施自身保护；

② 灵活地控制手指及关节以操作对象物；

③ 使操作具有适应性和顺从性。

(2)识别功能。识别对象物的形状。

4.2.1 触觉传感器基本结构

图4-1为典型的触觉传感器。其中图4-1(a)为平板上安装多点通、断传感器附着板的装置。这一传感器平常为通态，当与物体接触时，弹簧收缩，上、下板间电流断开。它的功能相当于开关，即输出“0”和“1”两种信号。它可以用于控制机械手的运动方向和范围、躲避障碍物等。

图 4-1(b)为采用含碳海绵的压敏电阻传感器，每个元件呈圆筒状。上、下有电极，元件周围用海绵包围。其触觉的工作原理是：元件上加压力时，电极间隔缩小，从而使电极间的电阻值发生变化。

图 4-1(c)为使用压敏导电橡胶的触觉结构。采用压敏橡胶的触觉，与其他元件相比，该元件可减薄。其中可安装高密度的触觉传感器。另外，因为元件本身有弹性，对操作物体无损伤，元件制作与处理容易，所以在实用与封装方面都有许多优点。可是，由于导电橡胶有磁滞与响应迟延，接触电阻的误差也大。

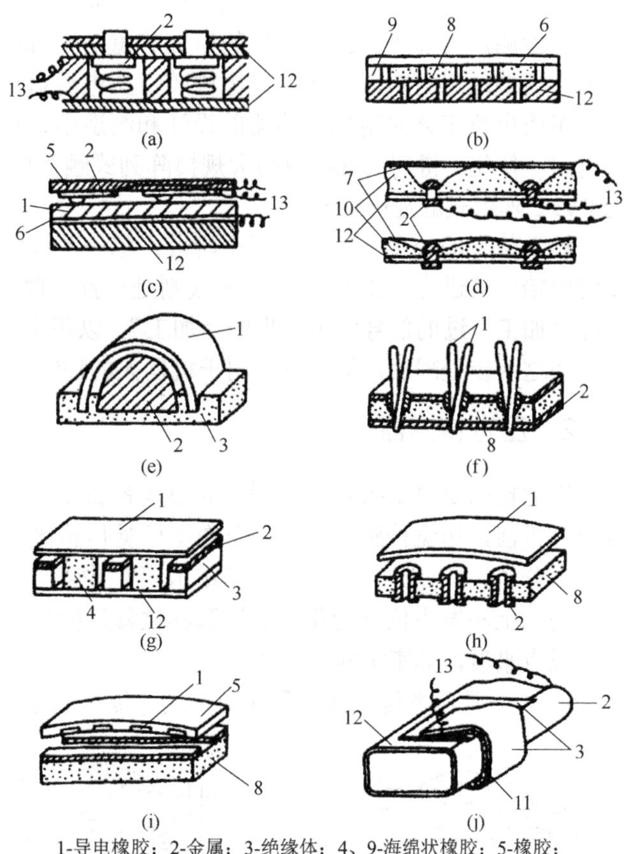

1-导电橡胶；2-金属；3-绝缘体；4、9-海绵状橡胶；5-橡胶；6-金属箔；7-碳纤维纸；8-含碳海绵；10-氨基甲酸乙酯泡沫；11-铍青铜；12-衬底；13-引线

图4-1 各种触觉传感器

图 4-1(d)为能进行高密度触觉封装的触觉元件。其工作原理是：在接触点与有导电性的碳纤维纸之间留一个间隙，加外力时，碳纤维纸与氨基甲酸乙酯泡沫产生变形，接触点与碳纤维纸之间形成导通状态，触觉的复原力是由富有弹性与绝缘性的海绵体——氨基甲酸乙酯泡沫产生的。这种触觉元件以极小的力工作，能进行触觉测量。

图4-1(e)～(i)为采用美国斯坦福研究所研制的导电橡胶制成的触觉传感器。这种传感器与以往的传感器一样，都是利用两个电极感应接触。其中图 4-1(f)的触觉部分相当于人的头发的突起，一旦物体与突起接触，它就会变形，夹住绝缘体的上、下金属成为导通的结构。这是以往的传感器所不具备的功能。

图 4-1(j)所示的触觉传感器的原理为：与手指接触进行实际操作时，触觉中除与接触面垂直的作用力外，还有平行的滑动作用力。因此，这种触觉传感器具有较好的耐滑力。人们以提高触觉传感器的接触压力灵敏度作为研制这种传感器的主要目的。用铍青铜箔覆盖手指表面，通过它与手指之间或者手指与绝缘的金属之间的导通来检测触觉。

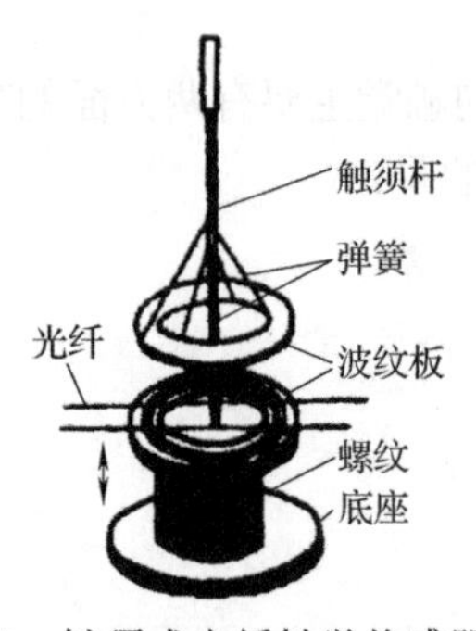

图 4-2　触须式光纤触觉传感器装置

随着光纤传感器在测量领域的不断广泛应用，在机器人触觉传感器的研究中光纤传感器也得到了足够的重视。图 4-2 是一种触须式光纤触觉传感器装置，其原理是利用光纤微弯感生的由芯模到包层模的耦合，使光在芯模中再分配，通过检测一定模式的光功率变化来探测外界施加压力的大小。

近年来，为了得到更完善、更拟人化的触觉传感器，人们进行“人工皮肤”的研究。“人工皮肤”实际上也是一种由单个触觉传感器按一定形状(如矩阵)组合在一起的阵列式触觉传感器。不过它密度较大、体积较小、精度较高，特别是接触材料本身即敏感材料，这些都是其他结构的触觉传感器很难达到的。“人工皮肤”可用于表面形状和表面特性的检测。目前“人工皮肤”的研究着重两个方面：一是选择更为合适的敏感材料，主要有导电橡胶、压电材料、光纤等；二是将集成电路工艺应用到传感器的设计和制造中，使传感器和处理电路一体化，得到大规模或超大规模阵列式触觉传感器。图 4-3 为 PVF2 阵列式触觉传感器。

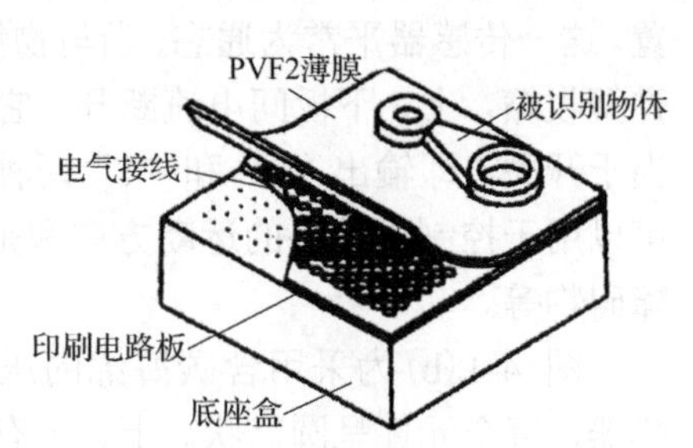

图 4-3　PVF2 阵列式触觉传感器

触觉信息的处理一般分为两个阶段：第一阶段是预处理，主要对原始信号进行“加工”；第二阶段则是在预处理的基础上，对已经“加工”过的信号做进一步的“加工”，以得到所需形式的信号。经这两步处理后，信号就可用于机器人的控制。

4.2.2　压觉传感器

压觉指的是对手指给予被测物的力或者加在手指上外力的感觉。压觉用于握力控制与手的支撑力检测。目前，压觉传感器主要是分布型压觉传感器，即把分散敏感组件排列成矩阵格式。导电橡胶、感应高分子、应变计、光电器件和霍尔元件常用作敏感元件的阵列单元。这些传感器本身相对于力的变化基本上不发生位置变化，能检测其位移量的压觉传感器具有如下优点：可以多点支撑物体；从操作的观点来看，能牢牢抓住物体。

图 4-4 是压觉传感器的原理图，这种传感器是对小型线性调整器的改进。在调整器的轴上安装线性弹簧。一个传感器有 10mm 的有效行程。在此范围内，将力的变化转换为遵从胡克定律的长度位移，以便进行检测。在一侧手指上，以每个 6mm×8mm 的面积分布一个传感器来计算，共排列了 28 个(4 行 7 排)传感器。左右两侧总共有 56 个传感器输出。用 4 路 A/D 转换器，变速多路调制器对这些输出进行转换后再进入计算机。

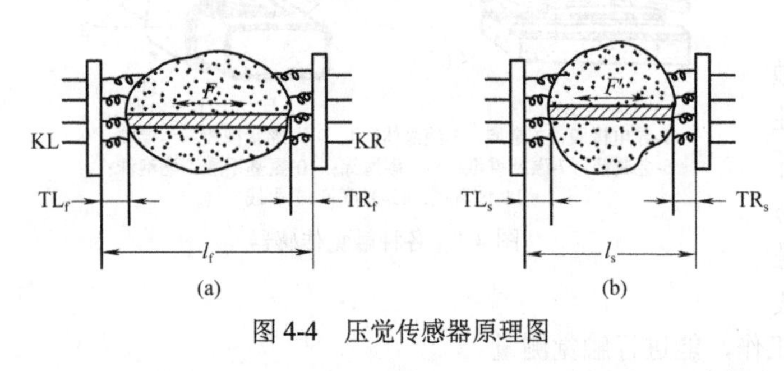

图 4-4　压觉传感器原理图

图 4-4 显示出了手指从图 4-4(a)稍微握紧状态到图 4-4(b)完全握紧状态的过程；图 4-4(a)中压力 F 计算为

$$F = \mathrm{KR}\cdot\left(\mathrm{TR}_0 - \mathrm{TR}_f\right) \tag{4-1}$$

或

$$F = \mathrm{KL}\cdot\left(\mathrm{TL}_0 - \mathrm{TL}_f\right) \tag{4-2}$$

式中，TL_0、TR_0、TL_f、TR_f 为无负载时和握紧时左右弹簧的长度；KL、KP 为左右弹簧的弹性系数。

整个手指所受的压力可通过将一侧手指的全部传感器上的这种力相加求得。

如果用这种触觉，也可以鉴别物体的形状与评价其硬度。也就是说，根据相邻同类传感器的位置移动判别物体的几何形状，并根据下式可计算物体的弹性系数 K_0：

$$F' - F = \mathrm{KR}\left(\mathrm{TR}_0 - \mathrm{TR}_s\right) = K_0\left[\left(l_f - \mathrm{TR}_f - \mathrm{TL}_f\right) - \left(l_s - \mathrm{TR}_s - \mathrm{TL}_s\right)\right]$$

式中，F' 为图 4-4(b)中所受的压力；TL_s 和 TR_s 为同一位置的左右弹簧的长度，l_f、l_s 为图 4-4(a)和(b)手指基片间的距离。

因此

$$K_D = \frac{\Delta\mathrm{TR}\cdot\mathrm{KR}}{\Delta l - \Delta\mathrm{TR} - \Delta\mathrm{TL}} \tag{4-3}$$

或

$$K_D = \frac{\Delta\mathrm{TL}\cdot\mathrm{KL}}{\Delta l - \Delta\mathrm{TR} - \Delta\mathrm{TL}} \tag{4-4}$$

式中，$\Delta l = l_f = l_s$；$\Delta\mathrm{TR} = \mathrm{TR}_f - \mathrm{TR}_s$；$\Delta\mathrm{TL} = \mathrm{TL}_f - \mathrm{TL}_s$。

4.2.3 力觉传感器

力觉传感器的作用有：

(1)感知是否夹起工件或是否夹持在正确部位上；

(2)控制装配、打磨、研磨、抛光的质量；

(3)在装配中提供信息，以产生后续的修正补偿运动来保证装配质量和速度；

(4)防止碰撞、卡死和损坏机件。

压觉是一维力的感觉，而力觉则为多维力的感觉。用于力觉的触觉传感器，为了检测多维力的成分，要把多个检测组件立体地安装在被夹物不同位置上。力觉传感器主要有应变式、压电式、电容式、光电式和电磁力等。由于应变式力觉传感器的价格低廉，可靠性好，易制造，故得到广泛采用。机器人力觉传感器主要包括关节力传感器、腕力传感器、基座力传感器等。

1. 关节力传感器

关节力传感器为直接通过驱动装置测定力的装置。若关节由直流电动驱动，则可用测定转子电流的方法来测关节力。若关节由油压装置带动，则可由测背压的方法来测定关节力。这种测力装置的程序中包括对重力和惯性力的补偿。此法的优点是不需分散的传感器。但测量精度和分辨率受手的惯性负荷及其位置变化的影响，还要受自身关节不规则的摩擦力矩的影响。

应变式关节力传感器实验装置是由斯坦福机器人改装而成的。在机器人的第 1、2 关节的谐波齿轮柔轮的输出端安装一个连接输出轴的弹性法兰盘。在其衬套上贴应变片，直接测出力矩，并反馈至控制系统进行力和力矩的控制。衬套弹性敏感部位厚 2mm、宽 5mm，其优点是不占额外空间，计算方法简单，响应快。图 4-5 为应变式关节力传感器。

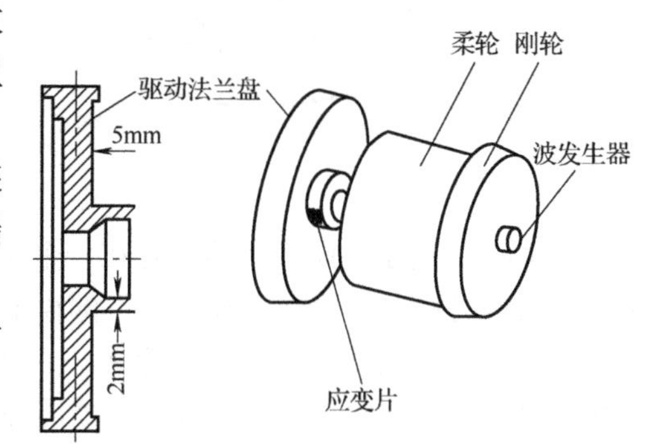

图 4-5 应变式关节力传感器

2. 腕力传感器

机器人在完成装配作业时，通常要把轴、轴承、垫圈及其他环形零件装入其他零部件中。其中心任务一般包括确定零件的重量，将轴类零件插入孔里，调准零件的位置，拧动螺钉等。这些都是通过测量并调整装配过程中零件的相互作用力来实现的。

通常可以通过一个固定的参考点将一个力分解成 3 个互相垂直的力和 3 个顺时针方向的力矩，传感器就安装在固定参考点上，此传感器要能测出这 6 个力(力矩)。因此，设计这种传感器时要考虑一些特殊要求，如交叉灵敏度应很低，每个测量通道的信号应只受相应分力的影响，传感器的固有频率应很高，以便使作用于手指上的微小扰动力不致产生错误的输出信号。这类腕力传感器可以是应变式、电容式或压电式。

图 4-6(a)是一种筒式六自由度腕力传感器。铝质主体呈圆筒状，外侧由 8 根梁支撑，手指尖与手腕

相连接。指尖受力时，梁受影响而弯曲，从粘贴在梁两侧的8组应变片(内侧R_1与外侧R_2为一组)的信号，就可算出加在X、Y、Z轴上的力与各轴的转矩。图中P_{y^+}、P_{y^-}、P_{x^+}、P_{x^-}、Q_{y^+}、Q_{y^-}、Q_{x^+}、Q_{x^-}为各梁贴应变片处的应变量。设力为F_x、F_y、F_z，转矩为M_x、M_y、M_z，则力与转矩的关系可表示为

$$F_x \propto P_{y^+} + P_{y^-} \tag{4-5}$$

$$F_y \propto P_{x^+} + P_{x^-} \tag{4-6}$$

$$F_z \propto Q_{x^+} + Q_{x^-} + Q_{y^+} + Q_{y^-} \tag{4-7}$$

$$M_x \propto Q_{y^+} - Q_{y^-} \tag{4-8}$$

$$M_y \propto -Q_{x^+} + Q_{x^-} \tag{4-9}$$

$$M_z \propto P_{x^+} - P_{x^-} - P_{y^+} + P_{y^-} \tag{4-10}$$

每根梁上的缩颈部分是为了减少弯曲刚性，通常应根据应变量进行设计。

图4-6(b)为挠性件十字排列的腕力传感器。应变片贴在十字梁上，用铝材切成框架，其内的十字梁为整体结构；为了增强其敏感性，在与梁连接处的框臂上，还要切出窄缝。该传感器可测6个自由度的力和力矩。其信号由16个应变片组成8个桥式电路输出。

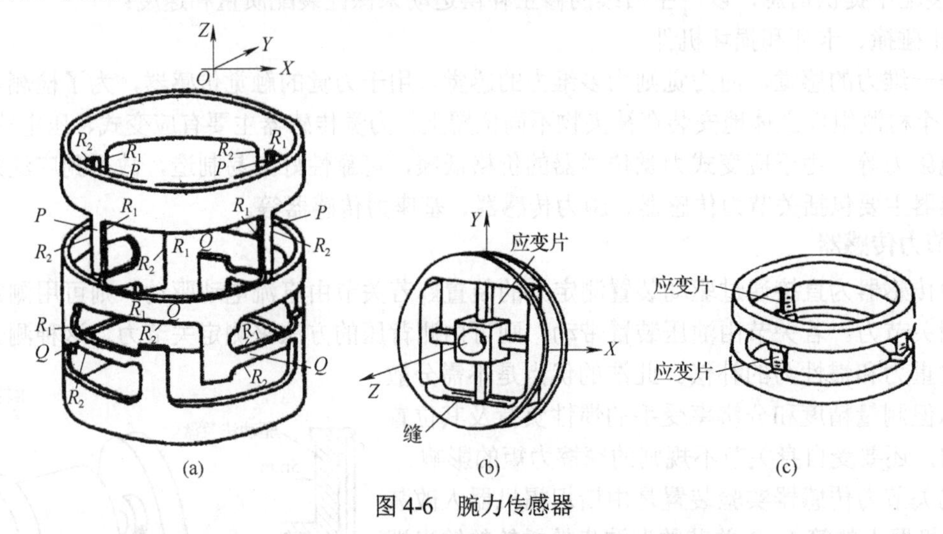

图4-6 腕力传感器

图4-6(c)所示的腕力传感器是在一个整体金属盘上将其侧壁制成按120°周向排列3根梁，其上部圆环上有螺钉孔与手腕末端连接，下部盘上有螺孔与挠性杆连接，测量电路排在盘内。

腕力传感器的发展呈现两种趋势，一种是将传感器本身设计得比较简单，但需经过复杂的计算求出传递矩阵，使用时要经过矩阵运算才能提取6个分量，这类传感器称为间接输出型腕力传感器；另一种则相反，传感器结构比较复杂，但只需简单的计算就能提取6个分量，甚至可以直接得到6个分量，这类传感器称为直接输出型腕力传感器。

3. 基座力传感器

基座力传感器装在基座上，机械手装配时用来测量安装在工作台上工件所受的力。此力是装配轴与孔的定位误差所产生的。测出力的数据用来控制机器人手的运动。基座力传感器的精度低于腕力传感器。图4-7为可分离基座力传感器。

4. 力觉传感器在装配作业中的作用

图4-8是用于精密装配的自适应微调定心传感器伺服调节系统方块图。该系统将传感器的信号经微型计算机或微处理机进行处理后送至微调伺服装置进行装配校正或传至主机，当手指的力超过阈值时可令手臂制动。

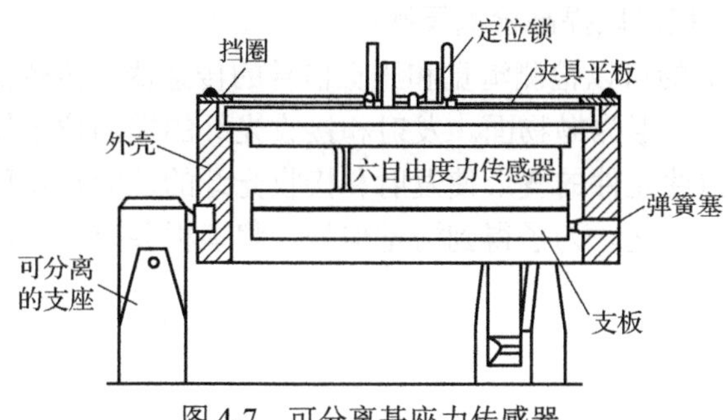

图 4-7 可分离基座力传感器

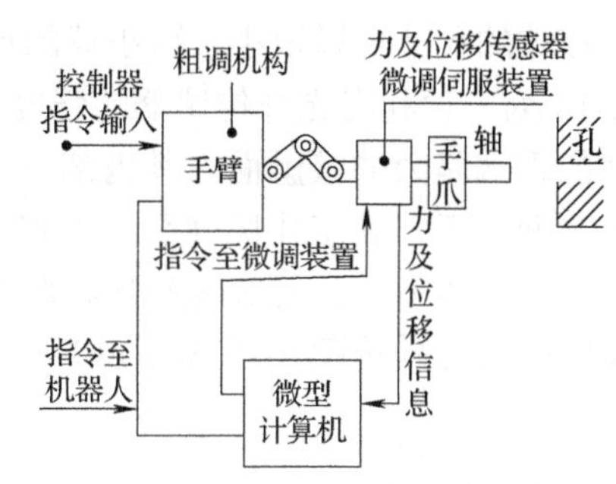

图 4-8 自适应微调定心传感器伺服调节系统

该系统中用于装配作业的机器人，其内部腕力传感器可测出操作机械手终端链节与手指间的 3 个分力及 3 个力矩。腕力传感器由一个弹性(或挠性)组件和一个以挠曲应变来测量轴的力和力矩的传感器构成，如图 4-9 和图 4-10 所示。图 4-11 为此类传感器受力分析示意图。

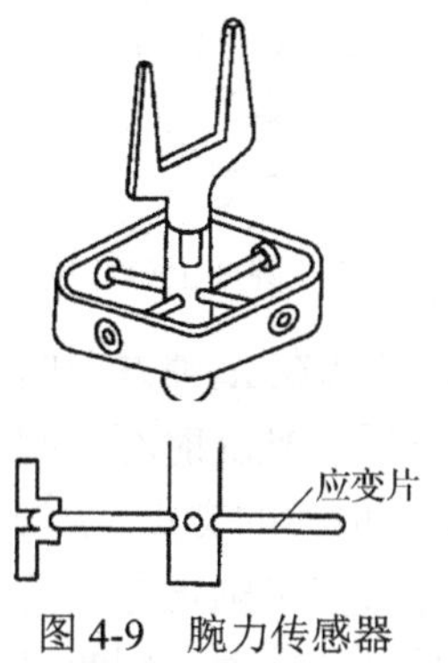

图 4-9 腕力传感器

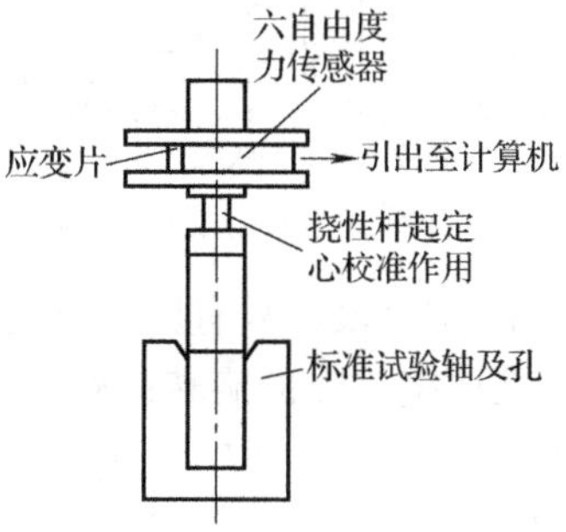

六自由度力传感器
应变片
引出至计算机
挠性杆起定心校准作用
标准试验轴及孔

图 4-10 带挠性杆六自由度力传感器

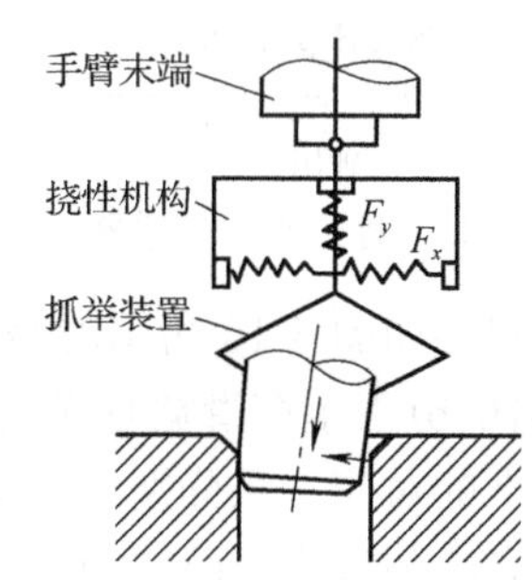

图 4-11 插轴时的受力分析示意图

4.2.4 滑觉传感器

机器人要抓住属性未知的物体时，必须确定自己最适当的握力目标值，因此需检测出握力不够时所产生的物体滑动。利用这一信号，在不损坏物体的情况下，牢牢抓住物体。为此目的设计的滑动检测器称为滑觉传感器。

图 4-12 为基于光学技术的滑筒式滑觉传感器。利用簧片固定在手指上作为检测体的滚轴。在手指张开的状态下，手指突出部分接触物体表面，闭拢手指握住物体时，簧片弯曲。滚轴表面贴有胶膜，滚轴能顺利地旋转。滚轴内有一个刻有 30 条狭缝的圆片与光学传感器，对物体旋转位移(滑觉)进行测量。

这样，可以获得对应于滑动位移的电压(脉冲信号)。这种触觉可以遍布于手指的握住面，从而检测出滑动。可是，如果物体的滑动方向不同，滑动检测的灵敏度就会下降。簧片用磷青铜片制成，表面安装应变片，这样可检测出握力大小。

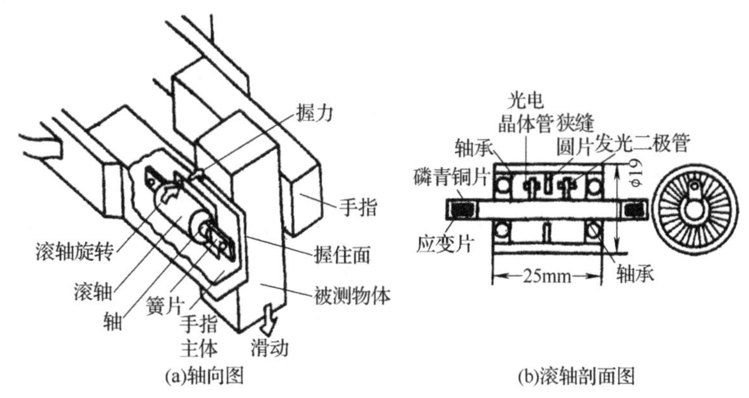

图 4-12 滑觉传感器

图 4-13 为一种球形滑觉传感器。该传感器的主要部分是一个如同棋盘一样，相间地用绝缘材料盖住的小导体球。在球表面的任意两个地方安上接触器。接触器触头接触面积小于球面上露出的导体面积。球与被握物体相接触，无论滑动方向如何，只要球一转动，传感器就会产生脉冲输出。应用适当

的技术，该球的尺寸可以很小，减小球的尺寸和传导面积可以提高检测灵敏度。

图 4-14 为一种利用光纤传感器的强度调制原理做成的可以检测滑觉和压觉信号的传感器。传感器弹性元件的顶端是力的接触面。其内部有一个反射镜，面形为抛物面。发射和接收光纤的端面位于抛物面的焦平面附近，其工作原理是：当有力作用时，弹性元件的变形使发射和接收光纤的端面与反射面之间的距离发生变化，接收光纤所接收的光强也随之变化。为了得到滑觉信号，将多根并有一定的分布规律的接收光纤按图 4-15 所示以半径 R_1 的圆周分布。

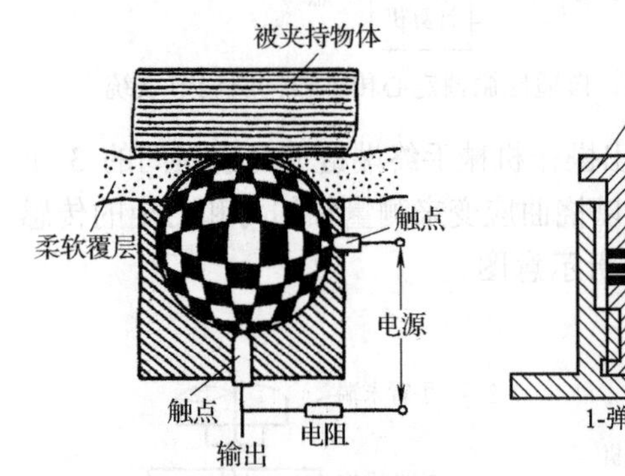

图 4-13　球形滑觉传感器

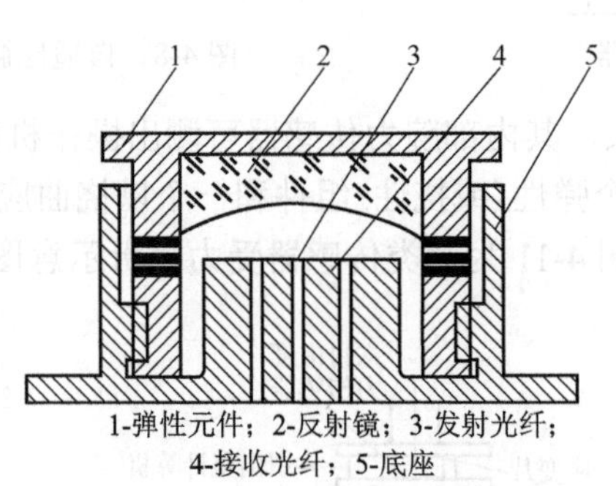

图 4-14　光纤式滑(压)觉传感器

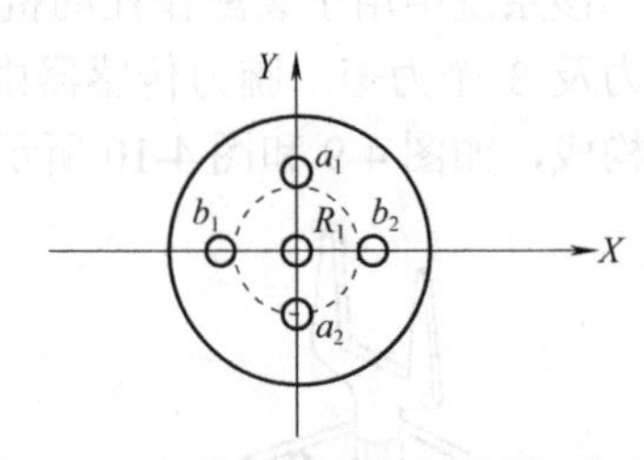

图 4-15　在某一圆周上分布的接收光纤

建立如图 4-16 所示的坐标系，图 4-16(a)表示只有压觉时光反射面随弹性体在 X 轴方向的平移；图 4-16(b)表示有滑觉时光反射面随弹性体绕 Z 轴的旋转；发射光纤、接收光纤及光反射面之间在几何光学上的对应关系分别如图 4-16(c)和(d)所示。图中 $P_0(x_0, y_0)$ 为出射光锥与反射面的交点，$P_1(x_1, y_1)$ 为反射光线与接收平面的交点。当它绕 Z 轴沿逆时针方向旋转时，图 4-16 中分布在 Y 轴正方向的接收光纤 a_1 与 Y 轴负方向的接收光纤 a_2 中所接收的光强正好向相反方向变化，根据这一原理来判断滑觉的存在及大小。设计合理的 R_1 及其分布，可使接触面上有压觉和滑觉时，接收光强变化最为敏感。

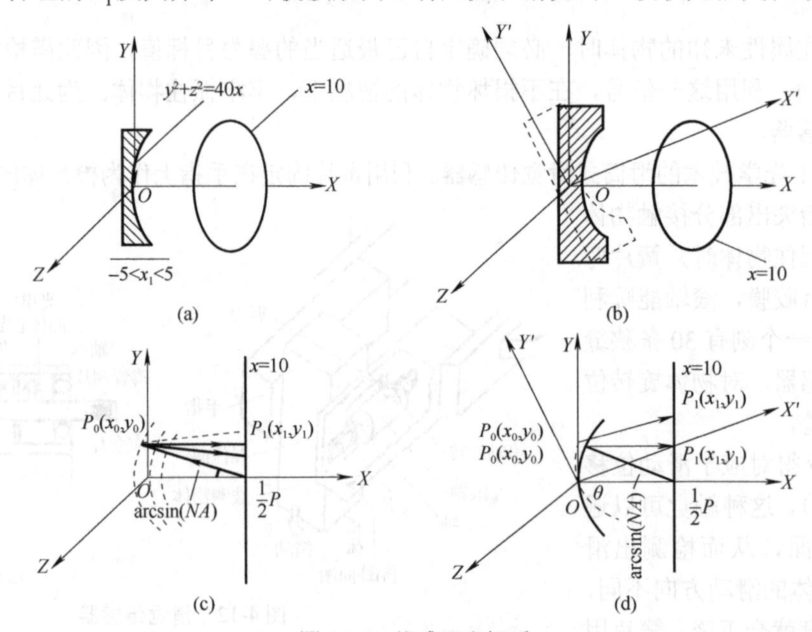

图 4-16　传感器坐标系

4.3 接近觉传感器

接近觉传感器是指机器人能感知几毫米至几十厘米内对象物或障碍物的距离、对象物的表面性质等的传感器。其目的是在接触对象前得到必要的信息，以便后续动作。这种感觉是非接触的，实质上可以认为是介于触觉和视觉之间的感觉。

接近觉传感器有电磁式、电容式、气动式、超声波式、红外线式、光电式等类型。

1. 电磁式

呈块状的金属置于变化着的磁场中时，或者在固定磁场中运动时，金属体内就要产生感应电流，这种电流的流线在金属体内是闭合的，称为涡流。涡流的大小随对象物表面与线圈的距离而变化。电磁涡流式接近觉传感器如图 4-17 所示，高频信号 i_s 施加于邻近金属一侧的电感线圈 L 上，L 产生的高频电磁场作用于金属板的表面。由于趋肤效应，高频电磁场不能透过具有一定厚度的金属板，而仅作用于表面的薄层内，而金属板表面感应的涡流产生的电磁场又反作用于线圈 L 上，改变了电感(磁场强度的变化也可用另一组检测线圈检测出来)，从而感知传感器与被接近物体的距离。

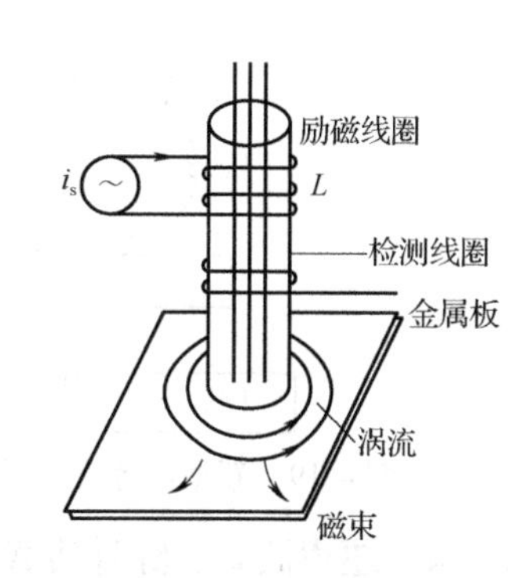

图 4-17 电磁涡流式接近觉传感器

电磁式接近觉传感器的精度比较高，响应速度快，而且可以在高温环境下使用。工业机器人(如焊接机器人)的工作对象大多是金属部件，因此这种传感器用得较多。

2. 电容式

电容式接近觉传感器的工作原理可用图 4-18 所示的平板电容器来说明。当忽略边缘效应时，平板电容器的电容为

$$C=\frac{\varepsilon A}{d}=\frac{\varepsilon_r\varepsilon_0 A}{d} \tag{4-11}$$

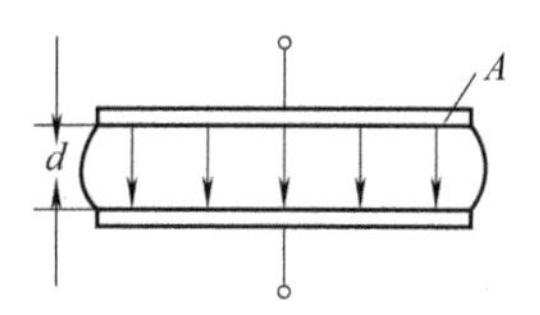

图 4-18 平板电容器

式中，A 为极板面积；d 为极板间距离；ε_r 为相对介电常数；ε_0 为真空介电常数，$\varepsilon_0=8.85\times10^{-12}\text{F/m}$；$\varepsilon$ 为电容极板间介质的介电常数。

由式(4-11)可知电容的变化反映了极板间的距离的变化，即反映了传感器表面与对象物表面间距离的变化。将这个电容接在电桥电路中，或者作为 RC 振荡器中的元件，都可检测出距离。

电容式接近觉传感器具有对物体的颜色、构造和表面都不敏感且实时性好的优点。但一般的电容式接近觉传感器将传感器本身作为一个极板，被接近物作为另一个极板。这种结构要求障碍物是导体而且必须接地，并且容易受到对地寄生电容的影响。

下面介绍一种新型的电容式接近觉传感器，其结构与一般的电容式接近觉传感器不同，能检测金属和非金属对象物。

如图 4-19 所示，传感器本体由两个极板构成，其中极板 1 由一个固定频率的正弦波电压激励，极板 2 外接电荷放大器，0 为对象物，在传感器两极板和对象物三者间形成一个交变电场。当靠近对象物时，极板 1、2 之间的电场受到了影响，也可以认为是对象物阻断了极板 1、2 间连续的电力线。电场的变化引起极板 1、2 间电容 C_{12} 的变化。

由于电压幅值恒定，电容的变化又反映为极板 2 上电荷的变化。

在实际检测时，只需将电容 C_{12} 的变化转化成电压的变化，并导出电压与距离的对应关系，就可以根据实测电压值确定当前距离。这种形式的电容式接近觉传感器使用时，对象物可以是不接地的，另

外也能检测非导体物体。

3. 气动式

气动式接近觉传感器的原理如图 4-20 所示。由一个较细的喷嘴喷出气流，如果喷嘴靠近物体，则内部压力会发生变化，这一变化可用压力计测量出来。图中的曲线表示在某种气压源 P_s 的情况下，压力计的压力与距离之间的关系。这种传感器的特点是结构简单，尤其适合于测量微小间隙。

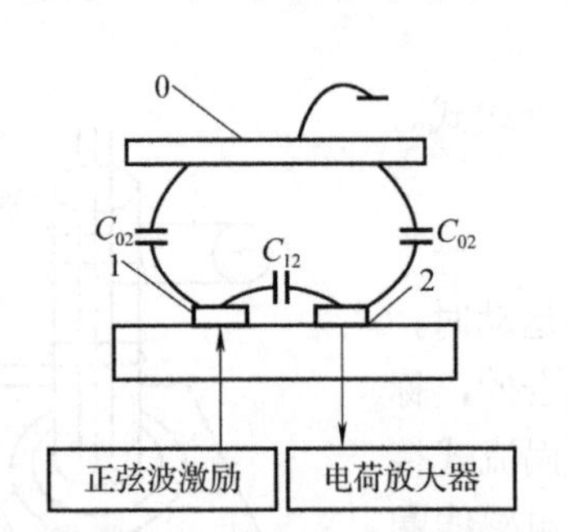

图 4-19 新型电容式接近觉传感器原理图

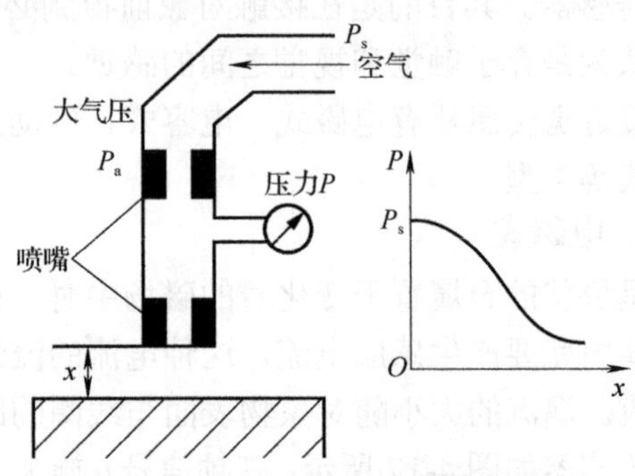

图 4-20 气动式接近觉传感器原理

4. 超声波式、红外线式、光电式

超声波式接近觉传感器适用于较长距离和较大物体的探测，如对建筑物等进行探测，因此，一般把它用于移动机器人的路径探测和躲避障碍物。

红外线式接近觉传感器可以探测到机器人是否靠近人类或其他热源，这对安全保护和改变机器人行走路径有实际意义。

光电式接近觉传感器的应答性好，维修方便，目前应用较广，但使用环境(如对象物颜色、粗糙度、环境光度等)受到一定的限制。

4.4 视觉传感器

4.4.1 机器人视觉

人的视觉是以光作为刺激的感觉，可以认为眼睛是一个光学系统，外界的信息作为影像投射到视网膜上，经处理后传到大脑。视网膜上有两种感光细胞，视锥细胞主要感受白天的景象，视杆细胞感受夜间景象。人的视锥细胞有 700 多万个，是听觉细胞的 3000 多倍，因此在各种感官获取的信息中，视觉约占 80%。同样对机器人来说，视觉传感器也是最重要的传感器。视觉作用的过程如图 4-21 所示。

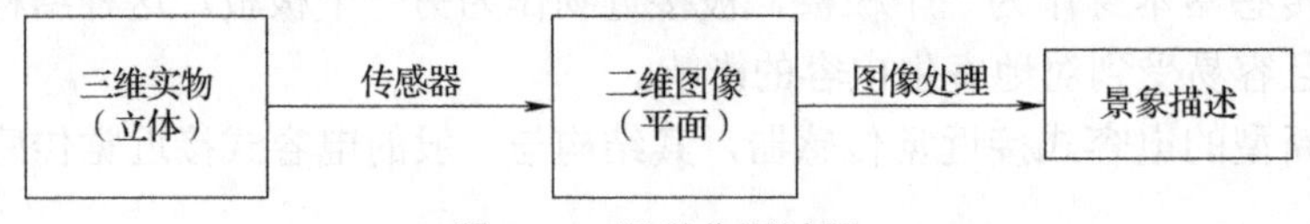

图 4-21 视觉作用过程

客观世界中三维实物经由传感器(如摄像机)成为二维图像，再经处理部件给出景象的描述。应该指出，实际的三维物体形态和特征是相当复杂的，特别由于识别的背景千差万别，而机器人上视觉传感器的视角又时刻在变化，引起图像时刻发生变化，所以机器人视觉在技术上难度是较大的。

机器人视觉系统要能达到实用，至少要满足以下几方面的要求。首先是实时性，随着视觉传感器分辨率的提高，每帧图像所要处理的信息量大增，识别一帧图像往往需要十几秒，这当然无法进入实用。随着硬件技术的发展和快速算法的研究，识别一帧图像可在 1s 左右，这样才可能满足大部分作业的要求。其次是可靠性，因为视觉系统若作出错误识别，轻则损坏工作和机器人，重则危及操作人员的生命，所以必须要求视觉系统工作可靠。再次是柔性，即系统能适应物体的变化和环境的变化，工作对象比较多样，能从事各种作业。最后是价格适中，一般视觉系统占整个机器人价格的 10%～20% 比较适宜。

在空间中判断物体的位置和形状一般需要两类信息：距离信息和明暗信息。视觉系统主要用来解决这两方面的问题。当然物体视觉信息还有色彩信息，但它对物体的识别不如前两类信息重要，所以在视觉系统中用得不多。获得距离信息的方法有超声波、激光反射法、立体摄像法等；而明暗信息主要靠电视摄像机、CCD 固态摄像机来获得。

带有视觉系统的机器人还能完成许多作业，如识别机械零件组装泵体、汽车轮毂装配作业、小型电机电刷的安装作业、晶体管自动焊接作业、管子凸台焊接作业、集成电路板装配作业等。对特征机器人来说，视觉系统使机器人在危险环境中自主规划，完成复杂的作业成为可能。

4.4.2 视觉传感器工作原理

视觉传感器主要由人工网膜和光电探测器件两部分组成。

1. 人工网膜

人工网膜用光电管阵列代替网膜感受光信号。其最简单的形式是 3 像素×3 像素的阵列，多的可达 256 像素×256 像素的阵列甚至更高。

现以 3 像素×3 像素阵列为例进行字符识别。像分为正像和负像两种。对于正像，物体存在的部分以“1”表示，否则以“0”表示，将正像中各点数码减 1 即得负像。以数字字符 1 为例，由 3 像素×3 像素阵列得到的正、负像如图 4-22 所示；若输入字符 I，所得正、负像如图 4-23 所示。上述正、负像可作为标准图像储存起来。如果工作时得到数字字符 1 的输入，其正、负像可与已储存的图像进行比较，结果见表 4-2。将正像和负像相关值的和作为衡量图像信息相关性的尺度，可见在两者比较中，是 1 的可能性远较是 I 的可能性要大，前者总相关值为 9，等于阵列中光电管的总数，这表示所输入的图像信息与预先存储的图像 1 的信息是完全一致的，由此可判断输入的数字字符是 1，而不是 I 或其他。

$$\text{正像：}\begin{matrix}0&1&0\\0&1&0\\0&1&0\end{matrix}\qquad\text{负像：}\begin{matrix}-1&0&-1\\-1&0&-1\\-1&0&-1\end{matrix}$$

图 4-22 字符 1 的正、负像

$$\text{正像：}\begin{matrix}1&1&1\\0&1&0\\1&1&1\end{matrix}\qquad\text{负像：}\begin{matrix}0&0&0\\-1&0&-1\\0&0&0\end{matrix}$$

图 4-23 字符 I 的正、负像

表 4-2 与已储存图像作比较的相关值

相关值	与 1 比较	与 I 比较
正像相关值	3	3
负像相关值	6	2
总相关值	9	5

2. 光电探测器件

最简单的单个光探测器是光导管和光敏二极管，光导管的电阻随所受的光照度而变化，而光敏二极管像太阳能电池一样是一种光生伏特器件，当“接通”时能产生与光照度成正比的电流，它可以是固态器件，也可以是真空器件，在检测中用来产生开/关信号以检测是否存在特征式物体。

固态探测器件可以排列成线性阵列和矩阵阵列，使之具有直接测量或摄像的功能，例如，要测量的特征或物体以影像或反射光的形式在阵列上形成图像，可以用计算机快速扫描各个单元，把被遮暗或照亮的单元数目记录下来。

固态摄像器件是做在硅片上的集成电路，硅片上有一个极小的光敏单元阵列，在入射光的作用下可产生电子电荷包。硅片上还包含一个以积累和存储电子电荷的存储单元阵列，以及一个能按顺序读出存储电荷的扫描电路。

目前用于非接触测试的固态阵列有自扫描光敏二极管(SSPD)、电荷耦合器件(CCD)、电荷耦合光敏二极管(CCPD)和电荷注入器件(CID)，其主要区别在于电荷形成的方式和电荷读出方式不同。

在这 4 种阵列中使用的光敏组件既有扩散型光敏二极管，也有场致光探测器，前者具有较宽的光谱响应和较低的暗电流，后者往往反射损失较大并对某些波长有干扰。

读出机构有数字或模拟移位寄存器。在数字移位寄存器中，控制一组多路开关，将各探测单元中的电荷顺次注入公共母线，产生视频输出信号。因为所有开关都必须连到输出线上，所以它的电容相当大，从而限制了能达到的信噪比。

模拟移位寄存器则是把所有存储的电荷同时从探测单元注入寄存器相应的门电路中去。移位寄存器的作用相当于一个串行存取存储器，电荷包间断地从一个门传输到另一个门，并在输出门检测与每个门相关的电荷，从而产生视频信号输出。因为只有最后一个输出门与输出线相连，所以输出线的电容较小，有较好的信噪比。

目前在机器人视觉中多采用 CCD，利用 CCD 制成的固态摄像机与光导摄像管式电视摄像机相比有一系列优点，如几何精度较高、光谱范围更大、灵敏度和扫描速率更高、结构尺寸小、功耗小、耐久可靠等。

4.5 听觉、嗅觉、味觉传感器

4.5.1 听觉传感器

智能机器人在为人类服务的时候，需要能够听懂人的吩咐，按照人的指令完成预定的工作。给智能机器人安装“耳朵”是很有必要的。首先分析人耳的构造。人耳包括外耳、中耳和内耳，如图 4-24 所示。声音由不同频率的机械振动波组成，外界声音使外耳鼓膜产生振动，中耳将这种振动放大、压缩和限幅，并抑制噪声。经过处理的声音传送到中耳的听骨链，再通过链骨肌传到内耳耳蜗，由听神经进入大脑。

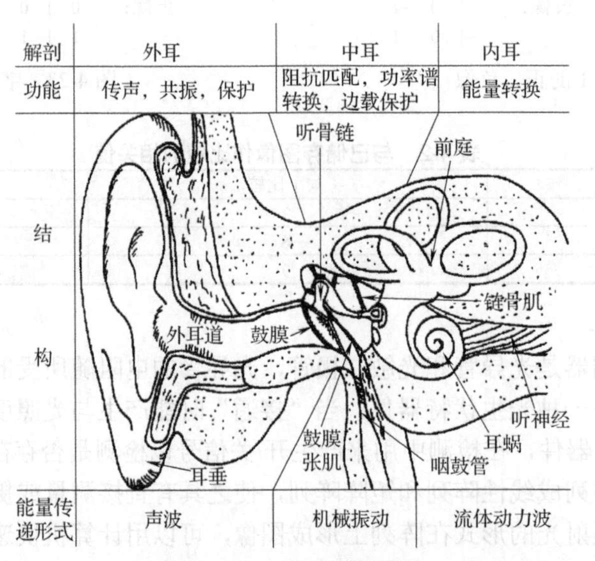

图 4-24 人耳冠状剖面图

内耳耳蜗充满液体，其中有约 30000 个长度不同的纤维组成的基底膜，它是一个共鸣器。不同长度的纤维能够感知不同频率的声音，因此内耳相当于一个声音分析器。智能机器人的“耳朵”首先要具有接收声音信号的“器官”，其次需要语音识别系统。

近年来各种形式的声音传感器很多，有的也比较成熟，在机器人中应用比较多的是动圈式传声器和光纤声传感器两种。

1) 动圈式传声器

动圈式传声器的结构原理如图 4-25 所示。线圈贴于振膜上并悬于两磁极之间，声波通过空气使振膜振动，从而导致线圈在两磁铁间运动。线圈切割磁力线，产生微弱的感应电流。该电流信号与声波的频率相同。

2) 光纤声传感器

光纤声传感器有两种类型：一种是利用光纤传输光的相位变化和利用传输光的传输损耗等特性制成的声传感器；另一种是将光纤仅作为传输手段的声传感器。光纤声听器是典型的光纤声传感器。

双光纤干涉仪型声传感器如图 4-26 所示。传感器由两根单模光纤组成。分光器将激光发生器发出的光束分为两束光，分别作为信号光和参考光。信号光射入绕成螺旋状的作为敏感臂的光纤中。在声波的作用下，敏感臂中的激光束相位发生变化，而与另一路作为参考光的激光束产生相位干涉，光检测器将这种干涉转换成与声压成比例的电信号。作为敏感臂的光纤绕成螺旋状，其目的是增大光与声波的作用距离。

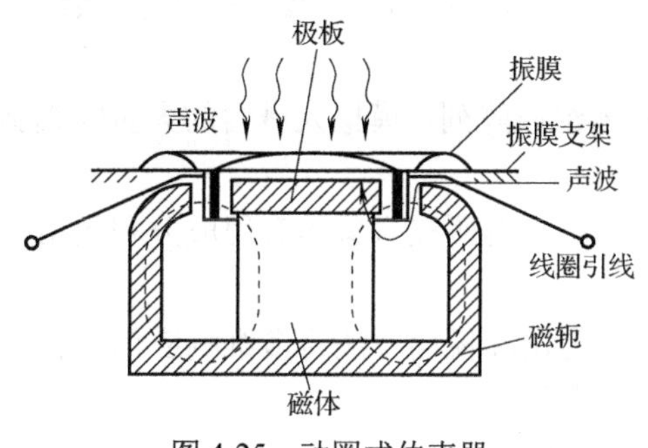

图 4-25 动圈式传声器

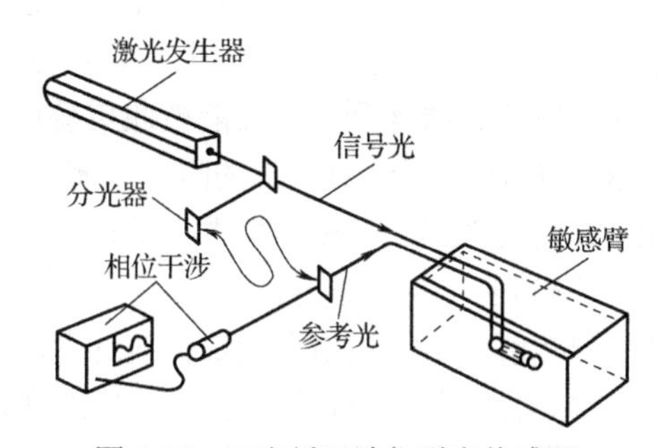

图 4-26 双光纤干涉仪型声传感器

4.5.2 嗅觉传感器

嗅觉传感器有时也称为气敏传感器。气敏传感器在防灾报警、环境保护、汽车工业等方面得到广泛的应用。单个气敏传感器虽然能有效地用于某些场合，但是存在选择性、稳定性、一致性等方面的问题，尤其在环境的适应性方面远逊于某些生物嗅觉系统。

1. 生物嗅觉系统

嗅觉是一种化学感觉，是生物的嗅觉系统对散布于空气中的物质产生的一种生理反应。图 4-27 给出了生物嗅觉系统的结构和嗅觉信号传入神经中枢的通路。

嗅细胞受到刺激后产生感受器电位并导致嗅觉神经纤维产生神经冲动，该冲动沿着嗅细胞的轴突到达嗅小球，大约有 25000 根嗅细胞的轴突进入一个嗅小球，与 25 个左右的僧帽细胞的树突相连。仅仅从数字上，也可以看出这种神经结构对基本的神经进行了高度整合，从而提供了巨大的计算能力和很强的容错能力。然后僧帽细胞通过嗅觉把处理后的信号直接或间接传到脑的有关区域，进行进一步的整合，产生嗅觉的基本反应和更复杂的条件发射。值得一提的是，从嗅小球到大脑皮层，嗅觉系统的敏感度提高了 3 个数量级以上。正是生物嗅觉系统这种复杂的结构才保证了其灵敏性、选择性、适应性和条件发射等更高层次上的反应。

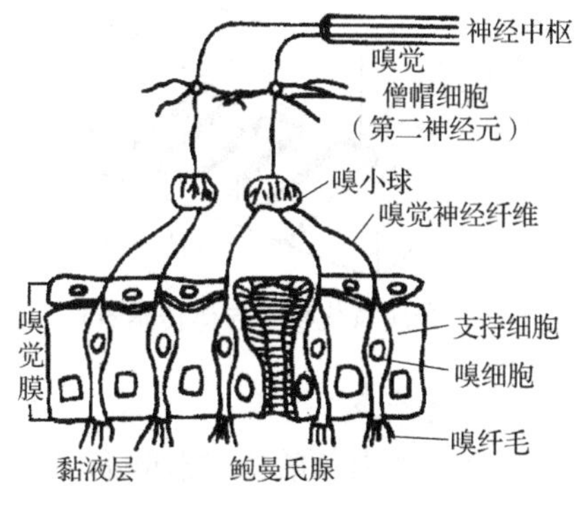

图 4-27 生物嗅觉系统

2. 人工嗅觉系统

天然的气味分子变化非常大。例如，一朵玫瑰花有超过 10 种气味(酒精、乙醛、酯、碳氢化合物等)。与这些千变万化的气味相对应的，人有不同的受体蛋白质。人用 4 个感光受体蛋白质识别可见光，但人用上千个嗅觉受体蛋白质识别气味。机器人通过记忆人类识别上千种气味的数据，来对多种气味进行识别。

常见的人工嗅觉系统由气敏传感器阵列和分析处理器构成。图 4-28 为人工嗅觉系统的结构框图。

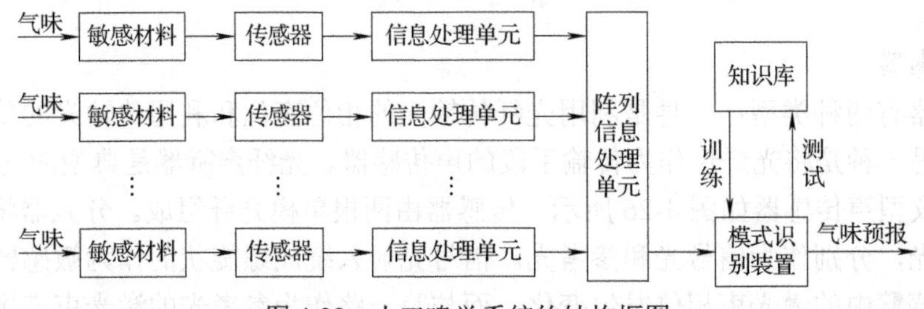

图 4-28 人工嗅觉系统的结构框图

从功能上讲，气敏传感器阵列相当于生物嗅觉系统中彼此重叠的嗅细胞，数据处理器和智能解释器相当于生物的大脑，分析处理器相当于生物的脑细胞，其余部分相当于嗅神经信号传递系统。人工嗅觉系统在以下几个方面模拟了生物的嗅觉功能。

(1) 气敏传感器阵列。将性能彼此重叠的多个气敏传感器组成阵列，模拟人鼻内的大量嗅细胞，通过精密测试电路，得到对气味的瞬时敏感检测。

(2) 数据处理器。气敏传感器的响应经滤波、A/D 转换后，将对研究对象的有用成分和无用成分加以分离，得到多维响应信号。

(3) 智能解释器。利用多元数据统计分析方法、神经网络方法和模糊方法将多维响应信号转换为感官评定指标值或组成成分的浓度值，得到被测气味定性分析结果。

3. 嗅觉传感器阵列

嗅觉传感器按敏感材料类型主要有化学电阻型和嗅觉感受型两大类，前者包括金属氧化物半导体传感器阵列装置和有机聚合物膜(Polymer)，后者又简称为电子鼻。

1) 金属氧化物半导体传感器阵列装置

金属氧化物半导体传感器阵列装置如图 4-29 所示，它是目前广泛使用的嗅觉传感器，常用的金属氧化物有 SnO_2、Ga_2O_3、V_2O_5、TiO_2、WO_3 等，其中大多数都被 Pt、Au、Rh、Pd 等金属掺杂成为对某些气体有选择性敏感响应的金属氧化物半导体和选择性气体敏感膜材料。

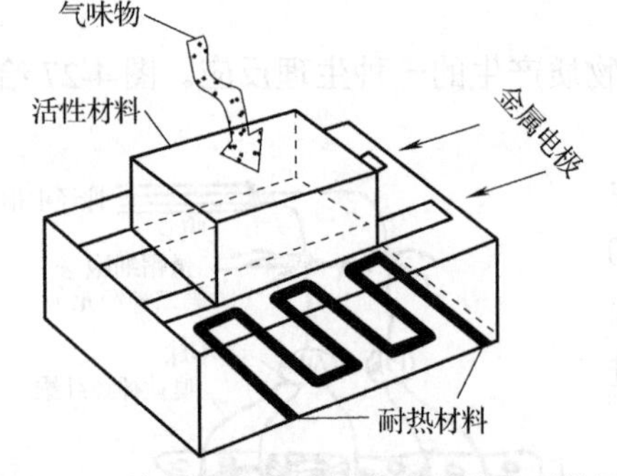

图 4-29 金属氧化物半导体传感器阵列装置

例如，SnO_2 半导体传感器的表面敏感层与空气接触时，空气中的氧分子靠电子亲和力捕获敏感层表面上的自由电子而吸附在 SnO_2 表面上，从而在晶界上形成势垒，限制了电子的流动，导致器件的电阻增加，使 SnO_2 表面带负电。当传感器被加热到一定温度并与 CO 和 H_2 等还原性气体接触时，还原性气体分子与 SnO_2 表面的吸附氧发生化学反应，降低势垒，使电子容易流动，从而降低了器件阻值。SnO_2 半导体传感器根据输出电压的变化来检测特定气体。

2) 电子鼻

电子鼻由气敏传感器阵列、信号预处理电路、模式识别系统和输出设备组成。图 4-30 是电子鼻系统原理图。

气敏传感器阵列是电子鼻系统的基础，合适的阵列对提高整个系统的性能至关重要。阵列可以由多个分立元件构成，也可以是单片集成的。常用的分立元件有声表面滤波器、电化学器件、场效应管、半导体气敏元件等。至于集成的微型气敏传感器阵列，目前已经开发出多种敏感材料和阵列结构，例如，在 3mm×3mm 硅片上制作的 8 单元阵列。

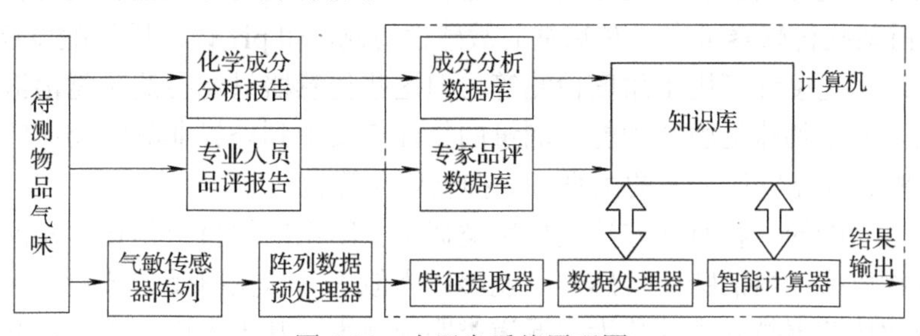

图 4-30 电子鼻系统原理图

考虑到在生物嗅觉系统中，一个感受器细胞可能不同程度地对 10 多种气味敏感，显示出一种很宽的响应谱，而系统的选择性是通过整合来自多个交叉敏感的感受器细胞的信号得到的。在构造传感器阵列时，尽量使各气敏器件或单元有一定的交叉。这样，一方面降低了对传感器的选择性的要求；另一方面有利于提高阵列的效率。电子鼻系统利用传感器阵列的接触敏感特性，通过模式识别技术，再结合微处理技术来实现系统的选择性并提高测量精度。

只对一种气味分子有敏感响应，即具有理想选择性能的气敏器件是不存在的。如图 4-31 所示，用两种气敏传感器测量由两种浓度分别为 c_1、c_2 的简单成分组成的混合气体，随着相对体积分数的变化，可得到两条等响应曲线。一般来说，即使有标准参考气体，由单个传感器的响应也不能推断某种气体的存在，由这两条等响应曲线的交点就可近似确定某待测气体的组成与体积分数。若由适当数目的 n 个传感器同时测量某一由 m 种成分组成的气味，则得到一个响应矢量，可望据此近似确定各组成成分的体积分数。对复杂成分气味，n 条等响应曲线的交点同样是一个 n 维矢量，可以据此用模式分类或非线性拟合方法，对其进行定性分析以确定气味的类别或强度。

电子鼻中常用的模式识别方法是统计模式识别方法和人工智能方法，前者常用的有主成分分析和聚类分析；后者常用的是人工神经网络。主成分分析作为有监督的线性分类方法在电子鼻研究中得到广泛应用。其原理是首先将特征矢量分解成一组正交矢量的线性组合，每个矢量不同程度地构成新的特征矢量，就实现了降维。然后对降维后的特征矢量进行线性分类。线性分类常用的有感知机算法等。图 4-32 为感知机示意图，通过训练获得感知机的权值系数 w 和阈值量 θ，从而确定将样本空间分开的平面或超平面。

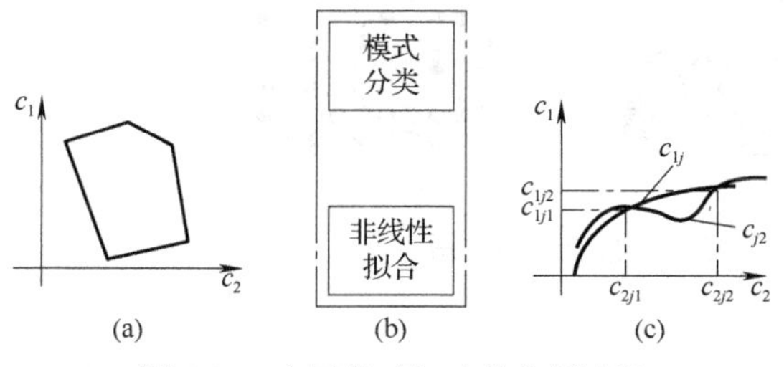

图 4-31 电子鼻对气味的分析过程

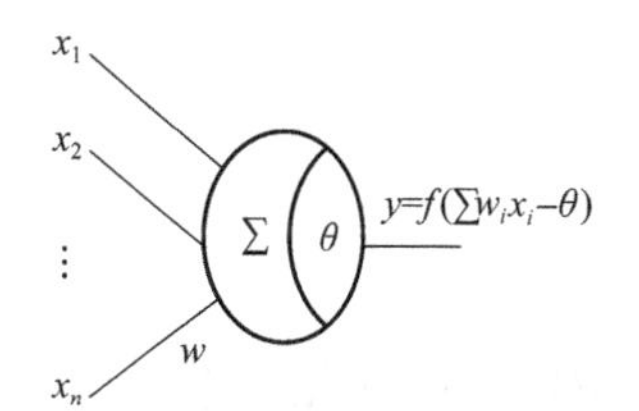

图 4-32 感知机示意图

4.5.3 味觉传感器

味觉是指酸、咸、甜、苦、鲜等人类味觉器官的感觉。酸味是由氢离子引起的，如盐酸、氨基酸、柠檬酸等；咸味主要是由 NaCl 引起的；甜味主要是由蔗糖、葡萄糖等引起的；苦味是由奎宁、咖啡因等引起的；鲜味是由海藻中的谷氨酸单钠(MSG)、鱼和肉中的肌苷酸二钠(IMP)、蘑菇中的鸟苷酸二钠等引起的。

在人类味觉系统中，舌头表面味蕾上味觉细胞的生物膜可以感受味觉。味觉物质被转换为电信号，经神经纤维传至大脑，这样人就感受到味觉。味觉传感器与传统的、只检测某种特殊的化学物质的化学传感器不同。目前某些传感器可实现对味觉的敏感性检测，如pH计可用于酸度检测、导电计可用于碱度检测、比重计或屈光度计可用于甜度检测等。但这些传感器只能检测味觉溶液的某些物理化学特性，并不能模拟实际的生物味觉敏感功能，测量的物理值要受到外界非味觉物质的影响。此外，这些物理特性还不能反映各味觉物质之间的关系，如抑制效应等。

实现味觉传感器功能的一种有效方法是使用类似于生物系统的材料作传感器的敏感膜，电子舌是用类脂膜作为味觉物质换能器的味觉传感器，能够以类似人的味觉感受方式检测味觉物质。目前，从不同的机理看，味觉传感器技术大致分为多通道类脂膜技术、基于表面等离子体共振技术、表面光伏电压技术等，味觉模式识别由最初的神经网络模式识别发展到混沌识别。混沌是一种遵循一定非线性规律的随机运动，它对初始条件敏感。混沌识别具有很高的灵敏度，因此逐渐得到应用。目前较典型的电子舌系统有新型味觉传感器芯片和SH-SAM味觉传感器。

1. 新型味觉传感器芯片

美国得克萨斯大学研制的新型传感器芯片能对溶液中多种成分进行并行、实时检测，并且可对检测结果进行量化。传感器的结构是将化学传感器固定在一个微机械加工平台上，图4-33为得克萨斯大学味觉传感器阵列框图。基于荧光信号变化的蓝色发光二极管在比色系统中采用白光作为高能激发源，荧光检测时用滤光片滤掉激发光源波长；位于微机械加工平台下的CCD用来采集数据。在硅片表面用微机械加工刻槽，敏感球固定在槽中，控制蚀刻过程使得槽底部呈透光性。调制光通过敏感球和底部后投射到CCD探测器上，光信号的变化分析可由CCD探测器和计算机完成。当微环境发生尺寸变化(如膨胀或缩小)时，槽顶部发射的蓝激光通过底部CCD探测器接收，并由识别程序判断光的变化，从而检测敏感味觉物质。

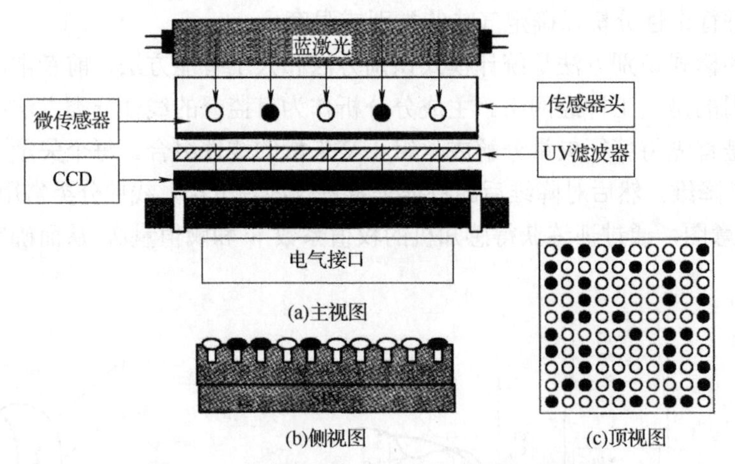

图4-33　得克萨斯大学味觉传感器阵列框图

2. SH-SAW味觉传感器

SH-SAW味觉传感器由8种和味觉相对应的液膜组成。这些液膜能够把味道的强弱转变为一个电动势信号，并且用单一输出信号方式来响应不同气味含量。但是薄膜不能有选择地对每种味觉进行响应，所以只能用多通道传感器来感知基本味道。

SH-SAW味觉传感器在芯片的表面产生电场，该电场可延长几微米与液体相连，并且能够与液体材料的电学性质产生相互作用。电场还可以影响SH-SAW味觉传感器的速度和衰减。可以用电容性和电导率来描述相连液体的电学性质。

制造的 SH-SAW 味觉传感器如图 4-34 所示。该味觉传感器有两条蒸镀薄膜金属化的延迟线，其中一条 Au/Cr 蒸镀薄膜金属化的延迟线用作参照，另一条用于传感，该线有一个自由表面作为电活跃区域。SH-SAW 设备安装在铜板上，并与丙烯酸板液体单元接触，SH-SAW 味觉传感器的构造如图 4-35 所示。参照物和采样液体在芯片表面上传播，SH-SAW 味觉传感器有延伸到相连(邻近)液体并产生长达几微米的电场信号，而且能够和液体中材料的电场相互作用。电场的相互作用对 SH-SAW 味觉传感器的速度和衰减有影响。

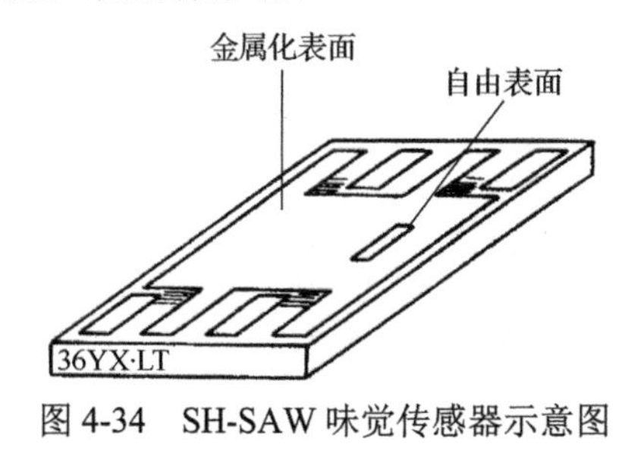

图 4-34　SH-SAW 味觉传感器示意图

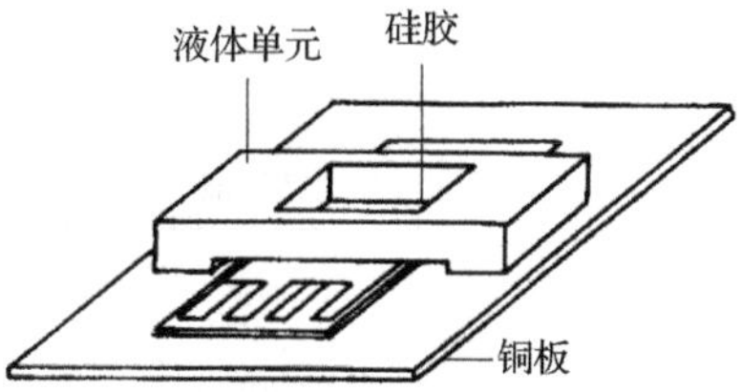

图 4-35　SH-SAW 味觉传感器结构

4.6　智能传感器

智能传感器一般是一种带有微处理机的，兼有检测、判断与信息处理功能的传感器。智能传感器与传统的传感器相比有很多特点。

(1) 它具有判断和信息处理功能，可对测量值进行各种修正和误差补偿，因此提高了测量准确度。

(2) 它可实现多传感器多参数综合测量，扩大了测量与使用范围。

(3) 它具有自诊断、自校准功能，提高了可靠性。

(4) 它具有数字通信接口，能与计算机直接联机。

4.6.1　智能传感器的构成

图 4-36 为 DTP 型智能压力传感器的框图。DTP 型智能压力传感器的基本构成如下：主传感器(压力传感器)、辅助传感器(温度传感器、环境压力传感器)、异步发送/接收器(UART)、微处理器及存储器(ROM 和 RAM)、地址/数据总线、程控放大器(PFA)、A/D 转换器、D/A 转换器、激励源、电源。

DTP 型智能压力传感器以惠斯通电桥形式组成，可输出与压力成正比的低电平信号，然后由 PFA 进行放大。DTP 型智能压力传感器内还有一个环境压力传感器，用于测量环境气压变化，以便修正气压变化对测量的影响。DTP 型智能压力传感器还有一个串行输出口，以 RS-232 指令格式传输数据。

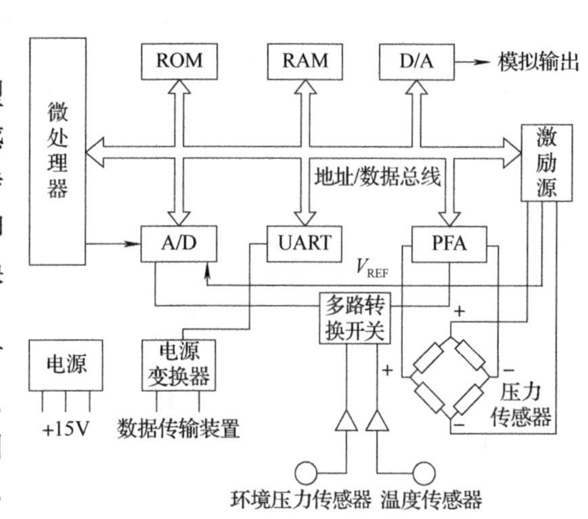

图 4-36　DTP 型智能压力传感器的框图

4.6.2　压力传感器智能化

压力传感器的测量准确度受到非线性和温度的影响。经过研究，利用单片机对其非线性和温度变化产生的误差进行修正，温度变化和非线性引起的误差的95%得到修正，在10～60℃，智能压力传感器的准确度几乎保持不变。

1. 智能压力传感器硬件结构

智能压力传感器硬件结构如图4-37所示，主要由压力传感器和温度传感器组成。其中压力传感器用于测量压力，温度传感器用来测量环境温度，以便进行温度误差修正，两个传感器的输出经放大器放大成0～5V的电压信号送至多路转换器，多路转换器将根据单片机发出的命令选择一路信号送到A/D转换器，A/D转换器将输入的模拟信号转换为数字信号送入单片机，单片机根据已定程序进行工作。

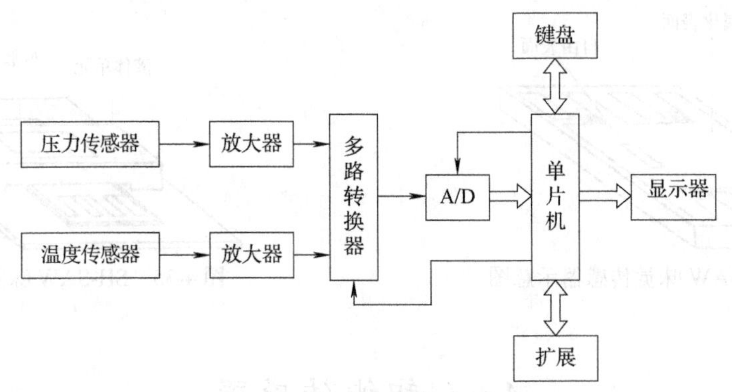

图4-37 智能压力传感器硬件结构

2. 智能压力传感器软件设计

智能压力传感器系统是在软件支持下工作的，由软件来协调各种功能的实现。图4-38为智能压力传感器的源程序流程图。

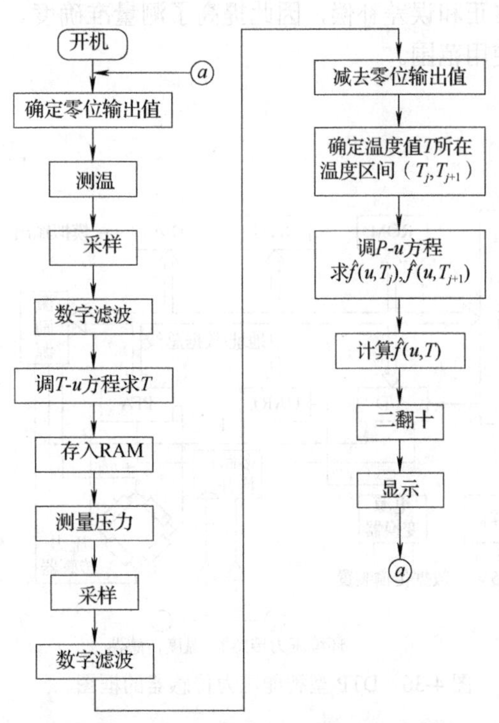

图4-38 智能压力传感器的源程序流程图

3. 非线性与温度误差的修正

由于压力传感器的测量准确度受到非线性和温度的影响，采用单片机对其非线性和温度变化产生的误差进行修正。非线性和温度误差的修正方法很多，要根据具体情况确定误差修正与补偿方案。通常采用二元线性插值法。

一般可以将传感器的输出作为一个多变量函数来处理，即

$$Z = f\left(x, y_1, y_2, \cdots, y_n\right)$$

式中，Z为传感器的输出；x为传感器的输入；$y_1, y_2, \cdots, y_n$为环境参量，如温度、湿度等。

如果只考虑环境温度的影响，可以将传感器输出当作二元函数来处理，这时表达式为

$$u = f(P,T)$$

或

$$P = f(u,T) \tag{4-12}$$

式中，P为被测压力；u为传感器输出；T为环境温度。

设$P = f(u,T)$为已知二元函数，该函数在图形上呈曲面，但为了推导公式更容易理解，用图4-39(a)所示的平面图形表示。

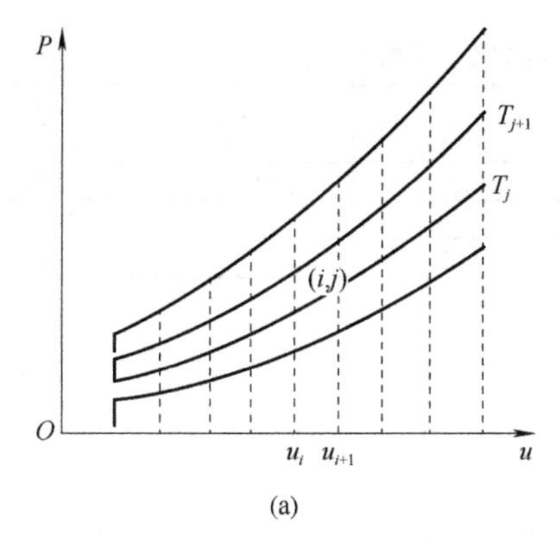

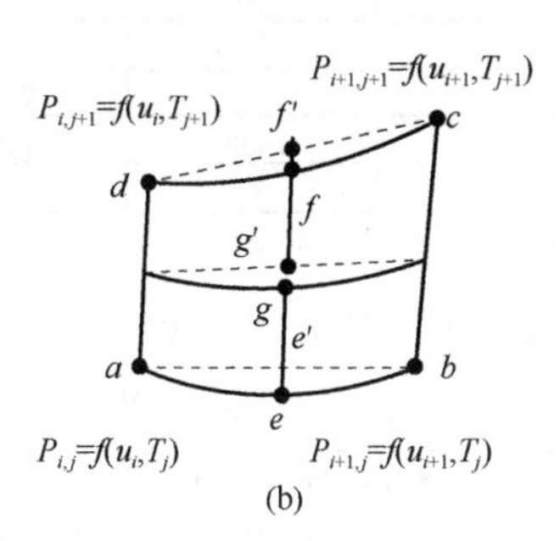

图 4-39　二元线性插值

若选定 n 个 u 的插值点和 m 个 T 的插值点，则可把函数 P 划分为 $(n-1)(m-1)$ 个区域。其中 (i,j) 区如图 4-39(b)所示，图中 a、b、c、d 点为选定的差值基点，各点上的变量值和函数值都是已知的，则该区内任何点上的函数值 P 都可用线性插值法逼近，其步骤如下。

(1)保持 T 不变，而对 u 进行插值，即先沿 ab 线和 cd 线进行插值，分别求得 u 所对应的函数值 $f\left(u,T_j\right)$ 和 $f\left(u,T_{j+1}\right)$ 的逼近值 $\hat{f}\left(u,T_j\right)$ 和 $\hat{f}\left(u,T_{j+1}\right)$。显然

$$\hat{f}\left(u,T_j\right)=f\left(u,T_j\right)+\frac{f\left(u_{i+1},T_j\right)-\left(u_i,T_j\right)}{u_{i+1}-u_i}\left(u-u_i\right) \tag{4-13}$$

$$\hat{f}\left(u,T_{j+1}\right)=f\left(u,T_{j+1}\right)+\frac{f\left(u_{i+1},T_{j+1}\right)-f\left(u_i,T_{j+1}\right)}{u_{i+1}-u_i}\left(u-u_i\right) \tag{4-14}$$

式(4-13)、式(4-14)的等号右边除 u 外均为已知量，故对落于 (u_i,u_{i+1}) 区间内的任何值 u，都可求得相应函数 $f\left(u,T_j\right)$ 和 $f\left(u,T_{j+1}\right)$ 的逼近值 $\hat{f}\left(u,T_j\right)$ 和 $\hat{f}\left(u,T_{j+1}\right)$。由图 4-39(b)可知，前者为 e、f 点上的值，而后者为 e' 和 f' 点上的值。

(2)基于上述结果，固定 u 不变而对 T 进行插值，即沿 $e'f'$ 线插值，可得

$$\hat{f}\left(u,T\right)=f\left(u,T_j\right)+\frac{\hat{f}\left(u,T_j\right)-f\left(u,T_j\right)}{T_{j+1}T_j}\left(T-T_j\right) \tag{4-15}$$

式(4-15)右边除 T 外，其他都为已知量或已经算得的量，故对任何落在 (T_j,T_{j+1}) 区间的 T 都可根据式(4-15)求得函数 $f\left(u,T\right)$ 的逼近值 $\hat{f}\left(u,T\right)$。由图 4-39(b)看出 $f\left(u,T\right)$ 是点 g 所对应的值，而 $\hat{f}\left(u,T\right)$ 是点 g' 上的值。

4. 实验结果与结论

对传感器进行温度实验，在 T 为 10℃、20℃、30℃、40℃、50℃、60℃时，得到 6 组输出-输入关系实验数据(略)。通过数据处理得到 6 个直线回归方程 $P=a+bu$，因此可以得到 $\hat{f}\left(u,T_j\right)$、$\hat{f}\left(u,T_{j+1}\right)$ 和 $\hat{f}\left(u,T\right)$，即可以采用线性插值法对传感器的非线性和温度影响进行综合修正。实验数据列于表 4-3 和表 4-4。

表 4-3　60℃时修正系数前、后对比

$P_i/10^5$Pa		0.400	0.600	0.800	1.000	1.200
未修正	P_o	0.434	0.637	0.841	1.045	1.247
	ΔP	0.034	0.037	0.041	0.045	0.047
修正后	P_o	0.399	0.599	0.798	0.999	1.202
	ΔP	−0.001	-0.001	-0.02	-0.001	0.002

注：P_i 为输入压力(10^5Pa)；P_o 为输出压力(10^5Pa)；ΔP 为测量压力误差(10^5Pa)

表 4-4　$P_i=1.200\times10^5$ Pa 时修正系数前、后对比

温度/℃		10	20	30	40	50	60
未修正	P_o	1.200	1.209	1.219	1.228	1.238	1.247
	ΔP	0	0.009	0.019	0.028	0.038	0.047
修正后	P_o	1.200	1.200	1.201	1.201	1.202	1.202
	ΔP	0	0	0.001	0.001	0.002	0.002

注：P_i为输入压力(10^5Pa)；P_o为输出压力(10^5Pa)；ΔP为测量压力误差(10^5Pa)

上述实验数据表明，采用二元线性插值法修正非线性和温度误差效果良好，在 10～60℃内误差的绝大部分得到修正与补偿，传感器的准确度基本上保持不变。

5. 智能传感器的发展方向与途径

从前面讨论可知，智能传感器利用微处理机代替一部分脑力劳动，具有人工智能的特点。智能传感器可以由几块相互独立的模块电路与传感器装在同一壳体里构成，也可把传感器、信号调节电路和微型计算机集成在同一芯片上，形成超大规模集成化的更高智能传感器。例如，将半导体力敏元件、电桥线路、前置放大器、A/D 转换器、微处理机、接口电路、存储器等分别分层次集成在一块半导体硅片上，便构成一体化硅压阻式智能压力传感器，如图 4-40 所示。这里关键是半导体集成技术，即智能化传感器的发展依赖硅集成电路的设计和制造装配技术。

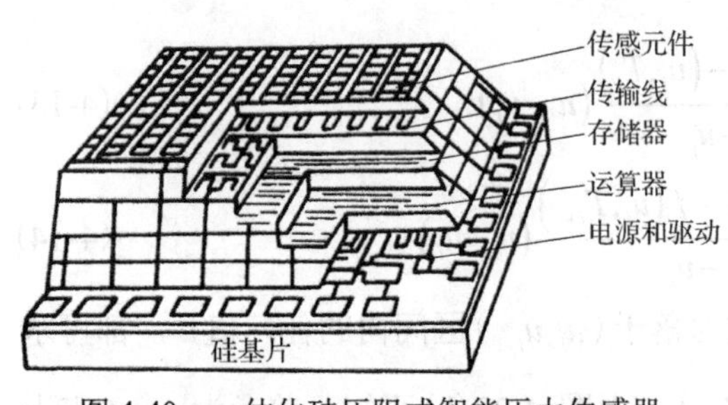

图 4-40　一体化硅压阻式智能压力传感器

应该指出，上面讨论的智能传感器是具有检测、判断与信息处理功能的传感器。还有一种带有反馈环节的传感器，整个传感器形成闭环系统，其本身固有特性可以判断出来，而且根据需要可以将其特性进行改变，它无疑也属于智能传感器的范畴。

智能传感器在美国称为灵巧传感器(Smart Sensor)。这个概念是美国国家航空航天局(NASA)在开发宇宙飞船的过程中产生的。宇宙飞船需要速度、加速度、位置和姿态等传感器，宇航员的生活环境需要温度、气压、空气成分和微量气体传感器，科学观测也要用大量的各种传感器。宇宙飞船观测到的各种数据是很庞大的，处理这些数据需要用超大型计算机，若要不丢失数据，并降低成本，需传感器与计算机一体化的智能传感器才可以实现。

习　题

4-1 试简述传感器在机器人技术中的主要作用。

4-2 机器人内部传感器与外部传感器的作用是什么？它们都包括哪些？

4-3 机器人的速度与加速度测量都常用哪些传感器？

4-4 机器人的力或力矩(力觉)传感器有哪几种？机器人中哪些方面会用到力矩(力觉)传感器？

4-5 机器人的视觉传感器常用哪些方法？图像如何获取及处理？

4-6 机器人的听觉传感器常用哪些方法？简述电子鼻基本工作原理。

4-7 简述机器人的 SH-SAW 味觉传感器工作原理。

4-8 设想一般智能机器人大约会用到哪些传感器技术？

第5章　机器人驱动系统设计

本章重点：本章对机器人常见的气压驱动、液压驱动和电气驱动以及近年来出现的新型驱动器等进行较为详细的介绍，为机器人驱动系统设计提供资料。

5.1　概　　述

驱动系统是机器人结构中的重要组成部分。如果把臂部以及关节想象为机器人的骨骼，那么驱动器就起肌肉的作用，移动或转动机械臂可以改变机器人的构型。驱动器必须有足够的功率对机械臂进行加/减速并带动负载，同时，驱动器必须轻便、经济、精确、灵敏、可靠且便于维护。

机器人驱动系统的选择和设计是至关重要的。常见的机器人驱动系统有气压驱动系统、液压驱动系统和电气驱动系统等，现在又出现了许多新型的驱动器。

5.1.1　气压驱动的特点

气压驱动在工业机械手中用得较多。使用的压力通常为0.4～0.6MPa，最高可达1MPa。气压驱动的主要优缺点如下。

(1) 快速性好，这是因为压缩空气的黏性小、流速大，一般压缩空气在管路中的流速可达180m/s，而油液在管路中的流速仅为2.5～4.5m/s。

(2) 气源方便，一般工厂都有压缩空气站供应压缩空气，也可由空气压缩机取得。

(3) 废气可直接排入大气，不会造成污染，因而在任何位置只需用一根高压管连接即可工作，所以比液压驱动干净且简单。

(4) 通过调节气量可实现无级变速。

(5) 由于空气的可压缩性，气压驱动系统具有较好的缓冲作用。

(6) 因为气动工作压力偏低，所以功率重量比小、驱动装置体积大。

(7) 基于气体的可压缩性，气压驱动很难保证较高的定位精度。

(8) 使用后的压缩空气向大气排放时，会产生噪声。

5.1.2　液压驱动的特点

液压驱动所使用的压力为5～320kg/cm^2，与其他两种驱动方式相比其优缺点如下。

(1) 能够以较小的驱动器输出较大的驱动力或力矩，即获得较大的功率重量比。

(2) 可以把驱动油缸直接制作成关节的一部分，故结构简单紧凑，刚性好。

(3) 由于液体具有不可压缩性，液压驱动定位精度比气压驱动高，并可实现任意位置的开停。

(4) 液压驱动调速比较简单和平稳，能在很大调整范围内实现无级调速。

(5) 液压驱动润滑性能好、寿命长。

(6) 油液容易泄漏。这不仅影响工作的稳定性与定位精度，而且会造成环境的污染。

(7) 油液黏度随温度而变化，且在高温与低温条件下很难应用。

(8) 需配备压力源及复杂的管路系统，成本较高。

液压驱动方式大多用于要求输出力较大而运动速度较低的场合。在机器人液压驱动系统中，近年来以电液伺服系统驱动最具有代表性。

5.1.3 电气驱动的特点

电气驱动是利用各种电动机产生力和力矩，直接或经过机械传动机构去驱动执行机构，以获得机器人的各种运动。因为省去了中间的能量转换过程，所以比液压驱动及气压驱动效率高，使用方便且成本低。电气驱动大致可分为普通电机驱动、步进电机驱动和伺服电机驱动 3 类。

1) 普通电机驱动的特点

普通电机包括交流电机、直流电机及伺服电机。交流电机一般不能进行调速或难以进行无级调速，即使多速电动机，也只能进行有限的有级调速。伺服电机能够实现无级调速，但伺服电机价格相对较高。

2) 步进电机驱动的特点

步进电机驱动的速度和位移可由电气控制系统发出的脉冲数加以控制。由于步进电机的位移量与脉冲数严格成正比，故步进电机驱动可以达到较高的重复定位精度。但是步进电机速度不能太高，控制系统也比较复杂。

3) 伺服电机驱动的特点

伺服电机驱动具有驱动速度调整方便、运动精度高等特点，近年来，越来越多的机器人驱动采用伺服驱动。

5.1.4 新型驱动器的特点

随着机器人技术的发展，出现了利用新工作原理制造的新型驱动器，如磁致伸缩驱动器、压电驱动器、静电驱动器、形状记忆合金驱动器、超声波驱动器、人工肌肉、光驱动器等。

1) 磁致伸缩驱动器

磁性体的外部一旦加上磁场，磁性体的外形尺寸就发生变化(焦耳效应)，这种现象称为磁致伸缩现象。此时，如果磁性体在磁化方向的长度增大，则称为正磁致伸缩；如果磁性体在磁化方向的长度减小，则称为负磁致伸缩。从外部对磁性体施加压力，若磁性体的磁化状态发生变化(维拉利效应)，则称为逆磁致伸缩现象。这种驱动器主要用于微小驱动场合。

2) 压电驱动器

压电材料是一种受力即在其表面上出现与外力成正比的电荷的材料，又称压电陶瓷。反过来，把电场加到压电材料上，则压电材料产生应变，输出力或位移。利用这一特性可以制成压电驱动器，这种驱动器可以达到驱动亚微米级精度。

3) 静电驱动器

静电驱动器利用电荷间的吸引力和排斥力互相作用顺序驱动电机而产生平移或旋转的运动。因静电作用属于表面力，它和元件尺寸的二次方成正比，在尺寸微小化时，能够产生很大的能量。

4) 形状记忆合金驱动器

形状记忆合金是一种特殊的合金，一旦使它记忆了任意形状，即使它变形，当加热到某一适当的温度时，它也会恢复为变形前的形状。已知的形状记忆合金有 Au-Cd、In-Ti、Ni-Ti、Cu-Al-Ni、Cu-Zn-Al 等十几种。

5) 超声波驱动器

超声波驱动器就是利用超声波振动作为驱动力的一种驱动器，即由振动部分和移动部分所组成，靠振动部分和移动部分之间的摩擦力来驱动的一种驱动器。

超声波驱动器没有铁心和线圈、结构简单、体积小、重量轻、响应快、力矩大，不需配合减速装置就可以低速运行，因此，很适合用于机器人、照相机和摄像机等的驱动。

6)人工肌肉

随着机器人技术的发展，驱动器从传统的电机——减速器的机械运动机制，向骨骼→腱→肌肉的生物运动机制发展。人的手臂能完成各种柔顺作业，为了实现骨骼→肌肉的部分功能而研制的驱动装置称为人工肌肉。为了更好地模拟生物体的运动功能或在机器人上应用，已研制出了多种类型的人工肌肉，如利用机械化学物质的高分子凝胶、形状记忆合金(SMA)制作的人工肌肉。气动人工肌肉是目前大量开发应用的人工肌肉，气动人工肌肉作为一种新型的气动驱动器，具有很多独特的优点：不需要减速装置和传动机构，可以直接驱动；不仅结构简单，动作灵活，而且功率重量比大；具有良好的柔顺性。由于这些特点，气动人工肌肉在机器人等领域有着广泛的应用前景。

7)光驱动器

某种强电介质(严密非对称的压电性结晶)受光照射，会产生几千伏每厘米的光感应电压。这种现象是压电效应和光致伸缩效应的结果。这是电介质内部存在不纯物、导致结晶严密非对称、在光激励过程中引起电荷移动而产生的。

机器人视不同需要可以采用一种驱动方式，也可采用联合驱动方式。例如，手部动作采用气压驱动，手臂动作采用液压驱动，行走的车轮则用电气驱动，而对于微小驱动则可采用磁致伸缩驱动器、压电驱动器、形状记忆合金驱动器等。选择驱动方式时，要考虑各方面的因素加以综合分析，在对比的基础上确定较佳的驱动方案。

由于篇幅所限，本章主要介绍气压驱动、液压驱动、电气驱动和部分新型驱动器(直线电动机)。

5.2 气压驱动系统

气压驱动系统的组成与液压驱动系统有许多相似之处，但在以下三方面却有明显的不同。

(1)空气压缩机输出的压缩空气首先储存于储气罐中，然后供给各个回路使用。

(2)气动回路使用过的空气无须回收，而是直接经排气口排入大气，因而没有回收空气的回气管道。

(3)因为空气的黏性小，所以在管路中的压力损失较小，可长距离输送。

5.2.1 气压驱动回路

图 5-1 为气压驱动基本回路。图中没有画出空气压缩机和储气罐。压缩空气由空气压缩机产生，其压力为0.5～0.7MPa，并被送入储气罐。然后由储气罐用管道接入驱动回路。在过滤器内被除去灰尘和水分后，流向调整阀调压，使压缩空气的压力降至0.4～0.5MPa。

在油雾器中，压缩空气被混入油雾。这些油雾用以润滑系统的滑阀及气缸，同时起一定的防锈作用。

从油雾器出来的压缩空气接着进入换向阀，换向阀根据电信号，改变阀芯的位置使压缩空气进入气缸的 *A* 腔或者 *B* 腔，驱动活塞向右或者向左运动。

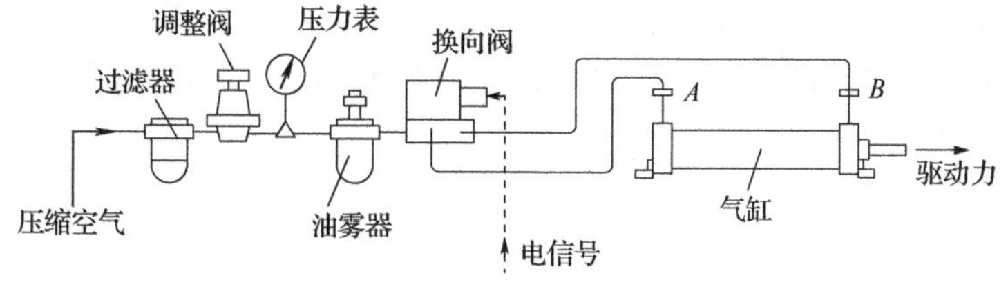

图 5-1 气压驱动基本回路

5.2.2 气源系统的组成

一般规定，在排气量大于或等于 $12m^3/min$ 的情况下，就有必要单独设立压缩空气站。压缩空气站主要由空气压缩机、吸气过滤器、后冷却器、油水分离器和储气罐等组成。如果要求气体质量更高，还应附设气体的干燥、净化等处理装置。

1. 空气压缩机

空气压缩机的种类很多，有活塞式、叶片式、螺杆式、离心式、轴流式、混流式等，但从工作原理上来看，前 3 种属于容积式，后 3 种属于速度式。

容积式空气压缩机是靠周期地改变气体容积的方法，即通过缩小气体的体积，使单位体积内气体分子的密度增加，形成压缩空气。而速度式空气压缩机则是先让气体分子得到一个很高的速度，然后让它停滞下来，将动能转化为静压能，使气体的压力提高。

选择空气压缩机的基本参数是供气量和工作压力。工作压力应当与空气压缩机的额定排气压力相符，而供气量应当与所选空气压缩机的排气量相符。

供气量可分下列 3 种情况进行计算。

(1)各气动装置断续工作。

$$Q = 0.5\varphi K_1 K_2 K_3 Q_{\max} \tag{5-1}$$

式中，K_1 为漏损系数，可取 K_1=1.2～1.5；K_2 为备用系数，可取 K_2 =1.2～1.6；K_3 为各班用气量不等系数，可取 K_3=1.2～1.4；φ 为考虑全部气动设备不同时使用的系数；$Q_{\max}$ 为各台设备同时使用时需要的最大耗气量(m^3/min)。

因空气压缩机标牌上所指排气量是指第一级气缸进气口吸入的体积流量，故计算时应将压缩空气的最大耗气量按式(5-2)换算：

$$Q_z = Q_y(1+\varepsilon) \tag{5-2}$$

式中，Q_z 为自由空气的体积流量(m^3/min)；Q_y 为压缩空气的体积流量(m^3/min)；ε 为压缩空气的压缩系数。

(2)各气动装置连续工作。

$$Q = K_1 K_2 Q_P \tag{5-3}$$

式中，Q_P 为各台气动装置平均耗气量的总和(m^3/min)，要用式(5-2)换算成自由空气的体积流量。

(3)一部分装置连续工作，一部分断续工作时，应按式(5-1)及式(5-3)分别计算后相加得出总的供气量。

2. 气源净化辅助设备

气源净化辅助设备包括后冷却器、油水分离器、储气罐、干燥器、过滤器等。

1)后冷却器

后冷却器安装在空气压缩机出口处的管道上。它对空气压缩机排出的温度高达 150℃左右的压缩空气降温，同时使混入压缩空气的水气和油气凝聚成水滴和油滴。通过后冷却器的气体温度降至 40～50℃。

后冷却器主要有风冷式和水冷式两种，风冷式后冷却器如图 5-2 所示。风冷式后冷却器是靠风扇产生的冷空气吹向带散热片的热气管道来降低压缩空气温度的。它不需要循环冷却水，所以具有占地面积小、使用及维护方便等特点。

2) 油水分离器

油水分离器的作用是分离压缩空气中凝聚的水滴、油滴和灰尘等杂质，使压缩空气得到初步净化。其结构形式有环形回转式、撞击折回式、离心旋转式、水浴式及以上形式的组合等。撞击折回式油水分离器的结构如图 5-3 所示。当压缩空气由进气管进入分离器壳体以后，气流先受到隔板的阻挡，被撞击而折回向下(图中箭头所示方向)；之后又上升并产生环形回转，最后从输出管排出。与此同时，在压缩空气中凝聚的水滴、油滴等杂质受惯性力的作用而分离析出，沉降于壳体底部，由阀定期排出。

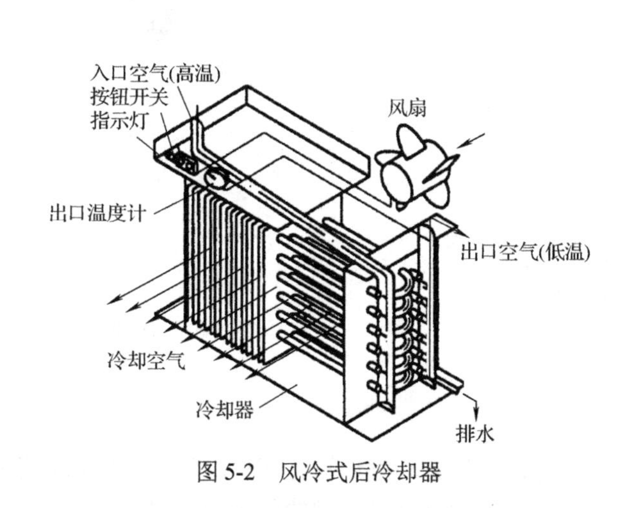

图 5-2 风冷式后冷却器

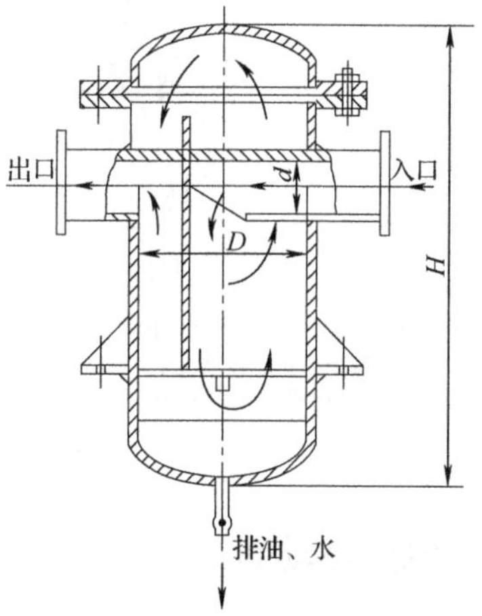

图 5-3 撞击折回式油水分离器

为提高油水分离的效果，气流回转后上升的速度不能太快，一般不超过 1m/s。通常油水分离器的高度 H 为其内径 D 的 3.5～5 倍。

3) 储气罐

储气罐如图 5-4 所示。储气罐的作用是贮存一定量的压缩空气，保证供给气动装置连续和稳压的压缩空气，并可减小气流脉动所造成的管道振动，同时还可进一步分离油水杂质。储气罐上通常装设安全阀、压力表、排污阀管等。

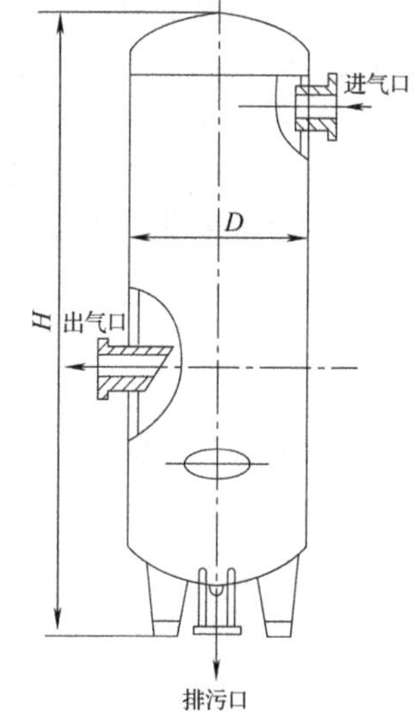

图 5-4 储气罐

通常根据排气量，按下列经验公式确定储气罐的容积。

当空气压缩机的排气量，即供气量为 $Q < 6\ \text{m}^3/\text{min}$ 时，储气罐的容积 $V = 0.2Q$；当 $Q = 6 \sim 30\ \text{m}^3/\text{min}$ 时，$V = 0.15Q$；当 $Q > 30\ \text{m}^3/\text{min}$ 时，$V = 0.1Q$。

4) 干燥器

干燥器如图 5-5 所示。这是为了进一步排除压缩空气中的水、油与杂质，以供给要求高度干燥、洁净压缩空气的气动装置。

空气干燥的方法有吸附法、冷冻法、机械除水法、离心分离法等。常用的为吸附法，就是利用硅胶、铝胶、焦炭等吸附空气中的水汽。

5) 过滤器

过滤器如图 5-6 所示。对要求高的压缩空气，经干燥处理之后，再经过二次过滤。过滤器大致有陶瓷过滤器、焦炭过滤器、粉末冶金过滤器及纤维过滤器等。

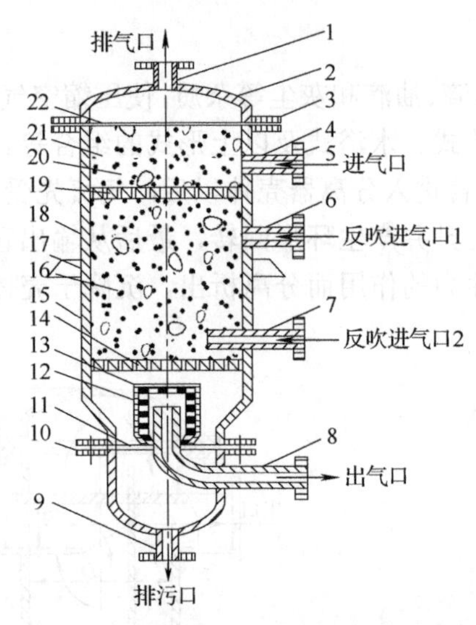

1-湿空气进气管；2-顶盖；3、5、10-法兰；4、6-再生空气排气管；7-再生空气进气管；
8-干燥空气输出管；9-排水管；11、22-密封垫；12、15、20-过滤网；13-毛毡；
14-下栅板；16、21-吸附剂；17-支撑板；18-外壳；19-上栅板

图 5-5 干燥器

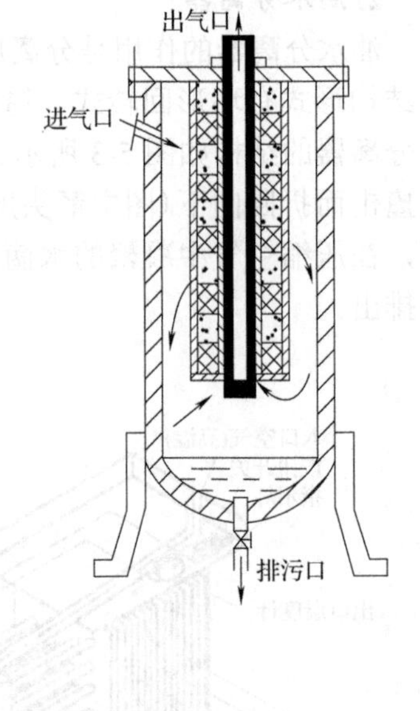

图 5-6 过滤器

5.2.3 气压驱动器

气压驱动器是最简单的一种驱动方式。气压驱动元件有气缸和气动马达两种。气压驱动器除用压缩空气作为工作介质外，其他与液压驱动器类似。气动马达和气缸是典型的气压驱动器。气压驱动器结构简单、安全可靠、价格低廉。但是由于空气具有可压缩性，气压驱动器精度和可控性较差，不能应用在高精度的场合。新型的气动马达是用微处理器直接控制的一种叶片式气动马达，能携带 215.6N 的负载而又获得高的定位精度(1mm)。

1. 叶片式气动马达

由于空气具有可压缩性，气缸的特性与液压油缸的特性有所不同。因为空气的温度和压力变化将导致密度的变化，所以采用质量流量比体积流量更方便。假设气缸不受热的影响，则质量流量Q_M与活塞速度v之间有如下关系：

$$Q_M = \frac{1}{RT}\left(\frac{V}{c}\frac{dp}{dt} + pAv\right) \tag{5-4}$$

式中，R为气体常数；T为热力学温度；V为气缸腔的容积；c为比热容常数；p为气缸腔内压力；A为活塞的有效受压面积；v为活塞速度。

可以看出，在气动系统中，活塞速度与流量之间的关系不像式$v = Q / A$那样简单。气动系统所产生的力与液压系统相同，也可以用式$F = A\Delta p$来表达。

典型的气动马达有叶片式气动马达和径向活塞马达，其工作原理与液压马达相同。气动机械的噪声较大，有时要安装消声器。图 5-7 为叶片式气动马达的结构。叶片式气动马达的优点是转速高、体积小、重量轻，其缺点是启动力矩较小。

2. 气压驱动的控制结构

气压驱动器将来自控制器的电信号变换为相应的标准气压(2～10N/cm^2)。常用的电气变换驱动有以下 4 种。

(1) 电力驱动电动机带动滑阀移动，滑阀再控制气压。

(2) 电力驱动动圈式马达(或驱动电磁铁加单喷嘴挡板先导级)和主级滑阀。

(3) 电力驱动比例电磁铁。

(4) 电信号经压电晶体变成位移量，再控制气压。

图 5-8 为气压驱动器的控制原理。它由放大器、电动部件及变速器、位移(或转角)-气压变换器和气-电变换器等组成。放大器把输入的控制信号放大后去推动电动部件及变速器，电动部件及变速器把电能转化为机械能，产生线位移或角位移。最后通过位移-气压变换器产生与控制信号相对应的气压值。

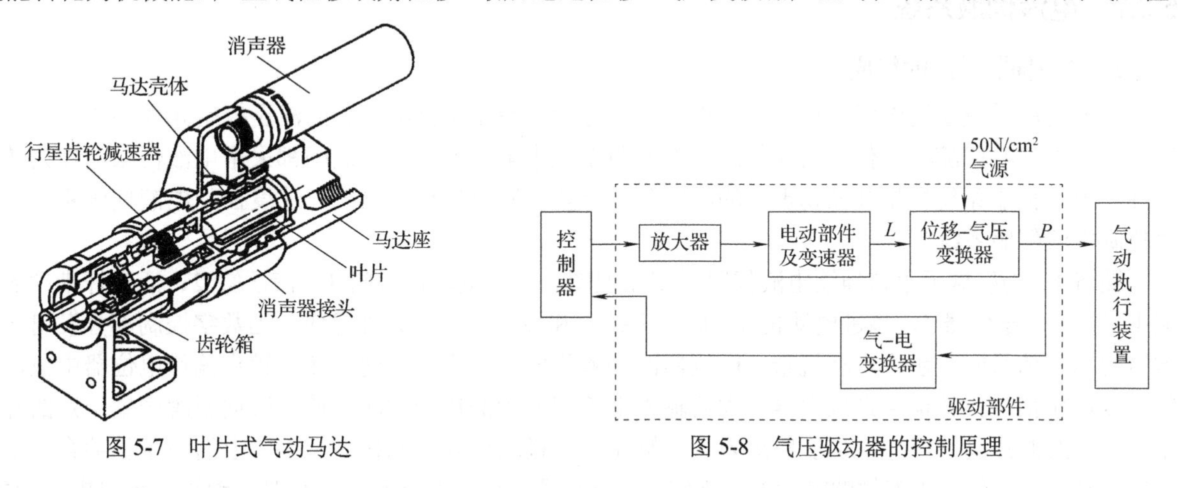

图 5-7 叶片式气动马达

图 5-8 气压驱动器的控制原理

5.3 液压驱动系统

在机器人的发展过程中，液压驱动是较早被采用的驱动方式。世界上首先问世的商品化机器人尤尼美特就是液压机器人。液压驱动主要用于中大型机器人和有防爆要求的机器人(如喷漆机器人)等。机器人驱动的液压系统主要由液压伺服系统、电液伺服系统和电液比例控制阀等组成。

5.3.1 液压伺服系统

1. 液压伺服系统的组成

液压伺服系统由液压源、油压驱动器、伺服阀、位置传感器和控制器等组成，如图 5-9 所示。通过这些元器件的组合，组成反馈控制系统驱动负载。液压源产生一定的压力，通过伺服阀控制液体的压力和流量，从而驱动油压驱动器。位置指令与位置传感器的差被放大后得到电气信号，然后将其输入伺服阀中驱动液压执行器，直到偏差为零。若位置传感器信号与位置指令相同，则负荷停止运动。

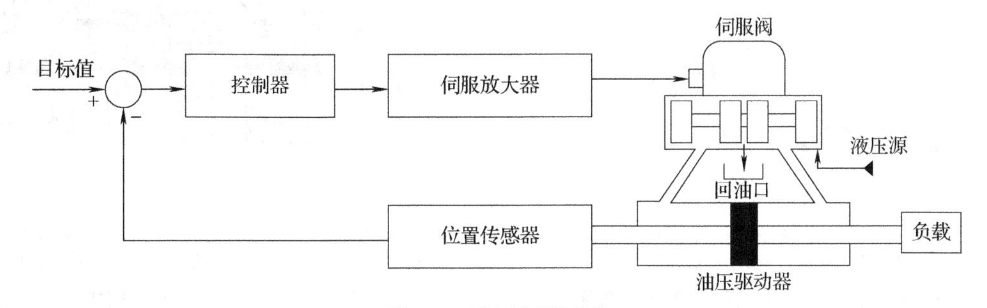

图 5-9 液压伺服系统

2. 液压伺服系统的工作特点

(1) 在系统的输出和输入之间存在反馈连接，从而组成闭环控制系统。反馈介质可以是机械的、电气的、气动的、液压的或它们的组合形式。

(2) 系统的主反馈是负反馈，即反馈信号与输入信号相反，用两者相比较得到的偏差信号控制液压能源，输入液压元器件的能量，使其向减小偏差的方向移动。

(3) 系统的输入信号的功率很小，而系统的输出功率可以达到很大，因此它是一个功率放大装置，功率放大所需的能量由液压源供给，供给能量的控制是根据伺服系统偏差自动进行的。

5.3.2 电液伺服系统

1. 电液伺服系统的组成

电液伺服系统通过电气传动方式，将电气信号输入系统来操纵有关的液压控制元件动作，控制液压执行元件使其跟随输入信号而动作。这类伺服系统中电、液两部分之间都采用电液伺服阀作为转换元件。电液伺服系统根据被控物理量的不同分为位置控制电液伺服系统、速度控制电液伺服系统、压力控制电液伺服系统等。

图 5-10 为机械手手臂伸缩电液伺服系统原理图。它由电液伺服阀 1、液压缸 2、活塞杆带动的机械手手臂 3、电位器 4、步进电动机 5、齿轮齿条 6 和放大器 7 等元件组成。当数字控制部分发出一定数量的脉冲信号时，步进电动机带动电位器的动触头转过一定的角度，使动触头偏移电位器中位，产生微弱电压信号，该信号经放大器放大后输入电液伺服阀的控制线圈，使电液伺服阀产生一定的开口量。假设此时压力油经电液伺服阀进入液压缸左腔，推动活塞连同机械手手臂上的齿条相啮合，手臂向右移动时，电位器跟着做顺时针方向旋转。当电位器的中位和动触头重合时，动触头输出电压为零，电液伺服阀失去信号，阀口关闭，手臂停止移动。手臂移动的行程取决于脉冲的数量，速度取决于脉冲的频率。当数字控制部分反向发出脉冲时，步进电动机向反方向转动。手臂便向左移动。由于机械手手臂移动的距离与输入电位器的转角成正比，机械手手臂完全跟随输入电位器的转动而产生相应的位移，所以它是一个带有反馈的位置控制电液伺服系统。

2. 电液伺服阀的工作原理

图 5-11 为喷嘴挡板式电液伺服阀的工作原理图。

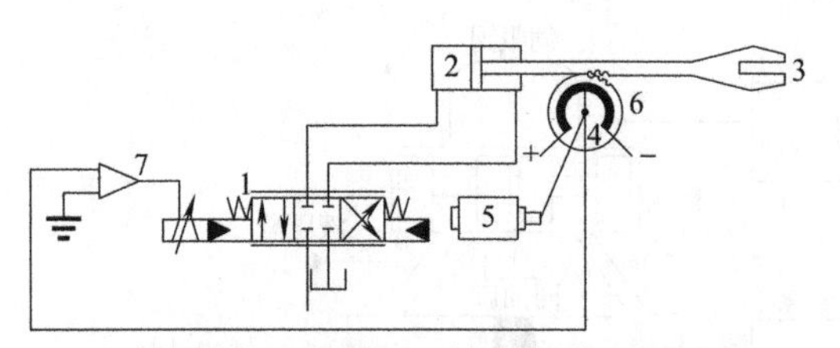

1-电液伺服阀；2-液压缸；3-机械手手臂；4-电位器；5-步进电动机；6-齿轮齿条；7-放大器

图 5-10　机械手手臂伸缩电液伺服系统原理图

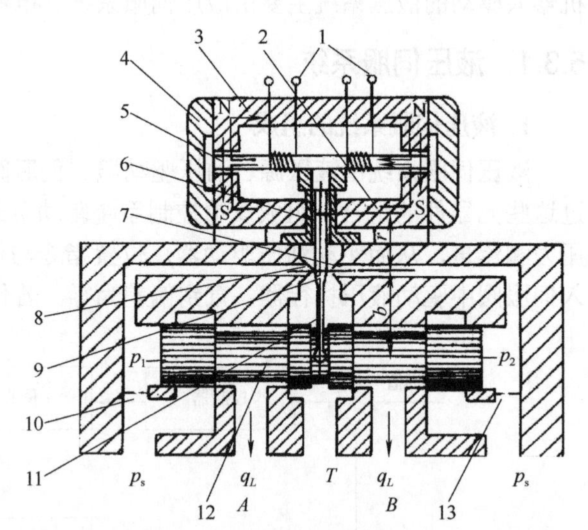

1-线圈；2、3-导磁体；4-永久磁铁；5-衔铁；6-弹簧管；7、8-喷嘴；9-挡板；10、13-固定节流孔；11-反馈弹簧杆；12-主滑阀

图 5-11　喷嘴挡板式电液伺服阀的工作原理图

图中上半部分为电气→机械转换装置，即力矩马达，下半部分为前置级(喷嘴挡板)和主滑阀。当无电流信号输入时，力矩马达无力矩输出，与衔铁 5 固定在一起的挡板 9 处于中位，主滑阀 12 阀芯也处于中(零)位。液压泵输出的油液以压力 p_s 进入主滑阀阀口，因阀芯两端台肩将阀口关闭，油液不能

进入 A、B 口，但经固定节流孔 10 和 13 分别引到喷嘴 8 和 7，经喷射后，液流流回油箱。挡板处于中位，两喷嘴与挡板的间隙相等，因而油液流经喷嘴的液阻相等，则喷嘴前的压力 p_1 与 p_2 相等，主滑阀阀芯两端压力相等，阀芯处于中位。若线圈输入电流，控制线圈中将产生磁通，使衔铁上产生磁力矩。当磁力矩为顺时针方向时，衔铁连同挡板一起绕弹簧管 6 中的支点顺时针偏转。图中左喷嘴 8 的间隙减小、右喷嘴 7 的间隙增大，即 p_1 增大，p_2 减小，主滑阀阀芯在两端压力差作用下向右运动，开启阀口，p_s 与 B 相通，A 与 T 相通。在主滑阀阀芯向右运动的同时，通过挡板下端的反馈弹簧杆 11 反馈作用使挡板逆时针方向偏转，使左喷嘴 8 的间隙增大，右喷嘴 7 的间隙减小，于是 p_1 减小，p_2 增大。当主滑阀阀芯向右移到某一位置时，由两端压力差(p_1-p_2)形成的液压力通过反馈弹簧杆作用在挡板上的力矩、喷嘴液流压力作用在挡板上的力矩以及弹簧管的反力矩之和与力矩马达产生的电磁力矩相等时，主滑阀阀芯受力平衡，稳定在一定的开口下工作。

显然，改变输入电流，可成比例地调节电磁力矩，从而得到不同的主阀开口。若改变输入电流的方向，主滑阀阀芯反向位移，可实现液流的反向控制。图 5-11 所示的喷嘴挡板式电液伺服阀的主滑阀阀芯的最终工作位置是通过挡板弹性反力反馈作用达到平衡的，因此称为力反馈式电液伺服阀。除力反馈式电液伺服阀以外，电液伺服阀还有位置反馈式、负载流量反馈式、负载压力反馈式等。

5.3.3 电液比例控制阀

电液比例控制阀是一种按输入的电气信号连续地、按比例地对油液的压力、流量或方向进行远距离控制的阀。与手动调节的普通液压阀相比，电液比例控制阀能够提高液压系统参数的控制水平；与电液伺服阀相比，电液比例控制阀在某些性能方面稍差一些，但它结构简单、成本低，所以它广泛应用于要求对液压参数进行连续控制或程序控制，但对控制精度和动态特性要求不太高的液压系统中。

电液比例控制阀从原理上讲相当于在普通液压阀上装上一个比例电磁铁以代替原有的控制(驱动)部分。根据用途和工作特点的不同，电液比例控制阀可以分为电液比例压力阀(如电液比例溢流阀、电液比例减压阀等)、电液比例流量阀(如电液比例调速阀)和电液比例方向节流阀三大类。下面分别介绍比例电磁铁和其中两种电液比例控制阀(电液比例溢流阀及电液比例方向节流阀)。

1. 比例电磁铁

比例电磁铁是一种直流电磁铁，与普通换向阀用电磁铁的不同主要在于，比例电磁铁的输出推力与输入的线圈电流基本成正比。这一特性使比例电磁铁可作为液压阀中的信号给定元件。图 5-12 为比例电磁铁结构图。

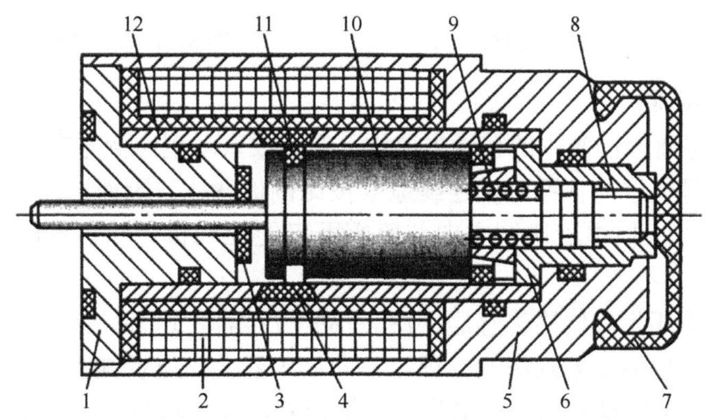

1-轭铁；2-线圈；3-限位环；4-隔磁环；5-壳体；6-内盖；7-盖；8-调节螺钉；9-弹簧；10-衔铁；11-(隔磁)支承环；12-导向套

图 5-12 比例电磁铁结构图

普通换向阀所用的电磁铁只要求有吸合和断开两个位置，并且为了增加吸力，在吸合时磁路中几乎没有气隙。而比例电磁铁则要求吸力(或位移)与输入电流成正比，并在衔铁的全部工作位置上，磁路中保持一定的气隙。

2. 电液比例溢流阀

电液比例溢流阀是电液比例压力阀的一种。用比例电磁铁取代先导型溢流阀导阀的手调装置(调压手柄)阀，便成为先导型比例溢流阀，如图 5-13 所示。

电液比例溢流阀下部与普通溢流阀的主阀相同，上部则为比例先导压力阀。电液比例溢流阀还附有一个手动调整的安全阀(先导阀)9，用以限制电液比例溢流阀的最高压力，以避免因电子仪器发生故障使得控制电流过大，压力超过系统允许最大压力。比例电磁铁的推杆向先导锥阀施加推力，该推力作为先导级压力负反馈的指令信号。随着输入电信号强度的变化，比例电磁铁的电磁力变化，从而改变推力的大小，使先导锥阀的开启压力发生变化。若输入信号连续地、按比例地或按一定程序变化，则电液比例溢流阀所调节的系统压力也连续地、按比例地或按一定程序进行变化。因此电液比例溢流阀多用于系统的多级调压或实现连续的压力控制。直动型比例溢流阀作先导阀与其他普通的压力阀的主阀相配，便可组成先导型比例溢流阀、比例顺序阀和比例减压阀。图 5-14 为先导型比例溢流阀的工作原理简图。其中 2、4、7、9 所指的内容如图 5-13 所示。

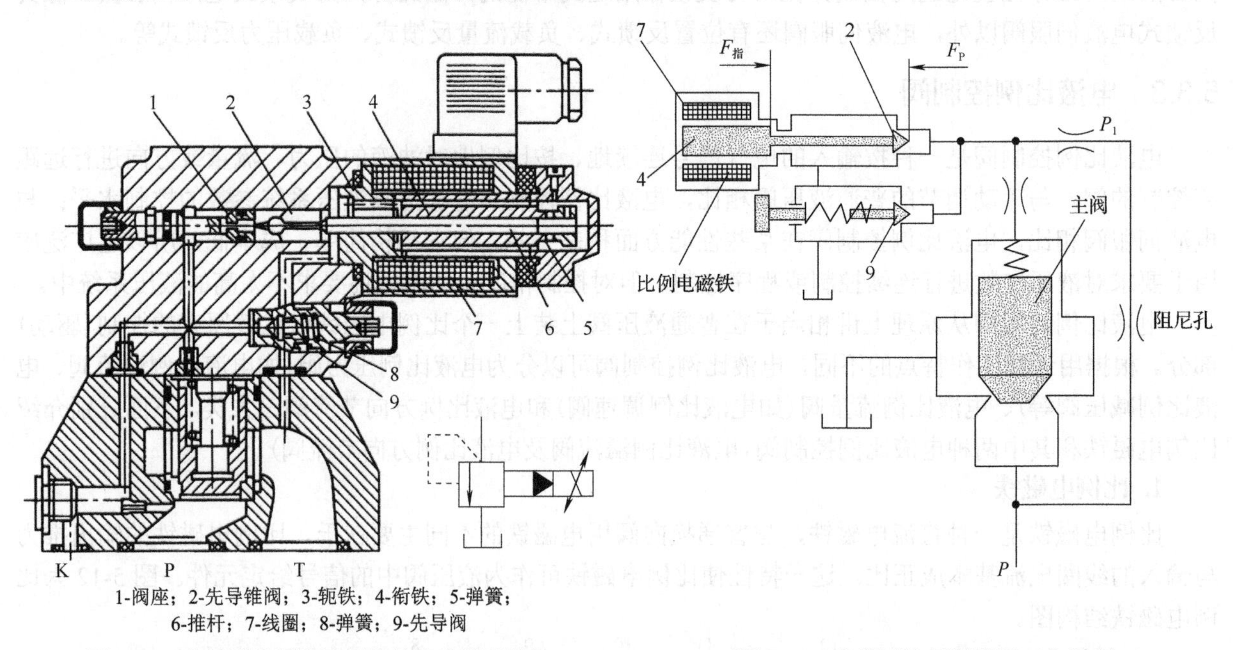

图 5-13　先导型比例溢流阀的结构及图形符号

图 5-14　先导型比例溢流阀工作原理

3. 电液比例方向节流阀

用比例电磁铁取代电磁换向阀中的普通电磁铁，便构成直动型比例方向节流阀。采用比例电磁铁，不仅阀芯可以换位，而且换位的行程可以连续地或按比例地变化，因而连通油口间的通流面积也可以连续地或按比例地变化，所以电液比例方向节流阀不仅能控制执行元器件的运动方向，而且能控制其速度。

部分比例电磁铁前端还附有位移传感器(或称差动变压器)，这种比例电磁铁称为行程控制比例电磁铁。位移传感器能准确地测定电磁铁的行程，并向放大器发出电反馈信号。放大器将输入信号和反馈信号加以比较后，再向电磁铁发出纠正信号以补偿误差，因此阀芯位置的控制更加精确。图 5-15 为带位移传感器的直动型比例方向节流阀。

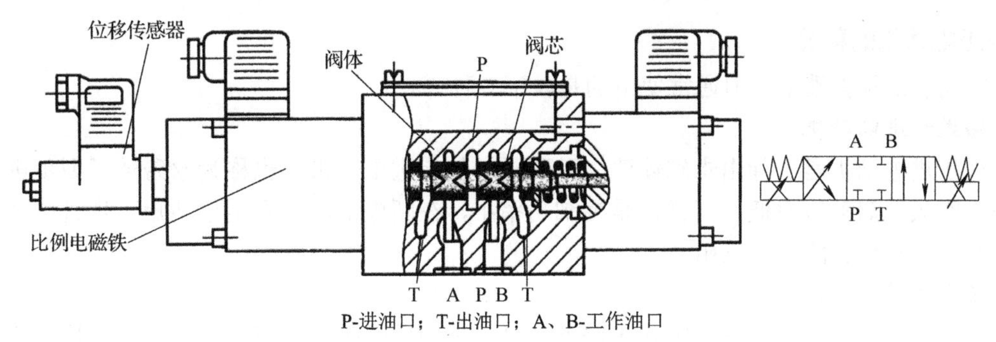

P-进油口；T-出油口；A、B-工作油口

图 5-15 带位移传感器的直动型比例方向节流阀

5.4 电气驱动系统

早期的工业机器人都用液压、气动方式来进行伺服驱动。随着大功率交流伺服驱动技术的发展，目前大部分工业机器人采用电气驱动方式，只有在少数要求超大的输出功率、低运动精度的场合才考虑使用液压驱动和气压驱动。电气驱动无环境污染，响应快，精度高，成本低，控制方便。

电气驱动按照驱动执行元件又分为步进电动机驱动、直流伺服电动机驱动和交流伺服电动机驱动 3 种形式；按照伺服控制方式可分为开环伺服系统、闭环伺服系统和半闭环伺服系统。步进电动机驱动一般用在开环伺服系统中，这种系统没有位置反馈装置，控制精度相对较低，适用于位置精度要求不高的机器人中；交、直流伺服电动机用于闭环和半闭环伺服系统中，这类系统可以精确测量机器人关节和末端执行器的实际位置信息，并与理论值进行比较，把比较后的差值反馈输入，修改输入值，这种控制通常称为反馈控制。反馈控制具有很高的控制精度。

5.4.1 步进电动机驱动

步进电动机是将电脉冲信号变换为相应的角位移或线位移的元器件，它的角位移和线位移与脉冲数成正比。转速或线速度与脉冲频率成正比。在负载能力的范围内，这些关系不因电源电压、负载、环境条件的波动而变化，误差不长期积累，步进电动机驱动系统可以在较宽的范围内通过改变脉冲频率来调速，实现快速启动、正反转制动。

步进电动机作为一种离散运动装置，在小型机器人中得到较广泛应用。但由于其存在过载能力差、调速范围相对较小、低速运动有脉动、不平衡等缺点，故一般只应用于小型或简易型机器人中。步进电动机驱动器原理框图如图 5-16 所示。

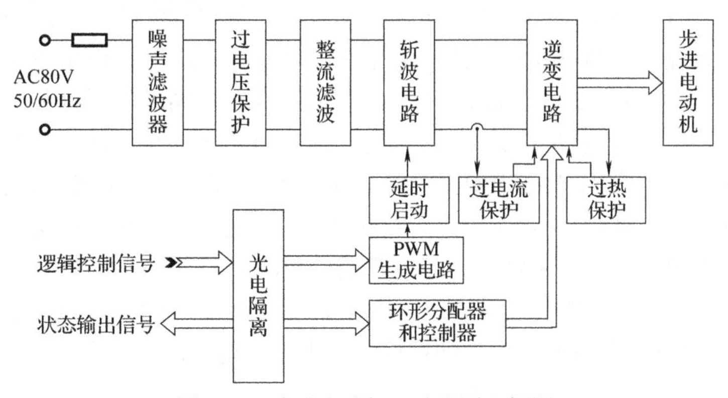

图 5-16 步进电动机驱动器原理框图

1. 步进电动机的种类

步进电动机的种类繁多，但通常使用的是以下三种。

1)永磁式步进电动机

永磁式步进电动机是一种由永磁体建立激磁磁场的步进电动机，也称为永磁转子型步进电动机。其缺点是步距大，启动频率低；其优点是控制功率小，在断电情况下有定位转矩。步进电动机可以制成多相，通常为一相、两相或三相。

2)反应式步进电动机

反应式步进电动机又称可变磁阻式步进电动机，是利用磁阻转矩使转子转动的。反应式步进电动机的结构形式通常分为单段式(图 5-17)和多段式(图 5-18)两种。目前使用最多的是单段式反应式步进电动机，在定子磁极的极面上以及转子的圆周上均匀地开有齿形和齿距完全相同的小齿，定子铁心一般用硅钢片叠压而成，转子铁心可用硅钢片叠压成，也可使用块状电工纯铁，定转子铁心都必须用高磁导率材料制成，属于同一相的两个齿可以是同极性，也可为异极性，视具体情况而定。

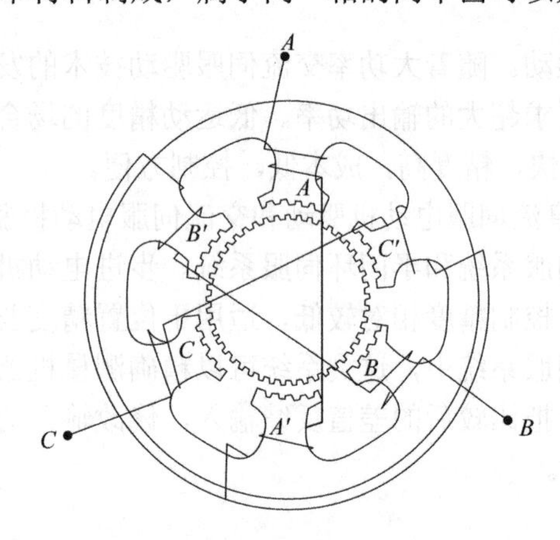

图 5-17 单段式反应式步进电动机结构

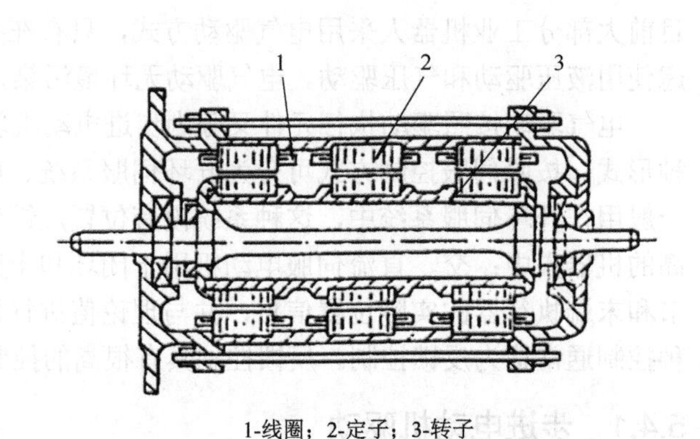

1-线圈；2-定子；3-转子

图 5-18 多段式反应式步进电动机结构

多段式反应式步进电动机由于磁路的不同，又具有多种形式，图 5-18 为一种典型的结构。定转子铁心沿电动机轴向按相数分段，每段定子铁心的磁极上放置同一相控制绕组，定子的磁极数最多可与转子齿数相同，少则可为二极、四极、六极等，定转子圆周上有齿形和齿距完全相同的齿槽，每一段铁心上的定子齿和转子齿处于相同的位置。转子齿沿圆周均布并为定子极数的倍数，定子铁心或转子铁心每相邻两段错开 $1/m$ 齿距，m 为控制绕组的相数。

步进电动机可以做成二相、三相、四相、五相或更多的相数。图 5-19 为三相反应式步进电动机的工作原理图。其定子上有六个极，每个极上装有控制绕组，每相对的两极组成一相。转子上有四个均匀分布的齿，其上没有绕组，当 A 相控制绕组通电时，转子在磁场力的作用下与定子齿对齐，即转子齿 1、3 和定子齿 A 、A' 对齐，如图 5-19(a)所示。若切断 A 相，同时接通 B 相，在磁场力作用下转子转过 30°，转子齿 2、4 与定子齿 B 、B' 对齐，如图 5-19(b)所示，转子转过一个步距角。如果再使 B 相断电，同时 C 相控制绕组通电，转子又转过 30°，使转子齿 1、3 与定子齿 C 、C' 对齐，如图 5-19(c)所示。如此循环往复，并按 $A \to B \to C \to A$ 顺序通电，步进电动机便按一定方向转动。电动机的转速取决于控制绕组接通和断开的变化频率。若改变通电顺序，即 $A \to C \to B \to A$，则电动机反向转动。上述通电方式称为三相单三拍，这里“拍”指定子控制绕组每改变一次通电方式；“单”指每次只有一相控制绕组通电；“三拍”指经过三次切换控制绕组的通电状态为一个循环。

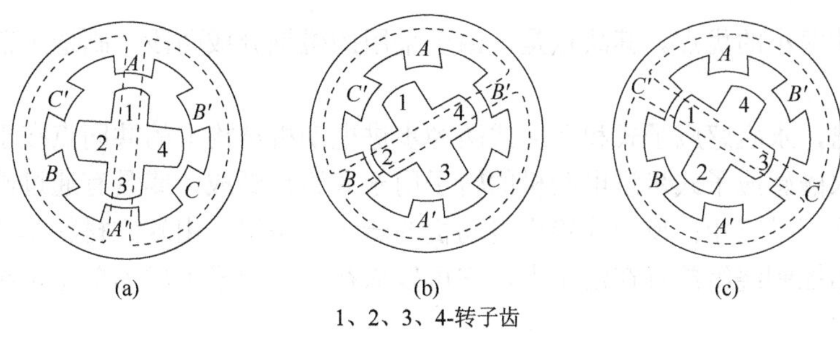

(a) (b) (c)

1、2、3、4-转子齿

图 5-19 三相反应式步进电动机单三拍通电方式工作原理

三相步进电动机除上述通电方式外，还存在一种三相单、双六拍通电方式，通电顺序为 $A \to AB \to B \to BC \to C \to CA \to A$ 或 $A \to AC \to C \to CB \to B \to BA \to A$，这里 AB 表示 A、B 两相同时通电，依此类推。这种通电方式如图 5-20 所示。当 A 相控制绕组单独通电时，转子齿 1、3 和定子齿 A、A' 对齐，如图 5-20(a)所示。当 A、B 相控制绕组同时通电时，转子齿 2、4 在定子齿 B、B' 的吸引下使转子沿逆时针方向转动，直至转子齿 1、3 和定子齿 A、A' 之间的作用力与转子齿 2、4 和定子齿 B、B' 之间的作用力相平衡，如图 5-20(b)所示。当断开 A 相控制绕组而由 B 相控制绕组通电时，转子将继续沿逆时针方向转过一个角度，转子齿 2、4 和定子齿 B、B' 对齐，如图 5-20(c)所示，依此类推。

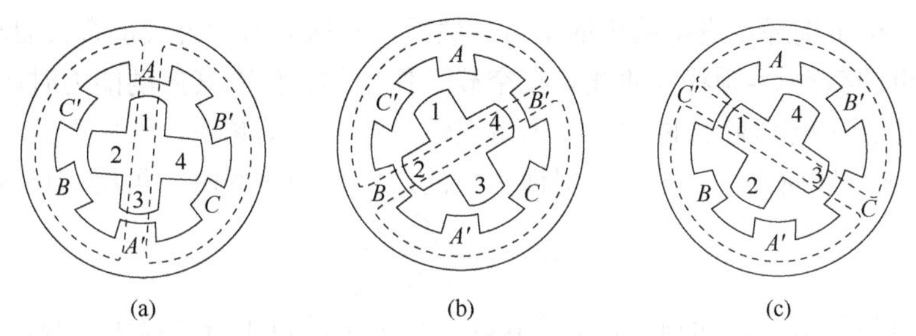

(a) (b) (c)

图 5-20 三相反应式步进电动机六拍通电方式工作原理

由上述可见，同一步进电动机由于通电方式不同，运行的步距角也是不同的。采用单三拍通电方式时，步距角为 30°；而采用六拍通电方式时，步距角为 15°，因为该方式下转子在两相定极同时通电时存在一个中间状态。可见采用单、双拍通电方式时，步距角要比单拍通电方式时减小 1/2。

步进电动机的步距角 θ_s 由转子的齿数、控制绕组的相数和通电方式所决定，它们之间存在以下关系式：

$$\theta_s = \frac{360°}{mZ_r C} \tag{5-5}$$

式中，C 为通电状态系数，当采用单拍方式时，$C=1$，而采用单、双拍方式时，$C=2$；m 为步进电动机的相数；Z_r 为步进电动机转子齿数。

若步进电动机通电的脉冲频率为 f（每秒的拍数），则步进电动机的速度为

$$n = \frac{60f}{mZ_r C} \tag{5-6}$$

式中，f 的单位为 Hz；n 的单位为 r/min。

由式(5-5)和式(5-6)可知，电动机的相数和转子的齿数越多，则步距角 θ_s 就越小，电动机在脉冲频率一定时转速也越低。

3) 永磁感应子式步进电动机

永磁感应子式步进电动机定子结构与反应式步进电动机相同，而转子由环形磁钢和两段铁心组成。这种步进电动机与反应式步进电动机一样，可以具有小步距角和较高的启动频率，同时有永磁感应子

式步进电动机控制功率小的优点。其缺点是，由于采用的磁钢分成两段，制造工艺和结构比反应式步进电动机复杂。

相比较可以看出，永磁感应子式和反应式两种步进电动机结构上的共同点在于定、转子间仅有磁联系。不同点在于永磁感应子式步进电动机的转子用永久磁钢制成，或具有通过滑环供以直流电激磁的特殊绕组，一般不超过三相；反应式步进电动机的转子无绕组，由软磁材料制成且有齿，可以根据需要做成多相。多相控制绕组放置在定子上，它可以嵌在一个定子上成为单定子结构，或嵌在几个定子上成为多定子结构。

2. 步进电动机的选用

选用步进电动机时，首先根据机械结构草图计算机械传动装置及负载折算到电动机轴上的等效转动惯量，然后分别计算各种工况下所需的等效力矩，再根据步进电动机最大静转矩和启动、运行矩-频特性选择合适的步进电动机。

1)转矩和惯量匹配条件

为了使步进电动机具有良好的启动能力及较快的响应速度，通常推荐

$$T_L/T_{max} \leqslant 0.5 \text{ 及 } J_L/J_m \leqslant 4 \tag{5-7}$$

式中，T_{max} 为步进电动机的最大静转矩(N·m)；T_L 为换算到电动机轴上的负载转矩(N·m)；J_m 为步进电动机转子的最大转动惯量(kg·m^2)；J_L 为折算步进电动机转子上的等效转动惯量(kg·m^2)。

根据上述条件，初步选择步进电动机的型号。然后，根据动力学公式检查其启动能力和运动参数。

由于步进电动机的启动矩-频特性曲线是在空载下作出的，检查其启动能力时应考虑惯性负载对启动转矩的影响，即从启动矩-频特性曲线上找出带惯性负载的启动频率，然后查其启动转矩和计算启动时间。当在启动矩-频特性曲线上查不到带惯性负载的最大启动频率时，可用式(5-8)近似计算:

$$f_L = \frac{f_m}{\sqrt{1 + J_L/J_m}} \tag{5-8}$$

式中，f_L 为带惯性负载的最大启动频率(Hz 或 p/s)；f_m 为电动机本身的最大空载启动频率(Hz 或 p/s)；J_m 为电动机转子转动惯量(kg·m^2)；J_L 为换算到电动机轴上的转动惯量(kg·m^2)。

当 J_L/J_m=3 时，f_L=0.5f_m。不同 J_L/J_m 下的矩-频特性不同。由此可见，J_L/J_m 比值增大，自启动最大频率减小，其加减速时间将会延长，这就失去了快速性，甚至难以启动。

2)步距角的选择和精度

步距角是由脉冲当量等因素来决定的。步进电动机的步距角精度将会影响开环系统的精度。步进电动机的转角为

$$\theta = N\beta \pm \Delta\beta$$

式中，N 为步进电动机的拍数；β 为步距角；$\Delta\beta$ 为步距角精度，它是在空载条件下，在 0～360° 转子从任意位置步进运行时，每隔指定的步数，测定其实际角位移与理论角位移之差，也称为静止角度误差，并用正负峰值之间的 1/2 来表示，其误差越小，电动机精度越高，一般为 β 的±(3%～5%)，它不受 N 值的影响，也不会产生累积误差。

5.4.2 直流伺服电动机及其控制

直流伺服电动机是用直流电供电的电动机，其功能是将输入的受控电压/电流能量转换为电枢轴上的角位移或角速度输出。其结构如图 5-21 所示，它由定子、转子(电枢)、电刷、整流子和机壳组成。定子产生磁场，转子由铁心、线圈组成，用于产生电磁转矩；换向器由整流子、电刷组成，用于改变电枢线圈的电流方向，保证电枢在磁场作用下连续旋转。

1. 直流伺服电动机的特点

(1)稳定性好。直流伺服电动机具有较好的机械特性，能在较宽的速度范围内稳定运行。

(2)可控性好。直流伺服电动机具有线性的调节特性，能使转速正比于控制电压；转向取决于控制电压的极性(或相位)；控制电压为零时，转子惯性很小，能立即停止。

(3)响应迅速。直流伺服电动机具有较大的启动转矩和较小的转动惯量，在控制信号增加、减小或消失的瞬间，直流伺服电动机能快速启动、快速增速、快速减速和快速停止。

(4)控制功率低，损耗小。

(5)转矩大。直流伺服电动机广泛应用在宽调速系统和精确位置控制系统中，其输出功率一般为1～600W。电压有6V、9V、12V、24V、27V、48V、110V、220V等。转速可达1500～1600r/min。时间常数低于0.03。

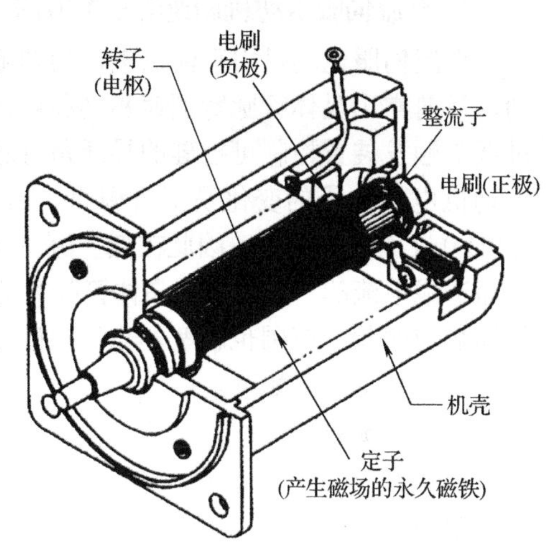

图5-21 直流伺服电动机结构

2. 直流伺服电动机的分类与结构

直流伺服电动机的品种很多，按照激磁方式分为电磁式和永磁式两类。电磁式直流伺服电动机大多是他激磁式直流伺服电动机；电磁式直流伺服电动机和一般永磁式直流电动机一样，用氧化体铝镍钴等磁材料产生激磁磁场。在结构上，直流伺服电动机分为普通直流伺服电动机和直流力矩伺服电动机，其中又分为有刷电枢式、无刷电枢式、绕线盘式和空心杯电枢式等多种形式。各种直流伺服电动机的结构特点见表5-1。

直流伺服电动机大多用机座号表示机壳外径，国产直流电动机的型号命名包含4个部分。其中第一部分用数字表示机座号，第二部分用汉语拼音表示名称代号，第三部分用数字表示性能参数序号，第四部分用数字和汉语拼音表示结构派生代号。例如，28SY03-C表示28号机座永磁式直流伺服电动机、第3个性能参数序号的产品、SY系列标准中选定的一种基本安装形式、轴伸型式派生为齿轮轴伸。又如，45SZ27-5J表示45号机座电磁式直流伺服电动机、第27个性能参数序号的产品、安装形式为K5、轴伸型式派生为键槽轴伸。

表5-1 各种直流伺服电动机的结构特点

分类		结构特点
普通型	永磁式直流伺服电动机	与普通直流电动机相同，但电枢铁长度与直径之比较大，气隙也较小，磁场由永久磁钢产生，无需励磁电源
	电磁式直流伺服电动机	定子通常由硅钢片冲制叠压而成，磁极和磁轭整体相连，在磁极铁心上套有励磁绕组，其他同永磁式直流电动机
低惯量型	电刷绕组直流伺服电动机	采用圆形薄板电枢结构，轴向尺寸很小，电枢用双面敷铜的胶木板制成，上面用化学腐蚀或机械刻制的方法在敷铜上印刷绕组。绕组导体裸露，在圆盘两面呈放射形分布。绕组散热好，磁极轴向安装，电刷直接在圆盘上滑动，圆盘电枢表面上有裸露导体部分起着换向器的作用
	无槽直流伺服电动机	电枢采用无齿槽的光滑圆柱铁心结构，电枢制成细而长的形状，以减小转动惯量，电枢绕组直接分布在电枢铁心表面，用耐热的环氧树脂固化成形。电枢气隙尺寸较大，定子采用高电磁的永久磁钢励磁
	空心杯电枢直流伺服电动机	电枢绕组用漆包线绕在线模上，再用环氧树脂固化成杯形结构，空心杯电枢内外两侧由定子铁心构成磁路，磁极采用永久磁钢，安放在外定子上
直流力矩伺服电动机		在直流力矩伺服电动机的设计中，主磁通为径向盘式结构，长径比一般为1∶5，扁平结构宜于定子安置多块磁极，电枢选用多槽、多换向片和多串联导体。总体结构有分装式和组装式两种。通常定子磁路有凸极式和稳极式
无刷直流伺服电动机		无刷直流伺服电动机由电动机主体、位置传感器、电子换向开关三部分组成。电动机主体由一定极对数的永磁钢转子(主转子)和一个多向的电枢绕组定子(主定子)组成，转子磁钢有二极或多极结构。位置传感器是一种无机械接触的检测转子位置的装置，由传感器转子和传感器定子绕组串联，各功率元件的导通与截止取决于位置传感器的信号

3. 直流伺服电动机调速的基本方法

直流伺服电动机用直流供电，为调节电动机转速和方向，需要对其直流电压的大小和方向进行控制，目前常用晶体管脉宽调速驱动和可控硅直流调速驱动两种方式。可控硅直流调速驱动系统主要通过调节触发装置控制可控硅的导通角(控制电压)来移动触发脉冲的相位，从而改变整流电压，使直流电动机电枢电压的变化易平滑调速。由于可控硅本身的工作原理和电源的特点，导通后是利用交流(50Hz)过零来关闭的，因此在低整流电压时，其输出是很小的尖峰值(三相全波时 300 个/s)的平均值，从而造成电流的不连续性。晶体管脉宽调速驱动系统的开关频率高(通常达 2000~3000Hz)，伺服机构能够响应的频带范围也较宽。与可控硅相比，其输出电流脉动非常小，接近于纯直流。直流电动机参量之间的基本关系如下。

电压平衡方程式：

$$U = E_a + I_a R_a \tag{5-9}$$

电枢电动势：

$$E_a = Cn\phi \tag{5-10}$$

可得

$$n = \frac{E_a}{C\phi} = \frac{U - I_a R_a}{C\phi} \tag{5-11}$$

式中，U 为电枢电压；I_a 为电枢电流；R_a 为电枢绕组电阻；E_a 为电枢电动势，与电枢电压方向相反；ϕ 为电机定子与气隙间的磁通；C 为电磁感应系数或称反电动势系数，是由电机结构所决定的常数；n 为电机转速。

由式(5-11)可见，改变直流电动机转速的方法有三种：改变电枢电压 U；改变电机气隙磁通 ϕ；改变电枢绕组电阻 R_a，即在回路中串入电阻。

直流电动机的电磁转矩 $M = C_m I_a \phi$，C_m 为电磁转矩系数，也是由电机结构决定的一个常数。将电磁转矩公式代入转速公式中就得到直流电动机的机械特性方程式：

$$n = \frac{U}{C\phi} - \frac{R_a}{CC_m\phi^2}M \tag{5-12}$$

5.4.3 交流伺服电动机及其控制

1. 交流伺服电动机的种类和结构特点

交流伺服电动机分为两种：同步型和感应型。

(1) 同步型交流伺服电动机是指采用永磁结构的同步电动机，又称为无刷直流伺服电动机。其特点如下。

① 无接触换向部件。

② 需要磁极位置检测器(如编码器)。

③ 具有直流伺服电动机的全部优点。

(2) 感应型交流伺服电动机是指笼型感应电动机。其特点如下。

① 对定子电流的激励分量和转矩分量分别控制。

② 具有直流伺服电动机的全部优点。

交流伺服电动机采用全封闭无刷结构，以适应实际生产环境，不需要定期检查和维修。其定子省去了铸件壳体，结构紧凑、外形小、重量轻。定子铁心较一般电动机开槽多且深，线圈镶嵌在定子铁心上，绝缘可靠，磁场均匀。可对定子铁心直接冷却，散热效果好，因而传给机械部分的热量小，提高了整个系统的可靠性。转子采用具有精密磁极形状的永久磁铁，因而可实现高转矩惯量比，动态响应好，运行平稳。转轴安装高精度的脉冲编码器作检测元件，因此交流伺服电动机以其高性能、大容量日益受到广泛的重视和应用。

2. 交流伺服电动机的控制方法

1) 异步电动机转速的基本关系式

$$n = \frac{60f}{p}(1-S) = n_0(1-S) \tag{5-13}$$

式中，n 为电动机转速(r/min)；f 为电源电压频率(Hz)；p 为电机磁极对数；$n_0 = \frac{60f}{p}$ 为电机旋转磁场转速或称同步转速(r/min)；$S = \frac{n_0 - n}{n_0}$ 为转差率。

由式(5-13)可见，改变异步电动机转速的方法有三种。

(1)改变磁极对数 p 调速。一般所见的交流电动机磁极对数不能改变，磁极对数可变的交流电动机称为多速电动机。通常，磁极对数设计成 4/2、8/4、6/4、8/6/4 等。显然，磁极对数只能成对地改变，转速只能成倍地改变，速度不可能平滑调节。

(2)改变转差率 S 调速。这种方法只适用于绕线式异步电动机，在转子绕组回路中串入电阻使电动机机械特性变软，转差率增大。串入电阻越大，转速越低，转差率通常为 3∶1。

(3)改变频率 f 调速。如果电源频率能平滑调节，那么速度也就可能平滑改变。目前，高性能的调速系统大都采用这种方法，设计出了专门为电机供电的变频器(VFD)。

2) 变频器

三相异步电动机定子电压方程为

$$U_1 \approx E_1 = 4.44 f_1 W_1 K_1 \phi_{\mathrm{m}} \tag{5-14}$$

式中，U_1 为定子相电压；E_1 为定子相电势；f_1 为工作频率；W_1 为定子绕组匝数；K_1 为定子绕组基波组系数；ϕ_{m} 为定子与转子间气隙磁通最大值。

在此方程中，W_1K_1 为电机结构常数。改变频率调速的基本问题是必须考虑充分利用电机铁心的磁性能，尽可能使电机在最大磁通条件下工作，同时必须充分利用电机绕组的发热容限，尽可能使其工作在额定电流下，从而获得额定转矩或最大转矩。在减小频率 f 调速时，由于铁心有饱和量，ϕ_{m} 不能同时增大，增大 ϕ_{m} 会导致励磁电流迅速增大，使产生转矩的有功电流相对减小，严重时会损坏绕组。因此，降低 f 调速，只能保持 ϕ_{m} 恒定，要保持 ϕ_{m} 不变，只能降低电压 U_1 且保持

$$\frac{U_1}{f_1} = \text{常数}$$

这种压(电压)频(频率)比的控制方式，称为恒磁通方式控制，又称为压频比的比例控制。

如果用频率升高来进行调速($f_{\text{工作}} > f_{\text{额定}}$)，由于电机的工作电压 U_1 不能大于额定工作电压 U_0，只能保持电压恒定：

$$U_1 \propto \phi_{\mathrm{m}} \propto f_1 \text{即} \phi_{\mathrm{m}} \propto 1/f_1$$

此种控制方式称为弱磁变频调速。

我国电网频率为 50Hz，是固定不变的，而电力拖动的能源大多数取自交流电网，设计一个价格低廉、工作可靠、控制方便的变频器已成为拖动系统中的一个重要研究课题。目前国内主要采用晶闸管和功率晶体管组成的静止变频器，即将工频交流电压整流成直流电压，经过逆变器变换成可变频率的交流电压，这种变频器称为间接变频器或称交-直-交变频器。另一类变频器是没有中间环节，直接从电网的工频电压变换成频率、电压可调的交流电压，称为直接变频器或称交-交变频器、循环变频器、相控变频器。

交-直-交变频器根据中间滤波环节的主要储能元件又分成电压型(电容电压输出)和电流型(电感电流输出)两类。图 5-22 为交-直-交电压型变频器主回路框图。由于电流型变频器输出电流中含高次谐波

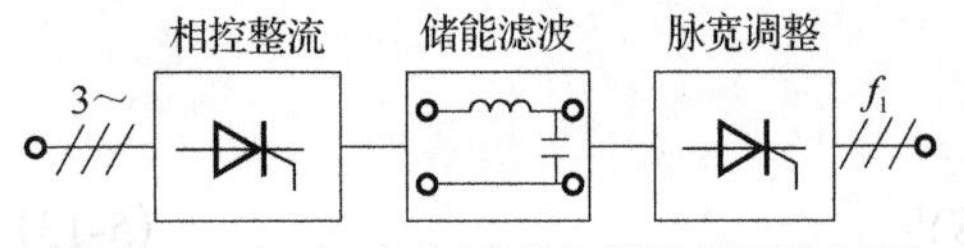

图 5-22 交-直-交电压型变频器主回路框图

分量较大，很少采用脉宽调制方法，通常仅用于低频段，输出波形为方波、多重阶梯波或脉冲调制波。交-交变频器也分为电压型和电流型两种，输出方波或正弦波。

图 5-23 为U_1 / f_1=常数时的晶体管电压变频器控制系统框图。该系统由三相整流器提供直流电压，采用大容量电容滤波后，作为三相输出电路的电源电压。三相输出电路由大功率晶体管组成，PWM 控制基极驱动电路，按调制规律开通或关断功率输出晶体管，三相电机从而获得频率可调、电压跟随变化的电源电压。PWM 的调制信号由三角波发生器和图形发生器提供。电位器的电压作为速度设定的电压输入，一路通过电压频率转换器（V/F）输出P_r，作为图形发生器的频率信号输入；另一路作为转换成的基准电压与电动机电压的反馈值进行比较，经放大后作为图形发生器的控制电压输入。控制电压与输入脉冲频率成正比，因为改变速度设定电压，就改变了图形发生器输出基准信号的信号幅值和频率，通过 PWM 调制就改变了三相输出电路各相脉冲的宽度，也就控制了电动机的转速。

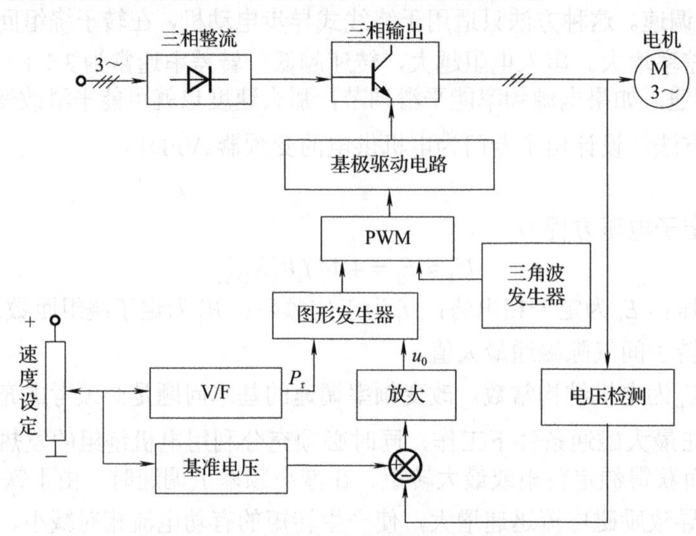

图 5-23 晶体管电压变频器控制系统框图

3. 交流伺服电动机的选择

交流伺服电动机初选时，首先要考虑电动机能够提供负载所需要的转矩和转速。从偏于安全的意义上讲，就是能够提供克服峰值负载所需要的功率。其次，当电动机的工作周期可以与其发热时间常数相比较时，必须考虑电动机的热额定问题，通常用负载的均方根功率作为确定电动机发热功率的基础。

如果要求电动机在峰值负载转矩下以峰值转速不断地驱动负载，则电动机功率为

$$P_m = (1.5\sim2.5)\frac{T_{LP}n_{LP}}{159\eta} \tag{5-15}$$

式中，T_{LP}为负载峰值转矩（N·m）；n_{LP}为电动机负载峰值转速（r/s）；η为传动装置的效率，初步估算时取η=0.7～0.9；1.5～2.5 为系数，属经验数据，考虑了初步估算负载转矩有可能不全面或不精确，以及电动机有一部分功率要消耗在电动机转子上。

当电动机长期连续地工作在变负载之下时，应按负载均方根功率来估算电动机功率：

$$P_m = (1.5\sim2.5)\frac{T_{Lr}n_{Lr}}{159\eta} \tag{5-16}$$

式中，T_{Lr}为负载均方根转矩（N·m）；n_{Lr}为负载均方根转速（r/s）。估算P_m后就可选取电动机，使其额定功率P_N满足：

$$P_N \geqslant P_m \tag{5-17}$$

初选电动机后，一系列技术数据，如额定转矩、额定转速、额定电压、额定电流和转子转动惯量等，均可由产品目录直接查得或经过计算求得。

对于连续工作、负载不变场合的电动机，要求在整个转速范围内，负载转矩在额定转矩范围内。对于长期连续的、周期性的、工作在变负载条件下的电动机，根据电动机发热条件的等效原则，可以计算在一个负载工作周期内，所需电动机转矩的均方根值，即等效转矩，并使此值小于连续额定转矩，就可确定电动机的型号和规格。因为在一定转速下电动机的转矩与电流成正比或接近成正比，所以负载的均方根转矩是与电动机处于连续工作时的热额定相一致的。因此，选择电动机应满足：

$$T_N \geqslant T_{Lr} \tag{5-18}$$

$$T_{Lr} = \sqrt{\frac{1}{t}\int_0^t \left(T_L + T_{La} + T_{LF}\right)^2 dt} \tag{5-19}$$

式中，T_N 为电动机额定转矩(N·m)；T_{Lr} 为折算到电动机轴上的负载均方根转矩(N·m)；t 为电动机工作循环时间(s)；T_{La} 为折算到电动机转子上的等效惯性转矩(kg·m^2)；T_{LF} 为折算到电动机上的摩擦力矩(N·m)。

式(5-19)就是发热校核公式。

常见的变转矩-加减速控制计算模型如图 5-24 所示。图 5-24(a)为一般伺服系统的计算模型。根据电动机发热条件的等效原则，这种三角形转矩波在加减速时的均方根转矩 T_{Lr} 由式(5-20)近似计算：

$$T_{Lr} = \sqrt{\frac{1}{L}\int_0^{t_p} T^2 dt} \approx \sqrt{\frac{T_1^2 t_1 + 3T_2^2 t_2 + T_3^2 t_3}{3t_p}} \tag{5-20}$$

式中，t_p 为一个负载工作周期的时间(s)，即 $t_p = t_1 + t_2 + t_3 + t_4$。

图 5-24(b)为常用的矩形波负载转矩-加减速计算模型，其 T_{Lr} 由式(5-21)计算：

$$T_{Lr} = \sqrt{\frac{T_1^2 t_1 + 3T_2^2 t_2 + T_3^2 t_3}{t_1 + t_2 + t_3 + t_4}} \tag{5-21}$$

式(5-20)和式(5-21)只有在 t_p 比温度上升热时间常数 t_{th} 小得多($t_p \leqslant t_{th}/4$)且 $t_{th} = t_g$ 时才能成立，其中 t_g 为冷却时的热时间常数，通常均能满足这些条件，所以选择伺服电动机的额定转矩 T_N 时，应使

$$T_N \geqslant K_1 K_2 T_{Lr} \tag{5-22}$$

式中，K_1 为安全系数，一般取 K_1=1.2；K_2 为转矩波形系数，矩形转矩波取 K_2=1.05，三角转矩波取 K_2=1.67。

若计算的 K_1、K_2 值比上述推荐值略小，应检查电动机的温升是否超过温度限值，不超过时仍可采用。

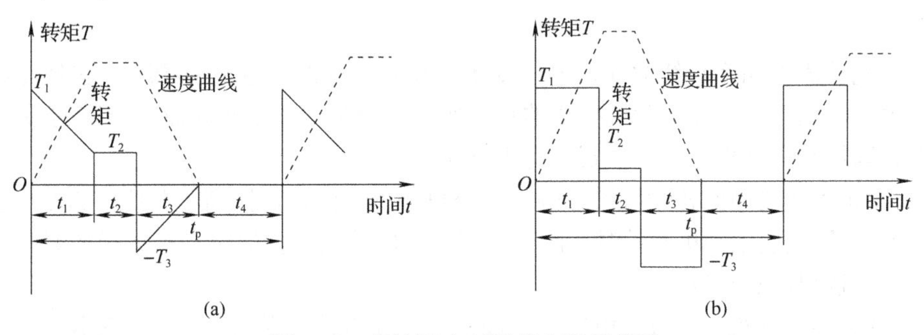

图 5-24 变转矩-加减速控制计算模型

转矩过载校核的公式为

$$(T_L)_{max} \leqslant (T_m)_{max} \tag{5-23}$$

而

$$(T_m)_{max} = \lambda T_N \tag{5-24}$$

式中，$(T_L)_{max}$ 为折算到电动机轴上的负载转矩的最大值(N·m)；$(T_m)_{max}$ 为电动机输出转矩的最大值(过载转矩)(N·m)；T_N 为电动机的额定转矩(N·m)：λ 为电动机的转矩过载系数，具体数值可向电动机的设计、制造单位了解，对直流伺服电动机，一般取 $\lambda \leqslant 2.5$，对交流伺服电动机，一般取 $\lambda \leqslant 1.5 \sim 3$。

在转矩过载校核时需要已知总传动速比，再将负载转矩向电动机轴折算，这里可暂取最佳传动速比进行计算。需要指出，电动机的选择不仅取决于功率，还取决于系统的动态性能要求、稳态精度、低速平稳性、电源是直流还是交流等因素。同时，还应保证最大负载转矩 $(T_L)_{max}$ 和持续作用时间 Δt，其中 Δt 不超过电动机的转矩过载系数 λ 的持续时间允许范围。

4. 伺服系统惯量匹配原则

实践与理论分析表明，J_e/J_m 比值对伺服系统性能有很大的影响，且与交流伺服电动机种类及其应用场合有关，通常分为两种情况。

(1) 对于采用惯量较小的交流伺服电动机的伺服系统，其比值通常推荐为

$$1 < J_e/J_m < 3 \tag{5-25}$$

式中，J_e 为小惯量交流伺服电动机的许用惯量；J_m 为小惯量交流伺服电动机的最大工作惯量。

当 $J_e/J_m > 3$ 时，对电动机的灵敏度与响应时间有很大的影响，甚至会使伺服放大器不能在正常调节范围内工作。

小惯量交流伺服电动机的最大工作惯量 $J_m \approx 5 \times 10^{-5} \text{kg} \cdot \text{m}^2$，其特点是转矩/惯量比大，热时间常数小，加减速能力强，所以其动态性能好，响应快。但是，使用小惯量电动机时容易发生对电源频率的响应共振，当存在间隙、死区时容易造成振荡或蠕动，这才提出了惯量匹配原则，并有了在数控机床伺服进给系统采用大惯量电动机的必要性。

(2) 对于采用大惯量交流伺服电动机的伺服系统，其比值通常推荐为

$$0.25 \leqslant J_e/J_m \leqslant 1 \tag{5-26}$$

大惯量是相对小惯量而言，其 $J_m = 0.1 \sim 0.6 \text{kg} \cdot \text{m}^2$。大惯量宽调速伺服电动机的特点是惯量大、转矩大，且能在低速下提供额定转矩，常常不需要传动装置而与滚珠丝杠直接相连，而且受惯性负载的影响小，调速范围大，热时间常数有的长达 100min，比小惯量电动机的热时间常数(2～3min)长得多，并允许长时间过载，即过载能力强。其次，其特殊构造使其转矩过载系数很小(<2%)。因此，这种电动机在现代机器人中应用较广。

5.5 直线电动机

在以机器人为代表的精密直线驱动机器中要求驱动器具有微米级定位精度，这就促进了人们对直接驱动器的研究和应用。由直线电动机构成的直接驱动系统是一个工作高效、精密的系统。

直线电动机与旋转电动机相比，主要具有下列优点。

(1) 直线电动机不需要中间传动机械，因而整个机械得到简化，提高了精度，减少了振动和噪声。

(2) 快速响应。用直线电动机驱动时，由于不存在中间传动机构惯量和阻力矩的影响，加速和减速时间短，可实现快速启动和正反向运行。

(3) 仪表用的直线电动机可以省去电刷和换向器等易损零件，提高可靠性，延长寿命。

(4) 直线电动机由于散热面积大，容易冷却，所以允许较高的电磁负荷，可提高电动机的容量定额。

(5) 装配灵活性大，往往可将电动机和其他机件合成一体。

直线电动机的种类如表 5-2 所示。现在使用较为普遍的是直线感应电动机、直线直流电动机和直

线步进电动机三种。

表 5-2 直线电动机的种类

名称	缩写	英文名	名称	缩写	英文名
直线脉冲电动机	LPM	Linear Pulse Motor	直线振荡驱动器	LOM	Linear Oscillation Actuator
直线感应电动机	LIM	Linear Induction Motor	直线电泵	LIP	Linear Electric Pump
直线直流电动机	LDM	Linear DC Motor	直线电磁螺旋管	LES	Linear Electric Solenoid
直线步进电动机	LSM	Linear Synchronous Motor	直线混合电动机	LHM	Linear Hybrid Motor

1. 直线感应电动机

直线感应电动机最初用于超高速列车。直线感应电动机的研究近来得到发展，直线感应电动机具有高速、直接驱动、免维护等优点，现多用于工厂自动化(FA)装置，主要用于自动搬运装置。

直线感应电动机的动作原理与旋转感应电动机相同，在结构上可以理解为把旋转感应电动机展开为直线状。

直线感应电动机可以看作是由普通的旋转感应电动机直接演变而来的。图 5-25(a)表示一台旋转感应电动机，设想将它沿径向剖开，并将定、转子沿圆周方向展成直线，如图 5-25(b)所示，这就得到了最简单的平板型直线感应电动机。由定子演变而来的一侧称为初级，由转子演变而来的一侧称为次级。直线感应电动机的运动方式可以是固定初级而让次级运动，此称为动次级；相反，也可以固定次级而让初级运动，则称为动初级。

直线感应电动机的工作原理如图 5-26 所示。当初级的多相绕组中通入多相电流后，会产生一个气隙基波磁场，但是这个磁场的磁通密度 B_δ 是直线移动的，故称为行波磁场。显然，行波的移动速度与旋转磁场在定子内圆表面上的线速度是一样的，即 v_s，称为同步速度，且

$$v_s = 2f\tau \tag{5-27}$$

式中，τ 为极距(mm)；f 为电源频率(Hz)。

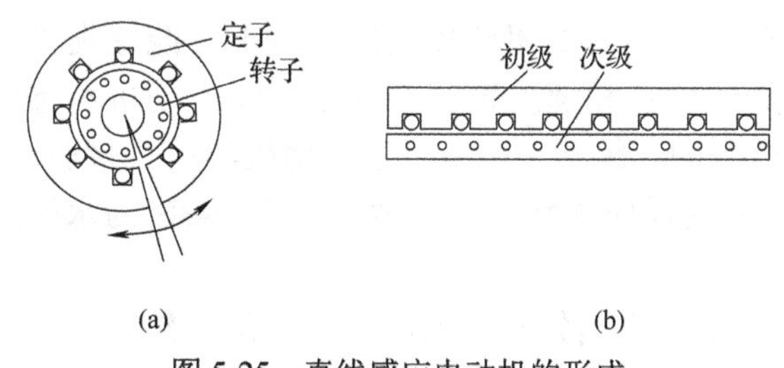

图 5-25 直线感应电动机的形成

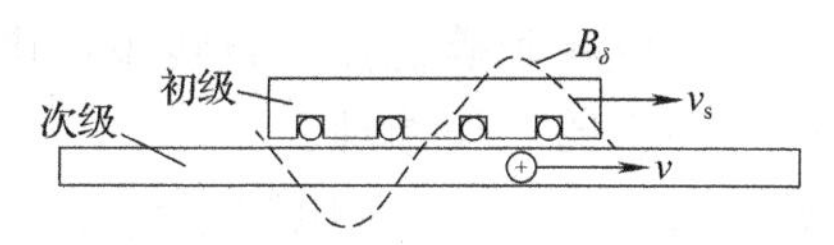

图 5-26 直线感应电动机的工作原理

在行波磁场切割下，次级导条将产生感应电势和电流，所有导条的电流和气隙磁场相互作用，便产生切向电磁力。如果初级是固定不动的，末次级就顺着行波磁场运动的方向做直线运动。若次级移动的速度用 v 表示，则滑差率

$$v = (1-S)v = 2f\tau(1-S) \tag{5-28}$$

$$S = \frac{v_s - v}{v_s} \tag{5-29}$$

式(5-28)表明直线感应电动机的速度与电动机极距及电源频率成正比，因此改变极距或电源频率都可改变电动机的速度。

与旋转感应电动机一样，改变直线感应电动机初级绕组的通电相序，可改变电动机运动的方向，因而可使直线感应电动机做往复直线运动。

图 5-26 中直线感应电动机的初级和次级长度是不相等的。因为初、次级要做相对运动，假定在开始时初、次级正好对齐，那么在运动过程中，初、次级之间的电磁耦合部分将逐渐减少，影响正常运行。因此，在实际应用中必须把初、次级做得长短不等。根据初、次级间相对长度，可把平板型直线

感应电动机分成短初级和短次级两类，如图 5-27 所示。由于短初级结构比较简单，制造和运行成本较低，故一般常用短初级，只有在特殊情况下才采用短次级。

图 5-27 所示的平板型直线感应电动机仅在次级的一侧具有初级，这种结构形式称单边型。单边型除产生切向力外，还会在初、次级间产生较大的法向力，这在某些应用中是不希望的。为了更充分地利用次级和消除法向力，可以在次级的两侧都装上初级，这种结构形式称为双边型，如图 5-28 所示。

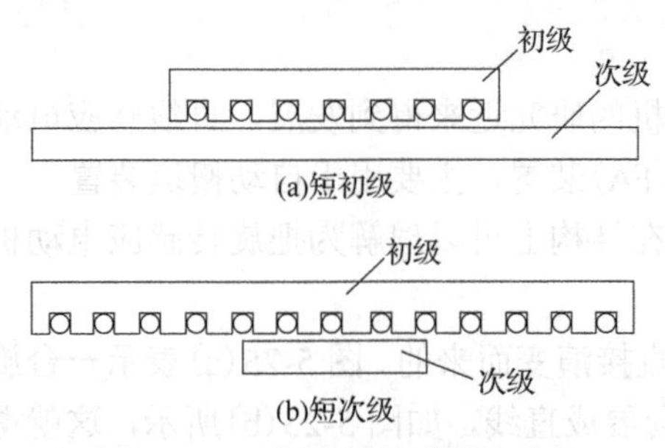

图 5-27 平板型直线感应电动机

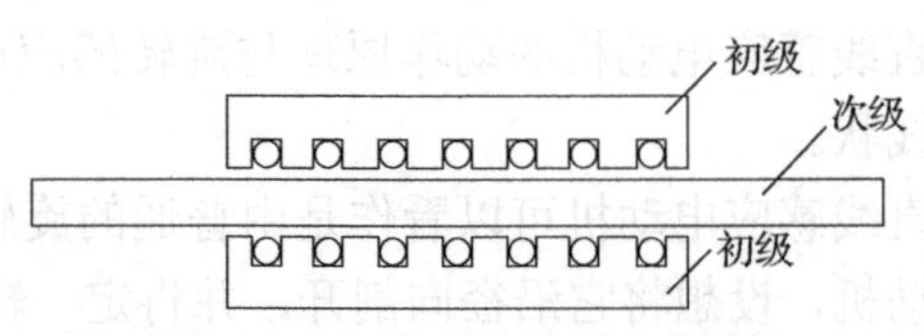

图 5-28 双边型直线感应电动机

除上述的平板型直线感应电动机外，还有管型直线感应电动机。如果将图 5-29(a)所示的平板型直线感应电动机的初级和次级以箭头方向卷曲，就成为管型直线感应电动机，如图 5-29(b)所示。

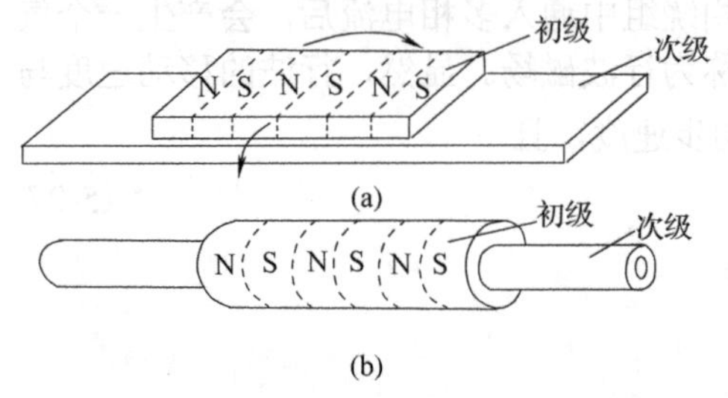

图 5-29 管型直线感应电动机的形成

2. 直线步进电动机

近年来自动控制技术和微处理机应用不断发展，希望有一种直线运动的高速、高精度、高可靠性的数字直线随动系统调节装置，来取代过去间接地由旋转运动转换而来的直线驱动方式，直线步进电动机则可满足这种要求。此外，直线步进电动机在不需要闭环控制的条件下，能够提供一定精度、可靠的位置和速度控制。这是直流电动机和感应电动机不能做到的。因此，直线步进电动机具有直接驱动、容易控制、定位精确等优点。直线步进电动机主要可分为反应式和永磁式两种，图 5-30 为永磁式直线步进电动机的工作原理。

如图 5-30 所示，定子用铁磁材料制成，称为定尺。其上开有矩形齿槽，槽中填满非磁材料(如环氧树脂)，使整个定子表面非常光滑。动子上装有两块永久磁钢 A 和 B，每一磁极端部装有用铁磁材料制成的Π形极片。每块极片有两个齿(如 a 和 c)，齿距为 $1.5t$，这样当齿 a 与定子齿对齐时，齿 c 便对准槽。同一磁钢的两个极片间隔的距离刚好使齿 a 和 a' 能同时对准定子的齿，即它们的间隔是 kt，其中 k 代表任一整数 1,2,3,4,…。

磁钢 B 与 A 相同，但极性相反，它们之间的距离应等于 $(k\pm 1/4)t$。这样，当其中一个磁钢的齿完全与定子齿和槽对齐时，另一磁钢的齿应处在定子的齿和槽的中间。

在磁钢 A 和磁钢 B 的两个Π形极片上分别装有控制绕组。如果某一瞬间，A 相绕组中通入直流电流 i_A，并假定箭头指向左边的电流为正方向，如图 5-30(a)所示。这时 A 相绕组所产生的磁通在齿 a、a' 中与永久磁钢的磁通相叠加，而在齿 c、c' 中却相抵消，使齿 c、c' 全部去磁，不起任何作用。在这个过程中 B 相绕组不通电流，即 $i_B=0$，磁钢 B 的磁通量在齿 d、d'、b 和 b' 中大致相等，沿着动子移动方向各齿产生的作用力互相平衡。

概括说来，这时只有齿 a 和 a' 在起作用，它使动子处在如图 5-30(a)所示的位置上。为了使动子向右移动，就是说从图 5-30(a)移到 5-30(b)的位置，就要切断加在 A 相绕组的电源，使 $i_A=0$，同时给 B 相绕组通入正向电流 i_B。这时，在齿 b 和 b' 中，B 相绕组产生的磁通与磁钢的磁通相叠加，而在齿 d、d' 中却相抵消。因而，动子便向右移动半个齿宽即 $t/4$，使齿 b 和 b' 移到与定子齿相对齐的位置。如果切断电流 i_B，并给 A 相绕组通上反向电流，则 A 相绕组及磁钢上产生的磁通在齿 c、c' 中相叠加，而在齿 d、d' 中相抵消。动子便向右又移动 $t/4$，使齿 c、c' 与定子齿相对齐，见图 5-30(c)。

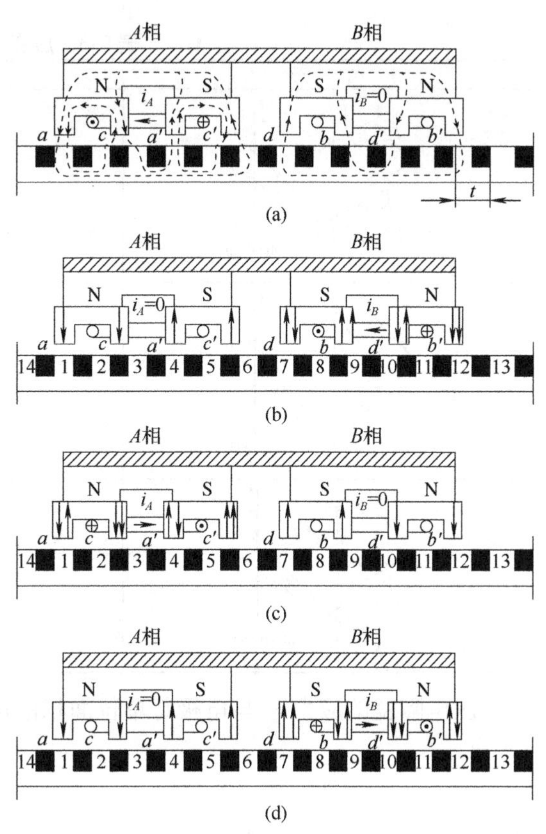

图 5-30　永磁式直线步进电动机的工作原理

同理，如果切断电流 i_A，给 B 相绕组通上反向电流，动子又向右移动 $t/4$，使齿 d 和 d' 与定子齿相对齐，见图 5-30(d)。这样，经过图 5-30(a)～(d)所示的 4 个阶段后，动子便向右移动了一个齿距 t。如果还要继续移动，只需要重复前面次序通电。

相反，如果想使动子向左移动，只要把 4 个阶段倒过来，即从图 5-30(d)、(c)、(b)到(a)。为了减小步距，削弱振动和噪声，这种电动机可采用细分电路驱动，使电动机实现微步距移动(10μm 以下)。还可用两相交流电控制，这时需在 A 相和 B 相绕组中同时加入交流电。如果 A 相绕组中加正弦电流，则在 B 相绕组中加余弦电流。当绕组中电流变化一个周期时，动子就移动一个齿距；如果要改变移动方向，可通过改变绕组中的电流极性来实现。采用正、余弦交流电控制的直线步进电动机，因为磁拉力是逐渐变化的(这相当于采用细分无限多的电路驱动)，可使电动机的自由振荡减弱。这样，既有利于电动机启动，又可使电动机移动很平滑，振动和噪声也很小。

5.6　其他新型驱动器

随着机器人技术的不断发展，出现一些利用新的工作原理的新型驱动器，如压电驱动器、静电驱动器、磁致伸缩驱动器、人工肌肉、超声波驱动器、光驱动器等。

5.6.1　压电驱动器

1. 压电驱动器的原理

压电材料(如水晶、$LiNbO_3$、$LiTaO_3$ 等)在受到外界电场作用时，两表面将出现正负极化电荷，这种现象称为正压电效应。相反，压电体在电场的作用下产生应变的现象称为逆压电效应。压电效应驱动器是利用压电陶瓷的逆压电效应来实现微量位移的。

压电材料具有很多优点，如易于微型化、控制方便、低压驱动、对环境影响小以及无电磁干扰等。因此在微小管道机器人中应用前景广阔。表 5-3 表示了长方形压电陶瓷在两个相对面上镀上电极并极化后应变方向和压电应变常数的关系。

表 5-3　应变方向和压电应变常数的关系

图　形	应变方向	压电应变常数
纵效应	厚度扩张 (TE)	d_{33} g_{33}
横效应	长度扩张 (LE)	d_{31} g_{31}
剪切效应	厚度切变 (TS)	d_{15} g_{15}

压电陶瓷的应力 F_j 与电极每单位面积的电量 Q 可用式(5-30)表示：

$$\frac{Q}{F_j} = d_{ij} \tag{5-30}$$

式中，d_{ij} 为压电应变常数(简称 d 常数)；下标 i、j 表示压电陶瓷的应变方向与电轴的关系。

平行于电轴方向的外力 F 与所产生的电量 Q_{TR} 的关系由式(5-31)表示：

$$Q_{\mathrm{TR}} = d_{33}F \tag{5-31}$$

当外力垂直于电轴方向时，电极面积为 lw 和沿力方向截面积为 wt 的压电体所产生的电荷为

$$Q_{\mathrm{LE}} = d_{31}\frac{l}{t}F \tag{5-32}$$

当外力偏离与电轴平行的面时，所产生的电荷为

$$Q_{\mathrm{TS}} = d_{15}F \tag{5-33}$$

平行于电轴方向的介电常数为 ε_{33}，电极间的静电容为

$$C = \varepsilon_{33}\frac{lw}{t} \tag{5-34}$$

根据电荷和电极间的电压之间的关系($Q = CU$)和压电应变常数 d 和压电电压常数 g 的关系($d_{ij} = g_{mj}\varepsilon_{im}^{\mathrm{T}}$)，可求得各电极间的电压为

$$\frac{Q_{\mathrm{TE}}}{C} = U_{\mathrm{TE}} = g_{33}\frac{t}{lw}F \tag{5-35}$$

$$\frac{Q_{\mathrm{LE}}}{C} = U_{\mathrm{LE}} = g_{31}\frac{t}{w}F \tag{5-36}$$

$$\frac{Q_{\mathrm{TS}}}{C} = U_{\mathrm{TS}} = g_{15}\frac{t}{lw}F \tag{5-37}$$

2. 双压电型驱动元件

双压电型驱动元件可以用于驱动阀门或制作加速度传感器，把它作为超声波振动源，可以用于超声波清洗机、超声波探伤仪、超声波医疗设备、细管道微型机器人等。

细管道微型机器人的基本结构如图 5-31(a)所示，它由双压电型驱动元件和 4 块弹性翼片组成。如图 5-31(b)所示，当频率为双压电型驱动元件共振频率的电源加到驱动元件上时，双压电型驱动元件发生共振，由于弹性翼片与管道内壁具有动摩擦作用，会发生驱动元件的滑动。在图 5-31(b)中，左边的动摩擦力小于右边的动摩擦力，所以双压电型驱动元件向左运动。

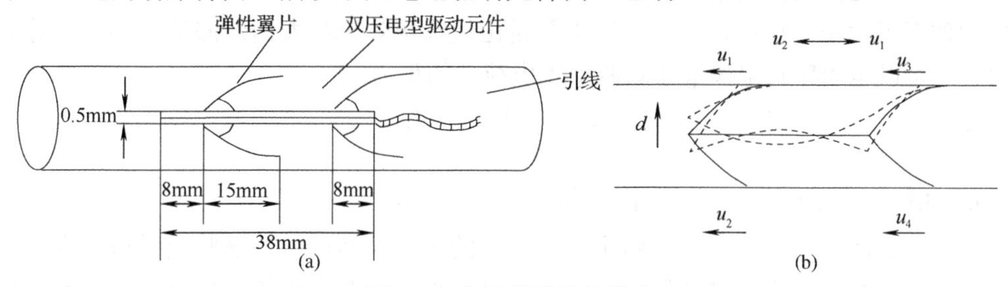

图 5-31　细管道微型机器人

3. 积层压电驱动元件

采用与陶瓷电容器相同的制造方法生产的积层压电驱动元件与双压电型驱动元件相比较，具有体积小、驱动电压低、输出力大等特点。其外观如图 5-32 所示。积层压电驱动元件的构造如图 5-33 所示。在长度方向(驱动方向)上有均匀层、非均匀层和保护层。均匀层由 110μm 厚的压电材料层、银-石墨合金内部电极层交替重叠而成，非均匀层由 220μm 厚的压电材料层、内部电极层交替重叠而成，保护层是 0.5mm 以上厚度的非活性压电材料层。

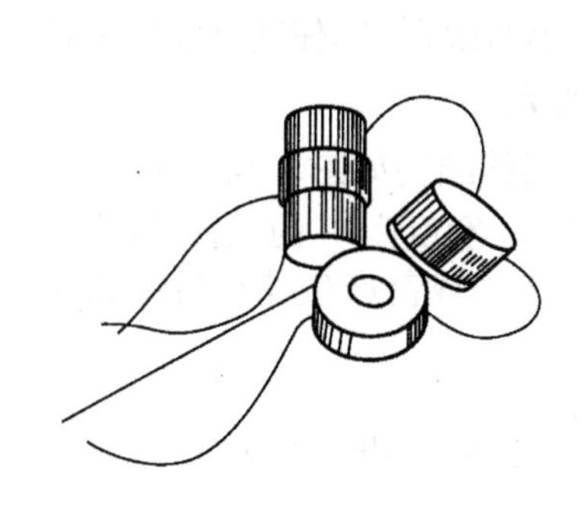

图 5-32　积层压电驱动元件外观

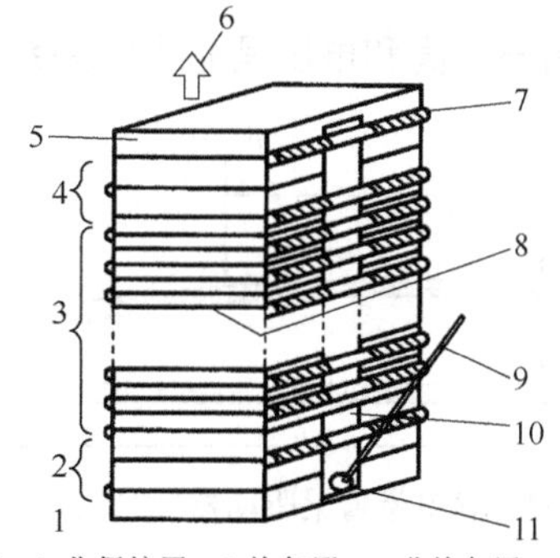

1、5-保护层；2-非保护层；3-均匀层；4-非均匀层；6-驱动方向；7-玻璃绝缘层；8-内部电极层；9-引线；10-外部电极；11-焊锡

图 5-33　积层压电驱动元件的构造

积层压电驱动元件的特点如下。

(1) 能量变换率高(约 50%)。

(2) 驱动电压：75(最大变位量为 4μm 时)～150V(最大变位量为 16μm 时)。

(3) 发生力大($3400N/cm^2$)。

(4) 响应快(几十微秒)。

(5) 稳定性好。

(6) 超精度驱动(1μm 以下可达 10μm)。

积层压电驱动元件具有体积小、精度高、刚性高等特点，可以用于机器人精密驱动。

5.6.2　静电驱动器

1. 静电驱动器的原理

静电驱动器就是一种利用电荷间库仑力作为驱动力做功的部件。它的输出力比一般驱动器的输出力小得多，因而目前主要用于微力驱动等场合。由于静电驱动器的结构简单，适宜于小型化，越是小型化，性能就越高。同时，由于集成电路制造技术和微加工技术的发展，微型静电驱动器的研究也引人注目。直径小于 100μm 的微型静电驱动器已研制出来了。

静电驱动器的基本原理是两个带有相异电荷的圆盘互相吸引。尽管静电驱动器中输出力与电压不成正比、功率小，但是其结构简单，制造容易，所以在微机械中广泛应用。通常情况下，静电驱动器的输出功率和效率远远小于理论计算值。这主要是由边缘场效应和表面泄漏造成的。计算静电驱动器产生的动力时，可以运用库仑定律来计算两个点电荷间的引力：

$$F_e = \frac{1}{4\pi\varepsilon_r\varepsilon_0}\cdot\frac{q_1q_2}{x^2} \tag{5-38}$$

式中，q_1、q_2 为两个库仑电荷；x 为两个电荷间的距离。

如果电荷数多于两个，则要计算每两个电荷对间的引力，然后叠加这些向量得到合力。尽管电荷数目有限，但是大多数静电驱动器产生的动力是很难计算的。对简单的结构进行近似时，可近似为平行板电容器，考虑到大多数静电驱动器的形状(如悬臂梁)，电容器的近似值只适用于角度变化很小的静电驱动器。设平行板极板面积为 A (不考虑边缘场效应)，当给定电压为 U 时，加在其上的能量为

$$W = -\frac{1}{2}CU^2 = -\frac{1}{2}\cdot\frac{\varepsilon_r\varepsilon_0 AU^2}{x} \tag{5-39}$$

则极板间的引力为

$$F_e = \frac{\mathrm{d}w}{\mathrm{d}x} = \frac{1}{2}\cdot\frac{\varepsilon_r\varepsilon_0 AU^2}{x^2} \tag{5-40}$$

可见，引力与距离和电压呈非线性关系，但是在许多情况下可通过闭环控制使其呈线性关系。

2. 静电悬臂梁驱动器

静电悬臂梁驱动器的结构如图 5-34 所示。

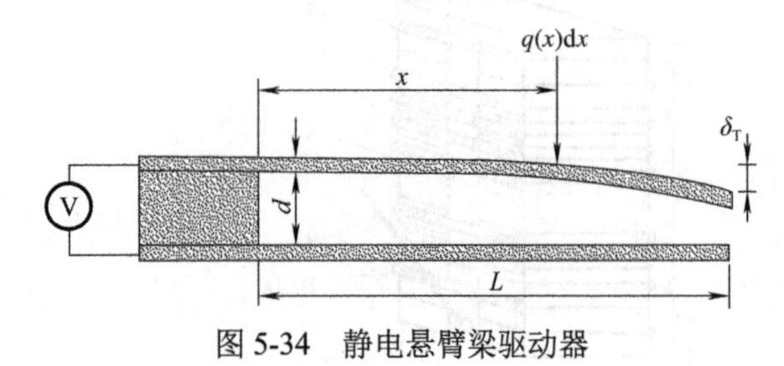

图 5-34　静电悬臂梁驱动器

由机械学理论可知，宽度为 W 的悬臂梁，从其固定端到 x 位置处所加的集中载荷产生端部弯曲 δ_T 的变化量为

$$\mathrm{d}(\delta_T) = \frac{x^2}{6EI}(3L-x)Wq(x)\mathrm{d}x \tag{5-41}$$

在此 x 点的静电引力为

$$q(x) = \frac{\varepsilon_0}{2}\left[\frac{U}{d-d(x)}\right]^2 \tag{5-42}$$

式中，E 为悬臂梁的杨氏模量；I 为悬臂梁的惯性矩；L 为梁的长度；x 为从固定端到所加载荷的位置；d 为悬臂梁和电极板的间隙；$d(x)$ 为 x 位置处的 d 值。

整个末端弯曲可以在 $x=0\sim L$ 上积分得到

$$\delta_T = W\int_0^L \frac{(3L-x)}{6EI}x^2q(x)\mathrm{d}x \tag{5-43}$$

为求得积分，假定悬臂梁任一点的弯曲为

$$\delta(x) \approx \left(\frac{x}{L}\right)^2 q(x)\mathrm{d}x \tag{5-44}$$

同时，求得产生 δ_T 所对应的载荷(力)为

$$F_e \equiv \frac{\varepsilon_0 WL^4U^2}{2EId^3} = 4\Delta^2\left[\frac{2}{3(1-\Delta)} - \frac{\arctan h\sqrt{\Delta}}{\sqrt{\Delta}} - \frac{\ln(1-\Delta)}{3\Delta}\right]^{-1} \tag{5-45}$$

式中，$\Delta = \delta_T / d$。

3. 静电旋转驱动器

图 5-35 是 1988 年美国加利福尼亚大学伯克利分校研制的静电旋转驱动器结构原理。静电旋转驱动器转子的直径为 60～120μm，上面有 4 个电极，定子的 12 个电极均匀分布在转子的周围，且每隔两个并联在一起，因此它是 3 相 4 极构造。从静电旋转驱动器的断面图来看，转子卡在中心轴的沟里不会脱出，且与基板不接触，定子电极的高度与转子的高度相同或者略高。基底与微电机之间有一个 300nm 厚的二氧化硅(SiO_2)和 1μm 厚的氮化硅(Si_3N_4)的复合层，它防止执行器与硅基底的电气失效。通过实验证明，这层 SiO_2 能承受 500V 的电压。该静电旋转驱动器的另一个特点是它的地电位平面，该地电位平面由位于转子和定子下面的第一层多晶硅形成，它是转子和基底间的静电屏蔽层，它消除了作用于转子垂直方向的库仑力，从而减小摩擦、提高静电旋转驱动器的性能。转子为多晶硅材料，为了减少摩擦，在转子的根部沉积了氮化硅膜，转子和中心轴间的氮化硅膜衬垫的摩擦因数小而且有较好的耐摩擦特性，所以它起到了润滑和摩擦保护的作用。该静电旋转驱动器定子与转子间的间隙约为 2μm，工作电压为 60～400V，它依靠定子和转子间的静电引力工作。当向定子的各相依次施加电压时，电机会连续转动，200V 时实测的转速为 150r/min，但是理论上 200V 时的转速应为 120000r/min，这说明了由于摩擦的影响仅获得了约 1/1000 的转速。由于利用定子和转子的端部静电力来驱动，故静电旋转驱动器也称为边缘驱动型旋转执行器，这种执行器的转子和中心轴有滑动面，故摩擦力较大。

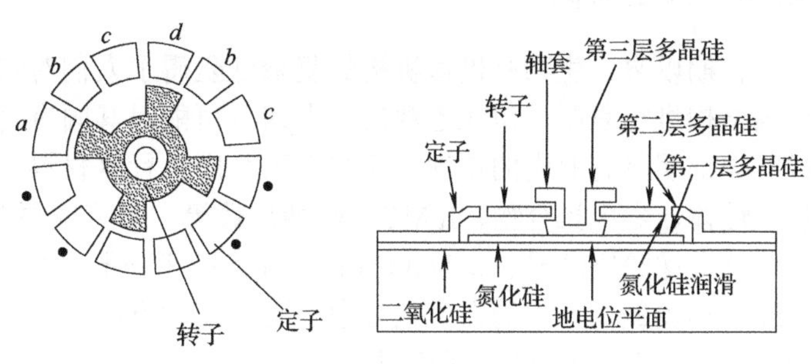

图 5-35 静电旋转驱动器

4. 静电驱动的微阀

图 5-36 为静电驱动的微阀的结构，它由顶、(导电聚合物)底壳和一个 3 层膜片结构组成。顶、底壳作为激励电极，3 层膜片由两层聚酰亚胺和放在它们中间的一层金组成。这种阀的工作原理是，当给激励电极加以电压后，可挠性膜片将根据电压的方向和大小不同，产生凸凹形变，从而使谐振腔内产生相应方向与大小的脉冲压力，打开或关闭阀的出入口。

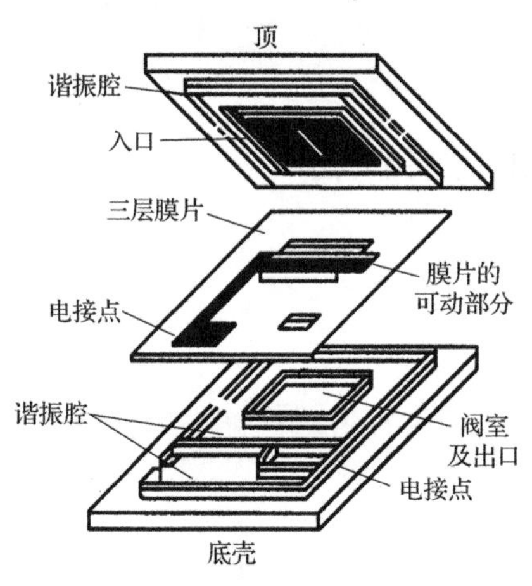

图 5-36 静电驱动的微阀的结构

5.6.3 磁致伸缩驱动器

某些磁性体的外部一旦加上磁场，磁性体的外形尺寸就会发生变化，利用这种现象制作的驱动器称为磁致伸缩驱动器。1972 年，Clark 等首先发现 Laves 相稀土-铁化合物 RFe2(R 代表稀土元素 Dy、Ho、Er、Sm 及 Tm 等)的磁致伸缩在室温下是 Fe、Ni 等传统磁致伸缩材料的 100 倍，这种材料称为超磁致伸缩材料。从那时起，对磁致伸缩效应的研究才再次引起了学术界和工业界的注意。超磁致伸缩材料具有伸缩效应应变大、机电耦合的系数高、响应速度快、输出力大等特点，因此其出现为新型驱动器的研制与开发又提供了一种行之有效的方法。图 5-37 为超磁致伸缩驱动器的结构简图。

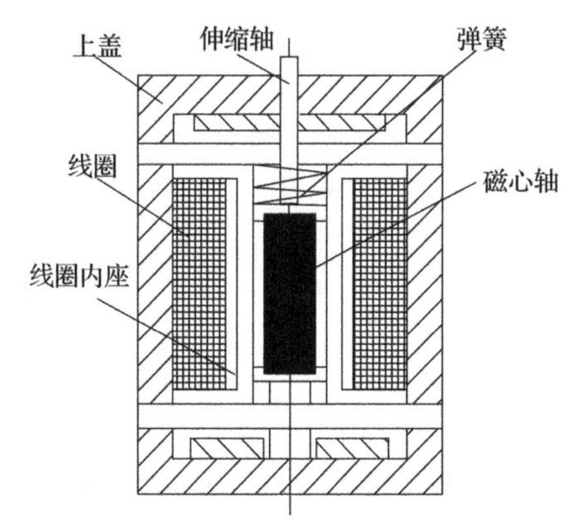

图 5-37 超磁致伸缩驱动器的结构简图

5.6.4 人工肌肉

长期以来，生物有机体机构的复杂性阻碍了人们对它的效仿。尽管目前的技术还不能对自然肌肉纤维结构进行复制，但在宏观尺寸上却有可能对其固有功能进行复制、效仿。目前已经有几种执行器材料被证明具有肌肉的特性，这些人工肌肉执行器材料主要有气动橡胶、聚合物(高分子)凝胶、液晶状弹性体、导电聚合物、IPMC、碳纳米管等。本节主要介绍气动橡胶驱动器。

气动橡胶驱动器(Rubbertuator)简称橡胶驱动器，是一种利用压缩空气伸缩橡胶的驱动部件。增加橡胶驱动器的内压，则在直径方向膨胀、在轴方向收缩，并伴随轴向输出力(收缩力)。可见，橡胶驱动器是一种新型的气压式驱动器。

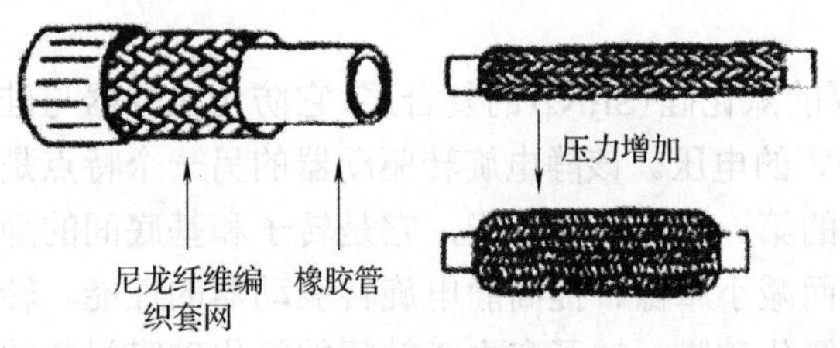

图 5-38 橡胶驱动器内外部结构

图 5-38 为橡胶驱动器的内外部结构。内层是橡胶管，外层是尼龙纤维编织套网，两端用金属夹箍固定，夹箍内有气路，由此通入压缩空气。

橡胶驱动器的内压增加时，发生径向膨胀、轴向收缩，于是在轴向上有力的输出，如图 5-39(a)所示。橡胶驱动器的收缩力与驱动器的结构、材料和内压变化等有关，如图 5-39(b)所示。

为了简化，假设橡胶驱动器无限长，尼龙纤维编织套网受力后不伸缩，橡胶管无弹性，橡胶驱动器内部间无摩擦。这样，收缩力 F 可用式(5-46)来表示：

$$F = F' - p\frac{\pi D^2}{4} \tag{5-46}$$

式中，F' 为纤维沿圆周母线的拉力；p 为橡胶驱动器的内压；D 为橡胶管的内径。

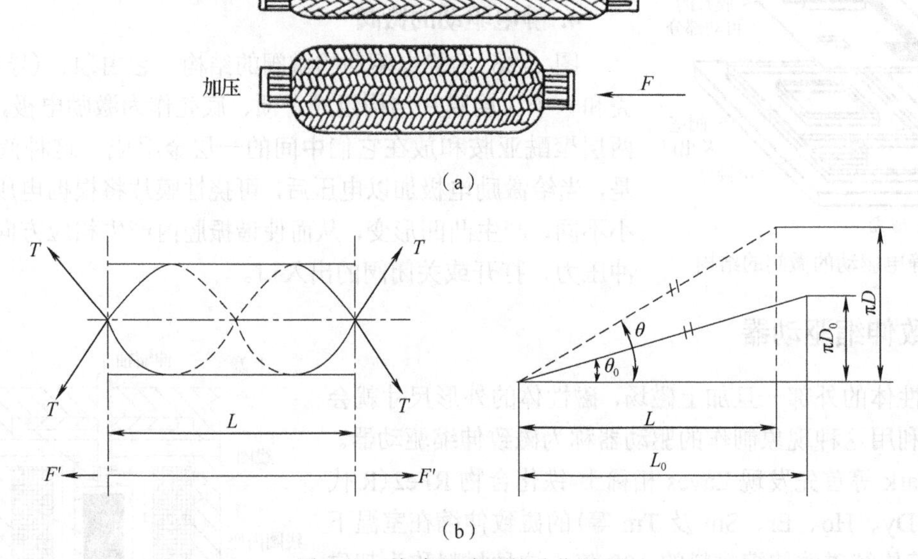

图 5-39 橡胶驱动器的动作原理

$$F' = \frac{pLD}{2\tan\theta} \tag{5-47}$$

式中，L 为纤维的导程；θ 为纤维的螺旋角。

而
$$\tan\theta = \frac{DL_0}{D_0 L}\tan\theta_0 \tag{5-48}$$

式中，D_0、L_0、θ_0 分别为 $p=0$ 时橡胶管的内径、导程和螺旋角。

这样，收缩力 F 可用式(5-49)求出：

$$F=\frac{\pi D_0^2}{4\sin^2\theta_0}p\left[3(1-\varepsilon)^2\cos^2\theta_0-1\right] \tag{5-49}$$

式中，$\varepsilon=(L_0-L)/L_0$ 为收缩率。

日本东芝公司开发的三自由度橡胶驱动器的结构如图 5-40 所示。其外形呈管状，管内分隔成 3 个 120° 的扇形柱空腔，管壁以硅橡胶为基体，加入芳香族聚酰胺酯增强纤维。改变各空腔内的气压，则可实现沿中心轴 Z 方向的伸缩、任意方向的弯曲和绕 Z 轴扭转等 3 个自由度运动。

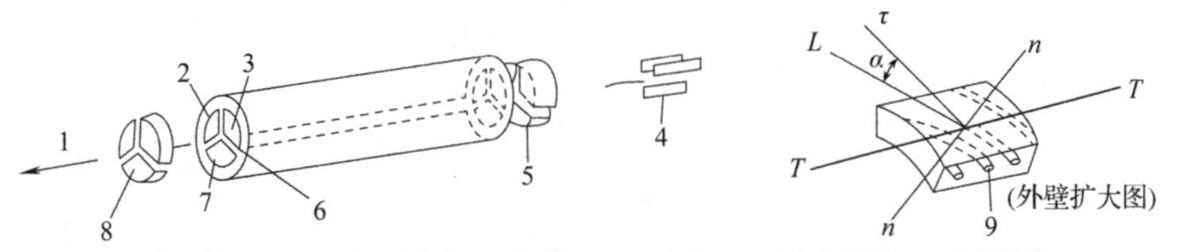

1-中心轴 Z；2、3、7-压力室；4-气管；5、8-夹箍；6-压力室隔层；9-强化纤维

图 5-40 三自由度橡胶驱动器的结构

这种三自由度橡胶驱动器具有下列特点：结构简单，易于小型化、外径可小至 1mm；柔性好，不会损坏被驱动的对象；无相对摩擦的运动部件，动作平滑；输出力自重比大(100～200)；输出运动的自由度多；驱动器本身可充当机械手的结构杆件，安全防爆。

三自由度橡胶驱动器的静变形方程式可以从图 5-41 所示的圆弧模型中推出，它表示变形参数 L、λ、R、θ 与各压力腔的内压的关系。

$$L=\frac{A_p L_0}{6\pi rtE_T}\sum_{i=1}^{3}p_i+L_0 \tag{5-50}$$

$$\lambda=\frac{A_p\delta L_0}{3\pi r^3 tE_T}\sum_{i=1}^{3}(p_i\sin\theta_i) \tag{5-51}$$

$$R=L/\alpha \tag{5-52}$$

$$\theta=\arctan\frac{2p_1-p_2-p_3}{\sqrt{3}(p_2-p_3)} \tag{5-53}$$

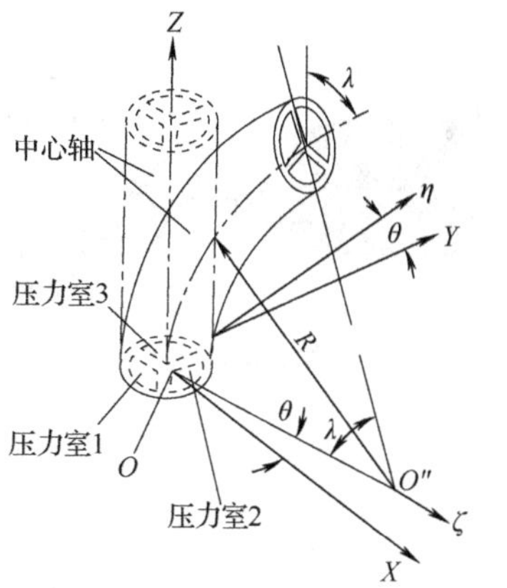

图 5-41 三自由度橡胶驱动器的结构

式中，L 为变形后的长度；L_0 为自然长度；p_i 为压力室 i 的内压，$i=1,2,3$；A_p 为各压力室的截面积；E_T 为材料沿纵向的拉伸弹性系数；r 为橡胶管的内半径；t 为管壁厚度；δ 为压力室截面形心到中心轴的距离；R 为驱动器中心轴弯曲的曲率半径；θ 为弯曲方向角，由中心轴在 O-XY 平面内的投影与 X 轴的夹角来量度；α 为弯曲中心角。

由于三自由度橡胶驱动器变形具有复杂性，3 个变形参数必须由上述 4 个方程式解出，才能求解各压力室所需的压力。

使用橡胶驱动器驱动的悬挂式 SOFTARM 机器人的外观、动作范围和系统构成如图 5-42 所示。

SOFTARM 机器人具有下列主要特点。

(1)结构简单、轻便。所有关节都由橡胶驱动器驱动，每根重 120～150g。臂重为 10kg，机器人的持重为 30N。

(2)柔顺性好、安全可靠。机器人与外界接触时，本身具有弹性，产生缓冲作用，因此即使误动作与人相撞，也不会造成伤害。

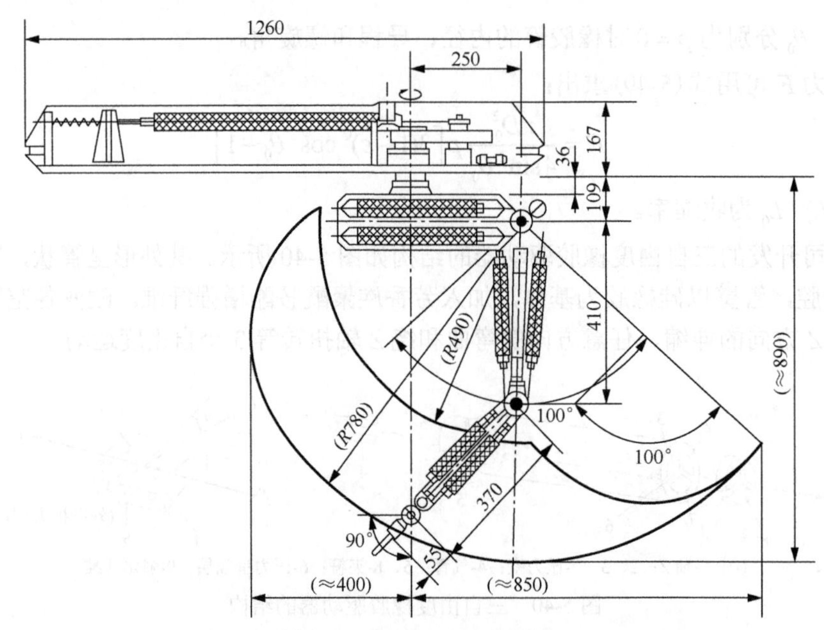

图 5-42 SOFTARM 机器人

(3)防爆性。机器人本体没有电气系统，因而不易发生爆炸。

SOFTARM 机器人具有上述的特点，因此它很适宜从事搬运、仿形加工、喷涂、装配等作业。

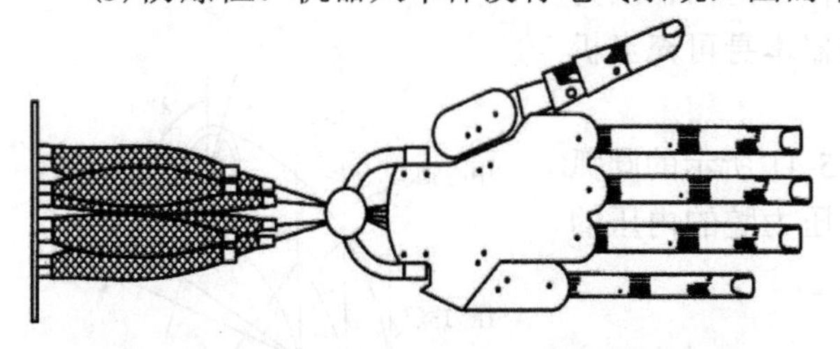

图 5-43 Mchbben 型气动人工肌肉安装位置示意图

图 5-43 为英国 Shadow 公司的 Mchbben 型气动人工肌肉安装位置示意图，其传动方式采用人工腱传动。所有手指由柔索驱动，而人工肌肉则固定于前臂上，柔索穿过手掌与人工肌肉相连，驱动手腕动作的人工肌肉固定于大臂上。

习 题

5-1 液压驱动、气压驱动、电气驱动各有什么优缺点？

5-2 电液伺服系统驱动工作原理是什么？它在机器人驱动中有什么作用？

5-3 简述气压伺服系统的组成及原理。

5-4 简述步进电动机驱动器的工作原理。

5-5 步进电动机的常用类型有哪些？原理是什么？

5-6 简述直流伺服电动机驱动的特点、分类和基本原理。

5-7 简述交流伺服电动机驱动的特点、分类和基本原理。

5-8 简述交流变频调速的工作原理。

5-9 直线电动机通常分为几种形式？在机器人中可以用于哪方面的驱动？

5-10 人工肌肉执行器材料主要有哪几种？能简述其中一种工作原理吗？

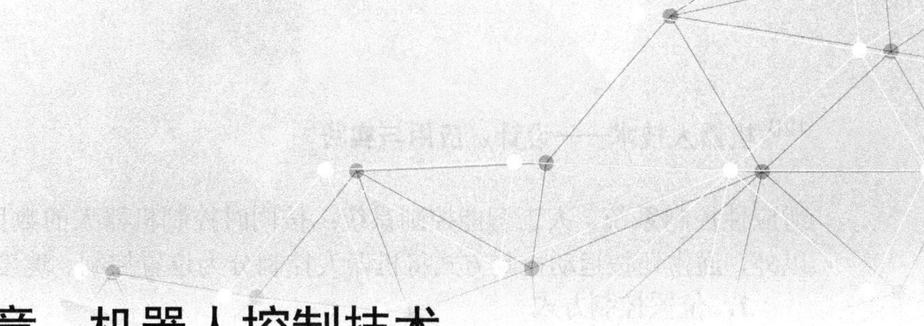

第 6 章　机器人控制技术

本章重点： 机器人控制技术是机器人技术的关键。本章从工业机器人控制方式的分类出发，先后介绍机器人位置控制、运动轨迹规划、力(力矩)控制等，并通过例题介绍部分控制理论的应用等内容。

6.1　概　　述

工业机器人控制技术与传统的自动机械控制基本相同。工业机器人控制系统一般是以机器人的单轴或多轴运动协调为目的的控制系统。其控制结构要比一般自动机械的控制复杂得多，与一般的伺服系统或过程控制系统相比，工业机器人控制系统有如下特点。

⑴ 传统的自动机械以自身的动作为重点，而工业机器人的控制系统更着重本体与操作对象的相互关系。无论以多高的精度控制手臂，若不能夹持并操作物体到达目的位置，作为工业机器人来说，那就失去了意义，这种相互关系是首要的。

⑵ 工业机器人的控制与机构运动学及动力学密切相关。根据给定的任务，经常要求解运动学正问题和逆问题，因此，往往要根据需要，选择不同的基准坐标系，并进行适当的坐标变换。此外，工业机器人各关节之间惯性力、科氏力的耦合作用以及重力负载的影响使问题复杂化，所以工业机器人控制问题也变得复杂。

⑶ 即使一个简单的工业机器人也至少有 3 个自由度。每个自由度一般包含一个伺服机构，多个独立的伺服系统必须有机地协调起来，组成一个多变量的控制系统。因此，工业机器人的控制系统一般是一个计算机控制系统，计算机软件担负着艰巨的任务。

⑷ 描述工业机器人状态和运动的数学模型是一个非线性模型，随着状态的变化，其参数也在变化，各变量之间还存在耦合。因此，仅仅位置闭环是不够的，还要利用速度，甚至加速度闭环。系统中还经常采用一些控制策略，如使用重力补偿、前馈、解耦、基于传感信息的控制和最优 PID 控制等。

⑸ 工业机器人还有一种特有的控制方式——示教再现控制方式。当要工业机器人完成某作业时，可预先移动工业机器人的手臂，来示教该作业顺序、位置以及其他信息，在执行时，依靠工业机器人的动作再现功能，可重复进行该作业。

总而言之，机器人控制系统是一个与运动学和动力学原理密切相关的、有耦合的、非线性的多变量控制系统。由于它的特殊性，经典控制理论和现代控制理论都不能照搬使用。因此目前机器人控制理论还不完整、不系统。相信随着机器人技术的发展，机器人控制理论必将日趋成熟。

6.2　工业机器人控制方式的分类

工业机器人控制方式的选择是由工业机器人所执行的任务决定的，对不同类型的机器人应该选择不同的控制方法。工业机器人控制的分类没有统一的标准，如按运动坐标控制的方式来分，有关节空间运动控制、直角坐标空间运动控制；按控制系统对工作环境变化的适应程度来分，有程序控制系统、适应性控制系统、人工智能控制系统；按同时控制机器人的数目来分，有单控系统、群控系统。除此以外，通常还按运动控制方式将机器人控制分为位置控制、速度控制、力(力矩)控制和智能控制4类。

1. 位置控制方式

工业机器人位置控制又分为点位控制和连续轨迹控制两类。

(1) 点位控制。这类运动控制的特点是仅控制离散点上工业机器人手爪或工具的位姿，要求尽快而无超调地实现相邻点之间的运动，但对相邻点之间的运动轨迹一般不进行具体规定。点位控制的主要技术指标是定位精度和完成运动所需的时间。例如，在印刷电路上安插元件、点焊、搬运和上下料等工作，都采用点位控制方式。

(2) 连续轨迹控制。这类运动控制的特点是连续控制工业机器人手爪(或工具)的位姿轨迹。一般要求速度可控、轨迹光滑且运动平稳。连续轨迹控制的技术指标是轨迹精度和平稳性。例如，在弧焊、喷漆、切割等场所的工业机器人控制均属于这一类。

2. 速度控制方式

工业机器人不仅需要位置控制，有时还要进行速度控制。例如，在连续轨迹控制方式的情况下，工业机器人按预定的指令，控制运动部件的速度和实行加、减速，以满足运动平稳、定位准确的要求。为了满足这一要求，机器人的行程要遵循一定的速度变化曲线。由于工业机器人是一种工作情况(行程负载)多变、惯性负载大的运动机械，要处理好快速与平稳的矛盾，必须控制启动加速和停止前的减速这两个过渡运动区段。

3. 力(力矩)控制方式

在进行装配或抓取物体等作业时，工业机器人末端执行器与环境或作业对象的表面接触，除了要求准确定位，还要求使用适度的力或力矩进行工作，这时就要采取力(力矩)控制方式。力(力矩)控制是对位置控制的补充，这种控制方式的原理与位置控制原理也基本相同，只不过输入量和反馈量不是位置信号，而是力(力矩)信号，因此，系统中有力(力矩)传感器。有时也利用接近觉、滑觉等功能进行适应式控制。

4. 智能控制方式

机器人的智能控制是通过传感器获得周围环境的知识，并根据自身内部的知识库作出相应的决策。采用智能控制技术，使机器人具有较强的环境适应性及自学习能力。智能控制技术的发展有赖于近年来人工神经网络、基因算法、专家系统等人工智能技术的迅速发展。

6.3 工业机器人位置控制

工业机器人位置控制的目的就是要使机器人各关节实现预先所规划的运动，最终保证工业机器人终端(手爪)沿预定的轨迹运行。

实际中的工业机器人大多为串接的连杆结构，其动态特性具有高度的非线性。但在其控制系统的设计中，往往把机器人的每个关节当成一个独立的伺服机构来处理。伺服系统一般在关节坐标空间中指定参考输入，采用基于关节坐标的控制。

工业机器人通常每个关节装有位置传感器用以测量关节位移，有时还用速度传感器(如测速电机)检测关节速度。虽然关节的驱动和传动方式多种多样，但作为模型，总可以认为每一个关节是由一个驱动器单独驱动的。工业机器人很少采用步进电机等开环控制方式，应用中的工业机器人几乎总是采用反馈控制，利用各关节传感器得到的反馈信息，计算所需的力矩，发出相应的力矩指令，以实现要求的运动。

从机器人动力学中可以知道，机器人是耦合的非线性动力学系统。但由于直流伺服电动机的转矩不大，都无例外地需要加减速器。其速比往往接近 100。这使得负载的变化(如机器人关节角的变化使得转动惯量发生变化)折算到电动机轴上要除以速比的平方，因此电动机轴上负载变化很小，可以看作定常系统，各关节之间的耦合作用也因减速器而极大地削弱。另外，工业机器人运动速度不高(通常小于 1.5m/s)，由速度项引起的非线性作用也可以忽略，于是工业机器人系统就变成一个由多关节(多轴)组成的各自独立的线性系统。

6.3.1 基于直流伺服电动机的单关节控制器

1. 单关节控制器

尽管现代机器人越来越多地采用交流无刷伺服电动机，但是直流伺服电动机的控制模型是基础，交流无刷伺服电动机模型可以转化成直流伺服电动机来研究，因此，先研究直流伺服电动机的控制。

图 6-1 给出了直流伺服电动机单关节角位置控制系统框图。图中 θ_d 为要求的关节角(给定值)。下面先研究一个单关节及其关联的连杆，并认为此连杆是刚体，所研究的关节的转动(或平动)将使关节整体运动。图 6-2(a)示意画出了驱动器、齿轮和负载部件。

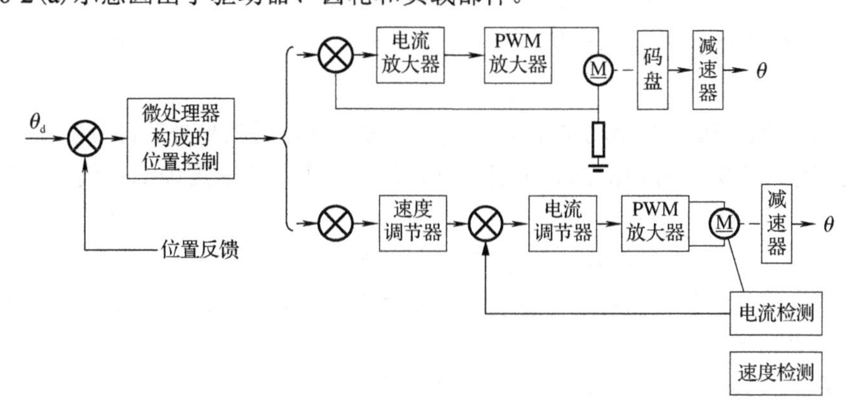

图 6-1 单关节角位置控制系统框图

建立系统的数学模型。如图 6-2 所示，直流伺服电动机输出转矩 T_m 经传动比 $i = n_m / n_s$ 的齿轮箱驱动负载轴。

下面来研究驱动轴角位移 θ_m 与电动机的电枢电压 U 之间的传递函数。

电动机输出转矩为

$$T_m = K_c I \tag{6-1}$$

式中，K_c 为电动机的转矩常数(N·m/A)；I 为电枢绕组电流(A)。

电枢绕组电压平衡方程为

$$U - K_b \mathrm{d}\theta_m / \mathrm{d}t = L\mathrm{d}I / \mathrm{d}t + RI \tag{6-2}$$

式中，θ_m 为驱动轴角位移(rad)；K_b 为电动机反电动势常数(V·s/rad)；L 为电枢电感(H)；R 为电枢电阻(Ω)。

对式(6-1)和式(6-2)作拉氏变换并整理得

$$T_m(s) = K_c \frac{U(s) - K_b s\theta_m(s)}{Ls + R} \tag{6-3}$$

式中，s 为拉氏算子；$\theta_m(s)$为 θ_m 的拉氏变换。

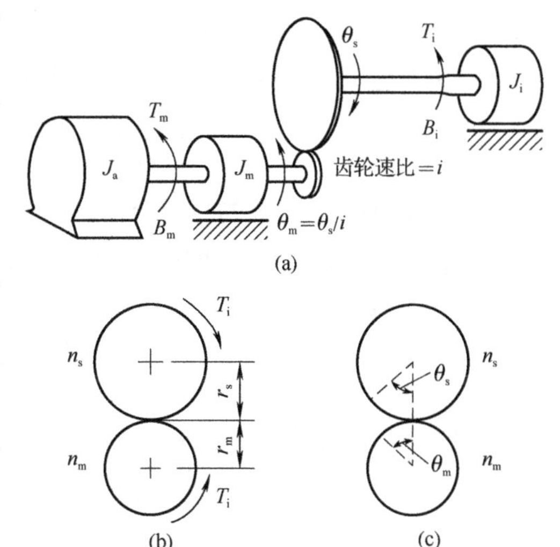

图 6-2 单关节的齿轮和负载的组合原理

驱动轴的转矩平衡方程为

$$T_{\mathrm{m}}=\frac{(J_{\mathrm{a}}+J_{\mathrm{m}})\mathrm{d}^2\theta_{\mathrm{m}}}{\mathrm{d}t^2}+\frac{B_{\mathrm{m}}\mathrm{d}\theta_{\mathrm{m}}}{\mathrm{d}t+iT_{\mathrm{i}}} \tag{6-4}$$

式中，J_{a}为电动机转子转动惯量$(\mathrm{kg\cdot m^2})$；J_{m}为关节部分在齿轮箱驱动侧的转动惯量$(\mathrm{kg\cdot m^2})$；B_{m}为驱动侧的阻尼系数$(\mathrm{N\cdot m\cdot s/rad})$；$T_{\mathrm{i}}$为负载侧的总转矩$(\mathrm{N\cdot m})$；$i$为齿轮箱传动比。

负载轴的转矩平衡方程为

$$T_{\mathrm{i}}=J_{\mathrm{i}}\mathrm{d}^2\theta_{\mathrm{s}}/\mathrm{d}t^2+B_{\mathrm{i}}\mathrm{d}\theta_{\mathrm{s}}/\mathrm{d}t \tag{6-5}$$

式中，J_{i}为负载轴的总转动惯量$(\mathrm{kg\cdot m^2})$；θ_{s}为负载轴的角位移(rad)；B_{i}为负载轴的阻尼系数。

将式(6-4)和式(6-5)作拉氏变换，得

$$T_{\mathrm{m}}(s)=(J_{\mathrm{s}}+J_{\mathrm{m}})s^2\theta_{\mathrm{m}}(s)+B_{\mathrm{m}}s\theta_{\mathrm{m}}(s)+iT_{\mathrm{i}}(s) \tag{6-6}$$

$$T_{\mathrm{i}}(s)=(J_{\mathrm{i}}s^2+B_{\mathrm{i}}s)\theta_{\mathrm{s}}(s) \tag{6-7}$$

联合式(6-5)～式(6-7)，并考虑到$\theta_{\mathrm{m}}(s)=\theta_{\mathrm{s}}(s)/i$，可导出

$$\frac{\theta_{\mathrm{m}}(s)}{U(s)}=\frac{K_{\mathrm{c}}}{s[J_{\mathrm{eff}}s^2+(J_{\mathrm{eff}}sR+B_{\mathrm{eff}}sR+B_{\mathrm{eff}}+K_{\mathrm{c}}K_{\mathrm{b}})]} \tag{6-8}$$

式中，J_{eff}为电动机轴上的等效转动惯量，$J_{\mathrm{eff}}=J_{\mathrm{a}}+J_{\mathrm{m}}+i^2J_{\mathrm{i}}$；$B_{\mathrm{eff}}$为电动机轴上的等效阻尼系数，$B_{\mathrm{eff}}=B_{\mathrm{m}}+J+i^2B_{\mathrm{i}}$。

式(6-8)描述了电枢电压U与驱动轴角位移θ_{m}的关系。分母圆括号外的部分表示当施加电压U后，θ_{m}是对时间t的积分。而方括号内的部分则表示该系统是一个二阶速度控制系统。将其移项后可得

$$\frac{s\theta_{\mathrm{m}}(s)}{U(s)}=\frac{\omega_{\mathrm{m}}(s)}{U(s)}=\frac{K_{\mathrm{c}}}{s[J_{\mathrm{eff}}s^2+(J_{\mathrm{eff}}R+B_{\mathrm{eff}}L)s+B_{\mathrm{eff}}R+K_{\mathrm{c}}K_{\mathrm{b}}]} \tag{6-9}$$

为了构成对负载轴的角位移控制器，必须进行负载轴的角位移反馈，即用某一时刻t所需要的角位移θ_{d}与实际角位移θ_{s}之差所产生的电压来控制该系统。

用电位器或光学编码器都可以求取位置误差，误差电压为

$$U(t)=K_\theta(\theta_{\mathrm{d}}-\theta_{\mathrm{s}}) \tag{6-10}$$

$$U(s)=K_\theta(\theta_{\mathrm{d}}(s)-\theta_{\mathrm{s}}(s)) \tag{6-11}$$

式中，K_θ为转换常数(V/rad)。

单关节位置反馈伺服控制系统传递函数框图如图6-3所示。其开环传递函数为

$$\frac{\theta_{\mathrm{d}}(s)}{E(s)}=\frac{iK_\theta K_{\mathrm{c}}}{s\left[LJ_{\mathrm{eff}}s^2+(RJ_{\mathrm{eff}}+LB_{\mathrm{eff}})s+RB_{\mathrm{eff}}+K_{\mathrm{c}}K_{\mathrm{b}}\right]} \tag{6-12}$$

式中，$E(s)$为传递函数的拉氏变换。

机器人驱动电动机的电感L一般很小(10mH)，而电阻约1Ω，所以可以略去式(6-12)中的电感L，结果是

$$\frac{\theta_{\mathrm{d}}(s)}{E(s)}=\frac{iK_\theta K_{\mathrm{c}}}{s(RJ_{\mathrm{eff}}s+RB_{\mathrm{eff}}+K_{\mathrm{c}}K_{\mathrm{b}})} \tag{6-13}$$

图6-3的闭环传递函数是

$$\frac{\theta_{\mathrm{s}}(s)}{\theta_{\mathrm{d}}(s)}=\frac{\theta_{\mathrm{s}}/E}{1+\theta_{\mathrm{s}}/E}=\frac{iK_\theta K_{\mathrm{c}}}{RJ_{\mathrm{eff}}s^2+(RB_{\mathrm{eff}}+K_{\mathrm{c}}K_{\mathrm{b}})s+iK_\theta K_{\mathrm{c}}} \tag{6-14}$$

这是一个二阶系统，对连续时间系统，理论上是稳定的，为改善响应速度，可提高系统增益。利用测速发电机实时测量输出转速来加入电动机轴速度负反馈，对系统引入一定的阻尼B，从而增强了反电动势的效果。

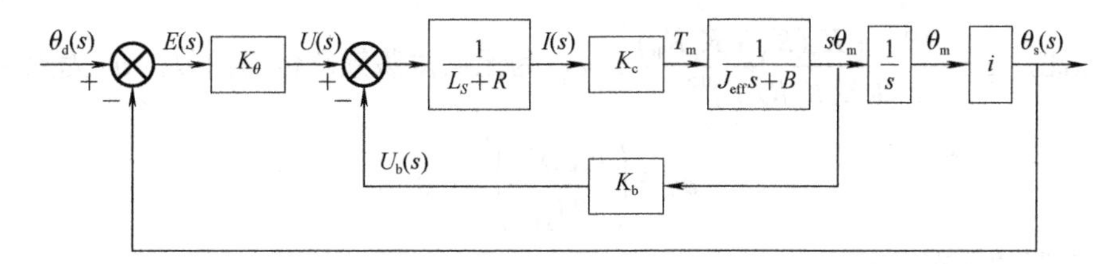

图 6-3 单关节位置反馈伺服控制系统传递函数框图

图 6-4 是带速度反馈单关节位置伺服控制系统传递函数框图。其中 K_t 为测速发电机常数(V·s/rad)，K_i 为测速发电机反馈系数。反馈电压是 $K_b\omega_m(t)+K_iK_t\omega_m(t)$。

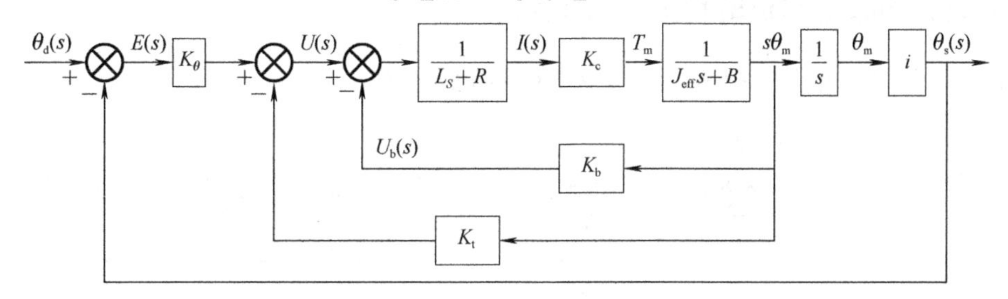

图 6-4 带速度反馈单关节位置伺服控制系统传递函数框图

在图 6-5 中，考虑了摩擦力矩、外负载力矩、重力矩以及向心力的作用，图中 K_1 为伺服电机特性系数。

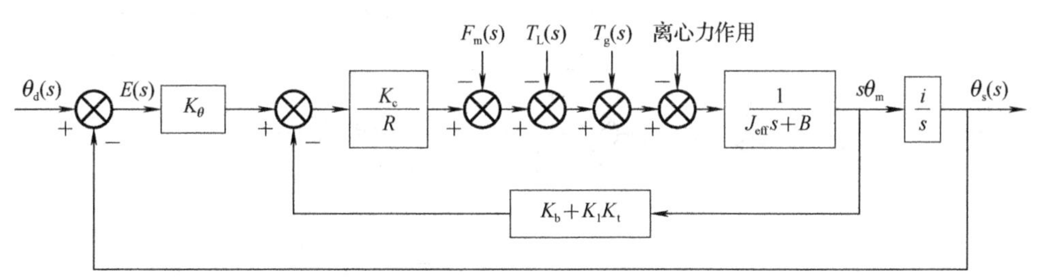

图 6-5 位置控制系统简化成单位反馈框图

为计算机器人的响应，还需要有每个关节的有效转动惯量。转动惯量随负载而出现大的变化，使控制问题复杂化，而且在所有状态下要确保系统稳定，也必须考虑这一点。

2. 增益常数的确定

在式(6-14)中已可看到，输出角位移 θ_s 与指令输入角 θ_d 之比值正比于两个常数(一个是转矩常数 K_c，另一个是增益 K_θ。K_θ 是位置传感器的输出电压与输入输出轴间角度差的比值。它一般作为电子放大器的增益提供。在图 6-3 中，它作为一个单独的方框。这个值对控制性能至关重要。

在把测速发电机引入图 6-3 之后，输入对输出的传递函数变为

$$\frac{\theta_s(s)}{\theta_d(s)}=\frac{\theta_s(s)/E}{1+\theta_s(s)/E}=\frac{iK_\theta K_c}{RJ_{eff}s^2+[RB_{eff}+K_c(K_b+K_cK_b)]s+iK_\theta K_c} \tag{6-15}$$

当令式(6-15)的分母为零时，此等式就是该传递函数的特征方程，因为它确定了该系统的阻尼比和无阻尼振荡频率。特征方程为

$$RJ_{eff}s^2+[RB_{eff}+K_c(K_b+K_cK_b)]s+iK_\theta K_c=0$$

此式可改写成

$$s^2+2\xi\omega_{ns}+\omega_n{}^2=0$$

式中，ξ 为阻尼比，$\xi=\dfrac{RB_{\text{eff}}+K_{\text{c}}(K_{\text{b}}+K_{\text{c}}K_{\text{b}})}{2(iK_{\theta}K_{\text{c}}RJ_{\text{eff}})^{0.5}}$；$\omega_{\text{ns}}$ 为无尼振荡频率传递函数；ω_{n} 为无尼振荡频率，

$$\omega_{\text{n}}=\left(\frac{nK_{\theta}K_{\text{c}}}{RJ_{\text{eff}}}\right)^{0.5}>0 \tag{6-16}$$

3. 关节控制器的静态误差

根据以上的分析，考虑到重负载和其他转矩的影响，可导出图 6-5。以任一扰乱作为干扰输入，可写出干扰对输出传递函数。利用拉氏变换中的终值定理，即可求得因干扰引起的静态误差。

6.3.2 基于交流伺服电动机的单关节控制器

图 6-6 表示了一个三相丫联结 AC 无刷电动机的电流控制。

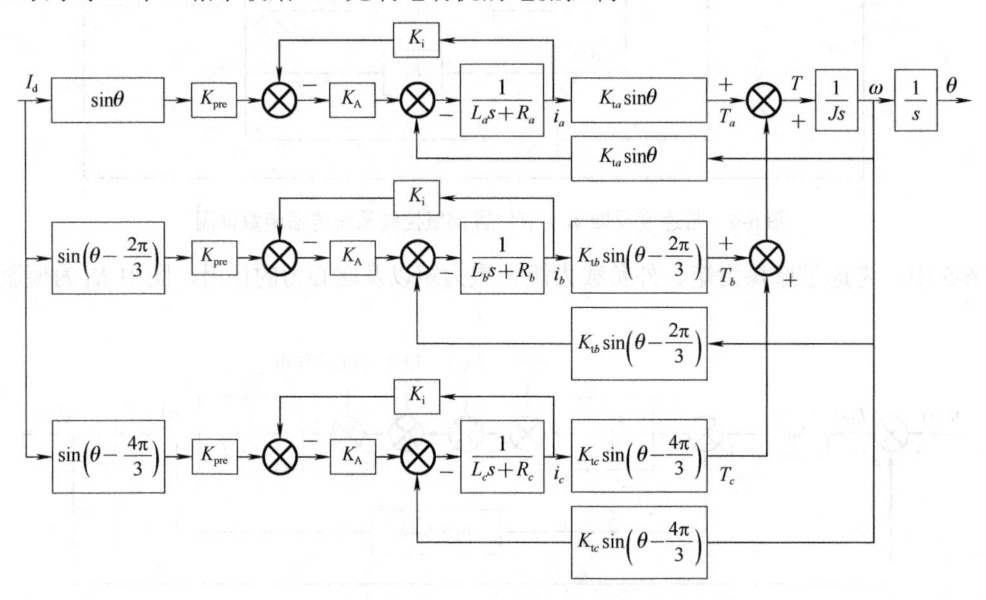

图 6-6 三相丫联结 AC 无刷电动机的电流控制

图 6-6 中，K_{pre} 为电流信号前置放大系数；K_{i} 为电流环反馈系数；K_{A} 为电流调节器放大系数；I_{d}、L_a、L_b、L_c、R_a、R_b、R_c 为三相绕组要求的电流、电感和电阻；T_a、T_b、T_c 为三相绕组产生的转矩；$K_{ta}\sin\theta$、$K_{tb}\sin(\theta-2\pi/3)$、$K_{tc}\sin(\theta-4\pi/3)$ 为三相的转矩常数；J 为电动机轴上的总转动惯量；i_a、i_b、i_c 为三相绕组电流。

每相电流应根据转子位置为正弦波，但彼此相差 120°，即 $I_{\text{d}}\sin\theta$、$I_{\text{d}}\sin(\theta-2\pi/3)$、$I_{\text{d}}\sin(\theta-4\pi/3)$。

如同直流伺服电动机，交流伺服电动机的绕组是由电感和电阻构成的，其加到绕组上的电压与电流关系仍为一阶惯性环节，即

$$U\rightarrow\left(\frac{1}{Ls+R}\right)\rightarrow I$$

每相电流乘以相应的转矩常数就是该相产生的转矩。也如同直流伺服电动机，反电动势项正比于转速，即 $K_{ta}\sin\theta\omega$、$K_{tb}\sin(\theta-2\pi/3)\,\omega$ 和 $K_{tc}\sin(\theta-4\pi/3)\omega$ 为三相的反电动势。最后三相转矩之和为电动机总转矩 T。这样就建立三相丫联结 AC 无刷电动机模型。从图 6-6 可写出下面方程：

$$
\begin{aligned}
T = T_a + T_b + T_c &= \left\{[I_{\mathrm{d}} \sin\theta K_{\mathrm{pre}} - K_{\mathrm{i}} i_a]K_{\mathrm{A}} - \omega K_{ta} \sin\theta\right\} \frac{K_{ta} \sin\theta}{L_a s + R_a} \\
&+ \left\{\left[I_{\mathrm{d}} \sin(\theta - 2\pi/3) K_{\mathrm{pre}} - K_{\mathrm{i}} i_b\right]K_{\mathrm{A}} - \omega K_{tb} \sin(\theta - 2\pi/3)\right\} \frac{K_{tb} \sin(\theta - 2\pi/3)}{L_b s + R_b} \\
&+ \left\{\left[I_{\mathrm{d}} \sin(\theta - 4\pi/3) K_{\mathrm{pre}} - K_{\mathrm{i}} i_c\right]K_{\mathrm{A}} - \omega K_{tc} \sin(\theta - 4\pi/3)\right\} \frac{K_{tc} \sin(\theta - 4\pi/3)}{L_c s + R_c}
\end{aligned} \tag{6-17}
$$

在电机制造时，总是保证各相参数相等，即

$$
\begin{cases}
K_{ta} = K_{tb} = K_{tc} = K_{\mathrm{tp}} \\
L_a = L_b = L_c = L_{\mathrm{p}} \\
R_a = R_b = R_c = R_{\mathrm{p}}
\end{cases} \tag{6-18}
$$

这样，可以把图 6-6 转换成等效的直流伺服电动机电流控制系统结构框图，如图 6-7 所示。可以根据图 6-7 来分析无刷电动机的电流控制系统。但关节角控制系统是位置系统，可以在此基础上在外面加上一个位置负反馈环或速度、位置负反馈环，如图 6-8 所示。

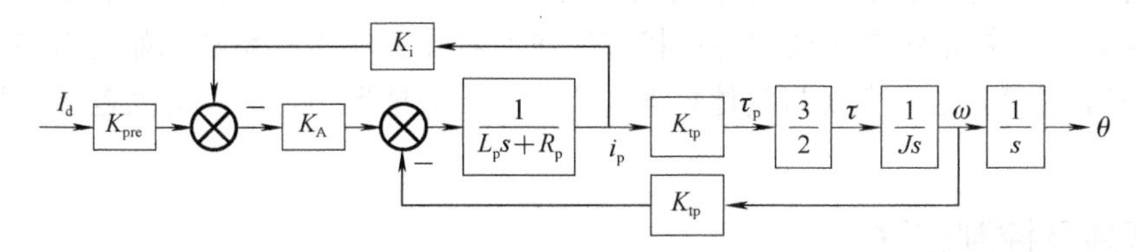

图 6-7 AC 无刷电动机的等效结构图

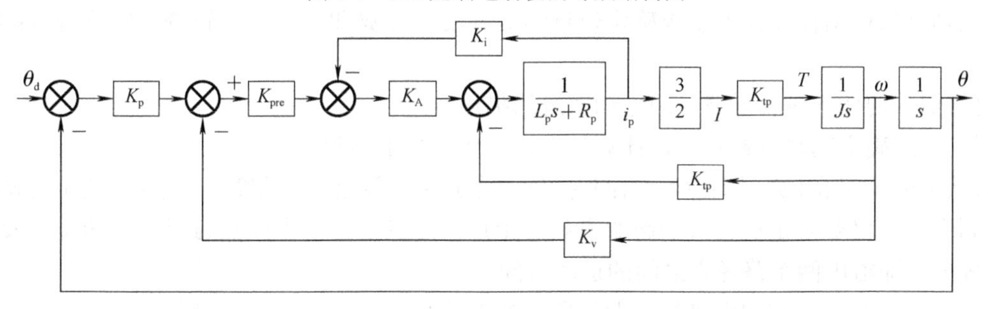

图 6-8 AC 无刷电动机的电流、速度、位置控制系统等效结构图

6.4 工业机器人的运动轨迹规划

前面研究了机器人的运动学和动力学。可以看出，只要知道机器人的关节变量，就能根据其运动方程确定机器人的位置，或者已知机器人的期望位姿，就能确定相应的关节变量和速度。路径和轨迹规划与受到控制的机器人从一个位置移动到另一个位置的方法有关。本节将研究在运动段之间如何产生受控的运动序列，这里所述的运动段可以是直线运动或者是依次的分段运动。路径和轨迹规划既要用到机器人的运动学，也要用到机器人的动力学。

6.4.1 路径和轨迹

机器人的轨迹是指操作臂在运动过程中的位移、速度和加速度；路径是机器人位姿的一定序列，而不考虑机器人位姿参数随时间变化的因素。如图 6-9 所示，机器人进行插销作业，可以描述成工具坐标系$\{T\}$相对于工件坐标系$\{S\}$的一系列运动。例如，图 6-9 中将销插入工件孔中的作业可以借助工具坐标系的一系列位姿 $P_i\ (i=1,2,\cdots,n)$ 来描述。这种描述方法不仅符合机器人用户考虑问题的思路，而且有利于描述和生成机器人的运动轨迹。

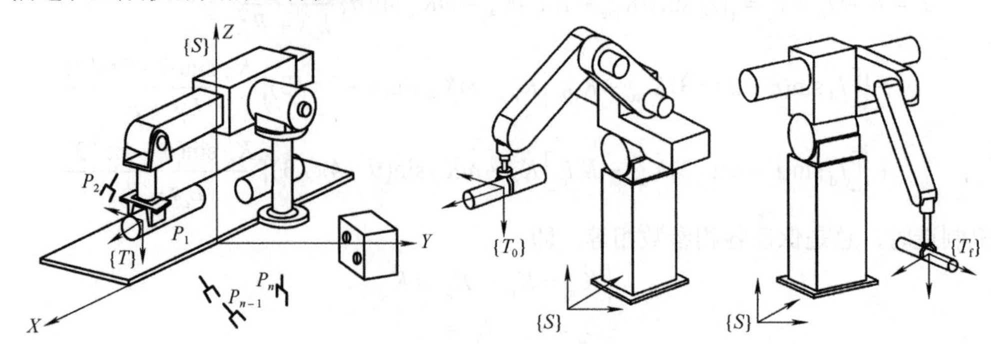

图 6-9 机器人进行插销作业

用工具坐标系相对于工件坐标系的运动来描述作业路径是一种通用的作业描述方法。它把作业路径描述与具体的机器人、手爪或工具分离开来，形成了模型化的作业描述方法，从而使这种描述既适用于不同的机器人，也适用于在同一机器人上装夹不同规格的工具。有了这种描述方法就可以把如图 6-9 所示的机器人从初始状态运动到终止状态的作业看作工具坐标系从初始位置$\{T_0\}$变化到终止位置$\{T_f\}$的坐标变换。显然，这种变换与具体机器人无关。一般情况下，这种变换包含工具坐标系位置和姿态的变化。

6.4.2 轨迹规划及控制过程

轨迹规划是指根据作业任务要求确定轨迹参数并实时计算和生成运动轨迹。轨迹规划的一般问题有以下 3 个。

(1) 对机器人的任务进行描述，即运动轨迹的描述。

(2) 根据已经确定的轨迹参数，在计算机上模拟所要求的轨迹。

(3) 对轨迹进行实际计算，即在运行时间内按一定的速率计算出位置速度和加速度，从而生成运动轨迹。

在规划中，不仅要规定机器人的起始点和终止点，而且要给出中间点(路径点)的位姿及路径点之间的时间分配，即给出两个路径点之间的运动时间。

轨迹规划既可在关节空间中进行，即将所有的关节变量表示为时间的函数，用其一阶、二阶导数描述机器人的预期动作，也可在直角坐标空间中进行，即将手部位姿参数表示为时间的函数，而相应的关节位置、速度和加速度由手部信息导出。

机器人的基本操作方式是示教再现，即首先教机器人如何做，机器人记住了这个过程，于是它可以根据需要重复这个动作。操作过程中，不可能把空间轨迹的所有点都示教一遍使机器人记住，这样太烦琐，也浪费很多计算机内存。实际上，对于有规律的轨迹，仅示教几个特征点，计算机就能利用插补算法获得中间点的坐标，如直线需要示教两点，圆弧需要示教三点，通过机器人逆向运动学算法由这些点的坐标求出机器人各关节的位置和角度$(\theta_1,\cdots,\theta_n)$，然后由后面的角位置闭环控制系统实现要求的轨迹上的一点。继续插补并重复上述过程，从而实现要求的轨迹。机器人轨迹控制过程如图 6-10 所示。

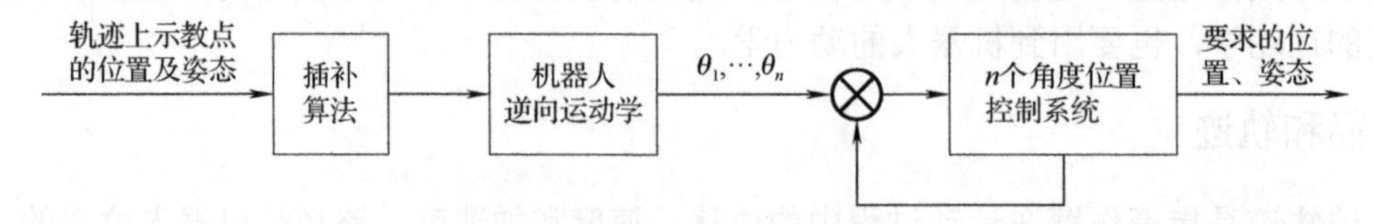

图 6-10 机器人轨迹控制过程

6.4.3 机器人轨迹插值计算

从前面介绍的路径和轨迹、轨迹规划及控制过程可以知道，机器人实现一个空间轨迹过程是实现轨迹离散点过程，如果这些离散点间隔很大，机器人运动轨迹就与要求轨迹有较大误差。只有这些离散点(插补得到的)彼此很近，才有可能使机器人轨迹以足够精度逼近要求的轨迹。

实际上，机器人运动是从一点到另一点的过程，如果始末两点距离很大，称为点到点方式，机器人只保证运动经过这两点，但不能保证这两点中间路径，也就是说其两点中间路径不确定。与此相反的是连续轨迹方式，只要插补的中间点足够密集，就能逼近要求的曲线。

只有连续轨迹方式时才需要插补。那么插补点要多密集才能保证轨迹不失真和运动连续平滑呢？

1. 定时插补

从图 6-11 所示的轨迹控制过程知道，每插补出一个轨迹点的坐标值，就要转换成相应的关节角值，并作为给定值，加到位置伺服系统以实现这个位置。这个过程每隔一个时间间隔 t_s 完成一次，为保证运动的平稳(不抖动)，显然 t_s 不能太长。由于一般机器人机械结构大多属于开链式；刚度不高，t_s 不能超过 25ms(40Hz)，这样就产生 t_s 的上限值。当然 t_s 越小越好，但它的下限值受到计算量限制。对于目前的大多数机器人控制器，完成这样一次计算为几毫秒。这样产生了 t_s 的下限值。当然，应当选择 t_s 接近或等于它的下限值，这样有较高的轨迹精度和平滑的运动过程。

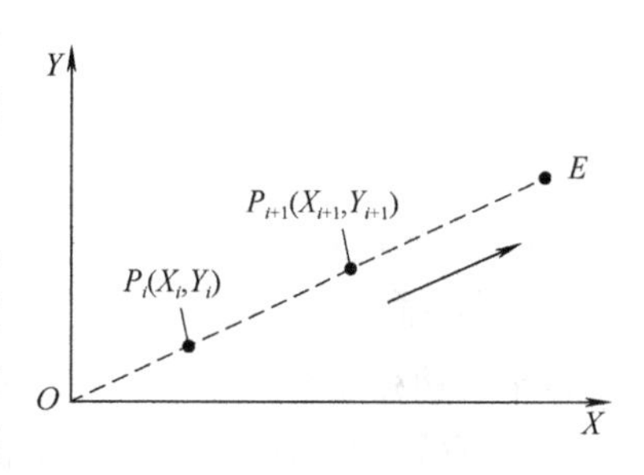

图 6-11 平面直线插补

以一个 X-Y 平面里的直线轨迹为例，说明定时插补。

设机器人需要运动的轨迹为直线 OE，运动速度为 v (mm/s)，时间间隔为 t_s(ms)。显然，每个 t_s 内机器人应该走过的距离为

$$P_iP_{i+1} = vt_s \tag{6-19}$$

可见两个插补点之间距离正比于要求的运动速度。两点之间的轨迹是不受控制的，只有插补点之间距离足够小，才能以可以接受的误差逼近要求的轨迹。

定时插补易于为机器人控制系统实现，例如，采用定时中断方式，每隔 t_s 中断一次，进行插补一次，计算一次逆向运动学、输出一次给定值。由于 t_s 较小(仅几毫秒)，机器人沿着要求的轨迹的速度一般不会很高，而且机器人总的运动精度远不如数控机床、加工中心的高，所以大多数工业机器人采用定时插补方式。若精度要求更高可采用定距插补。

2. 定距插补

从式(6-19)知道，v 是要求的运动速度，它不能变化，如果要求两插补点间距离 P_iP_{i+1} 恒为一个足够小值，以保证轨迹精度，t_s 就要变化，也就是在此方式下，插补点距离不变，但 t_s 要随着工作速度 v 的变化而变化。

这两种插补方式的基本算法是一样的，只是前者固定 t_s，易于实现；后者保证轨迹插补精度，但 t_s 要随 v 而变化，实现起来稍困难些。

3. 直线插补

直线插补和圆弧插补是机器人系统中的基本插补算法。对于非直线和圆弧轨迹，可以采用直线或圆弧逼近，以实现这些轨迹。

空间直线插补是在已知该直线始末两点的位置和姿态的条件下，求各轨迹中间点(插补点)的位置和姿态。由于在大多数情况下，机器人沿直线运动时姿态不变，所以无姿态插补，即保持第一个示教点时的姿态。当然在有些情况下要求变化姿态，这就需要姿态插补，可仿照位置插补原理处理，也可参照圆弧插补方法解决，如图 6-12 所示。已知直线始末两点的坐标值 $P_0(X_0,Y_0,Z_0)$、$P_e(X_e,Y_e,Z_e)$ 及姿态，

其中 P_0、P_e 是相对于基坐标系的位置。这些已知的位置和姿态通常是通过示教方式得到的。设 v 为要求的沿直线运动的速度；t_s 为插补时间间隔。为减少实时计算量，示教完成后，可求出直线长度为

$$L=\sqrt{\left(X_e-X_0\right)^2+\left(Y_e-Y_0\right)^2+\left(Z_e-Z_0\right)^2}$$

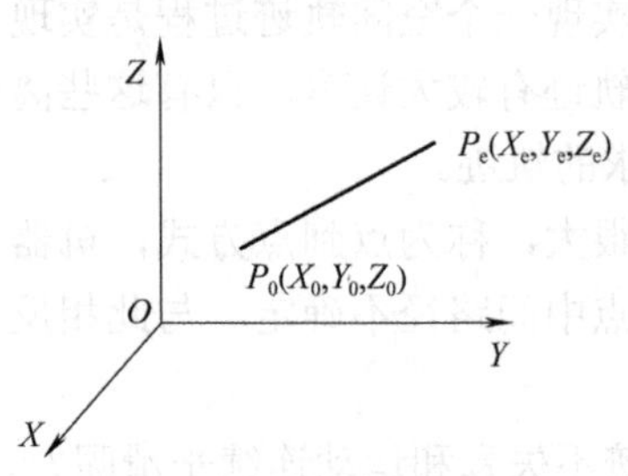

图 6-12 空间直线插补

插补时间间隔 t_s 对应的行程 $d=vt_s$，插补总步数 N 为 $L/d+1$ 的整数部分。各轴增量为

$$\Delta X=\left(X_e-X_0\right)/N$$
$$\Delta Y=\left(Y_e-Y_0\right)/N$$
$$\Delta Z=\left(Z_e-Z_0\right)/N$$

各插补点坐标值为

$$X_{i+1}=X_i+i\Delta X$$
$$Y_{i+1}=Y_i+i\Delta Y$$
$$Z_{i+1}=Z_i+i\Delta Z$$

式中，$i=0,1,2,\cdots,N$。

4. 圆弧插补

1) 平面圆弧插补

平面圆弧是指圆弧平面与基坐标系的三大平面之一重合，以 XOY 平面圆弧为例。已知不在一条直线上的三点 P_1、P_2、P_3 及这三点对应的机器人手端的姿态，如图 6-13 和图 6-14 所示。

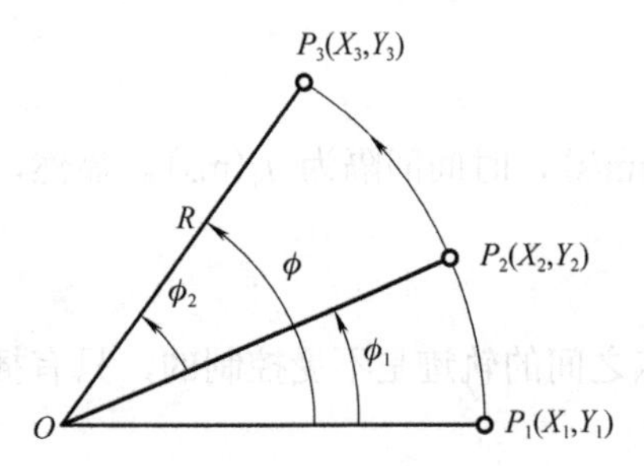

图 6-13 由已知的三点 P_1、P_2、P_3 决定的圆弧

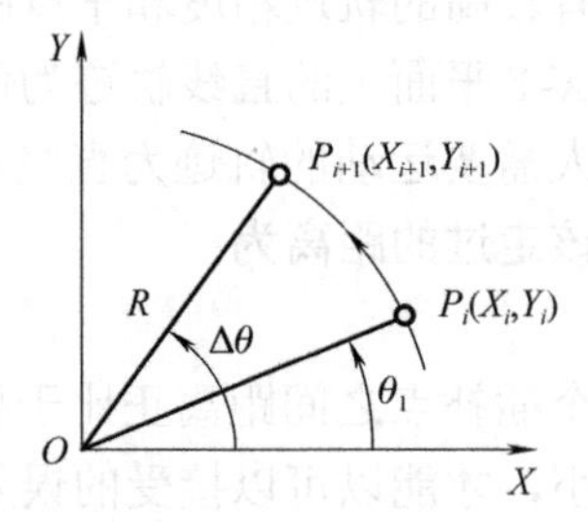

图 6-14 圆弧插补

设 v 为沿圆弧运动速度；t_s 为插补时间间隔。类似直线插补情况，计算步骤如下。

(1) 由 P_1、P_2、P_3 决定圆弧半径 R。

(2) 总的圆心角 $\phi=\phi_1+\phi_2$，即

$$\phi_1=\arccos\left\{\left[\left(X_2-X_1\right)^2+\left(Y_2-Y_1\right)^2-2R^2\right]/(2R^2)\right\}$$

$$\phi_2=\arccos\left\{\left[\left(X_3-X_2\right)^2+\left(Y_3-Y_2\right)^2-2R^2\right]/(2R^2)\right\}$$

(3) t_s 时间内角位移量 $\Delta\theta=t_sv/R$，据图 6-14 所示的几何关系求各插补点坐标。

(4) 总插补步数(取整数)为

$$N=\phi/\Delta\theta+1$$

对 P_{i+1} 点的坐标，有

$$X_{i+1}=R\cos\left(\theta_i+\Delta\theta\right)=R\cos\theta_i\cos\Delta\theta-R\sin\theta_i\sin\Delta\theta=X_i\cos\Delta\theta-Y_i\sin\Delta\theta$$

式中，$X_i=R\cos\theta_i$；$Y_i=R\sin\theta_i$。

同理有

$$Y_{i+1}=R\sin\left(\theta_i+\Delta\theta\right)=R\sin\theta_i\cos\Delta\theta+R\cos\theta_i\sin\Delta\theta=Y_i\cos\Delta\theta+X_i\sin\Delta\theta$$

由 $\theta_{i+1}=\theta_i+\Delta\theta$ 可判断是否到插补终点。若 $\theta_{i+1}\leqslant\phi$，则继续插补；若 $\theta_{i+1}>\phi$，则修正最后一步的步长 $\Delta\theta$，并以 $\Delta\theta'$ 表示，$\Delta\theta'=\phi-\theta_i$，故平面圆弧位置插补为

$$\begin{cases} X_{i+1}=X_i\cos\Delta\theta-Y_i\sin\Delta\theta \\ Y_{i+1}=Y_i\cos\Delta\theta+X_i\sin\Delta\theta \\ \theta_{i+1}=\theta_i+\Delta\theta \end{cases}$$

2) 空间圆弧插补

空间圆弧是指三维空间任一平面内的圆弧，此为空间一般平面的圆弧问题。

空间圆弧插补可分 3 步来处理。

(1) 把三维问题转化成二维，找出圆弧所在平面。

(2) 利用二维平面插补算法求出插补点坐标 (X_{i+1}, Y_{i+1})。

(3) 把该点的坐标值转变为基础坐标系下的值，如图 6-15 所示。

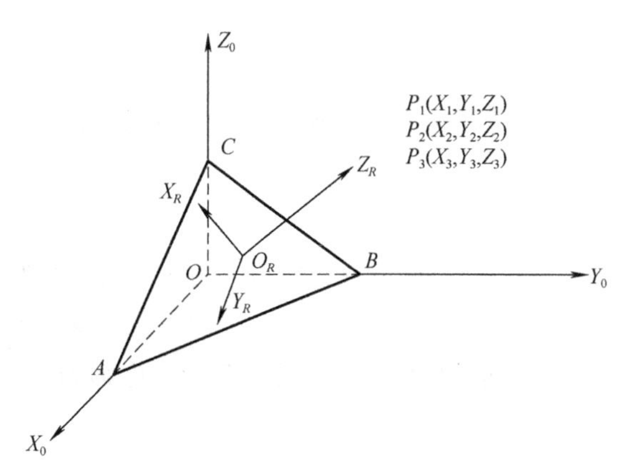

图 6-15 基础坐标与空间圆弧平面的关系

通过不在同一直线上的三点 P_1、P_2、P_3 可确定一个圆及三点间的圆弧，其圆心为 O_R，半径为 R，圆弧所在平面与基础坐标系平面的交线分别为 AB、BC、CA。

建立圆弧平面插补坐标系，即把 $O_RX_RY_RZ_R$ 坐标系原点与圆心 O_R 重合，设 $O_RX_RY_RZ_R$ 平面为圆弧所在平面，且保持 Z_R 为外法线方向。这样，一个三维问题就转化成二维问题，可以应用平面圆弧插补的结论。

求解两坐标系(图 6-15)的转换矩阵。令 T_R 表示由圆弧坐标系 $O_RX_RY_RZ_R$ 至基础坐标系 $OX_0Y_0Z_0$ 的转换矩阵。

若 Z_R 轴与基础坐标系 Z_0 轴夹角为 α，X_R 轴与基础坐标系 X_0 轴夹角为 θ，则可完成下述步骤。

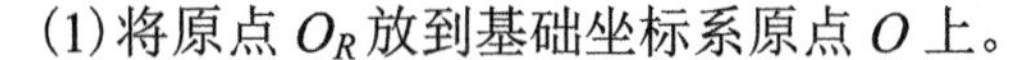

(1) 将原点 O_R 放到基础坐标系原点 O 上。

(2) 绕 Z_R 轴转 θ，使 X_0 与 X_R 平行。

(3) 绕 X_R 轴转 α，使 Z_0 与 Z_R 平行。

这 3 步完成了 $O_RX_RY_RZ_R$ 向 $OX_0Y_0Z_0$ 的转换，故总转换矩阵应为

$$T_R=T(X_{OR},Y_{OR},Z_{OR})R(Z,\theta)R(X,\alpha)=\begin{bmatrix}\cos\theta & -\sin\theta\cos\theta & \sin\theta\cos\theta & X_{OR}\\ \sin\theta & \cos\theta\cos\alpha & -\cos\theta\sin\theta & Y_{OR}\\ 0 & \sin\alpha & \cos\alpha & Z_{OR}\\ 0 & 0 & 0 & 1\end{bmatrix} \tag{6-20}$$

式中，X_{OR}、Y_{OR}、Z_{OR} 为圆心 O_R 在基础坐标系下的坐标值。

欲将基础坐标系的坐标值表示在 $O_RX_RY_RZ_R$ 坐标系，则要用到 T_R 的逆矩阵：

$$T_R^{-1}=\begin{bmatrix}\cos\theta & \sin\theta & 0 & -(X_{OR}\cos\theta+Y_{OR}\sin\theta)\\ -\sin\theta\cos\theta & \cos\theta\cos\alpha & \sin\alpha & -(X_{OR}\sin\theta\cos\alpha+Y_{OR}\cos\theta\cos\alpha+Z_{OR}\sin\alpha)\\ \sin\theta\sin\alpha & -\cos\theta\sin\alpha & \cos\alpha & -(X_{OR}\sin\theta\sin\alpha+Y_{OR}\cos\theta\sin\alpha+Z_{OR}\cos\alpha)\\ 0 & 0 & 0 & 1\end{bmatrix}$$

5. 关节空间的轨迹规划

通常机器人作业路径点由工具坐标系 $\{T\}$ 相对于工件坐标系 $\{S\}$ 的位姿来表示，因此，在关节空间中进行轨迹规划，首先需要将每个作业路径点向关节空间变换，即用逆向运动学方法把路径点转换成关节角度，或称关节路径点。当所有作业路径点都进行这种变换时，便形成多组关节路径点。为了将

每个关节相应的关节路径点拟合成光滑函数。这些关节函数分别描述了机器人各关节从起始点开始，依次通过路径点，最后到达某目标点的运动轨迹。由于每个关节在相应路径段运行的时间相同，这样就保证了所有关节都将同时到达路径点和目标点，从而保证了工具坐标系在各路径点具有预期的位姿。

1）三次多项式插值

在机器人运动过程中，若末端执行器的起始和终止位姿已知，由逆向运动学即可求出对应于两位姿的各个关节角度。末端执行器实现两位姿的运动轨迹描述可在关节空间中用通过起始点和终止点关节角的一个平滑轨迹函数 $\theta(t)$ 来表示。

为实现系统的平稳运动，每个关节的轨迹函数 $\theta(t)$ 至少需要满足 4 个约束条件，即两端点位置约束和两端点速度约束。端点位置约束是指起始位姿和终止位姿分别所对应的关节角度。$\theta(t)$ 在时刻 $t_0=0$ 时的值是起始关节角度 θ_0，在终端时刻 t_f 时的值是终止关节角度 θ_f，即

$$\begin{cases}\theta(0)=\theta_0\\ \theta(t_f)=\theta_f\end{cases} \tag{6-21}$$

为满足关节运动速度的连续性要求，起始点和终止点的关节速度可简单地设定为零，即

$$\begin{cases}\dot{\theta}(0)=0\\ \theta(t_f)=0\end{cases} \tag{6-22}$$

式(6-21)和式(6-22)给出的 4 个约束条件可以唯一地确定一个三次多项式：

$$\theta(t)=a_0+a_1t+a_2t^2+a_3t^3 \tag{6-23}$$

运动过程中的关节速度和加速度则为

$$\begin{cases}\dot{\theta}(t)=a_1+2a_2t+3a_3t^2\\ \ddot{\theta}(t)=2a_2+6a_3t\end{cases} \tag{6-24}$$

为求得三次多项式的系数 a_0、a_1、a_2 和 a_3，将式(6-21)和式(6-22)代以给定约束条件，有

$$\begin{cases}\theta_0=a_0\\ \theta_f=a_0+a_1t_f+a_2t_f^2+a_3t_f^3\\ 0=a_1\\ 0=a_1+2a_2t_f+3a_3t_f^2\end{cases} \tag{6-25}$$

求解该方程组，可得

$$\begin{cases}a_0=\theta_0\\ a_1=0\\ a_2=\dfrac{3}{t_f^2}(\theta_f-\theta_0)\\ a_3=-\dfrac{2}{t_f^3}(\theta_f-\theta_0)\end{cases} \tag{6-26}$$

对于起始及终止速度为零的关节运动，满足连续平稳运动要求的三次多项式插值函数为

$$\theta(t)=\theta_0+\frac{3}{t_f^2}(\theta_f-\theta_0)t^2-\frac{2}{t_f^3}(\theta_f-\theta_0)t^3 \tag{6-27}$$

由式(6-27)可得关节角速度和角加速度的表达式为

$$\begin{cases}\dot{\theta}(t)=\dfrac{6}{t_{\mathrm{f}}^{2}}(\theta_{\mathrm{f}}-\theta_{0})t-\dfrac{6}{t_{\mathrm{f}}^{3}}(\theta_{\mathrm{f}}-\theta_{0})t^{2}\\ \ddot{\theta}(t)=\dfrac{6}{t_{\mathrm{f}}^{2}}(\theta_{\mathrm{f}}-\theta_{0})-\dfrac{12}{t_{\mathrm{f}}^{3}}(\theta_{\mathrm{f}}-\theta_{0})t\end{cases} \tag{6-28}$$

三次多项式插值的关节运动轨迹曲线如图 6-16 所示。由图可知，其速度曲线为抛物线，相应的加速度曲线为直线。

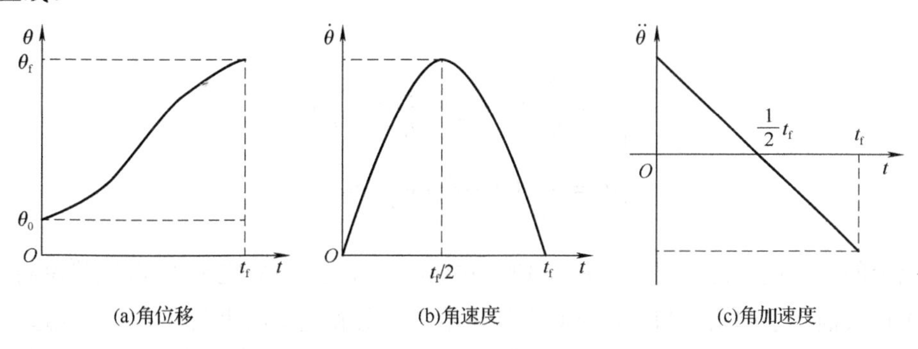

(a)角位移　(b)角速度　(c)角加速度

图 6-16　三次多项式插值的关节运动轨迹

【例 6-1】 设有一台具有转动关节的机器人，其在执行一项作业时关节运动在 3 s 之内由起始点 $\theta_0=15°$ 运动到终止点，且起始点和终止点 $\theta_{\mathrm{f}}=75°$ 速度均为零，试运用三次多项式规划该机器人运动路径。

解　根据要求，可以对该关节采用三次多项式插值函数来规划其运动。已知 $\theta_0=15°$，$\theta_{\mathrm{f}}=75°$，$t_{\mathrm{f}}=3$ s，代入式(6-28)可得三次多项式的系数

$$a_0=15,\quad a_1=0.1,\quad a_2=22,\quad a_3=-4.44$$

由式(6-23)和式(6-24)可确定该关节的运动轨迹，即

$$\begin{cases}\theta(t)=15+0.1t+20t^{2}-4.44t^{3}\\ \dot{\theta}(t)=40t-13.32t^{2}\\ \ddot{\theta}(t)=40-26.64t\end{cases}$$

2)过路径点的三次多项式插值

在机器人作业路径规划中，经常遇到不仅要求机器人从起始点运动到终止点，而且要求机器人在运动过程中通过一些路径点(如绕道而行)等情况，此时，就需要研究机器人经过路径点的路径规划，机器人作业路径点如图 6-17 所示。

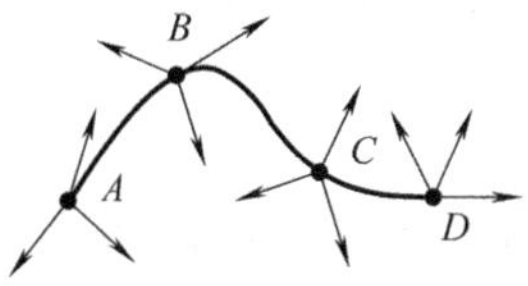

图 6-17　机器人作业路径点

对于机器人作业路径上的所有路径点可以用求解逆向运动学的方法先得到多组对应的关节空间路径点，进行轨迹规划时，把每个关节上相邻的两个路径点分别看作起始点和终止点，再确定相应的三次多项式插值函数，把路径点平滑连接起来。一般情况下，这些起始点和终止点的关节运动速度不再为零。

设路径点上的关节速度已知，在某段路径上，起始点为 θ_0 和 $\dot{\theta}_0$，终止点为 θ_{f} 和 $\dot{\theta}_{\mathrm{f}}$，这时，确定三次多项式系数的方法与前述完全一致，只是速度约束条件变为

$$\begin{cases}\dot{\theta}(0)=\dot{\theta}_0\\ \dot{\theta}(t_{\mathrm{f}})=\dot{\theta}_{\mathrm{f}}\end{cases} \tag{6-29}$$

利用约束条件确定三次多项式系数，有下列方程组

$$\begin{cases}\theta_0 = a_0 \\ \theta_f = a_0 + a_1 t_f + a_2 t_f^2 + a_3 t_f^3 \\ \dot{\theta}_0 = a_1 \\ \dot{\theta}_f = a_1 + 2a_2 t_f + 3a_3 t_f^2\end{cases} \tag{6-30}$$

求解方程组，得

$$\begin{cases}a_0 = \theta_0 \\ a_1 = \dot{\theta}_0 \\ a_2 = \dfrac{3}{t_f^2}(\theta_f - \theta_0) - \dfrac{2}{t_f}\dot{\theta}_0 - \dfrac{1}{t_f}\dot{\theta}_f \\ a_3 = -\dfrac{2}{t_f^2}(\theta_f - \theta_0) + \dfrac{1}{t_f^2}\left(\dot{\theta}_f + \dot{\theta}_0\right)\end{cases} \tag{6-31}$$

当路径点上的关节速度为0，即 $\dot{\theta}_0 = \dot{\theta}_f = 0$ 时，式(6-31)与式(6-26)完全相同，这就说明了由式(6-31)确定的三次多项式描述了起始点和终止点具有任意给定位置和速度约束条件的运动轨迹。

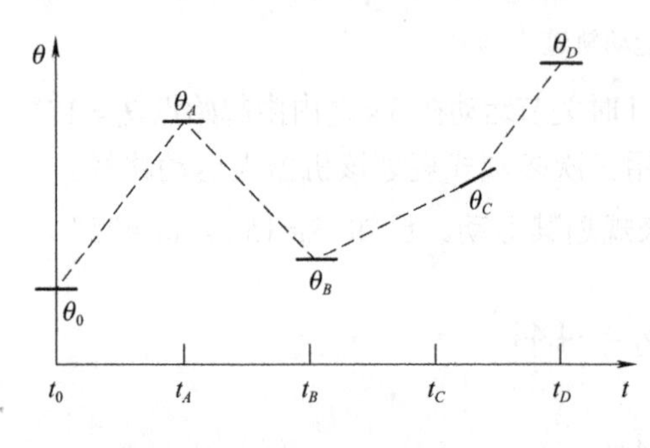

图6-18　近似计算路径点的速度

路径点的速度可由 3 种方式获得：一是由直角坐标速度通过雅可比矩阵变换成关节速度；二是采用近似方法获得，如图 6-18 所示，用直线连接路径点，若路径点两侧直线斜率改变符号，则取该路径点的速度为零，若路径点两侧直线斜率不改变符号，则取该路径点的速度为两个斜率的平均值；三是保证经过路径点的加速度连续，即在路径点处，用速度连续、加速度连续代替两段三次多项式的两个速度约束。

【例 6-2】 对于只有一个中间路径点的机器人作业，设其路径点处的关节加速度连续。如果路径点用三次多项式连接，试确定多项式的所有系数。已知中间路径点的关节角度为 θ_v，与它相邻的前后两点的关节角度分别为 θ_0 和 θ_g。

解　该机器人路径可分为 θ_0 到 θ_v 段及 θ_v 到 θ_g 段两段，可通过由两个三次多项式组成的样条函数连接。设从 θ_0 到 θ_v 的三次多项式插值函数为

$$\theta_1(t) = a_{10} + a_{11}t + a_{12}t^2 + a_{13}t^3$$

而从 θ_v 到 θ_g 的三次多项式插值函数为

$$\theta_2(t) = a_{20} + a_{21}t + a_{22}t^2 + a_{23}t^3$$

上述两个三次多项式的时间区间分别是$[0,t_{f1}]$和$[0,t_{f2}]$，若要保证路径点处的速度及加速度均连续，即存在下列约束条件

$$\begin{cases}\dot{\theta}_1\left(t_{f1}\right) = \dot{\theta}_2(0) \\ \theta_1\left(t_{f1}\right) = \theta_2(0)\end{cases}$$

根据约束条件建立的方程组为

$$\begin{cases}\theta_0 = a_{10} \\ \theta_v = a_{10} + a_{11}t_{f1} + a_{12}t_{f1}^2 + a_{13}t_{f1}^3 \\ \theta_v = a_{20} \\ \theta_g = a_{20} + a_{21}t_{f2} + a_{22}t_{f2}^2 + a_{23}t_{f2}^3 \\ 0 = a_{11} \\ 0 = a_{21} + 2a_{22}t_{f2} + 3a_{23}t_{f2}^2 \\ a_{21} = a_{11} + 2a_{12}t_{f1} + 3a_{13}t_{f1}^2 \\ a_{22} = a_{12} + 3a_{13}t_{f1}\end{cases}$$

上述约束条件组成含有 8 个未知数的 8 个线性方程。对于 $t_{f1}=t_{f2}=t_f$ 的情况，这个方程组的解为

$$\begin{cases}a_{10} = \theta_0 \\ a_{11} = 0 \\ a_{12} = \dfrac{12\theta_v - 3\theta_g - 9\theta_0}{4} \\ a_{13} = \dfrac{-8\theta_v + 3\theta_g + 5\theta_0}{4t_f^3}\end{cases}$$

$$\begin{cases}a_{20} = \theta_v \\ a_{21} = \dfrac{3\theta_g - 3\theta_0}{4t_f} \\ a_{22} = \dfrac{-6\theta_v + 3\theta_g + 3\theta_0}{2t_f^2} \\ a_{23} = \dfrac{8\theta_v - 5\theta_g - 3\theta_0}{4t_f^3}\end{cases}$$

6.4.4 笛卡儿路径轨迹规划

1. 操作对象的描述

由前述可知，任一刚体相对参考系的位姿是用与它固接的坐标系来描述的。刚体上相对于固接坐标系的任一点用相应的位置矢量 P 表示；任一方向用方向余弦表示。给出刚体的几何图形及固接坐标系后，只要规定固接坐标系的位姿，便可重构该刚体在空间的位姿。这种轨迹规划称为笛卡儿坐标法。

例如，图 6-19(a)所示的螺栓，其轴线与固接坐标系的 Z 轴重合。螺栓头部直径为 32mm，中心取为坐标原点，螺栓长 80mm，直径为 20mm，则可根据固接坐标系的位姿重构螺栓在空间(相对参考系)的位姿和几何形状。

2. 作业的描述

机器人的作业过程可用手部位姿节点序列来规定，每个节点可用工具坐标系相对于作业坐标系的齐次变换来描述。相应的关节变量可用运动学逆解程序计算。

如图 6-19(b)所示，要求机器人按直线运动，把螺栓从槽中取出并放入托架的一个孔中，用符号表示沿直线运动的各节点的位姿，使机器人能沿虚线运动并完成作业。令 P_i（$i=0,1,2,3,4,5$）为机器人手爪必须经过的直角坐标节点。参照这些节点的位姿将作业描述为如表 6-1 所示的手部的一连串运动和动作。

每个节点 P_i 对应一个变换方程，从而解出相应的机械手变换 ${}^0T_6$。由此得到作业描述的基本结构：作业节点 P_i 对应机械手变换 ${}^0T_6$，从一个变换到另一个变换通过机械手运动实现。

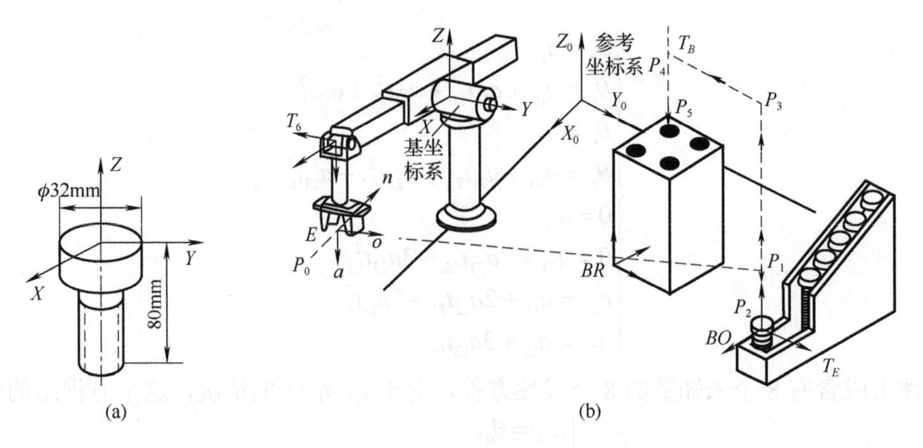

图 6-19 螺栓抓取过程的路径轨迹规划

表 6-1 螺栓抓取过程

节点	P_0	P_1	P_2	P_2	P_3	P_4	P_5	P_5	P_a
运动	INIT	MOVE	MOVE	GRASP	MOVE	MOVE	MOVE	RELEASE	MOVE
目标	原始	接近螺栓	到达	抓住	提升	接近托架	放入孔中	松开	移开

3. 两个节点之间的“直线”运动

机械手在完成作业时，夹手的位姿可用一系列节点 P_i 来表示。因此，在直角坐标空间中进行轨迹规划的首要问题是由两节点 P_i 和 P_{i+1} 所定义的路径起始点和终止点之间，如何生成一系列中间点。两节点之间最简单的路径是在空间的直线移动和绕某定轴的转动。

若运动时间给定之后，则可以产生一个使线速度和角速度受控的运动。如图 6-19(b)所示，要生成从节点 P_0(原始)运动到 P_1(接近螺栓)的轨迹。更一般地，从一节点 P_i 到下一节点 P_{i+1} 的运动可表示为从

$$ {}^0T_6 = {}^0T_B\,{}^BP_i\,{}^6T_E^{-1} \tag{6-32}$$

到

$$ {}^0T_6 = {}^0T_B\,{}^BP_{i+1}\,{}^6T_E^{-1} \tag{6-33}$$

式中，${}^0T_6$ 为机械手工具坐标系$\{T\}$相对末端连杆坐标系$\{6\}$的变换；${}^0T_B$ 为机械手工具坐标系$\{T\}$相对工作坐标系$\{B\}$的变换；${}^6T_E^{-1}$ 为末端连杆坐标系$\{6\}$相对工件给料坐标系$\{E\}$的变换；${}^BP_i$ 和 ${}^BP_{i+1}$ 分别为两节点 P_i 和 P_{i+1} 相对坐标系$\{B\}$的齐次变换。

如果起始点 P_i 是相对另一坐标系$\{A\}$描述的，那么可通过变换过程得到

$$ {}^0P_i = {}^0T_B^{-1}\,{}^0T_A\,{}^AP_i \tag{6-34}$$

从上述可看出，可以将气动手爪从节点 P_i 到节点 P_{i+1} 的运动看作与气动手爪固接的坐标系的运动，按前述运动学知识可求其解。

6.5 力(力矩)控制技术

6.5.1 问题的提出

弧焊、喷漆等机器人作业时，机器人把持着工具沿规定的轨迹运动，机器人与被控对象无接触，这是纯运动控制情况。但是，另一类机器人作业，如装配、抛光、打毛刺等，对末端执行器(工具)不但要施加运动命令，而且要保持一定的接触力，这是力控制情况。

工业机器人手爪与外界环境接触有下面两种极端状态。

一种极端状态是手爪可以在空间自由运动，即手爪与外界环境没有力的相互作用，如图 6-20(a)所示。这时，自然约束完全是关于接触力的约束，约束条件为$F=0, M=0$。也就是说，有 6 个自由度的机器人可以自由地控制机器人沿 6 个自由度方向上的运动，但无法在任何方向上对手爪施加力控制。

另一种极端状态是手爪被固定在环境里，如图 6-20(b)所示。这时，机器人要满足 6 个自由度方向的位置自然约束，手爪不能自由地改变位置，然而可以自由地控制手爪向对象施加力和力矩的大小。

上述两种极端状态中，前一种属于讨论过的位置控制问题，而后一种在实际中很少出现。

通常所涉及的是下面所介绍的状态，机器人在一部分自由度上受到位置约束时的力控制问题，即位置/力混合控制问题。

图 6-21 为利用工业机器人在一片薄型脆性材料的表面刻画曲线作业。这种情况下，单用前面的位置控制或力控制就不够了。一方面，要完成曲线的刻画，需要在 XOY 平面上实施位置的连续控制；另一方面，必须对 Z 轴方向的作用力加以控制，以防止由于工件放置不准确，或者由于手爪位置误差比较大，而引起刀具与脆性材料之间的作用力太大，造成工件的破碎。显然，这时采用位置/力混合控制方式比较合理。

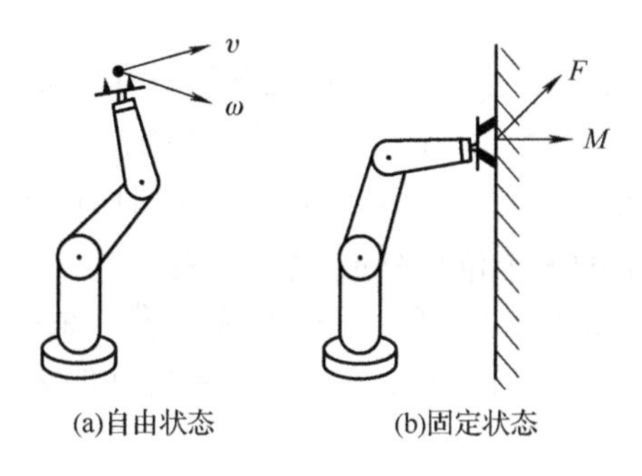

图 6-20 手爪与外界环境接触的两种极端状态

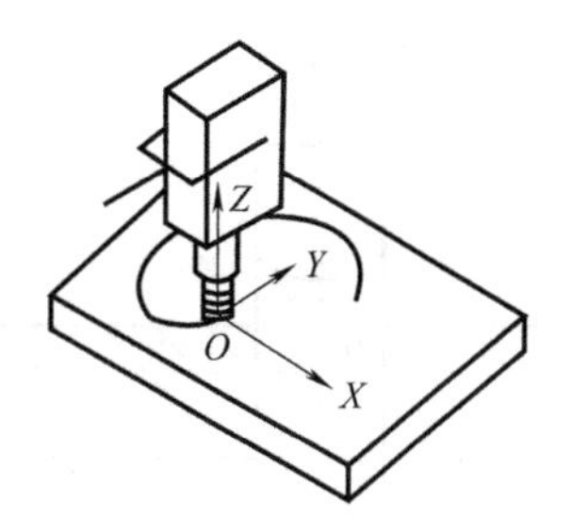

图 6-21 刻画曲线作业

机器人位置/力混合控制应遵循的原则是：在同一自由度方向，不能同时施加位置控制。而控制的任务则是要解决以下 3 个问题。

(1)沿着力自然约束方向，实现机器人的位置控制。

(2)沿着位置自然约束方向，实现机器人的力控制。

(3)在任意约束坐标系的正交自由度上，实施位置/力的混合控制。

6.5.2 工业机器人位置/力混合控制

在机器人力控制中，哪些关节应处于力控制，哪些关节应进行位置控制，取决于机器人类型和作业情况。

图 6-22 为一台具有三自由度的直角坐标机器人，每个关节都是移动关节。设每个移动的连杆质量都为m，连杆移动时无摩擦，同时假设关节轴线 x、y 和 z 的方向完全与约束坐标系 $z_cO_cy_c$ 各坐标轴方向一致。而 x 轴进行力控制，如果末端执行器 x 方向具有柔性，其刚度系数为K，则接触力 F 与 x 方向位移有

$$F=-Kx \tag{6-35}$$

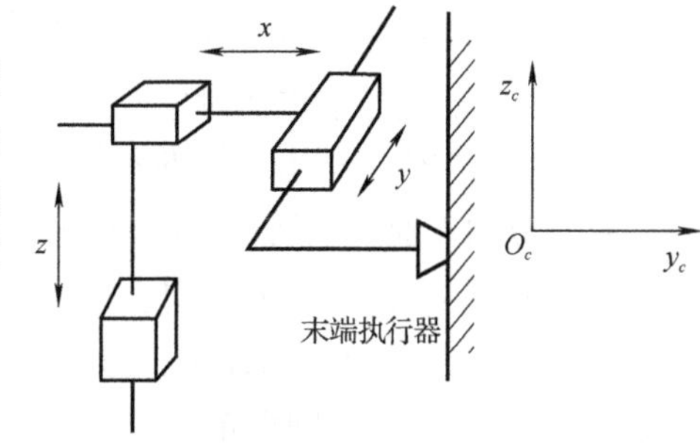

图 6-22 三自由度的直角坐标机器人

在 x 方向控制位移量，就能实现要求的接触力F。

式(6-35)也是这情况下的力/位(或位/力)变换关系式。然而一般情况并不这样简单，不可能一目了然地分清位控轴和力控轴。对于复杂情况，要建立柔顺运动坐标系，以便确定力控轴和位控轴。柔顺运动

坐标系Σ_c应建立在末端执行器和作业对零相接触的界面上，它的特点如下。

(1)是直角坐标系，在Σ_c中便于描述作业操作。

(2)视作业不同，Σ_c或为固定或为运动的。

(3)Σ_c共有 6 个自由度，任一时刻的作业操作均可分解为依每一自由度位移运动控制或广义力控制，但是不能在同一自由度上同时控制位移运动和广义力。

定义末端执行器在Σ_c的 6 个自由度上的 6 个位移分量如下：

x_c, y_c, z_c为沿Σ_c各轴线位移分量；

$\theta_{xc}, \theta_{yc}, \theta_{zc}$为绕$\Sigma_c$各轴角位移分量。

定义末端执行器施加给作业对象的广义力在Σ_c的 6 个自由度上的分量如下：

f_{xc}, f_{yc}, f_{zc}为沿Σ_c各轴力分量；

m_{xc}, m_{yc}, m_{zc}为绕Σ_c各轴力矩分量。

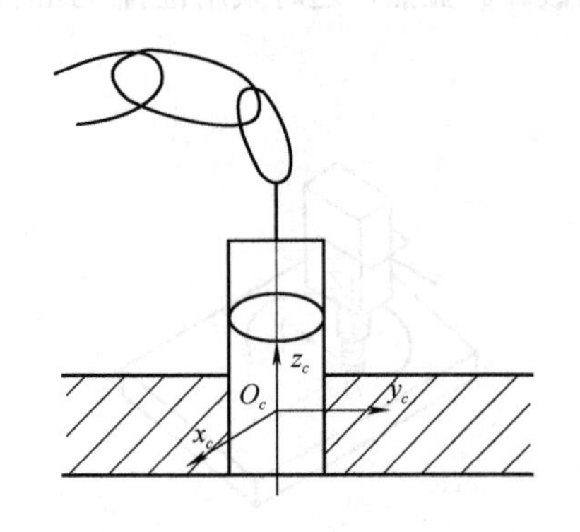

图 6-23　机器人末端执行器做销钉插入孔的操作

【例 6-3】图 6-23 示意机器人末端执行器做销钉插入销钉孔操作。

按上述要求选Σ_c原点O_c固定在销钉孔中心线上，z_c轴和孔中心线重合，而x_c、y_c轴方向恒定。

当销钉进入销钉孔继续下插时，末端执行器在Σ_c的 6 个自由度上的 6 个位移分量状态如下：

$x_c \approx 0$受销钉孔约束；$y_c \approx 0$受销钉孔约束；z_c受控。

$\theta_{xc} \approx 0$受销钉孔约束；$\theta_{yc} \approx 0$受销钉孔约束；$\theta_{zc} \approx 0$受控。

末端执行器施加给作业对象的广义力状态如下：

$f_{xc} \approx 0$受控；$f_{yc} \approx 0$受控；$f_{zc} \approx 0$受销钉和孔配合及润滑状态等的影响。

$m_{xc} \approx 0$受控；$m_{yc} \approx 0$受控；$m_{zc} \approx 0$受销钉和孔配合及润滑状态等的影响。

可以看出，在Σ_c的每一自由度上只有一个受控量。

图 6-24 示意机器人末端执行器做刻线操作。任一t时刻选Σ_c原点O_c总位于末端执行器和被刻曲线的公称接触点上，z_c轴和被刻平面垂直上指，而x_c、y_c轴方向恒定。同一t时刻末端执行器和被刻平面的实际接触点并不常和O_c重合，其平面坐标为(x_c, y_c)。在刻线过程中末端执行器在Σ_c的 6 个自由度上的 6 个位移分量状态如下：

$x_c \approx 0$受控；$y_c \approx 0$受控；$z_c \approx 0$受被刻平面约束。

$\theta_{xc} \approx 0$受控；$\theta_{yc} \approx 0$受控；$\theta_{zc} \approx 0$受控。

末端执行器施加给作业对象的广义力状态如下：

$f_{xc} \approx 0$受刻线切削用量等因素影响；$f_{yc} \approx 0$受刻线切削用量等因素影响；$f_{zc} \approx 0$受控。

$m_{xc} \approx 0$由作业特点所决定；$m_{yc} \approx 0$由作业特点所决定；$m_{zc} \approx 0$由作业特点所决定。

同样在Σ_c的每一自由度上只有一个受控量。

图 6-25 示意机器人末端执行器做上螺钉操作。选Σ_c原点O_c固定在螺钉孔中心线上，z_c轴和中心线重合，而x_c、y_c轴方向恒定。

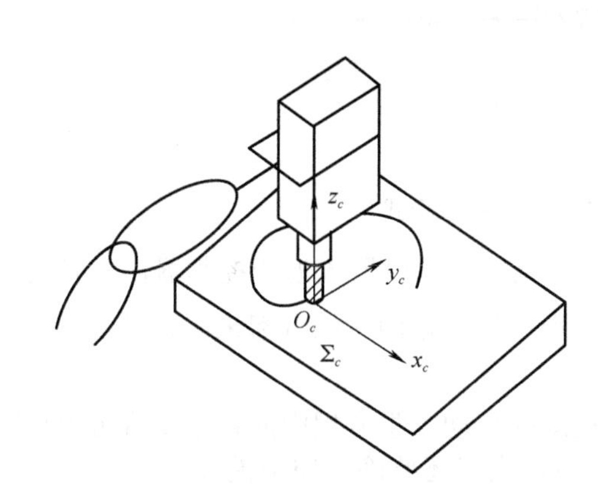

图 6-24　机器人末端执行器做刻线操作

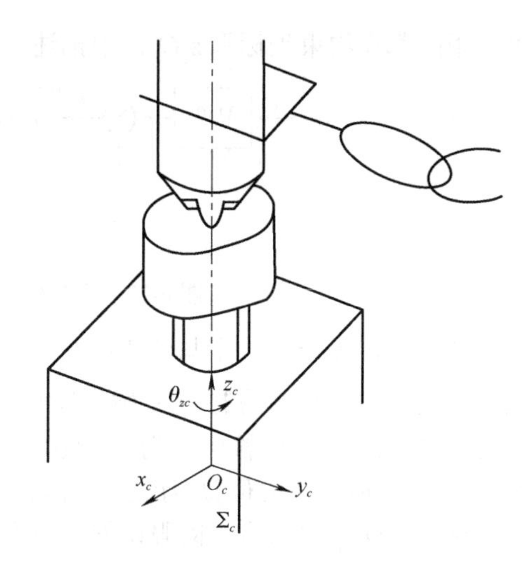

图 6-25　机器人末端执行器做上螺钉操作

当螺钉进入螺钉孔继续下行时，末端执行器在$\sum_c$ 6 个自由度上的 6 个位移分量状态如下：

$x_c \approx 0$ 受螺钉孔约束；$y_c \approx 0$ 受螺钉孔约束；$z_c \approx 0$ 旋转角度$[s/(2\pi\theta_{zc})]$受螺钉上紧控制。

$\theta_{xc} \approx 0$ 受螺钉孔约束；$\theta_{yc} \approx 0$ 受螺钉孔约束；θ_{zc} 受螺钉上紧控制。

末端执行器施加给作业对象的广义力状态如下：

$f_{xc} \approx 0$ 受控；$f_{yc} \approx 0$ 受控；$f_{zc} \approx 0$ 受螺钉孔配合等因素影响。

$m_{xc} \approx 0$ 受控；$m_{yc} \approx 0$ 受控；$m_{zc} \approx 0$ 受螺钉孔配合等因素影响。

螺钉上紧后，为了保证预紧力恒定，要控制m_{zc}的大小，这时上螺钉操作的柔顺运动控制特点和以上不同，末端执行器在$\sum_c$的 6 个位移分量状态如下：

$x_c \approx 0$ 受螺钉孔约束；$y_c \approx 0$ 受螺钉孔约束；$z_c \approx 0$ 受螺钉上紧控制。

$\theta_{xc} \approx 0$ 受螺钉孔约束；$\theta_{yc} \approx 0$ 受螺钉孔约束；$\theta_{zc} \approx 0$ 受螺钉上紧控制。

末端执行器施加给作业对象的广义力状态如下：

$f_{xc} \approx 0$ 受控；$f_{yc} \approx 0$ 受控；$f_{zc} \approx 0$ 受控。

$m_{xc} \approx 0$ 受控；$m_{yc} \approx 0$ 受控；m_{zc} 给定受控。

可见螺钉上紧前和上紧后，对机器人终端柔顺运动控制的要求是不同的。上紧前运动控制为主，上紧后广义力控制为主。

图 6-26 所示的位置/力混合控制器针对直角坐标机器人，并且要求其关节轴线与约束坐标系$z_cO_cy_c$轴向完全一致。将此研究方法推广，就可应用到一般机器人上，并且适用于任意约束坐标系$z_cO_cy_c$。

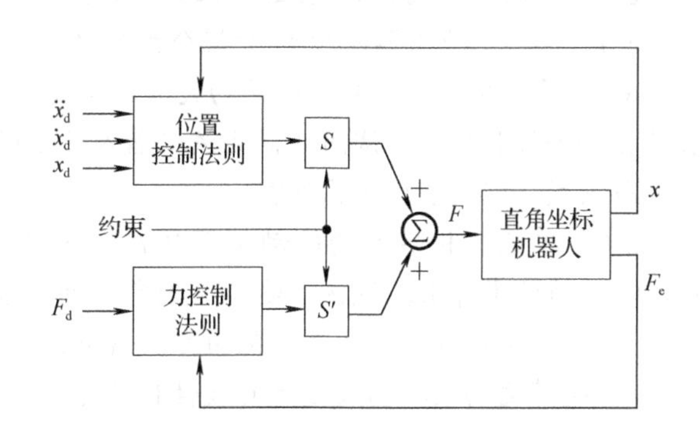

图 6-26　三自由度的直角坐标机器人位置/力混合控制器

要把图 6-26 所示的混合控制器推广到一般机器人上，可以直接使用基于直角坐标控制的概念。因为机器人的动力学方程既可以用关节空间变量表示，也可以用直角坐标变量表达。而有了直角坐标空间的动力学方程，就有可能实现机器人解耦的直角坐标控制，使机器人成为一组独立的非耦合的单位质量系统。一旦实现了系统的解耦和线性化，就可以用前面所介绍的简单伺服系统来综合分析。

图 6-27 说明了基于直角坐标空间的机器人动力学解耦形式，机器人是以一组没有耦合的单位质量系统出现的。为了用于混合控制方案，直角坐标空间动力学方程中的各项$M_x(\theta)$、$U_x(\theta,\dot{\theta})$、$G_x(\theta)$以

及雅可比矩阵都在约束坐标系 $z_cO_cy_c$ 中描述，运动学方程也相对于 $z_cO_cy_c$ 进行计算。

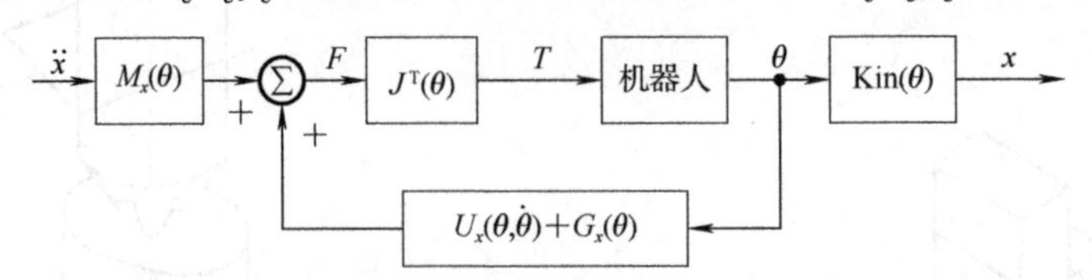

图 6-27　直角坐标空间的机器人动力学解耦形式

由于前面已经设计了一个与约束坐标系 $z_cO_cy_c$ 相一致的直角坐标机器人混合控制器，并且直角坐标解耦方案提供了具有相同的输入-输出特性的系统结构，现在只要把两者结合起来，就可生成一般的位置/力混合控制器。其中输出量为 Kin(θ)。

图 6-28 为一般机器人位置/力混合控制器方框图。要注意的是动力学方程中的各项及雅可比矩阵都在约束坐标系 $z_cO_cy_c$ 中描述，伺服误差也要在 $z_cO_cy_c$ 中计算，当然还要确定控制模式。

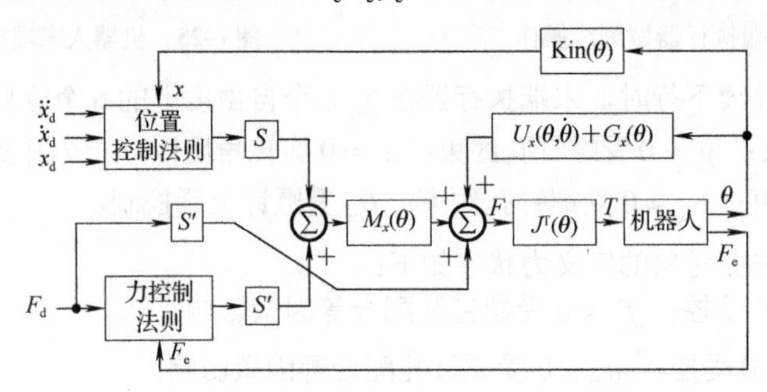

图 6-28　一般机器人位置/力混合控制器方框图

习　题

6-1　工业机器人通常有哪些控制方式?

6-2　何谓轨迹规划?简述轨迹规划的基本方法并说明其特点。

6-3　简述定时插补和定距插补的方法与特点。

6-4　简述工业机器人位置/力混合控制的原理及方法。

6-5　设一机器人具有 6 个转动关节，其关节运动均按三次多项式规划，要求经过两个中间路径点后停在一个目标位置。试问欲描述该机器人关节的运动，共需要多少个独立的三次多项式?要确定这些三次多项式，需要多少个系数?

6-6　单连杆机器人的转动关节从 $\theta=-5°$ 静止开始运动，要想在 4s 内使该关节平滑地运动到 $\theta=+80°$ 的位置停止。试按下述要求确定运动轨迹:

(1)关节运动依三次多项式插值方式规划;

(2)关节运动按抛物线过渡的线性插值方式规划。

第7章　智能机器人

本章重点： 本章首先对智能机器人定义、分类进行介绍，在此基础上，对智能机器人多传感信息融合、导航和定位、路径规划、智能控制等关键技术进行较为详细的介绍。

7.1　概　　述

从广泛意义上理解，智能机器人给人最深刻的印象是一个独特的可以进行自我控制的“活物”。其实，这个自控“活物”包括形形色色的内部信息传感器和外部信息传感器，如视觉、听觉、触觉、嗅觉。除具有感受器外，它还有效应器，作为作用于周围环境的手段。这就是“筋肉”，或称自整步电动机，它们使“手”“脚”“鼻子”“触角”等动起来。由此可知，智能机器人至少要具备3个要素：感觉要素、运动要素和思考要素。

智能机器人能够理解人类语言，用人类语言同操作者对话，在它自身的“意识”中单独形成一种使它得以“生存”的外界环境——实际情况的详尽模式。它能分析出现的情况，能调整自己的动作以满足操作者所提出的全部要求，能拟定所希望的动作，并在信息不充分的情况下和环境迅速变化的条件下完成这些动作。

当然，要使它和人类思维变得一模一样是不可能的。不过，仍然有人试图建立计算机能够理解的某种“微观世界”，如维诺格勒在美国麻省理工学院人工智能实验室里制作的机器人。这个机器人试图完全学会玩积木，包括积木的排列、移动和几何图案结构，可以说，这已经达到一个小孩子的能力范畴。这个机器人能独自行走和拿起一定的物品，能“看到”东西并分析看到的东西，能服从指令并用人类语言回答问题。更重要的是，它具有“理解”能力。为此，有人曾经在一次人工智能学术会议上说过，在过去不到十年的时间里，电子计算机的智力提高了10倍，如维诺格勒所指出的，计算机具有明显的人工智能成分。智能机器人的设想模型如图7-1所示。

美国于2013年3月发布机器人发展路线图，将具有一定智能的、可移动可作业的设备与装备称为智能机器人，如智能吸尘器、空中无人机、智能割草机、智能家居、谷歌自动驾驶无人车(图7-2)等都称为智能机器人。

(a)

(b)

图7-1　智能机器人

图7-2　谷歌自动驾驶无人车

7.2 智能机器人的分类

7.2.1 按智能程度分类

智能机器人根据其智能程度的不同，可分为传感型智能机器人、交互型智能机器人和自主型智能机器人3种。

1)传感型智能机器人

传感型智能机器人又称外部受控智能机器人，其本体上没有智能单元，只有执行机构和感应机构，它具有利用传感信息(包括视觉、听觉、触觉、接近觉、力觉和红外线、超声及激光等)进行传感信息处理、实现控制与操作的能力。传感型智能机器人受控于外部计算机，在外部计算机上具有智能处理单元，处理由受控机器人采集的各种信息以及机器人本身的各种姿态和轨迹等信息，然后发出控制指令，指挥机器人的动作。目前，机器人世界杯的小型组比赛使用的机器人就属于这种类型。图 7-3 为传感型智能机器人。

2)交互型智能机器人

交互型智能机器人通过计算机系统与操作员或程序员进行人-机对话，实现对机器人的控制与操作。它虽然具有部分处理和决策功能，能够独立地实现轨迹规划、简单的避障等功能，但是还要受到外部的控制。图 7-4 为交互型智能机器人。

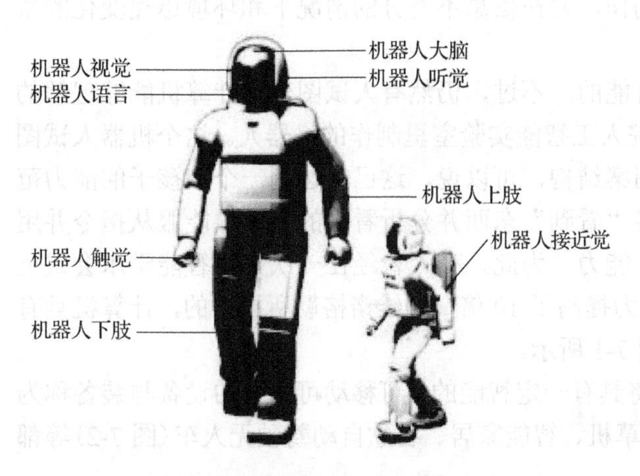

图 7-3 传感型智能机器人

图 7-4 交互型智能机器人

3)自主型智能机器人

自主型智能机器人是指无须人的干预，能够在各种环境下自主完成各项拟定任务的机器人。自主型智能机器人具有感知、处理、决策、执行等模块，可以像一个自主的人一样独立地活动和处理问题。机器人世界杯比赛中使用的机器人属于这一类型。

自主型智能机器人最重要的特点在于它的自主性和适应性。其中，自主性是指它可以在一定的环境中，不依赖任何外部控制，完全自主地执行一定的任务；适应性是指它可以实时识别和测量周围的物体，根据环境的变化来调节自身的参数、调整动作策略以及处理紧急情况。交互性也是自主型智能机器人的一个重要特点，机器人可以与人、与外部环境以及与其他机器人之间进行信息交流。自主型智能机器人涉及传感器数据融合、图像处理、模式识别、智能控制等方面的研究，能够综合反映一个国家在制造业和人工智能等方面的水平。

2016年机器人索菲亚首次于美国得克萨斯州亮相，2017年沙特阿拉伯授予了索菲亚公民权，如图7-5所示，使其成为全球首个被赋予公民权的自主型智能机器人。索菲亚外表与人类女性相仿，有着丰富的面部表情，能够与人进行语言交流。这种机器人不再是根据特定指令完成特定动作，而是通过对周边环境的探索来获取技能。它能够通过对语言、技巧和协作能力的学习，在需要时候自主地发挥“她”的智能。

图7-5 自主型智能机器人

7.2.2 按用途分类

在用途上，智能机器人与普通机器人有许多相似之处，但其智能性使得它能做更复杂的工作，完成更高级的任务。

1) 工业智能机器人

工业智能机器人依据具体应用的不同，通常又可以分成智能焊接机器人、智能装配机器人、智能喷漆机器人、智能码垛机器人、智能搬运机器人等多种类型。作为具有智能的工业机器，它们在很多方面超越了传统机器人。其中，智能焊接机器人包括点焊(电阻焊)机器人和电弧焊机器人，其用途是实现自动的焊接作业。智能装配机器人多用于电子部件电气装配。智能喷漆机器人代替人进行喷漆作业。随着工业生产线柔性的要求越来越高，对各种机器人的需求也就越来越强烈。图7-6为智能焊接机器人。

2) 农业智能机器人

随着机器人技术的进步，以无机物为作业对象的工业机器，正在向更高层次更复杂的以动物、植物等为作业对象的农业智能机器人发展，农业智能机器人或机器人化的农业机械的应用范围正在逐步扩大。农业智能机器人的应用不仅能够解决人们的生产效率低、劳动力不足的问题，而且可以改善农业的生产环境，防止农药、化肥对人体的伤害，提高作业质量。但由于农业智能机器人所面临的是非结构、不确定、不宜预估的复杂环境和工作对象，与工业机器人相比，其研究开发的难度更大。农业智能机器人的研究开发领域目前主要集中在耕种、施肥、喷药、蔬菜嫁接、苗木株苗移栽、收获、灌溉、养殖和各种辅助操作等方面。日本是机器人普及最广泛的国家，目前已经有数千台机器人应用于农业领域。图7-7为英国某农业机械研究所的研究人员开发出的一种结构坚固耐用、操作简便的果实采摘机器人，从而使果实的采摘实现了自动化。

图7-6 智能焊接机器人

图7-7 果实采摘机器人

3) 智能探索机器人

机器人除了在工农业上广泛应用，还越来越多地用于极限探索，即在恶劣或不适于人类工作的环境中执行任务。例如，在水下(海洋)、太空以及在放射性(有毒或高温)等环境中进行作业。人类借助潜水器潜入深海之中探秘已有很长的历史。然而，由于危险性很大、费用极高，水下机器人就成了代替人在这一危险的环境中工作的最佳工具。空间机器人是指在大气层内外从事各种作业的机器人，包括在内层空间飞行并进行观测、可完成多种作业的飞行机器人，到外层空间其他星球上进行探测作业的星球探测器和在各种航天器里使用的机器人。图 7-8 为我国研究设计的蛟龙号水下探索机器人(又称蛟龙号载人潜水器)。

4)服务智能机器人

机器人技术不仅在工农业生产、科学探索中得到了广泛应用，而且逐渐渗透到人们的日常生活领域，服务智能机器人就是这类机器人的一个总称。尽管服务智能机器人的起步较晚，但应用前景十分广泛，目前主要应用在清洁、护理、执勤、救援、娱乐和代替人对设备维修、保养等场合。IFR 给服务智能机器人的一个初步定义是：一种以自主或半自主方式运行，能为人类的生活、康复提供服务的机器人，或者能对设备运行进行维护的机器人。图 7-9 为 IBM“深蓝”与卡斯帕罗夫对弈。

图 7-8　蛟龙号水下探索机器人

图 7-9　IBM“深蓝”与卡斯帕罗夫对弈

5)军用智能机器人

21 世纪以来，军用智能机器人的应用以不以学者意志为转移的方式迅速普及到海陆空的各个攻防领域。以美国为首的西方发达国家大力发展和运用空中无人机(图 7-10)、陆上无人战车、水中无人舰艇，未来战场呈现出无人化的趋势，可以预言，未来战场占优势的一方是较少依赖血肉之躯出现在战火硝烟中的一方。图 7-11 为遥控陆战机器人。此外，还有医用手术机器人、交通物流机器人等，可以预见，智能机器人将很快普及应用到人类生活、工作、学习、交流的各个领域。

图 7-10　美国军用无人机

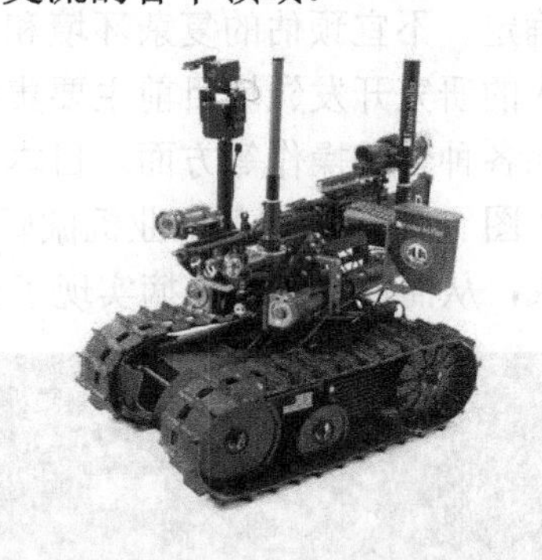

图 7-11　遥控陆战机器人

6)拟物智能机器人

拟物智能机器人是仿照各种各样的生物、日常使用物品、建筑物、交通工具等做出的机器人，采用非智能或智能的系统来方便人类生活。例如，机器宠物狗“爱宝”(AIBO)，六脚机器昆虫，轮式、履带式机器人。图 7-12 为 AIBO 机械狗，它是索尼(SONY)公司于 1999 年首次推出的电子机器宠物。

7)仿人智能机器人

模仿人的形态和行为而设计制造的机器人就是仿人智能机器人，一般分别或同时具有仿人的四肢和头部。机器人一般根据不同应用需求被设计成不同形状和功能，如步行机器人、写字机器人、奏乐机器人、玩具机器人等。而仿人智能机器人研究集机械、电子、计算机、材料、传感器、控制技术等多门学科于一体。图 7-13 为研究人员开发的打乒乓球智能机器人。

图 7-12 SONY 公司 AIBO 机械狗

图 7-13 打乒乓球智能机器人

7.3 智能机器人的关键技术

简单来说，智能机器人就是以人工智能决定其行动的机器人。目前研制中的智能机器人智能水平并不高，只能说是智能机器人的初级阶段。当前智能机器人研究中的核心问题有两个方面：一方面是提高智能机器人的自主性，这是就智能机器人与人的关系而言，即希望智能机器人进一步独立于人，具有更为友善的人机界面。另一方面，从长远来说，希望操作人员只要给出要完成的任务，机器人就能自动形成完成该任务的步骤，并自动完成它。提高智能机器人适应环境变化的能力、加强智能机器人与环境及人的交互关系，是智能机器人的关键技术。

智能机器人关键技术主要涉及多传感信息融合技术、导航和定位技术、路径规划技术和智能控制技术等方面。

7.3.1 多传感信息融合技术

多传感器信息融合就是指综合来自多个传感器的感知数据，以产生更可靠、更准确或更全面的信息，经过融合的多传感器系统能够更加完善、精确地反映检测对象的特性，消除信息的不确定性，提高信息的可靠性。

多传感器信息融合技术对促进机器人智能化、自主化起着极其重要的作用，是协调使用多个传感器，把分布在不同位置的多个同质或异质传感器所提供的局部不完整测量及相关联数据库中的相关信息加以综合，消除多传感器之间可能存在的冗余和矛盾，并加以互补，降低其不确定性，获得对物体或环境的一致性描述的过程，是机器人智能化的关键技术之一。数据融合在机器人领域的应用包括物体识别、环境地图创建和定位。

1. 多传感器信息融合过程

多传感器信息融合是将来自多传感器或多源的信息和数据，模仿人类专家的综合信息处理能力进行智能化处理，从而获得更为全面、准确和可信的结论。其信息融合过程包括多传感器、数据预处理、信息融合中心和输出结果，图 7-14 为多传感器信息融合过程。其中多传感器的功能是信号检测，获得的非电信号转换成电信号后，再经过 A/D 转换成能被计算机处理的数字量，数据预处理滤掉数据采集过程中的干扰和噪声，融合中心对各种类型数据按适当的方法进行特征提取和融合计算，最后输出结果。

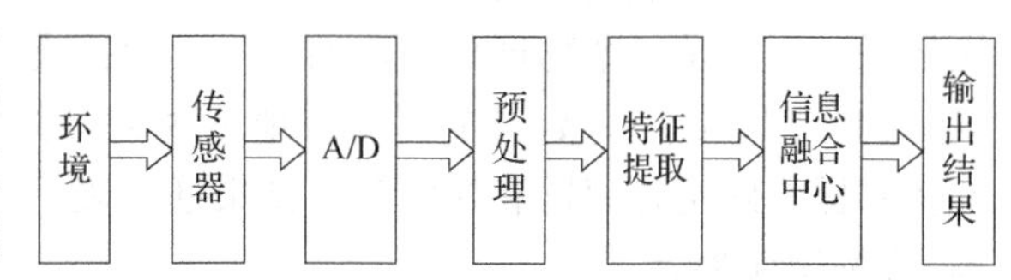

图 7-14 多传感器信息融合过程

多传感器信息融合与经典信号处理方法之间存在本质的区别，其关键在于信息融合所处理的多传感器信息具有更为复杂的形式，而且可以在不同的信息层次上出现。

按多源信息在传感器信息处理层次中的抽象程度，数据融合可以分为3个层次。

1）数据层融合

数据层融合也称低级或像素级融合。首先将全部传感器的观测数据融合，然后从融合的数据中提取特征向量，并进行判断识别。要求传感器是同质的，即传感器观测的是同一个物理现象。如果传感器是异质的，那么数据只能在特征层或决策层进行融合。

2）特征层融合

特征层融合也称中级或特征级融合。它首先对来自传感器的原始信息进行特征提取，然后对特征信息进行综合分析和处理。

3）决策层融合

决策层融合也称高级或决策级融合。不同类型的传感器观测同一个目标，每个传感器在本地完成基本的处理(包括预处理、特征提取、识别或判决)并得出对所观察目标的初步结论，然后通过关联处理进行决策层融合判决，得出最终的联合推断结果。

2. 多传感器融合算法

信息融合可以视为在一定条件下信息空间的一种非线性推理过程，即把多个传感器检测到的信息作为一个数据空间的信息 M，推理得到另一个决策空间的信息 N，信息融合技术就是要实现 M 到 N 映射的推理过程，其实质是非线性映射 f：$M \sim N$。常见的多传感器融合算法分类如图7-15所示。

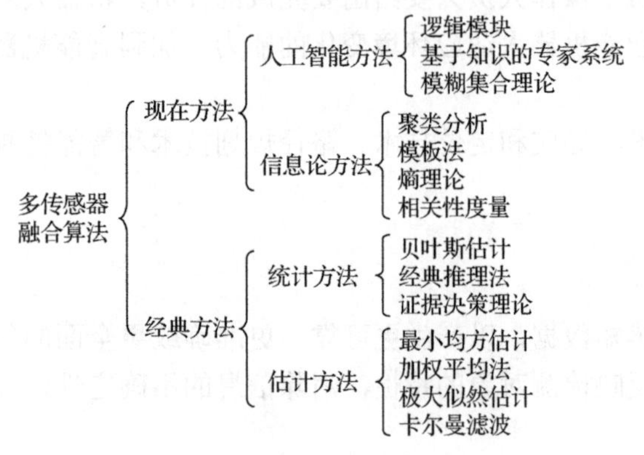

图7-15 多传感器融合算法分类

机器人学中主要的数据融合算法常基于概率统计方法，现在这被认为是机器人学应用中的标准途径。概率性的数据融合算法一般是基于贝叶斯定律进行先验和观测信息的综合。实际上，这可以采用几条途径进行实现：通过卡尔曼滤波和扩展卡尔曼滤波器；通过连续蒙特卡罗方法；通过概率密度函数预测方法。

3. 多传感器融合在机器人领域的应用

多传感器融合系统已经广泛应用于解决机器人学的各种问题，其中应用最广泛的两个区域是动态系统控制和环境建模。

1）动态系统控制

动态系统控制是利用合适的模型和传感器来控制一个动态系统的状态(如工业机器人、移动机器人、自动驾驶交通工具机器人和医疗机器人)。通常此类系统包含转向、加速和行为选择等实时反馈控制环路。除了状态预测，不确定性的模型也是必需的。传感器可能包括力/力矩传感器、陀螺仪、全球定位系统(GPS)、里程仪、照相机和距离探测仪等。

2）环境建模

环境建模是利用合适的传感器来构造物理环境某个方面的一个模型。这可能是一个特别的问题，如杯子；可能是一个物理部分，如一张人脸；或是周围事物的一大片部位，如一栋建筑物的内部环境、城市的一部分或一片延伸的遥远或地下区域。典型的传感器包括照相机、雷达、三维距离探测仪、红外传感器、触觉传感器和探针等。结果通常表示为几何特征(点、线、面)、物理特征(洞、沟槽、角落等)或物理属性。

如图7-16所示，多传感器信息融合技术在移动机器人感知系统中的立体视觉、地标识别、目标物与障碍物的探测等多个方面均有不同程度的应用。从信息融合的层次上讲，移动机器人的感知既涉及数据层、特征层的信息融合，又需要决策层的信息融合。从信息融合的结构上讲，移动机器人的感知也需要充分有效利用多传感器串行、并行与分散式融合等多种结构。从信息融合的算法上讲，移动机器人需要根据测距传感器信息融合、内部航迹推算系统信息融合、全局定位信息之间的信息融合等融合算法，以准确、全面地认识和描述被测对象与环境，进而能够做出正确的判断与决策。

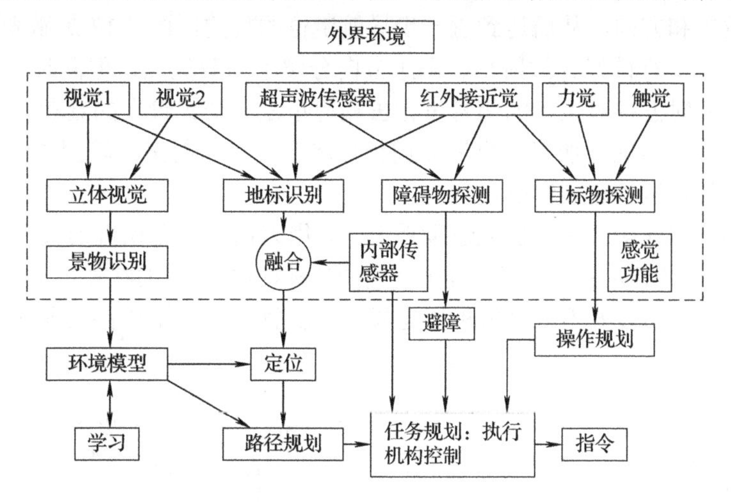

图 7-16 移动机器人多传感器信息融合技术框图

7.3.2 导航和定位技术

在自主移动机器人导航中，无论是局部实时避障还是全局规划，都需要精确知道机器人或障碍物的当前状态及位置，以完成导航、避障及路径规划等任务。

在机器人系统中，自主导航是一项核心技术，是机器人研究领域的重点和难点问题。自主移动机器人常用的导航定位方法有以下 4 种。

1. 视觉导航定位

在视觉导航定位系统中，目前国内外应用较多的是基于局部视觉的在机器人中安装车载摄像机的导航方式。

在这种导航方式中，控制设备和传感装置装载在机器人车体上，图像识别、路径规划等高层决策都由车载控制计算机完成。

视觉导航定位系统主要包括摄像机(或 CCD 图像传感器)、视频信号数字化设备、基于 DSP 的快速信号处理器、计算机及其外设等。

现在很多机器人系统采用 CCD 图像传感器，其基本元件是一组硅成像元素，在一个衬底上配置光敏元件和电荷转移器件，通过电荷的依次转移，将多个像素的视频信号分时、顺序地取出来，如面阵 CCD 图像传感器采集图像的分辨率可从 32 像素×32 像素到 1024 像素×1024 像素等。

视觉导航定位系统的工作原理简单说来就是对机器人周边的环境进行光学处理，先用摄像头进行图像信息采集，将采集的信息进行压缩，然后将它反馈到一个由神经网络和统计学方法构成的学习子系统，再由学习子系统将采集到的图像信息和机器人的实际位置联系起来，完成机器人的自主导航定位功能。

2. 光反射导航定位

典型的光反射导航定位方法主要利用激光或红外传感器来测距。激光和红外传感器都是利用光反射技术来进行导航定位的。激光全局定位系统一般由激光器旋转机构、反射器、光电接收装置和数据采集与传输装置等部分组成。

工作时，激光经过旋转机构向外发射，当扫描到由后向反射器构成的合作路标时，反射光经光电接收器件处理作为检测信号，启动数据采集程序读取旋转机构的码盘数据(目标的测量角度)，然后通过通信传递到上位机进行数据处理，根据已知路标的位置和检测到的信息，就可以计算出传感器当前在路标坐标系下的位置和方向，从而达到进一步导航定位的目的。图 7-17 是激光传感器系统原理图。激光测距具有光束窄、平行性好、散射小、测距方向分辨率高等优点，但同时它受环境因素干扰比较大，因此采用激光测距时怎样对采集的信号进行去噪等也是一个比较大的难题。

另外激光测距也存在盲区，所以光靠激光进行导航定位实现起来比较困难，一般还是在特定范围内的工业现场检测，如检测管道裂缝等。

红外传感技术经常用在多关节机器人避障系统中，用来构成大面积机器人“敏感皮肤”，覆盖在机器人手臂表面，可以检测机器人手臂运行过程中遇到的各种物体。典型的红外传感器工作原理图如图 7-18 所示。该传感器包括一个可以发射红外线的固态发光二极管和一个用作接收器的固态光敏二极管。

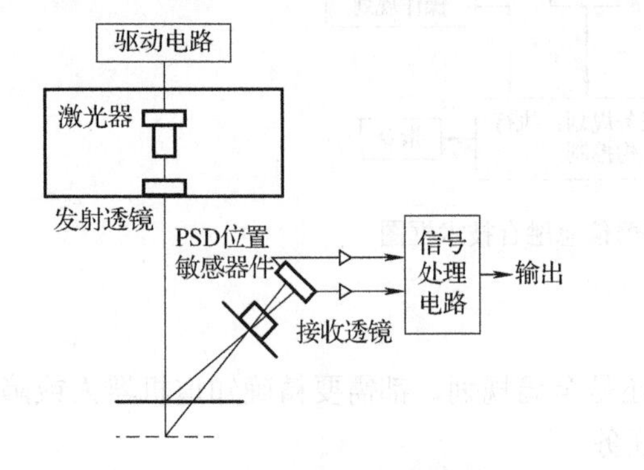

图 7-17 激光传感器系统原理图

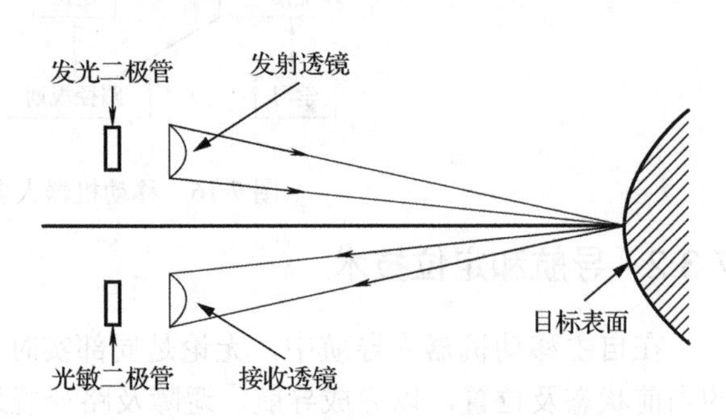

图 7-18 红外传感器工作原理图

由发光二极管发射经过调制的信号，光敏二极管接收目标物反射的红外调制信号，环境红外线干扰的消除由信号调制和专用红外滤光片保证。

这样通过红外传感器就可以测出机器人距离目标物体的位置，进而通过其他信息处理方法也就可以对移动机器人进行导航定位。虽然红外传感定位同样具有灵敏度高、结构简单、成本低等优点，但其角度分辨率高，而距离分辨率低，因此在移动机器人中常用作接近觉传感器，探测邻近或突发运动障碍，便于机器人紧急避障。

3. GPS

如今，在智能机器人的导航定位技术应用中，一般采用伪距差分动态定位法，用基准接收机和动态接收机共同观测 4 颗 GPS 卫星，按照一定的算法即可求出某时某刻机器人的三维位置坐标。

差分动态定位消除了星钟误差，对于在距离基准站 1000km 的用户，可以消除星钟误差和对流层引起的误差，因而可以显著提高动态定位精度。

但是在移动导航中移动 GPS 接收机定位精度受到卫星信号状况和道路环境的影响，同时受到时钟误差、传播误差、接收机噪声等诸多因素的影响，因此，单纯利用 GPS 导航存在定位精度比较低、可靠性不高的问题，所以在机器人的导航应用中通常还辅以磁罗盘、光码盘的数据。

另外，GPS 也不适于在室内或者水下机器人的导航以及对于位置精度要求较高的机器人系统。

4. 超声波导航定位

超声波导航定位的工作原理也与激光和红外线类似，通常是由超声波传感器的发射探头发射出超声波，超声波在介质中遇到障碍物而返回接收装置。

通过接收自身发射的超声波反射信号，根据超声波发射与回波接收时间差及传播速度，计算出传播距离 S，就能得到障碍物到机器人的距离，即有公式：$S=Tv/2$，式中，T 为超声波发射和接收的时间差；v为超声波在介质中传播的速度。

当然，也有不少移动机器人导航定位中用到的是分开的发射和接收装置，在环境地图中布置多个接收装置，而在移动机器人上安装发射探头。

在移动机器人的导航定位中，超声波传感器自身存在缺陷，如镜面反射、有限的波束角等，给充分获得周边环境信息造成了困难，因此，通常采用多传感器组成的超声波传感系统，建立相应的环境模型，通过串行通信把传感器采集到的信息传递给移动机器人的控制系统，控制系统再根据采集的信号和建立的数学模型采取一定的算法进行对应数据处理，便可以得到机器人的位置环境信息。

由于超声波传感器具有成本低廉、采集信息速率快、距离分辨率高等优点，长期以来广泛地应用到移动机器人的导航定位中。此外，它采集环境信息时不需要复杂的图像配备技术，因此测距速度快、实时性好。同时，超声波传感器也不易受到天气条件、环境光照及障碍物阴影、表面粗糙度等外界环境条件的影响。超声波传感器进行导航定位已经广泛应用到各种移动机器人的感知系统中。

7.3.3 路径规划技术

智能机器人的路径规划就是给定智能机器人及其工作环境信息，按照某种优化指标，在起始点和目标点之间规划出一条与环境障碍物无碰撞的路径。智能机器人的路径规划的研究始于 20 世纪 70 年代，目前对这一问题的研究仍十分活跃，许多学者做了大量的工作。其主要研究内容按智能机器人的工作环境可分为静态结构化环境的路径规划、动态已知环境的路径规划和动态不确定环境的路径规划；按智能机器人获取环境信息的方式可分为基于模型的路径规划和基于传感器的路径规划。

移动机器人路径规划技术大概分为以下 4 类：模板匹配路径规划技术、人工势场路径规划技术、地图构建路径规划技术和人工智能路径规划技术。

1. 模板匹配路径规划技术

模板匹配路径规划技术是将机器人当前状态与过去经历相比较，找到最接近的状态，修改这一状态下的路径，便可得到一条新的路径，即首先利用路径规划所用到的或已产生的信息建立一个模板库，模板库中的任一模板包含每一次规划的环境信息和路径信息，这些模板可通过特定的索引取得；随后将当前规划任务和环境信息与模板库中的模板进行匹配，以寻找出一个最优匹配模板；然后对该模板进行修正，并以此作为最后的结果。模板匹配路径规划技术在环境确定情况下有较好的应用效果，如Vasudevan 等提出的基于案例的自治水下机器人(AUV)路径规划方法，Liu 等提出的清洁机器人的模板匹配路径规划方法。为了提高模板匹配路径规划技术对环境变化的适应性，部分学者提出了将模板匹配与神经网络学习相结合的方法，如 Ram 等将基于事例的在线匹配和增强式学习相结合，提高了模板匹配路径规划方法中机器人的自适应性能，使机器人能部分地适应环境的变化，以及 Arleo 等将环境模板与神经网络学习相结合的路径规划方法等。

2. 人工势场路径规划技术

人工势场路径规划技术的基本思想是将机器人在环境中的运动视为一种机器人在虚拟的人工受力场中的运动。障碍物对机器人产生斥力，目标物对机器人产生引力，引力和斥力的合力作为机器人的控制力，从而控制机器人避开障碍物而到达目标位置。

早期人工势场路径规划研究静态环境的人工势场，即将障碍物和目标物均看成是静态不变的，机器人仅根据静态环境中障碍物和目标物的具体位置规划运动路径，不考虑它们的移动速度。然而，现实世界中的环境往往是动态的，障碍物和目标物都可能是移动的，为了解决动态环境中机器人的路径规划问题，Fujimura 等提出一种相对动态的人工势场路径规划方法，将时间看成规划模型的一维参量，而移动的障碍物在扩展的模型中仍被看成是静态的，这样动态路径规划仍可运用静态路径规划方法加以实现。该方法存在的主要问题是假设机器人的轨迹总是已知的，但这一点在现实世界中难以实现，对此，Ko 等将障碍物的速度参量引入斥力势函数的构造中，提出动态环境中的路径规划策略，并给出了仿真结果，但是该方法的两个假设使其与实际的动态环境存在距离。

(1)仅考虑环境中障碍物的运动速度，未考虑机器人的运动速度。

(2)认为障碍物与机器人之间的相对速度是固定不变的，这不是完整的动态环境。对于动态路径规划问题，与机器人避障相关的主要是机器人与障碍物之间的相对位置和相对速度，而非绝对位置和绝对速度。对此，Ge 等将机器人与目标物的相对位置与相对速度引入吸引势函数，将机器人与障碍物的相对位置与相对速度引入排斥势函数，提出动态环境下的机器人路径规划算法，并将该算法应用于全方位足球移动机器人的路径规划中，取得了比较满意的仿真与实验结果。

3. 地图构建路径规划技术

地图构建路径规划技术是按照机器人自身传感器搜索的障碍物信息，将机器人周围区域划分为不同的网格空间(如自由空间和限制空间等)，计算网格空间的障碍物占有情况，再依据一定规则确定最优路径。地图构建路径规划技术又分为路标法和栅格法。路标法是构造一幅由标志点和连接边线组成的机器人可行路径图，如可视图法(图 7-19)、切线图法(图 7-20)和 Voronoi 图法(图 7-21)等。

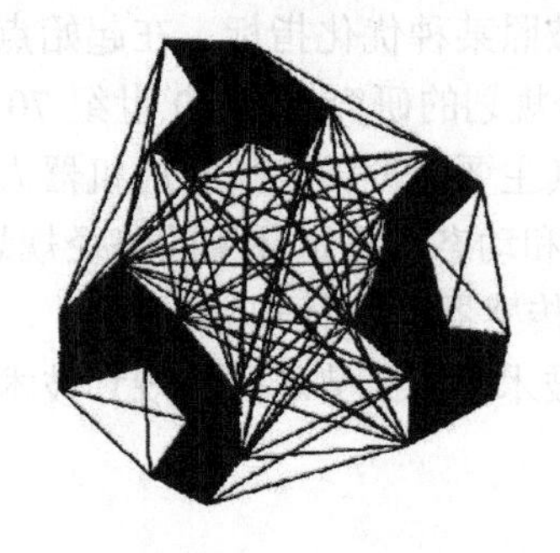

图 7-19 可视图法

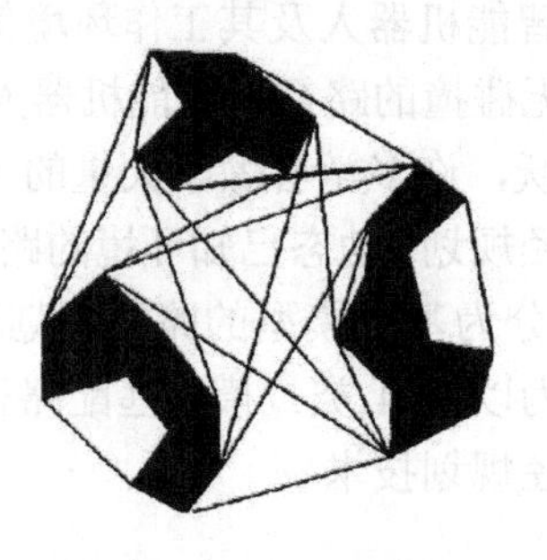

图 7-20 切线图法

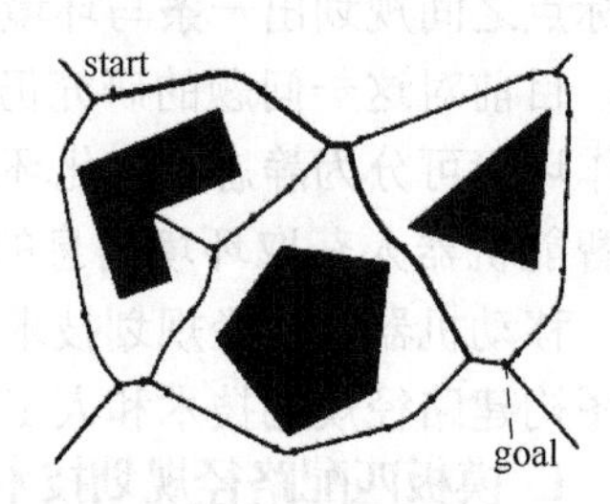

图 7-21 Voronoi 图法

可视图法将机器人看成一个点，机器人、目标点和多边形障碍物的各顶点进行组合连接，并保证这些直线均不与障碍物相交，便形成一张图，称为可视图。由于任意两直线的顶点都是可见的，从起始点沿着这些直线到达目标点的所有路径均是运动物体的无碰路径，路径规划就是搜索从起始点到目标点经过这些可视直线的最短距离问题。

切线图法和 Voronoi 图法对可视图法进行了改造。切线图法以多边形障碍物模型为基础，任意形状障碍物用近似多边形替代，在自由空间中构造切线图。因此从起始点到目标点机器人沿着切线行走，即机器人必须几乎接近障碍物行走，路径较短，但如果控制过程中产生位置误差，移动机器人碰撞的可能性会很高。

Voronoi 图由一系列的直线段和抛物线段构成。直线段由两个障碍物的顶点或两个障碍物的边定义生成，直线段上所有点必须与障碍物的顶点或障碍物的边的距离相等，抛物线段由一个障碍物的顶点和一个障碍物的边定义生成，抛物线段同样要求与障碍物顶点和障碍物的边有相同距离。与切线图法相比，Voronoi 图法从起始(start)节点到目标(goal)节点的路径将会增长。但采用这种控制方式时，即使产生位置误差，移动机器人也不会碰到障碍物，安全性较高。

4. 人工智能路径规划技术

人工智能路径规划技术是将现代人工智能技术应用于移动机器人的路径规划中，如人工神经网络、进化计算、模糊逻辑与信息融合等。遗传算法是最早应用于组合优化问题的智能优化算法，该算法及其派生算法在机器人路径规划研究领域已得到应用，在蚁群算法较好解决旅行商问题(TSP)的基础上，许多学者进一步将蚁群算法引入水下机器人的路径规划研究中。

神经网络作为人工智能的重要内容，在移动机器人路径规划研究中得到了广泛关注，如 Ghatee 等将 Hopfield 神经网络应用到路径距离的优化中；Zhu 等将自组织 SOM 神经网络应用到多任务多机器人的任务分配与路径规划中。近年来加拿大学者 Simon 提出一种新的生物启发动态神经网络模型，将神经网络的神经元与二维规划空间的离散坐标对应起来，通过规定障碍物和非障碍物对神经元输入激励和抑制的不同，直接计算相关神经元的输出，由此判定机器人的运行方向。该神经网络不需要学习训练过程，路径规划实时性好，同时利用神经网络本身的快速衰减特性，较好地解决了机器人路径规划的死区问题。

人工智能技术应用于移动机器人路径规划，增强了机器人的“智能”特性，克服了许多传统规划方法的不足，但该方法也有不足之处。有关遗传优化与蚁群算法路径规划技术主要针对路径规划中的部分问题，利用进化计算进行优化处理，并与其他路径规划方法结合在一起使用，单独完成路径规划任务的情况较少。信息融合技术主要应用于机器人传感器信号处理方面，而非直接的路径规划策略。大多数神经网络路径规划均存在规划知识的学习过程，不仅学习样本难以获取，而且存在学习滞后问题，从而影响神经网络路径规划的实时性。图 7-22 所示的生物启发神经网络路径规划虽然实时性较好，但其输入激励与抑制的设定也存在人为不确定因素。

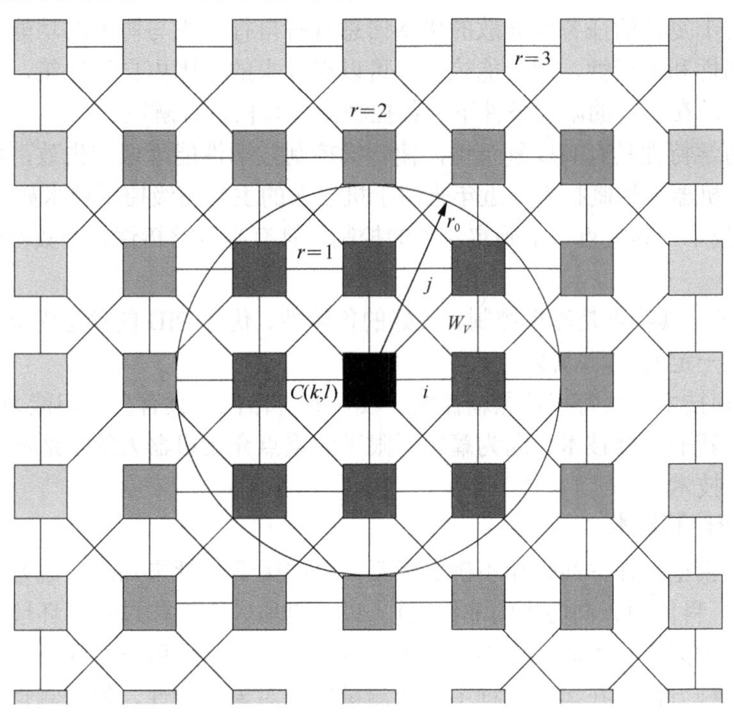

图 7-22 生物启发神经网络路径规划

7.3.4 智能控制技术

当今机器人已经深入人类生活的各个方面，机器人应用领域的广泛性和机器人种类的多样性深刻反映出机器人控制综合利用了机器人学和自动化领域的最新技术。人类生活对高度智能化机器人的需求，使得基于经典优化方法的控制策略已经远远不能满足智能机器人技术发展的需要。寻找具有柔顺性和智能性的控制策略，已成为智能机器人研究中最迫切的问题之一。

机器人的智能控制通过传感器获得周围环境的知识，并根据自身内部的知识库作出相应的决策。智能控制技术机器人具有较强的环境适应性及自学习能力。随着机器人应用领域的不断扩大，一些场合对机器人提出了更高的要求。

1. 智能机器人控制系统的主要功能特点

一般来说，智能机器人控制系统具备以下功能特点。

1)学习功能

如果一个系统能对一个过程或其环境的未知特征所固有的信息进行学习，并将得到的经验用于进一步的估计、分类、决策或控制，从而使系统的性能得到改善，那么便称该系统具有学习功能。智能控制系统一般应具备这样的学习功能。

2)适应功能

这里所说的适应功能要比传统的自适应控制的适应功能具有更广泛的含义。它包括更高层次的适应性。智能控制系统中的智能行为实质上是一种从输入到输出的映射关系，它可看作不依赖模型的自适应估计，因而它具有很好的适应性能。当系统的输入不是已经学习过的例子时，由于它具有插补或泛化功能，从而可以给出合适的输出。甚至当系统中某些部分出现故障时，系统也还能够正常工作。如果系统具有更高程度的智能，它还能自动找出故障，甚至具备自修复的功能，从而体现了更强的适应性。

3)组织功能

组织功能是指对于复杂的任务和分散的传感信息具有自行组织与协调的功能。组织功能也表现为系统具有相应的主动性和灵活性，即智能控制器可以在要求的范围内自行决策，主动地采取行动；而当出现多目标冲突时，在一定的限制条件下，各控制器可有权自行解决。

因为机器人动力学特性具有高度复杂性，使一般控制技术性能降低或失效，所以需研究具有自适应和学习智能的高级机器人控制技术。近年来用于机器人的主要高级控制技术如下。

(1)自适应控制技术。其特点是不确定对象的控制，具有高度鲁棒性、参数实时校正、优秀的动态控制性能。

(2)模糊控制技术。其特点是黑箱控制、较好的鲁棒性、优于PID的动态性能，可与专家系统和神经网络技术结合实现一定的学习功能。

(3)神经网络控制技术。其特点是黑箱控制、较好的鲁棒性，具有自学习能力。

此外，还有一些新的控制技术。因为篇幅所限下面重点介绍机器人的自适应控制技术、模糊控制技术和神经网络控制技术。

2. 机器人自适应控制技术

机器人的动力学模型存在非线性和不确定因素，这些因素包括未知的系统参数(如摩擦力)、非线性动态特性(如重力、科氏力、向心力的非线性)，以及机器人在工作过程中环境和工作对象的性质与特征的变化。这些未知因素和不确定性将使控制系统性能变差，采用一般的反馈技术不能满足控制要求。解决此问题的一种方法是在运行过程中不断测量受控对象的特性，根据测得的特征信息使控制系统按新的特性实现闭环最优控制，即自适应控制。

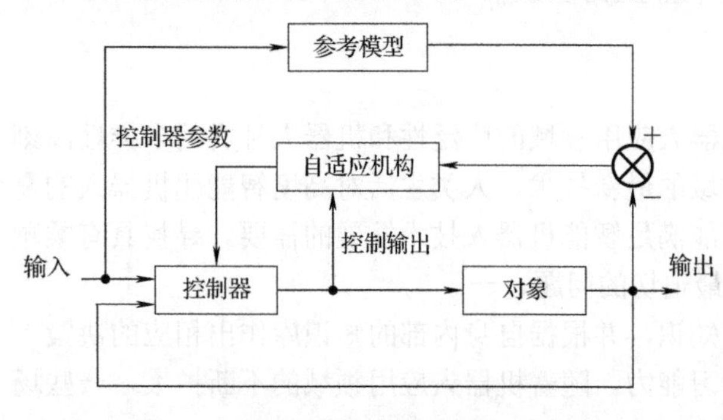

图 7-23　模型参考自适应控制系统框图

自适应控制系统按其原理可分为模型参考自适应控制系统、自校正控制系统、自寻最优控制系统、变结构控制系统和智能自适应控制系统等。在这些类型的自适应控制系统中，模型参考自适应控制系统和自校正控制系统较成熟，也较常用。

模型参考自适应控制(MRAC)系统框图如图7-23所示。模型参考自适应控制是从模型参考控制(MRC)引申而来的。在模型参考控制中，利用参考模型描述希望的闭环对象的输入/输出特性。模型参考控制的目标是寻求一种反馈控制律以改变闭环对象的结构和动态特性，使其输入/输出与参考模型的特性相同。当参数未知时，利用参数估计值代替控制律中的未知参数，构成的系统即模型参考自适应控制系统。

模型参考自适应控制由两个环路组成：一个是控制器与对象构成的环路，与常规反馈系统类似，称为可调系统；另一个是调整控制器参数的自适应回路，其中的参考模型与可调系统并联。当可调系统渐近逼近参考模型时，参考模型的输出趋近对象的输出。因为加到可调系统的输入同时也加到参考模型的输入端，所以参考模型的输出或状态可用于构造系统的性能指标。

自校正控制系统框图如图7-24所示。自校正控制系统由两个环路组成：一个环路与常规反馈系统类似，由对象和控制器组成；另一个环路由对象参数估计和控制器参数设计环节组成，其任务是辨识对象的参数，再按选定的设计方法综合出控制器参数，用以修改系统的控制器。例如，一种利用模糊规则改变PID控制器参数的模糊PID控制系统就属于自校正控制系统。

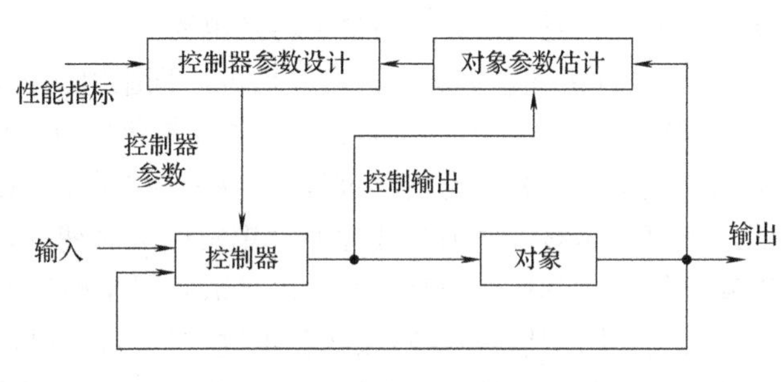

图7-24 自校正控制系统框图

3. 机器人模糊控制技术

1)模糊控制概念

模糊理论的应用主要解决被控过程很难建立数学模型的问题，这些过程的参数具有时变性及非线性等特征。模糊控制技术不需要建立精确的数学模型，是解决不确定性系统控制问题的一种有效途径。

在模糊控制中，输入量经过模糊量化成为模糊变量，由模糊变量经过模糊规则的推理获得模糊输出，经过解模糊得到清晰的输出量用于控制。模糊控制的系统框图如图7-25所示。常用的模糊量化函数有三角函数、梯形函数、正态分布的指数函数、Sigmoid函数等，常用的模糊推理包括max-product法、max-rain法(又称为Mamdani法)、Sugeno法等，常用的解模糊方法包括重心法、最大隶属度法、加权平均法等。模糊量化函数又称为隶属度函数，其取值范围为(0,1)。

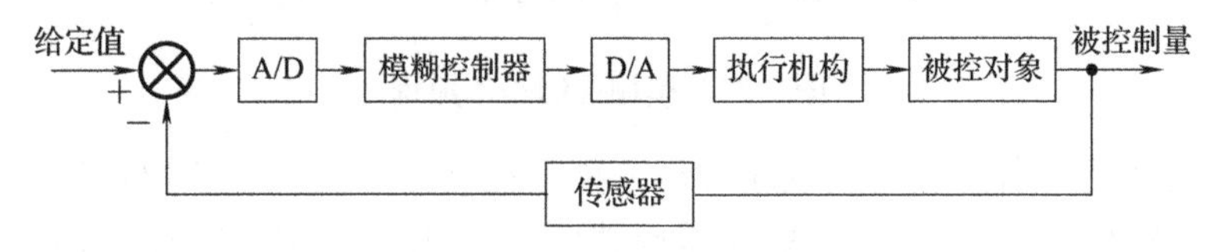

图7-25 模糊控制系统框图

图7-26给出了一个模糊系统隶属度函数。其中，图7-26(a)为误差与误差变化率的隶属度函数，采用三角函数和单侧梯形函数；图7-26(b)为输出的隶属度函数，采用三角函数、梯形函数和单侧梯形函数。此外，目前的MATLAB工具箱中已经具有模糊控制的相应函数和推理模块，为模糊控制系统的仿真实验带来很大便利。

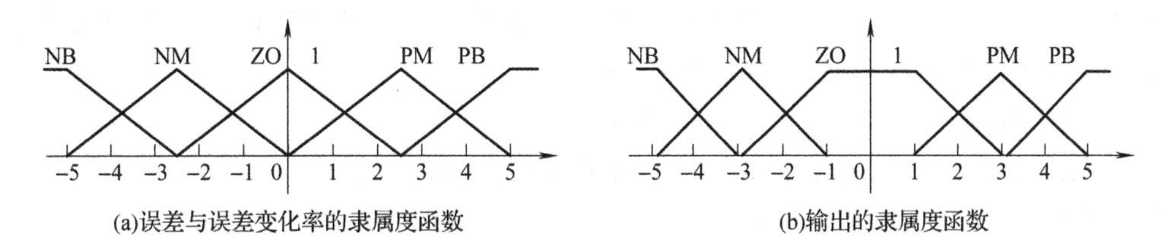

图7-26 模糊系统隶属度函数

模糊控制系统一般可分为5个组成部分。

(1)模糊控制器是各类自动控制系统中的核心部分。由于被控对象的不同，以及对系统静态、动态特性的要求和所应用的控制规则(或策略)各异，可以构成各种类型的控制器，如在经典控制理论中，用运算放大器加上阻容网络构成的 PID 控制器和由前馈、反馈环节构成的各种串、并联校正器；在现代控制理论中，设计的有限状态观测器、自适应控制器、解耦控制器、鲁棒控制器等。而在模糊控制理论中，则采用基于模糊控制知识表示和规则推理的语言型模糊控制器，这也是模糊控制系统区别于其他自动控制系统的特点所在。

(2)输入输出接口。模糊控制器通过输入输出接口从被控对象获取数字信号量，并将模糊控制器决策的输出数字信号经过 D/A 转换为模拟信号，然后送给被控对象。在输入输出接口装置中，除 A/D、D/A 转换外，还包括必要的电平转换电路。

(3)执行机构包括交、直流电动机，伺服电动机，步进电动机，气动液压调节阀等。

(4)被控对象。它可以是一种设备或装置以及它们的群体，也可以是一个生产的、自然的、社会的、生物的或其他各种状态转移过程。这些被控对象可以是确定的或模糊的、单变量的、有滞后或无滞后的，也可以是线性的或非线性的、定常的或时变的，以及具有强耦合和干扰等多种情况。对于那些难以建立精确数学模型的复杂对象，更适宜采用模糊控制。

(5)传感器是将被控对象或各种过程的被控制量转换为电信号(模拟或数字)的一类装置。被控制量往往是非电量，如位移、速度、加速度、温度、压力、流量、浓度、湿度等。传感器在模糊控制系统中占有十分重要的地位，它的精度往往直接影响整个控制系统的精度，因此，在选择传感器时，应注意选择精度高且稳定性好的传感器。

2)模糊控制的基本原理

模糊控制的基本原理如图 7-27 所示，它的核心部分为模糊控制器，如图中虚线框部分所示。

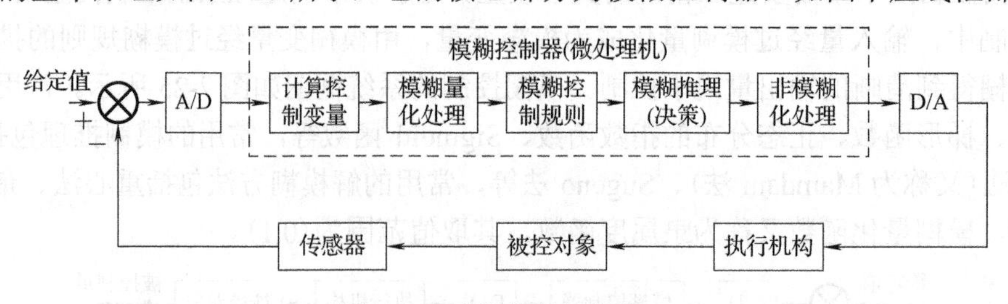

图 7-27 模糊控制基本原理

模糊控制器的控制规则由计算机的程序实现，模糊控制器通过采样获取被控制量的精确值，然后将此量与给定值比较得到误差信号(在此取误差反馈)。一般误差信号(正)作为模糊控制器的输入量。把误差信号 E 精确量进行模糊量化(又称模糊化)变成模糊量，误差信号(正)的模糊量可用相应的模糊语言表示。至此，得到了误差信号 E 的模糊语言集合的一个子集 e （e 实际是一个模糊向量）。再由 e 和模糊控制规则 R （模糊关系）根据推理合成规则进行决策，得到模糊控制量 u 为

$$u = e \circ R \tag{7-1}$$

为了对被控对象施加精确的控制，还需要将模糊控制量 u 转换为精确控制量，这一步骤在图 7-27 中称为非模糊化处理(也称为去模糊化或清晰化处理)。得到了精确的数字量后，经 D/A 转换，变为精确的模拟量后送给执行机构，对被控对象进行控制。

综上所述，模糊控制算法可概括为以下 4 个步骤。

(1)根据本次采样得到的系统输出值，计算所选择系统的输入量。

(2)将精确输入量变为模糊输入量。

(3)根据模糊输入量和模糊控制规则，按模糊推理合成模糊控制规则去计算模糊控制量。

(4)由上述得到的模糊控制量计算精确控制量。

3)模糊控制器设计的基本方法

模糊逻辑控制器简称为模糊控制器，因为模糊控制器的控制规则是基于模糊条件语句描述的语言控制规则，所以模糊控制器又称为模糊语言控制器。

模糊控制器的设计包括以下几项内容。

(1)确定模糊控制器的输入量和输出量(即控制量)。

(2)设计模糊控制器的控制规则。

(3)进行模糊化和非模糊化。

(4)选择模糊控制器的输入量及输出量的论域并确定模糊控制器的参数。

(5)编制模糊控制算法的应用程序。

(6)合理选择模糊控制算法的采样时间。

下面以单输入单输出模糊控制器为例，给出几种结构形式的模糊控制器，如图7-28所示。一般情况下，一维模糊控制器用于一阶被控对象，由于这种控制器输入变量只选一个误差，它的动态控制性能不佳。从理论上讲，模糊控制器的维数越高，控制越精细。但是维数过高，模糊控制规则变得过于复杂，控制算法实现相当困难。因此，目前广泛采用的均为二维模糊控制器，这种控制器以误差和误差的变化为输入量，以控制量的变化为输出量。

模糊控制器的输出量通常可按两种方式给出。例如，若误差“大”，则以绝对的控制量输出；若误差为“中”或“小”，则以控制量的增量(即控制量的变化)输出。尽管这种模糊控制器的结构及控制算法都比较复杂，但是可以获得较好的上升特性，改善了控制器的动态品质。

在确定了模糊控制器的结构之后，就需要对输入量进行采样、量化并模糊化。将精确量转化为模糊量的过程称为模糊化。

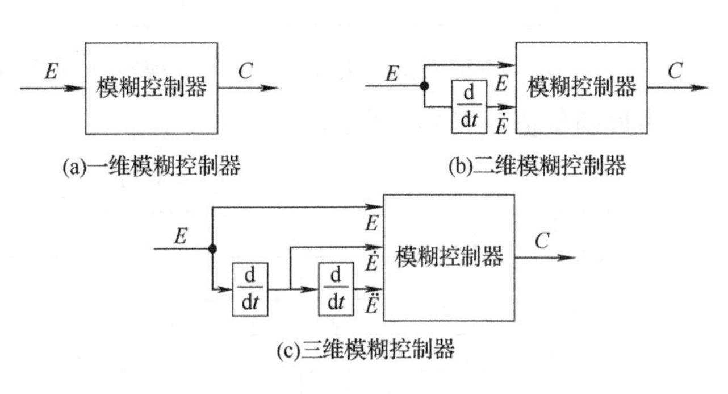

图7-28 模糊控制器结构

4)模糊化

将其从连续域转化为有限离散的整数论域。设有一实际偏差的基本论域为$[-a,a]$，偏差所取的模糊论域为$(-m,-m+1,\cdots,0,\cdots,m-1,m)$，即可给出精确的量化因子$K$为

$$K=\frac{m}{a} \tag{7-2}$$

通常根据人们经验和习惯，将$[-6,+6]$的偏差表述为如下几种模糊子集。

正大(PB)：多在+6附近

正中(PM)：多在+4附近

正小(PS)：多在+2附近

正零(PO)：稍大于零

负零(NO)：稍小于零

负小(NS)：多在−2附近

负中(NM)：多在−4附近

负大(NB)：多在−6附近

因此，对于偏差e，其模糊子集$e=\{\text{NB},\text{NM},\text{NS},\text{NO},\text{PO},\text{PS},\text{PM},\text{PB}\}$，每个语言变量偏差的隶属函数值如表7-1所示。

表 7-1　偏差 e 的隶属函数值

等级	模糊集							
	NB	NM	NS	NO	PO	PS	PM	PB
−6	1.0	0.2	0	0	0	0	0	0
−5	0.8	0.7	0	0	0	0	0	0
−4	0.4	1.0	0.1	0	0	0	0	0
−3	0.1	0.7	0.5	0	0	0	0	0
−2	0	0.2	1.0	0.1	0	0	0	0
−1	0	0	0.8	0.6	0	0	0	0
−0	0	0	0.3	1.0	0	0	0	0
+0	0	0	0	0	1.0	0.3	0	0
+1	0	0	0	0	0.6	0.8	0	0
+2	0	0	0	0	0.1	1.0	0.2	0
+3	0	0	0	0	0	0.5	0.7	0.1
+4	0	0	0	0	0	0.1	1.0	0.4
+5	0	0	0	0	0	0	0.7	0.8
+6	0	0	0	0	0	0	0.2	1.0

同理可以将偏差变化量 e_c 分为 7 个模糊子集即 $e_c = \{NB, NM, NS, ZO, PS, PM, PB\}$，各个偏差变化量的隶属函数值如表 7-2 所示。

表 7-2　偏差变化量 e_c 的隶属函数值

模糊集	等级												
	−6	−5	−4	−3	−2	−1	0	1	2	3	4	5	6
负大（NB）	1	0.5	0	0	0	0	0	0	0	0	0	0	0
负中（NM）	0	0.5	1	0.5	0	0	0	0	0	0	0	0	0
负小（NS）	0	0	0	0.5	1	0.5	0	0	0	0	0	0	0
零（ZO）	0	0	0	0	0	0.5	1	0.5	0	0	0	0	0
正小（PS）	0	0	0	0	0	0	0	0.5	1	0.5	0	0	0
正中（PM）	0	0	0	0	0	0	0	0	0	0.5	1	0.5	0
正大（PB）	0	0	0	0	0	0	0	0	0	0	0	0.5	1

可能事先对系统中偏差和偏差变化率的实际范围了解不够，但可以估计其范围，如 $[-a,a]$。如果数值的变化范围不对称，在 $[l,n]$，也就是说，精确量 a 的变化范围不在 $[-6,+6]$ 内，那么可以通过变换公式，即

$$y = \frac{12}{n-l}\left(a - \frac{l+n}{2}\right) \tag{7-3}$$

将 $[l,n]$ 变化的变量 a 转化为 $[-6,+6]$ 的变量 y，若 y 值不是整数，可以把它归为最接近的整数。应该指出，实际的输入量都是连续变化的量，通过模糊化处理，把连续量离散为 $[-6,+6]$ 有限个整数值的做法主要是为了使模糊推理合成方便。

5）非模糊化

模糊控制器的输出是一个模糊量，它不能直接作用于执行机构，必须转换到控制对象的基本论域。没有一个实际输出的基本论域为 $[-y,+y]$，输出语言变量的模糊子集的论域为 $(-n,-n+1,\cdots,0,\cdots,n-1,n)$，则可给出控制量的比例因子 K_u：

$$K_u = \frac{y}{n}，即\ \ y = nK_u \tag{7-4}$$

通常 n 取 3 或 6，视具体情况而定。这就是一种将语言变量(控制量)转化为实际输出精确控制量的方法。当然，也可以通过直接查询控制量的赋值表来确定实际输出的精确控制量。下面介绍几种常用的方法。

(1) 最大隶属度法。

若对应的模糊推理的模糊集 C 中元素 $u^* \in U$ 满足：

$$\mu_U(u^*) \geqslant \mu_U(u),\quad u \in U\ (U\text{ 为控制量论域})$$

取 u^* 作为精确控制量。若这样的隶属度最大点 u^* 不唯一，就取它们的平均值 $\bar{u}^*$ 或 $[u_1^*, u_p^*]$ 的中点 $(u_1^* + u_p^*)/2$ 作为输出控制量(其中 $u_1^* \leqslant u_2^* \leqslant \cdots \leqslant u_p^*$)。

例如，设两个模糊子集分别为

$$U_1 = \frac{0}{-7} + \frac{0}{-6} + \frac{0}{-5} + \frac{0}{-4} + \frac{0.5}{-3} + \frac{0.7}{-2} + \frac{0}{-1} + \frac{0}{0} + \frac{0}{1} + \frac{0.3}{2} + \frac{0.5}{3} + \frac{0.7}{4} + \frac{1}{5} + \frac{0.7}{6} + \frac{0.2}{7}$$

$$U_2 = \frac{0.3}{0} + \frac{1}{1} + \frac{1}{2} + \frac{0.8}{3} + \frac{0.4}{4} + \frac{0.2}{5}$$

在 U_1 中应用模糊判决的最大隶属度原则可得+5 为判决输出。在 U_2 中 u^* 有两个，即它们分别对应于元素 1 和 2，则取 $u^* = (1+2)/2 = 1.5$。

(2) 中位数判决法。

为了充分利用模糊控制器输出模糊集 U 所有信息，可以采用中位数判决法，即将隶属函数曲线与横坐标所围成的面积平分为两部分所对应的论域元素 u^* 作为判决输出，即 u^* 应满足：

$$\sum_{u_{\min}}^{u^*} \mu_U(u) = \sum_{u^*}^{u_{\max}} \mu_U(u) \tag{7-5}$$

例如，在前面所举的输出模糊集 U_1 中，面积 $S = 0.5 + 0.7 + 0.3 + 0.5 + 0.7 + 1 + 0.7 + 0.2 = 4.6$，则 $S/2 = 2.3$，将面积 S 分成相等两部分的点子 δ^* 落在+3 和+4 之间，利用插值计算可得

$$\Delta u = 0.3 / 0.7 \approx 0.43$$

因此，$u^* = +3 + 0.43 = +3.43$。

这种判决方法虽然可概括更多的信息，但主要信息没有突出。

(3) 重心法。

重心法又称加权平均法，其控制量的计算公式如下：

$$u^* = \frac{\sum_{i=1}^{m} \mu_U(u_i) u_i}{\sum_{i=1}^{m} \mu_U(u_i)} \tag{7-6}$$

例如，在前面所举的输出模糊集 U_1 中如果采用加权平均法，则

$$u^* = \frac{\sum_{i=1}^{m} \mu_U(u_i) u_i}{\sum_{i=1}^{m} \mu_U(u_i)} = \frac{12.6}{4.6} \approx 2.74 \tag{7-7}$$

在实际模糊控制系统设计中，到底采用哪一种判决方法好，不能一概而论。每一种方法都有各自的优缺点，需视具体问题的特征来选择判决方法。

6) 模糊控制规则

根据手动控制策略，模糊控制规则可归纳如下：

(1) 若 e 负大，则 u 正大；

(2)若e负小，则u正小；

(3)若e为零，则u为零；

(4)若e正小，则u负小；

(5)若e正大，则u负大。

上述控制规则也可用英文写成以下形式：

(1) if $e=\mathrm{NB}$ then $u=\mathrm{PB}$;

(2) if $e=\mathrm{NS}$ then $u=\mathrm{PS}$;

(3) if $e=\mathrm{PO}$ then $u=\mathrm{NO}$;

(4) if $e=\mathrm{PS}$ then $u=\mathrm{NS}$;

(5) if $e=\mathrm{PB}$ then $u=\mathrm{NB}$。

从上述介绍可以看出，模糊控制的关键是模糊规则的建立，合理并完善的规则是保证模糊控制系统具有良好性能的基础。然而，模糊规则通常根据专家的控制经验建立，具有一定的局限性。另外，模糊控制常采用偏差和偏差变化率作为输入量，这类模糊控制在本质上属于 PD 控制。

模糊控制在机器人领域的应用可以分为两类：一类为利用模糊规则构成控制器，直接进行模糊控制；另一类为将模糊与其他方法结合，构成智能控制器。例如，基于 T-S 模糊算法的滑模模糊控制方法、模糊滑模变结构控制方法等。模糊控制常与神经网络相结合，构成模糊神经网络，用于机器人的控制。

7) 工业机器人模糊控制应用

机器人控制的主要任务是保证机器人实现有目标的运动。由于模糊控制作用具有模拟人脑逻辑推理和思维控制的特点，而智能机器人正是具有能模拟或代替人的部分功能，所以近年来模糊控制已经广泛应用于智能机器人的控制中。

(1)机器人控制系统。

图 7-29 为法国西博特奇公司生产的 V-80 工业机器人的外形简图及其在停止位置示意图。它有 6 个自由度的旋转运动，其中 3 个自由度是机器人手臂的，另外 3 个自由度是机器人手腕上的，该机器人的连杆和关节参数如表 7-3 所示。

表 7-3 法国西博特奇公司生产的 V-80 工业机器人连杆和关节参数

连杆	变量	α	d	a	$\cos\alpha$	$\sin\alpha$
1	θ_1	-90°	0	0	0	-1
2	θ_2	0	0	a_2	1	0
3	θ_3	90°	0	a_3	0	1
4	θ_4	-90°	d_4	0	0	-1
5	θ_5	90°	0	0	0	1
6	θ_6	0	0	0	1	0

为了完成复杂的操作任务，传统的机器人控制系统是以计算机控制为特点的分级控制系统，如图 7-30 所示，它由计算机系统和机电系统两大部分组成。计算机系统处理各种信息、智能决策、规划轨迹、形成控制规律以及协调系统运动等；机电系统包括关节执行器、机构、机器人末端执行器、各种传感器以及驱动电路和其他硬件系统。

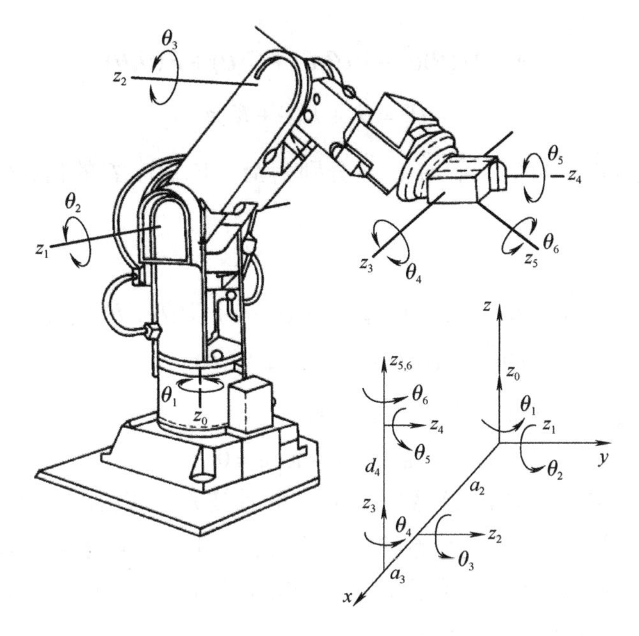

图 7-29 法国西博特奇公司生产的 V-80 工业机器人

由图 7-30 可见机器人分级控制系统由自上而下的 4 个级别组成：第一级为智能级，它有环境识别及决策和规划能力，是当代智能机器人的主要特征。现在常用的工业机器人则利用离线编程器和示教盒代替智能级，以解决人机联系问题。第二级为组织级，其任务是将期望的子任务转化成运动轨迹或适当的操作，并随时监测机器人各部分运动及工作情况，处理意外事件。第三级为实时控制级，它根据机器人动力学特性及机器人当前运动情况，综合出适当的控制指令，驱动机器人机构快速、高效地完成指定的运动和操作。第四级为执行级，其任务是接受上一级的控制指令，执行并完成机器人期望的运动，同时提供各关节轴的运动及力的反馈信息。

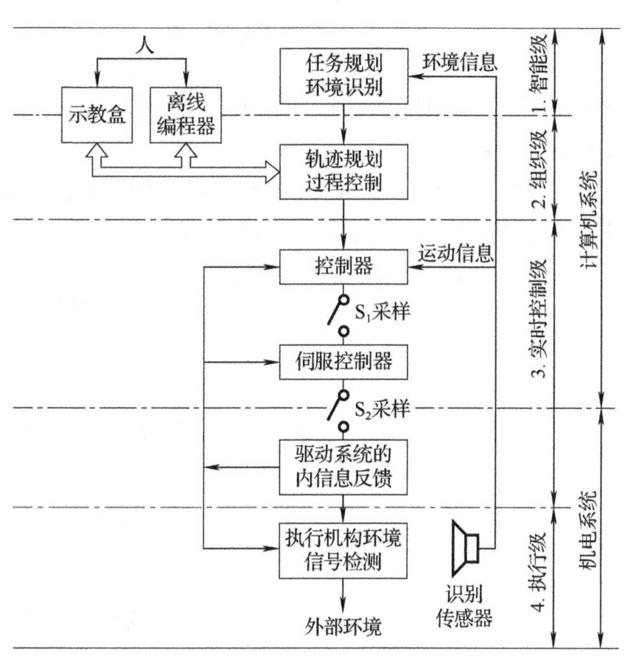

图 7-30 机器人分级控制系统

该机器人分级控制系统通过数字采样系统获取信息，图中的两级伺服是为了保证系统有足够高的采样频率，其中 S_2 比 S_1 的频率高得多。

(2) 机器人的模糊控制。

① 计算力矩控制器。一个 n 个自由度的机器人封闭形式的动力学方程可以表示为

$$\tau = M(\theta)\ddot{\theta} + V(\theta\dot{\theta}) + G(\theta) + F(\theta\dot{\theta}) \tag{7-8}$$

式中，$M(\theta)$ 为 $n\times n$ 对称正定惯性矩阵；$V(\theta\dot{\theta})$ 为 $n\times 1$ 科氏力和向心力矩矢量；$G(\theta)$ 为 $n\times 1$ 重力矢量；$F(\theta\dot{\theta})$ 为 $n\times 1$ 摩擦力矩矢量；$\theta,\dot{\theta},\ddot{\theta}$ 分别为 $n\times 1$ 机器人关节位置、速度和加速度。

为了简化运算，在此认为每个关节只由一个驱动器单独驱动，τ 为 $n\times 1$ 关节控制力矩矢量。

传统的基于模型计算力矩的控制方法是

$$\tau = \hat{M}(\theta)\ddot{\theta}^* + \hat{V}(\theta,\dot{\theta}) + \hat{G}(\theta) + \hat{F}(\theta,\dot{\theta}) \tag{7-9}$$

$$\ddot{\theta}^* = \ddot{\theta}_d + K_V\dot{e} + K_F e \tag{7-10}$$

式中，$e=\theta_d-\theta$；$\dot{e}=\dot{\theta}_d-\dot{\theta}$；$\hat{M}$、$\hat{V}$、$\hat{G}$、$\hat{F}$ 分别为M、V、G、F 的估计值；K_V 为速度对角矩阵；K_F为力的对角矩阵。

系统的闭环方程为

$$\begin{aligned}&\hat{M}(\theta)(\ddot{\theta}_d + K_V\dot{e} + K_F e) + \hat{V}(\theta,\dot{\theta}) + \hat{G}(\theta) + \hat{F}(\theta,\dot{\theta})\\&= M(\theta)\ddot{\theta} + V(\theta,\dot{\theta}) + G(\theta) + F(\theta,\dot{\theta})\end{aligned} \tag{7-11}$$

当 $\hat{M}=M,\hat{V}=V,\hat{G}=G,\hat{F}=F$ 时，得到误差方程为

$$\ddot{e} + K_V\dot{e} + K_F e = 0 \tag{7-12}$$

因为K_V 和 K_F 为对角矩阵，系统已经被线性化，并且被完全解耦，所以复杂的非线性多变量系统的设计问题被转化为n个独立的二阶线性系统的设计问题。但是实际上当机器人动力学系统的模型复杂、参数不完备和不精确时，存在模型不确定性，解耦和线性化的工作将不能正确地完成。

如果 $\hat{M}^{-1}$ 存在，式(7-11)的误差方程变为

$$\ddot{e} + K_V\dot{e} + K_F e = \hat{M}^{-1}\left(\Delta M\ddot{\theta} + \Delta V + \Delta G + \Delta F\right) \tag{7-13}$$

式中，$\Delta M = M-\hat{M},\Delta V = V-\hat{V},\Delta G = G-\hat{G},\Delta F = F-\hat{F}$，表示实际参数与模型参数之间的偏差，造成伺服误差。

为了解决上述问题，该机器人采用模糊逻辑控制补偿器(简称模糊控制补偿器)来完成自学习控制策略，其系统的控制结构如图 7-31 所示。

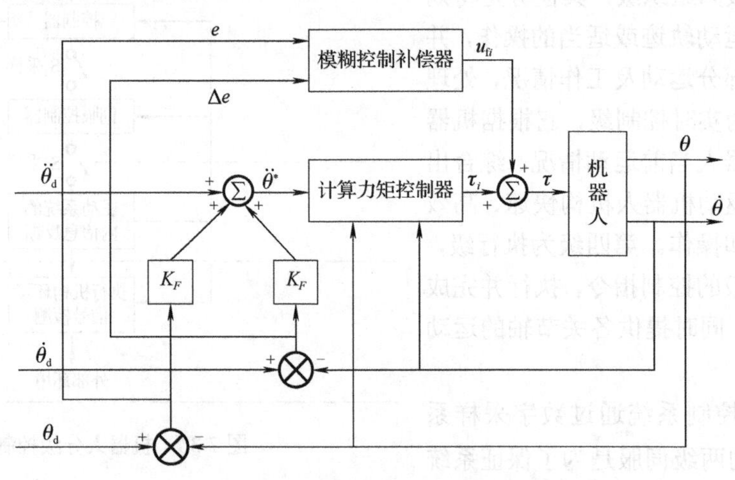

图 7-31　具有模糊控制补偿器的机器人

② 模糊逻辑控制补偿方法。在图 7-31 中，模糊控制补偿器和计算力矩控制器共同作用于n个自由度的机器人，因此，

$$\tau = \tau_i + u_{fi}(e,\Delta e),\quad i=1,2,\cdots,n \tag{7-14}$$

式中，τ 为控制力矩；τ_i 为计算力矩控制器输出；$u_{fi}(e,\Delta e)$ 为模糊控制器输出。

具有n组输入($e_1,\cdots,e_n,\dot{e}_1,\cdots,\dot{e}_n$)、$n$个输出($u_1,u_2,\cdots,u_n$)的模糊控制器，其控制规则具有如下形式：

$$\text{if}\ e_1 = A_{i1}\ \text{and}\ \cdots\ \text{and}\ e_n = A_{in}$$

$$\text{and}\ \dot{e}_1 = A_{i(n+1)}\ \text{and}\ \cdots\ \text{and}\ \dot{e}_n = A_{i(2n)}$$

$$\text{then } u_i = B_{i1} \text{ and } \cdots \text{ and } u_n = B_{in}$$

式中，A_{ij} 为第 i 条规则中第 j 个输入量所属的某个模糊子集；B_{ij} 为第 i 条规则中第 j 个结论(输出量)所对应的常量。

如果模糊控制器共有 r 条规则，那么对给定的输入量$(e_1,\cdots,e_n,\dot{e}_1,\cdots,\dot{e}_n)$，所推出的第 j 个结论的输出应为

$$u_j^* = \frac{\sum_{i=1}^{r} h_i \cdot B_{ij}}{\sum_{i=1}^{r} h_i}, \quad j = 1,2,\cdots,n \tag{7-15}$$

$$h_i = \mu_{A_{i1}}(e_1) \wedge \mu_{A_{i2}}(e_2) \wedge \cdots \wedge \mu_{A_{i(n+1)}}(\dot{e}_1) \wedge \cdots \wedge \mu_{A_{i(2n)}}(\dot{e}_n) \tag{7-16}$$

式中，h_i 为第 i 条规则中前提成立的确信度(强度)；$\mu_{A_{ij}}(e_j)$ 为变量 e_j 对应模糊子集 A_{ij} 的隶属度；$\wedge$ 为模糊取极小运算。

为了把实际输入值转到划分的模糊论域中，如[−6,+6]，定义了 $\text{GIN}(i), i = 1,2,\cdots,2n$ 为输入量$(e_1,\cdots,e_n,\dot{e}_1,\cdots,\dot{e}_n)$的量化因子。该机器人的输入量化因子采用自适应调整法，以提高模糊控制器的动态性能，即

$$\text{GIN}(i+1) = \begin{cases} \dfrac{0.9L}{|e_i|}, & |\text{GIN}(i) \times e_i| > L \\ \text{GIN}(i), & |\text{GIN}(i) \times e_i| \leqslant L \end{cases} \tag{7-17}$$

式中，$[-L, L]$ 为划分的模糊集论域。

对于 n 个自由度的机器人，需要 n 个局部独立的模糊控制补偿器，其结构如图 7-32 所示。图中每个模糊控制补偿器对应一个关节，并完成各自的控制任务，在设计模糊控制补偿器时，只需要考虑知识库的建立和量化因子的调整。每个模糊控制补偿器可以独立设计、互相不影响，但它们具有相同的控制结构。

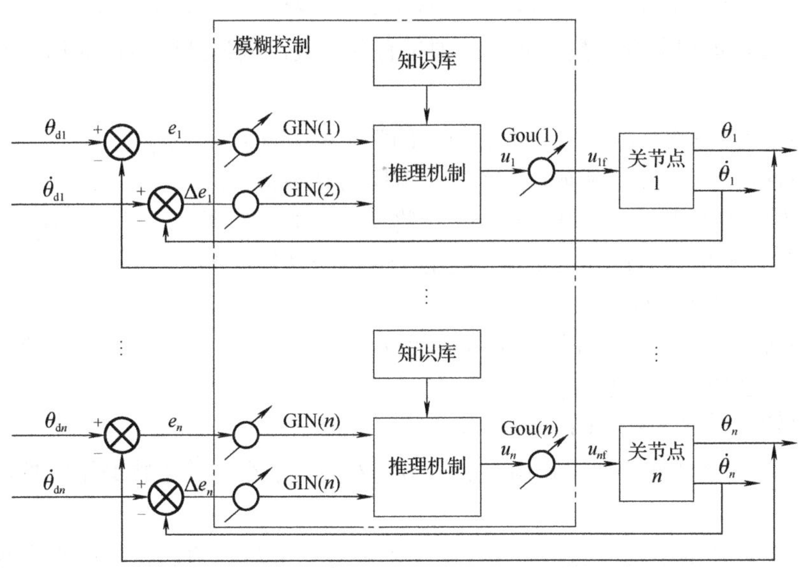

图 7-32　n 个局部独立的模糊控制补偿器

4. 机器人神经网络控制技术

人工神经网络(简称神经网络，NN)是由人工神经元(简称神经元)互连组成的网络，它从微观结构和功能上对人脑进行抽象、简化，是模拟人类智能的一条重要途径，反映了人脑功能的若干基本特征，

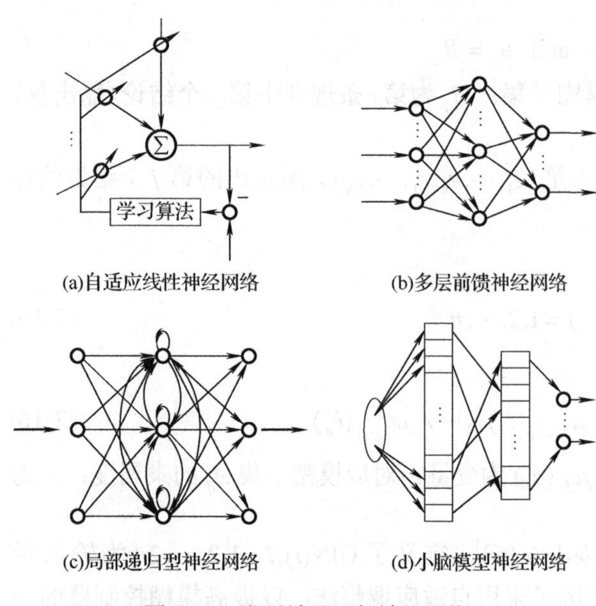

(a)自适应线性神经网络 (b)多层前馈神经网络

(c)局部递归型神经网络 (d)小脑模型神经网络

图 7-33 常用神经元与神经网络

如并行信息处理、学习、联想、模式分类、记忆等。

1)神经网络对控制领域有吸引力的特征

(1)能逼近任意 L_2 上的非线性函数。

(2)信息的并行分布式处理与存储。

(3)可以多输入、多输出。

(4)便于用超大规模集成电路或光学集成电路系统实现，或用现有的计算机技术实现。

(5)能进行学习，以适应环境的变化。

1943 年建立的第一个神经元模型——MP 模型，为神经网络的研究与发展奠定了基础。至今，已建立了多种神经网络模型，取得了相当多的成果。其中一些模型用于自动控制领域，图 7-33 示出了常用的四例。

2)决定网络整体性能的三大要素

(1)神经元(信息处理单元)的特性。

(2)神经元之间相互连接的形式——拓扑结构。

(3)为适应环境而改善性能的学习规则。

3)神经元结构

图 7-34 就是模仿生物神经元的上述 4 个基本特征而构成的典型神经元结构。

神经元的输入输出可用式(7-18)表示：

$$y_j = f\left(\sum_{i=1}^{n}\omega_{ij}x_i - \theta_i\right),\quad i \neq j \tag{7-18}$$

式中，x_i 为来自其他神经元轴突的输入；y_j 为神经元净输入 S_j（含阈值 θ_j）通过转移函数 $f(\cdot)$ 后的输出；ω_{ij} 为神经元 $1,2,\cdots,i,\cdots,n$ 与第 j 个神经元的突触联结强度，即权值，正权值表示兴奋型突触，负权值表示抑制型突触；$f(\cdot)$ 是单调上升函数，而且必须是有界函数，因为细胞传递的信号不可能无限增加，必有最大值。

图 7-34 的神经元是生物神经元的一阶近似。因为它还有许多生物原型神经元的特性没有考虑到。例如，没考虑影响网络动态特性的时间延迟，而是有输入便立即产生输出。此外，生物神经元的频率调制功能也没考虑。它只模仿了生物神经元所具有的 150 多个功能中的最基本，也是最重要的 3 个，即

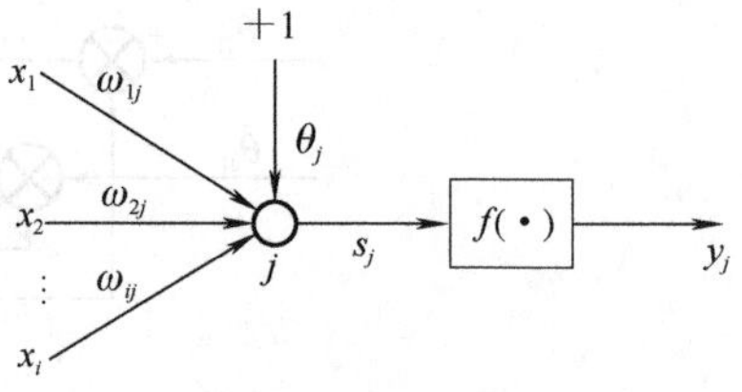

图 7-34 神经元结构

加权——可对每个输入信号进行程度不等的加权；

求和——确定全部输入信号的组合效果；

转移——通过转移函数 $f(\cdot)$，确定其输出。

尽管只模仿了这 3 个功能，神经元构成的网络仍然显示了很强的生物原型特性，这是因为抓住了生物神经元的基本特性。

转移函数 $f(\cdot)$ 又称激活函数。其作用是模拟生物神经元所具有的非线性转移特性。表 7-4 给出了几种常用转移函数。

表 7-4　几种常用转移函数

名称	特征	公式	图形
阈值	不可微，类阶跃，正	$g(x)=\begin{cases}1, & x>0\\ 0, & x\leqslant 0\end{cases}$	
阈值	不可微，类阶跃，零均	$g(x)=\begin{cases}1, & x>0\\ -1, & x\leqslant 0\end{cases}$	
Sigmoid	可微，类阶跃，正	$g(x)=\dfrac{1}{1+e^{-x}}$	
双曲正切	可微，类阶跃，零均	$g(x)=\tanh x$	
高斯	可微，类脉冲	$g(x)=e^{-(x^2/\sigma^2)}$	

4）感知器

感知器是模拟人的视觉，接收环境信息，并由神经冲动进行信息传递的神经网络。感知器分单层与多层，它们是具有学习能力的神经网络。

（1）单层感知器。

感知器模型是由美国学者 F．Rosenblatt 于 1957 年建立的。它是一个具有单层处理单元的神经网络，如图 7-35 所示，用式（7-19）描述，非线性作用函数 $f(\cdot)$ 是对称型阶跃函数。

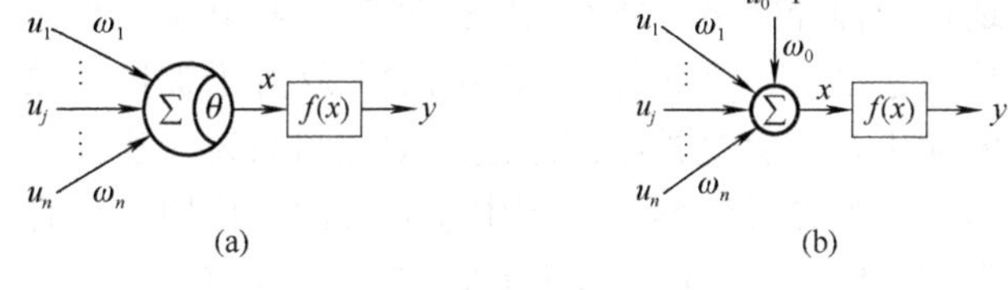

图 7-35　单层感知器

感知器的输出为

$$y=f\left(\sum_{i=1}^{n}(\omega_{ij}u_i-\theta_i)\right)=f\left(\sum_{i=0}^{n}\omega_i u_i\right) \tag{7-19}$$

式中，u_i 为感知器的第 i 个输入；$\omega_0=-\theta$ 为阈值；$u_0=1$。

单层感知器与 MP 模型不同之处是，权值可由学习进行调整，采用有导师的学习算法。

学习算法的步骤如下。

① 设置权系的初值 $\omega_j(0)(j=0,1,\cdots,n)$ 为较小的随机非零值。

② 给定输入/输出样本对，即导师信号：$u_p/d_p(p=1,2,\cdots,L)$，$u_p=(u_{0p},u_{1p},\cdots,u_{np})$，

$$d_p=\begin{cases}+1, & u_p\in A\\ -1, & u_p\in B\end{cases}$$

式中，$u_{0p}=1$。

③ 求感知器输出：

$$y_p(t)=f\left[\sum_{j=0}^{n}\omega_j(t)u_{jp}\right] \tag{7-20}$$

④ 权值调整：

$$\omega_j(t+1)=\omega_j(t)+\eta\left[d_p-y_p(t)\right]u_{jp} \tag{7-21}$$

式中，t 为第 t 次调整权值；η 为学习率，$0<\eta\leqslant 1$，用于控制权值调整速度。

⑤ 若 $y_p(t)=d_p$，则学习结束；否则，返回步骤③。

可见，学习结束后的网络将样本模式以连接权和阈值的形式分布记忆(存储)于网络中。当其用于两类模式分类时，相当于在高维样本空间中用一个超平面将两类样本分开。已证明，若输入的两类模式是线性可分集合，则算法一定收敛。单层感知器的局限性是：若输入模式为线性不可分集合，则网络的学习算法将无法收敛，也就不能进行正确的分类。

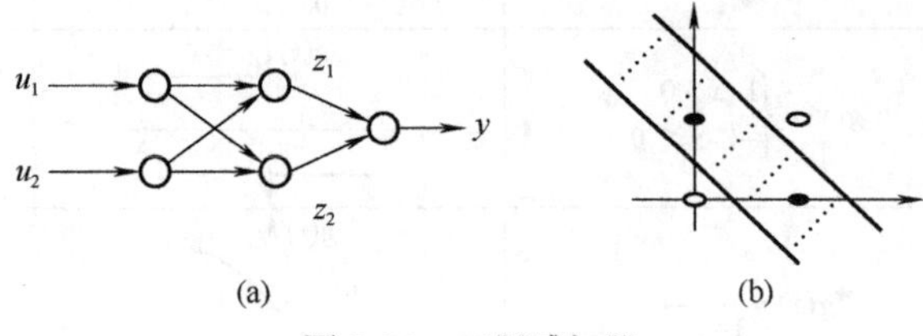

图 7-36 三层感知器

(2) 多层感知器。

在输入和输出层间加一层或多层隐单元，即可构成多层感知器，也称多层前馈神经网络。只加一层隐层单元，为三层网络，即可解决异与或问题。图 7-36(a)为三层感知器结构，图 7-36(b)为模式空间。多层感知器网络的权值和阈值如式(7-22)所列。

$$\begin{cases} z_1 = f\left[1\cdot u_1 + 1\cdot u_2 - 1\right] \\ z_2 = f\left[(-1)u_1 + (-1)u_2 - (-1.5)\right] \\ y = f\left[1\cdot z_1 + 1\cdot z_2 - 2\right] \end{cases} \tag{7-22}$$

5) 小脑模型神经控制

小脑是控制运动的，小脑模型神经控制(CMAC)一开始就应用于机器人控制中，且有多种控制形式。本节介绍 CMAC 的 3 种控制结构。

(1) CMAC 直接逆运动控制。

直接逆运动控制是利用已辨识出的被控对象的逆运动神经网络模型 $\hat{P}^{-1}$ 作为控制器，将其串联在被控对象之前，那么神经网络的输入就等于被控对象的输出，这就是神经网络逆运动控制系统。建立逆运动模型在神经网络控制中起着关键的作用，并且得到了广泛的应用。基于 CMAC 网络的直接逆运动控制的结构框图如图 7-37 所示。

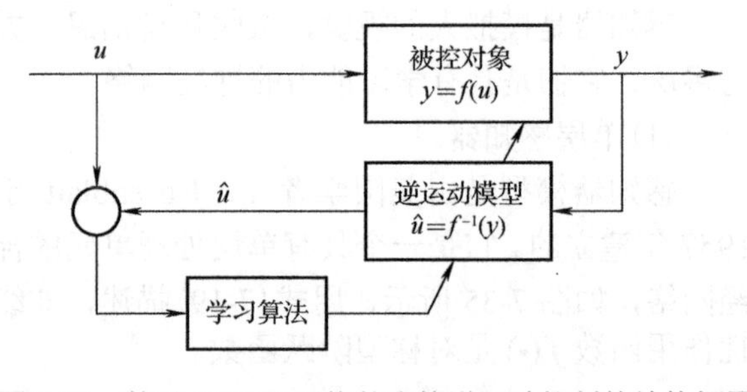

图 7-37 基于 CMAC 网络的直接逆运动控制的结构框图

CMAC 用于逆运动控制的例子包括机械手的控制问题，这是一个较困难的问题，原因在于机械手末端的运动轨迹是在直角坐标系中给定的，设为 $x=[x,y,z]$，机械手的运动是由安装在关节上的驱动器，通过各关节转动相应的角度来实现的，设转角 $\theta=\left[\theta_1,\theta_2,\cdots,\theta_n\right]$，因此，需要将机械手末端的运动转换到关节的转角上来，这要进行逆向运动学计算。

若
$$x = f\left(\theta\right) \tag{7-23}$$

则，已知 x，求 θ，为
$$\theta = f^{-1}(x) \tag{7-24}$$

即逆向运动学计算，或称机械手位置逆向运动学模型辨识，由 CMAC 实现。

以两关节机械手为例，如图 7-38 所示，$x=[x,y]$，$\theta=\left[\theta_1,\theta_2\right]$，臂长 $l_1=l_2=l$，即机械手在平面上运动，则有

$$\begin{cases} x = l\cos\theta_1 + l\cos(\theta_1-\theta_2) \\ y = l\sin\theta_1 + l\sin(\theta_1-\theta_2) \end{cases} \tag{7-25}$$

由逆运动 $\theta = f^{-1}(x)$ 得

$$\begin{cases} \theta_1 = \operatorname{arccot}\dfrac{x}{y} + \dfrac{1}{2}\arccos\left(\dfrac{x^2+y^2}{2l^2}-1\right) \\ \theta_2 = \arccos\left(\dfrac{x^2+y^2}{2l^2}-1\right) \end{cases} \tag{7-26}$$

在给定 $x=[x,y]$ 后，可由 CMAC 经过训练得到。

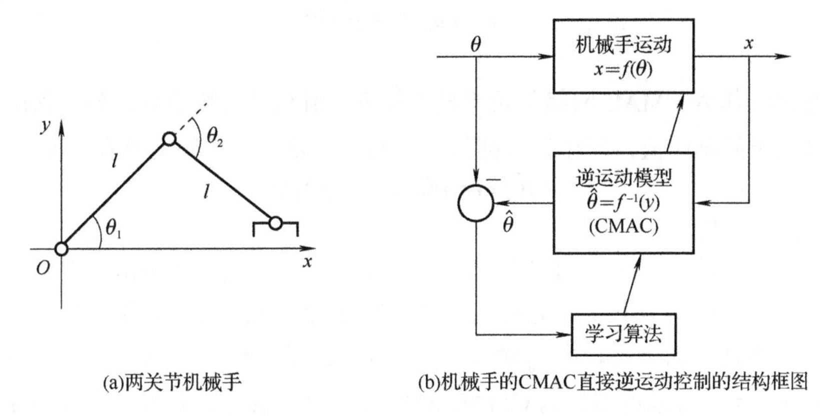

(a)两关节机械手 (b)机械手的CMAC直接逆运动控制的结构框图

图 7-38 机械手 CMAC 网络的直接逆运动控制

由 CMAC 的机械手位置直接逆运动控制的运行框图如图 7-39 所示。

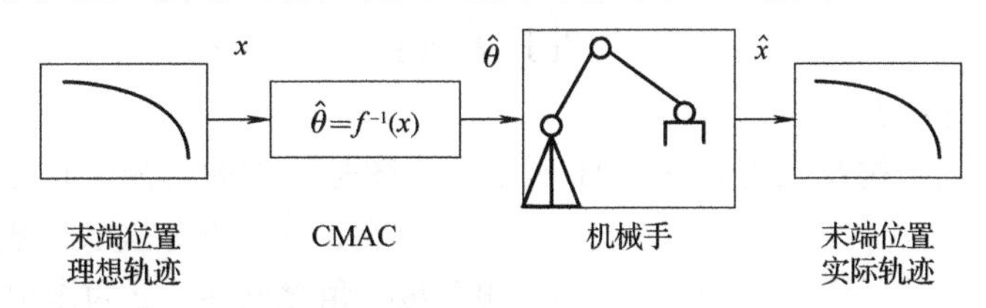

图 7-39 逆运动控制的运行框图

(2) CMAC 网络的前馈控制。

CMAC 网络的前馈控制结构如图 7-40 所示。

该系统的控制主要包括两大部分：一是 CMAC 网络控制器，二是常规控制器。它们的作用分别如下。

① 由 CMAC 网络控制器实现前馈控制，是为了由训练获得复杂非线性被控对象的逆运动模型。

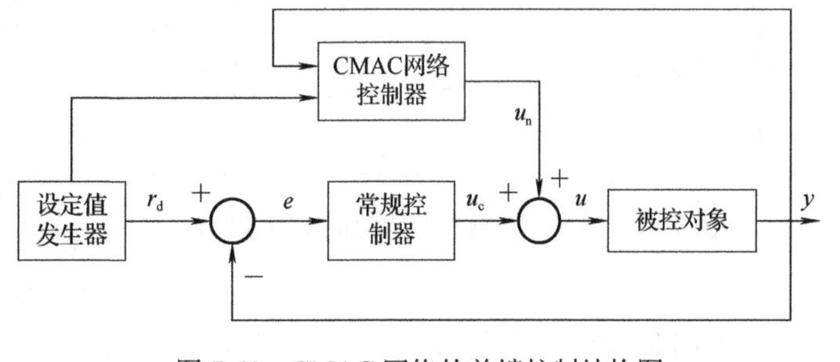

图 7-40 CMAC 网络的前馈控制结构图

② 由常规控制器实现的闭环反馈控制，是为了保证系统的稳定性，且抑制扰动。可见，就整个控制结构来说是前馈控制。

假设非线性被控对象为

$$x(k+1)=g[x(k),u(k)] \tag{7-27}$$

式中，x 为系统的状态；u 为系统的控制量；$g(\bullet)$ 为系统的非线性特性。

CMAC 网络前馈控制的目的就是通过学习被控对象的内部机理，得到控制量 u 与系统状态 x 有如下的关系：

$$u(k)=g^{-1}[x(k),x(k+1)] \tag{7-28}$$

显然式(7-28)即系统的逆运动模型。

设系统期望状态为 $x_i(k)$，一般由设定值发生器产生，控制系统工作同样可分为控制周期和学习周期。

① 控制周期。

设定值发生器给出下一步的期望状态。$x_d(k)=x_i(k+1)$，CMAC 网络产生相应的输出 $u_n(k)$，称为

回想。常规控制器输出的控制量为$u_{\mathrm{c}}(k)$，则输入至对象的控制量为

$$u(k)=u_{\mathrm{n}}(k)+u_{\mathrm{c}}(k) \tag{7-29}$$

② 学习周期。

系统实际状态$x(k)$作为CMAC网络学习周期的输入，则网络的响应为$\hat{u}(k)$；取$u(k)$为与此时状态相对应的神经网络理想的响应值，即作为导师信号；网络按δ学习规则调整存储器中的权值：

$$\Delta W(k)=\eta[u(k)-\hat{u}(k)]/c \tag{7-30}$$

式中，c为存储单元的个数。

当系统开始运行时，设$W=0$，而此时的$u_{\mathrm{n}}=0$，$u=u_{\mathrm{c}}$，系统主要由常规控制器进行控制。也就是说，此时的误差向量$e_i=x_i-x$很大，它输入常规控制器(如PID控制)，经相应的控制算法，计算出控制量u_{c}随着网络不断地学习训练，由x_{d}输入，经CMAC输出产生控制量u_{n}，它将逼近使系统跟踪期望状态所需要的u。此时可以近似认为CMAC网络已逼近了系统的逆运动模型。CMAC网络控制规律可用式(7-31)表示：

$$u_{\mathrm{n}}(k)=\varphi\left[x(k),x_{\mathrm{d}}(k),W(k)\right] \tag{7-31}$$

显然有

$$\phi[\cdot]=\hat{g}^{-1}[\cdot] \tag{7-32}$$

(3) CMAC网络反馈控制。

CMAC网络反馈控制结构及应用如图7-41所示，该图是对工业机械臂轨迹跟踪的学习控制。

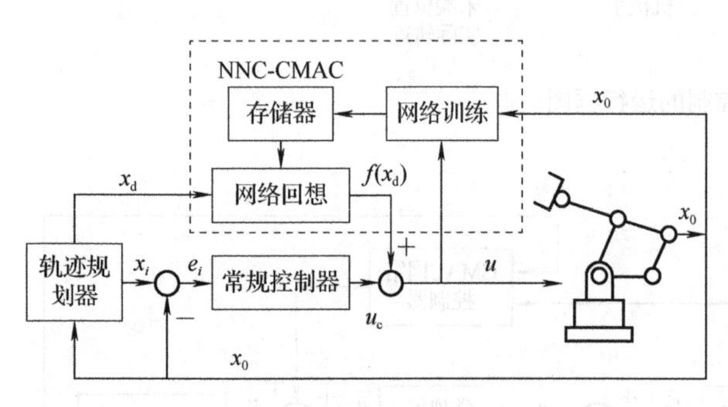

图7-41 工业机械臂轨迹跟踪的学习控制

设$\ddot{\theta}$、$\dot{\theta}$、θ分别表示机械臂关节的角加速度、角速度、角度向量；u为作用于其上的力矩向量，则机械臂动力学模型为

$$\ddot{\theta}=g\left[\dot{\theta},\theta,u\right] \tag{7-33}$$

为了得到相应的运动，所加的力矩向量为

$$u=g^{-1}\left[\theta,\dot{\theta},\ddot{\theta}\right] \tag{7-34}$$

式(7-34)为机器臂的逆动力学模型。

若给定当前机械臂关节的角度向量θ、角速度向量$\dot{\theta}$，为了得到关节角加速度向量$\ddot{\theta}$，所需的驱动力矩向量u由式(7-34)表示。

设$x_i\left(\theta,\dot{\theta},\ddot{\theta}\right)$为轨迹规划器基于理想迹线确定的系统的期望状态；$x_0\left(\theta,\dot{\theta},\ddot{\theta}\right)$为系统当前状态的观测值；$x_{\mathrm{d}}\left(\theta,\dot{\theta},\ddot{\theta}\right)$为系统下一控制周期的期望状态；$e_i$为状态误差。

控制过程如下：在每一控制周期，轨迹规划器基于理想迹线确定系统的理想状态x_i，由状态误差$e_i=x_i-x_0$经常规控制器得到控制力矩向量u_{c}，轨迹规划器依据期望迹线与当前状态x_0，确定下一控制周期系统的期望状态x_{d}，x_{d}输入CMAC网络控制器，经计算，求得$u_{\mathrm{n}}=f(x_{\mathrm{d}})$，则驱动力矩向量$u=u_{\mathrm{c}}+u_{\mathrm{n}}$。

习　题

7-1 简述机器人智能控制的原理及方法。

7-2 简述机器人模糊控制的原理及方法。

7-3 简述机器人人工神经网络控制技术的原理及方法。

7-4 简述智能控制理论的主要内容及其在智能机器人控制中的应用。

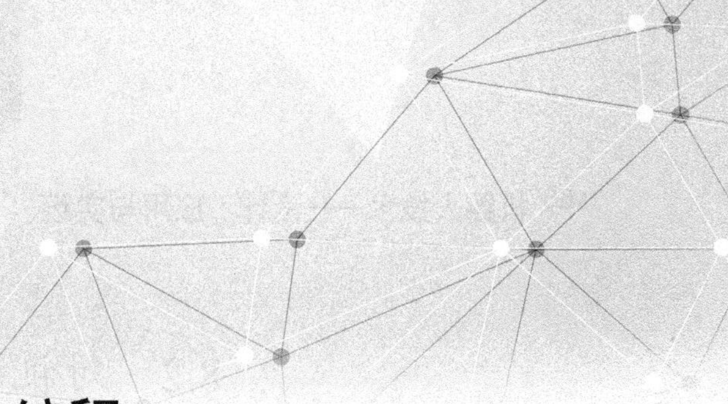

第8章 机器人编程

本章重点：本章首先介绍机器人编程，在此基础上介绍示教编程、常用的机器人专用编程语言和编程技术的发展趋势。

8.1 概　　述

机器人的主要特点之一是其通用性，使机器人具有可编程能力是实现这一特点的重要手段。编程系统的核心问题是操作运动控制问题。

机器人编程是机器人运动和控制问题的结合点，也是机器人系统最关键的问题之一。当前实用的工业机器人常为离线编程或示教编程，在调试阶段可以通过示教盒对编译好的程序一步一步地执行，调试成功后可投入正式运行。机器人语言系统如图 8-1 所示。

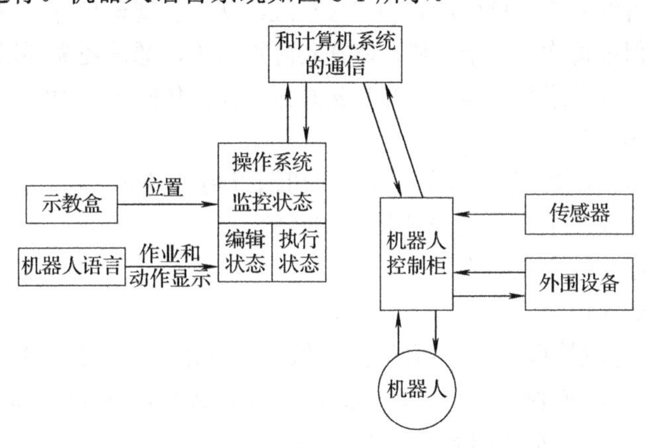

图 8-1　机器人语言系统

机器人语言系统包括 3 个基本的操作状态：监控状态、编辑状态、执行状态。

(1) 监控状态。用来进行整个系统的监督控制。在监控状态，操作者可以用示教盒定义机器人在空间中的位置，设置机器人的运动速度、存储和调出程序等。

(2) 编辑状态。为操作者提供编制程序或编辑程序。尽管不同语言的编辑操作不同，但一般都包括写入指令、修改或删去指令以及插入指令等。

(3) 执行状态。用来执行机器人程序。在执行状态，机器人执行程序的每一条指令。所执行的程序都是经调试过的，不允许执行有错误的程序。

和计算机编程语言类似，机器人语言程序可以编译。把机器人源程序转换成机器码，以便机器人控制柜能直接读取和执行，编译后的程序运行速度将大大加快。

8.2 对机器人的编程方式和要求

根据机器人不同的工作要求，需要不同的编程。编程能力与编程方式有很大的关系，编程方式决定着机器人的适应性和作业能力。随着计算机在工业上的广泛应用，工业机器人的计算机编程变得日益重要。国内外尚未制定统一的机器人控制代码标准，所以编程语言也是多种多样的，目前工业机器人的编程方式有以下几种。

8.2.1 在线编程

在线编程也称为示教编程，示教方式是一项成熟的技术，易于被操作者所掌握，而且用简单的设备和控制装置即可完成。示教时，通常由操作人员通过示教盒控制机械手工具末端到达指定的位置和姿态，记录机器人位姿数据并编写机器人运动指令，完成机器人在正常加工中的轨迹规划、位姿等关节数据信息的采集与记录。

示教盒示教具有在线示教的优势，操作简便、直观。示教盒主要有编程式和遥感式两种。例如，采用机器人对汽车车身进行点焊，首先由操作人员控制机器人到达各个焊点，对各个点焊位置进行人工示教，在焊接过程中通过示教再现的方式，再现示教的焊接轨迹，从而实现车身各个位置的各个焊点的焊接。但在焊接中车身的位置很难保证每次都完全一样，故在实际焊接中，通常还需要增加激光传感器等对焊接路径进行纠偏和校正。常用的辅助示教工具包括激光传感器、视觉传感器、力觉传感器和专用工具等。

示教编程具有以下优缺点。

(1) 编程方便、装置简单，在工业机器人的发展初期得到较多的应用。

(2) 机器人的控制精度依赖于操作人员的技能和经验。

(3) 难以与外部传感器的信息相融合。

(4) 不能用于某些危险的场合。

示教盒通常是一个带有微处理器的、可随意移动的小键盘，内部 ROM 中固化键盘扫描和分析程序。其功能键一般具有回零、示教方式、自动方式和参数方式等，DX-100 系统的示教器、显示界面、主菜单扩展、状态显示及说明分别如图 8-2～图 8-5 所示。

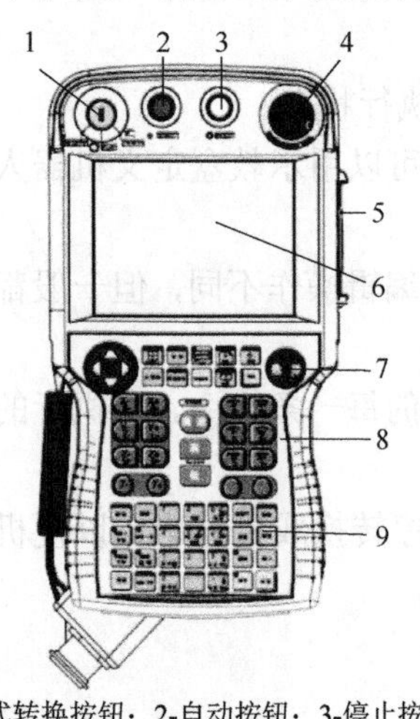

1-模式转换按钮；2-自动按钮；3-停止按钮；4-急停按钮；5-CF 插卡槽；6-显示器；7-显示操作键；8-轴点动键；9-数据输入与运行控制键

图 8-2　DX-100 系统的示教器

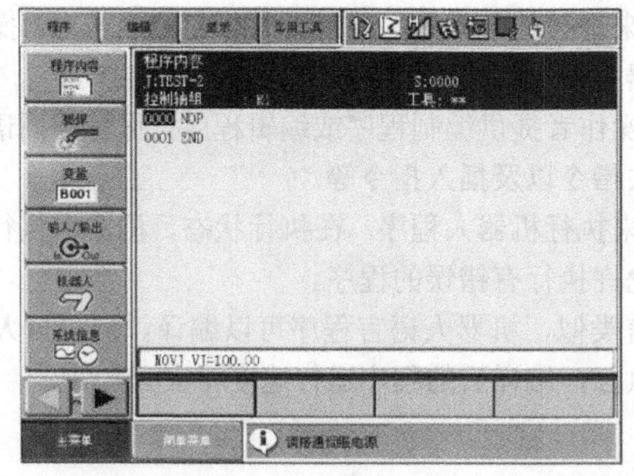

图 8-3 显示界面

图 8-4　主菜单扩展

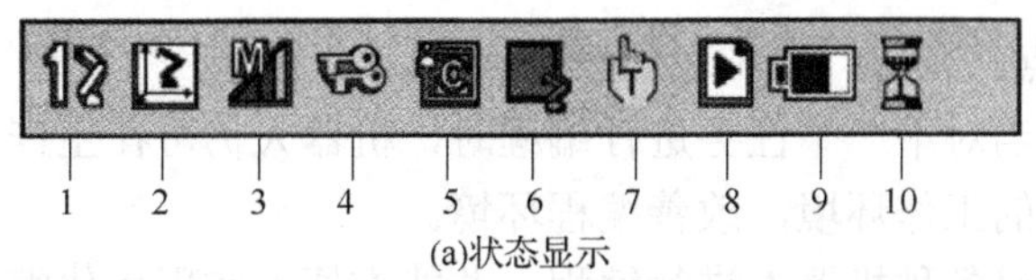

(a)状态显示

位置	显示内容	状态图标及含义				
1	现行控制轴组	机器人 1～8	基座轴 1～8	工装轴 1～24		
2	当前坐标系	关节坐标系	直角坐标系	圆柱坐标系	工具坐标系	用户坐标系
3	点动速度选择	微动	低速	中速	高速	
4	安全模式选择	操作模式	编辑模式	管理模式		
5	当前动作循环	单步	单循环	连续循环		
6	机器人状态	停止	暂停	急停	报警	运动
7	操作模式选择	示教	再现			
8	页面显示模式	可切换页面	多画面显示			
9	存储器电池	电池剩余电量显示				
10	数据保存	正在进行数据保存				

(b)显示说明

图 8-5　状态显示及说明

8.2.2　离线编程

离线编程是指用机器人程序语言预先进行程序设计。离线编程适合于结构化环境。与示教编程相比，离线编程具有如下优点。

(1)缩短停机的时间，当对下一个任务进行编程时，机器人仍可在生产线上工作。

(2)使编程者远离危险的工作环境，改善编程环境。

(3)使用范围广，可以对各种机器人进行编程，并能方便地实现优化编程。

(4)便于和 CAD/CAM 系统结合，做到 CAD/CAM/ROBOTICS 一体化。

(5)可使用高级计算机编程语言对复杂任务进行编程。

(6)便于修改机器人程序。

机器人离线编程是利用计算机图形学的成果，通过对工作单元进行三维建模，在仿真环境中建立与现实工作环境对应的场景，采用规划算法对图形进行控制和操作，在不使用实际机器人的情况下进行轨迹规划，进而产生机器人程序。其关键步骤如图 8-6 所示。

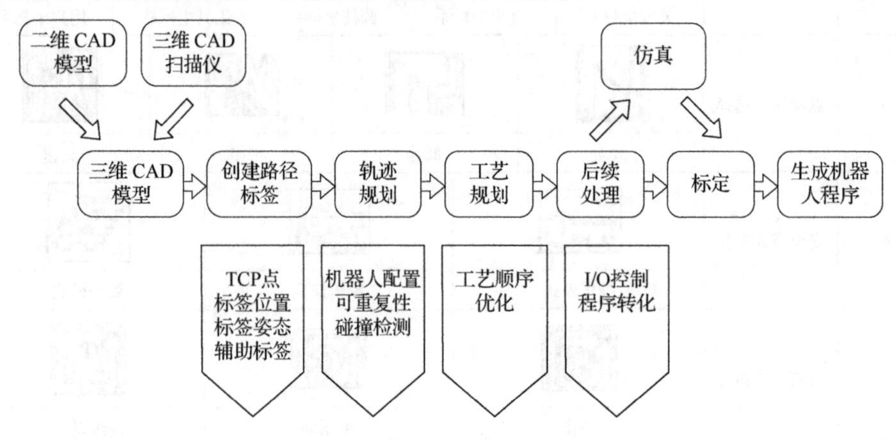

图 8-6　机器人离线编程关键步骤

离线编程软件的功能一般包括几何建模功能、基本模型库、运动学建模功能、工作单元布局功能、路径规划功能、自动编程功能、多机协调编程与仿真功能。目前市场上常用的离线编程软件有：加拿大 Robot Simualtion 公司开发的 WorkSpace 离线编程软件；以色列 Tecnomatix 公司开发的 ROBCAD 离线编程软件；美国 Deneb Robotics 公司开发的 IGRIP 离线编程软件；ABB 机器人公司开发的基于 Windows 操作系统的 RobotStudio 离线编程软件。此外，日本安川(YASKAWA)公司开发的 MotoSim 离线编程软件，以及发那科(FANUC)公司开发的 Roboguide 离线编程软件，可对系统布局进行模拟，确认编程的可行性，是否有干涉问题，也可进行离线编程仿真，然后将离线编程的程序仿真确认后下载到机器人中执行。

值得注意的是，在离线编程中，所需的补偿机器人系统误差、坐标数据很难得到，因此在机器人投入实际应用前，需要进行调整。另外，目前市场上的离线编程软件还没有一款能够完全覆盖离线编程的所有流程，而是几个环节独立存在的。对于复杂结构的弧焊，离线编程环节中的路径标签建立、路径规划、工艺规划是非常繁杂耗时的。拥有数百条焊缝的车身要创建路径标签，为了保证位置精度和合适的姿态，操作人员可能要花费数周的时间。尽管碰撞检测、布局规划、耗时统计等功能已包含在路径规划和工艺规划中，但是工艺规划依赖于编程人员的工艺知识和经验。

8.2.3 自主编程

自主编程是指机器人借助外部传感设备对工作轨迹自动生成或自主调整的编程方式。随着技术的发展，各种跟踪测量传感技术日益成熟，人们开始研究以加工工件的测量信息为反馈，由计算机控制工业机器人进行加工路径的自主示教技术。自主编程主要有以下几种。

1. 基于结构光的自主编程

基于结构光的自主编程，其原理是将结构光传感器安装在机器人的末端，形成“眼在手上”的工作方式，如图 8-7 所示。利用焊缝跟踪技术逐点测量焊缝的中心坐标，建立起焊缝轨迹数据库，在焊接时作为焊枪的运动路径。

2. 基于双目视觉的自主编程

基于双目视觉的自主编程是实现机器人路径自主规划的关键技术。其主要原理是：在一定条件下，由主控计算机通过视觉传感器沿焊缝自动跟踪，采集并识别焊缝图像，计算出焊缝的空间轨迹和方位(即位姿)，并按优化焊接要求自动生成机器人焊枪的位姿参数。

3. 多传感器信息融合的自主编程

有研究人员采用力传感器、视觉传感器及位移传感器构成一个高精度自动路径生成系统。其系统配置如图 8-8 所示，该系统集成了位移、力及视觉控制，引入视觉伺服，可以根据传感器反馈信息来执行动作。该系统中机器人能够根据记号笔所绘制的线自动生成机器人路径，位移传感器用来保持机器人 TCP 点的位姿，视觉传感器用来使得机器人自动跟随曲线，力传感器用来保持 TCP 点与工件表面距离恒定。

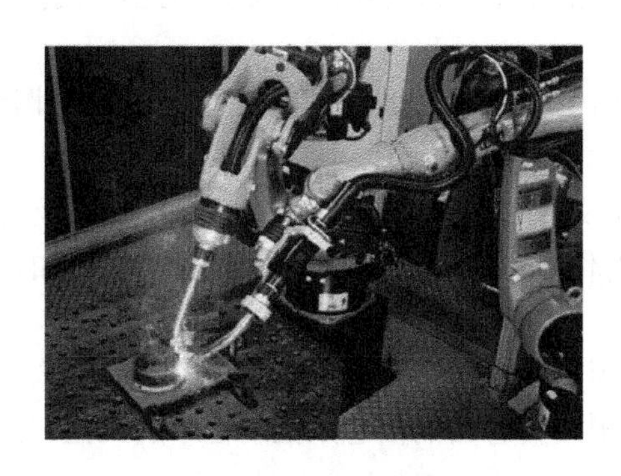

图 8-7　基于结构光的自主编程焊接机器人

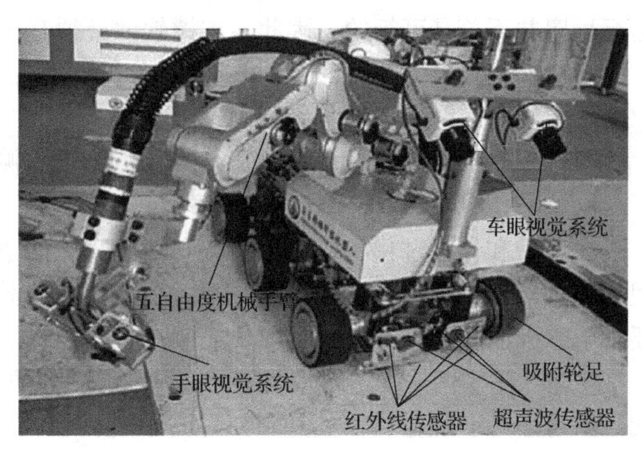

图 8-8　多传感器信息融合的自主编程焊接机器人

4. 基于增强现实的编程技术

增强现实技术源于虚拟现实技术，是一种实时计算摄像机影像的位置及角度并加上相应图像的技术。这种技术的目标是在屏幕上把虚拟世界套在现实世界并互动，增强现实技术使得计算机产生的三维物体融合到现实场景中，加强用户同现实世界的交互。将增强现实技术用于机器人编程具有革命性意义。

8.2.4　对机器人的编程要求

1. 能够建立世界模型(World Model)

在进行机器人编程时，需要一种描述物体在三维空间内运动的方式，所以需要给机器人及其相关物体建立一个基础坐标系。这个坐标系与大地相连，也称世界坐标系。机器人工作时，为了方便起见，也建立其他坐标系，同时建立这些坐标系与基础坐标系的变换关系。机器人编程系统应具有在各种坐标系下描述物体位姿的能力和建模能力。

2. 能够描述机器人的作业

机器人作业的描述与其环境模型密切相关，编程语言水平决定了描述水平。现有的机器人语言需要给出作业顺序，由语法和词法定义输入语句，并由它描述整个作业。例如，装配姿态可利用物体间的空间关系来说明。

3. 能够描述机器人的运动

描述机器人需要进行的运动是机器人编程语言的基本功能之一。用户能够运用语言中的运动语句与路径规划器连接，允许用户规定路径上的点及目标点，决定是否采用点插补运动或笛卡儿直线运动。用户还可以控制运动速度或运动持续时间。

4. 允许用户规定执行流程

同一般的计算机编程语言一样，机器人编程系统允许用户规定执行流程，包括试验和转移、循环、调用子程序以及中断等。

通常需要用某种传感器来监控不同的过程。通过中断或登记通信，机器人系统能够反映由传感器检测到的一些事件。有些机器人语言提供规定这种事件的监控器。

5. 有良好的编程环境

如同任何计算机一样，一个好的编程环境有助于提高程序员的工作效率。大多数机器人编程语言含有中断功能，以便能够在程序开发和调试过程中每次只执行一条单独语句。根据机器人编程的特点，其支撑软件应具有下列功能。

(1) 在线修改和立即重新启动。机器人作业需要复杂的动作和较长的执行时间，在失败后从头开始运行程序并不总是可行的。因此，支撑软件必须有在线修改程序和随时重新启动的能力。

(2) 传感器的输出和程序追踪。机器人和环境之间的实时相互作用常常不能重复，因此，支撑软件应能随着程序追踪记录传感器输出值。

(3) 仿真。可在没有机器人和工作环境的情况下测试程序，因此可有效地进行不同程序的模拟调试。

6. 需要人机接口和综合传感信号

在编程和作业过程中，应便于人与机器人之间进行信息交换，从而可以在运动出现故障时及时处理；在控制器设置紧急安全开关，以确保安全。此外，随着作业环境和作业内容复杂程度的增加，需要功能强大的人机接口。

机器人语言的一个极其重要的部分是与传感器的相互作用。语言系统应能提供一般的决策结构，如“then…else…”“case…”“until…”“while…do…”等，以便根据传感器的信息来控制程序的流程。

8.3 机器人编程语言的要求和类别

机器人编程必然涉及机器人语言。机器人语言是使用符号来描述机器人动作的方法，它通过对机器人动作的描述，使机器人按照编程者的意图进行各种操作。机器人语言的产生和发展是与机器人技术的发展以及计算机编程语言的发展紧密相关的。

机器人编程语言是一种程序描述语言，它能十分简洁地描述工作环境和机器人的动作，能把复杂的操作内容通过尽可能简单的程序来实现。从实际应用的角度来看，很多情况下都是操作者实时地操纵机器人工作，因此，机器人编程语言还应当简单易学，并且有良好的对话性。高水平的机器人编程语言还能够建立并应用于目标物体和环境的几何模型。在工作进行过程中，几何模型又是不断变化的，因此性能优越的机器人语言会极大地减少编程的困难。从描述操作命令的角度来看，机器人编程语言的水平可以分为动作级语言、对象级语言及任务级语言 3 种形式。

1) 动作级语言

动作级语言以机器人末端执行器的动作为中心来描述各种操作，要在程序中说明每个动作，这是一种最基本的描述方式。

2) 对象级语言

对象级语言允许较粗略地描述操作对象的动作、操作对象之间的关系等。使用这种语言时，必须明确地描述操作对象之间和机器人与操作对象之间的关系，比较适用于装配作业。

3)任务级语言

任务级语言只要直接指定操作内容即可，为此，机器人必须具有思考能力，这是一种水平很高的机器人编程语言。

目前已经有多种机器人编程语言(简称机器人语言)，其中有的是研究室里的实验语言，有的是实用的机器人语言。常用的机器人语言见表 8-1。

表 8-1 常用的机器人语言

序号	语言名称	国家	研究单位	说明
1	AL	美国	Stanford Artificial Intelligence Laboratory	机器人动作及对象描述
2	AUTOPASS	美国	IBM Watson Research Laboratory	组装机器人语言
3	LAMA-S	美国	MIT	高级机器人语言
4	VAL	美国	Unimation	PUMA 机器人语言
5	RIAL	美国	AUTOMATIC	视觉传感器机器人语言
6	WAVE	美国	Stanford Artificial Intelligence Laboratory	配合视觉传感器的机器人手、眼协调控制
7	DIAL	美国	Charles Stark Draper Laboratory	具有 RCC 顺应性手腕控制的特殊指令
8	RPL	美国	Stanford Artificial Intelligence Laboratory	可与 Unimation 机器人操作程序结合
9	REACH	美国	Bendix Corporation	适用于两臂协调作业
10	MCL	美国	McDonnell Douglas Corporation	可编程机器人、NC 机床、摄像机及控制的计算机综合制造用语言
11	INDA	美国、英国	SRI International and Philips	类似 RTL/2 编程语言的子集，具有使用方便的处理系统
12	RAPT	英国	University of Edinburgh	类似 NC 语言的 APT
13	LM	法国	Artificial Intelligence Group of IMAG	类似 PASCAL，数据类似 AL
14	ROBEX	德国	Machine Tool Laboratory TH Archen	具有与 NC 语言 EXAPT 相似的脱机编程语言
15	SIGLA	意大利	Olivetti	SIGMA 机器人语言
16	MAL	意大利	Milan Polytechnic	两臂机器人装配语言，方便，易于编程
17	SERF	日本	三协精机	SKILAM 装配机器人语言
18	PLAW	日本	小松制作所	RW 系统弧焊机器人语言
19	IML	日本	九州大学	动作级机器人语言

8.4 机器人的示教编程

8.4.1 程序形式

由于技术方面的原因，目前企业所使用的工业机器人仍以第一代的示教再现机器人为主。这种机器人没有分析和推理能力，不具备智能性，机器人的全部行为需要由人对其进行控制。

工业机器人是一种能够独立运行的自动化设备。为了保证机器人能根据作业任务的要求完成所需要的动作，就必须将作业要求以控制系统能够识别的命令形式事先告知机器人。这些命令的集合就是机器人的作业程序，简称程序，编写程序的过程称为编程。

由于多种原因，工业机器人目前还没有统一的标准编程语言。例如，安川公司使用 INFORM III 语言编程，而 ABB 公司的编程语言称为 RAPID，FANUC 公司的编程语言称为 KAREL，库卡(KUKA)公司的编程语言称为 KRL 等，从这一意义上说，现阶段工业机器人的程序还不具备通用性。

利用不同编程语言所编制的程序，在程序格式、命令形式、编辑操作上虽然有所区别，但其程序的结构、命令的功能及程序编制的基本方法类似。例如，程序都由程序名、命令、结束标记组成；对于点定位(又称关节插补)、直线插补、圆弧插补运动，安川机器人的移动命令分别为 MOVJ、MOVL、MOVC，而 ABB 机器人则为 MoveJ、MoveL、MoveC 等。因此，只要掌握了一种机器人的编程方法，其他机器人的编程也较为容易。本章以安川机器人编程为例，来介绍示教程序的编制方法。

示教编程是通过作业现场的人机对话操作完成程序编制的一种方法。示教就是操作者对机器人所进行的作业引导，它需要由操作者按照实际作业要求，通过人机对话，一步一步地告知机器人需要完成的动作；这些动作可以通过控制系统，以命令的形式记录与保存；示教操作完成后，将生成完整的程序。如果机器人自动执行示教操作生成的程序，便可重复示教操作的全部动作，这一过程称为再现。

示教编程需要有专业知识和作业经验的操作者在机器人的作业现场完成，故又称在线编程。示教编程简单易行，所编制的程序正确性高，机器人动作安全可靠，它是目前工业机器人最为常用的编程方法，特别适合于自动生产线等的重复作业机器人编程。

示教编程的不足是程序编制需要通过对机器人的实际操作完成，程序编制离不开作业现场，编程的时间较长，特别是对于精度要求较高的复杂运动轨迹，很难通过操作者的手动操作进行示教，故而，对于作业要求变更快、运动轨迹复杂的机器人，一般使用离线编程。

8.4.2 程序结构

DX100 系统的安川机器人程序结构如图 8-9 所示，程序由程序名、命令和结束标记 3 部分组成。

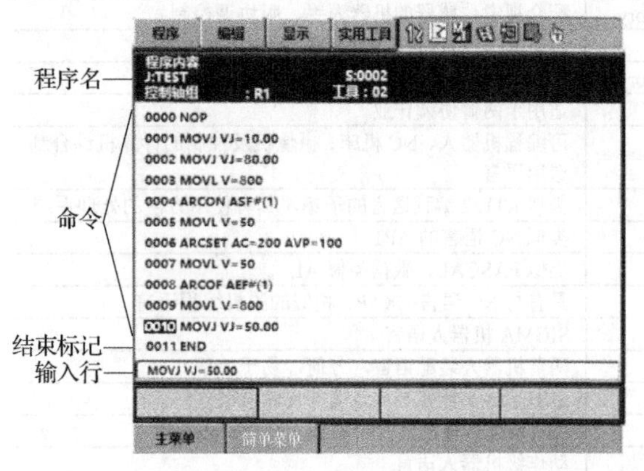

图 8-9　DX100 系统的安川机器人程序结构

1）程序名

程序名是程序的识别标记。机器人可以根据不同的作业要求，通过不同的程序控制其运行，程序名就是用来区别不同程序的标记。在 DX100 系统上，程序名可以由最多 32（半角）个英文字母、数字、汉字或字符组成；如果需要，还可以对程序名附加 32 个字符的注释。在同一系统中，程序名具有唯一性，它不能重复定义。

2）命令

命令是程序的主要组成部分，它用来控制机器人的运动和作业。在程序中一条命令均以行号开始，一条命令占用一行。行号代表命令的执行次序，直接利用示教器编程时，行号由系统自动生成。

机器人程序命令一般分基本命令和作业命令两大类。基本命令是控制机器人本体动作的命令，在相同控制系统的机器人上，基本命令可以通用；作业命令是控制执行器（工）动作的命令，它与机器人用途有关，不同机器人有所区别。例如，在 DX100 系统上，基本命令有移动命令、输入/输出命令、控制命令、平移命令、运算命令 5 类，作业命令分为通用（加工）、搬运、弧焊、点焊 4 类；每一类又有若干功能不同的命令可供选择。例如，移动命令可以是点定位 MOVJ（关节插补）、直线插补 MOVL、圆弧插补 MOVC、自由三线插补 MOVS、直线增量进给 IMOV 等，作业命令可以是控制工具的启动、停止的 TOOLON、TOOLOF，或设定焊接条件的 ARCSET、启动焊接（引弧）的 ARCON、关闭焊接（息弧）的 ARCOF 等。

3）结束标记

结束标记表示程序的结束。DX100 系统的结束标记为控制命令 END。

8.4.3 程序实例

由于机器人的命令众多，且与用途有关，限于篇幅，本书将不再对机器人的全部命令功能、编程格式进行详细介绍。

以下将以配套安川 DX100 系统的弧焊机器人进行图 8-10 所示焊接作业程序为例，对相关命令及示教编程

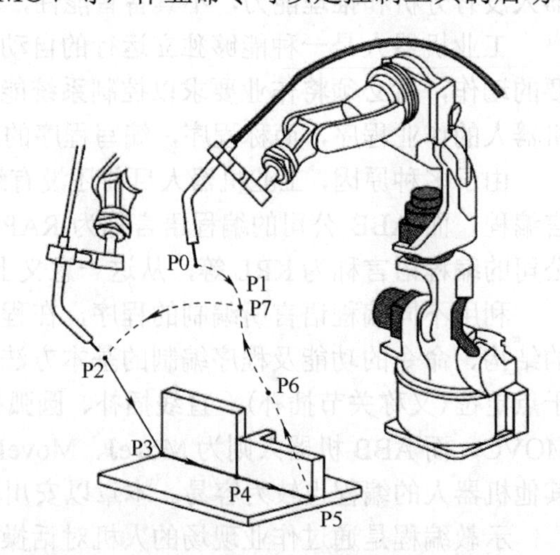

图 8-10　安川 DX100 系统的弧焊机器人焊接作业图

的方法进行简要说明。

图 8-10 所示的弧焊机器人焊接作业程序一般如下。

```
   TEST                              //程序名
0000 NOP                             //空操作命令，无任何动作
0001 MOVJ VJ=10.00                   //P0→P1 点定位、移动到程序起点，速度倍率为 10%
0002 MOVJ VJ=80.00                   //P1→P2 点定位、调整工具姿态，速度倍率为 80%
0003 MOVL V=800                      //P2→P3 点直线插补，速度为 800cm/min
0004 ARCON ASF# (1)                  //P3 点引弧、启动焊接，焊接条件由引弧文件 1 设定
0005 MOVL V=50                       //P3→P4 点直线插补焊接，移动速度为 50cm/min
0006 ARCSET AC=200 AVP=100           //P4 点修改焊接条件，电流为 200A、电压为 100V
0007 MOVL V=50                       //P4→P5 点直线插补焊接，移动速度为 50cm/min
0008 ARCOF AEF#(1)                   //P5 点息弧、关闭焊接，关闭条件由息弧文件 1 设定
0009 MOVL V=800                      //P5→P6 点直线插补，速度为 800cm/min
0010 MOVJ VJ=50.00                   //P6→P7 点定位(关节插补)，速度倍率为 50%
0011 END                             //程序结束
```

以上程序中的命令 MOVJ 为关节坐标系的点定位移动命令(关节插补命令)，它可以通过关节的摆动，将控制点移动到目标位置，命令对运动的轨迹无要求。机器人定位命令与数控机床的定位指令的区别是：首先，机器人定位命令中无定位目标位置 P1、P2 等的坐标值，这一目标位置需要由操作者通过现场示教操作给定；其次，定位速度以关节最大移动速度倍率的形式定义，如命令 VJ=10.00 代表速度倍率为 10%等；最后，还可根据需要通过参数指定定位精度(位置等级)、加/减速倍率等。

命令 MOVL 为直线插补命令，它可通过多个关节的合成运动，将控制点以规定的速度移动到目标位置，运动轨迹为连接起点和终点的一条直线。直线插补的终点位置同样需要由操作者通过现场示教操作给定，移动速度可通过 V=800 等形式指定；直线插补命令也可通过 PL(位置等级)、CR(运算清零)、ACC/DEC(加/减速率)等参数，指定定位精度(位置等级)、转角半径、加/减速倍率等。

命令 ARCON ASF#(1)、ARCSET AC=200 AVP=100、ARCOF AEF#(1)为弧焊作业命令。弧焊作业需要明确焊机所使用的保护气体、焊丝、焊接电流和电压、引弧/息弧时间等焊接特性，这些作业条件可用文件的形式编制后，通过 ASF#(1)、AEF#(1)方式引用，也可以直接以 AC=200 AVP=100 形式设定。

由上述程序实例可见，机器人程序中的命令实际上并不完整，程序输入时需要对命令中所缺的定位目标位置、直线插补终点坐标等参数进行补充，这些都需要通过示教编程时的现场人机对话操作完成。

8.5 常用的机器人专用编程语言

8.5.1 VAL 语言

1. VAL 语言及特点

VAL 语言是美国 Unimation 公司于 1979 年推出的一种机器人编程语言，主要配置在 PU-MA 和 Unimate 等型机器人上，是一种专用的动作类描述语言。

VAL 语言可应用于上下两级计算机控制的机器人系统。上位机为 LSI 11/23，编程在上位机中进行，上位机进行系统的管理；下位机为 6503 微处理器，主要控制各关节的实时运动。可以利用 VAL 语言和 6503 汇编语言混合编程。

VAL 语言命令简单、清晰、易懂，描述机器人作业动作及与上位机的通信均较方便，实时功能强；

可以在在线和离线两种状态下编程，适用于多种计算机控制的机器人；能够迅速地计算出不同坐标系下复杂运动的连续轨迹，能连续生成机器人的控制信号，可以与操作者交互地在线修改程序和生成程序；VAL 语言包含一些子程序库，通过调用各种子程序可很快组合成复杂操作控制；能与外部存储器进行快速数据传输以保存程序和数据。

1) VAL 语言系统

VAL 语言系统包括文本编辑、系统命令和编程语言 3 个部分。

(1) 在文本编辑状态下可以通过键盘输入文本程序，也可通过示教盒在示教方式下输入程序。在输入过程中可修改、编辑、生成程序，最后保存到存储器中。在此状态下也可以调用已存在的程序。

(2) 系统命令包括位置定义、程序和数据列表、程序和数据存储、系统状态设置和控制、系统开关控制、系统诊断和修改。

(3) 编程语言把一条条程序语句转换执行。

2) VAL 语言的特点

VAL 语言具有如下主要特点。

(1) 编程方法和全部指令可用于多种计算机控制的机器人。

(2) 指令简明，指令语句由指令字及数据组成，在线及离线编程均可应用。

(3) 指令及功能均可扩展，可用于装配线及制造过程控制。

(4) 可调用子程序组成复杂操作控制。

(5) 可连续实时计算，迅速实现复杂运动控制；能连续产生机器人控制指令，同时实现人机交互。在 VAL 语言中，机器人终端位置和姿势用齐次变换表征。当精度要求较高时，可用精确点位的数据表征终端位置和姿势。

2. VAL 语言的指令

VAL 语言包括监控指令和程序指令两种。其中监控指令有 6 类，分别为位置及姿态定义指令、程序编辑指令、列表指令、存储指令、控制程序执行指令和系统状态控制指令。程序指令包括运动指令、机器人位姿控制指令、赋值指令、控制指令、开关量赋值指令、其他指令。各类指令的具体形式及功能如下。

1) 监控指令

(1) 位置及姿态定义指令。

POINT 指令：执行终端位置、姿态的齐次变换或以关节位置表示的精确点位赋值。

其格式有两种：

POINT<变量>[=<变量 2>…<变量 *n*>]

或

POINT<精确点>[=<精确点 2>]

例如，

```
POINT PICK1=PICK2
```

是置变量 PICK1 的值等于 PICK2 的值。

又如，

```
POINT#PARK
```

是准备定义或修改精确点 PARK。

DPOINT 指令：删除包括精确点或变量在内的任意数量的位置变量。

HERE 指令：使变量或精确点的值等于当前机器人的位置。

例如，

```
HERE PLACK
```

是定义变量 PLACK 等于当前机器人的位置。

WHERE 指令：显示机器人在直角坐标空间中的当前位置和关节变量值。

BASE 指令：设置参考坐标系，系统规定参考系原点在关节 1 和 2 轴线的交点处，方向沿固定轴的方向。其格式如下：

BASE[<dX>]，[<dY>]，[<dZ>]，[<Z 向旋转方向>]

例如，

```
BASE 300，-50，30
```

是重新定义基准坐标系的位置，它从初始位置向 X 方向移 300，沿 Z 的负方向移 50，再绕 Z 轴旋转 30°。

TOOLI 指令：对工具终端相对工具支承面的位置和姿态赋值。

(2) 程序编辑指令。

EDIT 指令：允许用户建立或修改一个指定名字的程序，可以指定被编辑程序的起始行号。其格式如下：

EDIT[<程序名>]，[<行号>]

如果没有指定行号，则从程序的第一行开始编辑；如果没有指定程序名，则上次最后编辑的程序被响应。

用 EDIT 指令进入编辑状态后，可以用 C、D、E、I、L、P、R、S、T 等命令来进一步编辑。例如，

C 命令：改变编辑的程序，用一个新的程序代替。

D 命令：删除从当前行算起的 n 行程序，n 默认时为删除当前行。

E 命令：退出编辑返回监控模式。

I 命令：将当前指令下移一行，以便插入一条指令。

P 命令：显示从当前行往下 n 行的程序文本内容。

T 命令：初始化关节插值程序示教模式，在该模式下，按一次示教盒上的 RECODE 按钮就将 MOVE 指令插到程序中。

(3) 列表指令。

DIRECTORY 指令：显示存储器中的全部用户程序名。

LISTL 指令：显示任意一个位置变量值。

LISTP 指令：显示任意一个用户的全部程序。

(4) 存储指令。

FORMAT 指令：执行磁盘格式化。

STOREP 指令：在指定的磁盘文件内存储指定的程序。

STOREL 指令：存储用户程序中注明的全部位置变量名和变量值。

LISTF 指令：显示软盘中当前输入的文件目录。

LOADP 指令：将文件中的程序送入内存。

LOADL 指令：将文件中指定的位置变量送入系统内存。

DELJETE 指令：撤销磁盘中指定的文件。

COMPRESS 指令：压缩磁盘空间。

ERASE 指令：擦除磁盘内容并初始化。

(5)控制程序执行指令。

ABORT 指令：执行此指令后紧急停止(紧停)。

DO 指令：执行单步指令。

EXECUTE 指令：执行用户指定的程序 *n* 次，*n* 可以为 0～32768，当 *n* 被省略时，程序执行一次。

NEXT 指令：控制程序在单步方式下执行。

PROCEED 指令：实现在某一步暂停、急停或运行错误后，自下一步起继续执行程序。

RETRY 指令：在某一步出现运行错误后，仍自那一步重新运行程序。

SPEED 指令：指定程序控制下机器人的运动速度，其值为 0.01～327.67，一般正常速度为 100。

(6)系统状态控制指令。

CAHB 指令：校准关节位置传感器。

STATUS 指令：显示用户程序的状态。

FREE 指令：显示当前未使用的存储容量。

ENABL 指令：用于开、关系统硬件。

ZERO 指令：清除全部用户程序和定义的位置，重新初始化。

DONE：停止监控程序，进入硬件调试状态。

2)程序指令

(1)运动指令。运动指令包括 GO、MOVE、MOVEI、MOVES、DRAW、APPRO、APPROS、DEPART、DRIVE、READY、OPEN、OPENI、CLOSE、CLOSEI、RELAX、GRASP 及 DELAY 等。这些指令大部分具有使机器人按照特定的方式从一个位姿运动到另一个位姿的功能，部分指令表示机器人手爪的开合。例如，MOVE#PICK!表示机器人由关节插值运动到精确定义的位置；!表示位置变量已有自己的值。

MOVET<位置>，<手开度>，其功能是生成关节插值运动值，使机器手到达位置变量所给定的位姿。运动中若手为伺服控制，则手由闭合改变到手开度变量给定的值。

又如，OPEN[<手开度>]，表示使机器人手爪打开到指定的开度。

(2)机器人位姿控制指令。机器人位姿控制指令包括 RIGHTY、LEFYY、ABOVE、BELOW、FHP 及 NOFHP 等。

(3)赋值指令。赋值指令有 SETI、TYPEI、HERE、SET、SHIFT、TOOL、INVERSE 及 FRAME。

(4)控制指令。控制指令有 GOTO、GOSUB…RETURN、Ⅳ、IFSIG、REACT、REACTI、IGNORE、SIGNAL、WAIT、PAUSE 及 STOP。其中 GOTO、GOSUB…RETURN 指令实现程序的无条件转移，而Ⅳ指令执行有条件转移。Ⅳ指令的格式为

Ⅳ<整型变量 1><关系式><整型变量 2><关系式>THEN<标识符>

该指令比较两个整型变量的值，如果关系状态为真，程序转到标识符指定的行去执行；否则接着下一行执行。关系表达式有 EQ(等于)、NE(不等于)、LT(小于)、GT(大于)、LE(小于或等于)及 GE(大于或等于)。

(5)开关量赋值指令。开关量赋值指令包括 SPEED、COARSE、FINE、NONULL。

(6)其他指令。其他指令包括 REMARK 及 TYPE。

8.5.2 AL 语言

1. AL 语言概述

AL 语言是 20 世纪 70 年代中期美国斯坦福大学人工智能研究所开发研制的一种机器人语言，它是在 WAVE 的基础上开发出来的，也是一种动作级编程语言，但兼有对象级编程语言的某些特征，使用

于装配作业。它的结构及特点类似于 PASCAL 语言，可以编译成机器语言在实时控制机上运行，具有实时编译语言的结构和特征，如可以同步操作、条件操作等。AL 语言设计的原始目的是用于具有传感器信息反馈的多台机器人或机械手的并行或协调控制编程。

运行 AL 语言的系统硬件环境包括主、从两级计算机控制。主机为 PDP10，主机内的管理器负责管理协调各部分的工作，编译器负责对 AL 语言的指令进行编译并检查程序，实时接口负责主、从机之间的接口连接，装载器负责分配程序。从机为 PDP 11/45。

主机对 AL 语言进行编译，对机器人的动作进行规划；从机接受主机发出的动作规划命令，进行轨迹及关节参数的实时计算，最后对机器人发出具体的动作指令。

2. AL 语言的编程格式

(1) 程序由 BEGIN 开始，至 END 结束。

(2) 语句与语句之间用分号隔开。

(3) 变量先定义说明其类型，后使用。变量名以英文字母开头，由字母、数字和下划线组成，字母不区分大小写。

(4) 程序的注释用大括号括起来。

(5) 变量赋值语句中如果所赋的内容为表达式，则先计算表达式的值，再把该值赋给等式左边的变量。

3. AL 语言中数据的类型

1) 标量 (Scalar)

标量类型可以是时间、距离、角度及力等，可以进行加、减、乘、除和指数运算，也可以进行三角函数、自然对数和指数换算。

2) 向量 (Vector)

向量类型与数学中的向量类似，可以由若干量纲相同的标量来构造一个向量。

3) 旋转 (Rot)

旋转类型用来描述一个轴的旋转或绕某个轴的旋转以表示姿态。用 Rot 变量表示旋转变量时带有两个参数：一个代表旋转轴的简单矢量；另一个表示旋转角度。

4) 坐标系 (Frame)

坐标系类型用来建立坐标系，变量的值表示物体固连坐标系与空间作业的参考坐标系之间的相对位置和姿态。

5) 变换 (Trans)

变换类型用来进行坐标变换，具有旋转和向量两个参数，执行时先旋转再平移。

4. AL 语言的语句介绍

1) MOVE 语句

MOVE 语句用来描述机器人手爪的运动，如手爪从一个位置运动到另一个位置。

语句的格式为

MOVE<HAND>TO<目的地>

2) 手爪控制语句

OPEN：手爪打开语句。

CLOSE：手爪闭合语句。

语句的格式如下：

OPEN<HAND>TO<SVAL>

CLOSE<HAND>TO<SVAL>

其中，SVAL 为开度距离值，在程序中已预先指定。

3）控制语句

与 PASCAL 语言类似，控制语句有下面几种：

IF…THEN…ELSE…；

WHILE…DO…；

CASE…；

UNTIL…；

FOR…STEP…UNTIL…。

4）AFFIX 和 UNFIX 语句

在装配过程中经常出现将一个物体粘到另一个物体上或将一个物体从另一个物体上剥离的操作。语句 AFFIX 为将两物体结合的操作，语句 UNFIX 为将两物体分离的操作。

例如，BEAM-BORE 和 BEAM 分别为两个坐标系，执行语句 AFFIX BEAM-BORE TO BEAM 后，两个坐标系就附着在一起了，即一个坐标系的运动也将引起另一个坐标系的同样运动。然后执行语句 UNFIX BEAM-BORE FROM BEAM，两坐标系的附着关系被解除。

5）力觉的处理

在 MOVE 语句中，使用条件监控子语句可实现使用传感器信息来完成一定的动作。

监控子语句如下：

ON<条件>DO<动作>

例如，MOVEBARMTO①-0.1＊INCHESONFORCE（Z）>10＊OUNCESDOSTOP，表示在当前位置沿 Z 轴向下移动 0.1in（1in=2.54cm），如果感觉 Z 轴方向的力超过 10oz（1oz≈28.35kg），则立即命令机械手停止运动。

【例 8-1】 用 AL 语言编制如图 8-11 所示机器人把螺栓插入其中一个孔里的作业。这个作业需要把机器人移至料斗上方 B 点，抓取螺栓，经过 B 点、C 点再把它移至导板孔上方的 D 点（图 8-11），并把螺栓插入其中一个孔里。

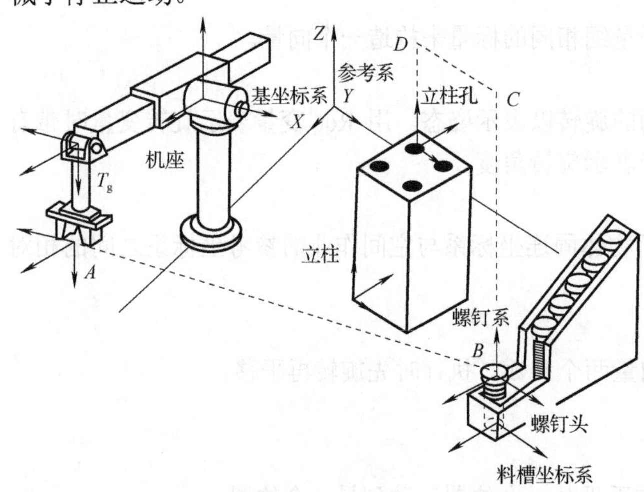

图 8-11　机器人把螺栓插入其中一个孔里的作业

编制这个程序的步骤如下。

（1）定义机座、导板、料斗、导板孔、螺栓柄等的位置和姿态。

（2）把装配作业划分为一系列动作，如移动机器人、抓取物体和完成插入等。

（3）加入传感器以发现异常情况和监视装配作业的过程。

（4）重复步骤（1）～（3），调试改进程序。

8.5.3 SIGLA 语言

SIGLA 语言是 20 世纪 70 年代后期意大利 Olivetti 公司研制的一种简单的非文本型语言。用于对直角坐标式的 SIGMA 型装配机器人进行数字控制。

SIGLA 语言可以在 RAM 容量大于 8KB 的微型计算机上执行，不需要后台计算机支持，在执行中解释程序和操作系统可由磁带输入，约占 4KB RAM，也可事先固化在 PROM 中。

SIGLA 语言有多个指令字，它的主要特点是为用户提供定义机器人任务的能力。在 SIGMA 型装配机器人上，装配任务常由若干子任务组成。

(1)取螺钉旋具。

(2)在螺钉上料器上取螺钉 *A*。

(3)搬运螺钉 *A*。

(4)螺钉 *A* 定位。

(5)将螺钉 *A* 装入。

(6)上紧螺钉 *A*。

为了完成对子任务的描述及将子任务进行相应的组合，SIGLA 语言设计了 32 个指令定义字。要求这些指令定义字能够描述各种子任务，并将各子任务组合起来成为可执行的任务。这些指令定义字共分 6 类：输入输出指令；逻辑指令(用于完成比较、逻辑判断，控制指令执行顺序)；几何指令(用于定义子坐标系)；调子程序指令；逻辑连锁指令(用于协调两个手臂的镜面对称操作)；编辑指令。

8.5.4 C 语言

C 语言是 Combined Language(组合语言)的中英混合简称，是一种计算机程序设计语言。它既具有高级语言的特点，又具有汇编语言的特点。它可以作为工作系统设计语言，编写系统应用程序，也可以作为应用程序设计语言，编写不依赖计算机硬件的应用程序。因此，C 语言的应用范围广泛，不仅在软件开发方面，而且各类科研都需要用到 C 语言，具体应用有单片机以及嵌入式系统开发等。现在的机器人程序设计大多采用 C 语言，可以在不同的控制器之间方便地移植。

C 语言是一种面向过程的计算机程序设计语言，它是目前众多计算机语言中举世公认的优秀的结构程序设计语言之一。它由美国贝尔实验室的 D.M.Ritchie 于 1972 年推出。1978 年后，C 语言已先后被移植到大、中、小及微型机上。

C 语言发展如此迅速，而且成为最受欢迎的语言之一，主要因为它具有强大的功能。许多著名的系统软件，如 DBASEⅣ，是由 C 语言编写的。用 C 语言加上一些汇编语言子程序，就更能显示 C 语言的优势了，如 PC-DOS、WordStar 等就是用这种方法编写的。

C 语言是一种成功的系统描述语言，用 C 语言开发的 UNIX 操作系统就是一个成功的范例；同时 C 语言又是一种通用的程序设计语言，在国际上广泛流行。世界上很多著名的计算公司都成功地开发了不同版本的 C 语言，很多优秀的应用程序也都是使用 C 语言开发的。

(1)C 语言是中级语言。它把高级语言的基本结构和语句与低级语言的实用性结合起来。C 语言可以像汇编语言一样对位、字节和地址进行操作，这三者是计算机最基本的工作单元。

(2)C 语言是结构式语言。结构式语言的显著特点是代码及数据的分隔化，即程序的各个部分除必要的信息交流外彼此独立。这种结构化方式可使程序层次清晰，便于使用、维护以及调试。C 语言是以函数形式提供给用户的，这些函数调用方便，并具有多种循环、条件语句控制程序流向，从而使程序完全结构化。

(3)C 语言功能齐全。C 语言具有各种各样的数据类型，并引入指针概念，可使程序效率更高。另外，C 语言也具有强大的图形功能，支持多种显示器和驱动器，而且计算功能、逻辑判断功能比较强大，可以实现决策目的的游戏。

(4)C 语言适用范围广。C 语言适合于多种操作系统(如 Windows、DOS、UNIX 等)，也适用于多种机型。

在需要硬件进行操作的场合，C 语言明显优于其他解释型高级语言，有一些大型应用软件也是用 C 语言编写的。

C 语言绘图能力强，可移植性高，并具备很强的数据处理能力，因此适于编写系统软件及三维、二维图形和动画。它是数值计算的高级语言。

8.6 编程技术的发展趋势

随着视觉技术、传感技术、智能控制技术、网络和信息技术以及大数据技术等的发展，未来的机器人编程技术将会发生根本的变革，主要表现在以下几个方面。

(1)编程将会变得简单、快速、可视、模拟和仿真立等可见。

(2)基于视觉、传感、信息和大数据技术，感知、辨识、重构环境和工件等的 CAD 模型，自动获取加工路径的几何信息的可视化编程技术。这一编程技术是运用调用计算机控件的方法，并给控制对象设置一定的属性，结合开发者的实际需求，在窗口直接进行布局设计。可视化编程技术的优势就在于简便，能够自动地生成计算机程序代码，运行效率更高，应用程度也比较高。

(3)基于互联网技术实现编程的网络化、远程化、可视化的面向对象的计算机编程技术。

(4)面向对象编程技术。为了能够实现计算机的整体性运算的编程目标，让每个对象都可以及时接收指令信息、及时处理数据，同时给其他对象发送指令信息的面对多个对象的计算机编程技术具备一定的灵活性、拓展性以及重用性。通过面向对象的编程技术来完成的程序由一个可以产生子程序作用对象组成。面向对象编程技术是将对象编程理念应用在计算机软件的开发与设计过程中，对开发活动提供具体指导的编程技术，换言之就是将“对象”的编程概念作为基础而生成的编程技术。面向对象编程技术中的对象是指由计算机数据和指令互相组成的载体，以及客观实体之间存在直接的相对关系。

(5)基于增强现实技术实现离线编程和真实场景的互动。

总之，今后传统的示教编程将只在很少的场合得到应用，如空间探索、水下、核电等，而离线编程技术将会得到进一步发展，并与 CAD/CAM、视觉、传感、互联网、大数据、增强现实等技术深度融合，自动感知、辨识、重构工件和加工路径等，实现路径自主规划、自动纠偏和自适应环境的智能编程。

习 题

8-1 简述机器人对编程的要求。

8-2 机器人编程语言的类型有哪些?

8-3 简述 C 语言的特点、优势和不足。

8-4 简述离线编程系统的组成。

8-5 简述编程技术的发展趋势。

第 9 章　机器人在不同领域中的应用

本章重点：为了使机器人技术更好地研究、应用和发展，本章重点介绍工业机器人、农业机器人、服务机器人、军用机器人、水下机器人、空间机器人、微型机器人和类人机器人等在不同领域中应用的情况，并对机器人技术发展趋势进行展望。

9.1　概　　述

机器人技术作为 20 世纪人类最伟大的发明之一，自 60 年代初问世以来，经历 50 多年的发展，取得了长足的进步。工业机器人在经历了诞生、成长、成熟期后，已成为制造业中不可缺少的核心装备，目前世界上有 200 多万台工业机器人正与人并肩战斗在各条战线上。

随着科学与技术的发展，机器人的应用领域也不断扩大。现在工业机器人的应用已扩大到军事、核能、采矿、冶金、石油、化学、航空、航天、船舶、建筑、纺织、制衣、医药、生化、食品、服务、娱乐、农业、林业、畜牧业和养殖业等领域中。

在工业生产中，弧焊机器人、点焊机器人、装配机器人、喷涂机器人及搬运机器人等工业机器人都已被大量采用。用来完成不同生产作业的工业机器人的种类越来越多(如抛光机器人、打毛刺机器人、激光切割机器人等)。机器人将成为人类社会生产活动的“主劳力”，人类将从繁重的、重复单调的、有害健康和危险的生产劳动中解放出来。

在农业、林业、畜牧业和养殖业等方面已开始应用机器人技术，能够合理地利用劳动力资源，提高劳动生产率。农业、林业、畜牧业和养殖业等将从现在的手工、半机械化和机械化作业发展到工业化和自动化生产。

在用于提高人民健康水平与生活水准、丰富人民文化生活方面，服务机器人已开始进入家庭。家庭服务机器人可以从事清洁卫生、园艺、炊事、垃圾处理、家庭护理与服务等作业。在医院，服务机器人可以从事手术、化验、运输、康复及病人护理等作业。

在商业、旅游业和娱乐等方面，导购机器人、导游机器人和表演机器人都将得到发展。智能机器人玩具和智能机器人宠物的种类将不断增加。机器人不再是只用于生产作业的工具，大量的服务机器人、表演机器人、科教机器人、机器人玩具和机器人宠物将进入人类社会，使人类生活更加丰富多彩。

在探索与开发宇宙、海洋和地下未知世界等方面，机器人将成为人类的有力工具。各种舱内作业机器人、舱外作业机器人、空间自由飞行机器人、登陆星球的探测车和作业车等将被送上天空，用于开发与利用空间、发现与利用外界星球的物质资源。水下机器人将用于海底探索与开发、海洋资源开发与利用、水下作业与救生。

在未来战争中，机器人将发挥重要作用。军用机器人可以是一个武器系统，如机器人坦克、自主式地面车辆、扫雷机器人等，也可以是武器装备上的一个系统或装置。作战机器人、侦察机器人、哨兵机器人、排雷机器人、布雷机器人等将会迅速发展。将来可能出现机器人化部队或兵团，在未来战争中将会出现机器人对机器人的战斗。

在 21 世纪，各种智能机器人将得到广泛应用与发展，具有像人的四肢、双目视觉、力觉及触觉感知功能的仿人机器人将被研制成功，并得到应用。

按应用领域，机器人大致可分为工业机器人、农业机器人、服务机器人、军用机器人、水下机器人、空间机器人、微型机器人和类人机器人等。

9.2 工业机器人

9.2.1 工业机器人产品分类与应用

根据工业机器人的功能与用途，其主要产品大致可分为加工、装配、搬运、包装四大类。

1. 加工机器人

加工机器人是直接用于工业产品加工作业的工业机器人，目前主要有焊接、切割、冲压、研磨、抛光等加工机器人。

焊接、切割、研磨、抛光的加工环境恶劣，加工时所产生的强弧光、高温、烟尘、飞溅、电磁干扰等都有害于人体健康。这些行业采用机器人自动作业，不仅可改善工作环境，避免加工对人体的伤害，而且可自动连续工作，提高工作效率和改善加工质量。

焊接机器人(Welding Robot)是目前工业机器人中产量最大、应用最广的产品，广泛用于汽车、铁路、航空航天、军工、冶金、电器等行业。自1969年美国GM(通用汽车)公司在美国Lordstown汽车组装生产线上装备首台汽车点焊机器人以来，机器人焊接技术已日臻成熟，通过机器人的自动化焊接作业，可提高生产率、确保焊接质量、改善劳动环境，它是当前工业机器人应用的重要方向之一。

材料切割是工业生产不可缺少的加工方式，从传统的金属材料火焰切割、等离子切割到可用于多种材料的激光切割都可通过机器人完成。目前，薄板类材料的切割大多采用数控火焰切割机、数控等离子切割机和数控激光切割机等数控机床加工，但异形、大型材料或船舶、车辆等大型废旧设备的切割已开始逐步使用工业机器人。

研磨、抛光机器人主要用于汽车、摩托车、工程机械、家具建材、电子电气、陶瓷卫浴等行业的表面处理。使用研磨、抛光机器人不仅能使操作者远离高温、粉尘、有毒、易燃、易爆的工作环境，而且能够提高加工质量和生产效率。

2. 装配机器人

装配机器人(Assembly Robot)是将不同零件组合成部件或成品的工业机器人。

计算机(Computer)、通信(Communication)和消费性电子(Consumer Electronic)行业(简称3C行业)是目前装配机器人最大的应用市场。3C行业是典型的劳动密集型产业，采用人工装配，不仅需要使用大量的员工，而且操作工人的工作高度重复、频繁，劳动强度极大，致使人工难以承受；此外，随着电子产品不断向轻薄化、精细化方向发展，产品对零部件装配的精细程度日益提高，部分作业人工已无法完成。

涂装机器人用于部件或成品的油漆、喷涂等表面处理，这类处理通常含有影响人体健康的有害、有毒气体，采用机器人自动作业后，不仅可改善工作环境，避免有害、有毒气体的危害，而且可自动连续工作，提高工作效率和改善加工质量。

3. 搬运机器人

搬运机器人(Transfer Robot)是从事物体移动作业的工业机器人的总称，常用的主要有输送机器人和装卸机器人两大类。

工业生产中的输送机器人以无人搬运车(Automated Guided Vehicle，AGV)为主。AGV具有计算机控制系统和路径识别传感器，能够自动行走和定位停止，可广泛应用于机械、电子、纺织、卷烟、医疗、食品、造纸等行业的物品搬运和输送。在机械加工行业，AGV大多用于无人化工厂、柔性制造系统(Flexible Manufacturing System，FMS)的工件、刀具搬运、输送，它通常需要与自动化仓库、刀具中心及数控加工设备、柔性加工单元(Flexible Manufacturing Cell，FMC)的控制系统互连，以构成无人化工厂、柔性制造系统等。

装卸机器人多用于机械加工设备的工件上下料，它常和数控机床组合，以构成柔性加工单元，成为无人化工厂、柔性制造系统的一部分。装卸机器人还经常用于冲剪、锻压、铸造等设备的上下料，以替代人工完成高风险、高温等恶劣环境下的危险或繁重作业。

4. 包装机器人

包装机器人(Packaging Robot)是用于物品分类和成品包装的工业机器人。

3C 行业和化工、食品、饮料、药品工业是包装机器人的主要应用领域。3C 行业的产品产量大、周转速度快，成品包装任务繁重；化工、食品、饮料、药品包装由于行业特殊性，人工作业涉及安全、卫生、清洁、防水、防菌等方面的问题，因此，都需要利用包装机器人来完成物品的分拣、包装和码垛作业。

目前，国际著名的工业机器人生产厂家主要有日本的 FANUC(发那科)、YASKAWA、KAWASAKI(川崎重工业)、NACHI(那智不二越)、DAIHEN(OTC 或欧地希)、PANASONIC(松下)，以及瑞士的 ABB，德国的 KUKA、REIS(徕斯，现为 KUKA 成员)、Carl-Cloos(卡尔-克鲁斯)，意大利的 COMAU(柯马)，奥地利的 IGM(艾捷)等。此外，韩国的 HYUNDAI(现代)等公司近年来的发展速度也较快。

就工业机器人产量而言，目前以 FANUC、YASKAWA、ABB、KUKA 为最大，这 4 家公司是国际著名的工业机器人代表性企业，其产品规格齐全、生产量大，也是我国目前工业机器人的主要供应商。目前国内外主要从事工业机器人研发生产的单位如表 9-1 所示。

表 9-1　国内外主要从事工业机器人研发生产的单位

产品类型	国外		国内	
	单位	典型指标	单位	典型指标
柔性轻型臂	KUKA	Iwwal 轻型臂 自由度：7DOF 末端负载：5kg 视觉与力矩感知	哈尔滨工业大学	主要应用于空间机械臂
	Universal Robots	主要为两款 负载 5kg 与 10kg 自由度：7DOF	—	—
双臂机器人	ABB	YUMI 机器人 自由度：14DOF 末端负载：5kg.	哈尔滨工业大学	主要应用于空间机械臂
	EPSON	自律机器人 自由度：14DOF 具有双目立体视觉	北京航空航天大学	研制推广阶段
	YASKAWA	SDA10 自由度：15DOF 末端负载：5kg 和 10kg 两种	—	—
	Rethink	Raxter 机器人 自由度：14DOF 末端负载 2.3kg 视觉和力矩感知	—	—
移动机械臂	KUKA	可实现 AGV 底盘与机械臂产品的应用定制配搭	中国科学院	主要用于排爆等领域

目前，技术上较成熟、应用较广泛的工业机器人是焊接机器人、喷涂机器人、装配机器人和数控机器人，本节主要介绍焊接机器人及其应用。

9.2.2　工业机器人的应用准则

设计和应用工业机器人时，应全面考虑和均衡机器人的通用性、环境的适应性、耐久性、可靠性和经济性等因素，具体遵循的准则如下。

1. 从恶劣工种开始采用机器人

机器人可以在有毒、风尘、噪声、振动、高温、易燃易爆等危险有害的环境中长期稳定地工作。在技术、经济合理的情况下，利用机器人逐步把人从这些工作岗位上代替下来，将从根本上改善劳动条件。

2. 在生产率和生产质量落后的部门应用机器人

现代化的大生产分工越来越细，操作越来越简单，劳动强度越来越大。机器人可以高效地完成一些简单、重复性的工作，使生产效率获得明显的改善。

工作节奏的加快使工人的神经过于紧张，很容易疲劳，工人会由此造成失误，很难保证产品质量。而工业机器人完全不存在由上述原因而引起的故障，可以不知疲倦地重复工作，有利于保证产品质量。

3. 要估计长远需要

一般来讲，人的寿命比机械的寿命长。不过，如果经常对机械进行保养和维修，对易换件进行补充和更换，有可能使机械寿命超过人。另外，工人会由于其自身的意志而放弃某些工作，造成辞职或停工，而工业机器人没有自己的意愿，因此不会在工作中途因故障以外的原因停止工作，能够持续从事所交付的工作，直至其机械寿命完结。

4. 机器人的投入和使用成本

虽然机器人可以使人类摆脱很脏、很危险或很繁重的劳动，但是使用者极关心的是机器人的经济性。经济性主要考虑的因素是劳力、材料、生产率、能源、设备和成本等。

9.2.3 焊接机器人及其应用

焊接是工业机器人应用较广泛的领域，焊接机器人占工业机器人总数的 25%左右。由于对许多构件的焊接精度和速度等提出越来越高的要求，一般工人已难以胜任这一工作。此外，焊接时的火花及烟雾等对人体造成危害，因而焊接过程的完全自动化已成为重要的研究课题。其中，十分重要的就是焊接机器人的应用。

1. 焊接机器人的主要优点

(1) 稳定和提高焊接质量，保证其均匀性。

(2) 提高劳动生产率，一天可 24h 连续生产。

(3) 改善工人劳动条件，可在有害环境下工作。

(4) 降低对工人操作技术的要求。

(5) 缩短产品改型换代的准备周期，减少相应的设备投资。

(6) 可实现小批量产品的焊接自动化。

(7) 能在空间站建设、核能设备维修、深水焊接等极限条件下完成人工难以进行的焊接作业。

(8) 为焊接柔性生产线提供技术基础。

2. 焊接机器人的分类

焊接机器人是一个机电一体化的设备，可以按用途、结构、受控运动方式、驱动方法等对其进行分类。

焊接机器人按用途可分为弧焊机器人和点焊机器人两类。

1) 弧焊机器人

弧焊机器人的应用范围很广，在汽车、通用机械、金属结构等许多行业中都有应用。弧焊机器人是包括各种电弧焊附属装置的柔性焊接系统，而不只是一台以规划的速度和姿态携带焊枪移动的单机，图 9-1 为弧焊机器人系统的基本组成，图 9-2 是弧焊机器人在汽车焊接生产中应用。

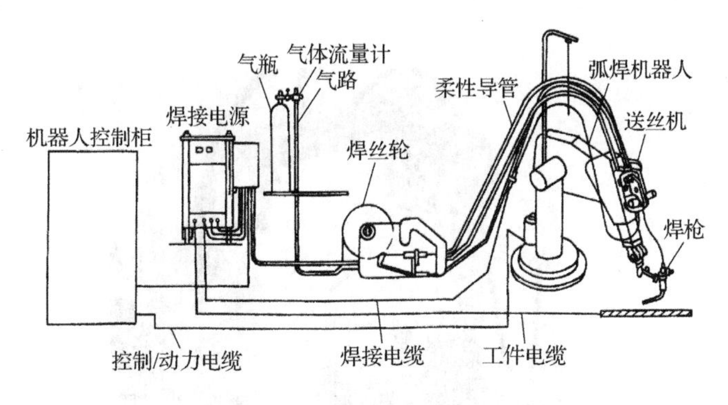

图 9-1　弧焊机器人系统的基本组成

图 9-2　弧焊机器人在汽车焊接生产中的应用

在弧焊作业中，焊枪应跟踪工件的焊道运动，并不断填充金属形成焊缝。因此运动过程中速度的稳定性和轨迹精度是两项重要指标。一般情况下，焊接速度取 5～50mm/s，轨迹精度为±(0.2～0.5)mm。焊枪的姿态对焊缝质量也有一定影响，因此希望在跟踪焊道的同时，焊枪姿态的可调范围尽量大。弧焊机器人的其他一些基本性能要求如下。

(1) 设定焊接条件(电流、电压、速度等)。

(2) 摆动功能。

(3) 坡口填充功能。

(4) 焊接异常功能检测。

(5) 焊接传感器(起始焊点检测、焊道跟踪)的接口功能。

2) 点焊机器人

汽车工业是点焊机器人系统一个典型的应用领域，在装配汽车车体时，大约 60%的焊点由机器人完成。最初，点焊机器人只用于增强焊作业，后来为了保证拼接精度，又让机器人完成定位焊作业。这样，点焊机器人逐渐被要求有更全的作业性能，具体如下。

(1) 安装面积小，工作空间大。

(2) 快速完成小节距的多点定位(如每 0.3～0.4s 移动 30～50mm 节距后定位)。

(3) 定位精度高(±0.25mm)，以确保焊接质量。

(4) 持重大(50～100kg)，以便携带内装变压器的焊钳。

(5) 内存容量大，示教简单，节省工时。

(6) 点焊速度与生产线速度相匹配，同时安全可靠性好。

在驱动形式方面，由于电伺服技术的迅速发展，液压伺服在机器人中的应用逐渐减少，甚至大型机器人也在朝着电机驱动方向过渡。在机型方面，尽管主流仍是多用途的大型六轴垂直多关节点焊机器人，但是出于机器人加工条件的需要，一些机器人制造厂家已开发出立体配置的 3～6 轴小型专用机器人。

图 9-3 和图 9-4 是一种持重为 120kgf(1kgf=9.80665N)、最高速度为 4m/s 的六轴垂直多关节点焊机器人。它可胜任大多数本体装配工序的点焊作业。由于实用中几乎全部用来完成间隔为 30～50mm 的打点作业，运动中很少能达到最高速度，因此改善最短时间内频繁短节距起、制动的性能是点焊机器人追求的重点。表 9-2 和表 9-3 分别是点焊机器人主要技术参数和控制功能。

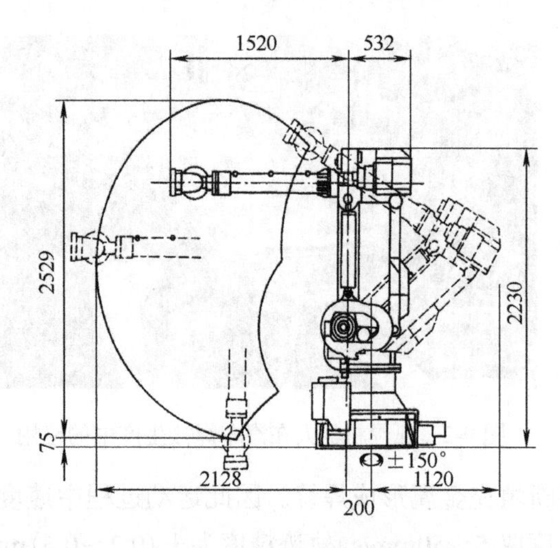

图 9-3　六轴垂直多关节点焊机器人(单位：mm)

图 9-4　六轴垂直多关节点焊机器人在生产中应用

表 9-2　点焊机器人主要技术参数

自由度	六轴	
持重	120kgf	
最高速度	腰回转	180°/s
	臂前后	
	臂上下	
	腕前部回转	180°/s
	腕弯曲	110°/s
	腕根部回转	120°/s
重复位置精度	±0.25mm	
驱动装置	交流伺服电机	
位置检测	绝对编码器	

表 9-3　点焊机器人控制功能

驱动方式	交流伺服
控制轴数	六轴
动作形式	关节插补、直线插补、圆弧插补
示教方式	示教盒在线示教、软盘输入离线示教
示教动作坐标	关节坐标、直角坐标、工具坐标
存储装置	IC 存储器
存储容量	40GB
辅助功能	精度速度调节、时间设定、数据编辑、外部输入输出、外部条件判断
应用功能	异常诊断、传感器接口、焊接条件设定、数据变换

9.2.4　焊接机器人系统的基本配置

通常单台六关节工业机器人不能完全满足工厂现场焊接应用需求。一个机器人焊接工作站通常除需要机器人外，还需要焊接电源、焊机、焊枪、送丝机、变位机、辅助工装、上下料装置、围栏、安全光栅以及自动找焊缝和焊缝自动跟踪控制系统等。并不是每一个焊接机器人系统都必须配备所有这些外围设备，而应根据工件的具体结构情况、所要焊接的焊缝位置的可达性和对接头质量的要求来选择。

1. 弧焊机器人系统焊接装置的选择

弧焊机器人一般较多采用熔化极气体保护焊(MIG 焊、MAG 焊、CO_2 焊)或非熔化极气体保护焊(TIG 焊、等离子弧焊)方法。熔化极或非熔化极气体保护焊都需要焊接电源、焊枪(焊炬)和送丝机，在选择弧焊机器人时应考虑所要焊接的材料种类、焊接范围和电弧持续时间等因素。如果机器人和焊接装备是分别采购的，而工厂又希望机器人控制柜能够对焊接参数进行编程和控制，这就必须解决焊接装备和机器人控制柜之间的接口问题，但这个接口不是一般用户所能解决的，最好还是由机器人供应商成套提供。弧焊机器人的基本组成如图 9-5 所示。

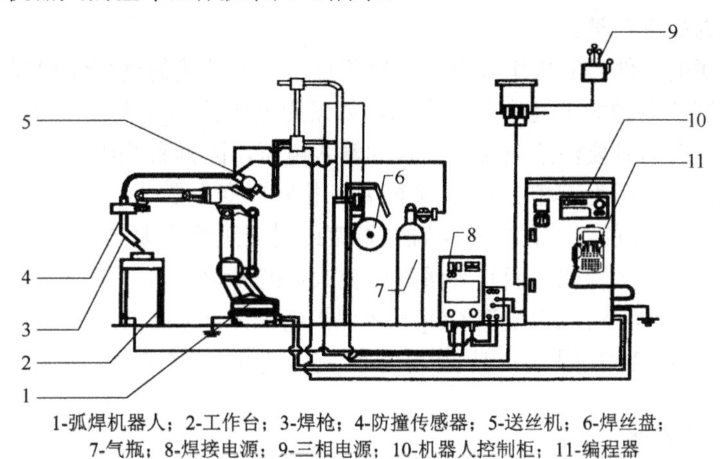

1-弧焊机器人；2-工作台；3-焊枪；4-防撞传感器；5-送丝机；6-焊丝盘；7-气瓶；8-焊接电源；9-三相电源；10-机器人控制柜；11-编程器

图 9-5　弧焊机器人的基本组成

2. 点焊机器人系统焊接装备的选择

如图 9-6 所示，点焊机器人的焊接装备由焊钳、变压器和点焊定时器等部分组成。如果采用直流点焊，在变压器之后还要加整流单元。根据变压器的摆放位置可分为与机器人分离的方式、装在机器人上臂上的方式及和焊钳组合在一起的一体式等。早期的点焊机器人都采用前两种方式。这两种安装方式由于二次电缆较长，不仅会影响焊钳的可达性，而且电缆可能钩在工件上影响机器人的运动。另外，较粗的二次电缆随焊钳姿态的变化而不断地扭曲摆动，容易破损断裂，影响焊接质量，增加电缆维修、更换的费用。

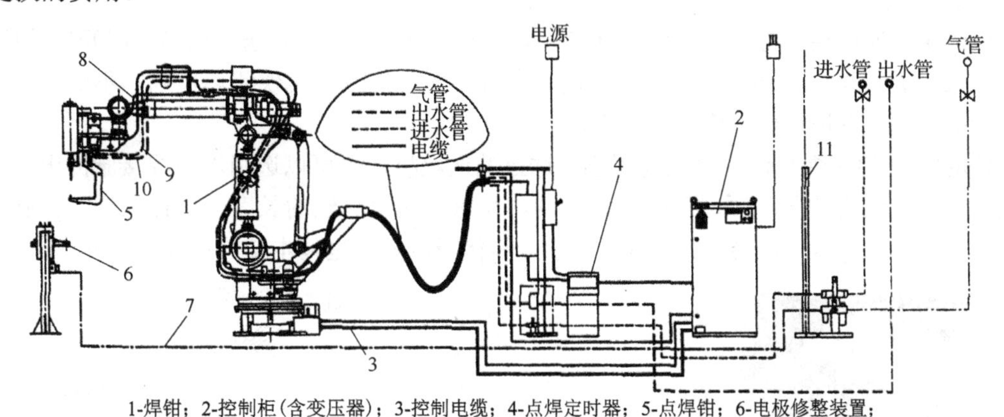

1-焊钳；2-控制柜(含变压器)；3-控制电缆；4-点焊定时器；5-点焊钳；6-电极修整装置；7～10-气、电、进水、出水管线；11-安全围栏

图 9-6　点焊机器人的基本组成

3. 焊接电源的选择

熔化极气体保护焊焊接电源的选择与机器人配套的焊接电源必须注意负载持续率问题，因为机器人焊接的燃弧率比手工焊高得多，即使采用和手工焊相同的焊接规范，机器人用的焊接电源也应选用较大容量的。例如，用直径 1.6mm 焊丝、380A 电流进行手工电弧焊时，可以选用负载持续率 60%、额定电流 500A 的焊接电源，但用同样规范的焊接机器人，其配套的焊接电源必须选用负载持续率 100% 的 500A 电源或负载持续率 60%的 600A 或更大容量的电源。它们之间容量的换算公式如下：

$$I_{100} = \left(I_{60}^2 \times 0.6\right)^{1/2}$$

式中，I_{60} 为负载持续率 60%电源的额定电流值；I_{100} 为负载持续率 100%电源的额定电流值。

如果采用大电流长时间焊接，电源容量最好要有一定裕度，不然电源会因升温过高而自动断电保护，使焊接不能连续进行。目前，可以和机器人配套的熔化极气体保护焊的电源多达几十种，这些焊接电源大体上可以分为如下几类。

(1) 对于焊接较薄的工件，应采用具有减少短路过渡飞溅功能的气体保护焊电源。

这种抑制焊接飞溅的电源大多是逆变式电源，如采用波形控制或表面张力过渡控制等技术，效果都比较显著。这些电源选用时要注意电源所要求的输入电压，因为有些用 IGBT 的逆变电源，特别是日本产的这类电源，输入电压为三相 200V，需配备三相降压变压器。

(2) 对于焊接重、大、厚的工件，应采用颗粒过渡或射流过渡用大电流电源。

这种焊接电源大多为晶闸管式，而且容量都比较大(600A 以上)，负载持续率为 100%，适合于采用混合气体保护射流过渡焊、粗丝大电流 CO_2 气体保护潜弧焊或双丝焊等方法。

(3) 对于铝和铝合金 TIG 焊接，应采用方波交流电源，带有专家系统的协调控制(或单旋钮)MIG/MAG 焊接电源等。

4. 焊枪与送丝机的选择

焊接机器人用的焊枪和手工半自动焊用的鹅颈式焊枪基本相同。鹅颈的弯曲角一般都小于 45°，可以根据工件特点选不同角度的鹅颈，以改善焊枪的可达性。鹅颈角度选得过大，送丝阻力会加大，送丝速度容易不稳定；而角度过小，如 0，一旦导电嘴稍有磨损，常会出现导电不良的现象。

弧焊机器人配备的送丝机可按安装方式分为两种：一种是将送丝机安装在机器人的上臂的后部上面与机器人组成一体的方式；另一种是将送丝机与机器人分开安装的方式。由于一体式的送丝机到焊枪的距离比分离式的短，连接送丝机和焊枪的软管也短，所以一体式的送丝阻力比分离式的小。从提高送丝稳定性的角度看，一体式比分离式要好一些。目前，弧焊机器人的送丝机采用一体式的安装方式已越来越多了，但对要在焊接过程中进行自动更换焊枪(变换焊丝直径或种类)的机器人，必须选用分离式送丝机。

送丝机的送丝速度控制方法可分为开环和闭环两种。目前，大部分送丝机仍采用开环的控制方法，但也有一些采用装有光电传感器(或码盘)的伺服电机，使送丝速度实现闭环控制，不受网路电压或送丝阻力波动的影响，保证送丝速度的稳定性。

对填丝的脉冲 TIG 焊来说，可以选用连续送丝的送丝机，也可以选用能与焊接脉冲电流同步的脉动送丝机。脉动送丝机的脉动频率可受电源控制，而每步送出焊丝的长度可以任意调节。脉动送丝机也可以连续送丝。CO_2 弧焊机器人如图 9-7 所示，熔化极电弧焊枪基本结构如图 9-8 所示。

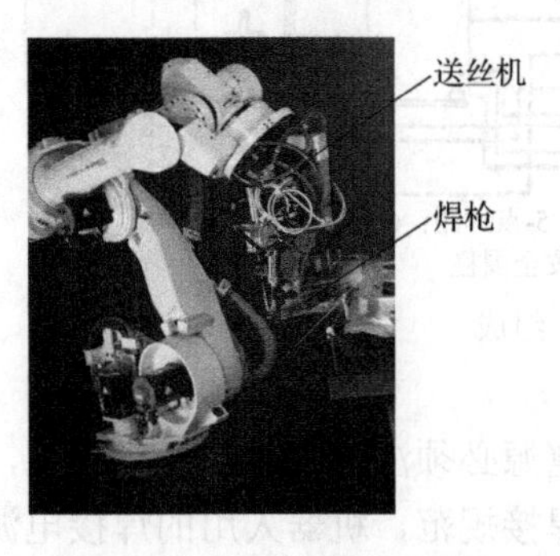

图 9-7 CO_2 弧焊机器人

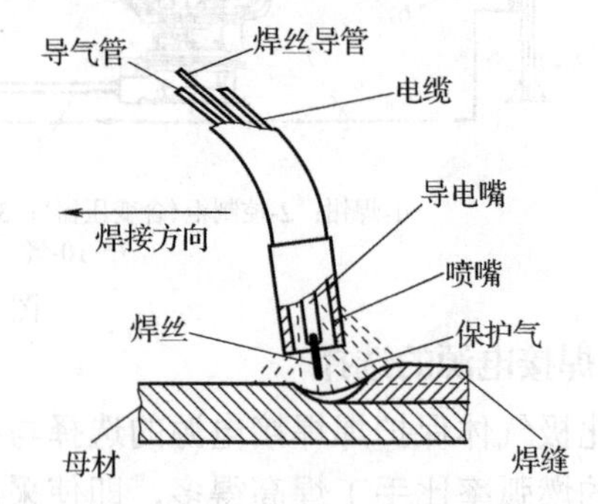

图 9-8 熔化极电弧焊枪基本结构

机器人用的点焊钳和手工点焊钳大致相同，一般有 C 形和 X 形点焊钳两类。应首先根据工件的结构形式、材料、焊接规范以及焊点在工件上的位置分布来选用点焊钳的形式、电极直径、电极间的压紧力、两电极的最大开口度和点焊钳的最大喉深等参数。图 9-9 为常用的 C 形和 X 形点焊钳的基本结构形式。

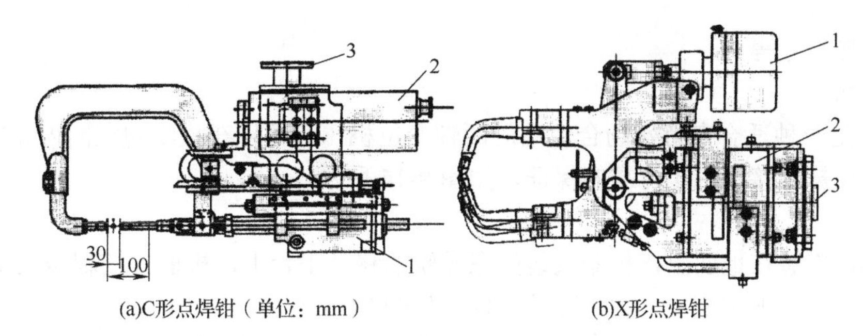

(a)C形点焊钳（单位：mm）　　(b)X形点焊钳

1-焊钳进给夹紧机构；2-焊丝驱动进给机构；3-焊接气体进气接口

图 9-9　常用 C 形和 X 形点焊钳的基本结构形式

5. 变位机的选择

常见的变位机有单轴变位机、两轴变位机、两轴机器人头尾架变位机、L 形变位机、直线导轨、三轴龙门架等。

1) 单轴变位机

单轴变位机最大旋转速度通常可达180°/s，旋转范围为 0～360° 至无限回转，重复定位精度可达±1°。变位机尾架没有驱动装置，随同头架旋转，如图 9-10 和图 9-11 所示。

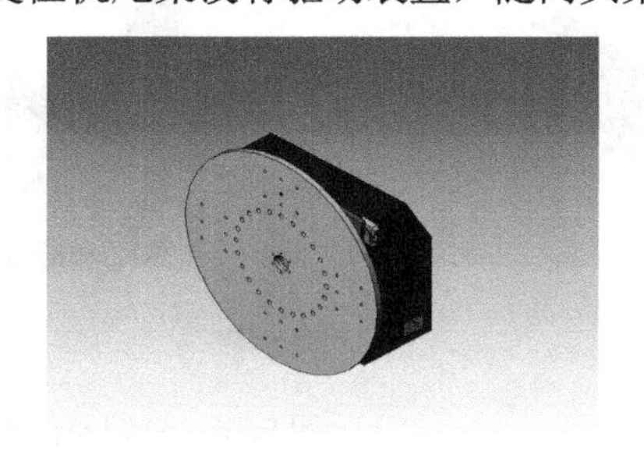

图 9-10　单轴变位机

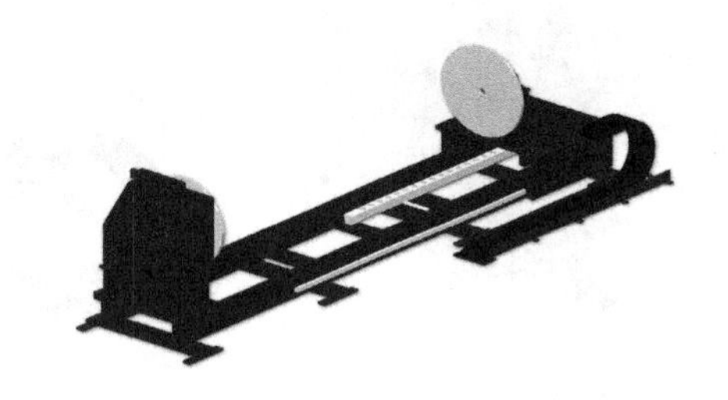

图 9-11　单轴变位机头尾架

2) 两轴变位机

两轴变位机通常均为机器人轴，采用交流伺服技术，可自由编程，与机器人轴联合进行轨迹插补（变位机坐标系），如图 9-12 所示。

两轴变位机主要技术参数有最大倾翻速度、最大旋转速度、最大负载、最大倾翻惯量、最大扭矩、最大倾翻角度、旋转范围、重复定位精度等。

3) 两轴机器人头尾架变位机

两轴机器人头尾架变位机如图 9-13 所示，可通过编程与机器人系统联动，联合进行轨迹插补。

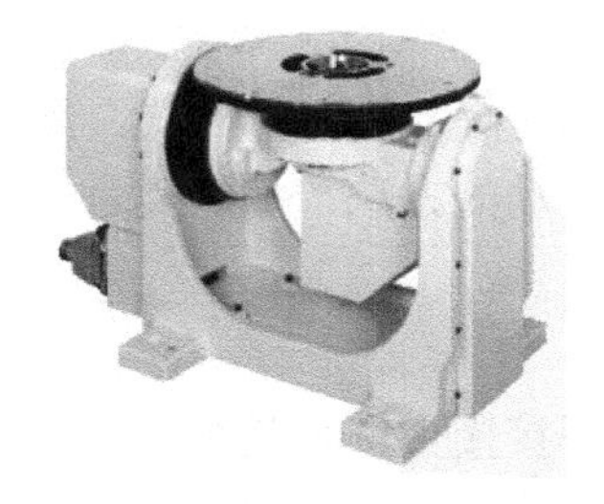

图 9-12　两轴变位机

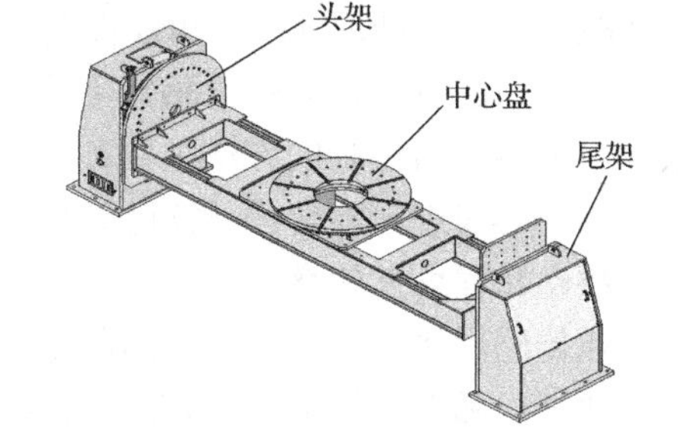

图 9-13　两轴机器人头尾架变位机

头尾架回转主要技术参数有最大旋转速度、最大负载、最大扭矩、旋转范围、重复定位精度等。中心盘回转技术参数有最大旋转速度、最大负载、最大扭矩、旋转范围、重复定位精度、工件最大重量、工件最大外形尺寸等。

4) L 形变位机

L 形变位机是一种适合在特殊场合使用的两轴变位机，它可以在狭小的空间内完成各种姿态的调整，为机器人高质量焊接提供了可靠的保证，如图 9-14 所示。

5) 直线导轨

直线导轨通常安装在地面上，机器人装配在导轨的移动平台上，机器人控制器控制机器人 6 轴和导轨轴的联动，能够实现大范围、大跨度的焊接，如图 9-15 所示。

直线导轨可以同 6 轴机器人配套使用，以扩大机器人动作空间范围，使系统满足多工位或大工件焊接的要求。同机器人一样，直线导轨通过交流伺服电机驱动，并同机器人和外围设备联动控制，自由编程。直线导轨技术参数有最大速度、最大负载、重复定位精度、行程等。

6) 三轴龙门架

三轴龙门架极大地拓展了机器人的作业空间，机器人采用倒挂方式安装，很好地利用了机器人有效工作区域。在一定领域内，这种龙门架结合倒挂式的机器人可以满足绝大部分结构件的焊接需求，如图 9-16 所示。三轴龙门架技术参数主要有水平运动最大速度、垂直运动最大速度、重复定位精度、行程 *X*/行程 *Y*/行程 *Z* 等。

图 9-14　L 形变位机

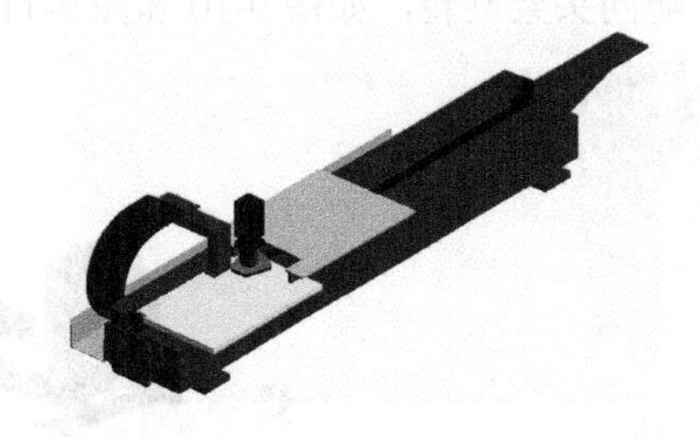

图 9-15　直线导轨

图 9-16　三轴龙门架

9.2.5　机器人焊缝自动跟踪技术

为保证焊接质量，需要多种传感器来检测机器人及其环境的相互关系、跟踪接头、确定接头的起始点和终止点、检测接头的几何形状以便实时调整焊接参数，因此焊缝自动跟踪技术对于机器人焊缝十分重要。目前焊缝自动跟踪传感器有电弧传感器和光学传感器两种。

1. 电弧传感原理

电弧传感器利用焊接电极与被焊工件之间的距离变化能够引起电弧电流或电压变化这一物理现象来检测接头坡口的中心，因而不占用额外的空间，机器人可达性好，直接在焊丝端部检测信号，因易进行反馈控制、信号处理简单、可靠性高、价格低而得到了广泛应用。

根据电弧的特性，电弧传感器主要用于熔化极气体保护焊中。根据电弧相对焊缝运动的方式，焊缝跟踪电弧传感与控制的方法主要有两类：一类是电弧相对焊缝中心线横向摆动的方法；另一类是电弧沿焊缝中心线进行旋转（圆周）运动的方法。

1) 摆动扫描电弧传感器

电弧传感焊接接头跟踪控制的前提是从电弧参数的变化中获知电弧相对焊接接头位置是否偏离的信息。通过电弧在焊接坡口中相对焊接接头中心线的摆动所引起电弧电流的变化，可得到摆动扫描电弧的中心是否偏离焊接接头中心线的信息。其基本原理是在等速送丝、水平外特性弧焊电源的熔化极气体保护焊系统中，当焊枪与工件之间的距离发生变化时，见图 9-17(a)，弧长将发生变化。例如，焊枪与工件之间的距离由 l_0 变成 l_1，则焊接电流 I 也要变化，其调节过程为：当电弧突然拉长时，电弧工

作点从 A_0 移到 A_1，见图 9-17(b)。电弧存在自身调节作用(使焊丝熔化速度减慢)，将力图使电弧工作点复原(使弧长恢复)。但由于此时焊丝杆伸出长度增加，主回路的电阻加大，故焊接电流 I'_0 比原始电流 I_0 要小，见图 9-17(c)。此时新的静态工作点 A'_0 的电弧的长度 l'_0 也比原始弧长 l_0 有所增加，即当焊枪与工件距离增大时，焊接电流要减小，弧长要增加。反之，若距离减小则电流加大，弧长减小。

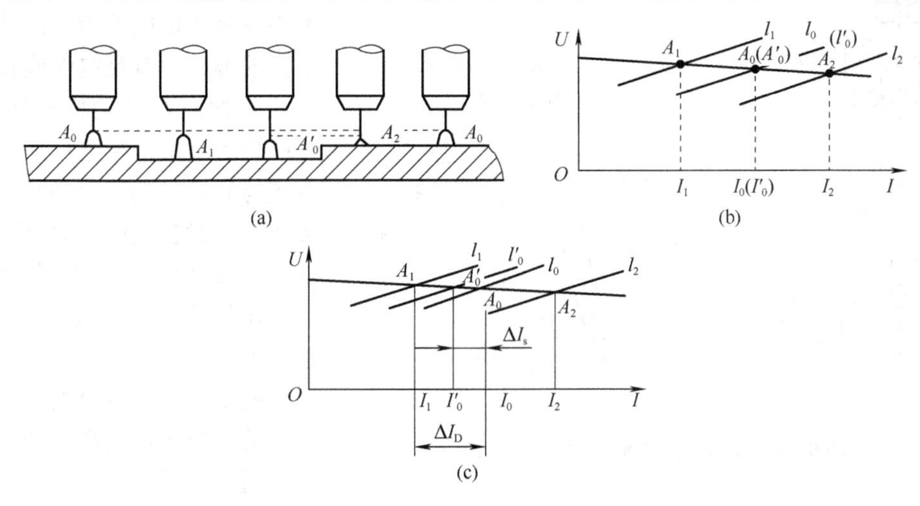

图 9-17　摆动扫描电弧传感原理

根据上述原理可知，在 V 形坡口对接焊时，利用焊枪做横向摆动，由左右两边焊丝杆伸出长度的变化情况，可求出焊缝左右和高低的跟踪信号。如图 9-18 所示，在焊枪与坡口中心对中时，见图 9-18(b)，焊枪摆到左右两侧的杆伸长度相等，故 $I_L = I_R$；当焊枪偏左时，则 $I_L > I_R$，见图 9-18(a)；当焊枪偏右时，则 $I_L < I_R$，见图 9-18(c)。利用 I_L、I_R 之和可以判断焊枪的高低位置，若 $I_L + I_R = I_G$（I_G 为给定值)，焊枪位置适中；如果 $I_L + I_R > I_G$，焊枪位置偏低；如果 $I_L + I_R < I_G$，焊枪位置偏高。

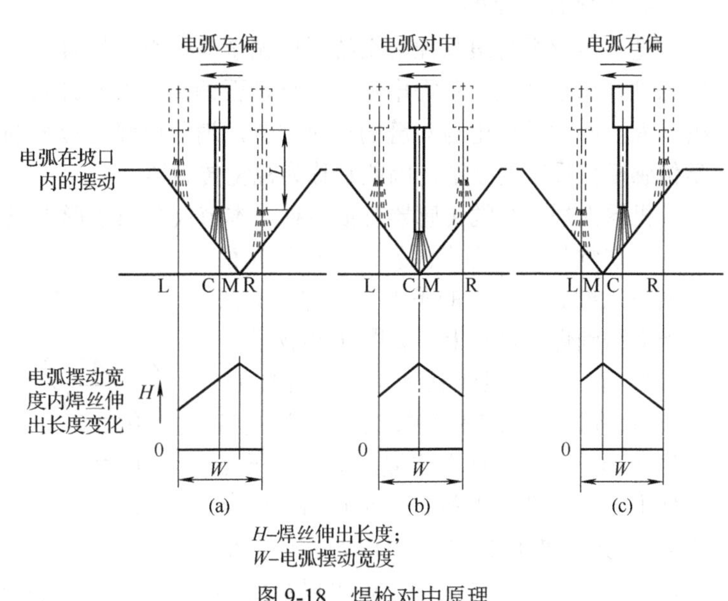

图 9-18　焊枪对中原理

这种电弧传感器必须通过电弧的横向摆动获得电弧是否偏离焊接接头的信息。电弧的横向摆动都是靠机械机构来实现的，所以采用的摆动频率受到机械机构的限制，一般都在 10Hz 以下，摆动幅度为 2～10mm。这种电弧传感焊接接头跟踪控制方法的特点主要有以下几点。

(1) 电弧自身就是传感器，不需要在焊枪附近另加传感器，电弧焊枪结构简单紧凑、焊接性好。

(2) 便于获得实时跟踪信息，进行实时跟踪控制。

(3) 不受弧光、弧热、磁场、飞溅、变形等因素干扰。

(4) 可适用焊接接头形式有 V 形、角形、船形、搭接坡口焊缝等，跟踪精度为 0.2～1mm。

2) 旋转电弧传感器

旋转电弧传感器的工作原理与摆动扫描电弧传感器的工作原理基本相同，只是电弧运动的方式不同。因为旋转机构容易实现较高速度的旋转运动，所以旋转电弧传感机构可以使电弧旋转运动的频率达到 10～100Hz。

实现电弧旋转的方式主要有两种：一种是导电杆转动方式，见图 9-19(a)；另一种是导电杆圆锥运动方式，见图 9-19(b)。

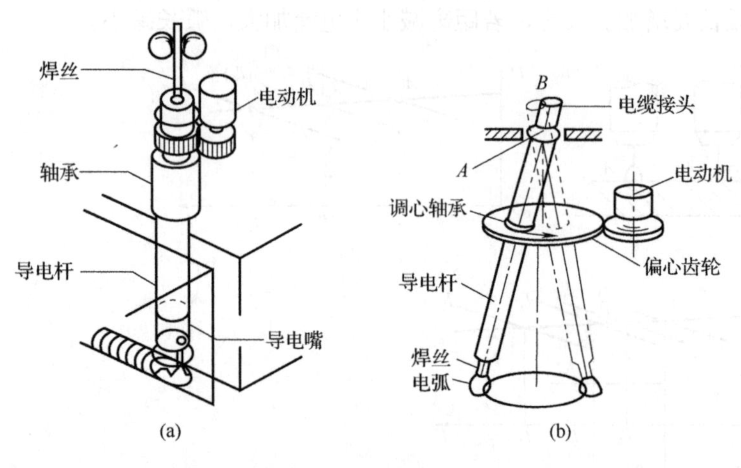

图 9-19　旋转电弧传感原理

导电杆转动是利用导电嘴上孔的偏心度来实现电弧旋转运动的，导电嘴上孔的偏心度就是电弧旋转半径。这种方式的优点是转动机构比较简单、紧凑；缺点是由于导电杆高速旋转，焊接电缆与导电杆的导电必须通过动接触来实现，一般要采用类似碳刷的装置，将几百安的电流从焊接电缆导向导电杆。

在导电杆圆锥运动方式的电弧传感器中，其导电杆的一端固定在一个球形铰链上，见图 9-19(b)中的 A 点，以该铰链为导电杆圆锥运动的锥顶。导电杆通过一个调心轴承装在一个齿轮的偏心孔内，电动机通过一个主动齿轮驱动装有导电杆的齿轮，则导电杆以铰链为锥顶做圆锥运动，带动电弧旋转。电弧旋转半径可以通过上下移动调心轴承位置进行调节。此种情况下，导电杆本身没有“自转”，只有围绕圆锥轴的“公转”，因此焊接电缆可以固定在靠铰链一端的导电杆上，见图 9-19(b)中的 B 点，消除了动接触导电的问题。

2. 光学传感原理

光学传感焊缝跟踪控制系统采用光学器件组成焊缝图像信息传感系统。该系统将获取的焊缝图像信息进行识别处理，获得电弧与焊缝是否偏离、偏离方向和偏离量等信息。然后根据这些信息去控制机器人，即调节焊枪与对缝的相对位置，消除电弧与焊缝的偏离，达到电弧准确跟踪焊缝的目的。光学传感模拟焊工的眼睛，因此它称为视觉传感器。

机器人焊接视觉传感器有很多种，本节仅介绍条形光视觉传感器的工作原理。

该视觉传感器将光源发出的柱形光束转换成入射到工件上的条形光，并使此条形光横跨到焊接接头上。如图 9-20 所示，当接头有一定间隙或其他形状变化时(V 形坡口、角接接头或搭接接头)，条形光将发生变形，并向工件上方漫反射。如果在工件上方一定位置上放置一个反射光的接收装置(如二维 PSD 或 CCD 等)接收其信息，并经信号采集与处理，则可以得到不同焊缝接头的变形条形光图像，见图 9-20。

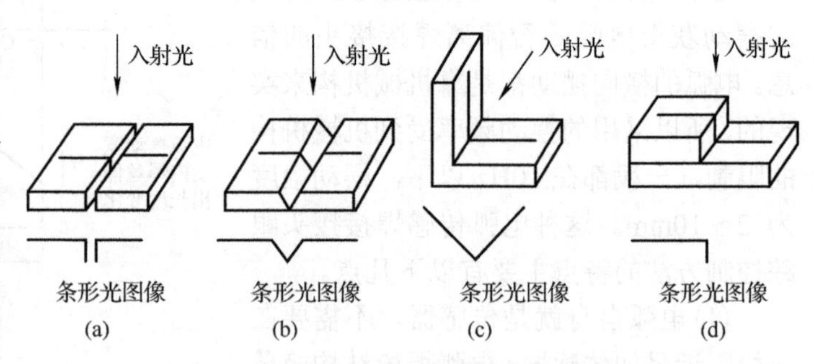

图 9-20　不同焊缝接头的变形条形光图像

图 9-21 为采用条形光视觉传感器进行焊接接头跟踪控制的原理图。将光源与焊枪一起安装到机器人的手腕上，使条形光的中点对应焊接电弧的位置，同时对应焊接接头中心位置。若焊接电弧与焊接接头中心产生偏离，表示焊接接头位置的变形条形光图形将偏离条形光中点，并根据图形可以得到电弧与焊接接头中心线的偏离方向及偏离量等信息。利用这些信息，通过机器人的伺服机构实时调节电弧与焊接接头的相对位置，直到它们之间的偏离被消除。

条形光视觉传感器的光源一般多采用激光光源，也可采用红外光源。采用激光光源的优点是单色光、容易高度聚焦，其波长与电弧波长差距较大，容易滤掉可能造成干扰的电弧光，获得较准确的信息等；其缺点是去掉弧光干涉所要求的滤光片谱线半宽度窄、成本较高。

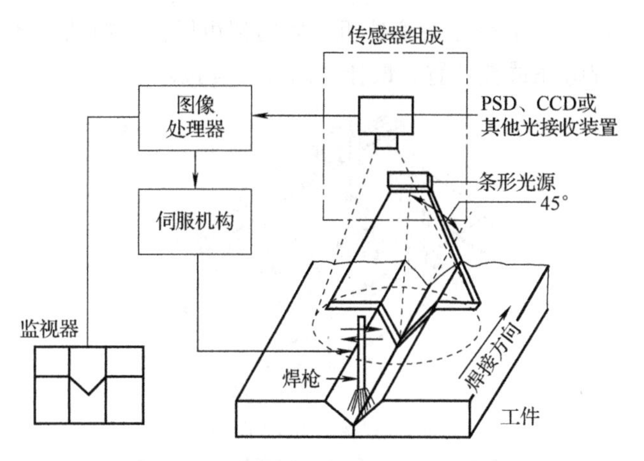

图 9-21　视觉传感器焊接接头跟踪控制

采用激光光源时，将点光源转变为条形光源的一种方法是通过一套主要由柱面棱镜组成的光学系统将点光源转变为条形光源。为了得到足够强的条形光，所需要的激光光源功率必须很大。大的激光光源一般不能直接固定在机器人上，激光束要通过光导纤维引到机器人手腕的传感器中。点光源转变为条形光源的另一种方法是通过一套机械扫描机构将射到工件上的点光源变为条形光源，扫描频率为 5～30Hz。该方法可以采用功率为 1W 或更小些的激光光源。这样小的功率一般采用半导体激光器。

用机械扫描来获得条形光的方法也有两种：一种是光传感器整体采用步进电动机驱动做横向摆动，其原理如图 9-22 所示；另一种是整体光传感器不摆动，而是用步进电动机同时驱动两组光学反射镜片做同步圆周摆动，一组反射镜片将发射的点光转变为条形光投射到工件上，另一组反射镜片将投射到工件上的点光同步地反射到光接收装置，见图 9-23。这种光传感系统整体不摆动，只让反射镜片反复转动。该传感器结构较简单、紧凑，便于安装。

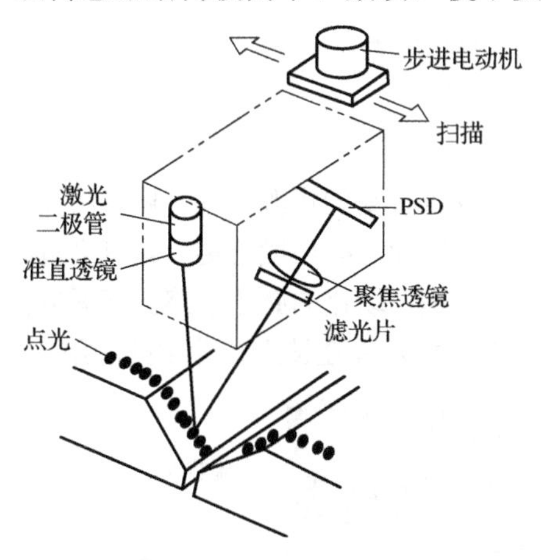

图 9-22　光传感器整体摆动原理

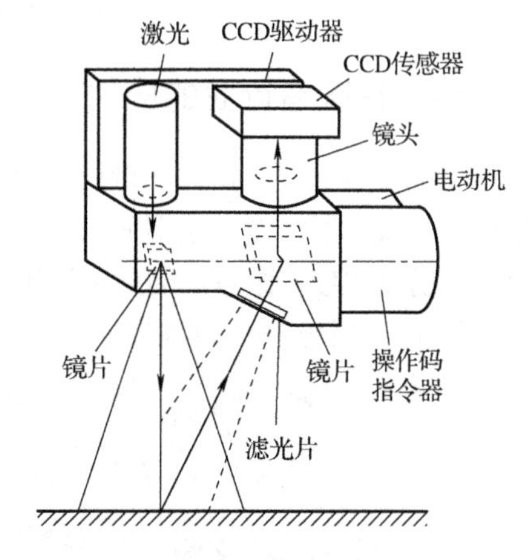

图 9-23　反射镜片做同步圆周摆动原理

视觉传感焊接接头跟踪控制精度可以达到 0.1～0.3mm，可用于 V 形坡口、角接焊缝、搭接焊缝的跟踪控制。

9.2.6　11 轴联动的焊接机器人

近年来，随着我国制造业的快速发展，对焊接机器人成套装备需求日益强烈。针对船舶制造、工程机械、矿山机械大型复杂结构件（重达数吨）自动焊接的市场需求，昆山华恒焊接股份有限公司把安装在 5～30m 宽移动平台上的 1～2 台弧焊机器人，与夹持工件旋转的变位机以及辅助设备集成，构成 10～16 轴联动的机器人成套焊接装备。该装备可完成管板、桥架、船舱格等大型工件复杂轨迹的自动焊接，总体技术达到国际先进水平。

如图 9-24 所示的 11 轴联动焊接机器人自动焊接系统包括 1 台倒挂的 6 轴工业机器人、1 个 3 轴龙门架和 1 个 2 轴变位机。龙门架可以扩展机器人的工作范围，变位机可以辅助调整工件的姿态，保证焊缝在最佳位置、最佳姿态进行焊接。

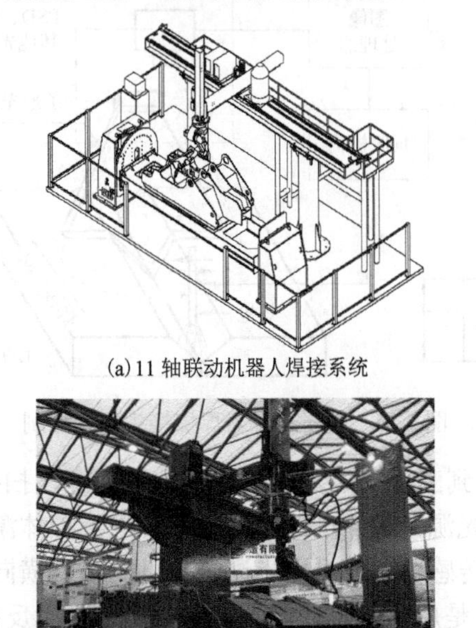

(a) 11 轴联动机器人焊接系统

(b) 复杂结构件机器人焊接系统

(c) 工程车铲斗机器人焊接系统

(d) 车桥机器人焊接生产线

图 9-24　11 轴联动焊接机器人自动焊接系统

9.2.7　机器人在铸造行业的应用

我国作为制造业大国，铸件产量居世界第一，但铸造行业长期以较高的资源消耗、环境污染和廉价劳动力的粗放型方式发展，越来越不适应产业发展需求；同时，铸造行业工况环境恶劣，具有高危险、高污染、高温、高劳动强度等缺点，因此采用工业机器人是实现铸造过程自动化的必由之路。下面以苏州明志科技有限公司生产的铸造机器人制芯生产系统(图 9-25)为例，介绍机器人在铸造行业中的应用。

图 9-25　铸造机器人制芯生产系统

制芯工序是铸造工艺中较复杂的工序，人为影响因素较多。而砂芯的应用范围又比较广，如发动机缸体、缸盖的铸造都需要砂芯。砂芯种类杂、流程多、制作工艺复杂，同时砂芯重量大，组芯要求精度高，这些特点决定了传统的人工操作很难满足高效率、高质量的生产过程，这就促使机器人在该工序快速地发展应用起来。

由于铸件不同，砂芯数量也不相同，通常制芯工序包括单机制芯、取芯、修芯、组芯、紧固、浸涂及合芯等工序。采用机器人制芯对砂芯之间的配合精度要求较高，生产节奏快。要想实现整个制芯工序的自动化生产，就要“化整为零”，将整个制芯线分为多个制芯单元，先实现单个单元的自动化生产，然后通过“桥梁”将所有的单元联动，从而实现其自动化制芯流程。每个制芯单元同时包括钻孔、修芯、组芯以及紧固等流程，工艺流程如图 9-26 所示。

1. 制芯

自动制芯机如图 9-27 所示。设备驱动芯盒的各个部件，通过压缩空气将已经混好的芯砂射入芯盒内，随后催化气体导入芯盒，使芯砂在短时间内固化并达到工艺和生产要求。砂芯固化后，由上顶芯作用将砂芯留在下模，砂芯随下芯盒移至取芯工位后，下顶芯作用顶出砂芯，再由机器人带夹具取芯。

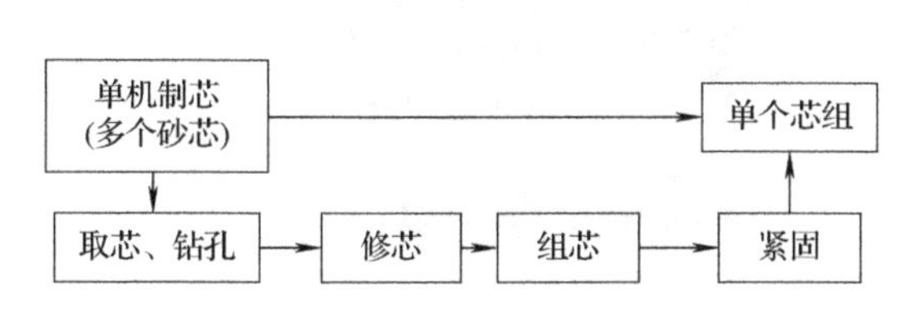

图 9-26　制芯单元工艺流程

砂芯
制芯机
制芯机上、下料机械手

图 9-27　自动制芯机

2. 取芯

砂芯从芯盒中取走是通过与机器人相连的取芯夹具实现的。如图 9-28 所示，取芯夹具由钢制焊接框架和气缸组成，气动驱动气缸的开合来夹紧和松开砂芯，完成对砂芯的抓取，并随着机器人的运动，实现对砂芯的自动取芯。

(a)自动取芯系统装备布置

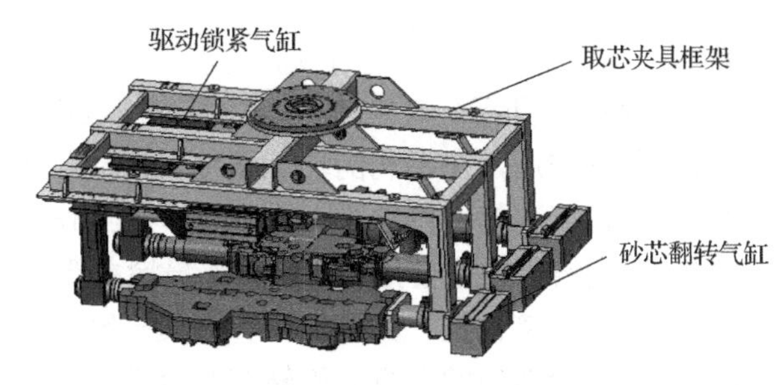

(b)自动取芯夹具

图 9-28　自动取芯系统

3. 修芯

自动修芯系统如图 9-29 所示。砂芯制芯完成后因芯盒配合间隙等会在砂芯表面形成披缝、凸台、毛刺、射嘴砂柱残根等产品形状之外的多余形状。为了清除多余形状、毛刺、飞边，一般需设计制作与砂芯外形尺寸一致的金属刮片(修芯胎具)或毛刷，由机器人抓取砂芯通过修芯胎具实现去除砂芯的毛刺、飞边，保证了砂芯的质量。

(a)机器人自动修芯装置布置

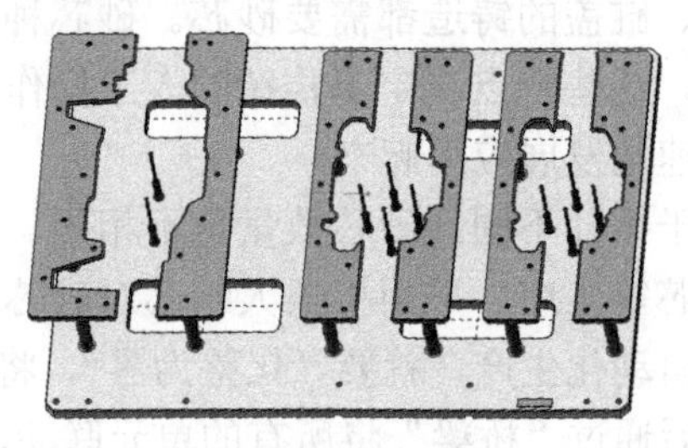
(b)机器人自动修芯

图 9-29 自动修芯系统

4. 组芯

自动组芯过程如图 9-30 所示。一般情况下，用于浇注的砂芯是由多个单个砂芯组成的，以前砂芯组合都通过人工操作来实现，但随着工业机器人推广应用，砂芯组合可以通过与机器人连接的组芯夹具把单个砂芯自动组合成砂芯组，满足铸件浇注工艺要求，提升铸件尺寸精度和质量。

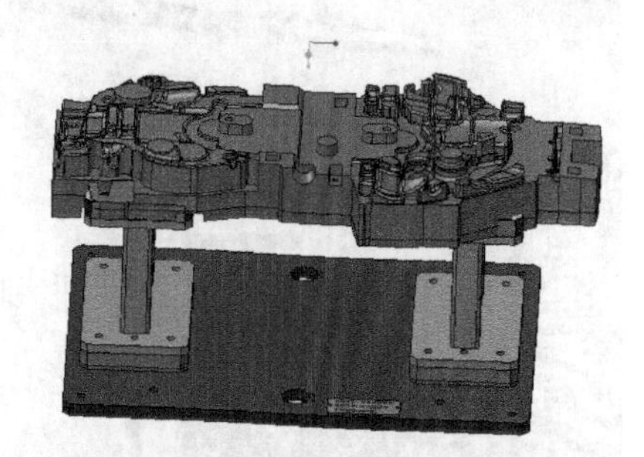
(a)组芯平台

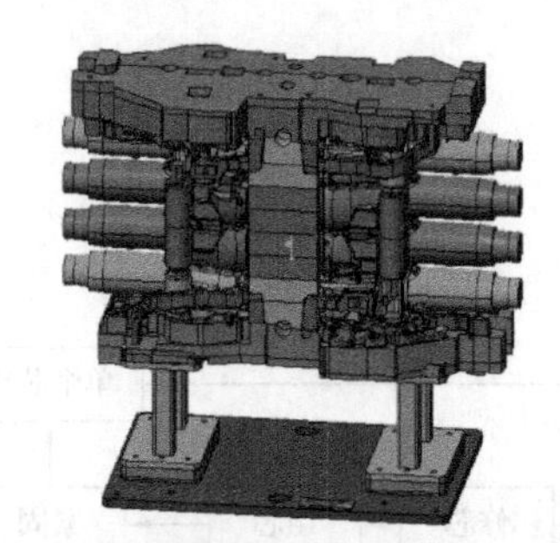
(b)组芯胎具

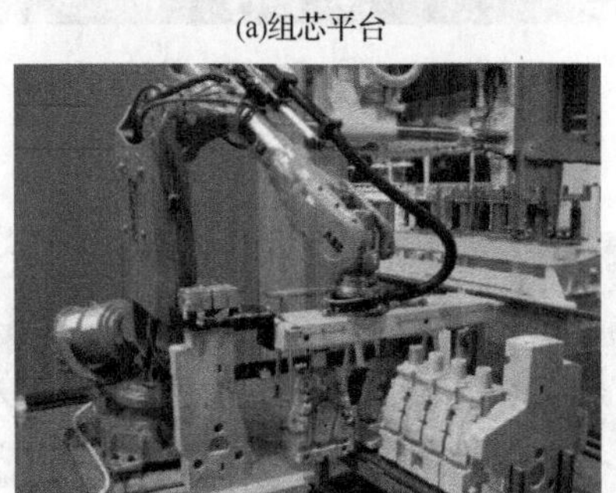
(c)组芯过程

(d)机械手搬运

图 9-30 自动组芯过程

5. 浸涂

浸涂过程如图 9-31 所示。在金属液浇注和凝固过程中，金属液与工作表面之间形成的界面上会发生一系列物理和化学作用，在不利的环境条件下，砂芯和金属液在界面上的相互作用会导致铸件表面粘砂、砂眼、麻点、气孔等铸件缺陷。为改善砂芯工作表面的质量，在其工作表面涂覆涂料，是保证获得表面质量优良的铸件的重要措施。机器人浸涂主要由机器人控制系统、浸涂夹具、涂料池等组成，其中浸涂夹具由钢制焊接框架、翻转电机、夹紧气缸等组成。机器人带着浸涂夹具抓取已组合的芯组并夹紧芯组，移动到涂料池的上方，旋转芯组至需浸涂的部位，芯组垂直下降于涂料池中浸涂并至规定深度，然后提升出涂料池上方并旋转摆动已浸涂芯组，将多余的涂料甩回涂料池，最后将已浸涂好的芯组放在特制的砂芯托盘，完成浸涂工序。

(a) 浸涂过程设备外形

(b) 浸涂过程

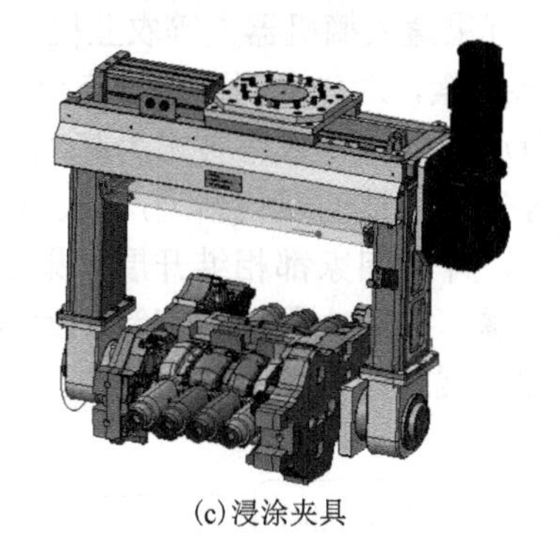
(c) 浸涂夹具

(d) 机械手辅助浸涂过程

图 9-31 浸涂过程

9.3 农业机器人

以制造业为主的工业机器人已相当普及，但是将机器人技术应用于生物农业领域仍方兴未艾。农业机器人发展缓慢的主要原因在于其工作对象形状复杂、尺寸不一。农业生产高度依赖于季节和自然环境的变化，人们期待着机器人在这一领域的广泛应用，以实现农业生产机械化和自动化。

由于机械化、自动化程度比较落后，“面朝黄土背朝天，一年四季不得闲”曾经是我国农民的象征。过去我国是一个农业大国，80%的人口是农民，人均土地面积非常少，所以对农业机械化、自动化的需求不像发达国家那么迫切。随着国家进步与发展，这种现象正在改变。

在日本、美国等发达国家，农业人口较少，随着农业生产的规模化、多样化、精确化，劳动力不足的现象越来越明显。许多作业项目如蔬菜、水果的挑选与采摘，蔬菜的嫁接等都是劳动力密集型的工作，再加上时令的要求，劳动力问题很难解决。正是基于这种情况，农业机器人应运而生。使用机器人有很多好处，例如，提高劳动生产率，解决劳动力的不足；改善农业的生产环境，防止农药、化肥等对人体的伤害；提高作业质量等。而随着信息化时代的到来和设施农业、精确农业的出现，农业机器人的应用将会得到快速发展。

在农业机器人的研究方面，目前日本居于世界各国之首。但是由于农业机器人所具有的技术和经济方面的特殊性，至今还没有普及。农业机器人有如下的特点。

(1) 农业机器人一般要求边作业边移动。

(2) 农业领域的行走不是连接起始点和终止点的最短距离，而是具有狭窄的范围、较长的距离及遍及整个田间表面的特点。

(3) 使用条件变化较大，如气候影响，在道路的不平坦和倾斜的地面上作业，还须考虑左右摇摆的问题。

(4) 价格问题，工业机器人所需大量投资由工厂或工业集团支付，而农业机器人以个体经营为主，如果不是低价格，就很难普及。

(5) 农业机器人的使用者是农民，不是具有机械电子知识的工程师，因此要求农业机器人必须具有高可靠性和操作简单的特点。

现在已开发出来的农业机器人有耕耘机器人、施肥机器人、除草机器人、喷药机器人、蔬菜嫁接机器人、收割机器人、果蔬采摘机器人、林木修剪机器人、果实分拣机器人等。

9.3.1 果蔬采摘机器人

果蔬采摘机器人是一类针对水果或蔬菜收获作业，具有感知系统的自动化机械收获装备，是集机械、电子信息、计算机科学、人工智能、农业及生命科学等多学科于一体的交叉性边缘科学，其涉及本体结构、传感技术、视觉图像处理、机器人正逆向运动学与动力学、控制驱动技术以及信息处理等多学科领域知识。相对于在结构性环境下工作的工业机器人，在进行果蔬采摘机器人等农业机器人研究中，要充分考虑机器人作业对象的自身特征和外界的生长环境等诸多因素，对作业对象进行充分了解。

随着科学技术的不断发展，传统的土地利用型农业将逐渐形成以作物栽培技术为基础，以生物技术为先导，集机械化作业、自动化培育设施和人工可控环境等尖端科技的现代新型产业。而果蔬采摘机器人就是主要作业任务为实现果蔬采摘的农业机器人。目前，许多国家都相继开展了果蔬采摘机器人领域的研究工作。涉及的研究对象主要包括橙子、苹果、柑橘、番茄、樱桃、芦笋、黄瓜、甜瓜、葡萄、甘蓝、菊花、草莓、蘑菇、甜椒等。图 9-32 概述了各国发展相应果蔬采摘机器人以及具有影响意义的研究论述、成果进展情况。

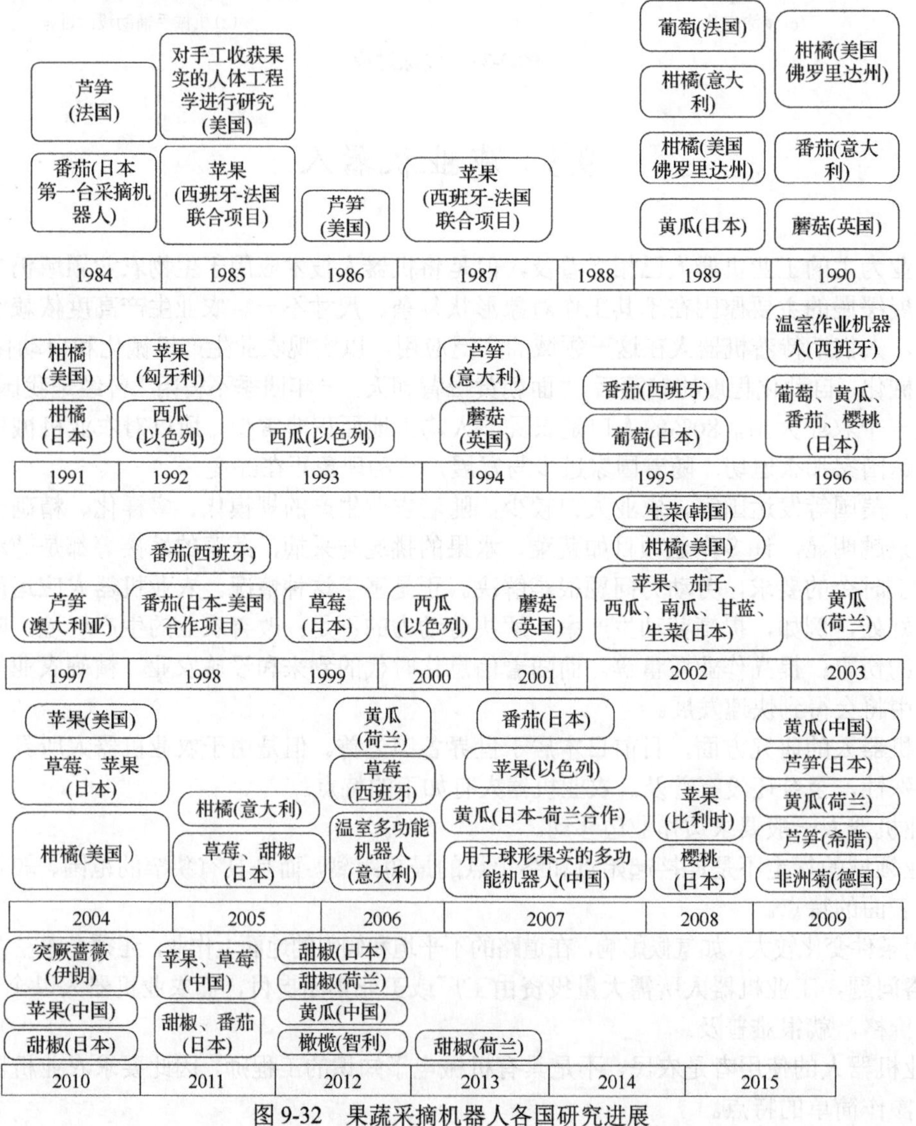

图 9-32 果蔬采摘机器人各国研究进展

自 20 世纪 80 年代中叶，基于工业机器人技术、视觉和图形处理技术以及人工智能技术日益成熟，欧洲、美国、日本等相继立项开展了多种果蔬采摘机器人研究。

日本学者近藤直等 1993 年研制如图 9-33 所示的番茄采摘机器人，该机器人主要由机械本体和一个能前后、上下移动的关节臂组成。日本宇都宫大学等研究机构针对草莓的传统土培模式研制了图 9-34 所示的草莓采摘机器人。日本冈山大学也研制了图 9-35 所示的葡萄采摘机器人。日本著名农机公司久保田集团成功研制了图 9-36 所示的柑橘采摘机器人。

图 9-33 番茄采摘机器人

图 9-34 草莓采摘机器人

图 9-35 葡萄采摘机器人

图 9-36 柑橘采摘机器人

9.3.2 林木球果采集机器人

在林业生产中，林木球果的采集一直是个难题。国内外虽已研制出了多种球果采集机，如升降机、树干振动机等，但是由于这些机械本身存在各种缺点，没有得到广泛使用。目前在林区仍主要由人工上树手持专用工具来采摘林木球果，这样不仅工人劳动强度大，作业安全性差，生产率低，而且对母树损坏较多。为了解决这个问题，东北林业大学研制出了林木球果采集机器人，如图 9-37 所示。

图 9-37 林木球果采集机器人

该机器人可以在较短的林木球果成熟期大量采摘种子，对森林的生态保护、森林的更新以及森林的可持续发展等方面都有重要的意义。

林木球果采集机器人由机械手、行走机构、液压驱动系统和单片机控制系统组成。其中机械手由回转盘、立柱、大臂、小臂和采集爪组成，整个机械手共有 5 个自由度。在采集林木球果时，将机器人停放在距母树 3～5m 处，操纵机械手回转马达使机械手对准其中一棵母树。单片机系统控制机械手大小臂同时柔性升起达到一定高度，采集爪张开并摆动，对准要采集的树枝，大小臂同时运动，使采集爪沿着树枝生长方向趋近 1.5～2m，采集爪的梳齿夹拢果枝，大小臂带动采集爪按原路向后捋回，梳下枝上的球果，完成一次采摘，然后重复上述动作。连捋数枝后，将球果倒入拖拉机后部的集果箱中。采集完一棵树，再转动机械手对准下一棵树。

试验表明，这种球果采集机器人每台能采集落叶松果 500kg，是人工上树采摘量的 30～35 倍。另外，更换不同齿距的梳齿则可用于各种林木球果的采集。这种机器人采摘林木球果时，对母树破坏较小，采净率高，对森林生态环境的保护及林业的可持续发展有益。

9.3.3 移栽机器人

种子种到插盘以后，长出籽苗，直到它们生出根来，再将其重新栽到聚乙烯盆或其他的盆里，这种作业称为移栽。日本广泛采用软的聚乙烯盆进行移栽，并将其装入容器内，以便于装卸和转运。移栽的目的是保证适当的空间，以促进植物的扎根和生长，如图 9-38 所示。

图 9-38 移栽机器人

现在研制出来的移栽机器人有两条传送带：一条用于传送插盘；另一条用于传送盆状容器。其他主要部件是插入式拔苗器、杯状容器传送带、漏插分选器和插入式栽培器。

这种机器人的工作过程如下：用拔苗器的抓手将插盘中的籽苗拔出，放在穿过插盘传送带上的一排杯状容器内。在杯状容器移动的同时，由光电传感器探测有无缺苗，探测之后，栽培器的抓爪只拿起籽苗。每个栽培头分别接近一只杯，在所有栽培头都夹住籽苗之后，所有栽培头同时栽培籽苗，确保无空盆，最大栽培速度为 6000 棵/小时。

采用激光传感器时，探测范围为 0～30mm，激光传感器与杯状容器直接相连。这样籽苗就与杯子同时被探测到，与传统光电传感器相比，精度更高、更经济。这种基于激光传感器的自动化移栽机器人可以使移栽速度提高 4～5 倍。

9.3.4 自动挤牛奶系统

蒙牛乳业(集团)股份有限公司从澳亚国际牧场引入的转盘式挤奶机每次可挤 60 头奶牛，每小时可挤 268 头。该机每天可连续挤奶 18 小时，是全球最大转盘式挤奶机之一，如图 9-39 所示。

(a)转盘式挤奶机

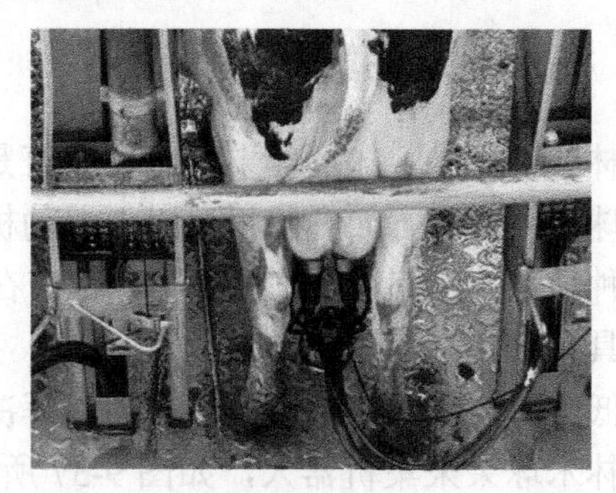

(b)吮奶的局部镜头

图 9-39 自动挤牛奶系统

自动挤牛奶系统包括以下几个部分。

(1) 自动挤牛奶机器人。该机器人能够在规定的轨道上移动，在机器人上装有能够检测牛乳头位置的专用传感器和能够安放挤奶杯的机械手。

(2) 挤奶室。挤奶作业一般在挤奶室中进行，系统中一般有 2～3 间挤奶室。

(3) 中央计算机。它不但控制自动挤牛奶机器人的动作，而且存储各头奶牛的有关数据。

系统的工作过程如下。当到了预定的挤奶时间系统会自动开始挤奶工作。首先挤奶室的后门打开，引导奶牛进入空的挤奶室，每头奶牛的脖子上都有标签，系统根据标签识别奶牛的编号，从而在中央计算机的数据库中查出奶牛的生长数据，并根据此数据调整挤奶室中前面饲料槽的位置，使奶牛的屁股正好对准挤奶室的后部，这样做就可以使得奶牛的乳头位置大致相同，便于安放挤奶杯。

在奶牛进入挤奶室之后，自动挤牛奶机器人开始在轨道上移动，靠近奶牛，然后通过安放在机械手上的传感器检测出乳头的精确位置，安放好挤奶杯。当挤奶杯安放完毕后，还要通过传感器再次检测杯内是否确实有乳头以及乳头是否被挤压，如果不符合要求，还要重新安放挤奶杯。确认无误后，杯内的喷嘴开始喷温水，清洗牛的乳头。在清洗牛的乳头时还要进行 10min 的预挤，清洗的水和预挤的牛奶经过导管引至排水箱中排除，此后，机器人开始正式挤奶，导管转移至积奶箱。对积奶箱中的牛奶还要检测其电导率，用来判断奶牛是否患有乳腺炎(因为当奶牛患有乳腺炎时，牛奶中的电解质增加，电导率增强)。

到达挤奶终了时间，机械手自动拿下挤奶杯，机器人移向其他挤奶室中的奶牛，重复上述步骤。这时，这个挤奶室中的饲料箱返回初始位置，然后打开挤奶室的前门，奶牛走出，准备进入下一头。计算机在系统中不但进行控制，还会对奶牛进行管理。例如，在相应的时间中如果挤奶量与预测量相差过大，则要发出警告，要检查奶牛的健康情况，患病的奶牛的牛奶要扔掉。由于自动挤牛奶机器人的作业对象是奶牛，有些参数是不断变化的，所以计算机中的数据要不断更新，以便在安装挤奶杯时参考。另外，产奶时间、产量等数据也要经常更新。采用自动挤牛奶系统以后，工作人员的体力劳动大大减轻了，节省了劳动力，而且使牛奶的产量增加了 15%左右，具有很高的经济价值。

9.3.5 农业生产用机械手与控制

在人类所从事的生物生产中，由于作物种类、栽培方法、生长时期不同，其作业内容、作业范围、作业速度等也不同。例如，一般生吃的番茄是支柱沿垄栽培的；葡萄是利用与人身高相近的水平棚架进行栽培的；幼苗和叶菜类在地面上发育生长；橘类、果仁类等果树呈开心型剪枝的场合较多。单番茄的作业内容就包括定植、诱引、腋芽摘取、追肥、摘果、摘心、喷药、收获等。在此，以在垂直面内栽培的作物作业为例，对可能适用的机械手进行说明。

例如，以番茄为对象，利用前述评价指标来介绍二维平面内的机械手的机构运动姿势。该机械手以垂直关节为主。为简单起见，在这里不考虑腰、腕的自由度，仅讨论使肩和肘关节变化而得的 4 种姿势。果实的位置、主茎与基准面的距离、基准面高度等约束条件由表 9-4 给出，并按图 9-40 设定。

表 9-4 番茄用机械手的约束条件

项目	条件
自由度	2～4(关节型机械手的肩和肘)
关节种类	垂直方向旋转关节及直动关节
旋转关节的连杆长度	旋转关节调节范围为 50.8～76.2mm
直动关节的行程	越短越好
杆长比	1∶1
关节角度变位	-90°～180°
作业姿势	作业姿势要达到最大可操作姿势的 80%，而且要有可能使下臂从水平方向的对象物下部接近
对象物的位置	第 1 果层的高度为 450mm，各果层间距为 150mm，到第 6 果层为止
对象物与基准面的距离	450mm
基准面高度	450mm

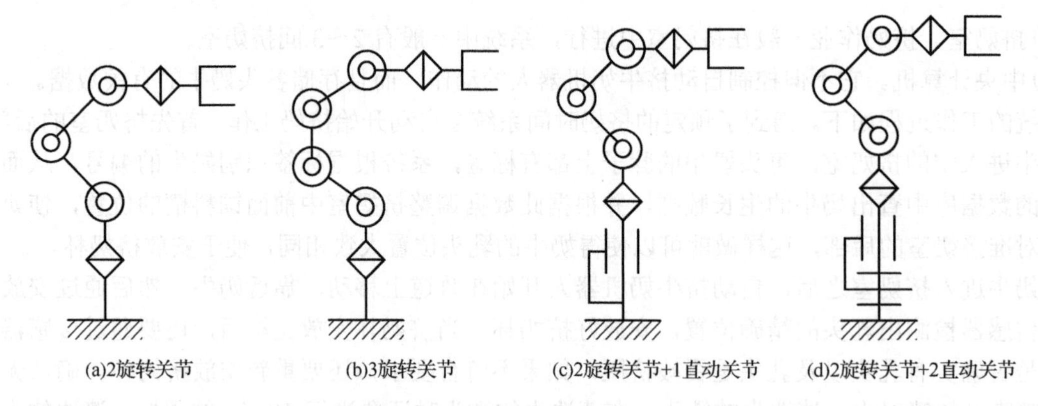

图 9-40　农业生产用机械手的 4 种姿势

图 9-41 表示了相对于第 3 果层时的机构(2 旋转关节+2 直动关节)评价指标结果。要满足表 9-4 的约束条件，应使该机构沿水平和垂直方向的直动关节行程分别为 226mm 及 305mm。另外，对于三自由度(2 旋转关节+1 直动关节)的行程应为 625mm，其中冗长自由度空间位置(1～6)为 2 旋转关节+1 直动关节机构变化的高度范围。

图 9-42 表示了将姿势改变后与面积有关的各评价指标。由此可见，仅使用旋转关节的机构的任何一个指标的值较含有直动关节的机构的值要大，而且自由度越大，其值也越大。图 9-43 中，按果实的位置不同表示了机械手可能从工作对象的下部接近果实的姿势的多样度。其结果是，只有旋转关节的机构随果实位置不同其姿势的多样度的变动大，果实位置越低，其值越小。对于包含与果实排列方向一致的直动关节的两个机构，其姿势的多样度对所有果实都变大。但包括直动关节的机构的障碍物回避空间随果实位置的变动较小。

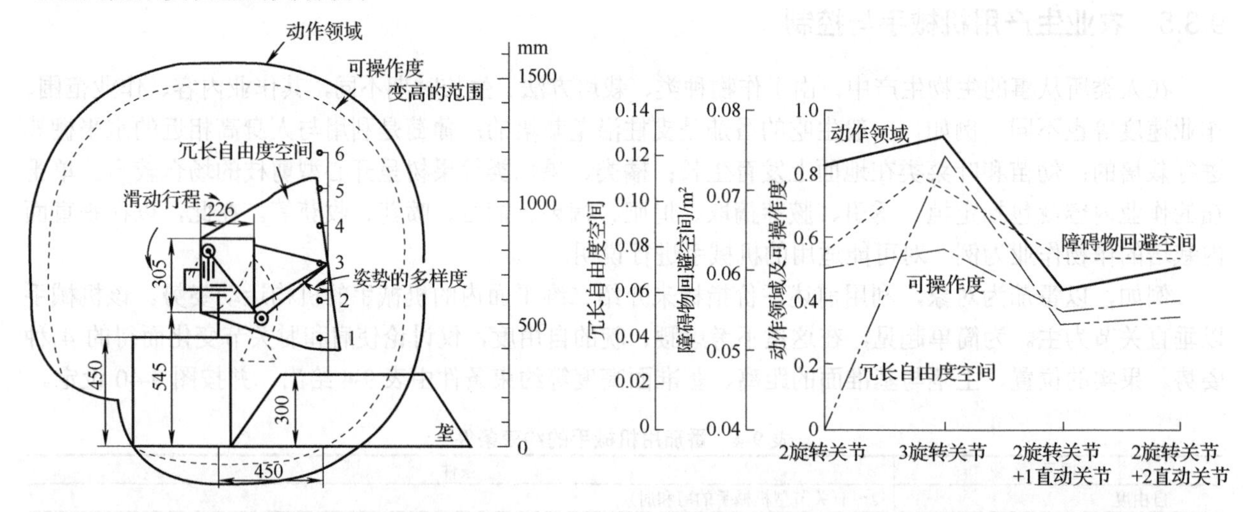

图 9-41　2 旋转关节+2 直动关节时的机构评价结果　　图 9-42　姿势改变后与面积有关的各评价指标

考虑机械手的运动需从两个方面来进行，即正向运动学和逆向运动学。正向运动学是首先给定各关节的位移、速度、加速度来求解杆件和手爪的位置、速度、加速度。逆向运动学是首先给定杆件和手爪的位置、速度、加速度来求解所需的关节的位置、速度、加速度。求解这两种运动学问题多采用齐次变换法、向量法等。有关的具体内容请参照其他书籍。在此仅就逆向运动学的简单解析方法进行说明。

1. 由手爪位置求各关节位移的方法

图 9-44 是下臂与上臂等长(长度为 a)的垂直多关节型五自由度机械手。其手爪位置与关节角的关系如下。

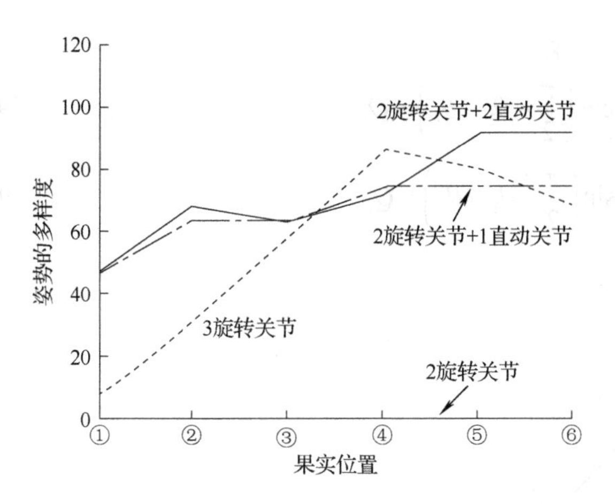

图 9-43 按果实的位置不同表示机械手接近果实姿势的多样度

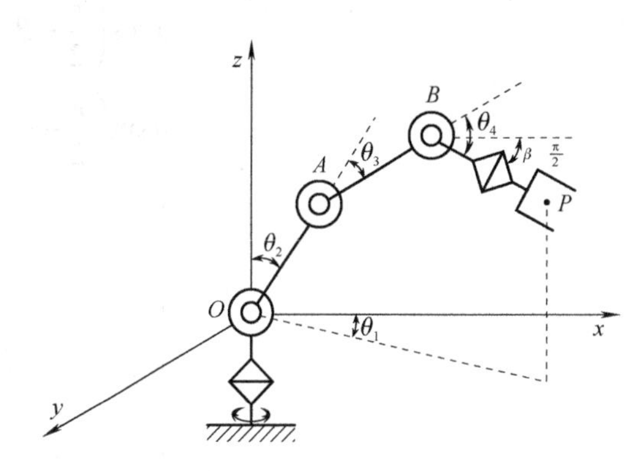

图 9-44 五自由度机械手手爪位置与关节角的关系

设手爪位置 P 的坐标为 $\left(P_x, P_y, P_z\right)$、腕旋转中心 B 的坐标为 $\left(Q_x, Q_y, Q_z\right)$，则成立：

$$\tan\theta_1 = \frac{P_y}{P_x} \tag{9-1}$$

$$OB = 2a\cos\frac{\theta_3}{2} = \sqrt{Q_x^2 + Q_y^2 + Q_z^2} \tag{9-2}$$

$$Q_z = a\left[\cos\theta_2 + \cos(\theta_2 + \theta_3)\right] = 2a\cos\frac{\theta_2}{2}\cos\left(\theta_2 + \frac{\theta_3}{2}\right) \tag{9-3}$$

设 z 轴与 BP 的夹角为 β，则

$$Q_x = P_x - BP\cos\left(\beta - \frac{\pi}{2}\right)\cos\theta_1 \tag{9-4}$$

$$Q_y = P_y - BP\cos\left(\beta - \frac{\pi}{2}\right)\sin\theta_1 \tag{9-5}$$

$$Q_z = P_x + BP\sin\left(\beta - \frac{\pi}{2}\right) \tag{9-6}$$

$\theta_1, \theta_2, \theta_3, \theta_4$ 的值由式(9-7)～式(9-10)给出

$$\theta_1 = \arctan\frac{P_y}{P_x} \tag{9-7}$$

$$\theta_3 = \pm 2\arccos\sqrt{\frac{Q_x^2 + Q_y^2 + Q_z^2}{a}} \tag{9-8}$$

这里，等式右边的符号取值原则是，当 A 点在 OB 线上部时取正值，下部时取负值。

$$\theta_2 = \arccos\frac{Q_z}{2a\cos\frac{\theta_3}{2}} - \frac{\theta_3}{2} \tag{9-9}$$

$$\theta_4 = \beta - \theta_2 - \theta_3 \tag{9-10}$$

2. 由手爪速度求各关节角速度的方法

在这里求解绕轴方向的旋转关节所形成的平面内，一边保持手爪姿势一边进行水平直线运动的各关节的角速度。

如图 9-45 所示，当腕关节 B 点位于(Q_x,Q_y)时，有

$$a\cos\left(\frac{\pi}{2}-\theta_2\right)+b\cos\left(\frac{\pi}{2}-\theta_2-\theta_3\right)=Q_x \tag{9-11}$$

$$a\sin\left(\frac{\pi}{2}-\theta_2\right)+b\sin\left(\frac{\pi}{2}-\theta_2-\theta_3\right)=Q_y \tag{9-12}$$

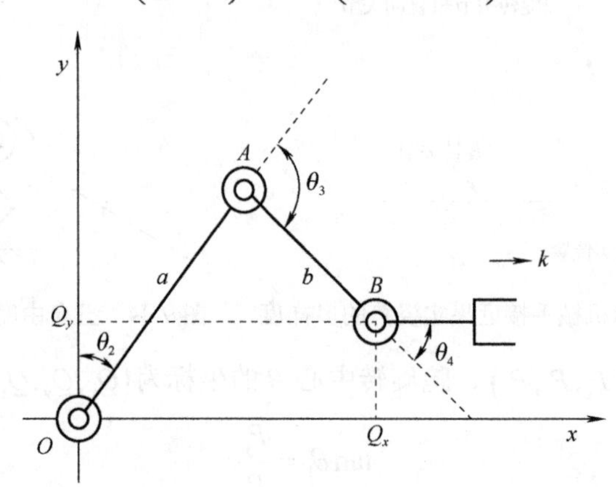

图 9-45　三自由度机械手手爪位置与关节角的关系

设 $\varphi=\frac{\pi}{2}-\theta_2$，$\psi=\frac{\pi}{2}-\theta_2-\theta_3$，当 B 点沿 $y=Q_y$ 并以一定速度 k 运动时，式(9-11)和式(9-12)的微分如下：

$$a\dot{\varphi}\cos\varphi+b\psi\cos\dot{\psi}=0 \tag{9-13}$$

$$a\dot{\varphi}\sin\varphi+b\psi\sin\dot{\psi}=-k \tag{9-14}$$

求解式(9-13)和式(9-14)可得

$$\dot{\varphi}=\frac{-k\cos\left(\frac{\pi}{2}-\theta_2-\theta_3\right)}{a\sin\theta_3}=-\dot{\theta}_2 \tag{9-15}$$

$$\dot{\psi}=\frac{k\cos\left(\frac{\pi}{2}-\theta_2\right)}{b\sin\theta_3}=-\dot{\theta}_2-\dot{\theta}_3 \tag{9-16}$$

$$\dot{\theta}_3=\frac{-k\cos\left(\frac{\pi}{2}-\theta_2-\theta_3\right)}{a\sin\theta_3}-\frac{k\cos\left(\frac{\pi}{2}-\theta_2\right)}{b\sin\theta_3} \tag{9-17}$$

另有

$$\dot{\theta}_4=-\dot{\theta}_2-\dot{\theta}_3$$

当下臂与上臂相等，并沿 x 轴移动手爪时，因 $a=b$ 且 $\theta_3=\pi-2\theta_2$，故

$$\dot{\theta}_3=-2\dot{\theta}_2 \tag{9-18}$$

$$\dot{\theta}_4=\dot{\theta}_2 \tag{9-19}$$

3. 手爪

为提高机器人的作业效率，机械手手爪的设计与控制十分重要。手爪通常被认为是与人手相类似的能够完成各种作业的机械装置，但也有很多手爪具有与人手完全不同的构造。一般将装在机械手前端并直接与对象物接触的部分称为末端执行器。本节主要介绍农业机器人进行特殊作业的特殊手爪。

在决定手爪的构造之前，首先需要搞清对象物的物理特性。例如，进行果实收获时，不仅需要知道果实的尺寸、形状、质量、耐压特性、摩擦特性，而且需要知道果柄尺寸、剪切阻力等各种数据。

用机器人进行作业时，不一定要采用人类惯用的方式。人用两只手及两腕进行的作业可由机器人的一个机械手并安装多种功能的手爪来完成。人用手指进行的作业可由机器人采用完全不同的合理方式进行。在这些场合，只依靠现有积累的物性数据是不够的，必须测取一些机器人专用的物性数据。当对象物与作业种类不同时，还需要考虑化学特性、生物特性。

因作业对象的不同，农业机器人手爪的构造也多种多样。例如，作业对象有苗、土壤、果实等多种多样，即使同样是果实，如番茄、黄瓜、西瓜，其大小、形状和表面状态也均不相同。移植、喷药、采摘、搬运等作业种类不同时，有 2 指、3 指、喷嘴、吸引垫、刀片等各种形式的手爪。手爪应该具有充分考虑对象物的物性、能进行高效率专业作业的构造。此外，针对同一对象物进行不同作业时，最好能简单更换作业手爪。当然，因手爪是装在机械手前端的，其小型轻便也是必不可少的。

针对由视觉部检测出的对象物而进行作业时，视觉传感器有时不能完全测出对象物，这时需要对视觉传感器进行修正。为了不使对象物下落也不能压坏，需要对手爪进行力控制。手爪的感觉在判断树枝是否被完全剪断时非常重要。手爪的感觉在进行上述作业时是多种多样的，其检测各种感觉的传感器大致分为触觉传感器、力觉传感器和接近觉传感器等。若将数个感觉融合起来进行综合判断，则要求机器人具有智能化。

为了采摘甜橙等高大树冠的果实，自然就必须有作业范围比较大的机械手，并且必须使机械手的手爪能接近树枝中间的果实。图 9-46 为夏柑采摘机器人。为了使手爪能够接近树枝中间的果实，机械手采用极坐标型（带偏置补偿机构），有 3 个作业自由度，包括手腕的左右、上下旋转和手腕的直线运动。当摘取高处果实时，如图 9-46 所示，载有机械手的升降台靠液压升起。机械手的驱动靠液压马达进行。为了简化液压油路，减少动力消耗，将液压马达直接用电磁阀串联起来，不需要伺服阀，直接靠电磁阀的开闭进行控制。采用计算机控制，可以进行图像处理。

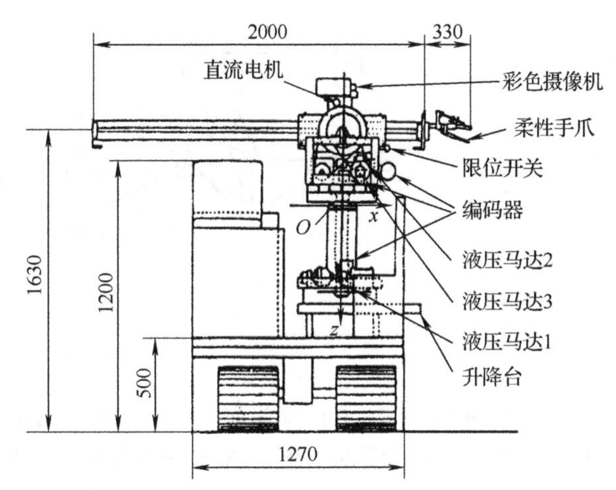

图 9-46　夏柑采摘机器人（单位：mm）

图 9-47 为柑橘采摘机器人。把图 9-47(a) 所示的机械手安装在图 9-47(b) 所示的带有吊臂的四轮平台车上，通过移动吊臂前端安装机械手的托盘，能够进行高处作业和大范围内的果实采摘作业。机械手是 3 个自由度关节型的，图中 B 关节和 C 关节按 2∶1 的速度比运动，由于手臂 1 和手臂 2 的长度相等，所以这个机械手的手爪也能像极坐标机械手一样进行直线移动，直接接近柑橘果实。另外，由于机械手是关节型的，折叠起来非常紧凑，不像通常的极坐标机械手那样后边伸出一大截，所以不会碰撞背后的果树，这种方式对于狭窄的果园是非常实用的。

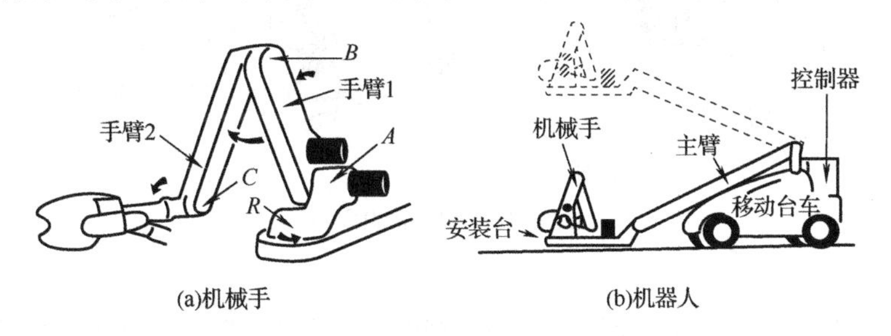

图 9-47　柑橘采摘机器人

图 9-48 为甜橙采摘机器人。机械手是液压驱动、可以上下左右旋转、沿 Z_2 轴能够直接移动的 3 个自由度机械手，在机械手前端安装末端执行器。

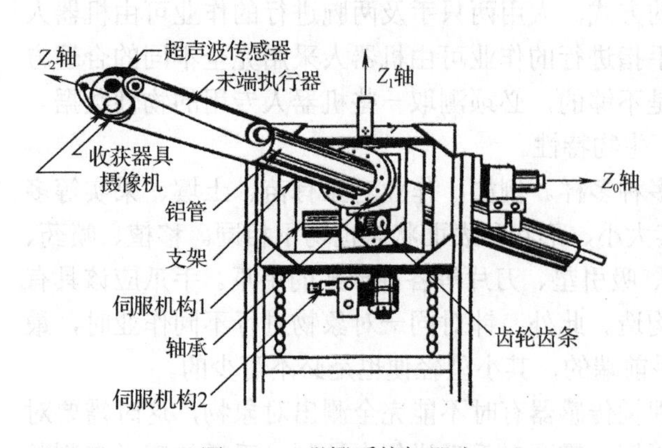

图 9-48 甜橙采摘机器人

甜橙结果的树枝不像番茄有结果的枝节，靠折断或拉扯的方法难以摘下来，为此通常应用剪刀或刀片。图 9-49 为图 9-48 所示的甜橙采摘机器人中安装的柔性手爪。虽然与番茄采摘机器人的柔性手爪同样有 3 根手指头，但甜橙采摘机器人的柔性手爪在手掌上部安装剪刀，靠此剪刀剪断结果的树枝。手指的指尖通过细软钢丝与人工肌肉部相连，当人工肌肉部产生收缩力时，钢丝产生拉力使手爪尖能柔和地弯曲，轻而不松地抓住果实。指头分布为上 2 根、下 1 根，上边 2 根指头的中间是结有果实的树枝的插入位置。当手指抓住果实后，驱动气缸 1 将剪刀伸出 50mm，再用气缸 2 带动剪刀剪断结有果实的树枝。

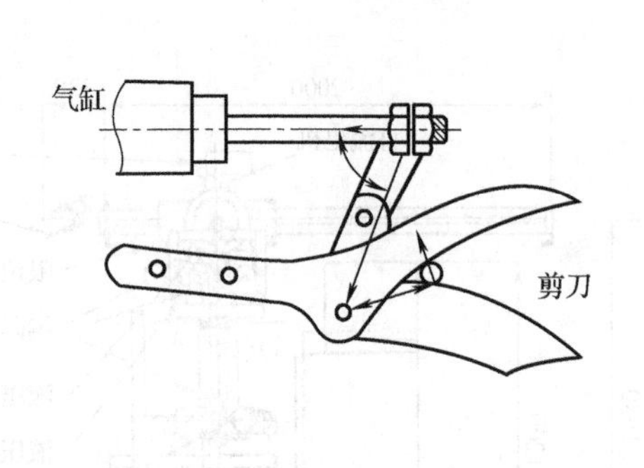

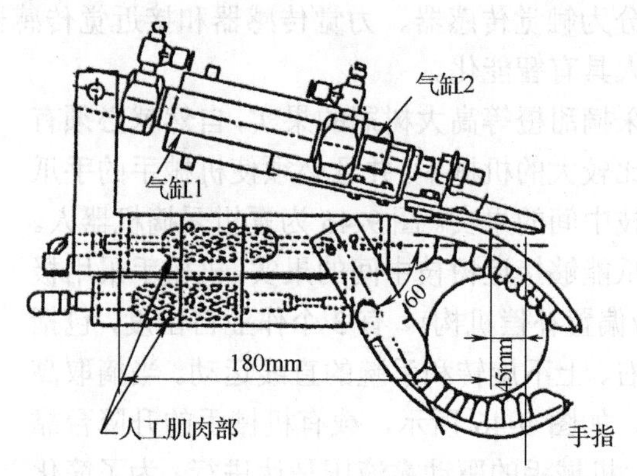

图 9-49 带剪刀的柔性手爪

图 9-50(a)显示了柑橘采摘机器人用的采摘柑橘的手爪。在手爪里组装检测果实位置的彩色摄像机、闪光灯和接近开关。柑橘采摘过程如图 9-50(b)所示，即

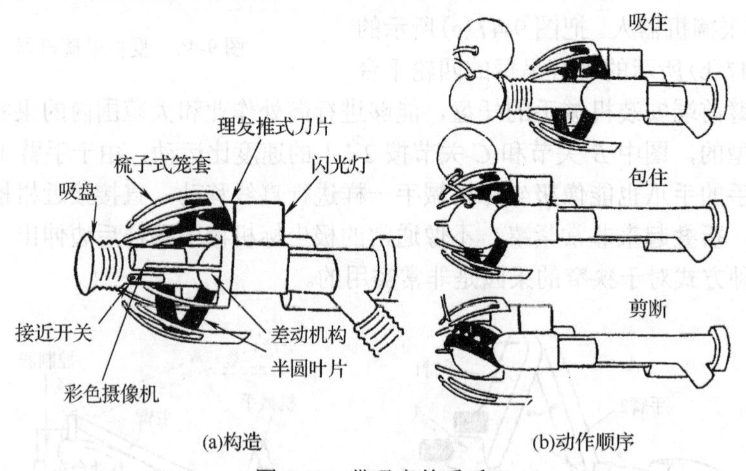

图 9-50 带吸盘的手爪

(1)用吸盘固定柑橘。

(2)将柑橘吸入手爪的手掌内。这时，柑橘的空间位置不变，剪刀部前移，梳子式笼套也前移，将要摘的柑橘和不摘的柑橘分开。

(3)剪断果蒂(短枝节)。利用理发推式刀片，通过差动机构同时带动半圆叶片，靠剪刀和叶片的组合，可以剪掉任何果实朝向的果蒂。

9.4 服务机器人

服务机器人是机器人家族中的一个年轻成员，目前尚没有一个严格的定义。不同国家对服务机器人的认识不同。服务机器人的应用范围很广，主要从事维护保养、修理、运输、清洗、保安、救援、监护等工作。IFR 经过几年的搜集整理，给了服务机器人一个初步的定义：服务机器人是一种半自主或全自主工作的机器人，它能完成有利于人类健康的服务工作。这里，把其他一些贴近人们生活的机器人也列入其中。

除割草机器人外，目前服务机器人几乎都是行业专用机器人。这些专用机器人主要包括家用机器人、医用机器人、多用途移动机器人平台、水下机器人及清洁机器人。

2006 年末，世界全部服务机器人约有 65000 台，其中家用机器人有 35000 台，约占 54%，水下机器人及医用机器人分别占 14%及 12%，清洁机器人占 6%，其他所有机器人占 14%。

预计 2025 年我国服务机器人总量将增加到 250000 台，其中 120000 台是家用机器人(除真空吸尘机器人外)，25000 台是医用机器人。家用真空吸尘机器人已进入市场，如果价格进一步下降，2025 年的销售量可能达到 1300 万台以上。它表明服务机器人市场即将进入一个崭新的阶段。

从需求及设备现有的技术水平方面来看，残疾人用的机器人还没有达到人们预期的目标。未来 10 年，助残机器人肯定会成为服务机器人的一个重要类别。许多重要的研究机构正在集中力量开发这类机器人。

服务机器人普及方面的主要困难如下：一个是价格问题；另一个是用户对机器人的益处、效率及可靠性不十分了解。

服务机器人种类很多，常见的有家庭服务机器人、医用机器人、护理机器人、极限作业机器人等。

随着传感器和控制技术、驱动技术及材料技术的进步，在服务行业实现运输、操作及加工自动化已具备必要的条件，服务机器人开辟了机器人应用的新领域。专家预测，服务机器人的数量将会超过工业机器人。目前世界各国正努力开发应用于各种领域的服务机器人，医用机械手(用于治疗及诊断)、建筑机器人、公共事业及环保机器人、物体及平面清洗用机器人、在难以接近的地方进行维护检查用机器人、保安部门及内部送信用移动机器人等服务机器人不断出现。非制造业用操作型工业机器人也可以看作服务机器人。服务机器人的控制方式与工业机器人的控制方式相同。对服务机器人评价的内容包括：能否完成人所不能完成的任务，它的使用是否有意义或对人有所帮助，能否改善人的生活质量并完成繁重的家务劳动等。

1. 家庭服务机器人

Care-O-bot 是由英国科学家主导、欧盟其他科学家协助共同研制的服务机器人，目前已更新到第四代。Care-O-bot 是一款针对普通家庭成员，尤其是老年人，使用的家庭服务机器人。如图 9-51 所示，该机器人具有四轮地盘移动机构，可在较大空间环境中全向移动。同时它具有丰富的服务功能，通过灵活的机械臂结构，机器人可以完成部分家务工作，如送餐等，通过多重传感器实现机器人对家用电器的操作和管理，通过机载的摄像头，机器人检测不同表情并通过显示器进行表情情感交流。

2. 医用机器人

医用机器人是指辅助或代替人类医生进行医疗及护理的机器人。医用机器人有多种类型，如医疗外科机器人、X 射线介入性治疗机器人、无损伤诊断与检测微型机器人、人工器官移植与植入机器人、康复与护理机器人等。这里主要介绍外科手术机器人。

Intuitive Surgical 公司 1997 年成功研制了外科手术机器人 Da Vinci，如图 9-52 所示。Da Vinci 外科手术机器人是目前真正进入临床的、具有代表性的微创手术机器人，截至 2016 年，全球装机量已达数千台，应用于泌尿外科、心胸外科、妇科和腹部外科等多种外科手术，累计完成 Da Vinci 外科手术机器人手术 1.5 万台，而且是前列腺癌根治手术治疗的“金标准”。

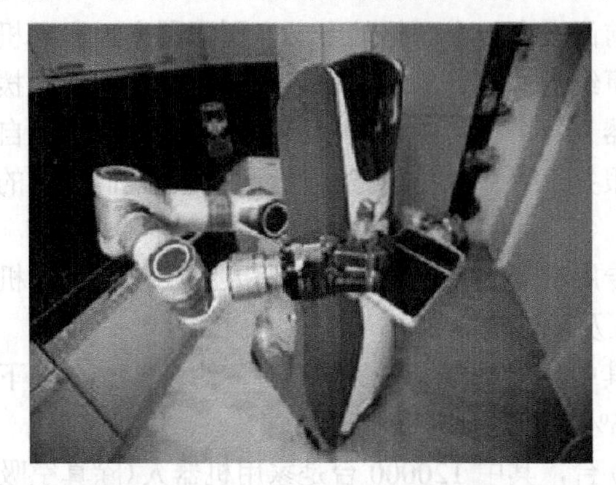

图 9-51　Care-O-bot 家庭服务机器人

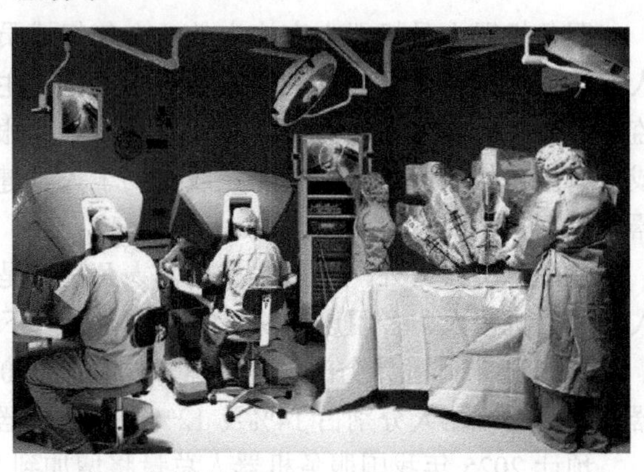

图 9-52　Da Vinci 外科手术机器人

3. 护理机器人

护理机器人主要由机械手、储藏库与搬运车、控制装置与通信装置等组成。该机器人系统的主要特点如下。

(1) 可以自由地向任意方向前进以运送患者。

(2) 床上的特殊进口处有两个机械手，可以连床一起把患者抱起来移动。

(3) 有供患者独立、自行操作的装置(主要是人机对话方式)等。

图 9-53　“护士助手”

如图 9-53 所示的“护士助手”是自主式机器人，它不需要有线制导，也不需要事先准备计划，一旦编好程序，它随时可以完成以下各项任务：运送医疗器材和设备，为患者送饭，送病历、报表及信件，运送药品，运送试验样品及试验结果，在医院内部送邮件及包裹。该机器人由行走部分、行驶控制器及大量的传感器组成。机器人可以在医院中自由行动，其速度为 0.7m/s 左右。机器人中装有医院的建筑物地图，在确定目的地后机器人利用航线自主学习算法可以自主地沿航线进行导航行走，采用全方位超声波传感器可以对静止或运动物体进行探测，并对航线进行修正。它的全方位超声波传感器保证机器人不会与人和物相碰。

4. 导盲机器人

导盲机器人如图 9-54 所示。导盲机器人的导向功能通过导盲街道地图——移动用数据库来实现。导盲机器人不仅能把握障碍物等外界状况，而且能实时地捕捉其后面盲人的行动，并根据盲人的行动来决定自己的行动。此种机器人可以按照通常盲人的自由行走步伐决定其自身的相应移动。当盲人行动安全时，机器人不会给盲人任何约束，以保障盲人能凭借生理机能自由行动；只有当盲人的行动存在危险的时候，机器人才会让盲人了解到危险，躲避或远离危险的环境。

图 9-54　导盲机器人

5. 高楼擦窗和壁面清洗机器人

随着城市的现代化进程中一座座高楼拔地而起，为了美观，也为了得到更好的采光效果，很多写字楼和宾馆都采用了玻璃幕墙，这就带来了玻璃窗的清洗问题。其实不仅是玻璃窗，其他材料的壁面也需要定期清洗。长期以来高楼大厦外墙壁清洗都是“一桶水、一根绳、一块板”的作业方式。洗墙工人腰间系一根绳子，工作在高楼之间，不仅效率低，而且易出事故。

近年来，随着科学技术的发展，使用清洗机器人对玻璃幕墙进行清洗是高楼玻璃幕墙清洗发展的方向。清洗机器人吸附功能是机器人能够在壁面上自由移动并能完成一定作业的重要基础功能。目前，吸附方式主要有真空吸附、磁吸附、推力吸附、仿生吸附和静电吸附等方式。

真空吸附是利用压缩气体经过特殊的气动元件或者利用抽气装置产生真空，进而依靠吸盘内部与外界大气压差实现吸附功能的一种技术。真空吸附可分为单吸盘吸附和多吸盘吸附。单吸盘吸附是指与壁面存在相对滑动的单一真空吸盘或者是机器人自身机壳的密封装置与壁面形成一个真空室；对于多吸盘吸附，常与足式、框架式和履带式移动方式组合构成机器人的爬壁系统。

磁吸附是利用机器人上的磁体与导磁材料壁面之间的作用力实现机器人在壁面上的吸附，按照工作原理可分为电磁式壁面移动机器人和永磁式壁面移动机器人，其中电磁式壁面移动机器人依靠电源的接通和断开实现吸附机构的附着和脱离。磁吸附常与履带式、轮式移动方式组合构成机器人的爬壁系统。

推力吸附是利用电机驱动机器人本体上的螺旋桨产生由壁面向外的气流，在反作用力的作用下实现吸附，通过调节气流的大小和方向改变机器人吸附力的大小和方向，推力吸附常与轮式移动方式组合构成机器人的爬壁系统。

仿生吸附是通过对壁虎类爬行动物脚掌的吸附原理进行研究和分析，利用高分子合成化学、工程材料学和机械力学等交叉学科研制出高分子合成黏性材料，该材料可利用分子与分子之间的范德瓦耳斯力来实现机器人在壁面上的吸附，这种吸附方式常与足式和履带式移动方式组合构成机器人的爬壁系统。

静电吸附是将机器人本身的柔性电极材料通电，在吸附壁面诱发静电电荷，以此形成壁面与机器人之间的吸附力，常采用柔性电极与履带式移动方式组合构成机器人的爬壁系统。

目前，壁面移动机器人常见的吸附方案特点对比如表 9-5 所示。

表 9-5 壁面移动机器人常见的吸附方案特点对比

吸附方案	方案优点	方案缺点
单吸盘吸附	不受壁面材料限制，结构简单，容易控制	吸附可靠性较差，越障能力弱
多吸盘吸附	不受壁面材料限制，吸附较为可靠，负载能力较强	结构较为复杂，控制难度较大
电磁式磁吸附	吸附可靠，越障能力强，控制方便	仅适用导磁材料壁面，吸附需要电能，重量较大
永磁式磁吸附	吸附可靠，越障能力强，节能，不受断电限制	仅适用导磁材料壁面，移动时需要较大驱动力脱离壁面
推力吸附	不受壁面材料限制	吸附可靠性差，不易控制，噪声大
仿生吸附	适用壁面种类多，无噪声	仿生材料制造难度大，成本高
静电吸附	适用壁面种类多，噪声小	不宜处于潮湿环境

由于篇幅所限，本节重点介绍多吸盘真空爬壁清洗机器人。一款 8 吸盘真空爬壁清洗机器人如图 9-55 所示。

爬壁系统以 8 个真空吸盘组实现机器人本体在玻璃幕墙上的吸附，采用框架式交替吸附的移动方式实现机器人本体的竖直双向清洗作业和越障功能。综合分析清洗机器人的结构形式和移动方式，在清洗作业过程中，当清洗机器人本体的外框架上的 4 个吸盘组与玻璃幕墙处于脱离状态、内框架的 4 个吸盘组与玻璃幕墙处于吸附状态时，最易出现滑落和倾覆，所以将此时最危险状态作为研究对象进行受力分析。对 8 吸盘真空爬壁清洗机器人本体建立简易受力模型，如图 9-56 所示，为了分析方便，假定吸盘的吸附力均相等，且吸附力和反作用力均垂直于玻璃幕墙，吸盘所受的摩擦力方向与重力方向相反。

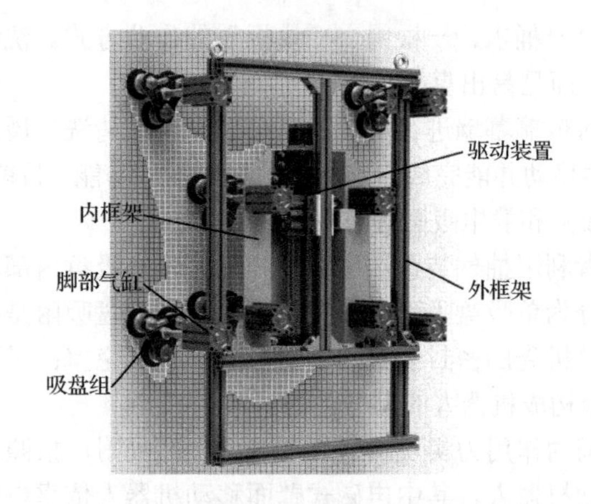

图 9-55　8 吸盘真空爬壁清洗机器人

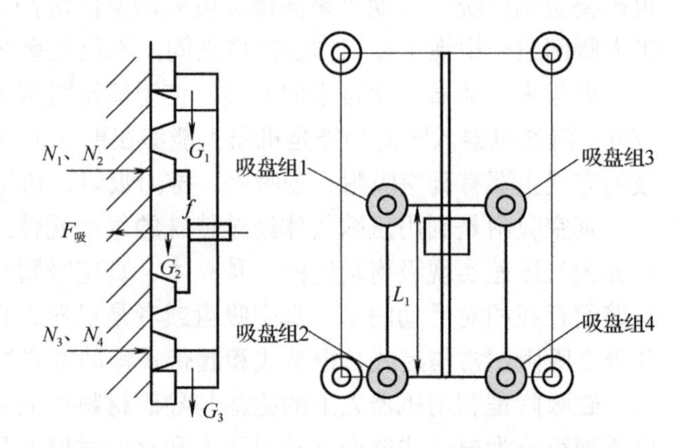

图 9-56　8 吸盘真空爬壁清洗机器人受力分析

(1) 为了避免机器人从壁面上滑下，根据摩擦力的特性，有

$$\sum \mu N_i - G > 0 \tag{9-20}$$

式中，μ 为摩擦系数；N_i 为玻璃壁面对第 i 个吸盘的法向支撑力(垂直于壁面)，$i = 1,2,3,4$；

$$G = G_1 + G_2 + G_3 \tag{9-21}$$

其中，G_1、G_3 为纵向前后气缸以及清洗装置等组件的重量；G_2 为无杆气缸、滑台及活塞杆连接件等组件的重量。

(2) 为了避免机器人从壁面上倾翻，在颠覆力矩的作用下，应该满足：

$$N_i > 0 \tag{9-22}$$

此时，垂直壁面方向和平行壁面方向的受力应该满足：

$$\sum_{i=1}^{4}(F_i - N_i) = 0 \tag{9-23}$$

$$\sum_{i=1}^{4} f_i - G = 0 \tag{9-24}$$

所受的平衡力矩为

$$(N_1 + N_2 - F_1 - F_2)\sqrt{(L_1 - \Delta L)^2 + L_2^{\ 2}} + (N_3 + N_4 - F_3 - F_4)\sqrt{(L_1 + \Delta L)^2 + L_2^{\ 2}} = GL \tag{9-25}$$

式中，F_i 为作用在第 i 个吸盘上的真空吸力；f_i 为墙壁对第 i 个吸盘的摩擦力；L 为清洗机器人的等效重心到玻璃壁面的距离；L_1 为最前面的吸盘到工作吸盘(即无杆气缸吸盘)之间的距离；L_2 为清洗机器人在 2 个吸盘的纵向连接到机器人中心的距离；ΔL 为 1/2 吸盘纵向中心距。

由于选用相同的真空吸盘，所以

$$N_1 + N_2 + N_3 = N_4 \tag{9-26}$$

各个吸盘的真空度是相等的，则作用在吸盘上的吸力为

$$F = F_i = pA \tag{9-27}$$

式中，p 为真空吸盘的真空度；A 为真空吸盘的有效吸附面积。

由式(9-22)～式(9-27)解得

$$N_1 = N_2 = F - \frac{GL}{2\left[\sqrt{(L_1 + \Delta L)^2 + L_2^{\ 2}} - \sqrt{(L_1 - \Delta L)^2 + L_2^{\ 2}}\right]} \tag{9-28}$$

$$N_3 = N_4 = F + \frac{GL}{2\left[\sqrt{(L_1 + \Delta L)^2 + L_2^{\ 2}} - \sqrt{(L_1 - \Delta L)^2 + L_2^{\ 2}}\right]} \tag{9-29}$$

综合式(9-20)、式(9-22)和式(9-23)得到爬壁机器人稳定吸附的约束条件：

$$\begin{cases} F > \dfrac{GL}{2\left[\sqrt{(L_1+\Delta L)^2}-\sqrt{(L_1-\Delta L)^2+L_2^{\ 2}}\right]} \\ F > \dfrac{G}{4\mu} \end{cases} \tag{9-30}$$

从清洗机器人稳定吸附的静态约束条件看，当其吸力和其重心到玻璃壁面的距离以及摩擦系数一定时，清洗机器人的吸盘所需的最小吸力与其处于吸附状态下吸盘之间的上下及左右的跨度成反比，所以只要真空发生器使吸盘的吸力能够满足清洗机器人的稳定吸附的约束条件，清洗机器人运动就是可靠的。

9.5　特种机器人

特种机器人涉及的面很广，也可以这样说，除一般通用工业机器人以外，其他机器人都可以称为特种机器人，如应用于农林方面的水果采摘机器人、嫁接机器人、伐根机器人、播种机器人、温室灌溉机器人；应用于服务行业的楼道/地铁清洁机器人、医护助理机器人、导盲机器人、礼仪接待机器人、音乐机器人、舞蹈机器人；应用于防灾救援领域的各种灭火机器人、蛇行机器人、废墟搜救机器人；应用于反恐防暴领域的侦察机器人、排爆机器人；应用于医疗领域的口腔修复机器人、血管疏通机器人、遥操作手术机器人等。由于篇幅有限，本节仅介绍特种机器人中的地面移动机器人、水下机器人、空间机器人以及微型机器人等。

9.5.1　地面移动机器人

地面移动机器人是指在地面为减轻人类劳动强度或在地面危险场合代替人类进行观察、作业或服务人类的机器人，包括各种类型的服务机器人、排爆灭火机器人、壁面机器人、管道机器人等，其中最具有代表性的为履带式移动机器人。

履带式移动机器人适合在未加工的天然路面上行走，它是轮式移动机构的拓展，履带本身起着为车轮连续铺路的作用。图 9-57 是履带式移动机器人。

履带式移动机构和轮式移动机构相比，具有如下特点。

(1) 支承面积大，接地比压小，适合于松软或泥泞场地作业，通过性能较好。

(2) 越野机动性好，爬坡、越沟等性能均优于轮式移动机构；下陷度小，滚动阻力小。

(3) 履带支承面上有履齿，不易打滑，牵引附着性能好，有利于发挥较大的牵引力。

(4) 结构复杂，重量大，运动惯性大，减振性能差，零件易损坏。

履带式移动机构采取的常见履带形状有两种，如图 9-58 所示。

图 9-57　履带式移动机器人

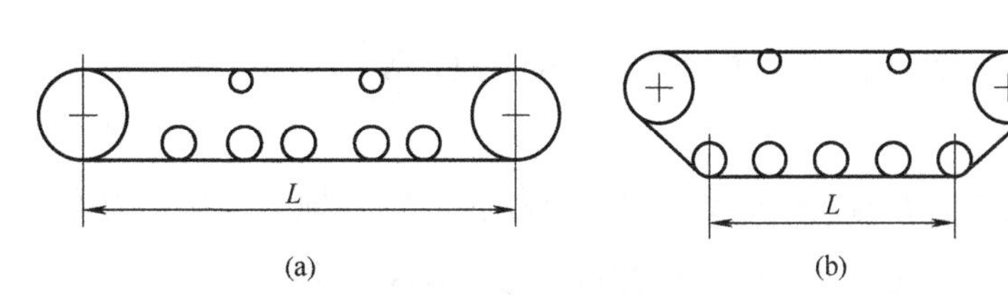

图 9-58　两种常见的履带形状

图 9-58(a)所示驱动轮及导向轮兼作支承轮，因此增大了支承面积，改善了稳定性，此时驱动轮和导向轮只微量抬高。图 9-58(b)为不作支承轮的驱动轮与导向轮，装得高于地面，链条引入引出时角度达 50°，其好处是适合于穿越障碍，另外因为减少了泥土夹入引起的磨损和失效，可以延长驱动轮与导向轮的寿命。

根据实际使用场合的要求，也可以采取其他形状的履带，如图 9-59 所示。

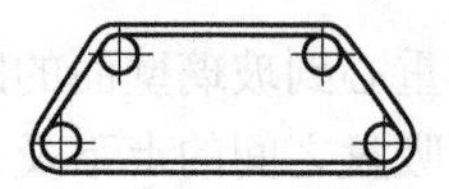
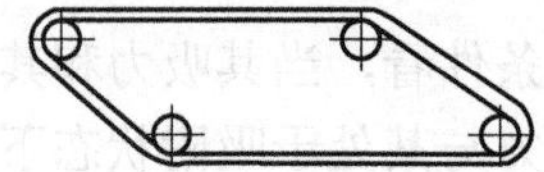
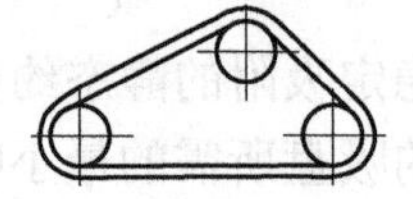

图 9-59　其他形状的履带

履带式移动机器人跨越障碍原理如图 9-60 和图 9-61 所示。

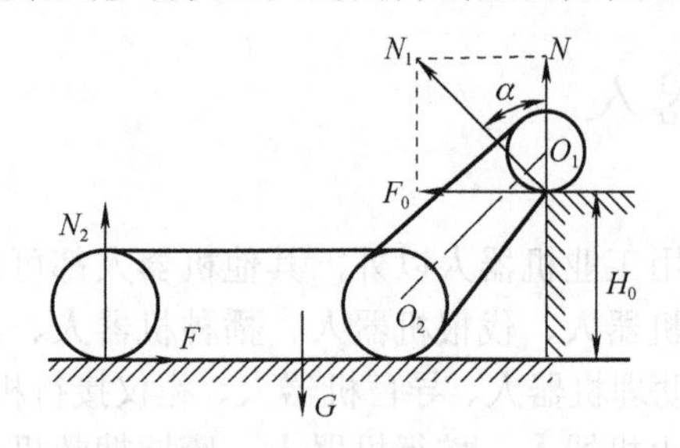

图 9-60　爬台阶时整车受力图

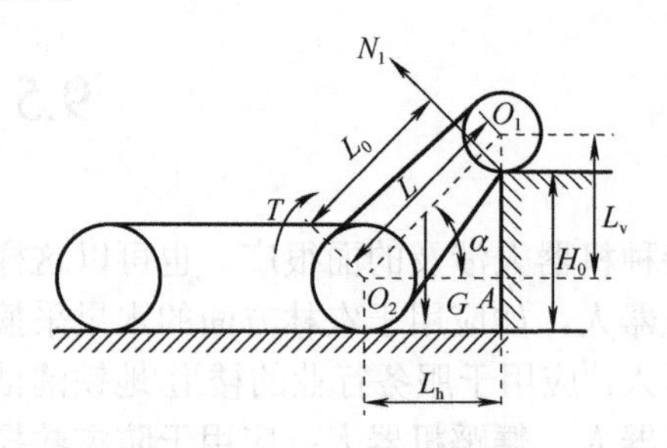

图 9-61　爬台阶时摆臂受力图

其整个跨越障碍过程可以分成两个阶段。

(1)第一阶段。先将两侧摆臂搭在台阶上，使车体在行走机构和摆动机构的共同作用下，顺利地爬到第二台阶，此时车体实现了地面、第一台阶、第二台阶的三点接触。

(2)第二阶段。机器人只需在行走机构的作用下如同上坡一样缓缓地向上爬。由此可以看出，只要保证行走机构在结构设计上至少能够同时与两个台阶点接触，就能实现第二阶段运行的平稳性和可靠性。在此仅对第一阶段进行分析。

为了便于分析讨论，假设台阶是光滑的，摆臂的重心处于摆臂中心轴线上距大轮点 1/3 处，整个车体的重心位于车体几何中心处。由于摆臂末端的小带轮呈圆弧形而且与台阶之间为线接触，为避免发生打滑，应至少保证小带轮的几何中心处于接触点的正上方。

如图 9-60 所示，机器人受到自身重力G、地面给后轮的垂直反作用力N_2和牵引附着力F，以及台阶给摆臂的反作用力N_1。将N_1分解成水平分力F_0和垂直分力N，则有

$$N_1 = N / \cos\alpha \tag{9-31}$$

式中，α为摆臂中心轴线与水平地面的夹角。

由于两个摆臂对称布置，为简便起见，仅以一个摆臂为例进行受力分析。根据受力平衡方程，可得

$$N = G / 4 \tag{9-32}$$

图 9-61 中，根据力矩平衡方程，$\sum M = 0$，有

$$T = T_{N_1} - T_G \tag{9-33}$$

式中，T为加在摆臂上的驱动力矩；T_{N_1}为地面反作用力形成的阻力矩；T_G为摆臂重力形成的力矩。

将式(9-31)和式(9-32)代入式(9-33)可得

$$T = N_1 L_0 - \frac{GL\cos\alpha}{3} = \frac{GL_0}{4\cos\alpha} - \frac{GL\cos\alpha}{3} = G\left(\frac{L_0}{4\cos\alpha} - \frac{L\cos\alpha}{3}\right) \tag{9-34}$$

式中，L_0 为 N_1 对 O_2 点的力臂。

从式(9-34)可看出，随着摆臂的转动和车体的前移，L_0 和 α 逐渐减小，$\cos\alpha$ 逐渐增大，T 有减小的趋势，故此时驱动力矩取最大值。在设计时，为便于分析计算，可直接用 L 代替此处的 L_0。

在 $\triangle O_1O_2A$ 中，

$$\cos\alpha = \frac{L_h}{L} \tag{9-35}$$

$$L_h = \sqrt{L^2 - L_v}$$

$$L_v = H_0 + \frac{d_1}{2} - \frac{d_2}{2}$$

将式(9-35)及各设计参数代入式(9-34)中可得 T_{max}，因此，整车最大驱动力矩为 $2T_{max}$。由于实际中台阶并非光滑，可将所得理论值 T_{max} 取一个修正系数，得到工程实际需要值 T'_{max}：

$$T'_{max} = \frac{T_{max}}{k} \tag{9-36}$$

在地面移动机器人中以地面军用机器人的发展最具有代表性。地面军用机器人是指在地面上使用的军用机器人系统，它们不仅在和平时期可以帮助民警排除炸弹、完成要地保安任务，还可以在战时代替士兵执行扫雷、侦察和攻击等各种任务。美国、英国、德国、法国、日本等国均已研制出多种型号的地面军用机器人。

图 9-62 为英国研制的“土拨鼠”及“野牛”两种排爆机器人，英国皇家工程兵在波黑及科索沃都用它们探测及处理爆炸物。“土拨鼠”重 35kg，在桅杆上装有两台摄像机。“野牛”重 210kg，可携带 100kg 负载。两者均采用无线电控制系统，遥控距离约 1km。

排爆机器人有轮式的和履带式的，它们的体积一般不大，转向灵活，便于在狭窄的地方工作，操作人员可以在几百米到几千米的地方通过无线电或光缆控制其活动。机器人车上一般装有多台彩色 CCD 摄像机用来对爆炸物进行观察；一个多自由度机械手，用它的手爪或夹钳可将爆炸物的引信或雷管拧下来，并把爆炸物运走；猎枪，利用激光指示器瞄准后，它可把爆炸物的定时装置及引爆装置击毁；有的机器人还装有高压水枪，可以切割爆炸物。图 9-63 为德国生产的排爆机器人。

图 9-62 “土拨鼠”(右)和“野牛”(左)排爆机器人

图 9-63 德国的排爆机器人

9.5.2 水下机器人

水下机器人又称为水下无人潜水器，分为遥控型、半自治型及自治型。水下机器人是典型的军民两用技术，不仅可用于海上资源的勘探和开发，而且在海战中有不可替代的作用。为了争夺制海权，各国都在开发各种用途的水下机器人，有探雷扫雷机器人、侦察机器人等。

1. 水下机器人结构

水下机器人由 3 个主要系统组成：执行系统、传感系统和计算机控制系统。

执行系统包括机器人主动作用于周围介质的各种装置，如在水中运动的装置、作业执行装置机械手、岩心采样器和水样采样器等。

传感系统是用来搜集有关外界和系统工作全面信息的“感觉器官”。通过机器人传感系统，在与周围环境进行信息交互的过程中，便可建立外部世界的内部模型。

计算机控制系统是处理和分析内部与外部各种信息的设备的综合系统，根据这些信息形成对执行系统的控制功能。水下机器人在工作时，不管其独立性如何，都必须与操作者保持通信联系。

根据机器人在水下活动的时间和潜水深度的不同，有许多不同的动力供给系统。通常动力供给系统的外形尺寸较大，这是一个主要的制约条件。因此在设计水下机器人时，往往必须按照所需能量的最低标准来考虑机器人所有系统的最佳化问题。

长期以来，作为人类探索水下世界的主要工具，深海探测机器人得到长足的发展，深海探测机器人的探索深度和智能化程度不断提升。另外，适用于浅水域的小型探索机器人是水下机器人发展的另一个趋势。

对于现阶段超小型探索水下机器人发展，市场上出现较多的是由 NASA 工程师研制的 OpenROV。OpenROV 是一款开源有缆水下机器人，用于水下勘测和教育，其各个部件都由购买者自行组装完成。其中采用 Beaglebonc Black 配合 OpenROV 镜像作为水下机器人控制器，通过线缆和水面系统建立通信后，控制器负责解析控制命令并做出控制决策，OpenROV 最大潜水深度可达 100m，配合实时的高清图像传输，可以灵活地进行水下探测任务。OpenROV 水下机器人如图 9-64 所示。是美国伍兹霍尔海洋研究所于 1998 年研制的一种用于浅水域勘察、探测和自动采样的 AUV 水下机器人，如图 9-65 所示，可识别和定位 100m 深海域下的水雷，长 1.6m，在 2003 年美国海军进入伊拉克乌姆盖斯尔港时的反鱼雷与对舰队作战方面发挥重要作用。

图 9-64　OpenROV 水下机器人

图 9-65　浅水域勘察、探测和自动采样的 AUV 水下机器人

2. 水下飞行机器人

水下飞行机器人为六自由度刚体，交叉耦合、非线性、时变性都非常严重，任意一个自由度的变化都会引起其他自由度的改变，因此其控制十分复杂。水下飞行机器人不仅需要在 6 个自由度上实现平稳控制，还必须保证在补偿外界扰动条件下正常工作，因此在推进器布置上需要综合考虑抗干扰和提供水下运动动力两个问题。为弱化水下飞行机器人空间运动自由度之间的耦合，简化水下飞行机器人的控制，在水下飞行机器人推进器布置中，将水下飞行机器人空间运动分解为水平运动和垂直运动两种，如图 9-66 所示，分别采用水平和垂直的推进器在两个平面内对水下飞行机器人进行控制，之后对控制效果进行叠加。

水下飞行机器人推进器采用双向电机驱动螺旋桨的方案，推进器可以提供两个方向的推力，在垂直方向上布置 3 个电机可以提供水下飞行机器人上升及下潜所需的推力，同时可以补偿水下飞行机器人机体在外界干扰下产生的倾斜，在水下飞行机器人机翼两侧布置两个水平电机，控制水下飞行机器人前进和转向运动。水下飞行机器人推进器布置如图 9-66 所示，根据推进器位置对 5 个推进器分别进行编号。

由于螺旋桨在旋转过程中会产生与旋翼旋转方向相反的反扭矩，如果不采取措施，平衡将导致水下飞行机器人逆旋翼旋转方向产生自旋。对 1 号和 2 号推进器，以及 4 号和 5 号推进器采用正反桨叶设计，推进器在产生相同方向推力时，螺旋桨旋转方向相反，以此来减小或抵消螺旋桨在旋转过程中产生的反转作用力。为简化水下飞行机器人结构，3 号推进器没有与之对称的推进器布置，因此利用水平推进器产生的推力来抵消 3 号推进器旋转导致的水下飞行机器人在静态悬浮状态下的自旋。水下飞行机器人推进器反向抵消设计如图 9-67 所示。

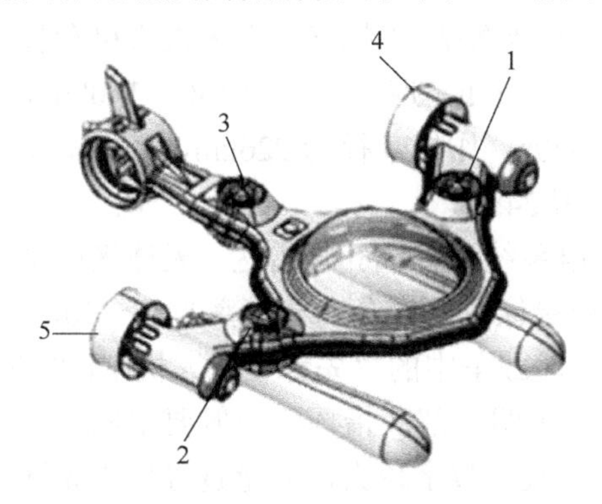

图 9-66　水下飞行机器人推进器布置

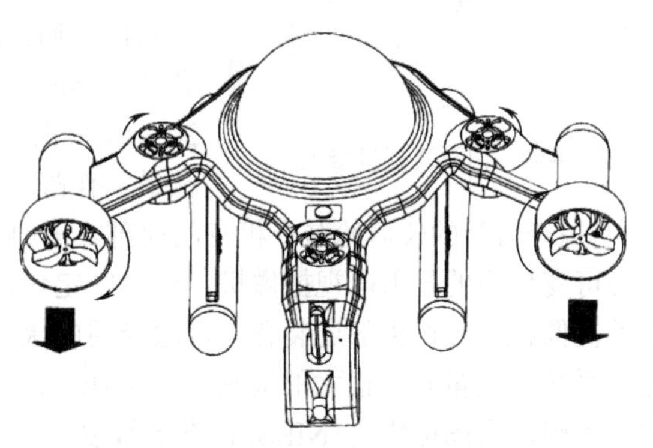
图 9-67　水下飞行机器人推进器反向抵消设计

3. 水下扫雷机器人

水下扫雷机器人(扫雷机器蟹，ALUV)长约 56cm，重 10.4kg，包括一个 3.17kg 重的压载物，如图 9-68 所示。为了携带传感器，它的脚比较大，便于发现目标。当它遇到水雷时，就把水雷抓住，然后等待近海登陆艇上控制中心的命令。一旦收到信号，就会自行爆炸，同时引爆水雷。技术人员还打算使扫雷机器蟹之间可以进行通信联络，从而提高扫雷的效率。

图 9-68　扫雷机器蟹

9.5.3　空间机器人

空间机器人通常分为空中机器人、飞行机器人和星球探测机器人等。

1. 空中机器人

空中机器人通常又称为无人机。近年来，在军用机器人家族中，无人机是科研活动最活跃、技术进步最大、研究及采购经费投入最多、实战经验最丰富的领域。80 多年来，世界无人机的发展基本上是以美国为主线向前推进的，无论从技术水平还是从种类和数量来看，美国均居世界首位。

2. 飞行机器人

飞行机器人与无人机在飞行器的设计上基本是一致的，所不同的是，飞行机器人强调了作业能力。多年来以军事用途为背景的大型飞行机器人研究一直十分活跃，这些飞行机器人越来越智能化，所以它们也是一类机器人。

特别能体现飞行机器人具有机器人特性的是近年来出现的微型飞行器。微型飞行器尺寸如同人的手掌大小，翼展长 15cm 左右，能像鸟一样飞行，并具有昆虫智能水平。这类飞行器常常称为微型飞行机器人。微型飞行机器人技术主要包括 3 个方面：一是微型飞行器平台；二是相关的部件技术；三是发射方式。

飞行机器人的飞行平台主要有定翼、旋翼、扑翼和气浮 4 种。

1）定翼飞行机器人

定翼微型飞行机器人相对来说最容易实现，是目前微型飞行机器人主要采用的飞行机构。

图 9-69　定翼飞行机器人

定翼机型的升力是靠气流作用在有速度的飞行器的机翼上产生的，定翼机由机身、机翼、发动机、起落架和尾翼组成，机身将机翼、发动机、起落架和尾翼等部件连成一个整体，机翼和尾翼上分别有维持定翼机在空中飞行的稳定和平衡并控制姿态与方向的副翼、襟翼、平尾、垂尾、升降舵和方向舵等。图 9-69 所示定翼飞行机器人包括无人机、通信/图像终端以及地面站。“掠夺者”无人机机身长 8.1m，翼展 14.8m，最大速度为 240km/h，巡航速度为 130～140km/h，载重 204kg，最大飞行高度为 7620m，作战半径为 926km，续航时间为 40h，在最大作战半径上空可滞留 24h。

“掠夺者”的仪器舱装在机身的前部，里面装有天球光电系统及合成孔径雷达。天球光电系统中有一台可变焦距的昼用电视摄像机、一台固定焦距的观测电视摄像机及一台高分辨率的 3～5μm 的前视红外摄像机。飞机头部还装有一台起降用的摄像机。比起海湾战争中的“先锋”无人机来，“掠夺者”光电系统的质量有了很大的提高。美军在海湾战争中的经验表明，部队指挥官一般要求图像的质量应达到美国国家图像质量（NIRS）标准 5 级以上（NIRS 共分为 9 级，数字越大，质量越好），“先锋”要使图像达到这个标准，就必须飞到距离目标为 1.5～2.5km，这是非常危险的。而“掠夺者”的天球光电系统使无人机可在 4.5km 的空中拍摄图像的质量达到 6 级标准，即其分辨率相当于 40cm。在“掠夺者”的试飞中，可从图像中辨别出进出轿车及楼房的人是否是同一个人。

由于光电传感器一般不适合作大面积侦察，“掠夺者”还装备了合成孔径雷达，雷达的覆盖地带宽度为 800m，搜索距离为 4～11.2km，它不仅使无人机可进行大面积搜索，而且使它具备全天候侦察的能力，不受雨、雪、多云等恶劣天气的影响。专家认为，“掠夺者”的合成孔径雷达要比 U-2 高空侦察机的强。U-2 合成孔径雷达的分辨率为 2.7m，若要达到“掠夺者”30cm 的水平，飞机上的全部计算机都必须停止所有其他的侦察工作。U-2 合成孔径雷达所得到的数据要等到降落之后才能进行处理，而“掠夺者”合成孔径雷达得到的大部分数据均可在空中进行处理。

“掠夺者”备有全球定位系统（GPS）及惯性导航系统（INS），可以由两者同时或仅由全球定位系统导航。它的地面控制站装在一辆拖车上，车内有两个独立的控制台。一辆通信车负责向卫星发送和接收数据，通信车与地面控制站相连。

2）旋翼飞行机器人

旋翼机型的升力是靠飞行器主桨的旋转而产生的，旋翼机由机身、旋翼、尾桨、发动机和起落架等组成。旋翼机通过桨叶的变距来实现向前、向后、向左、向右飞行，并且能够垂直起飞、垂直降落，也能在空中悬停，如图 9-70 所示。1991 年爆发了海湾战争，美军首先面对的一个问题就是要在茫茫的沙海中找到伊拉克隐藏的“飞毛腿”导弹发射器。如果用有人侦察机，就必须在大漠上空往返飞行，长时间暴露于伊拉克军队的高射火力之下，极其危险。为此，无人机成了美军空中侦察的主力。在整个海湾战争期间，“先锋”无人机是美军使用最多的无人机种，美军在海湾地区共部署了 6 个“先锋”无人机连，总共出动了 522 架次，飞行时间达 1640h。那时，无论白天还是黑夜，每天总有一架“先锋”无人机在海湾地区上空飞行。

图 9-70　旋翼飞行机器人

3）扑翼飞行机器人

扑翼机型的升力是靠飞行器机翼以一定频率转动而产生的，如图9-71所示。1998年初美国加利福尼亚大学开始研制一种扑翼微型飞行机器人，称为“机器苍蝇”。研制的目的是利用仿生原理获得苍蝇的杰出的飞行性能。这种微型飞行机器人具有重要的军事用途，利用它可以进行城市环境中的秘密监视和侦察。“机器苍蝇”的尺寸如普通苍蝇大小，样子也像苍蝇。重约43mg，直径为5～10mm。不过它有4只翅膀而不是2只翅膀，有1个玻璃眼睛而不是2只球形眼睛。它的身体用像纸一样薄的不锈钢制成，翅膀用聚酯树脂做成。“机器苍蝇”由太阳能电池驱动，一个微型压电石英驱动器以180次/秒的频率扇动它的4只翅膀。

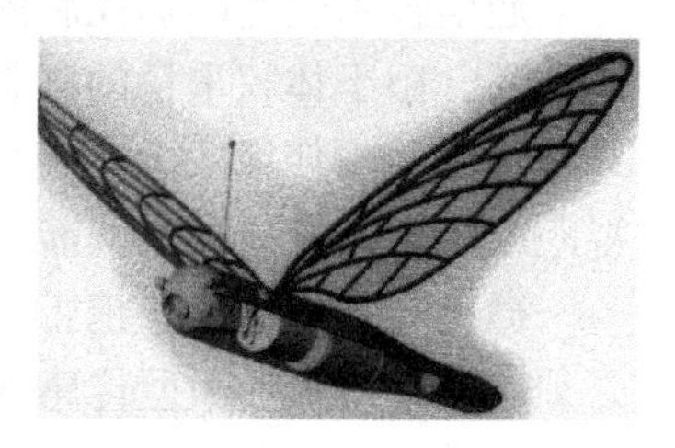

图9-71　扑翼飞行机器人

4）气浮飞行机器人

气浮机型的升力主要是靠飞行器中装有轻于空气的气体产生的，如图9-72所示。气浮飞行机器人的类型较多，无人飞艇是典型的气浮飞行机器人。无人飞艇由艇囊、吊舱、发动机、螺旋桨、安定面和操作面组成。

图9-72　气浮飞行机器人

要研制出上述的微型飞行机器人，有许多重要的技术及工程问题需要解决。

第一，需要研制出体积很小、重量极轻的大功率高能量密度的发动机和电源。目前，微型飞行机器人开发中最大的困难是发动机系统及其相关的空气动力学问题，而发动机又是关键，它必须在极小的体积内产生足够的能量，并把能量转变为推力，而又不增加过多的重量。良好的发动机系统可以克服空气动力学方面的大多数问题。动力系统一般占微型飞行机器人总重量的60%，它所消耗的能量占总能量的90%，另外的10%供电子仪器使用。D-STAR公司正在研制一种Neutrino微型柴油机，它的直径为2cm，可产生80W的功率。M-DOT公司正在研制一种0.6g推力的燃气涡轮风扇发动机，它是涡轮发动机的变型。目前Technology Blacksburg公司已研制出长7.6cm、直径4cm的涡轮发动机，重量为85g。该公司研制的轻型温差式发电机没有活动部件，可直接将热能转变为电能。它采用厚度为1.25mm的半导体薄膜，用先进的量子阱技术，转换效率可达25%。

第二，要研究产生升力的新方法，就要解决在低雷诺数空气动力学环境下的飞行稳定与控制问题。由于微型飞行机器人尺寸小、速度低，其工作环境更像是小鸟及较大昆虫的生活环境，而目前对于这种环境中的空气动力学还知道得甚少，其中的许多问题还难以用普通空气动力学理论加以解释。在这种环境中，空气的黏滞力很大，与大飞机相比，微型飞行机器人的载体按比例所受到的阻力更大。在微型飞行机器人出现之前，一般所说的低雷诺数为20000～1000000。而微型飞行机器人飞行范围内的低雷诺数为5000～80000，在此范围内对流过机翼的气流很难建模。由于微型飞行机器人只能低速飞行，层流占主导地位，它会引起较大的力和力矩，很难预测。微型飞行机器人的机翼载荷很小，几乎不存在惯性，很容易受到不稳定气流（如阵风、沙尘、雾和雨）的影响。采用螺旋桨的效率有限。当翼展为15cm时，采用螺旋桨还可以有效地工作，但在7.6cm以下的翼展时，就需要采用扑翼技术。

第三，飞行控制。如何控制微型飞行机器人的飞行是另一个难点。首先要有一个飞行控制系统来稳定微型飞行机器人。这样，在面临湍流或突发的阵风时可以保持其航线，并可执行操作人员的机动命令。当微型飞行机器人需要对目标进行观测成像时，还需要稳定瞄准线，要有重量轻、功率低、可靠的机载电子处理及通信装置和微型陀螺仪以及先进的导航及定位传感器等。为使微型飞行机器人自主飞行，要采用重量轻、功率低的GPS接收机，低漂移量的微型陀螺仪和加速度计。目前，最小的

GPS 接收机长为 7.62cm，需要 0.5W 的功率，天线重量为 20～40g。此外，要求系统不受电磁波及无线电频率的干扰，这就要求电子元件的质量和功率效率极高。

通信技术也是影响控制的关键技术之一。微型飞行机器人在空中时需要保持与地面操作人员的通信联系。由于体积重量的限制，微型飞行机器人目前只能采用微波通信方式。但微波无法穿透墙壁，只能在视距内使用，微型飞行机器人尺寸小，限制了无线电频率和通信距离。当微型飞行机器人飞出视距或视线被挡住时，就需要一个空中的通信中继站，中继站可以是另一架飞机或卫星。

微型飞行机器人要携带各种传感器，如电视摄像机、红外传感器、音响及生化探测器等。这些都必须是超轻重量的微型传感器。例如，目前正在研制的一种可见光摄像机，体积为 $1cm^3$，重量不到 1g。它基于硅 CCD，孔径为 2.6mm，每 2s 可产生一幅百万像素的图像，其分辨率大致相当于高清晰度电视，角分辨率为 0.7mrad。此外，目前还在研制微型合成孔径雷达，其重量不超过 1g，尺寸为 5cm×7.6cm×0.6cm 左右，工作距离为 2km，分辨率为 $929cm^2$。

第四，发射方式。微型飞行机器人与无人机的另一个显著区别是它不需要专门的起飞和降落区。目前设计的微型飞行机器人的发射方式有用手发射或用发射筒发射，如用炮管发射。用手发射的优点是比较简便，易于操作。用发射筒发射的好处是可以直接到达较远的目标区域，而且由于发射阶段不消耗燃料，延长了微型飞行机器人的续航时间，还可以抵消风的影响。

3. 星球探测机器人

人们对于外层空间其他星球是否能够居住、是否具有可利用的资源、是否存在生命充满了幻想，21 世纪将是人类开发太阳系新的星球的时代。目前，人类已有能力发射航天器，观测外层空间其他星球的情况，但是要真正了解这些星球的情况，还必须登上这些星球进行探测。人在不了解其他星球或距离太远的情况下，很难直接去探测，为此需要发展能代替人去对星球进行各种探测的机器人，去了解这些星球。星球探测是航天领域的一个重要的研究课题。目前，星球探测主要集中在月球探测和火星探测。为进行这些探测，研制出了多种类型的星球探测机器人。星球探测机器人也称为漫游车(Rover)。

格林尼治时间 1997 年 7 月 4 日 17 时 7 分，美国国家航空航天局发射的火星“探路者”宇宙飞船在经过 7 个月的飞行之后成功地在火星表面着陆。“探路者”宇宙飞船首次携带了“索杰纳”火星车，如图 9-73 所示。“索杰纳”火星车的任务是对登陆器周围进行搜索，探测火星的气候及地质方面的数据。

(a)“索杰纳”火星车

(b)“索杰纳”在火星上登陆

图 9-73 “索杰纳”火星车及其登陆火星

“索杰纳”火星车是美国喷气推进实验室(JPL)研制的一辆自主式的机器人车，同时可从地面对它进行遥控。设计中的关键是它的质量，科学家成功地使它的质量不超过 11.5kg。该车的尺寸为 630mm×480mm，车轮直径为 13cm，上面装有不锈钢防滑链条。该车有 6 个车轮，每个车轮均为独立悬挂，其传动比为 2000∶1，因而能在各种复杂的地形上行驶，特别是在软沙地上。车的前后均有独立的转向机构。要求正常驱动功率为 10W，最大速度为 0.4m/s。

“索杰纳”火星车是由锗基片上的太阳能电池阵列供电的，可在 16V 电压下提供 16W 的最大功率。它还装有一个备用的锂电池，可提供 150W 的最大功率，当火星车无法由太阳能电池供电时，可由它获得能量。

为使“索杰纳”火星车能适应火星上的昼夜温差大的环境，它的电子部件装在一个保温盒中，利用隔热层及电阻加热部件，使火星车白天在火星表面工作时，其电子部件的温度保持在-40～40℃。

“索杰纳”火星车的体积小，动作灵活，利用其条形激光器和摄像机，它可自主判断前进的道路上是否有障碍物，并作出行动的决定。一台 Silicon Graphics 工作站用来对“索杰纳”火星车进行指挥与控制，地面控制人员头戴立体眼镜观察工作站的屏幕，可以看到“索杰纳”火星车周围的地形。利用软件工具可以测出岩石的高度，计算出“索杰纳”火星车能否越过它。

“索杰纳”火星车携带的主要科学仪器有γ质子 X 射线分光计(APXS)，它可分析火星岩石及土壤中存在的元素，并提供其丰度。γ质子 X 射线分光计探头装在一个机械装置上，使它可以从各种角度及高度上接触岩石及土壤的表面，便于选择取样位置。它所获得的数据将作为分析火星岩石成分的基础。

1) 星球探测机器人要具有的能力

(1) 探测的范围必须非常广，就距离而言，应在几十千米到几百千米的范围内移动。

(2) 必须能够进行地下探测，从深度方面看，应能在几十厘米到几米范围内进行探测。

(3) 必须能长时间进行探测。

(4) 必须能完成采样、分析等功能。

(5) 能在复杂地形下移动。

2) 星球探测机器人所涉及的关键技术

(1) 星球探测机器人在重量、尺寸和功耗等方面受到严格限制。

星球探测机器人的机械结构应力求紧凑、体积小、重量轻，同时与之配套的驱动机构应具备良好的稳定性和较强的爬坡与越障能力。目前为星球探测机器人研制的移动机构有各种各样的形式，但主要还是履带式、腿式和轮式。其中，腿式的适应能力最强，但效率最差；轮式的效率最高，但适应能力不太强。

星球探测机器人的电源主要用于提供动力和为仪器供电。目前可选择的电池有化学电池、太阳能电池和同位素电池。化学电池的寿命有限，无法满足长时间工作要求。太阳能电池对太阳能过分依赖而不能在月夜长达几十天的环境下工作。同位素电池对环境的适应能力强、体积小、寿命长(2～10 年)、功率密度大，是较为适合星球探测机器人使用的电池。

(2) 星球探测机器人如何适应空间温度、宇宙射线、真空、反冲原子等苛刻的未知环境。

外层空间的星球环境可能比地球环境更为复杂。因此，在设计星球探测机器人时必须考虑到地球上没有的一些特殊环境可能对机器人造成的损害。

(3) 如何建立一个易于操作的星球探测机器人系统。

星球探测机器人的工作方式一般同时具备自主和遥操作两种。一方面，星球探测机器人可以根据自身携带的计算机进行自主决策，实现一定程度的自主导航、定位和控制；另一方面，星球探测机器人也可以接受地面系统的遥操作控制指令。在应用的最初阶段及对复杂地带，人工操作多一些，而到后期及对简单地带，主要由星球探测机器人自主完成导航与控制，因此，要求星球探测机器人具有很高的智能。自主加遥操作控制方案的优点在于可以提高系统的可靠性、鲁棒性以及处理不确定问题的快速性。通过遥操作，可以将人工操作的有关信息记录下来，提供给星球探测机器人系统，作为学习控制的资料，以提高机器人的智能水平。

9.5.4 微型机器人

1. 微型机器人概念和分类

通常微小化机构和微小化电子器件集成的智能机器称为微型机器人。外形、移动或操作在微米尺度下的机器人也称为微型机器人。

1)按尺寸分类

(1)外形1～10mm的机器人称为小型机器人。

(2)外形1～1000μm的机器人称为微米机器人。

(3)外形1～100nm的机器人称为纳米机器人。

2)按形式分类

(1)仅作业系统微型化机器人(如半导体制造装置)。

(2)仅定位系统微型化机器人(如微操作机器人)。

(3)仅移动的作业系统、定位系统微型化机器人(如微移动机器人)。

(4)仅移动作业系统、定位系统、控制系统微型化机器人(如宇宙、海底探测机器人)。

3)按机能分类

(1)微型机器人：外形很小，移动精度要求不高。

(2)微操作机器人：外形未必很小，但其操作尺度极小，精度很高。

4)按应用场合分类

微型机器人是现代机器人技术发展的重要方向之一，由于其结构尺寸微小、器件精密，可进行微细定位和微细操作，微型机器人可以应用在其他机器人无法应用的场合。

(1)用于人类无法进入的危险区域，如航天飞机、导弹、核动力工厂以及石油化工的大量管道的探伤和维修。

(2)医疗上用于诊断、注药、切除、修补和操作血球、细胞。

(3)集成电路的检查和修补以及制作过程中的微定位和微操作。

(4)军事上可用来进行军事侦察，具有不易被发现的优点等。

2. 微型机器人驱动方法和原理

为实现微型机器人的微型和微动，国际学术界提出很多新思想、新方法，有尺蠖法、爬行法、螺旋推进泳动法、仿生物游动法等。

1)尺蠖法

上海交通大学智能系统研究所林蔚等提出了一种仿尺蠖型内窥镜机器人，它的直径只有13mm、长97mm、重22g。该机器人主要由直线伸缩机构及位于前后两端的径向锚定装置3部分组成，其中伸缩机构为双向驱动，轴向行程可达45mm，锚定装置则由连杆机构以及伸缩腿组成。通过前后两端锚定装置的交替运动，配合伸缩机构的伸长及收缩，机器人可实现轴向上的前进与后退。该机器人样机(图9-74)还完成了在猪小肠内的运行试验，其行走速度为0.08～0.5m/s。

图9-74 一种仿尺蠖型内窥镜机器人

2)爬行法

关于爬行式微型医疗机器人的研究，以色列科技学院工程师Oded Salomon研制出一种如图9-75所示蚊子大小的ViRob机器人，该机器人直径仅有1mm，在无须创口治疗的条件下即可进行外科手术治疗，因而治疗后人体恢复速度很快。ViRob机器人工作时，可利用其倒钩金属手臂捕捉血管中噬斑等物质，或使用嵌入式切片装置切除少量组织。当医生将ViRob注入人体血管中时，操作员可以通过改变外磁场环境形成不同的频率，对机器人的行进速度和方向进行控制。

意大利微工程实验室Quirini等设计了一种12条腿的爬行内窥镜机器人，如图9-76所示。机器人的胶囊主体直径为 12mm，长约 40mm，内置驱动装置以及视觉系统。该驱动装置利用蜗轮蜗杆机构实现机器人 12 条腿绕垂直于主轴的轴线转动，从而完成在人体管腔内的移动。机器人的 12 条腿被分为两组分布于胶囊主体的前后两端，每组机械腿安装在滑轮上与蜗轮连接，位于胶囊体主轴的蜗杆在电机作用下带动蜗轮转动，从而控制腿部的伸展及收缩。当腿部全部张开时，12 条腿的尖端形成的圆柱面直径为 30～35mm。

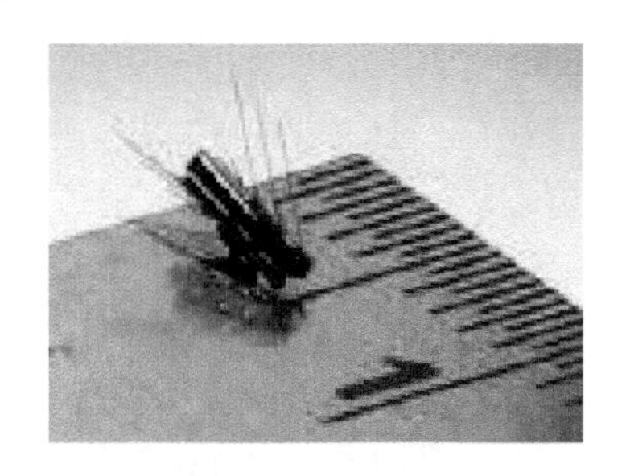

图 9-75 ViRob 机器人

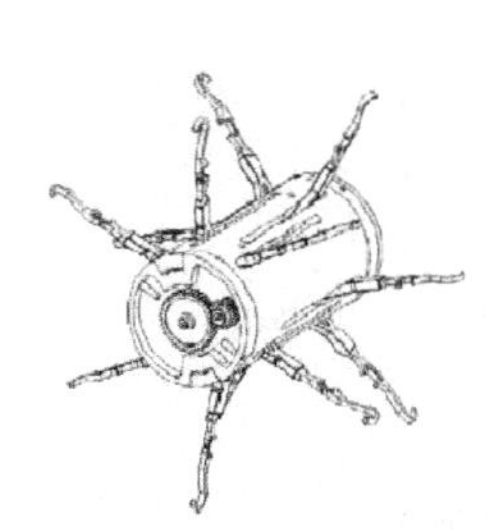

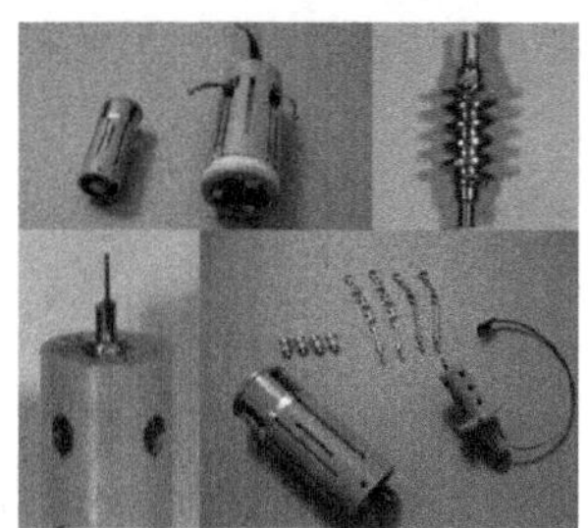

图 9-76 爬行内窥镜机器人

3) 螺旋推进泳动法

螺旋推进泳动磁微机器人旋转磁场的产生是由磁场方向矢量绕固定轴发生连续旋转得到的。螺旋推进泳动磁微机器人在周围旋转磁场的作用下，受到磁力矩的作用而随磁场旋转，螺旋尾部与周围液体的相互作用导致其运动。

日本东北大学首次提出螺旋推进泳动磁微机器人结构，并对其进行受力分析。2012 年，Tottori 等提出了一种爪状头部的螺旋推进泳动磁微机器人。螺旋推进泳动磁微机器人由聚合物采用 3D 激光快速成型方法加工而成。爪状头部螺旋推进泳动磁微机器人的直径为 1～8μm，长度为 4～64.5μm，其结构如图 9-77 所示。

4) 仿生物游动法

仿生物游动微型医用机器人是通过仿鱼鳍摆动、蛆虫蠕动、鞭毛游动等生物游动机制设计出的体内携带药物、微型手术器械的机器人。

模仿鱼类的游动方式的微型机器人可以分为模仿胸鳍摆动的机器人和模仿尾鳍产生波纹推进的机器人。仿胸鳍推进模式利用胸鳍的波浪摆动产生动力，控制策略复杂，适合精密化的操控。仿尾鳍推进模式利用向后推开水流产生动力，控制方法简单，能够产生高速游动。

日本学者应用 ICPF 高分子聚合材料驱动器，仿照鱼的形状和尾鳍，设计出一种具有三自由度的微型机器人(图 9-78)。该机器人长 45mm、宽 10mm、厚 4mm，利用脉冲信号电流驱动，实验显示通过改变信号的传输频率和电压可以控制微型机器人的速度和方向，技术难点是微型机器人在液体内的平衡控制。该机器人利用轻质的高分子材料变形机构模仿鱼鳍机构产生动力，适用于临床需要大量的液体条件，未来可用于水腹腔手术方法。

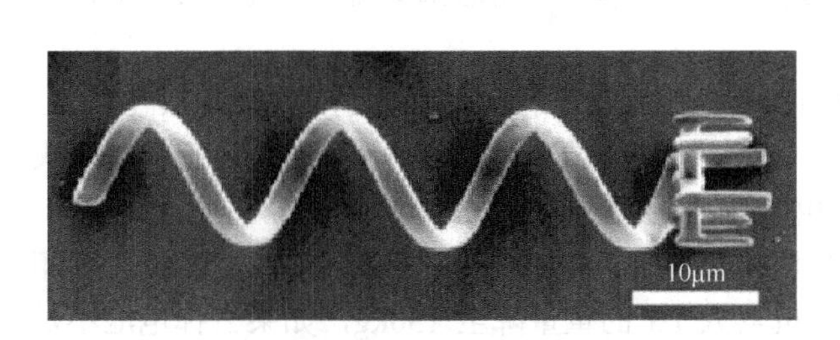

图 9-77 螺旋推进泳动磁微机器人结构

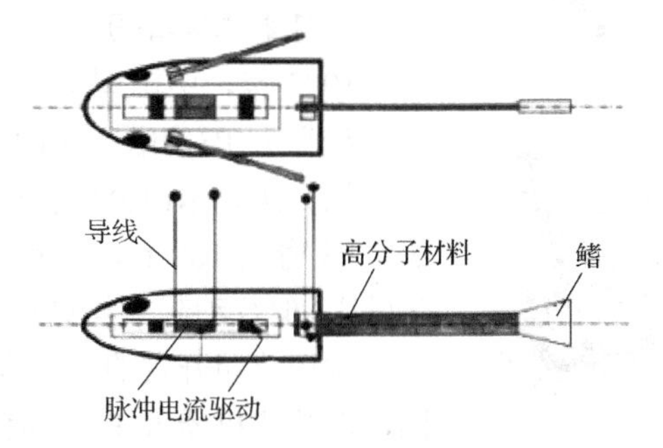

图 9-78 仿鱼三自由度微型机器人

大连理工大学精密与特种加工重点实验室应用仿生学原理研制了一种用超磁致伸缩薄膜为鱼尾鳍的泳动微型机器人(图 9-79)，其驱动器质量轻、牵引力小，在临床上可以运载药物到达患处。

浙江大学设计了仿鞭毛医用机器人(图 9-80)。机器人活动于人体内的血管中，整体由生物相容性材料制造，直径小于 3mm，尾部有 4 个螺旋状的金属丝，通过调节金属丝的旋转速度和方向来改变机器人的运动方向，利用整体的推进力消除血栓，用于心血管介入手术具有很好的前景。

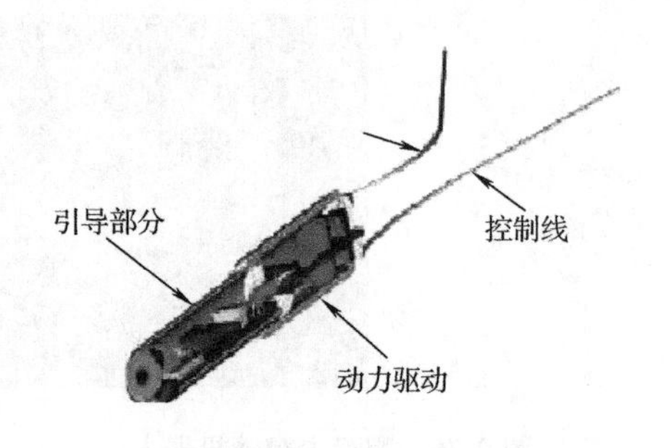

图 9-79 仿鱼泳动微型机器人

图 9-80 仿鞭毛医用机器人

9.6 类人机器人

类人机器人又可称为仿人机器人。其最大特征就是双足行走，双足行走是人类特有的步行方式，是自动化程度最高、最复杂的动态系统。实现和人类一样的双足行走是类人机器人研究工作者的目标。

类人机器人与轮式、履带式机器人相比有许多突出的优点和无法比拟的优越性，它的特性主要体现在以下方面。

(1)类人机器人能适应各种地面且具有较高的逾越障碍的能力，能够方便地上下台阶及通过不平整、不规则或较窄的路面，它的移动盲区很小。

(2)类人机器人的能耗很小。该机器人可具有独立的能源装置，因此在设计时就应充分考虑其能耗问题。机器人力学计算也表明，类人机器人的能耗通常低于轮式和履带式。

(3) 类人机器人具有广阔的工作空间。该机器人行走系统的占地面积小，而活动范围很大，为其机械手提供了更大的活动空间，同时可使机械手臂设计得较为短小紧凑。

(4)双足行走是生物界难度最高的步行动作。但其步行性能却是其他步行结构所无法比拟的。因此，类人机器人的研制势必要求并促进机器人结构的革命性变化，同时有力推进机器人学及其他相关学科的发展。

1. 日本研究现状

1)日本本田公司

1997 年，中国国务院总理李鹏前往日本本田公司总部参观，机器人 P3 接待了他，机器人 P3 如图 9-81 所示。

图 9-81 机器人 P3

据介绍，本田公司按研制时间先后，把双足步行机器人分别命名为 P1、P2、P3 等。P3 身高 160cm，体重 130kg。机器人 P2 身高 1.80m，体重 120kg，长得“笨头笨脑”，但行动起来与灵活的 P3 相比毫不逊色。

本田公司开发的机器人 P3 的腿、臂、手的自由度以及敏感元件与机器人 P2 相同，功能比机器人 P2 略有提高。机器人 P3 的重量降至 130kg，如果去掉电池不足 100kg。与机器人 P2 相比，机器人 P3 的腿和臂都缩短了 10%。在机器人 P2 中的计算机采用的是集中布置方式，在机器人 P3 中采用的是分散布置方式，使机器人身体的厚度大大缩小。为了有效地减少重量，机器人 P3 的计算机放在相应腿和臂关节上控制关节的运动。由于体积的下降，机器人 P3 的能耗仅为 786W。由于采用无刷电机，延长所需的维护间隔时间。采用内部连接，连线的数量大幅减少，从 650 根线减到了 30 根。由于连线减少，连接器和接触器的数量也从 2000 个减少到 500 个，大大提高了机器人的可靠性。

2) 索尼公司

索尼公司研制的机器人 QRIO 如图 9-82 所示，身高 58cm，体重 7kg。由于安装了多种传感系统、基于记忆和学习的行为控制软件以及灵活的机械行走装置，QRIO 可以与人类进行更丰富的交流。

牵引每个关节的小型执行器得到了改进，新型的综合适应控制系统可以通过各路传感器采集的信息，对机器人身上的 38 个关节进行实时控制。QRIO 能够进行更加先进的运动。位于 QRIO 头部的 4 个轴和腰部的 1 个轴极大地增强了它的表达能力，它的双手还各有 5 只灵活的手指。

图 9-82 机器人 QRIO

QRIO 可以通过传感器判断地面类型，并相应地调整步行姿态，可以适应各种路面，在凹凸不平的地板、沙滩、台阶、斜坡上都畅通无阻。灵活地重心调整让 QRIO 几乎成了不倒翁，在行走过程中，如果突然遇到阻力(如用手去推它)，QRIO 渐渐停止步伐，甚至后退，以防止摔倒。在索尼公司的演示录像中，它还能在一块晃动的模拟冲浪板上保持平衡，就像运动员一样。为了提高对路线的辨识能力，QRIO 由两个 CCD 彩色摄像头提供视觉，使它可以立体地观察场景，并判断自身与目标间的距离，确定最优的路线。

当你面向一台 QRIO 说出自己的名字时，它会分析并记录你的脸部和声音特征。等到下一次见面时，即使你混杂在一群人中，它也会认出你，轻声向你问好。通过头部的 7 个麦克风，QRIO 可以判断声源的方向，并判断是不是主人发出的。

载歌载舞更是它的特长，甚至有人称 QRIO 为舞蹈型机器人。如果将音乐和歌词输入它的系统，它就可以合成美妙的歌声。内置的无线局域网系统可以让它从计算机同步获取数据，不断扩展自己的技能。

3) 川田工业公司、产业技术综合研究所及川崎重工业公司

川田工业公司、产业技术综合研究所及川崎重工业公司联合试制了 HRP 系列机器人，HRP-2 是第一个具有人类外形尺寸的机器人，它可以躺下也可以起立，如图 9-83 所示。HRP-3 机器人具备防尘防水构造，在 100mm/h 的大雨中也可工作。在摩擦系数为 0.1(相当于易滑冰面)的路面上，它也能以 1.5 km/h 的速度行走。另外，它还具有腿腕协调控制功能，可进行需要单手支撑、弯下身去才能完成的操作。

图 9-83 HRP 系列机器人

2. 美国研究现状

美国是发展机器人较早的国家之一，近年来开展和研制了下列类人机器人。1999 年美国麻省理工学院研制出了类人机器人 COG，COG 由头、躯干、胳膊及双手组成，它是一个探索人和人工智能等领域的平台。2005 年麻省理工学院研制出具有 29 个自由度的 Domo 机器人，如图 9-84 所示。Domo 机器人除具有认人的能力外，能感知周围环境并做出反应。

2012 年 9 月，美国军方公开展示了如图 9-85 所示的最新版本的军用机器狗。这条机器狗由波士顿动力公司研制，大名 LS3，绰号“阿尔法狗”(AlphaDog)，是一个四条腿、能自由活动的机器人。它可以在负重 400lb(180kg)的情况下直立行走 20mi(32km)，并跟随士兵在崎岖地带作战。

图 9-84　Domo 机器人

图 9-85　AlphaDog 机器人

3. 中国研究现状

与国外相比，我国从 20 世纪 80 年代中期才开始研究仿人机器人。在“七五”期间，国防科技大学和哈尔滨工业大学等单位分别对仿人机器人进行了研究。在国家 863 计划支持下，国内的仿人机器人研究有了长足的发展。

1) 哈尔滨工业大学

哈尔滨工业大学是较早研制双足机器人的高校，始于 1985 年，早期的机器人没有头部和双臂，到 1995 年研制成功了 HIT-Ⅰ、HIT-Ⅱ和 HIT-Ⅲ 3 个型号。其中 HIT-Ⅲ机器人双腿具有 12 个自由度，踝关节两电机正交，同时实现 2 个自由度。2004 年 6 月，哈尔滨工业大学研制迎宾机器人(图 9-86)、指挥机器人(图 9-87)。

2) 国防科技大学

2000 年，在国防科技大学诞生了我国独立研制的第一台具有人类外观特征、可以模拟人类行走与基本操作功能的平面仿人机器人“先行者”，如图 9-88 所示。“先行者”机器人高 1.4m、重 20kg，具有人一样的身躯、脖子、头部、眼睛、双臂与双足，并具备了一定的语言功能。

图 9-86　迎宾机器人

图 9-87　指挥机器人

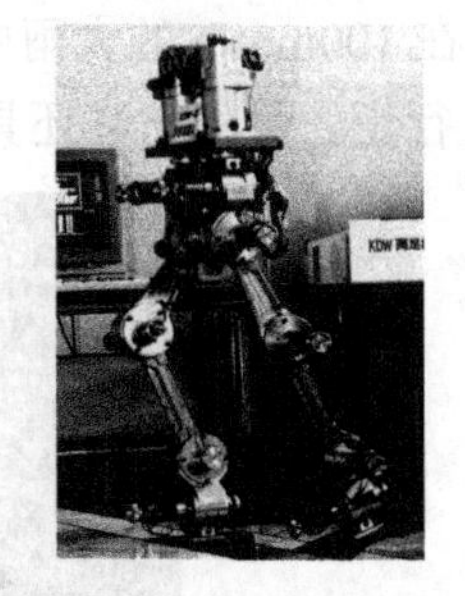

图 9-88　“先行者”机器人

3) 北京理工大学

北京理工大学等科研机构承担国家 863 计划项目“仿人机器人技术与系统”，新研制成功的 BHR-2 型汇童仿人机器人(图 9-89)在其系统性能等各个方面与 BHR-1 型比有比较大的改良，机械本体身高 158cm，行走速度大约 1km/h。它能够凭借其自身的平衡感等来控制本身的步行状态，从而能稳定地在不确定地面上行走，表演太极拳动作。

此外，2015 年，优必选公司研发了一种全新的仿人智能机器人 Alpha2(图 9-90)。该机器人全身共有 20 个自由度，肢体动作像人类一样灵活；搭载智能语音系统，可与人聊天、同声传译、具备语音控制等功能；配备 800 万像素的高清摄像头，能够精准地实现视觉识别。Alpha2 也是全球第一台应用 Android 系统、家用智能仿人机器人。

2016 年，中国科学技术大学成功研制的新型仿人机器人“佳佳”(图 9-91)是我国首台体验交互式仿人机器人。该研发团队创造性地提出了机器人品格的概念，保证机器人形象、品格与功能协调统一，实现良好互动、文明和谐的人机交互功能。

图 9-89　汇童机器人

图 9-90　智能机器人 Alpha2

图 9-91　仿人机器人“佳佳”

9.7　机器人技术发展趋势

随着全球新一轮产业结构调整，工业机器人已经成为先进制造业中不可替代的重要装备和手段，代表了一个国家的制造业水平。工业机器人已经逐渐成熟并渗透到了制造业的各个领域，世界各国都在争夺机器人的领先地位。新一代工业机器人的主要特征是与人共融，充当人的得力助手，实现与人自然交互、紧密协调合作并确保本质安全。

据 IFR 统计，2003～2017 年全球工业机器人销量达 58 万台，2017 年与 2013 年相比增长 31.2%。从市场分布来看，主要在中国、韩国、日本、美国和德国，2017 年这 5 个国家工业机器人销量约占全球工业机器人总销量的 78%。从应用行业来看，汽车和电子行业是最大的两个应用行业，2017 年这两个行业工业机器人销量占比分别为 43%和 27%。从企业角度看，ABB、KUKA、FANUC、YASKAWA 是工业机器人本体的四大主要生产商，市场份额约占全球的 1/2。国外生产机器人主要知名企业如表 9-6 所示。

表 9-6　国外生产机器人主要知名企业

产业链环节	知名企业
控制系统	ABB、KUKA、FANUC、YASKAWA、松下、那智不二越、三菱、贝加莱、KEBA、倍福
伺服电机	博世力士乐、FANUC、YASKAWA、松下、三菱、三洋、西门子、贝加莱等
减速器	Harmonic drive(哈默纳科)、Nabtesco(纳博特斯克)、SUMITOMO(住友)、SEJINIGB(赛劲)、SPINEA 等
机器人本体	ABB、KUKA、FANUC、YASKAWA、OTC(欧地希)、松下、KOBELCO(神钢)、川崎重工业、那智不二越、现代重工、REIS(徕斯)、COMAU(柯马)、ADEPT(爱德普)、EPSON(爱普生)
系统集成	ABB、KUKA、FANUC、YASKAWA、PANASONIC、KOBELCO、COMAU、DURR(杜尔)、REIS、CLOOS(克鲁斯)、德玛泰克、埃森曼、IGM、OTC、UNIX(优尼)、ADEPT、EPSON

随着性能的不断提升，以及各种应用场景的不断明晰，2012 年以来，机器人的市场规模正以年均 15.2%的速度快速增长。IFR 统计显示，2016 年全球机器人销售额首次突破 132 亿美元，其中亚洲销售额为 76 亿美元，欧洲销售额为 26.4 亿美元，北美洲销售额达到 17.9 亿美元。中国、韩国、日本、美国和德国等主要国家销售额总计占到了全球销量的 3/4。这些国家对工业自动化改造的需求激活了工业

机器人市场，也使全球机器人使用密度大幅提升。2020 年，机器人将进一步普及，销售额有望突破 253 亿美元，其中亚洲仍是最大的销售市场。

在工业发达国家，工业机器人经历近半个世纪的迅速发展，其技术日趋成熟，在汽车行业、机械加工行业、电子电气行业、橡胶及塑料行业、食品行业、物流行业等诸多工业领域得到广泛应用。据 IFR 统计，2013～2017 年，全球新装工业机器人年均增速达 13%。2017 年，全球工业机器人销量达 36.6 万台。得益于以中国为代表的发展中国家需求的快速增长，亚洲成为全球最大的工业机器人需求市场。机器人产业发达国家和企业正在加紧进行战略布局，抢占机器人技术及产业发展制高点，工业机器人产业发展呈现如下趋势。

工业机器人技术日益智能化、模块化和系统化。从近几年世界推出的机器人产品来看，新一代工业机器人正在向智能化、模块化和系统化方向发展。

发达国家纷纷进行战略部署。美国推行“再工业化”战略，大力发展工业机器人，希望重振制造业。2004 年，日本发布的“新产业发展战略”明确了机器人产业等 7 个产业领域为重点发展产业。韩国于 2009 年公布“智能机器人基本计划”，2012 年 10 月发布“机器人未来战略展望 2022”，将政策焦点放在了扩大韩国机器人产业和争夺海外市场方面。欧盟于 2011 年 8 月通过了一份发展制造业计划，提出了新工业革命概念，旨在以机器人和信息技术为支撑，实现制造模式的变革。

机器人产业发展重点如下：

(1) 机械结构的模块化、可重构化。例如，关节模块中的伺服电器、减速器、检测系统三位一体化；由关节模块、连杆模块用重组方式构造机器人，通过快速重构生成适应新环境、新任务的机器人系统，体现出良好的作业柔性。

(2) 控制系统的开放化、网络化。控制系统向开放型控制器方向发展，便于标准化，网络化；器件集成度提高，控制系统日渐小巧，采用模块化结构，大大提高了系统的可靠性、可扩展性、易操作性和可维修性。

(3) 驱动系统的数字化、分散化。通过分布式控制、远程联网和现场控制，实现机器人驱动系统的数字化和网络化的运动控制。

(4) 多传感器融合的实用化。机器人中的传感器日益重要，除采用传统的位置、速度、加速度等传感器外，视觉、力觉、声觉、触觉等多传感器的融合技术已在焊接、装配机器人系统中得到应用。

(5) 机器人作业的人性化、集成化。研究以人为中心的机器人系统，实现作业过程中机器人群体协调、群体智能、人机和谐共存。

(6) 人机交互的图形化、三维全息化。全沉浸式图形化环境、三维全息环境建模、真三维虚拟现实装置以及力/温度/振动等多物理作用效应人机交互装置。

总之，工业机器人技术的内涵已变为灵活应用机器人技术的、具有实际动作功能的智能化系统。机器人结构越来越灵巧，控制系统越来越小，智能程度越来越高，并正朝着一体化方向发展。

新一代工业机器人需要突破的关键技术，即当前工业机器人的显著特点是操作空间相隔离、人机交互无安全保障。新一代工业机器人的主要特征是与人共融，充当人的得力助手，即机器人融入人的生产工作环境，与人处于同一自然空间，实现与人自然交互、紧密协调合作并确保本质安全。

美国、欧洲、日本等分别在未来工业机器人的研发中强调了新型人机合作的重要性。奥巴马宣布美国“国家机器人计划”：创造可与人类操作员密切配合的新一代机器人，使机器人更聪明、更安全，作为人类合作者 (Co-robot)，使工人有能力完成难以实现的关键任务。欧洲提出了未来十年建设“欧洲机器人技术平台”(EUROP) 的战略规划，力图构造出产业工人的 Co-Worker，以图重振欧洲制造业。实现机器人与人共用工具、设备及工作空间，以助手等更为自然的方式为人类提供服务等功能。

目前机器人要做到完全自主并实现与人和谐协作还是十分困难的，要达到机器人与人类生活行为环境及人类自身和谐共处的目标，需要解决多个关键问题，包括：机器人本质安全问题，保障机器人与人、环境间的绝对安全共处；任务环境的自主适应问题，自主适应个体差异、任务及生产环境；多样化器具的操作问题，灵活使用各种器具完成复杂操作；人机高效协同问题，准确理解人的需求并主动协助。

(1)操作效率问题：研究工业机器人操作机结构的优化设计技术、新材料和新驱动技术，提高负载/自重比。研究重点包括高强度新轻质材料、拟人柔性驱动及本体材料、新型驱动器(如人工肌肉、形状记忆合金、氢吸附合金、压电元件、挠性轴、钢丝绳集束传动)等方面。

(2)环境理解问题：研究机器人在自然(非人工)、不可预知、动态环境中的感知、理解问题。研究重点包括仿生视觉信息处理，非结构、动态环境的数学描述与实时理解，对人/操作者行为、意图的理解等方面。

(3)智能问题：研究目标及指标多样化、操作灵活性更高、人机合作程度更深、过程更复杂多变的智能决策与控制技术。目前的机器人的“智能”依赖现实问题的数学描述和优化计算，对于非结构化环境、动态复杂使命，难以数学描述、更难以优化计算。研究重点包括基于人智能发育的机器人智能发育，知识/经验的表达、积累、遗忘，拟人化的“联想”能力，多目标多机合作任务的协商策略，网络环境下资源共享与调度技术等。

(4)行为方式及安全问题：研究机器人和人在物理界限消失、紧密接触、密切配合行为过程中确保人-机-物安全的技术。目前工业机器人为刚性结构，缺乏机械本质安全性，难以实现人机直接交互，对环境的适应能力差，无法高效率使用人的工具。研究重点包括：刚-柔智能切换、融合控制；机器人健康自检测自重构技术；自主使用工具的技能与优化。

(5)交互问题：研究机器人作为人类助手，乃至进入普通人生活相适应的友好、智能的人机交互技术。当前工业机器人普遍采用触控板、遥控器等交互工具，友好性低，智能程度低，通过实现语音、手势、表情等自然交互方式的转变，实现对人类意图的准确理解。

综上所述，现在的机器人的智能还是十分低的。要使机器人的智力达到原始人类的智能，科学家还要经过数十年的努力。机器人智能的提高对机器人发挥各种功能是至关重要的，科学家多年来一直从各个角度寻找提高机器人智能的办法。随着微电子技术、材料科学和人工智能研究的突破，更高智能的机器人一定会出现。机器人已为20世纪人类文明做出重要贡献，机器人在21世纪将会为人类文明做出更大的新贡献!

习　题

9-1 常见机器人通常有哪些？机器人在工业、农业、医学、军事等方面都有哪些应用？

9-2 工业机器人通常包括哪些？它有哪些特点？

9-3 选择焊接机器人通常要注意哪些问题？汽车焊接通常采用什么类型的机器人？

9-4 简述机器人在铸造自动化生产中的作用、特点及其优越性。

9-5 农业机器人通常包括哪些？它有哪些特点？为什么农业机器人在农业中推广缓慢？

9-6 服务机器人通常包括哪些？它有哪些特点？你对服务机器人设计或应用有什么新想法？

9-7 特种机器人通常包括哪些？它有哪些特点？它在军事上有哪些应用？

9-8 水下机器人通常包括哪些？它有哪些特点？它在民用领域有哪些应用？

9-9 空间机器人通常包括哪些？它有哪些特点？你对其应用前景有什么新想法？

9-10 简述微型机器人驱动方法和原理。

9-11 简述类人机器人国内外发展现状。

第 10 章　机器人系统设计实例

本章重点：为了帮助读者理解和运用前面介绍的有关机器人知识进行机器人系统设计，本章首先介绍机器人系统设计基本方法。在此基础上，通过昆山 1 号 6 轴工业机器人、MT-R 智能型移动机器人和 E100 变电站智能巡检机器人 3 个设计实例，来详细介绍一般机器人系统设计理论、方法及应用步骤。

10.1　机器人系统设计基本方法

10.1.1　概述

任何机器人或者机械手都涉及机械部分、传感与检测部分和控制部分以及软件等内容。机器人设计实际上就是一个完整的机电一体化系统设计。一个较完善的机器人(机电一体化系统)应包含 5 个基本要素部分：机械本体、动力与驱动、执行机构、传感与检测、控制与信息处理部分，如图 10-1(a)所示。这些组成部分内部及其相互之间通过接口耦合、能量转换、运动传递、物质流动、信息控制等有机结合集成一个完整的机电一体化机器人系统。与构成人体的骨骼、内脏、手足、感官(眼、耳、鼻、舌、皮肤)、头脑这五大部分相类似，如图 10-1(b)所示。机械本体相当于人的骨骼，动力与驱动相当于人的内脏，执行机构相当于人的手足，传感与检测相当于人的感官，控制与信息处理相当于人的大脑。由此可见，机器人系统内部的五大功能与人体功能几乎是一样的，因而，人体是机器人研究最好的蓝本。

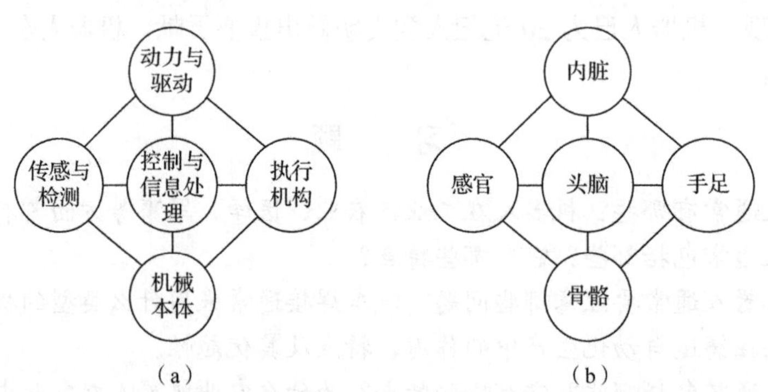

图 10-1　机器人构成系统与人体对应部分及相应功能的关系

1. 机械本体

机械本体是机器人系统的基本支持体，它主要包括机身、框架、连接等。由于机器人技术性能、水平和功能的提高，要求机械本体在机械结构、材料、加工工艺性以及几何尺寸等方面能适应现代机器人技术发展要求。

2. 动力与驱动

机器人的显著特征之一是用尽可能小的动力输入，获得尽可能大的功能输出。不但要求机器人驱动效率高、反应速度快，而且要求其对环境适应性强和可靠性高。由于电力电子技术的高度发展，高性能步进驱动、直流和交流伺服驱动等技术在机器人中应用，使得动力与驱动更加简洁方便。

3. 传感与检测

传感与检测是机器人的关键技术。传感器将位移、速度、加速度、力、角度、角速度、角加速度、距离等机械运动量转换成电信号，即引起电阻、电流、电压、电场及频率的变化，通过相应的信号检测装置将其反馈给控制与信息处理装置。

4. 执行机构

执行机构根据控制信息和指令，完成要求的动作。执行机构是传动部件或运动部件，一般采用机械、液压、气动、电磁以及机电相结合的机构。根据机器人系统的匹配性要求，需要考虑改善执行机构的相应性能，如提高系统刚性，减轻重量，提高可靠性，实现标准化、系列化和模块化等。

5. 控制与信息处理

控制与信息处理部分对来自各传感器的检测信息和外部输入命令进行集中、储存、分析、加工等信息处理，使之符合控制要求。

实现信息处理的主要工具是计算机。在机器人中，计算机与其他信息处理装置指挥着机器人系统的运行，信息处理是否正确、及时，将直接影响系统工作的质量和效率。因此，计算机应用和信息处理技术已成为促进机器人技术和产品发展的最活跃的因素。信息处理一般由计算机、可编程逻辑控制器(PLC)、数控装置以及逻辑电路、A/D 与 D/A 转换、输入/输出(I/O)接口及外部设备等组成。

机器人系统的基本特征是给“机械”增添了头脑(计算机信息处理与控制)，信息处理是把传感器检测到的信号转化成可以控制的信号，系统如何运动还需要通过控制装置来进行。机器人运动控制有线性控制、非线性控制、最优控制、学习控制等。

10.1.2　工业机器人系统设计内容与步骤

1. 总体设计

1)基本技术参数设计

表示工业机器人特性的基本技术参数主要有用途、工作空间、自由度、有效载荷、运动精度、运动特性、动态特性和经济性指标。在设计工业机器人之前，需要确定这些参数。

(1)用途：明确机器人的用途，按照工业需求设计，如搬运、点焊、操作、装配等。

(2)工作空间：指机器人末端执行器在一定条件下所能到达空间的位置集合。工作空间的形状和大小反映了机器人工作能力的大小，因而它对于机器人的设计应用是十分重要的。

(3)自由度：自由物体在空间有 6 个运动自由度，即 3 个移动自由度和 3 个转动自由度。一般连杆系的工业机器人自由度可以表示为

$$M = 6n - \sum mN_m \tag{10-1}$$

式中，M 为连杆系的自由度数；n 为组成连杆系的连杆根数；m 为运动副引入的约束数；N_m 为具有约束数为 m 的连杆根数。

机器人是一个链式连杆系，一般每个关节运动副只有一个自由度，所以通常机器人的自由度数就等于它的关节数。机器人具有的自由度数越多，它能实现的功能就越复杂多样，应用的范围也就越广。目前工业生产中应用的机器人通常具有 4～6 个自由度。

(4)有效载荷：指机器人在工作时臂端可以搬运物体的质量或所能承受的力或扭矩，它表示了操作机的负荷能力。大多数工业机器人的工作任务和搬运重物有关，因此在许多说明书中有效载荷是用可搬运质量来表示的。

工业机器人有效载荷大小除受到驱动器功率的限制外，还受到杆件材料极限应力的限制，因而，它又和环境条件(如地心引力)、运动参数(运动速度、加速度及它们的方向)有关。

(5)运动精度：工业机器人机械系统的运动精度涉及位置精度、重复位置精度和系统分辨率。位置精度和重复位置精度决定了机器人臂端的最大位置误差，因而，它无论对于点位操作机器人还是连续路径运动机器人都是十分重要的。

位置精度指机器人臂端定位误差的大小，是手臂端点实际到达位置分布曲线的中心和目标点之间坐标距离的大小。位置误差除和系统分辨率有关外，还和机械系统的误差有关，特别是和结构间隙及臂杆变形有关。

重复位置精度是指机器人手臂端点实际到达点分布曲线的宽度。

系统分辨率是在机械系统设计时确定的。系统分辨率主要取决于反馈传感器的分辨率，它代表所能识别的可控制运动变化的最小单位。

(6)运动特性：速度和加速度是表明机器人运动特性的主要指标。说明书中通常提供主要运动自由度的最大稳定速度，但在实际应用中单纯考虑最大稳定速度是不够的。由于驱动器输出功率的限制，从启动到达最大稳定速度或从最大稳定速度降速到停止总需要一定的时间。因此，在考虑机器人的运动特性时，除注意最大稳定速度外，还应注意其允许的最大加、减速度。最大加、减速度受到驱动功率和系统刚度的限制。

(7)动态特性：是机器人机械和控制设计及分析的重要内容。动态特性常用质量、惯性矩、刚度、阻尼系数、固有频率和振动模态来表征。

(8)经济性指标：是选用和合理使用机器人的主要依据。决定机器人经济性指标的因素包括初始投资和运行成本两大部分。初始投资取决于对机器人性能的要求以及对结构形式的要求。运行成本包括运行时的能量消耗、非故障停机时间、工作的可靠性和维修等。在满足所期望的技术指标的前提下，尽量使其结构简单和成本低廉仍然是设计的主要原则。

2)总体方案设计

(1)运动功能方案设计：该阶段的主要任务是设计确定机器人的自由度数、各关节运动的性质及排列/顺序、在基准状态时各关节轴的方向。

(2)传动系统方案设计：根据动力及速度参数、驱动方式等选择传动方式和传动元件。

(3)结构布局方案设计：根据机器人的工作空间、运动功能方案及传动方案，确定关节的形式、各构件的概略形状和尺寸。

(4)参数设计：确定在基本技术参数设计阶段尚无法考虑的一些参数，如单轴速度、单轴负载、单轴运动范围等。该项工作应与结构布局方案设计工作交叉进行。

(5)控制系统方案设计：近年来工业机器人控制系统基本上都采用计算机控制系统。

(6)总体方案评价。

2. 详细设计

工业机器人的详细设计内容包括装配图设计、零件图设计、控制系统设计和软件设计。

3. 总体评价

总体设计阶段所得的设计结果是各构件及关节的概略形状及尺寸，通过详细设计将其细化，而且在详细设计阶段还要对总体设计阶段尚未考虑的细节做具体化设计，因此各部分尺寸会有一些变化，需要对设计进行总体评价，检测其是否能满足所需设计指标的要求。

10.1.3 工业机器人系统设计要求与准则

工业机器人的设计涉及机械设计、传感技术、计算机应用和自动控制等，是跨学科的综合设计。应将工业机器人作为一个系统进行研究，从总体出发，研究其系统内部各组成部分之间和外部环境与系统之间的相互关系。作为一个系统，工业机器人应具有以下特征。

(1) 整体性。由不同性能的子系统构成的工业机器人应作为一个整体有其特定功能。

(2) 相关性。各子系统之间相互依存，有机联系。

(3) 目的性。每个子系统都有明确的功能，各子系统的组合方式由整个系统的功能决定。

(4) 环境适应性。工业机器人作为一个系统要适应外部环境的变化。

在详细设计之前，要明确设计的机器人应该具有的功能，系统总体功能设计是结构设计的最终目的。只有确定了系统的功能，后面的设计才能有的放矢。

实现既定的功能，可能有很多种结构方案，应优先选择简单可靠的结构方案。通过市场调研和对现有同类工业机器人的技术分析，明确所要设计的机器人的技术难点和关键技术。开始可以提出几种结构方案，通过讨论对比和充分论证后，选择一种合适的结构方案。

10.1.4　工业机器人系统详细设计及实现方法

1. 机器人的机械系统设计及实现方法

机器人的机械设计与一般机械设计相比，有许多方面是类似的，但是也有不少特殊之处。首先，从机构学的角度来分析，机器人的机械结构可以如图 10-2(a) 所示，由一系列连杆通过旋转关节(和移动关节)连接起来的开式空间运动链；也可以如图 10-2(b) 所示，类似并联机器人的闭式或混联空间运动链。复杂的空间链机构使得机器人的运动分析和静力分析复杂化，两相邻连杆坐标系之间的位姿关系、手臂末端执行器的位姿与各关节量之间的关系、末端执行器上的受力和各关节力矩(或力)之间的关系等，均不是一般机构分析方法能解决的，因而要建立一套针对机器人的空间机构的运动学、静力学和动力学分析方法。末端执行器的位置、速度和加速度、各关节驱动力矩(或力)之间的关系是动力学分析的主要内容。此处以关节型机器人为例。

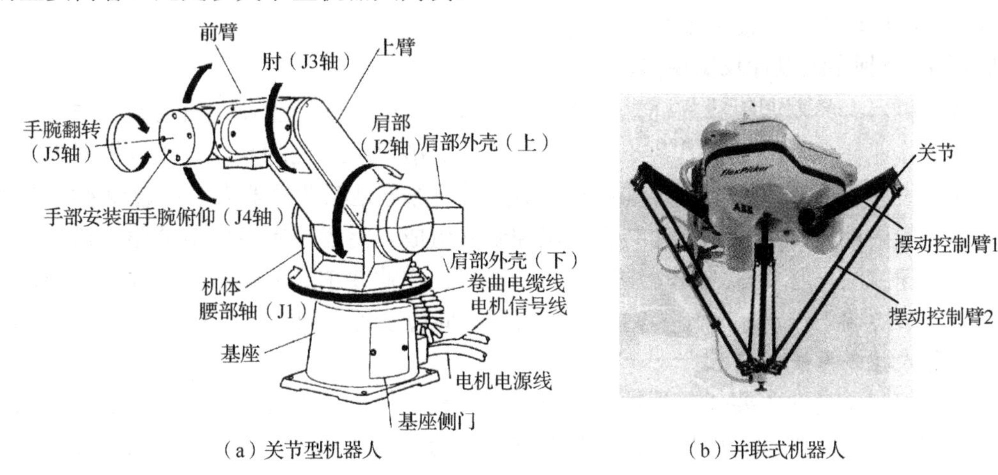

（a）关节型机器人　　（b）并联式机器人

图 10-2　机器人结构形式

如图 10-2(a) 所示的关节型机器人，在手臂开链结构中，每个关节的运动受到其他关节运动的影响，作用在每个关节上的重力负载和惯性负载随手臂的位形变化而变化，在高速情况下，还存在不容忽视的离心力和柯氏力的影响。因此严格地说，机器人是一个多输入多输出、非线性、强耦合、位置时变的动力学系统，动力学分析十分复杂。因此，即使经过一定程度的简化，也需要区别于一般机构的分析方法。

其次，机器人的链结构形式比起一般机构来说，虽在灵巧性和空间可达性等方面要好得多，但是由于链结构相当于一系列悬挂杆件串接或并接在一起，引起机械误差和弹性变形的累积，使机器人的刚度和精度大受影响，也就是说，这种形式的机器人在运动传递上存在先天性的不足。一般机械设计主要是强度设计，而机器人的机械系统设计既要满足强度要求，又要考虑刚度和精度要求。

再次，机器人的机械结构，特别是关节传动系统，是整个机器人伺服系统中的一个重要组成部分，因此，机器人的机械系统设计具有机电一体化的特点。比如，一般机械对于运动部件的惯量控制只是从减少驱动功率来着眼的，而机器人的机械设计需要同时从机电时间常数、提高机器人快速响应能力这些角度来控制惯量。再如，一般的机械设计中控制机械谐振频率是为了保证不破坏机械结构，而机器人是从运动的稳定性、快速性和轨迹精度等伺服性能角度来控制机械谐振频率的。

此外，与一般机械相比，机器人的机械设计在结构的紧凑性、灵巧性以及特殊需求等方面有更高的要求。

机器人的机械系统设计包括末端执行器、臂部、腕部、机座和行走机构等的设计。机器人的设计不但要实现一定的机械功能，还应该具有“人”的功能。使机器人具有人的智能是多年来科学家一直追求的目标，但是，不能忽视人的体形美感：匀称、和谐和线条美，这些也是设计者所追求的。在机械强度、刚度和成本允许的情况下，应尽可能使机器人美观大方。

机器人的机械系统设计过程中，采用模块化设计会大大缩短研制周期。机器人跟人一样，有胳膊(机械手臂)有腿(移动机器人的行走机构)，设计时可以考虑：如果某一模块损坏，可以更换(如换胳膊换腿)，甚至可以不影响其他模块功能的发挥。模块化设计可以使整个机器人采用并行设计，从而大大缩短设计和制造的时间，也为机器人的调试、维护和检修带来便利。

机器人最主要的设计问题之一是传动系统设计。机器人的传动系统除采用齿轮、链轮、蜗轮蜗杆和行星齿轮传动外，还广泛采用滚珠丝杠、谐波减速装置和绳轮钢带等传动装置。如果机器人的成本允许，传动系统应避免自己加工制造，尽可能采用知名厂家成熟的传动产品。传动装置并不能认为只是一个简单的机械装置，在机器人的设计中是一个很重要的环节，传动的好坏直接影响最后的控制性能。现在有些电机生产厂商，如 Maxon，把传动系统和电机做成一体，对于研制批量小、传动精度要求高、经费允许的机器人，建议采用此种方式。

2. 机器人的控制系统设计及实现方法

控制系统是机器人的重要组成部分，它的机能类似于人的大脑。工业机器人要想与外围设备协调动作，共同完成作业任务，就必须具备一个功能完善、灵敏可靠的控制系统。工业机器人的控制系统总的可以分为两大部分：一部分是对其自身的控制，另一部分是工业机器人与周边设备的协调控制。

控制系统一般由控制计算机和驱动装置伺服控制器组成。后者控制各关节的驱动器，使各关节按一定的速度、加速度和位置要求进行运动；前者则要根据作业要求完成编程，并发出指令控制各伺服驱动装置使各关节协调工作，同时还要完成环境状况、周边设备之间的信息传递和协调工作。

1) 工业机器人控制系统的特点

工业机器人控制系统的主要任务是控制工业机器人在工作空间中的运动位置、姿态和轨迹、操作顺序及动作的时间等，其中有些项目的控制是非常复杂的，这就决定了工业机器人的控制系统应具有以下特点。

(1) 工业机器人的控制与其机构运动学和动力学有密不可分的关系，因此，要使工业机器人的臂、腕及末端执行器等在空间具有准确无误的位姿，就必须在不同的坐标系中描述它们，并且随着基准坐标系的不同要做适当的坐标变换，要经常求解运动学和动力学问题。

(2) 描述工业机器人状态和运动的数学模型是一个非线性模型，因此，随着工业机器人的运动及环境的改变，其参数也在改变。又因为工业机器人往往具有多个自由度，所以引起其运动变化的变量不止一个，而且各个变量之间一般都存在耦合问题，这就使得工业机器人的控制系统不仅是一个非线性系统，而且是一个多变量系统。

(3) 对工业机器人的任一位姿都可以通过不同的方式和路径达到，因此，工业机器人的控制系统还必须解决优化的问题。

2) 工业机器人控制系统的基本功能

要有效地控制工业机器人，它的控制系统必须具备以下基本功能。

(1) 示教再现功能：指在执行新的任务之前，预先将作业的操作过程示教给工业机器人，然后让工业机器人再现示教的内容，以完成作业任务。

(2) 运动控制功能：指工业机器人对其末端执行器的位姿、速度、加速度等项的控制。

3) 工业机器人的控制方式

工业机器人的控制方式多种多样，根据作业任务的不同，主要可分为以下 3 种。

(1) 点位控制方式：又称 PTP 控制，其特点是只控制工业机器人末端执行器在作业空间中某些规定离散点上的位姿。控制时只要求工业机器人快速、准确地实现相邻各点之间的运动，而到达目标点的运动轨迹则不作任何规定。

(2) 连续轨迹控制方式：又称 CP 控制，其特点是连续地控制工业机器人末端执行器在作业空间中的位姿，要求其严格按照预定的轨迹和速度在一定的精度要求内运动，而且速度可控，轨迹光滑且运动平稳，以完成作业任务。

(3) 智能控制：是目前机器人系统中研究的热点。它主要由两个部分组成：一个为感知系统，另一个为分析-决策-规划系统。前者主要靠硬件(各类传感器)来实现；后者主要靠软件(如专家系统)实现。

至今已开发出各种各样的传感器，如测量接触、压力、力、位置、角度、速度、加速度、距离及物体特性(形状、大小、姿态等)的传感器。这些传感器可以分为两大类：用于控制机器人自身的内部传感器，和安装在机械人或外围设备进行某种操作所需要的外部传感器。

4) 工业机器人控制系统的组成

工业机器人的控制系统主要包括硬件和软件两个方面。

(1) 工业机器人控制系统的硬件主要由以下几个部分组成。

① 传感装置：包括内部传感器和外部传感器。内部传感器主要用以检测工业机器人各关节的位置、速度和加速度等，即感知其本身的状态。而外部传感器就是视觉、力觉、触觉、听觉、滑觉等传感器，它们可使工业机器人感知工作环境和工作对象的状态。

② 控制装置：用来处理各种感觉信息、执行控制软件、产生控制命令，一般由一台微型或小型计算机及相应的接口组成。

③ 关节伺服驱动部分：可以根据控制装置的指令，按作业任务的要求驱动各关节运动。

(2) 这里所说的软件主要是控制软件，它包括运动轨迹算法和关节伺服控制算法及相应的动作程序。控制软件可以用任何语言来编制，但是采用通用语言模块化编制形成的专业工业机器人语言越来越成为工业机器人控制软件的主流。

5) 机器人的控制系统设计

首先根据总体的功能要求选择合适的控制方案。例如，对于仿人机器人的控制系统设计，有集中式和分布式两种控制方式。设计者根据已有的技术和以往的经验，选择其中的一种。然后根据控制方案设计或者选择控制硬件。例如，对于爬壁机器人上位机，可以采用工控机，也可以采用笔记本电脑。追求可靠性常采用工控机，追求轻小、便携常采用笔记本电脑，甚至集成专用数字控制器。如果需要设计机器人感知系统，就需要选择合适的传感器。在这一阶段，如果条件允许，可以搭建简单的控制实验系统，对控制方案进行论证和熟悉编程环境；把传感器简单地连接在控制硬件上，对传感器进行标定等。

根据控制方案，选择驱动方式。通常根据负载要求选择液压、气动或者电动作为机器人的驱动方式。如果选择电动，需要进一步考虑选择伺服电机、步进电机或者普通电机等。根据现场条件和机器人上能提供的电源类型，选择交流电机或者直流电机。工业机器人常采用交流电机，移动机器人常采用直流电机。确定电机之后，选择相应的驱动器。很多电机厂商在提供电机的同时，还提供配套的驱动器，也可以选择通用的驱动器。伺服电机驱动器需要为电机提供足够大的电流和对电机进行保护。对于初次设计者，建议采用电机厂商配套的驱动器。随着电子技术的发展，市场上出现了很多可直接编程的驱动器。这种驱动器适合用在计算机直接连接驱动器和驱动器与控制器空间位置较远的情况。通常应根据需要控制电机的数目、种类、传感器输出信号和需要的I/O端口数来选择控制器。

移动机器人上的电机、驱动器、控制器通常需要3～48V的直流电源，所以还要考虑直流电源的供给是采用电池还是有线电缆的方式。

10.2 昆山1号机器人系统设计实例

昆山华恒焊接股份有限公司根据市场需求和技术发展的需要，与东南大学、华中科技大学等单位合作开发出了具有自主知识产权的昆山1号6轴工业机器人(简称昆山1号机器人)，如图10-3所示。其系统设计方法步骤如下。

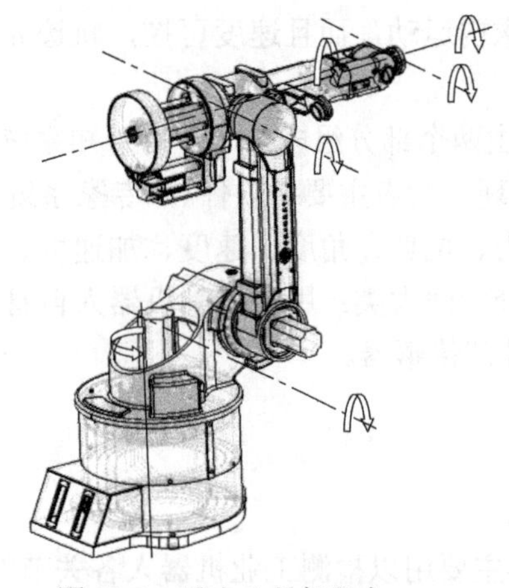

图10-3 昆山1号机器人

10.2.1 设计参数与指标的确定

机器人的结构形式和设计参数与指标反映了机器人所能胜任的工作和具有的最高操作性能，是选择和设计机器人首要考虑的问题。本节考虑到研制的机器人通用性和焊接生产的高效性要求等，确定昆山1号机器人为6轴关节型工业机器人。主要设计参数与指标见表10-1。

表10-1 昆山1号6轴关节型工业机器人设计参数与指标

设计参数	结构形式	垂直关节型	最大速度	1回转(S轴)	140°/s
	负载能力	16kg		2下臂(L轴)	140°/s
	轴3附加载荷	10kg		3上臂(U轴)	140°/s
	重复定位精度	±0.1mm		4横摆(R轴)	270°/s
	自由度数	6		5俯仰(B轴)	270°/s
每轴最大运动范围	1回转(S轴)	-180°～150°		6回转(T轴)	400°/s
	2下臂(L轴)	-125°～30°		最大回转半径	1585mm
	3上臂(U轴)	-120°～150°		电源	3相380V 50Hz
	4横摆(R轴)	±180°		功率	10kVA
	5俯仰(B轴)	±120°			
	6回转(T轴)	±360°		重量	273kg

10.2.2 系统总体功能和结构方案设计

如前所述，昆山1号机器人的设计除考虑到工业机器人的通用性外，还考虑到该工业机器人与公司生产的其他自动化焊接设备能结合起来，所以选择了关节型机器人。关节型机器人在相同体积条件下比非关节型机器人具有更大的相对空间。关节型机器人符合人类和动物都具有的关节型躯体特点，其臂杆系统具有一定的人手臂功能，如模拟人焊接过程中焊枪的起弧、焊枪的摆动以及焊缝自动跟踪等操作，相比之下，非关节型机器人则不具备这样的功能。

昆山1号机器人系统各关节全部采用交流伺服电机驱动，故驱动系统具有驱动精度高、可靠性好、调速范围大的特点，能较好地满足多功能通用机器人要求。

10.2.3 机械系统详细设计及实现

在机器人系统总体功能和结构方案确定后，需要进行系统详细设计。机械系统详细设计主要涉及机器人运动学、动力学性能分析等内容。

1. 昆山 1 号机器人正逆解

(1) 根据昆山 1 号机器人机械结构参数，采用 D-H 方法建立机器人坐标系，如图 10-4 所示。

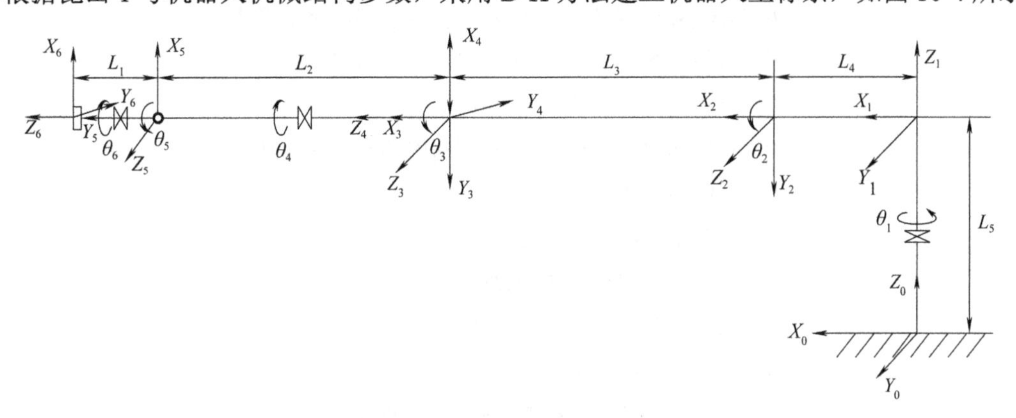

图 10-4 昆山 1 号机器人连杆模型

(2) 根据机器人坐标系，列写其六自由度位姿矩阵 $\boldsymbol{T}_1^0,\boldsymbol{T}_2^1,\boldsymbol{T}_3^2,\boldsymbol{T}_4^3,\boldsymbol{T}_5^4,\boldsymbol{T}_6^5$。

$$
\begin{aligned}
\boldsymbol{T}_1^0 &= \text{Trans}(Z_0,570)\text{Rot}(Z_1,\theta_1)\\
\boldsymbol{T}_2^1 &= \text{Trans}(X_2,280)\text{Rot}(X_2,-90^\circ)\text{Rot}(Z_2,\theta_2)\\
\boldsymbol{T}_3^2 &= \text{Trans}(X_3,620)\text{Rot}(Z_3,\theta_3)\\
\boldsymbol{T}_4^3 &= \text{Rot}(Z_3,-90^\circ)\text{Rot}(X_4,-90^\circ)\text{Rot}(Z_4,\theta_4)\\
\boldsymbol{T}_5^4 &= \text{Trans}(Z_4,540)\text{Rot}(X_5,90^\circ)\text{Rot}(Z_5,\theta_5)\\
\boldsymbol{T}_6^5 &= \text{Trans}(Y_5,100)\text{Rot}(X_6,-90^\circ)\text{Rot}(Z_6,\theta_6)
\end{aligned}
\tag{10-2}
$$

计算得到各位姿矩阵结果如下：

$$
\boldsymbol{T}_1^0=\begin{bmatrix}\cos\theta_1 & -\sin\theta_1 & 0 & 0\\ \sin\theta_1 & \cos\theta_1 & 0 & 0\\ 0 & 0 & 1 & 570\\ 0 & 0 & 0 & 1\end{bmatrix},\quad
\boldsymbol{T}_2^1=\begin{bmatrix}\cos\theta_2 & -\sin\theta_2 & 0 & 280\\ 0 & 0 & 1 & 0\\ -\sin\theta_2 & -\cos\theta_2 & 0 & 0\\ 0 & 0 & 0 & 1\end{bmatrix}
$$

$$
\boldsymbol{T}_3^2=\begin{bmatrix}\cos\theta_3 & -\sin\theta_3 & 0 & 620\\ \sin\theta_3 & \cos\theta_3 & 0 & 0\\ 0 & 0 & 1 & 0\\ 0 & 0 & 0 & 1\end{bmatrix},\quad
\boldsymbol{T}_4^3=\begin{bmatrix}0 & 0 & 1 & 0\\ -\cos\theta_4 & \sin\theta_4 & 0 & 0\\ -\sin\theta_4 & -\cos\theta_4 & 0 & 0\\ 0 & 0 & 0 & 1\end{bmatrix}
\tag{10-3}
$$

$$
\boldsymbol{T}_5^4=\begin{bmatrix}\cos\theta_5 & -\sin\theta_5 & 0 & 0\\ 0 & 0 & -1 & 0\\ \sin\theta_5 & \cos\theta_5 & 0 & 540\\ 0 & 0 & 0 & 1\end{bmatrix},\quad
\boldsymbol{T}_6^5=\begin{bmatrix}\cos\theta_6 & -\sin\theta_6 & 0 & 0\\ 0 & 0 & 1 & 100\\ -\sin\theta_6 & -\cos\theta_6 & 0 & 0\\ 0 & 0 & 0 & 1\end{bmatrix}
$$

(3) 采用解析法计算其相应的运动学正逆解。

为了进一步简化计算，令 $\text{s}_i=\sin\theta_i$，$\text{c}_i=\cos\theta_i$，$\text{s}_{23}=\sin(\theta_2+\theta_3)$，$\text{c}_{23}=\cos(\theta_2+\theta_3)$，$L_1=100\text{mm}$，$L_2=540\text{mm}$，$L_3=620\text{mm}$，$L_4=280\text{mm}$，$L_5=570\text{mm}$。

运动学正解：根据$\theta_1,\theta_2,\theta_3,\theta_4,\theta_5,\theta_6$，求解：$\boldsymbol{T}_6^0=\boldsymbol{T}_1^0\cdot\boldsymbol{T}_2^1\cdot\boldsymbol{T}_3^2\cdot\boldsymbol{T}_4^3\cdot\boldsymbol{T}_5^4\cdot\boldsymbol{T}_6^5$。

$$\boldsymbol{T}_6^0=\begin{bmatrix} n_x & o_x & a_x & P_x \\ n_y & o_y & a_y & P_y \\ n_z & o_z & a_z & P_z \\ 0 & 0 & 0 & 1 \end{bmatrix} \tag{10-4}$$

$$\begin{aligned}
n_x&=\mathrm{s}_1(\mathrm{c}_5\mathrm{c}_6\mathrm{s}_4+\mathrm{c}_4\mathrm{s}_6)+\mathrm{c}_1(\mathrm{c}_4\mathrm{c}_5\mathrm{c}_6\mathrm{s}_{23}+\mathrm{c}_{23}\mathrm{c}_6\mathrm{s}_5-\mathrm{s}_{23}\mathrm{s}_4\mathrm{s}_6)\\
n_y&=\mathrm{c}_6(\mathrm{c}_4\mathrm{c}_5\mathrm{s}_1\mathrm{s}_{23}-\mathrm{c}_1\mathrm{c}_5\mathrm{s}_4+\mathrm{c}_{23}\mathrm{s}_1\mathrm{s}_5)-(\mathrm{c}_1\mathrm{c}_4+\mathrm{s}_1\mathrm{s}_{23}\mathrm{s}_4)\mathrm{s}_6\\
n_z&=-\mathrm{c}_6\mathrm{s}_{23}\mathrm{s}_5+\mathrm{c}_{23}(\mathrm{c}_4\mathrm{c}_5\mathrm{c}_6-\mathrm{s}_4\mathrm{s}_6)\\
o_x&=\mathrm{c}_6(\mathrm{c}_4\mathrm{s}_1-\mathrm{c}_1\mathrm{s}_{23}\mathrm{s}_4)-[\mathrm{c}_5\mathrm{s}_1\mathrm{s}_4+\mathrm{c}_1(\mathrm{c}_4\mathrm{c}_5\mathrm{s}_{23}+\mathrm{c}_{23}\mathrm{s}_5)]\mathrm{s}_6\\
o_y&=\mathrm{c}_1(-\mathrm{c}_4\mathrm{c}_6+\mathrm{c}_5\mathrm{s}_4\mathrm{s}_6)-\mathrm{s}_1[\mathrm{c}_6\mathrm{s}_{23}\mathrm{s}_4+(\mathrm{c}_4\mathrm{c}_5\mathrm{s}_{23}+\mathrm{c}_{23}\mathrm{s}_5)\mathrm{s}_6]\\
o_z&=\mathrm{s}_{23}\mathrm{s}_5\mathrm{s}_6-\mathrm{c}_{23}(\mathrm{c}_6\mathrm{s}_4+\mathrm{c}_4\mathrm{c}_5\mathrm{s}_6)\\
a_x&=\mathrm{c}_1\mathrm{c}_{23}\mathrm{c}_5-(\mathrm{c}_1\mathrm{c}_4\mathrm{s}_{23}+\mathrm{s}_1\mathrm{s}_4)\mathrm{s}_5\\
a_y&=\mathrm{c}_{23}\mathrm{c}_5\mathrm{s}_1+(-\mathrm{c}_4\mathrm{s}_1\mathrm{s}_{23}+\mathrm{c}_1\mathrm{s}_4)\mathrm{s}_5\\
a_z&=-\mathrm{c}_5\mathrm{s}_{23}-\mathrm{c}_{23}\mathrm{c}_4\mathrm{s}_5\\
P_x&=\mathrm{c}_1[L_2+\mathrm{c}_2L_3+\mathrm{c}_{23}\ (L_4+\mathrm{c}_5L_5)]-L_5(\mathrm{c}_1\mathrm{c}_4\mathrm{s}_{23}+\mathrm{s}_1\mathrm{s}_4)\mathrm{s}_5\\
P_y&=[L_2+\mathrm{c}_2L_3+\mathrm{c}_{23}\ (L_4+\mathrm{c}_5L_5)]\mathrm{s}_1-L_5(\mathrm{c}_4\mathrm{s}_1\mathrm{s}_{23}-\mathrm{c}_1\mathrm{s}_4)\mathrm{s}_5\\
P_z&=L_1-L_3\mathrm{s}_2-(L_4+\mathrm{c}_5L_5)\mathrm{s}_{23}-\mathrm{c}_{23}\mathrm{c}_4L_5\mathrm{s}_5
\end{aligned} \tag{10-5}$$

运动学逆解：已知$\boldsymbol{T}_6^0$，运用解析法根据$\boldsymbol{T}_1^0,\boldsymbol{T}_2^1,\boldsymbol{T}_3^2,\boldsymbol{T}_4^3,\boldsymbol{T}_5^4,\boldsymbol{T}_6^5$，逆求解$\theta_1,\theta_2,\theta_3,\theta_4,\theta_5,\theta_6$。

求解θ_1：

$$\boldsymbol{T}_1^{0^{-1}}\cdot\boldsymbol{T}_6^0=\boldsymbol{T}_6^1=\boldsymbol{T}_2^1\cdot\boldsymbol{T}_3^2\cdot\boldsymbol{T}_4^3\cdot\boldsymbol{T}_5^4\cdot\boldsymbol{T}_6^5$$

即

$$\begin{bmatrix} \mathrm{c}_1 & \mathrm{s}_1 & 0 & 0 \\ -\mathrm{s}_1 & \mathrm{c}_1 & 0 & 0 \\ 0 & 0 & 1 & -L_1 \\ 0 & 0 & 0 & 1 \end{bmatrix}\begin{bmatrix} n_x & o_x & a_x & P_x \\ n_y & o_y & a_y & P_y \\ n_z & o_z & a_z & P_z \\ 0 & 0 & 0 & 1 \end{bmatrix}=\boldsymbol{T}_6^1 \tag{10-6}$$

化简后有

$$\begin{cases}-\mathrm{s}_1a_x+\mathrm{c}_1a_y=\mathrm{s}_4\mathrm{s}_5\\ -\mathrm{s}_1P_x+\mathrm{c}_1P_y=L_5\mathrm{s}_4\mathrm{s}_5\end{cases}$$

$$\Rightarrow(-\mathrm{s}_1a_x+\mathrm{c}_1a_y)L_5=-\mathrm{s}_1P_x+\mathrm{c}_1P_y$$

$$\Rightarrow\theta_1=\arctan[(P_y-L_5a_y)/(P_x-L_5a_x)] \tag{10-7}$$

式中，a为齐次坐标变换系数。

求解θ_3：

$$\boldsymbol{T}_3^{0^{-1}}\cdot\boldsymbol{T}_6^0=\boldsymbol{T}_6^3=\boldsymbol{T}_4^3\cdot\boldsymbol{T}_5^4\cdot\boldsymbol{T}_6^5$$

$$\begin{bmatrix} \mathrm{c}_{23}\mathrm{c}_1 & \mathrm{c}_{23}\mathrm{s}_1 & -\mathrm{s}_{23} & -L_3\mathrm{c}_3+L_1\mathrm{s}_{23}-L_2\mathrm{c}_{23} \\ -\mathrm{s}_{23}\mathrm{c}_1 & -\mathrm{s}_{23}\mathrm{s}_1 & -\mathrm{c}_{23} & L_3\mathrm{s}_3+L_1\mathrm{c}_{23}+L_2\mathrm{s}_{23} \\ -\mathrm{s}_1 & \mathrm{c}_1 & 0 & 0 \\ 0 & 0 & 0 & 1 \end{bmatrix}\begin{bmatrix} n_x & o_x & a_x & P_x \\ n_y & o_y & a_y & P_y \\ n_z & o_z & a_z & P_z \\ 0 & 0 & 0 & 1 \end{bmatrix}=\boldsymbol{T}_6^3 \tag{10-8}$$

化简后得

$$\begin{cases}k_1=L_5\mathrm{c}_1a_x+L_5\mathrm{s}_1a_y-\mathrm{c}_1P_x-\mathrm{s}_1P_y+L_2\\ k_2=P_z-L_5a_z-L_1\\ k_3=k_1^2+k_2^2-L_3^2-L_4^2\end{cases} \tag{10-9}$$

$$\mathrm{c}_3=k_3/(2\cdot L_4\cdot L_3)\Rightarrow\theta_3=\pm\arccos\mathrm{c}_3 \tag{10-10}$$

求解 θ_2：

$$\begin{bmatrix} c_1 & s_1 & 0 & 0 \\ -s_1 & c_1 & 0 & 0 \\ 0 & 0 & 1 & -L_1 \\ 0 & 0 & 0 & 1 \end{bmatrix}\begin{bmatrix} n_x & o_x & a_x & P_x \\ n_y & o_y & a_y & P_y \\ n_z & o_z & a_z & P_z \\ 0 & 0 & 0 & 1 \end{bmatrix} = \boldsymbol{T}_6^1 \tag{10-11}$$

化简后，令 $a = -L_4 c_3 - L_3$，$b = L_4 s_3$，则有

$$\tan\theta_2 = (b\cdot k_1 + a\cdot k_2)/(a\cdot k_1 - b\cdot k_2)$$

$$\theta_2 = \arctan\theta_2 = (b\cdot k_1 + a\cdot k_2)/(a\cdot k_1 - b\cdot k_2) \tag{10-12}$$

求解 θ_4：

$$\boldsymbol{T}_3^{0^{-1}} \cdot \boldsymbol{T}_6^0 = \boldsymbol{T}_6^3 = \boldsymbol{T}_4^3 \cdot \boldsymbol{T}_5^4 \cdot \boldsymbol{T}_6^5$$

$$\begin{bmatrix} c_{23}c_1 & c_{23}s_1 & -s_{23} & -L_3c_3 + L_1s_{23} - L_2c_{23} \\ -s_{23}c_1 & -s_{23}s_1 & -c_{23} & -L_3s_3 + L_1c_{23} + L_2s_{23} \\ -s_1 & c_1 & 0 & 0 \\ 0 & 0 & 0 & 1 \end{bmatrix}\begin{bmatrix} n_x & o_x & a_x & P_x \\ n_y & o_y & a_y & P_y \\ n_z & o_z & a_z & P_z \\ 0 & 0 & 0 & 1 \end{bmatrix} = \boldsymbol{T}_6^3 \tag{10-13}$$

对式(10-13)化简后，有

$$\begin{cases} -s_1a_x + c_1a_y = s_4s_5 \\ -s_{23}c_1a_x - s_{23}s_1a_y - c_{23}a_z = c_4s_5 \end{cases}$$

当 $\theta_5 \neq 0$ 时，有

$$\theta_4 = \arctan\left[(-s_1a_x + c_1a_y)/(-s_{23}c_1a_x - s_{23}s_1a_y - c_{23}a_x)\right] \tag{10-14}$$

求解 θ_5：

$$\boldsymbol{T}_4^{0^{-1}}\begin{bmatrix} n_x & o_x & a_x & P_x \\ n_y & o_y & a_y & P_y \\ n_z & o_z & a_z & P_z \\ 0 & 0 & 0 & 1 \end{bmatrix} = \boldsymbol{T}_6^4 \tag{10-15}$$

对式(10-15)化简后，有

$$\begin{cases} s_5 = -c_4[a_zc_{23} + (a_xc_1 + a_ys_1)s_{23}] + (a_yc_1 - a_xs_1)s_4 \\ c_5 = c_{23}(a_xc_1 + a_ys_1) - a_zs_{23} \end{cases}$$

得

$$\theta_5 = \arctan[2(s_5c_5)] \tag{10-16}$$

求解 θ_6：

$$\boldsymbol{T}_5^{0^{-1}}\begin{bmatrix} n_x & o_x & a_x & P_x \\ n_y & o_y & a_y & P_y \\ n_z & o_z & a_z & P_z \\ 0 & 0 & 0 & 1 \end{bmatrix} = \boldsymbol{T}_6^5 \tag{10-17}$$

对式(10-17)化简后，有

$$\begin{cases} -s_6 = c_5[c_4(o_xc_1 + o_ys_1)s_{23} + (-o_yc_1 + o_xs_1)s_4] \\ \qquad - o_zs_{23}s_5 + c_{23}[o_zc_4c_5 + (o_xc_1 + o_ys_1)s_5] \\ c_6 = c_5[c_4(n_xc_1 + n_ys_1)s_{23} + (-n_yc_1 + n_xs_1)s_4] \\ \qquad - n_zs_{23}s_5 + c_{23}[n_zc_4c_5 + (n_xc_1 + n_ys_1)s_5] \end{cases}$$

得

$$\theta_6 = \arctan[2(s_6c_6)] \tag{10-18}$$

上面求解的 $\theta_1, \theta_2, \theta_3, \theta_4, \theta_5, \theta_6$ 在其角度允许范围，与实际角度可能存在 $\pm k\pi (k \in Z)$ 的偏差，在程序

中视实际情况取舍；而 θ_3 在 $-\pi \sim \pi$ 存在两个可行解 $\pm \arccos c_3$，其取舍需要根据实际的工作空间环境来定。在实际的机器人机构中 θ_4, θ_6 存在耦合关系，需要在程序中进行角度调整。

(4) 在已有的基础上进一步分析重解与奇异问题，重点解决运动过程中存在的奇异问题。通过解析法求解得到的运动学逆解 $\theta_1, \theta_2, \theta_3, \theta_4, \theta_5, \theta_6$，其 θ_i $(i=1,2,\cdots,6)$ 并不唯一。θ_i 在机器人的关节角度可动范围内存在两组以上的可能解，其中 $\theta_1, \theta_2, \theta_4, \theta_5, \theta_6$ 间隔为 $\pm k\pi(k \in Z)$。拟采用通过判断前一次计算所得的角度 θ_i' 与当前计算的角度 θ_i 的差取绝对值最小的角度的方法来解决。

本机器人运动学的逆解问题中存在奇异问题。

手腕部奇异问题如下：

$$\boldsymbol{T}_6^3 = \begin{bmatrix} s_5c_6 & -s_5s_6 & c_5 & L_4+L_5c_5 \\ -c_4c_5c_6+s_4s_6 & c_4c_5s_6+s_4c_6 & c_4s_5 & L_5c_4s_5 \\ -s_4c_5c_6-c_4s_6 & s_4c_5s_6-c_4c_6 & s_4s_5 & L_5s_4s_5 \\ 0 & 0 & 0 & 1 \end{bmatrix} \tag{10-19}$$

若 $\theta_5 \to 0$，则 $s_5 \to 0$，$c_5 \to 0$，所以

$$\boldsymbol{T}_6^3 = \begin{bmatrix} 0 & 0 & 1 & L_4+L_5 \\ -c_{46} & s_{46} & 0 & 0 \\ -s_{46} & -c_{46} & 0 & 0 \\ 0 & 0 & 0 & 1 \end{bmatrix} \tag{10-20}$$

此时 $\theta_4+\theta_6$ 决定了操作手的姿态。而在求解 θ_4 时，根据解析方法，如果 $\theta_5=0$，那么 θ_4 可以取任意解。

2. 昆山 1 号机器人工作空间分析

1) 过程分析

工作空间是指机器人臂杆的特定部位(末端关节坐标系原点)在一定条件下所能达到空间的位置集合。工作空间的形状和大小反映了机器人的活动范围，它是衡量机器人工作能力的一个重要的运动学指标。以焊接机器人为例，焊接对象的位置必须设计在机械手可达空间内，并避开奇异位形空间，而如何在计算机上真实直观动态地再现机械手的位置、姿态、轨迹，优化整个机器人的设计，使其更有效准确地完成相应的焊接任务是当前亟待解决的问题。

运用蒙特卡罗法对昆山 1 号机器人进行工作空间仿真分析，判断该机器人的工作空间中是否存在空洞或空腔，进而设计焊接工艺方案。蒙特卡罗法的基本思想是：为了求解数学或工程技术问题，先建立一个概率模型，使参数等于问题的解，然后通过对模型或过程的观察或抽样试验来计算所求参数的统计特征，最后给出所求解的近似值。具体步骤如下。

首先，初始化，求解昆山 1 号机器人运动学正解，并根据正解求出机器人末端点在参考坐标系中的位置向量。

然后，利用 MATLAB 中的 Rand 函数产生一系列[0,1]的均匀伪随机数。由此产生一个随机步长 $\left(\theta_i^{\max}-\theta_i^{\min}\right) \times \text{Rand}(N,1)$，生成各关节变量的随机值 $\theta_i=\theta_i^{\min}+\left(\theta_i^{\max}-\theta_i^{\min}\right) \times \text{Rand}(N,1)$，其中，$\theta_i^{\min}$ 和 $\theta_i^{\max}$ 分别为关节 i 转动范围的极值，N 为采样数，即对每个关节变量可产生 N 个伪随机值。

最后，将所得位置向量值按一定比例，以打点的方式在 MATLAB 中画出工作空间 W。程序循环运行，直到所设定的最大循环次数(样本容量) N，且 N 越大，得到的工作空间越精确，形状越清晰。

2) 分析结果

例如，取样本数 N=12000 时，昆山 1 号机器人工作空间的三维点云图及其在 xOy、xOz、yOz 平面上的投影图如图 10-5 所示。

实际应用中，昆山 1 号机器人可能由于受到机械结构的限制，在其工作空间内部存在臂端不能到达的区域，即空洞或空腔。可以采取剖面图来判断工作空间内部的情况，分别取与 xOy 、xOz 、yOz 平面平行的 4 段区域，并将其投影到 xOy 、xOz 、yOz 平面中，以这种方法得到近似各区域上的剖面图，从而方便地判断焊接机器人工作空间中有无空洞或空腔。

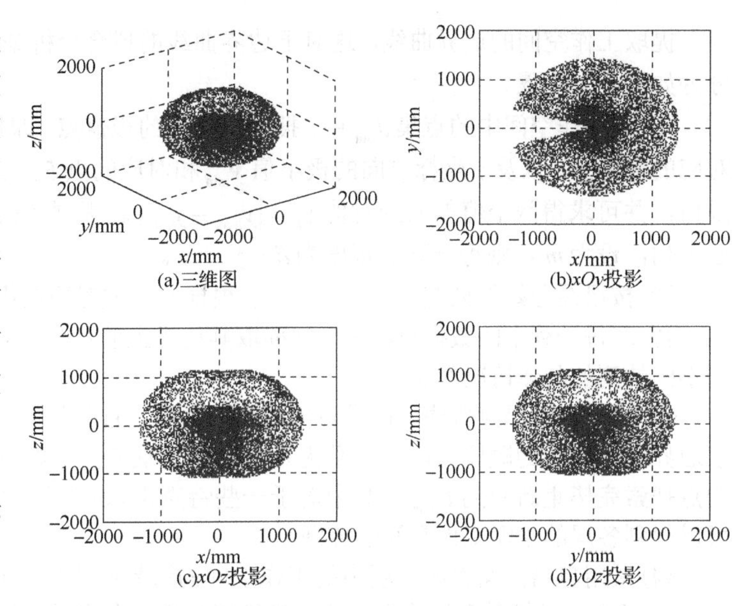

图 10-5　三维工作空间云图

3)分析过程

(1)根据运动学方程得到空间坐标点云图。

(2)将图形按 z 轴方向分为若干层，即得到平面工作空间，如图 10-5 所示。

在得到工作空间云图后，就有了每个点对应的坐标值。在 z 方向搜索到极大值 z_{max} 与极小值 z_{min} 。然后，将该三维图形划分为若干层 d ，则每一层的高度为 $h=\left(z_{max}-z_{min}\right)/d$ 。把所有的随机点根据 z 坐标值分配到对应的层中，从而将三维空间的点转化为若干层中的点进行分析。

(3)在每一层中，按照平面机构工作空间求解的方法得到工作空间边界，如图 10-6(a)所示。具体方法如下。

根据蒙特卡罗法，将前 3 个关节写在同一个 $N\times 4$ 的输入矩阵 $\boldsymbol{J}_{in}$ 中，且

$$\boldsymbol{J}_{in}=[(\theta_1)_i\ (\theta_2)_i\ (\theta_3)_i\ i]$$

式中，前 3 列依次为关节变量 θ_i (i =1,2,3)，最后一列 i 依次为 1,2,⋯, N 的标识数，用于工作空间曲线拟合。

根据图 10-6(b)得到按列提取工作空间边界点的云图，将得到的工作空间中的点都用 $N\times 3$ 矩阵 $\boldsymbol{J}_{out}$ 来表示。$\boldsymbol{J}_{out}$ 的表达式为

$$\boldsymbol{J}_{out}=\begin{bmatrix}x_i & y_i & i\end{bmatrix}$$

式中，x_i,y_i 为工作空间点的位置坐标；i 与 $\boldsymbol{J}_{in}$ 中的变量 i 意义相同。

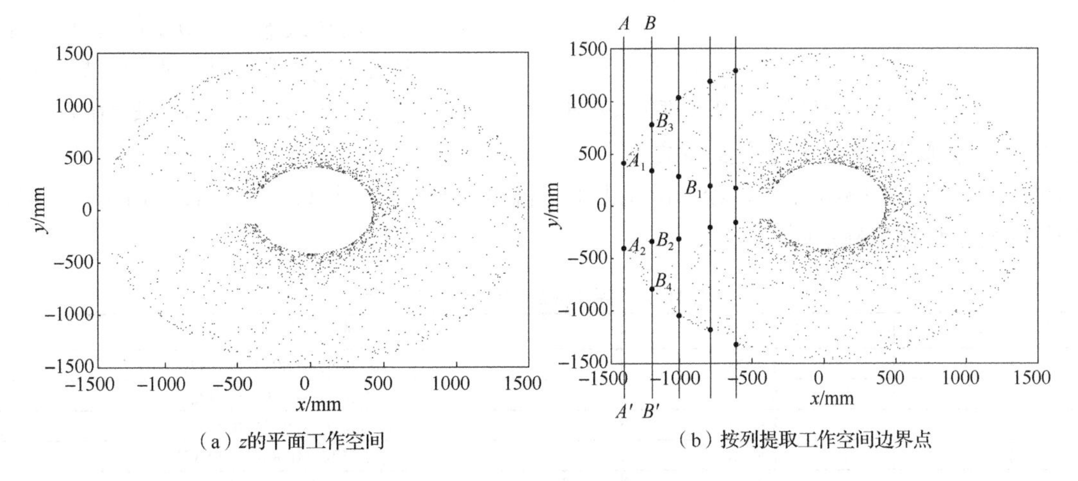

图 10-6　工作空间及边界点

提取工作空间的边界曲线，这对于边界曲线的拟合分析是非常重要的一步。采用按列划分的方法，分为如下几个步骤。

① 在工作空间中的点集 J_{out} 中，搜索 y 坐标的极值点。即根据 y_i，搜索 y 坐标方向的极大值 y_{max} 和对应的点 E_{max}，以及 y 坐标方向的极小值 y_{min} 和对应的点 E_{min}。这两个点的 y 坐标值也就是该方向的极限值，并可求得两个值差的绝对值 $y_L = |y_{max} - y_{min}|$。根据所需要的精度可将工作空间沿该方向划分为若干列，设为 m，则每一列的宽度为 $\delta = y_L / m$。

② 按已经分好的列宽，将数据点 J_{out} 根据 y_i 分成对应的组，每一列对应一组数据。

③ 对每一列中的数据点沿 x 方向提取其边界上的点。不同的列提取边界点的方法不完全相同。根据不同的列的具体情况而定。

④ 将所有边界点排序，构成封闭的边界曲线。首先将所有的边界点都存储在一个数组中，这个时候边界在数组中的顺序可能是杂乱无章的。然后从 E_{max} 开始逐点搜索，寻找最近的邻接点，直到所有的点搜索完毕重新回到 E_{max}。其中对于一些特殊点(如空洞、空腔)要做特殊处理。通过上述步骤，就可以得到各层的平面工作空间边界图。

(4)采用包络曲面将所有层中的工作空间的边界曲线包络起来，构成空间曲面。

3. 昆山 1 号机器人运动学、动力学性能分析及有限元分析

1)MATLAB 软件开发

采用澳大利亚开发的Robotics Toolbox for MATLAB(简称Robotics Toolbox)机器人工具箱进行运动学分析。该工具箱提供机器人运动学、轨迹规划等函数，基于 Robotics Toolbox 的 Simulink 仿真模块，可以开展机器人运动学、动力学以及基于视觉的伺服控制等工作。

在 MATLAB 平台下利用 Robotics Toolbox 构建机器人，需要首先定义机器人的坐标系，确定 D-H 连杆参数，然后输入连杆参数。生成机器人三维模型的命令如下。

LINK ([alpha a theta d sigma], CONVENTION)

其中，alpha、a、theta、d 为机器人的四个连杆参数初值，sigma 为关节运动副的描述标志，默认值(0)为圆柱形，表示关节运动副为转动副；sigma 非零时为棱柱形，表示关节运动副为移动副。CONVENTION 表示机器人连杆坐标系的设置方法，Standard(0)表示坐标系后置，Modified(1)表示坐标系前置。

运行上述命令，即可以生成昆山 1 号机器人的三维仿真图形，通过手动驱动图中的滑块或输入关节变量的值，来改变机器人末端位姿，从而直观地显示机器人的运动，图形仿真界面如图 10-7 所示。

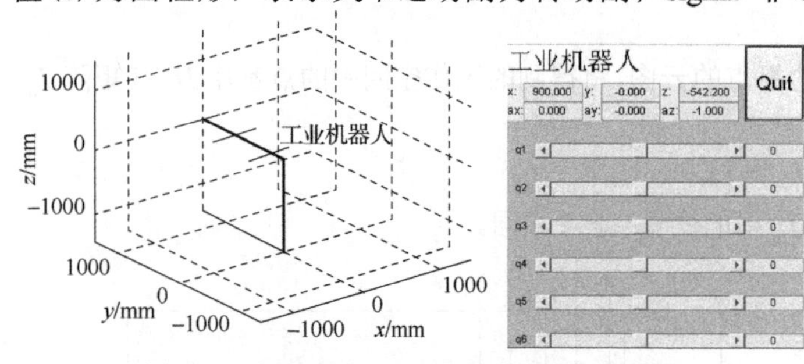

图 10-7 机器人在 MATLAB 中三维仿真界面

2)昆山 1 号机器人各连杆参数的确定

通过 SolidWorks 的测量工具，计算出昆山 1 号机器人连杆相关参数，如表 10-2 所示，其中各杆件质心坐标相对于杆件坐标系而定。

表 10-2 各杆件的质量和质心位置

连杆编号	质量 m/kg	质心坐标 x, y, z /m
1	34.2078	0.0464, −0.0061, −0.1440
2	36.4059	0.0711, 0.0009, 0.0482
3	13.6402	0.0025, 0.0937, 0.0910
4	11.6548	−0.0524, −0.0067, −0.5371
5	8.35055	0, 0.3666, −0.0070
6	24.35055	−0.0066, 0.0024, −0.1257

各杆件相对于质心坐标系的转动惯量分别为

$$
\begin{aligned}
{}^{c1}\boldsymbol{I}_1 &= \begin{bmatrix} 0.6698409433 & 0.0295377978 & 0.0095563376 \\ 0.0295377978 & 0.4574903905 & 0.1401738297 \\ 0.0095563376 & 0.1401738297 & 0.6213407548 \end{bmatrix} \\
{}^{c2}\boldsymbol{I}_2 &= \begin{bmatrix} 1.0758878485 & 0.3841274289 & 0.0045497295 \\ 0.3841274289 & 0.6950767469 & 0.0023228798 \\ 0.0045497295 & 0.0023228798 & 1.5769992889 \end{bmatrix} \\
{}^{c3}\boldsymbol{I}_3 &= \begin{bmatrix} 0.4885012562 & 0.0011968426 & -0.0023740113 \\ 0.0011968426 & 0.1081904729 & 0.0040225887 \\ -0.0023740113 & 0.0040225887 & 0.544394020 \end{bmatrix} \\
{}^{c4}\boldsymbol{I}_4 &= \begin{bmatrix} 0.4588656528 & -0.0007899554 & -0.0009133383 \\ -0.0007899554 & 0.0958784673 & 0.1034140087 \\ -0.0009133383 & 0.1034140087 & 0.4027450619 \end{bmatrix} \\
{}^{c5}\boldsymbol{I}_5 &= \begin{bmatrix} 1.06381924675 & 0.0000869387 & -0.0002780028 \\ 0.0000869387 & 0.0273190664 & 0.0000486524 \\ -0.0002780028 & 0.0000486524 & 1.07476173315 \end{bmatrix} \\
{}^{c6}\boldsymbol{I}_6 &= \begin{bmatrix} 1.5486444926 & 0.000340461398 & -0.013554876267 \\ 0.000340461398 & 0.51233136457 & -0.009204926077 \\ -0.013554876267 & -0.009204926077 & 1.075302180746 \end{bmatrix}
\end{aligned} \tag{10-21}
$$

式中，${}^{c1}\boldsymbol{I}_1 \sim {}^{c6}\boldsymbol{I}_6$ 分别表示机械手 6 个杆相对质心坐标系的转动惯量。

3）基于 Robotics Toolbox 的机器人末端运动轨迹实时绘制

机器人工作空间和机器人运动学正逆解的验证如图 10-8 和图 10-9 所示。

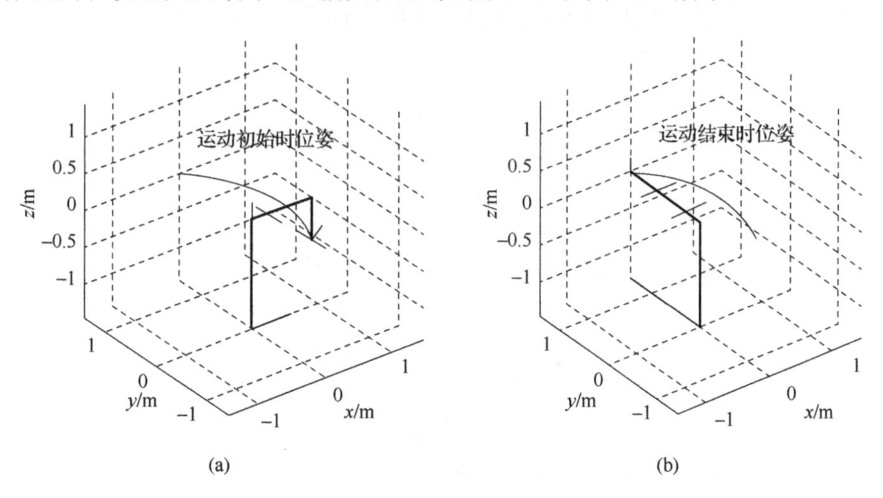

图 10-8　机器人工作空间的验证

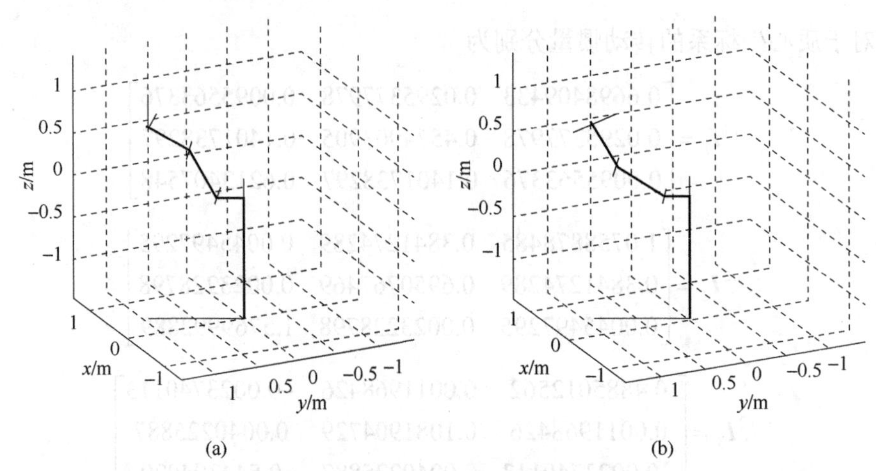

图 10-9　机器人运动学正逆解的验证

由于无法直观显示机器人连续运动过程中末端轨迹的变化，可以在该工具箱的基础上编制出机器人末端运动轨迹的可视化程序，从而很直观地了解机器人的工作空间；还可以通过编写 MATLAB 计算程序，用 Robotics Toolbox 仿真界面验证运动学正逆解的正确性等功能。机器人末端轨迹算法流程图如图 10-10 所示。

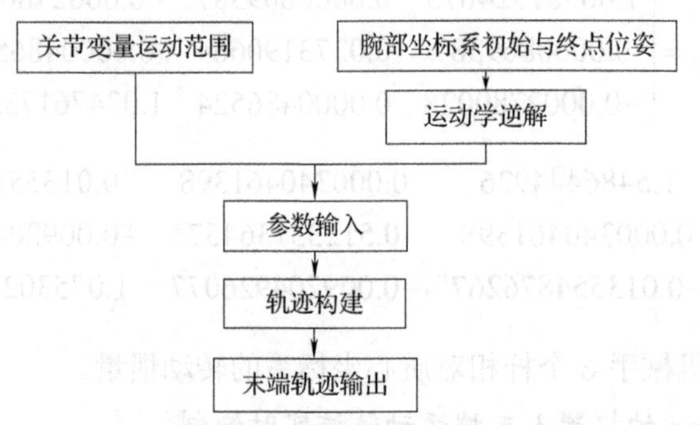

图 10-10　机器人末端轨迹算法流程

仿真验证：输入关节变量初始值(0,0,0,0,0,0)，腕部坐标系位姿矩阵 $\boldsymbol{T}_{\mathrm{s}}$ 为

$$\boldsymbol{T}_{\mathrm{s}}=\begin{bmatrix}1 & 0 & 0 & 0.900\\ 0 & -1 & 0 & 0\\ 0 & 0 & -1 & -0.5422\\ 0 & 0 & 0 & 0\end{bmatrix} \tag{10-22}$$

输入关节变量终点值($p_i/2,0,p_i/2,0,0,0$)，腕部坐标系位姿矩阵 $\boldsymbol{T}_{\mathrm{e}}$ 为

$$\boldsymbol{T}_{\mathrm{e}}=\begin{bmatrix}0 & 1 & 0 & 0\\ 0 & 0 & 1 & 1.4422\\ 1 & 0 & 0 & 0\\ 0 & 0 & 0 & 0\end{bmatrix} \tag{10-23}$$

式中，($p_i/2,0,p_i/2,0,0,0$)分别表示腕部坐标系的空间位姿点和夹角。

机器人腕部坐标系原点运动轨迹如图10-11所示。

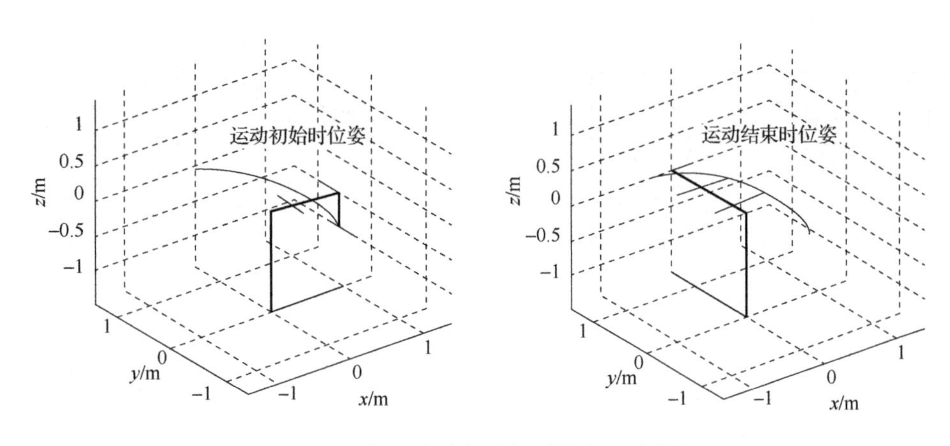

图 10-11 机器人腕部坐标系原点运动轨迹

4)基于 Simulink/M 函数的机器人动力学分析模型

在动态系统的仿真和分析中，首先要建立系统的仿真模型。关节空间的轨迹规划采用抛物线插值过渡的线性插值方法，这样可以得到平滑连续的关节速度及关节加速度曲线。利用 Robotics Toolbox 提供的关节空间的轨迹规划命令，以及运动学逆解函数，求解对应每个插值点的关节角度，利用关节空间的轨迹规划命令，规划出两插值点之间的角速度和角加速度。分别编制末端轨迹为直线和圆的轨迹规划函数。末端轨迹规划程序流程如图 10-12 所示。

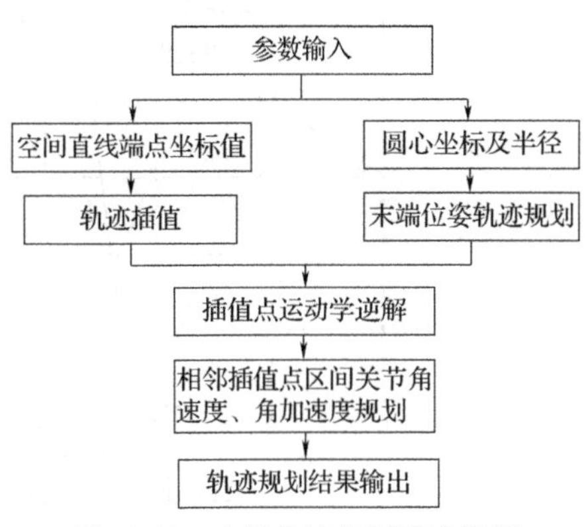

图 10-12 末端轨迹规划程序流程

5)分析结果

昆山 1 号机器人动力学性能分析结果如图 10-13(a)～(j)所示。

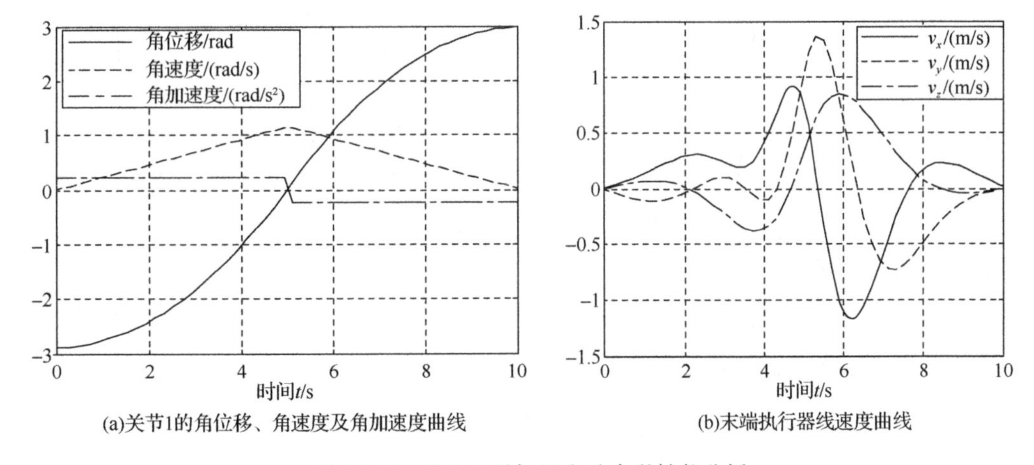

图 10-13 昆山 1 号机器人动力学性能分析

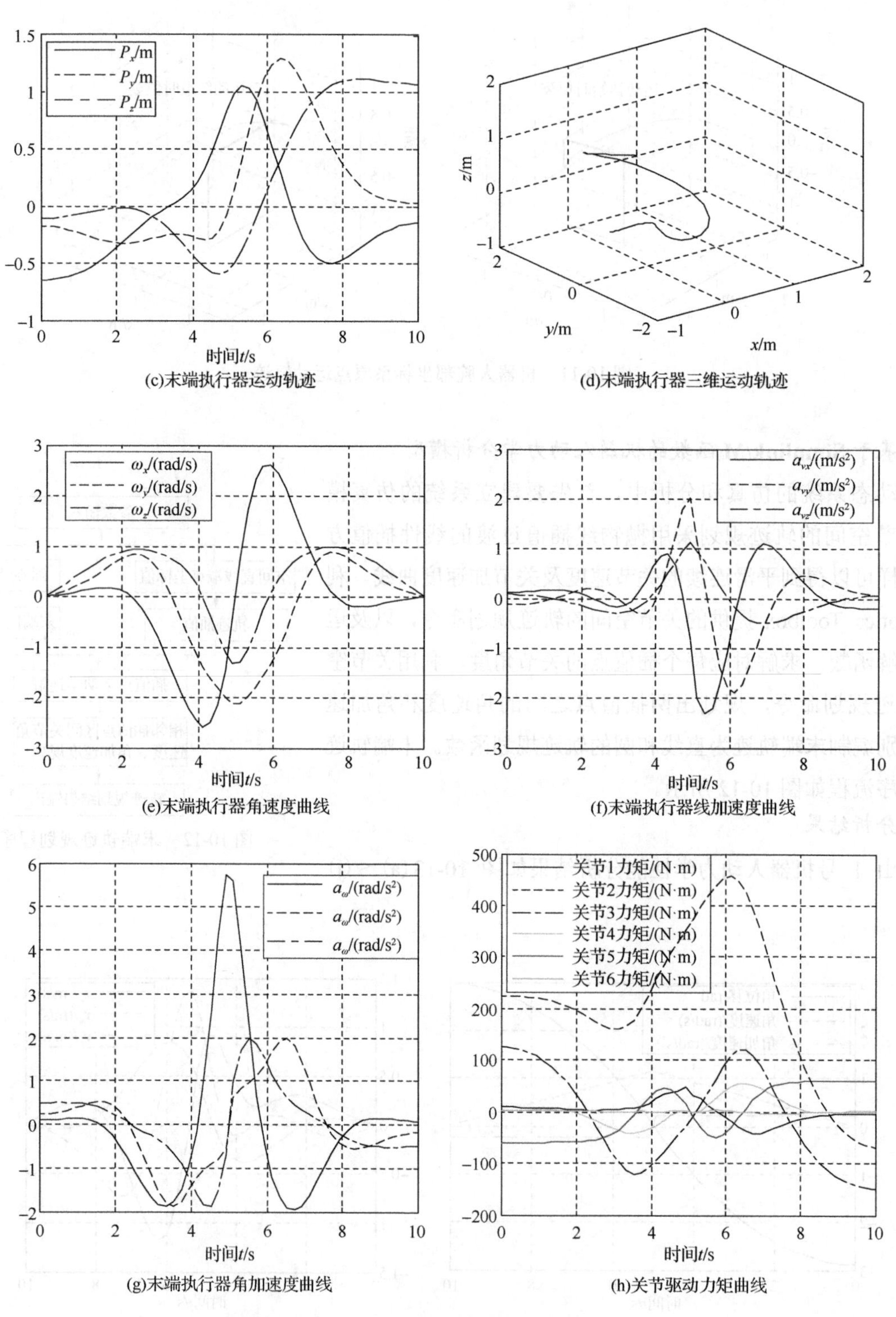

P_x/m
P_y/m
P_z/m
时间t/s
(c)末端执行器运动轨迹
z/m
y/m
x/m
(d)末端执行器三维运动轨迹
ω_x/(rad/s)
ω_y/(rad/s)
ω_z/(rad/s)
时间t/s
(e)末端执行器角速度曲线
a_{vx}/(m/s^2)
a_{vy}/(m/s^2)
a_{vz}/(m/s^2)
时间t/s
(f)末端执行器线加速度曲线
a_ω/(rad/s^2)
a_ω/(rad/s^2)
a_ω/(rad/s^2)
时间t/s
(g)末端执行器角加速度曲线
关节1力矩/(N·m)
关节2力矩/(N·m)
关节3力矩/(N·m)
关节4力矩/(N·m)
关节5力矩/(N·m)
关节6力矩/(N·m)
时间t/s
(h)关节驱动力矩曲线

图 10-13(续)

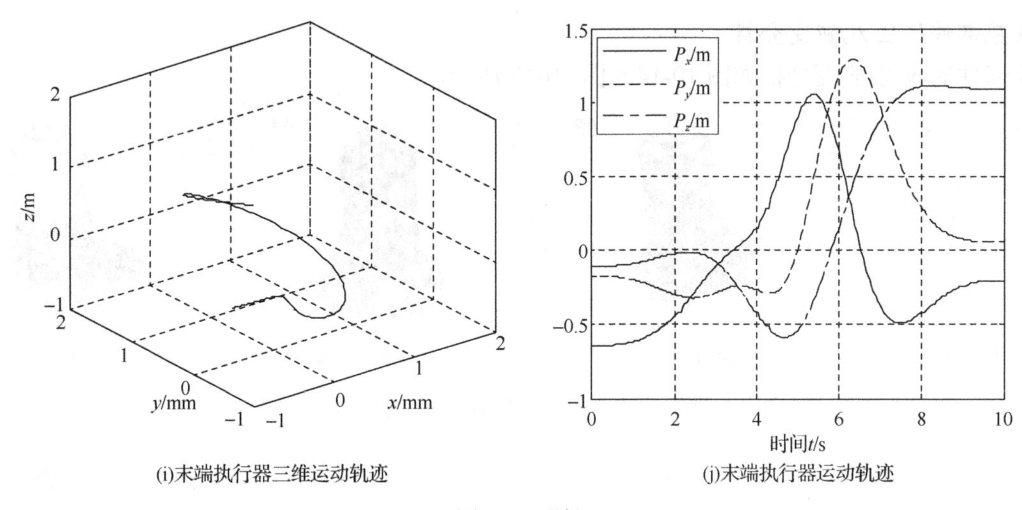

(i)末端执行器三维运动轨迹　(j)末端执行器运动轨迹

图 10-13(续)

4. 昆山 1 号机器人关键部件的有限元分析

1)昆山 1 号机器人关键部件结构分析采用的方法

机器人的刚度是指末端执行器在外力作用下克服变形的能力。产生变形的部位有连杆、轴承和驱动装置等。操作臂刚度是影响机器人动态特性和其在载荷作用下定位精度的主要因素；其外载直接决定终端变形，影响终端定位精度，在一定终端变形范围内，使静刚度获得可控终端输出力，因此通常采用有限单元法对机器人刚度进行分析研究。

2)建立昆山 1 号机器人关键部件有限元模型

(1)关键承载部件实体模型的简化。

由于 CAD 三维模型具有过多的特征和细节结构，以及不同软件在算法和设计上的差异，CAD 模型中比较小的特征可能会丢失一些信息，导致实体模型的有限元网格划分很困难。模型需要做大量的拓扑修改工作，尽量忽略一些不必要的细节，去除一些对分析意图影响不大的零件及特征，以利于有限元分析。模型的简化一般包括几何模型的简化、边界条件的简化和载荷的简化。以刚度等效为基本原则，在保持主要力学特征的前提下，既力求每个单元与实际结构之间的几何类型一致，又力求单元传递的运动力学特性一致。

(2)网格划分。

由几何实体模型创建有限元模型的过程称为网格划分。网格划分主要包括选取单元数据和设定网格划分的参数(控制网格密度)。对机械结构进行有限元单元划分，从理论上来讲是任意的，但在实际工作中必须考虑到现实性及经济性，针对各个关键部件不同的几何形状、载荷类型和方向，各自选择最适合的单元精度等级，从而有效地降低求解规模。

(3)施加载荷及边界约束。

划分好网格后，对机器人施加相应的载荷及边界约束，机器人在整个运动过程中有一个受力最危险、变形最大的状态，选取这个状态来进行静力学分析。机器人的各臂位于一条直线上且向外舒展时，由于重力力臂达到最大值，各臂处于受力最大状态。每个关键部件的载荷主要来自自重、外界所有部件的重力所施加的力和等效平移到该部件时所产生的力矩。

(4)有限元求解及分析结果。

施加载荷后，对每个关键部件进行有限元分析，观察各个部件的结构应力云图和变形云图，调出应力分析结果，从而可以校验关键部件的最大应力发生处的应力值是否小于材料的屈服极限，可以检验部件的最大变形处对系统定位精度的影响程度等。

3)底座部件的应力/应变分析

底座部件的应力/应变分析如图 10-14～图 10-17 所示。

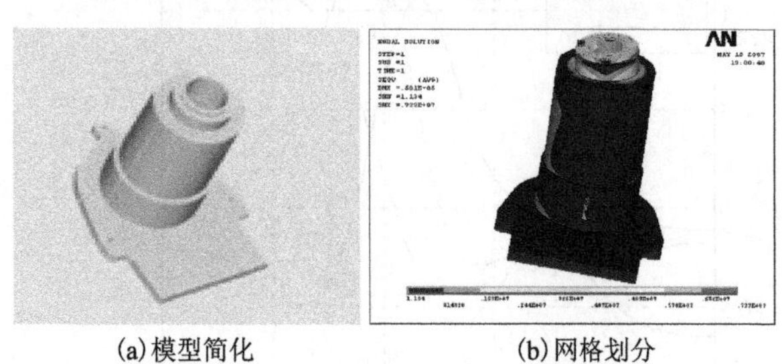
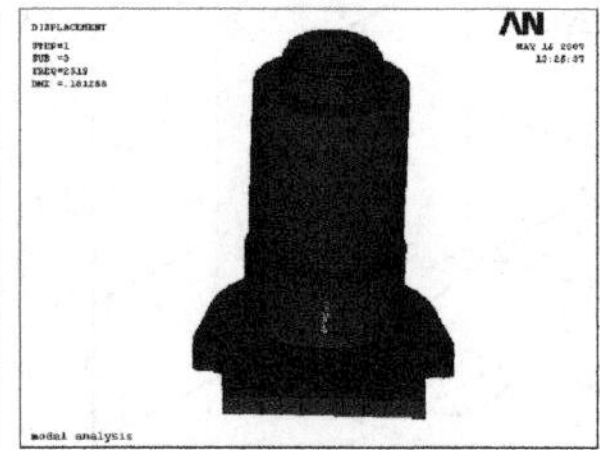
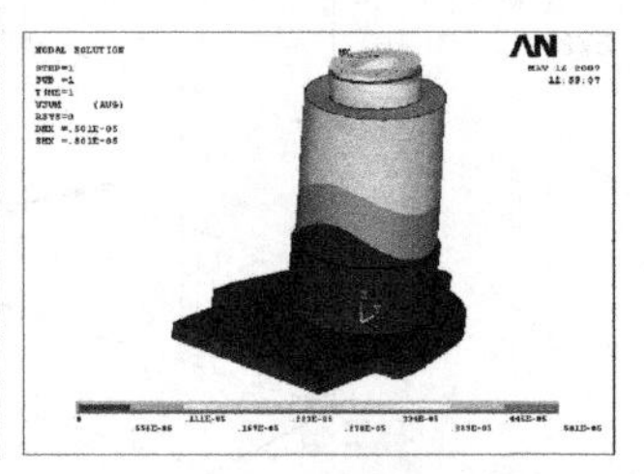

(a)模型简化　(b)网格划分　(c)结构应力云图　(d)变形云图

图 10-14　底座部件的应力/应变分析

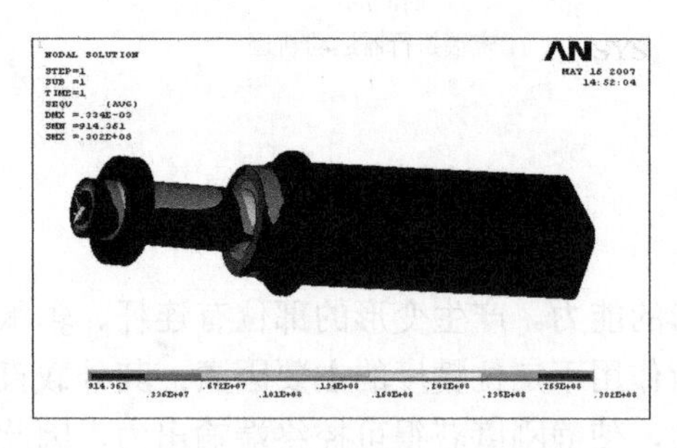

图 10-15　在弯矩及力作用下底座的结构应力云图

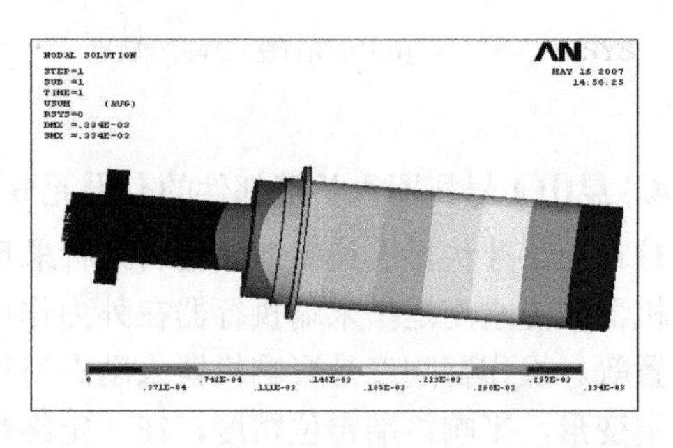

图 10-16　在弯矩及力作用下底座的变形云图

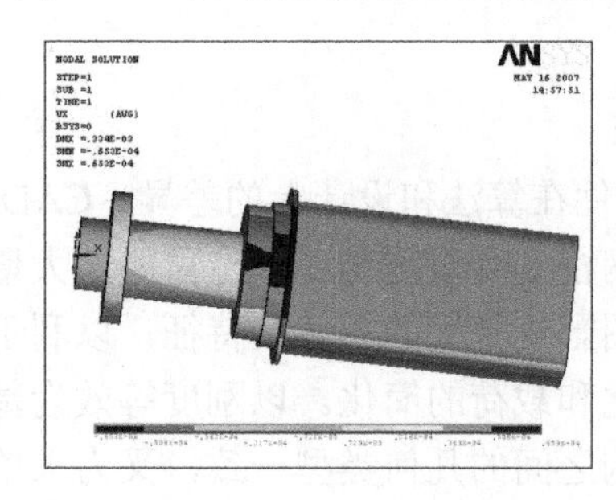
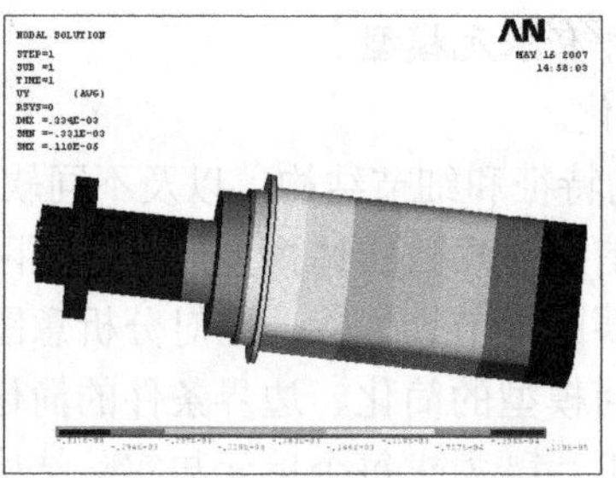
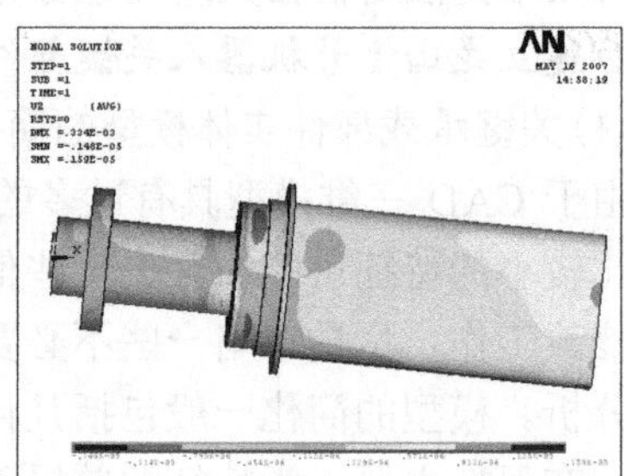

图 10-17　受重力及 F_y 力时的底座 X、Y、Z 方向变形云图

4)大臂的应力/应变分析

大臂力的应力/应变分析如图 10-18～图 10-20 所示。

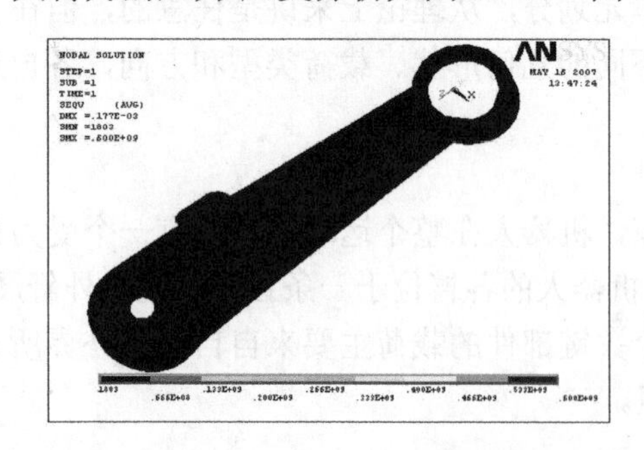

图 10-18　在弯矩及力作用下大臂的结构应力云图

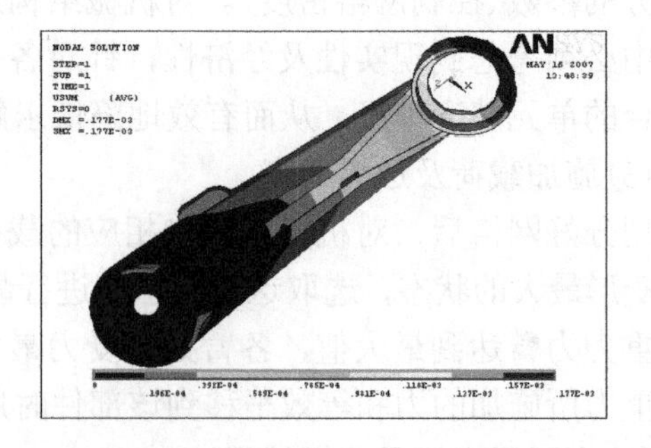

图 10-19　在弯矩及力作用下大臂的变形云图

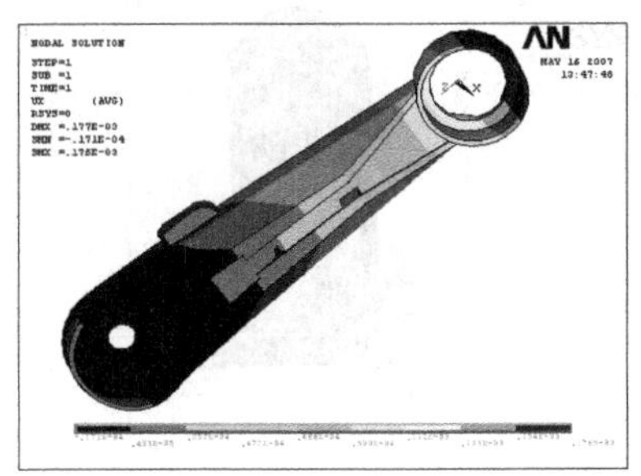
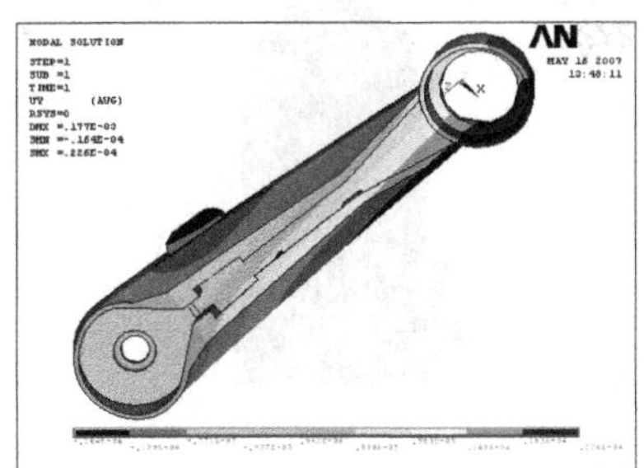
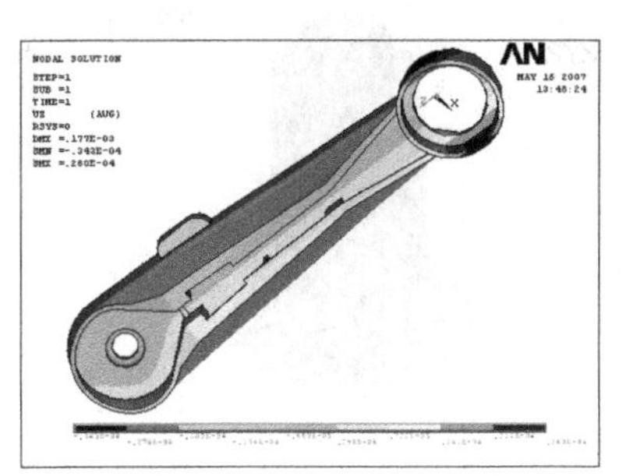

图 10-20 受重力及 F_y 力时的大臂 X、Y、Z 方向变形云图

5) 小臂的应力/应变分析

小臂的应力/应变分析如图 10-21～图 10-23 所示。

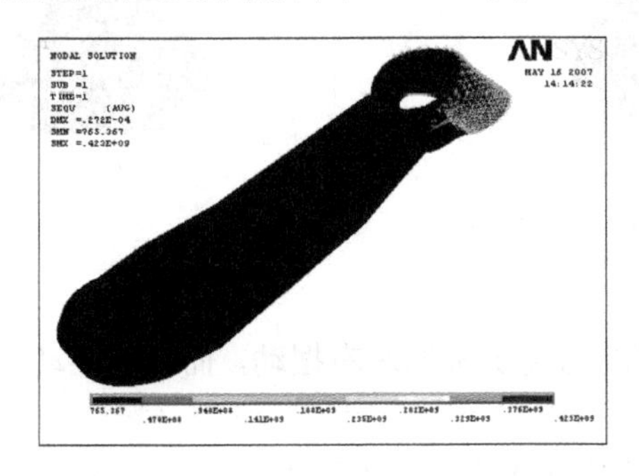

图 10-21 在弯矩及力作用下小臂的结构应力云图

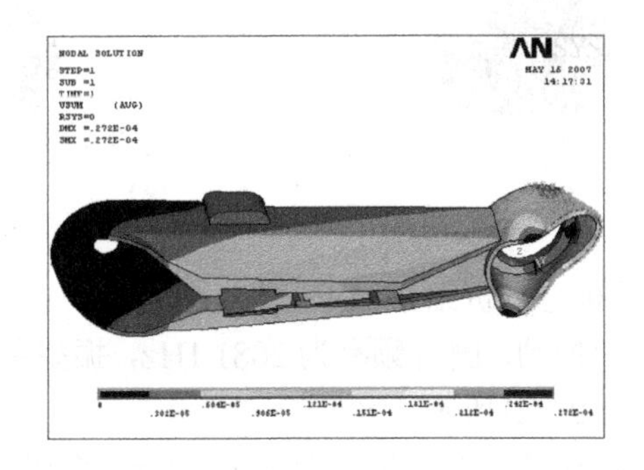

图 10-22 在弯矩及力作用下小臂的变形云图

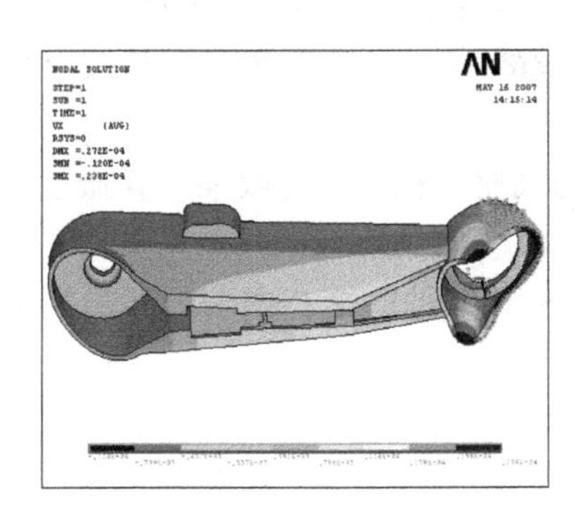
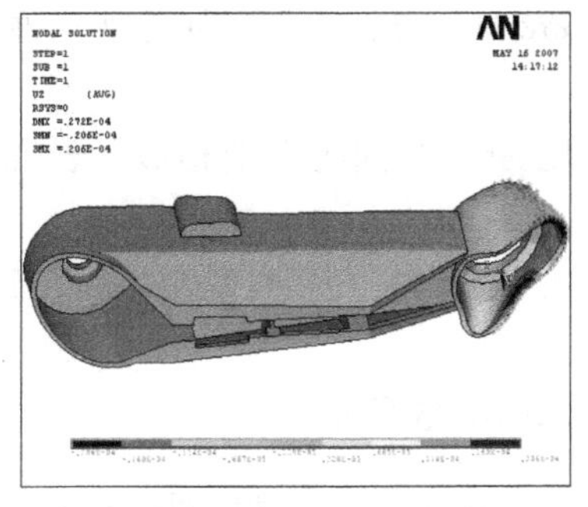
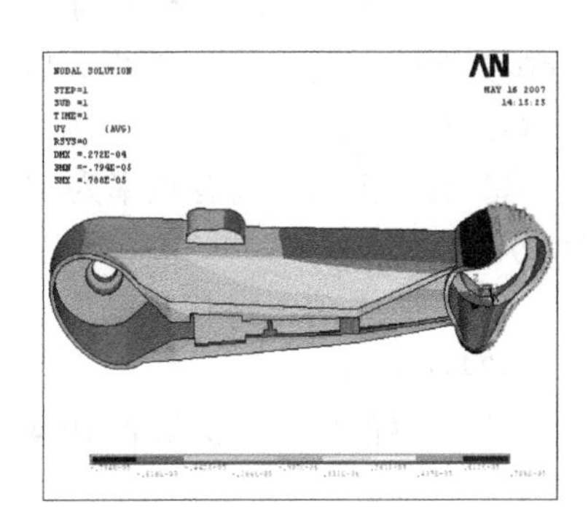

图 10-23 受重力及 F_y 力时的小臂 X、Y、Z 方向变形云图

6) 底座、大臂、小臂的模态分析

模态分析中，不需要施加载荷，只需要对分析模型进行边界条件处理。由于底座、大小臂为具有上万个自由度的大型系统，求出其全部固有频率和振型向量是非常困难的，故在研究系统的响应时，往往只需要了解少数的固有频率和振型向量。选用兰索斯法(Lanczos)求解，提取各部件前六阶模态，得到底座、大臂及小臂模型的前六阶固有频率和固有振型。

(1) 底座的模态分析如表 10-3 和图 10-24 所示。

表 10-3 底座前六阶固有频率

阶次	1	2	3	4	5	6
固有频率/Hz	2081.1	2081.7	2519.1	2763.8	1764.9	3898.3

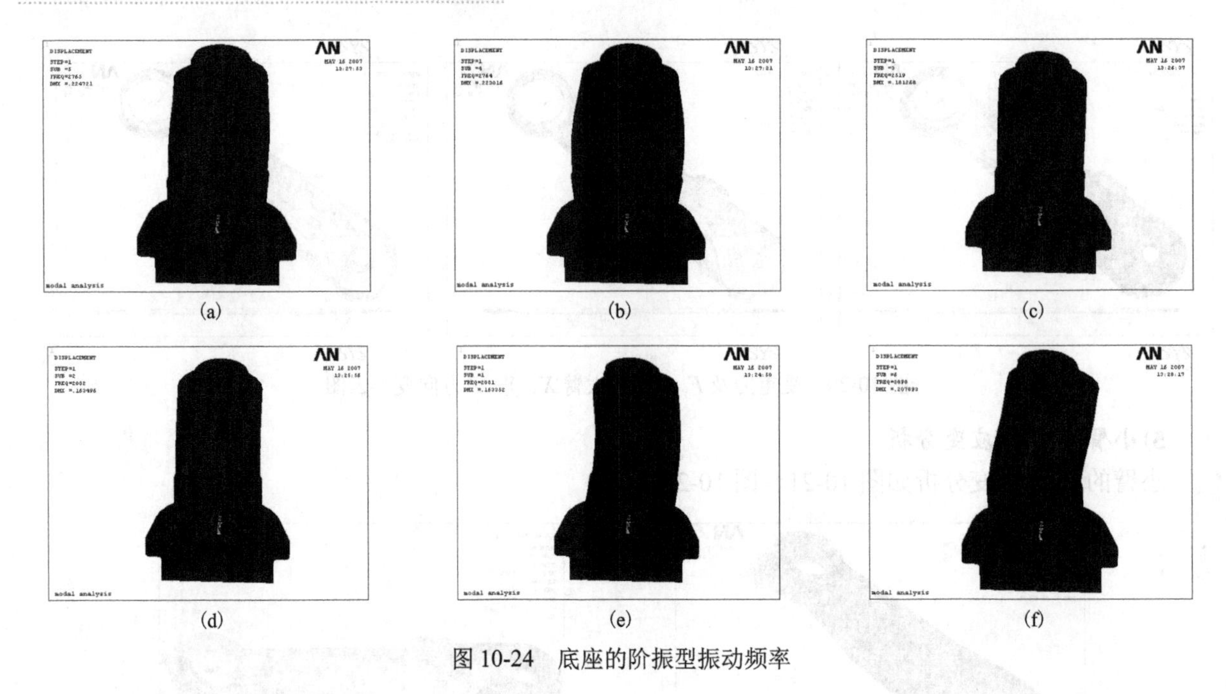

图 10-24 底座的阶振型振动频率

底座的模态分析结果如下。

① 一阶振动。固有频率为 2081.1Hz，振型主要表现为绕 Y 轴的左右摆动，而前后摆动不明显，其振型如图 10-24(a)所示。

② 二阶振动。固有频率为 2081.7Hz，振型主要表现为沿 Z 轴的上下振动，而绕 X 轴的前后摆动不明显，其振型如图 10-24(b)所示。

③ 三阶振动。固有频率为 2519.1Hz，振型表现为绕 Z 轴的转动，其振型如图 10-24(c)所示。

④ 四阶振动。固有频率为 2763.8Hz，振型表现为底座立柱沿 X 轴的扩张与收缩，其振型如图 10-24(d)所示。

⑤ 五阶振动。固有频率为 1764.9Hz，与四阶振型相似，表现为底座立柱扩张与收缩，其振型如图 10-24(e)所示。

⑥ 六阶振动。固有频率为 3898.3Hz，与一阶振型相似，表现为绕 Y 轴的左右摆动，其振型如图 10-24(f)所示。

(2)大臂的模态分析如表 10-4 和图 10-25 所示。

表 10-4 大臂前六阶固有频率

阶次	1	2	3	4	5	6
固有频率/Hz	263.10	278.13	401.40	459.64	472.10	553.15

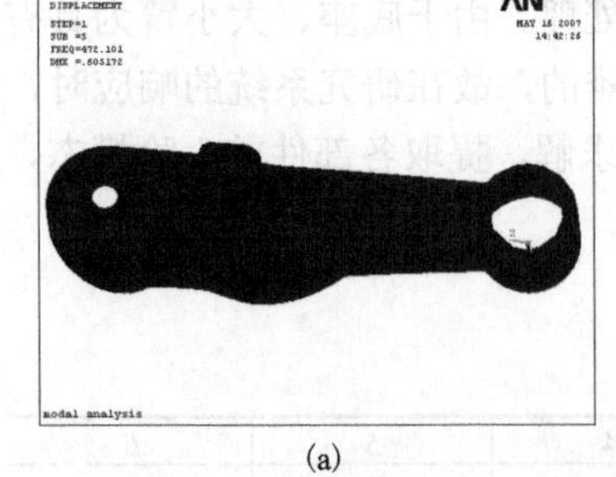

(a)

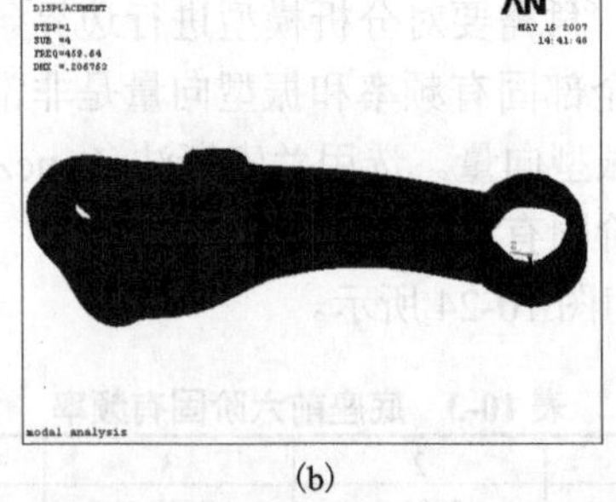

(b)

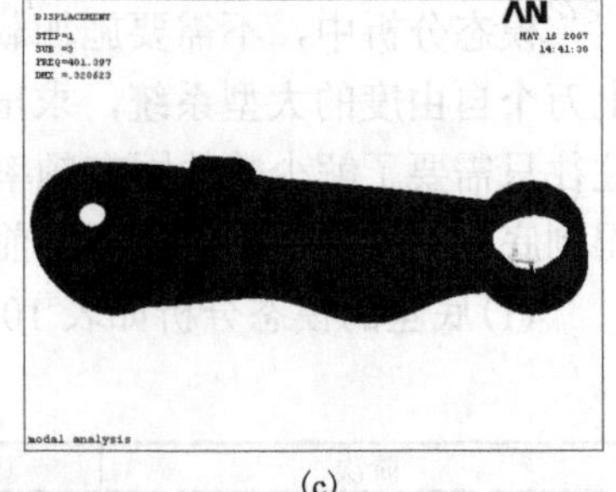

(c)

图 10-25 大臂的阶振型振动频率

(d)

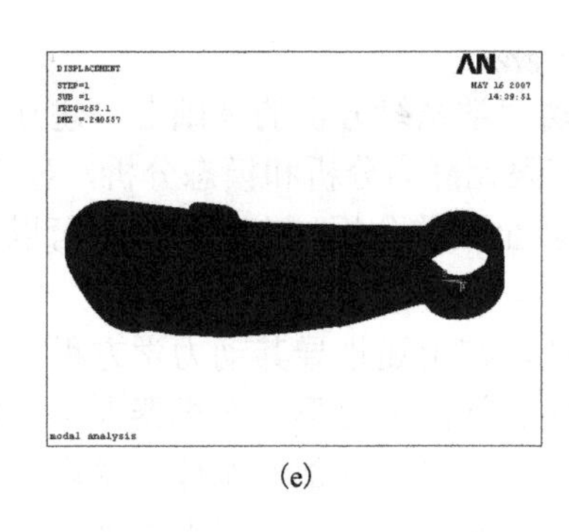
(e)

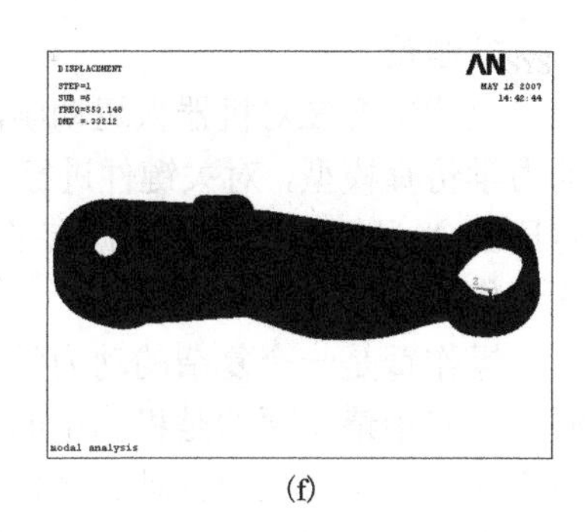
(f)

图 10-25(续)

大臂的模态分析结果如下。

① 一阶振动。固有频率为 263.10Hz，振型表现为绕 X 轴的上下摆动，从两端到中部摆动幅度越来越大，其振型如图 10-25(a)所示。

② 二阶振动。固有频率为 278.13Hz，振型表现为大臂线架部分的扩张与收缩，与该部分的几何形状有关，刚性较小，其振型如图 10-25(b)所示。

③ 三阶振动。固有频率为 401.40Hz，振型表现为大臂整体沿 X 轴的扩张与收缩，其振型如图 10-25(c)所示。

④ 四阶振动。固有频率为 459.64Hz，振型表现为大臂整体绕 Y 轴的左右摆动，由于大臂厚度较小，为壳结构，刚度明显较低，其振型如图 10-25(d)所示。

⑤ 五阶振动。固有频率为 472.10Hz，与二阶振型相似，其振型如图 10-25(e)所示。

⑥ 六阶振动。固有频率为 553.15Hz，与四阶振型相似，但带有较小的前后摆动，其振型如图 10-25(f)所示。

(3) 小臂的模态分析如表 10-5 和图 10-26 所示。

表 10-5　小臂前六阶固有频率

阶次	1	2	3	4	5	6
固有频率/Hz	1011.7	1153.5	1511.9	1986.2	2009.5	2319.9

(a)　(b)　(c)

(d)　(e)　(f)

图 10-26　小臂的阶振型振动频率

7) 结论

上述研究在对机器人运动学、动力学系统分析的基础上，建立了机器人的三维图形运动学仿真和动力学仿真模型，对关键件进行了有限元静力分析和模态分析，对关键件局部刚度进行了评价和仿真。对昆山 1 号机器人性能数据有了比较全面的分析。在此基础上可以支持对机器人的设计参数调整和优化工作。

操作臂是一个复杂的动力学系统，在上述推导其动力学方程时忽略了许多因素，进行了许多简化假设，其中最主要的是机构中的摩擦、间隙和变形。在机器人传动机构中，齿轮啮合和轴承中的摩擦力都很大；同时在建立动力学模型时，假设连杆都是刚体，忽略了杆件的柔性变形对机器人动力学性能的影响，如何考虑这些非线性因素的影响，研究机器人柔性动力学的建模方法，建立精确的机器人动力学数学模型，对后续机器人控制十分重要。

机器人是多自由度、多连杆空间机构，其运动学和动力学问题十分复杂，计算难度和计算量都很大。若将机器人作为仿真对象，运用计算机图形技术、CAD 技术和机器人学理论，在计算机中形成几何图形，并动画显示，然后对机器人的机构设计、运动学正逆解分析、操作臂控制等诸多问题进行模拟仿真，就可以很好地解决研发机器人过程中出现的一些问题。

由于当前模态分析理论和技术的局限性，实际机器人系统中所含有的多处装配间隙和接触等非线性因素在数字样机模态分析中未加以考虑。但事实上，这些非线性因素对固有频率和振型等振动特性的影响不容忽视。因此，需要对机器人的整体刚度进一步研究，通过有限元分析、模态分析和仿真设计等现代设计方法的运用，实现机器人操作机构的优化设计。

10.2.4 控制系统结构设计及实现

机器人的控制系统主要分为硬件和软件两部分。硬件部分主要涉及控制器系统设计。软件系统主要涉及程序与算法。具体控制系统结构设计及其实现方法如下。

1. 机器人硬件部分选型

机器人控制器系统是一个复杂系统。处理复杂系统的方法是先定义一种体系结构，把复杂系统抽象成一个忽略具体细节的简单模型。该模型由各功能模块构成，各模块为其他模块提供一个简单的接口。通过体系结构设计，可以从总体上对机器人控制器设计进行把握，并对具体细节的实现起导向作用。控制器体系结构如图 10-27 所示。

该结构中开发平台基于标准 PC、硬件基于标准总线(如 ISA、PCI、PC/104 等)，网络连接使用以太网。

该结构主要由示教盒、PC、运动控制卡、伺服放大器等构成，相互间接口分析如下。

(1)示教盒连接至 PC，提供用户机器人操作的手持终端，示教盒主要完成键值采集和液晶屏显示控制功能。示教盒采集键值后发送至 PC，PC 根据键值做相应处理；示教盒液晶屏显示控制功能则由根据 PC 返回信息控制液晶屏做相应信息显示实现。

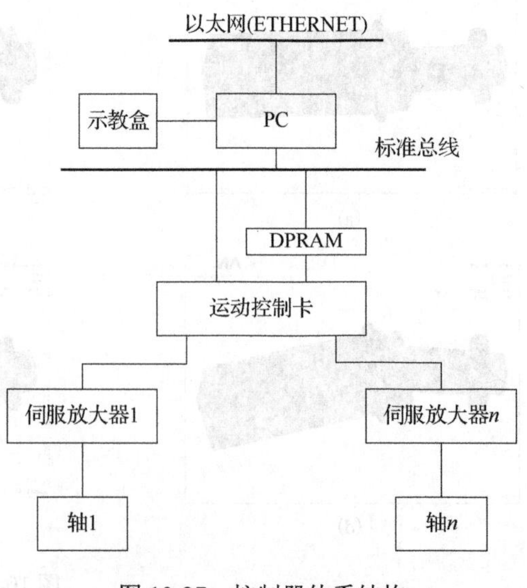

图 10-27 控制器体系结构

(2)PC 与运动控制卡之间通过总线或者双端 RAM(DPRAM)通信。运动控制卡进行闭环控制(位置、转速)，完成高实时性、高时钟精度的伺服计算功能，PC 则完成人机接口功能以及其他一些低实时性要求的计算任务，如示教盒通信、以太网通信、轨迹规划、轨迹插补等。PC 和运动控制卡间以给定位置序列作为接口：PC 发送给定位置序列至运动控制卡，运动控制卡完成匹配给定位置序列的闭环伺服控制。

(3) 伺服放大器根据运动控制卡给定的控制量对电机进行相应伺服控制，如转速控制、力矩控制，并且为 PC 提供电机的绝对位置。

(4) PC 与 ETHERNET 连接以实现机器人网络控制。ETHERNET 由于具有良好的普及性、兼容性，逐步成为工业控制的标准。

2. 控制器选型

1) PMAC 多轴运动控制卡

目前机器人硬件多使用 PMAC 多轴运动控制卡（简称 PMAC）进行运动控制，如图 10-28 所示。

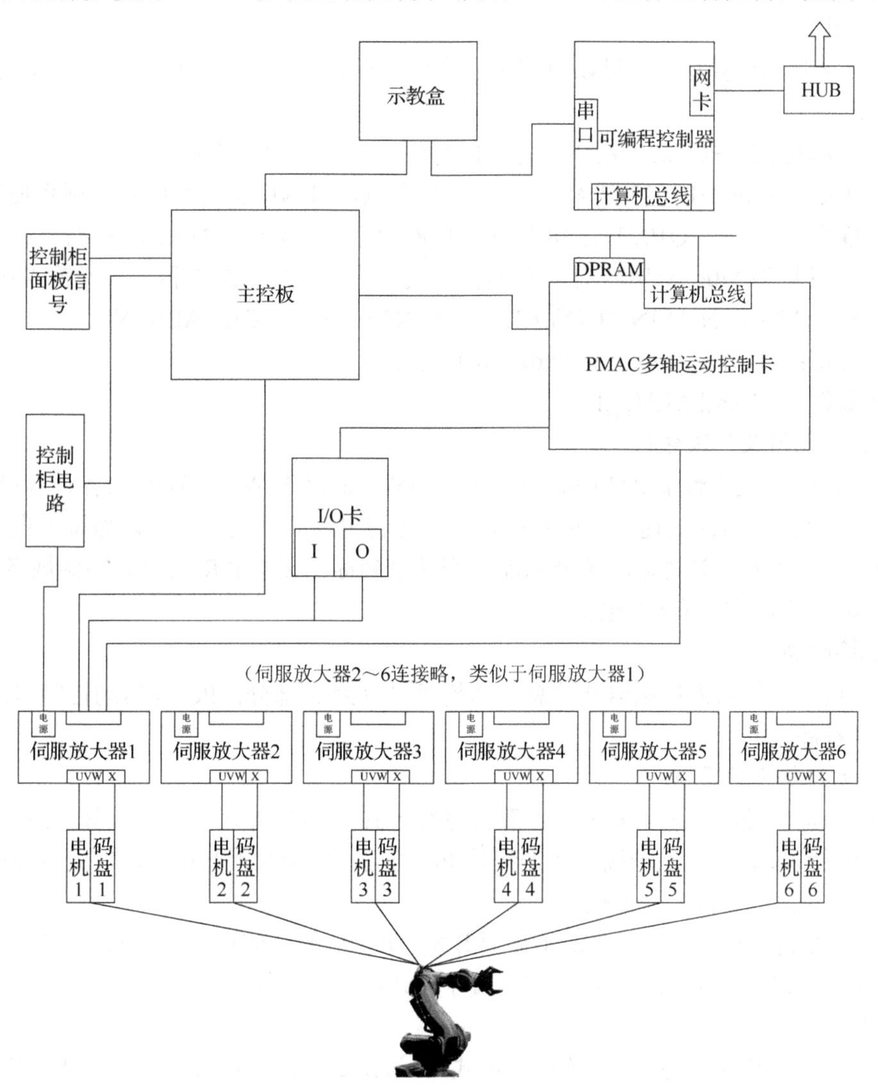

图 10-28 硬件总体框图

PMAC 是美国 Delta 公司推出的开放式多轴运动控制器。内部使用一片摩托罗拉（Motorola）数字信号处理芯片，其速度、分辨率、带宽等指针远优于一般的控制器。该卡可以同时控制 1～8 个轴，每个轴的控制都是完全独立的。PMAC 伺服控制算法为 PID 算法或者扩展伺服算法（零极点表示方式），标准伺服周期为 204μs。

PMAC 具有伺服控制和可编程逻辑控制的能力，伺服控制功能通过运动程序实现，其伺服更新率约为 4.9kHz，可编程逻辑控制功能通过 PLC 程序实现，可编程逻辑控制的循环时间最多为 10ms。PMAC

可自动判别任务的优先级。

运行运动程序时，PMAC 一次执行程序的一行语句，并且首先进行该语句(包括非移动的任务)的所有计算，然后开始执行该语句对应的运动。PMAC 总是工作在实际运动之前，当需要时，它总能正确地与即将执行的动作相协调。当运动程序在前台运行时，PMAC 可以在后台运行多达 32 个 PLC 程序。PLC 即可编程逻辑控制器，因为它们以一种相似的方式工作，在处理器时间允许的情况下尽可能快地重复扫描操作。

除了运动程序和 PLC 程序外，PMAC 还提供“在线命令”，供用户进行实时操作，用户通过主机发送 ASCII 码形式的“在线命令”到 PMAC，PMAC 接收后立即完成相应操作，并同样发送 ASCII 码形式的响应至主机。

PMAC 具有很强的计算功能，可以对变量、常量进行算术运算、逻辑运算。具体运算符、变量、函数等定义如下。

(1) 变量：I 变量为 I0～I1023，用于设置卡的特性，是固定含义的变量；
P 变量为 P0～P1023 是 48 位浮点全局变量，可为所有的程序和坐标系使用；
Q 变量为 Q0～Q1023 是 48 位浮点局部变量，在某一坐标系中使用；
M 变量为 M0～M1023 是寄存器指针变量，供用户分配内存、定义输入输出等。

(2) 函数：SIN,COS,TAN,ASIN,ACOS,ATAN,ATAN2,LN,EXP,SQRT,ABS,INI。

(3) 算术运算符：+,-,*,/,%(mod),&(and),|(or),^(xor)。

(4) 关系运算符：=,!=,<,!<,(,!(,>,!>。

2) 松下伺服放大器及伺服电机

松下 MINAS A4 系列高性能 AC 伺服电机的驱动器可满足 50W～5.0kW 的各种容量要求。该产品采用高性能 CPU，高达 1kHz 的速度响应频率，实现运转电机的高速化并大幅缩短了生产(间隔)时间。电机标准对应全闭环控制并具备自动调谐功能，产品系列标配 2500P/R 增量编码器规格和高分辨率 17 位绝对式/增量式通用编码器规格的电机。

3. 软件总体框图

如图 10-29 所示，机器人控制器软件总体结构可以分为 3 部分：PC 与运动控制卡的通信、PC 程序、运动控制卡程序。

1) PC 与运动控制卡的通信

本系统 PC 和运动控制卡间主要采用计算机总线方式和 DPRAM 方式。计算机总线方式通信时，PMAC 作为一个总线设备通过地址线、数据线被 PC 访问；DPRAM 方式时，PC 和运动控制卡通过对 DPRAM 同一存储单元的访问实现通信。

PC 端和运动控制卡端的通信程序均不需要开发。PC 端的通信功能由动态链接库实现，用户只需调用库函数即可。运动控制卡端的通信程序内置于 PMAC 固件中。

2) PC 程序

首先建立机器人操作函数库(动态链接库形式)。该函数库向应用程序提供一组标准服务。通过对该函数库的函数调用完成应用程序所需操作功能，同时该函数库将应用程序与底层软硬件隔离，实现了系统上下层软件模块的独立，使系统具有更好的开放性和可扩展性。

PC 程序功能主要包括运动操作、算法操作。

运动操作功能提供用户机器人运动操作的接口。示教模块通过机器人示教得到运动任务。机器人语言输入与解释模块通过机器人语言得到运动任务，运动任务包含插入点位置、运动速度、插补方式等信息。规划与插补模块根据运动任务完成任务规划、轨迹规划和轨迹插补，得到机器人再现轨迹插补点序列。再现模块启动运动控制卡再现程序，并将再现点序列顺序送入 DPRAM，供 PMAC 读取并控制机器人完成相应运动。

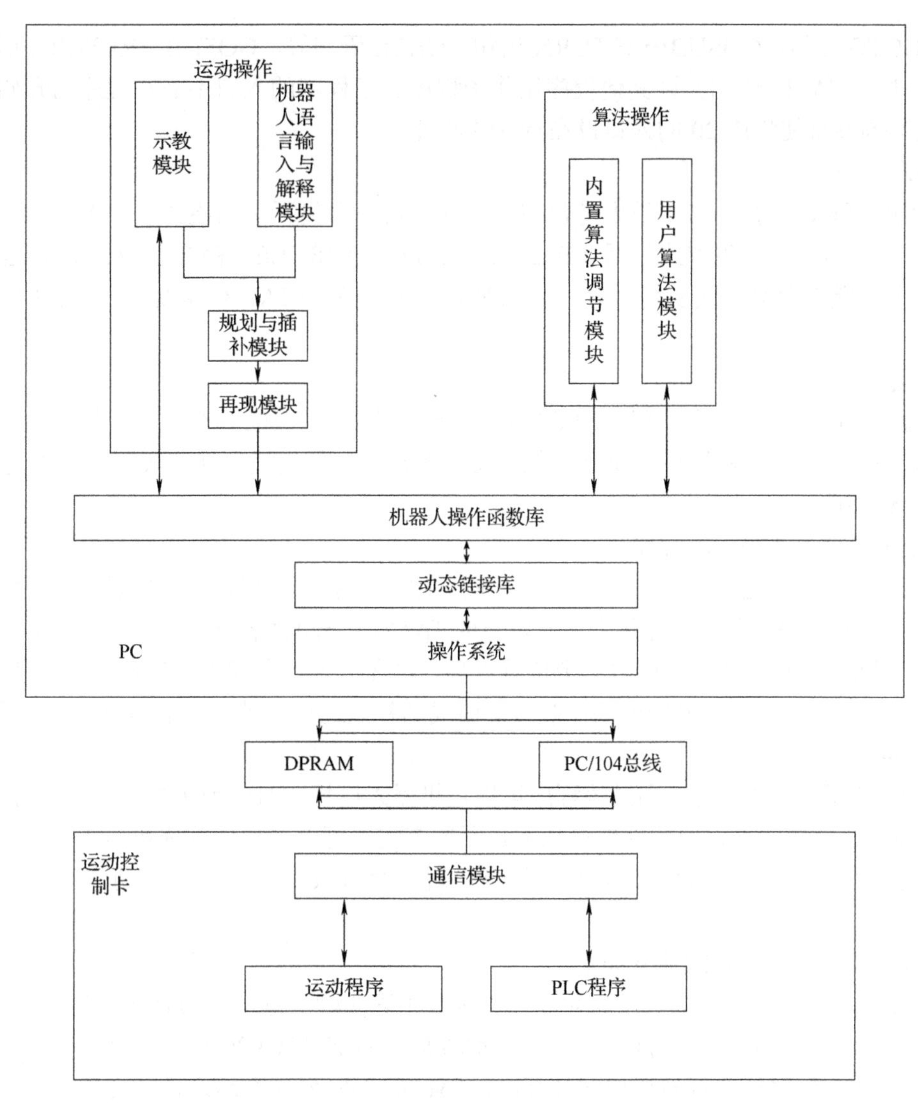

图 10-29 软件结构整体示意图

算法操作包括内置算法调节模块和用户算法模块。内置算法调节模块提供使用户修改内置算法参数的接口。用户算法模块完成用户算法在系统中的实现。

3)运动控制卡程序

运动控制卡程序包括运动程序和 PLC 程序。运动程序用于机器人运动控制，PLC 程序用于逻辑控制、系统监控等。

4)运动程序简介

运动程序中的命令逐条顺序执行，控制坐标系中各轴按照计算好的轨迹进行运动。运动轨迹根据运动程序各语句计算获得，每次执行一条运动语句，并且该次运动的所有计算在运动开始前全部完成，从而为该运动的实际运行做好准备。PMAC 中最多可以存储 256 个运动程序，任意坐标系在任何时候可以执行这些程序中的一个。

PMAC 运动程序语言类似于计算机高级语言，以下从结构控制指令、模态指令、运动指令三方面对其简要说明。

(1)结构控制指令。

运动程序中，PMAC 有 WHILE 循环和 IF…ELSE 分支来控制程序流程，这些结构可以被嵌套。此外，还有 GOTO 语句、GOSUB…RETURN 语句、CALL 语句等。GOSUB…RETURN 语句允许在程序中执行子程序。CALL 语句允许其他程序用作子程序。子程序的入口不必在程序的开始处，例如，语句 CALL 20.1500 将使程序 20 的入口设在行 n1500 处。

(2)模态指令。

运动程序中的许多指令在本质上是模态的。这些指令中包括运动模式，它指定了一个运动命令将产生的轨迹类型，轨迹产生方式包括 LINEAR、RAPID、CIRCLE、PVT、SPLINE。运动可以用 INC 和 ABS 命令来指定为增量式或绝对式。运动时间(TA、TS 和 TM)和速度(F)也可在模态指令中得到实施。

(3)运动指令。

运动指令是由轴定义符号后跟随的数值(常数或表达式)组成的。在同一行指令中所有轴将协调一致地同时运动，连续的行将顺序地执行。依靠指定的模态，指定值可能代表目的、距离或速度。

5)运动程序设计

本系统设计以下两种运动程序。

一种为机器人应用运动程序，为机器人正常应用时使用的运动程序，如机器人示教、机器人再现。该方式下 PC 经过任务规划、轨迹规划后，以周期 TA(如 10ms)插补计算出关节位置点序列，而后顺序将位置点送到 DPRAM，PMAC 读取给定位置点后，再在位置点之间用三次样条曲线(即位置对时间的三次多项式)进行插补，并由伺服电机按照样条曲线插补点进行运动，每个伺服周期更新一次，标准伺服周期为 204μs。

另一种为机器人置位程序，通过该程序可以让机器人以规定时间或者规定速度运行到给定目标点，各关节在 PMAC 上独立做匀速线性轨迹插补，通过该程序可以方便地完成机器人复位或置位功能。该程序提供两套参数：一套以运动时间和目标点位置作为参数；另一套以运动速度和目标点位置作为参数。

PMAC 三次样条运动模式简介如下。

在 SPLINE1 模式中，一个长的运动被分成时间相等的段，每一段的时间都是 TA(ms)。三次样条曲线如图 10-30 所示。在运动程序中，每一运动段都用如 X1000Y2000 等标准运动命令给定该段的目标位置。在对每一运动段进行轨迹曲线计算时，PMAC 同时考虑在这之前和之后的运动命令，而后为每一个轴产生一个对时间的三次位置曲线，以便在分段的边界处没有速度或加速度的突变。

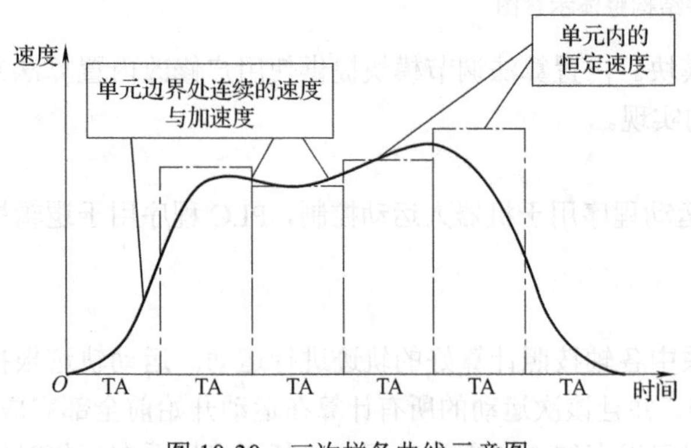

图 10-30 三次样条曲线示意图

在一系列运动段的开始和结束，PMAC 将自动地给每一个轴加上一个 TA 的零距离段，并在该段和相邻段之间执行样条计算功能。这使得运动开始和运动停止时的加速度是 S 形曲线，即加速度开始为 0，而后逐渐增加到最大值。

样条方式的运动特别适合于“奇特的”的几何形状，而机器人应用中的运动轨迹是无规则的，因此在机器人控制中使用三次样条曲线能取得较好的控制效果。

6)机器人操作函数库设计

机器人操作函数库使用 VC 开发，采用动态链接库的实现方式。

动态链接库(Dynamic Link Library，DLL)是一个函数库，是由可被其他程序或 DLL 调用的函数集合组成的可执行文件模块，它由全局数据、服务函数和资源组成，在运行时被系统加载到进程的虚拟空间中，成为调用进程的一部分。

动态链接库主要有以下两个优点。

(1)动态链接库由 Windows 管理，多个应用程序可以共享一个动态链接库，从而可以节省内存和磁盘空间。当多个应用程序使用某种相同的功能时，可以由动态链接库提供这部分代码，而不必在每个应用程序中重复编写这些代码，动态链接库可以被每个应用程序调用。

(2)使用动态链接库易于维护用户程序，即对动态链接库的修改不会影响用户程序。例如，对机器人操作函数库中的函数代码进行修改时，只要函数对外提供的接口不变，上层应用软件不需要进行修改。

7)实现方法

(1)PMAC 内部伺服环的切断。

PMAC 内部伺服环在每个伺服周期进行伺服更新——计算新的指令位置，读入新的实际位置，并通过两者的差计算 DAC 输出值。其中指令位置、实际位置、DAC 输出值均对应系统中固定的寄存器。伺服算法就是根据指令位置和实际位置的差值以及其他的一些信息获得 DAC 输出值的方法。

要实现用户伺服算法，必须首先使 PMAC 内部伺服算法失效。本系统采用切断其输出控制量的方法，即将其内部伺服算法的输出指向一个空地址，而不指向对应的 DAC 寄存器，类似于在 DAC 寄存器前加入一个多路选择开关，通过开关的选通，控制其算法的有效性。用户伺服算法和内部伺服算法之间选择如图 10-31 所示。

(2)算法输入输出。

用户伺服算法在进行每次伺服计算时，需要提供输入信息，如指令位置、实际位置、实际速度等。伺服计算完成后，用户须将计算所得输出值送往 DAC 寄存器，通过 DAC 输出对伺服机构进行控制。

这些输入输出量在 PMAC 中均对应着一系列的寄存器，用户可定义 M 变量指向这些寄存器，从而完成对其直接读取或控制。

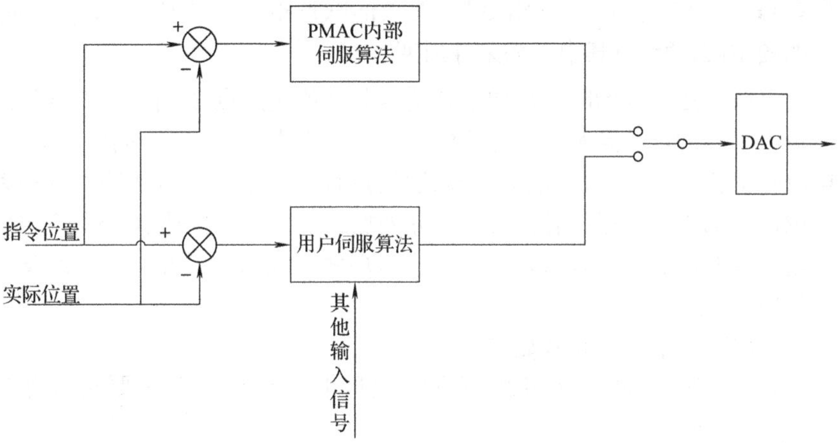

图 10-31 伺服算法选择示意图

(3)指令位置生成方式。

PMAC 具有强大的轨迹生成功能，用户伺服算法中的指令位置根据其生成轨迹获得。轨迹生成方式及轨迹目标点由运动程序控制。本系统中机器人应用时，采用三次样条轨迹生成方式，即对每行运动语句生成一个对时间的三次位置曲线，而后在每个伺服周期的开始，PMAC 根据该位置曲线求取指令位置，求取指令位置的过程由 PMAC 自动完成，用户只需直接通过寄存器读取。

通过这种方式，用户只需完成伺服算法本身的编写，而不需要考虑指令位置的计算获得。

(4)用户伺服算法周期伺服的实现以及伺服周期控制。

伺服算法需要在系统内以固定周期循环执行，并且伺服算法的执行须匹配 PMAC 对指令位置寄存器、实际位置寄存器等的更新。本系统通过在 PLCC0 程序中编写用户伺服算法实现周期伺服功能，并能保证算法的执行匹配指令位置寄存器、实际位置寄存器等的更新。

PLCC0 是一个以固定周期运行的被编译成机器代码的特殊 PLC 程序，它的优先级以及运算速度要高于其他 PLC 和 PLCC 程序。PLCC0 是一个和 PMAC 内部伺服算法一样的前台程序，因此其运行周期为一个固定值，并能得到可靠的执行。

用户在 PLCC0 中以 PLC 语言格式完成用户伺服算法编写，而后编译下载并使能后即可完成用户伺服算法实现。

4. 机器人的插补算法

在本书研究的机器人运动过程中，末端姿态和路径在整个运动过程中对不同的作业情况有不同的要求。情况一为机器人末端姿态变化，末端轨迹为直线；情况二为机器人末端姿态变化，末端轨迹为圆弧；其他情况为末端姿态保持不变的点到点的运动。针对上述 3 种情况，在对昆山 1 号机器人进行轨迹规划时采用笛卡儿坐标空间的直线插补、圆弧插补和关节空间的 PTP 插补算法。关节空间的 PTP 插补算法采用前面所述的三次多项式插补算法。下面详细阐述笛卡儿空间的直线插补和圆弧插补算法。

1) 直线插补

机器人末端轨迹为直线时，机器人末端姿态变化，且末端轨迹为直线。因此直线插补分为两部分：位置的插补和姿态的插补。位置插补使得机器人末端执行器能够正确地到达目标位置，且轨迹为直线；姿态插补使得机器人末端执行器能够正确地到达目标姿态。但是位置插补和姿态插补所用的时间相同，即起始时间和终止时间相同。

设起始位置为 P_0，终止位置为 P_f，起始时刻为 t_0，运行所用时间为 t_f，P_t 为给定的某时刻 t 的位置，所以有 $P_t = P_t(P_0, P_f, t_0, t_f, t)$；设 $E_0 = E_0(\varphi_0, \theta_0, \psi_0)$ 为初始姿态下的欧拉角，$E_f = E_f(\varphi_f, \theta_f, \psi_f)$ 为目标姿态下的欧拉角，E_t 为给定某 t 时刻的欧拉角，并且 $E_t = E_t(\varphi_0, \theta_0, \psi_0, \varphi_f, \theta_f, \psi_f, t_0, t_f, t)$，插补算法流程如图 10-32 所示(其中 T_s 为采样周期)。

直线轨迹插补的时候，通常希望运动是从起始点 A 到终止点 B 以最大的速度匀速运动，但是实际上是不可能的，机器人的运动是靠每个关节转动来实现的，而每个关节又是通过关节的电机来驱动的，电机转动肯定有一个加速和一个减速的过程。因此，在对轨迹进行规划的时候，对这个问题需要进行考虑，本书采用分段插补来实现，分为加速—匀速—减速 3 个阶段来实现，其中，加速阶段和减速阶段用高次多项式进行插补，采用五次多项式。加速阶段和减速阶段是一个对称的过程，因此只需要考虑加速阶段。

直线插补的具体步骤如下。

(1) 给定空间两点 A 和 B，求两点之间的长度 L_{ab}。只需要应用简单的空间几何知识就可以求出 A、B 两点间的空间距离。

(2) 确定加速阶段的时间 t_1 和位移 s_1。

① 设定加速阶段加速度的变化轨迹，使之符合抛物曲线 $a(t) = c_1 t + c_2 t^2$，当 $t = 0$ 时，$a(0) = 0$；当 $t = t_1$ 时，$a(t_1) = 0$；当 $t = t_1/2$ 时，$a(t_1/2) = a_{\max}$ ($a_{\max}$ 为机器人当前的最大加速度，默认值为机器人所允许的最大线加速度)。因此，加速阶段的加速度的时间函数为

$$a(t) = \frac{4a_{\max}}{t_1^2} t^2 + \frac{4a_{\max}}{t_1} t \tag{10-24}$$

以及减速阶段的加速度的时间函数为

$$a(t) = \frac{4a_{\max}}{t_1^2} t^2 - \frac{4a_{\max}}{t_1} t \tag{10-25}$$

② 对式(10-24)和式(10-25)在 $[0,t]$ 上求积分，分别得出加速阶段的速度时间函数为

$$v(t) - v(0) = -\frac{4a_{\max}}{3t_1^2} t^3 + \frac{2a_{\max}}{t_1} t^2 \tag{10-26}$$

和减速阶段的速度时间函数为

$$v(t)-v(0)=\frac{4a_{\max}}{3t_1^2}t^3-\frac{2a_{\max}}{t_1}t^2 \tag{10-27}$$

当 $t=t_1$ 时，有

$$v(t_1)=v_f \tag{10-28}$$

式中，v_f 为匀速阶段机器人末端执行器的运动速度。令 $v(0)=v_0$ 为初始速度，联立式(10-24)～式(10-28)可以解得

$$t_1=\frac{3|v_f-v_0|}{2a_{\max}} \tag{10-29}$$

即得到加速阶段的运动时间，减速阶段与加速阶段的运动轨迹对称，因此减速阶段的时间和加速阶段的时间相同。

③ 分别对式(10-26)和式(10-27)在[0,t]上求积分，得到直线运动在加速阶段的位移时间函数：

$$s(t)=v_0t+\frac{2a_{\max}}{3t_1}t^3-\frac{a_{\max}}{3t_1^2}t^4 \tag{10-30}$$

式中，令 $t=t_1$，便可以得到加速阶段的位移：

$$s_1=s(t_1) \tag{10-31}$$

由式(10-29)～式(10-31)就可以确定机器人末端执行器在加速阶段的时间和位移。减速阶段的时间和位移与加速阶段对称，所以，$s_3=s_1$，$t_3=t_1$。

(3)确定匀速阶段的位移和时间。

匀速阶段的位移 $s_2=L_{ab}-2s_1$；匀速阶段的时间 $t_2=s_2/v_f$。

如果 $s_2\leqslant 0$，则说明没有完整的加速和减速过程，将预先设定的最大加速度减少为原来的 1/2，转步骤(2)。

(4)求出整个运动过程的时间和插补点数。

从 A 到 B 所需要的时间 $t_f=t_1+t_2+t_3$，插补点数 $N=t_f/T_s$，式中，T_s 为插补采样周期。

(5)欧拉角的插补(利用高次多项式插补)。

图 10-33～图 10-37 分别是在此条件下得到的位移及分量投影、速度、加速度、空间轨迹的仿真曲线。

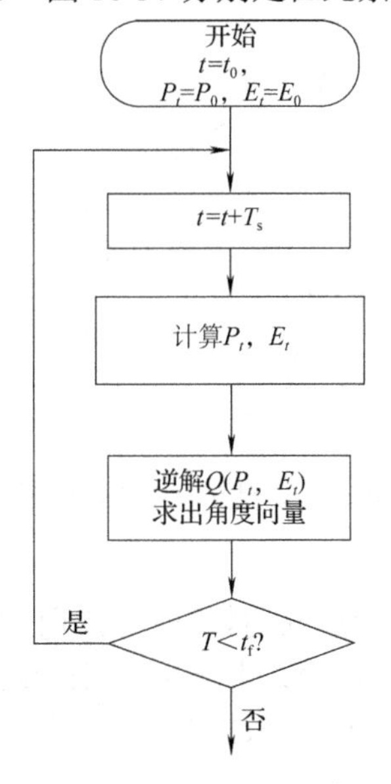

图 10-32　笛卡儿空间直线插补

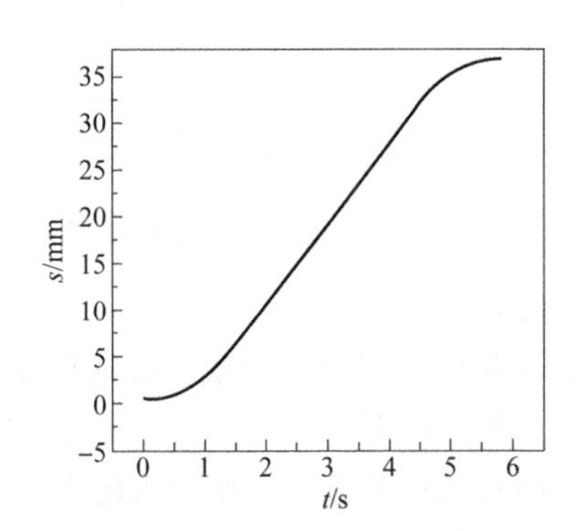

图 10-33　直线插补的位移曲线

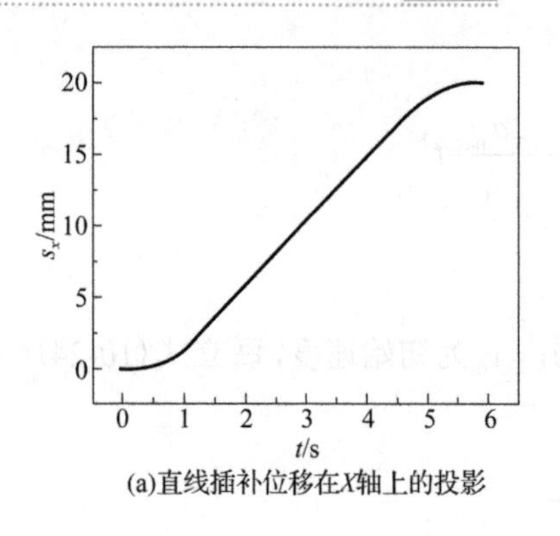

(a)直线插补位移在X轴上的投影

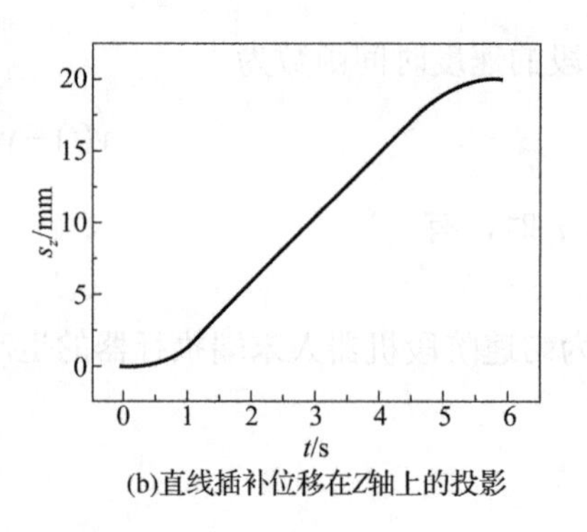

(b)直线插补位移在Z轴上的投影

图 10-34　直线插补的位移分量投影

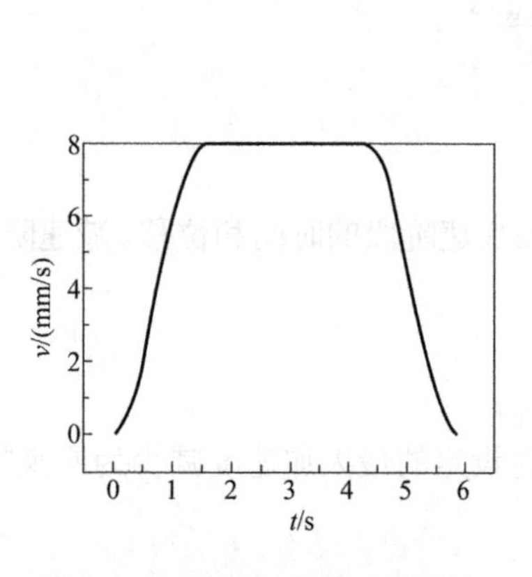

图 10-35　直线插补的速度曲线

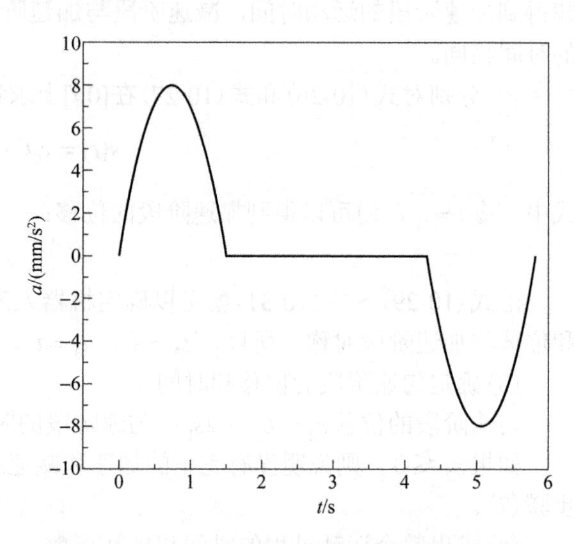

图 10-36　直线插补的加速度曲线

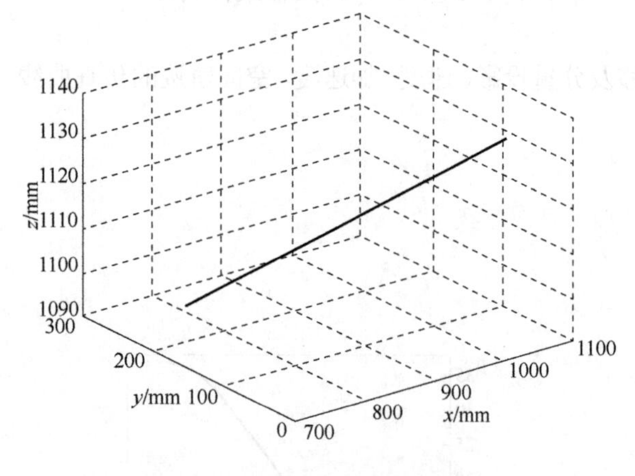

图 10-37　直线插补的空间轨迹

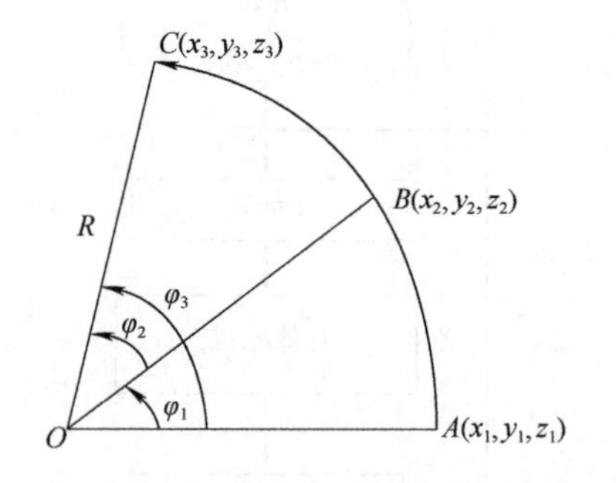

图 10-38　由已知三点决定的圆弧图

2) 圆弧插补

在笛卡儿坐标空间中实现圆弧轨迹插补要比直线复杂得多，问题描述如下：已知不在一条直线上的三点 A、B 和 C(设 A 为起始点，C 为终止点)以及这三点对应的机器人末端执行器的姿态如图 10-38 所示。应用圆弧插补算法，使得机器人末端执行器以圆弧轨迹(由 A、B、C 三点唯一地确定这一圆弧)平稳地从点 A 运动到点 C。

这里采用的方法主要步骤如下。

(1)根据给定的原坐标系 O 中的三点 A、B 和 C(三点不共线)建立新的坐标系 O'，具体步骤如下。

① 给定的三点不共线，如果共线，则退出插补程序。判断条件为

$$\begin{vmatrix} x_1 & y_1 & y_1 \\ x_2 & y_2 & z_2 \\ x_3 & y_3 & z_3 \end{vmatrix} \neq 0$$

② 求出 A、B 和 C 三点所确定圆弧的圆心以及该圆弧所在平面 π 的平面方程。平面 π 的方程如下：

$$\begin{vmatrix} x-x_1 & y-y_1 & z-z_1 \\ x_2-x_1 & y_2-y_1 & z_2-z_1 \\ x_3-x_1 & y_3-y_1 & z_3-z_1 \end{vmatrix} = 0$$

求圆心的方法为：先求出到 A、B、C 三点距离相等的点的集合，由空间几何知识知道它为空间的一条直线 l。其方程为

$$\begin{cases} (x_2-x_1)\left(x-\dfrac{x_1+x_2}{2}\right)+(y_2-y_1)\left(y-\dfrac{y_1+y_2}{2}\right)+(z_2-x_1)\left(z-\dfrac{z_1+z_2}{2}\right)=0 \\ (x_3-x_1)\left(x-\dfrac{x_1+x_3}{2}\right)+(y_3-y_1)\left(y-\dfrac{y_1+y_3}{2}\right)+(z_3-x_1)\left(z-\dfrac{z_1+z_3}{2}\right)=0 \end{cases}$$

即

$$\begin{cases} (x_2-x_1)x+(y_2-y_1)y+(z_2-z_1)z=\dfrac{(x_2^{\ 2}+y_2^{\ 2}+z_2^{\ 2})-(x_1^{\ 2}+y_1^{\ 2}+z_1^{\ 2})}{2} \\ (x_3-x_1)x+(y_3-y_1)y+(z_3-z_1)z=\dfrac{(x_3^{\ 2}+y_3^{\ 2}+z_3^{\ 2})-(x_1^{\ 2}+y_1^{\ 2}+z_1^{\ 2})}{2} \end{cases}$$

只需要联立平面 π 的方程和直线 l 的方程便可以得到圆弧的圆心 $O'=\left(x_0,y_0,z_0\right)$：

$$\begin{bmatrix} x_0 \\ y_0 \\ z_0 \end{bmatrix} = \begin{bmatrix} a_{11} & a_{12} & a_{13} \\ a_{21} & a_{22} & a_{23} \\ a_{31} & a_{32} & a_{33} \end{bmatrix}^{-1} \begin{bmatrix} b_{11} \\ b_{21} \\ b_{31} \end{bmatrix}$$

式中，

$$a_{11}=(y_2-y_1)(z_3-z_1)-(y_3-y_1)(z_2-z_1)$$
$$a_{12}=(z_2-z_1)(x_3-x_1)-(x_2-x_1)(z_3-z_1)$$
$$a_{13}=(x_2-x_1)(y_3-y_1)-(y_2-y_1)(x_3-x_1)$$
$$a_{21}=x_2-x_1\text{；}\quad a_{31}=x_3-x_1$$
$$a_{22}=y_2-y_1\text{；}\quad a_{32}=y_3-y_1$$
$$a_{23}=z_2-z_1\text{；}\quad a_{33}=z_3-z_1$$
$$b_{11}=x_1a_{11}+y_1a_{12}+z_1a_{13}$$
$$b_{21}=\frac{x_2^2+y_2^2+z_2^2-x_1^2-y_1^2-z_1^2}{2}$$
$$b_{31}=\frac{x_3^2+y_3^2+z_3^2-x_1^2-y_1^2-z_1^2}{2}$$

③ 建立新的坐标系。新坐标系以 O' 为原点，以向量 $\overrightarrow{O'A}$ 为新坐标系 x' 轴，以 $\overrightarrow{AB}\times\overrightarrow{AC}$ 为新坐标系的 z' 轴，再根据右手准则确定新坐标系的 y' 轴。新坐标系与基坐标系的关系如图 10-39 所示。

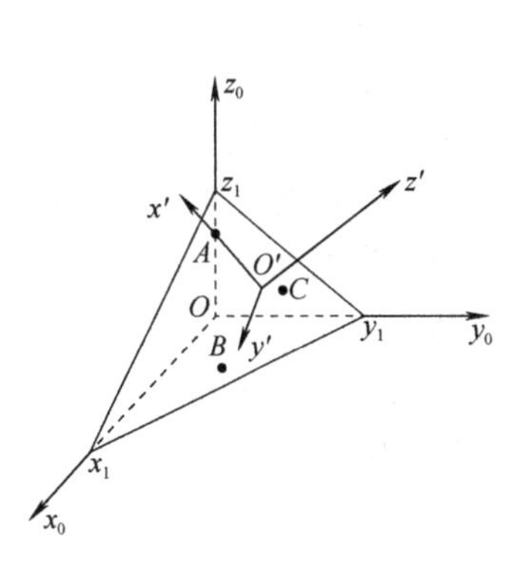

图 10-39 空间圆弧平面与基坐标关系

④ 求解笛卡儿空间的点在新坐标系与基坐标系之间的转换关系。设

$$\begin{cases} \overrightarrow{\beta_1}=\dfrac{1}{\left\|OA\right\|}(x_1-x_0,y_1-y_0,z_1-z_0) \\ \overrightarrow{\beta_2}=\overrightarrow{\beta_3}\times\overrightarrow{\beta_1} \\ \overrightarrow{\beta_3}=\dfrac{\overrightarrow{AB}\times\overrightarrow{AC}}{\left\|\overrightarrow{AB}\times\overrightarrow{AC}\right\|} \end{cases}$$

则转换矩阵 $\boldsymbol{Q}=\left[\beta_1^{\mathrm{T}},\beta_2^{\mathrm{T}},\beta_3^{\mathrm{T}}\right]$。因此，新坐标系 O' 与基坐标系 O 之间的转化关系可以表示为

$$P=QP'+\begin{bmatrix}x_0 & y_0 & z_0\end{bmatrix}^{\mathrm{T}} \tag{10-32}$$

式中，P' 为新坐标系中的位置参数；P 为基坐标系中的位置参数。

(2)在新坐标系 O' 中进行轨迹插补，具体步骤如下：设 v 为沿圆弧运动的速度，T_s 为插补采样周期，如同直线插补算法。圆弧插补同样分为三段：加速阶段、匀速阶段和减速阶段。各阶段运行时间分别为 t_1、t_2 和 t_3(求解见直线插补算法)。

① 由 A、B、C 三点求出圆弧半径 R。

② 求出总的圆心角 $\varphi=\varphi_1+\varphi_2$。

③ 设在任意时刻的角位移函数为 $\theta(t)$，且：

当 $0\leqslant t\leqslant t_1$ 时，$\theta(t)=\theta_1(t)$ 为加速阶段；

当 $t_1<t<t_1+t_2$ 时，$\theta(t)=\theta_2(t)$ 为匀速阶段；

当 $t_1+t_2\leqslant t\leqslant t_1+t_2+t_3$ 时，$\theta(t)=\theta_3(t)$ 为减速阶段。

④ 设在任意时刻 i，机器人末端执行器在新坐标系中的位置为 $P_i'(x_i',y_i',z_i')$，在基坐标系中的位置为 $P_i'(x_i,y_i,z_i)$，则有

$$x_i'=R\cos[\theta(i\cdot T_s)]$$
$$y_i'=R\sin[\theta(i\cdot T_s)]$$
$$z_i'=0$$

(3)将新坐标系 O' 中的插补点映射到基坐标系 O。

该时刻机器人末端执行器在基坐标系中的位置 $P_i(x_i,y_i,z_i)$ 为

$$P_i=QP_i'+\begin{bmatrix}x_0 & y_0 & z_0\end{bmatrix}^{\mathrm{T}} \tag{10-33}$$

需要说明的是，圆弧轨迹运动时机器人末端的姿态也会变化，因此，同样需要对机器人末端执行器的姿态进行插补。在这里，并不把姿态参数映射到新坐标系，而是在基坐标系中直接进行高次多项式插补(见直线轨迹规划中姿态插补的部分)。

由于建立的新坐标系以圆平面作为 xOy 平面，所以三点的新坐标的 z 恒为 0，即插补可以在平面上进行。关于空间位置插补，可以选择三点在新平面上对应的相角进行插补，选择的插补方法为高次多项式插补。在对位置进行插补的时候，必须同时对姿态进行插补，也就是对欧拉角进行插补，使得能在到达空间位置的时候保证达到预定的姿态。为了能保证做到这一点，必须把运动分成两部分来完成，第一部分为由点 A 运动到点 B，同时插补位置和姿态；第二部分为由点 B 运动到点 C，同时插补位置和姿态。由于三点在圆弧上的相对位置不确定，所以在差补的时候必须要考虑到这一点，使得在运动过程中没有重叠路径。得到平面上的插补点之后，可以逆用坐标转换矩阵把平面坐标映射到基坐标系中，这样就可以实现空间圆弧轨迹规划。圆弧插补计算的空间轨迹如图 10-40 所示，流程图如图 10-41 所示。

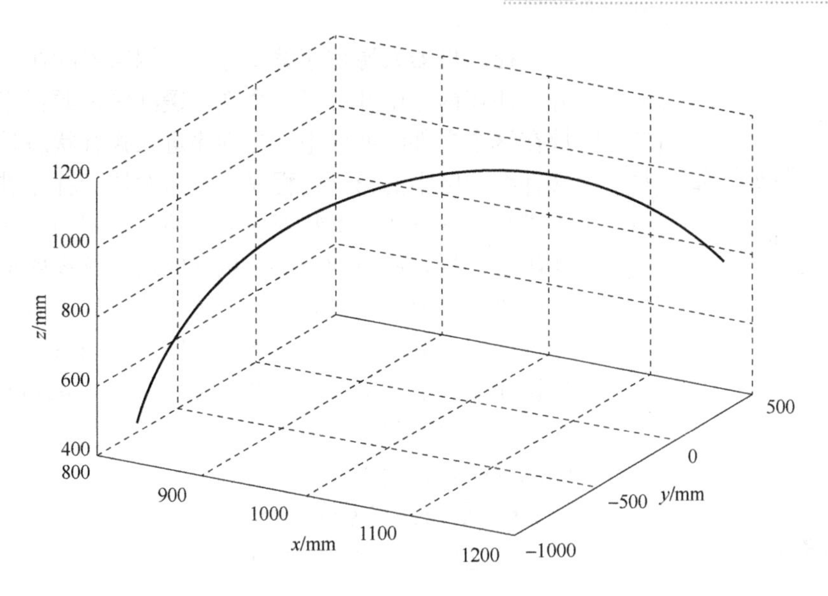

图 10-40 机器人末端执行器圆弧插补计算的空间轨迹

5. 编辑器、解释器的设计

编辑器的作用是为源程序的输入、编辑等工作提供平台。

解释与编译的区别在于：编译是指从高级语言转换为低级语言(如高级语言→汇编语言或者高级语言→机器语言，也可以是高级语言→汇编语言→机器语言)，然后对编译出来的目标程序进行运行计算。而解释是指接受某高级语言的一个语句的输入，进行解释并控制计算机执行，而且马上得到结果，然后接受一个语句，重复上述过程至源程序结束。

解释器是编程系统的核心，其主要的功能是将源程序的每行语句解释成计算机能够理解和执行的代码形式。解释器主要的组成部分有词法分析器(词法分析程序)、语法分析器(语法分析程序)和功能函数调用模块。

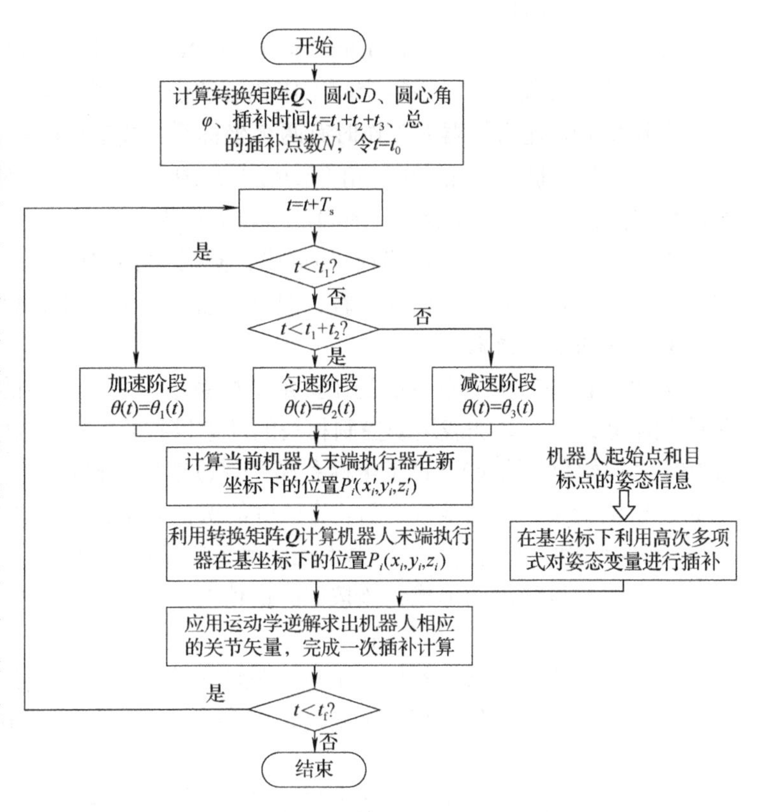

图 10-41 笛卡儿空间下圆弧插补计算流程

词法分析程序的任务是扫描源程序字符串，按照词法规则，识别出各个单词，并经其转换为相应内码形式交给语法分析程序使用。

语法分析程序的功能是组词成句，即通过语法分析，确定整个输入串是否能构成语法上正确的句子和程序等。

功能函数调用模块则实现相应的功能，需要时被解释程序调用。解释程序的工作流程如图 10-42 所示。

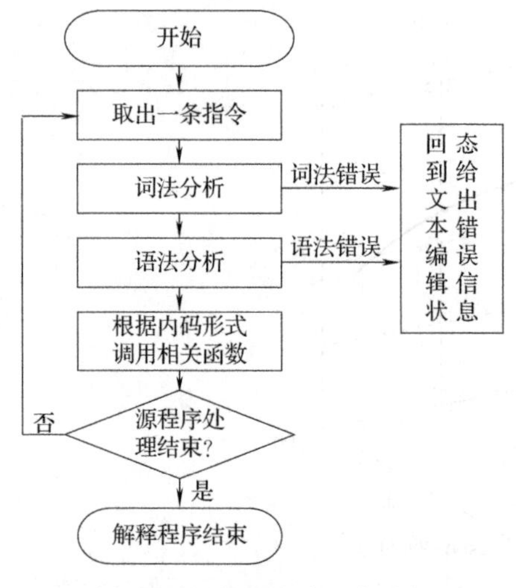

图 10-42 解释程序工作流程

控制机器人源程序编辑好后，编辑器除在界面上显示该程序外，还在内存中开辟了一个文件缓冲区，源程序的所有代码多存放在这个文件缓冲区中。当程序进入执行状态时，解释器先指向文件缓冲区中的第一行程序，然后对该行程序进行词法分析，进而进行语法分析，解释器根据前两步返回的内码，调用相应的功能函数，执行相应的功能，执行完后，解释器再指向文件缓冲区中的第二行程序，重复执行上述步骤，如此循环，直到对源程序处理结束。在上述的每一步中，若在处理某行语句时出现错误(词法错误或者语法错误)，则退回对源文件的编辑状态。用户根据相应的信息修改程序中的错误，然后重新执行程序，如此循环，直到源程序被正确执行。

6. 示教再现系统

常见的示教方法有 3 种。

(1) 直接示教，即手把手地示教。

(2) 示教盒示教。

(3) 手动数据输入(Manual Data Input，MDI)，常用于辅助示教。

示教的核心任务就是根据空间工作轨迹的需要对 6 个电机的运动进行合理的控制。

众所周知，通常机器人工作时有两个坐标系：关节空间坐标系和直角空间坐标系(笛卡儿坐标系)。前者对应的是机器人的关节角$(\theta_1,\theta_2,\theta_3,\theta_4,\theta_5,\theta_6)$，后者对应的是相对于机器人参考坐标系的 X,Y,Z,TX,TY,TZ，它们都能唯一地确定机器人末端执行器在空间的位置和姿态。有一些路径的示教适合在关节空间进行，而另一些路径(如直线、圆弧)的示教则适合在直角空间进行。因此，示教系统应该能在这两个坐标空间分别进行示教。但是机器人关节角和其驱动电机转角不存在一一对应的关系。

1) 示教服务的流程

无论是在关节坐标系下还是在直角坐标系下，示教服务的流程如下：首先要进行初始化工作，包括给伺服系统上电、加载运动控制相关的动态链接库(这一点对用户来说是透明的，只需要在开始示教前按下“初始化”按键)、设定坐标系和(示教)速度等操作；然后用户可以开始示教，按下相关的按键，当系统检测到某个按键被按下后，将该键的键值以消息的形式发给运动控制模块，运动控制模块(软件模块)将实现相关的运动；当机器人运动到所需要的位置后，用户松开按键，同样，当系统检测到某个按键松开时，以消息的形式将该按键的键值发送给运动控制模块，运动停止。

(1) 示教数据的处理和存储。

在示教过程中，若示教好一个点，就应该将相关的示教信息存储起来。机器人末端执行器在空间的每一个位置都有两组数据与之对应，即关节坐标空间的关节数据和直角坐标空间的位置信息及姿态信息。

从运动控制卡接口读出的数据只是关节坐标空间各个关节的位置数据，由这一组数据可以根据运动学正解求出相应的直角坐标空间下的位置和姿态信息，必要时，此组数据将用于再现时候的轨迹规划。因此，每一个示教点的信息包含两组数据。再现时，如果是点位方式运动，可以使用关节空间数据；而对于以连续轨迹方式再现，如果需要在两点之间进行直线或者圆弧插补，则利用另一组数据。两组数据存放在同一个文件中，当示教好一个点后需要存储数据时，按下“插入”按键，则相关的信息将存入内存文件中，需要时可以将其存储到外部存储器中。

(2) 示教文件的生成与编辑。

① 示教文件的生成：示教文件(机器人语言源文件)除包含所有的示教时存储的信息(每一个示教

点在关节坐标空间中的角度信息、在直角坐标空间中的位置信息和姿态信息)外，还包含运动到示教点的默认插补方式和默认的运动速度。生成示教文件的流程如图 10-43 所示。

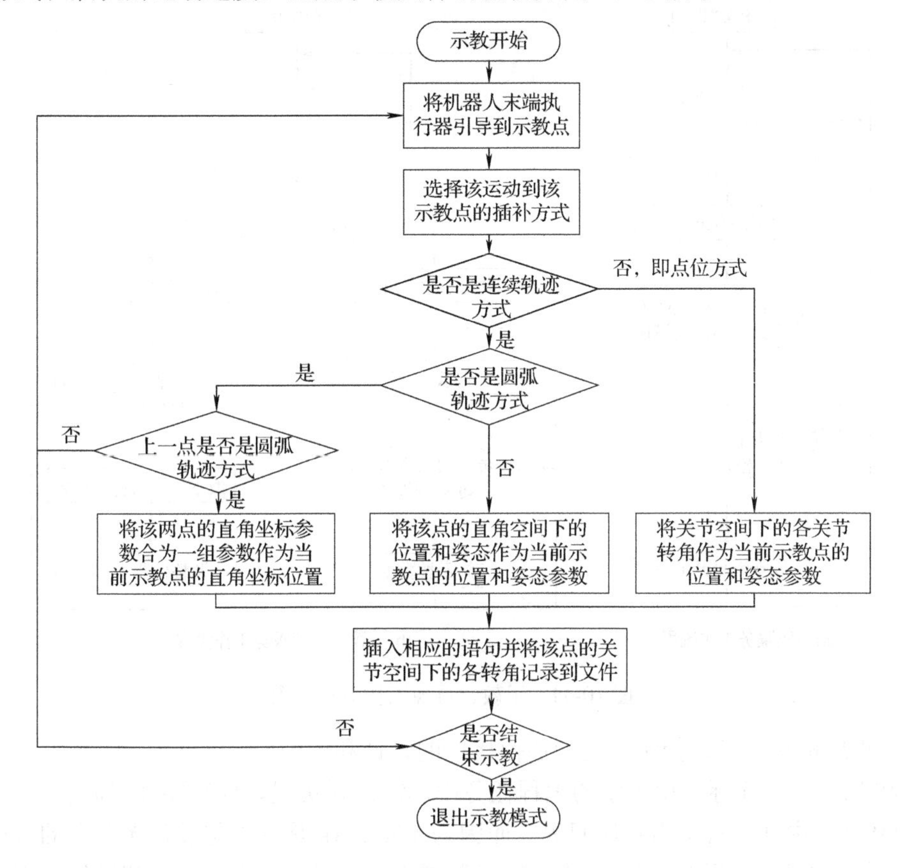

图 10-43 生成示教文件的流程图

② 示教文件的编辑：示教文件产生后，无须任何编辑即可送到解释模块解释执行，且可以得到所需的运动轨迹。但实际上常常需要对源文件进行各种编辑操作，主要有修改语句(如修改运动指令的插补方式、修改运动速度等)、删除多余的语句或者插入必要的语句以实现某些功能。

2)机器人再现系统

(1)再现系统的工作方式。

通过示教，获得了工作路径上的一些关键点。再现系统的功能就是使机器人末端执行器沿着示教路径运动，并通过示教点。

根据具体工作的要求，再现时对机器人末端执行器在示教点之间的运动可能没有空间路径的要求，也可能根据作业需要对运动轨迹做出某种要求，如需要末端执行器的运动轨迹在某两点之间是直线或者在三点之间是弧线等。

(2)示教、再现工作流程。

示教、再现系统作为软件模块是相互独立的，但是对于用户来说，它们是一个整体，用户可以通过模式切换选择系统的工作模式：示教模式或者再现(源程序的执行状态)模式。当系统初始化后，用户可以选择示教模式，示教完成并生成示教文件，对源文件编辑好后，再切换到再现模式，执行源程序；用户也可以直接选择再现模式，从外部存储器中载入机器人语言的源程序(由示教生成或手动编辑得到)直接执行。示教、再现系统作为一个整体的工作流程如图 10-44 所示。

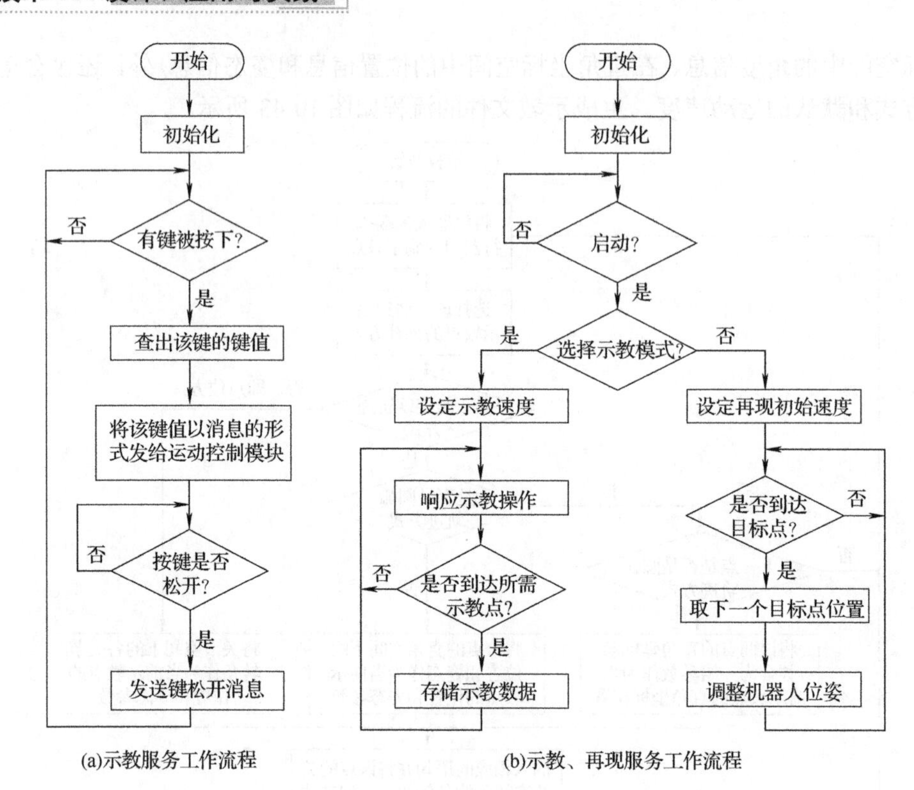

(a)示教服务工作流程　　(b)示教、再现服务工作流程

图 10-44　示教、再现工作流程框图

(3)示教、再现模块与运动控制卡之间通信接口的设计和实现。

如图 10-45 所示，在实际应用系统的编程任务中，常常要实现软件对硬件资源和内存资源的访问，如端口 I/O、DMA、中断、直接内存访问等。而因为 Windows 具有“与设备无关”的特性，不提倡与机器底层打交道，如果直接用 Windows 的 API 函数或 I/O 读写指令进行访问和操作，程序运行时往往就会产生保护模式错误甚至死机，更严重的情况会导致系统崩溃。用 DLL 技术可以解决这个问题。尽管 DLL 在 Ring3 优先级下运行，仍是实现硬件接口的简便途径。DLL 可以有自己的数据段，但没有自己的堆栈，使用与调用它的应用程序相同的堆栈模式，减少了编程设计上的不便；一个 DLL 在内存中只有一个实例，使之能高效经济地使用内存；DLL 实现的代码封装性，使得程序简洁明晰。DLL 的最大特点是 DLL 的编制与具体编程语言及编译器无关，只要遵守 DLL 的开发规范和编程策略，安排正确的调用接口，不管用何种编程语言编制的 DLL 都具有通用性。

首先基于运动控制卡及其他设备的驱动建立一个函数库，该函数库向应用程序提供一组标准服务，通过此函数库的访问即可实现用户所需功能，同时该函数库将应用程序与底层软硬件隔离。本结构中将基于函数库的各软件模块进行分类，分别为运动操作类、算法操作类、总线设备操作类等。

① 运动操作类。运动操作类完成机器人运动操作的软件实现。示教模块通过再现示教得到运动任务，机器人语言输入与解释模块通过机器人语言得到运动任务，运动任务包含目标点、运动速度、插补方式等信息。规划与插补模块根据运动任务完成任务规划、轨迹规划和轨迹插补，得到机器人轨迹再现点序列。再现模块启动运动控制卡再现程序，并将再现点序列顺序送入 DPRAM，供 PMAC 读取并控制机器人完成相应运动。位置、速度、加速度采集模块完成机器人各轴或末端的位置、速度、加速度信息采集及信息显示。

② 算法操作类。算法操作类包括内置 PID 参数修改模块和用户伺服算法模块。PID 参数修改模块调用 Delta 公司提供的 DLL，提供图形化人机接口，使用户能够对 PMAC 上 PID 算法各参数进行实时调整。用户伺服算法模块完成用户算法在系统中的实现，首先使用摩托罗拉 DSP 汇编语言进行用户伺

服算法编写，然后经编译转换后生成目标文件，最后通过 PAMC 提供的接口将目标文件下载到运动控制卡中。

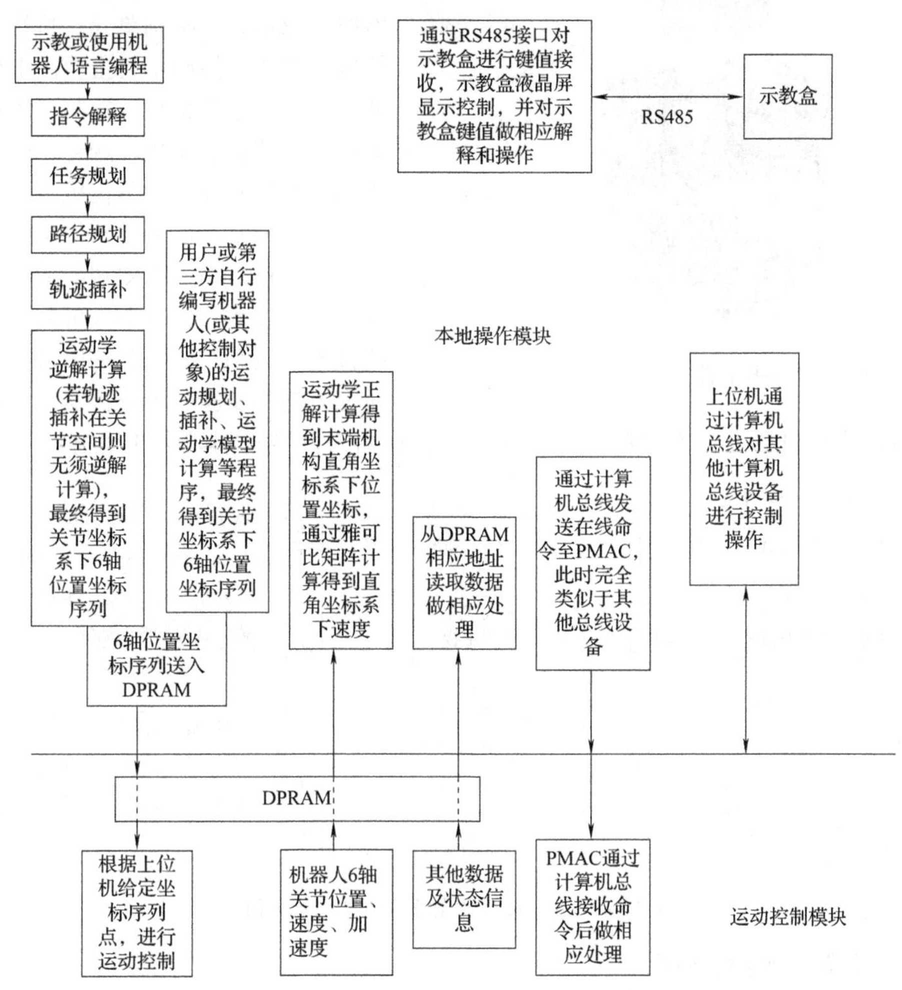

图 10-45 本地操作模块和运动控制模块的设计

③ 总线设备操作类。I/O 设备操作模块完成系统内 I/O 量的读写和逻辑控制，如报警、上电允许、运行灯、继电器控制等。传感器设备操作模块完成系统内传感器信号的采集，如电流、电压等。其他总线设备操作模块完成其他扩展总线设备的操作。

10.3 MT-R 智能型移动机器人设计实例

近年来，随着科学技术进步和社会发展需要，移动机器人技术发展很快。从日常家用的服务机器人到巡逻排爆的安全机器人，移动机器人的研究及应用范围在不断地拓展。其研究涉及机械工程、计算机、传感器、机器视觉、自动控制、人工智能等诸多科学领域。可以说，移动机器人将环境感知与信息融合、动态决策与路径规划、运动控制与任务执行等多种功能融于一身。移动机器人技术发展是一个国家科技水平和工业自动化程度的重要体现。

10.3.1 组成与功能

上海英集斯自动化技术有限公司通过对智能机器人系统市场需求及技术发展的分析，研制出具

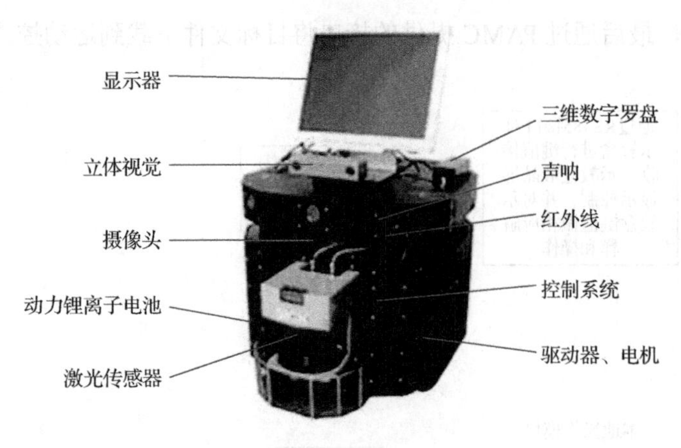

图 10-46 MT-R 智能型移动机器人

有自主知识产权的 MT-R 智能型移动机器人，如图 10-46 所示。该机器人主要由能源单元、网络传感单元、控制单元、执行单元 4 个单元构成。其中，控制单元主要由上位机嵌入式工业级主板和下位机运动控制卡组成，上位机主要用于传感信息采集，融合、网络通信、机器规划以及控制算法；下位机主要用于对机器人进行运动控制及部分传感信息的控制、处理。

图 10-47 为 MT-R 智能型移动机器人可研究的相关技术。该机器人可完成视觉技术、网络技术、运动控制及算法以及多传感器技术等研究方向的实验。针对机器人竞赛，该研究平台还满足各种国内外机器人竞赛的要求，如 RoboCup(机器人世界杯)中型组的竞赛。

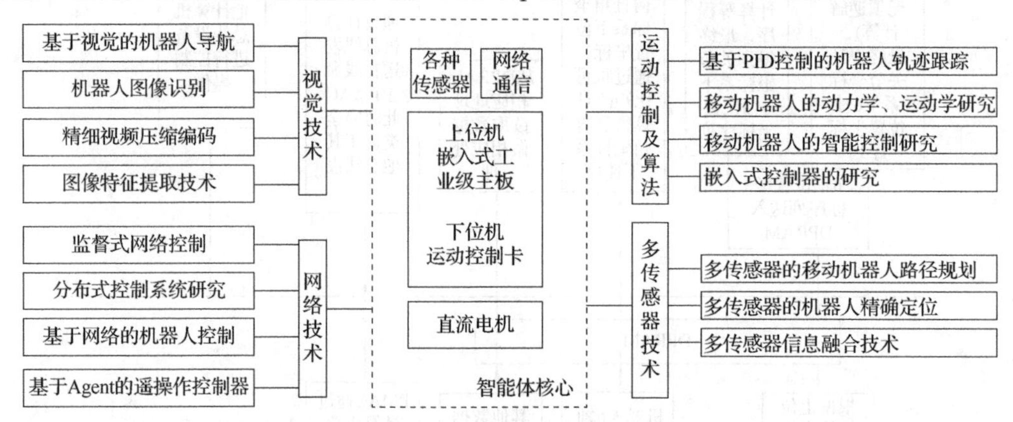

图 10-47 MT-R 智能型移动机器人相关技术

10.3.2 设计参数与性能指标

机器人设计参数与性能指标反映了机器人所能胜任的工作和具有的最高操作性能，是选择和设计机器人首要考虑的问题。本节考虑到所要研制的智能型移动机器人以能参加 RoboCup 等要求为设计依据，确定了 MT-R 智能型移动机器人的主要设计参数与性能指标，见表 10-6。

表 10-6 MT-R 智能型移动机器人设计参数与性能指标

项目	设计参数与性能指标
本体	
架构	三层模块结构，两层系统架构
尺寸	49.0cm×48.0cm×49.0cm
重量	35kg
重心离地高度	15cm
能源	
电池	24V、20A·h 聚合物动力锂离子电池(一组)
外接电源	DC 24V、21A 外接电源
充电时间	4.5h
运行时间	3h
电源控制板	欠压保护、过流保护、声光报警、反接保护、自动切换外接电源
运动特性	
电机	24V、70W 高性能空心杯 Maxon 电机(两个)
电机驱动器	供电电压：18～36V，提供过热、过流保护，实现电流闭环控制
运动控制卡	DSP+CPLD 结构，可完成 3 路以上电机伺服控制，主机采用 CAN、串口等联系方式

续表

项目	设计参数与性能指标
减速比	33∶1 行星齿轮减速器
执行结构	两轮差动驱动(采用聚氨酯实心轮胎)
最大速度	2.5m/s，高速急停时无点头现象
推力	10kg
运动地形	室内地板、地砖、地毯
电子及传感器	
声呐	即插式收发一体超声测距传感器(6 个)，工业级反射式，有效距离为 20～700cm，发射角为 15°，输出实际距离，典型精度为 1cm
PSD	远红外 PSD(6 个)，模拟量输入，有效距离为 8～80cm，可以自动获取物体距离值，典型精度为 1%
编码器	500 线正交编码器，四倍频处理
计算机	嵌入式工业级主板，采用 Intel PM1.8GB 低功耗、高速处理器；SATA 80GB 高速硬盘，DDR 512MB 内存；6 个串口(包括 485/422 通信接口)，8 个独立 USB 接口，双通道 RTL8110S 自适应以太网口、PCI、PC/104 插槽
图像采集	四通道实时图像采集卡
无线通信	802.11g 54MB 无线网卡
A/D	可外接 32 路 A/D(0～5V)(16 路入/16 路出)
最大接口	1PCI/8USB2.0/6COM
摄像机	130 万像素、30 帧/s，USB 接口
电子扩展	扩展 14 个声呐、14 个 PSD、16 路模拟信号、16 路 DO/DI
电源扩展	专用 5V(20A)、12V(5A)、24V(5A)的独立电源接口组
软件	
开发系统	主流操作系统 Windows2000/XP
开发语言	VC++
函数库	运动控制、网络控制、图像处理、语音识别、语音采集、运动目标跟踪、人工智能、机器人导航、人脸识别、模数转换、测距、多路图像采集及处理、RoboCup 专用踢球、图像采集、多目标信息采集、跟球、网络通信、裁判盒程序

10.3.3　系统总体结构方案设计

机器人系统总体结构方案设计对机器人性能起着至关重要的作用，MT-R 智能型移动机器人采用完全开放式的系统结构，分为上下两级协同完成对机器人的控制，合理的模块化设计、有效的任务划分、标准化的开放式开发环境不仅方便安装、维护和二次开发，而且提高了系统的可靠性。MT-R 智能型移动机器人系统结构设计原理如图 10-48 所示。

10.3.4　运动学及动力学分析

从控制论的观点来看，移动机器人是一个极为复杂的被控对象。执行机构的机械误差、自身质量和转动惯量、现场地面情况、轮胎充气程度、轮胎与地面打滑情况等诸多因素都会对移动机器人的力学特性产生影响。另外，机器人的速度与方向之间还存在耦合问题，因此移动机器人可以看作一个非线性、强耦合的系统。建立一个能够反映系统特性简单而又实用的数学模型，对于移动机器人设计和控制以及建立系统仿真环境，都具有十分重要的意义。

1. 轮式移动机器人运动学模型

对于轮式移动机器人，考虑到车体的复杂性，可以将整个移动机器人的车体近似地看作一个刚体，车轮看作刚性轮。目前轮式移动机器人多为三轮移动机构，三轮移动机构主要有三种简化驱动方式。

(1) 前/后轮为驱动轮同时起到方向轮的作用，后/前轮为从动轮。此种驱动方式虽然转弯半径可以从零到无穷大连续变化，但是结构复杂。

(2) 前/后轮为方向轮，后/前轮为独立的驱动轮。此种驱动方式不但转弯半径可以从零到无穷大连续变化，而且结构比较简单。

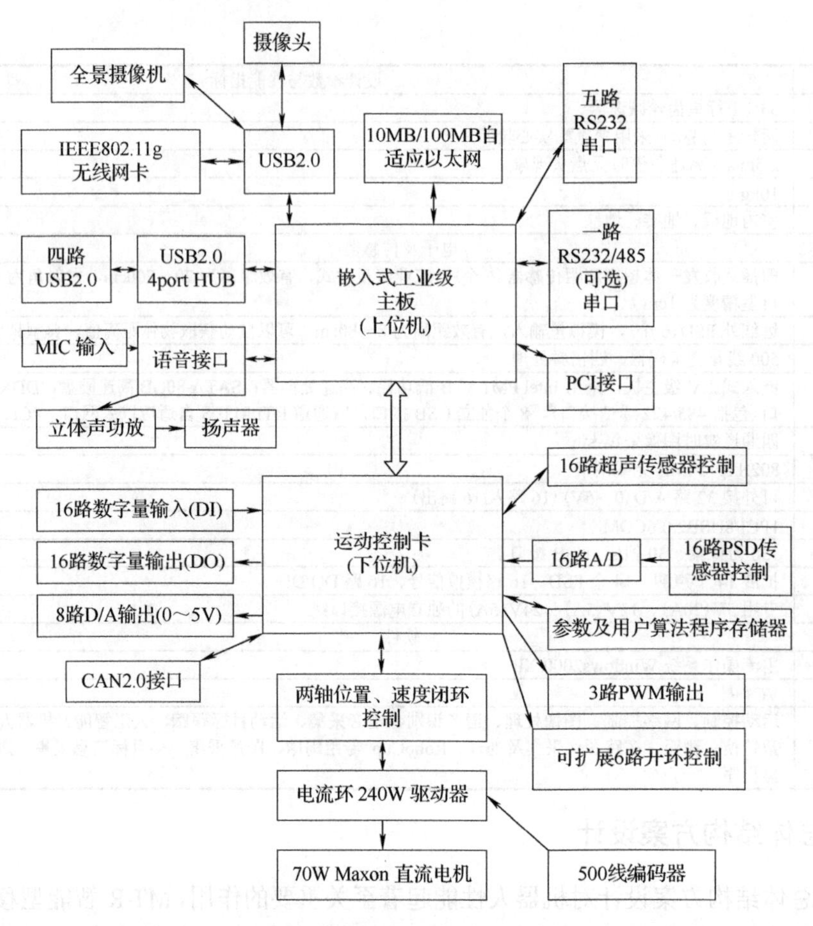

图 10-48　MT-R 智能型移动机器人系统结构设计原理

(3) 前/后轮为方向轮，后/前轮通过差动齿轮驱动。该驱动方式结构复杂、造价高。

综合上述三种驱动方式的优缺点，MT-R 智能型移动机器人采用第二种驱动方式。因此以后轮为方向轮、前轮为独立的驱动轮为例建立数学模型，如图 10-49 所示。

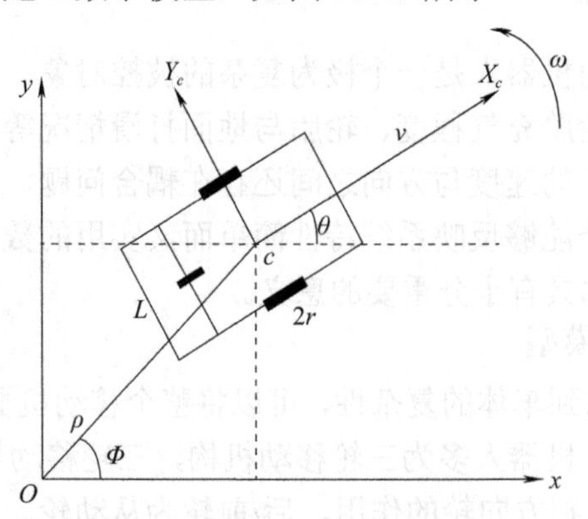

图 10-49　MT-R 驱动结构及运动坐标系

考虑图 10-49，首先对 MT-R 作如下假定：①刚性车体在水平面运动；②车轮与地面之间为库伦摩擦；③机器人的重心在其几何中心上。由运动学和动力学方程可得

$$\begin{bmatrix} \mathring{x} \\ \mathring{y} \\ \theta \end{bmatrix} = \begin{bmatrix} \cos\theta & 0 \\ \sin\theta & 0 \\ 0 & 1 \end{bmatrix} \cdot \begin{bmatrix} v \\ \omega \end{bmatrix} \tag{10-34}$$

$$v = \frac{v_R + v_L}{2} \tag{10-35}$$

$$\omega = \frac{v_R - v_L}{L} \tag{10-36}$$

式中，$\mathring{x}$、$\mathring{y}$、θ 分别为机器人的重心在其几何中心的位置和夹角；v、ω 分别为机器人质心 c 的瞬时线速度和角速度；v_L、v_R 分别为机器人左右轮速度向量；L 为机器人两轮之间的长度，即有

$$\begin{cases} \mathring{x} = v \cdot \cos\theta = \dfrac{(v_R + v_L) \cdot \cos\theta}{2} \\ \mathring{y} = v \cdot \sin\theta = \dfrac{(v_R + v_L) \cdot \sin\theta}{2} \end{cases} \tag{10-37}$$

设时间区域为 $[0,t]$，状态变量 x, y, θ 的初始值分别为 x_0, y_0, θ_0，则对式(10-37)积分得

$$\begin{cases} x = x_0 + \displaystyle\int_0^t \frac{(v_R + v_L) \cdot \cos\theta}{2} \cdot dt \\ y = y_0 + \displaystyle\int_0^t \frac{(v_R + v_L) \cdot \sin\theta}{2} \cdot dt \\ \theta = \theta_0 + \displaystyle\int_0^t \frac{(v_R - v_L)}{L} \cdot dt \end{cases} \tag{10-38}$$

图 10-50 为基于 MATLAB 环境下 MT-R 两轮差动驱动的仿真曲线。

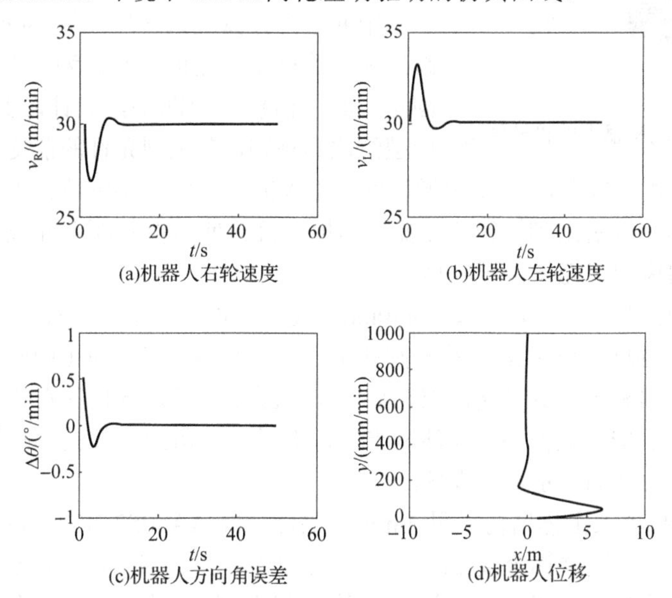

图 10-50　MT-R 两轮差动驱动仿真曲线

2. 轮式移动机器人动力学模型

如图 10-49 所示，驱动电机加载在每个后轮上的转矩为 T，后轮受到的地面摩擦阻力为 f_i，后轮质心的移动速度分别为 v_1、v_2，其质量为 m，车轮半径为 r，车轮对轮心的转动惯量为 J_0，移动机器人的方向轮相对于车体纵轴的旋转角度为 α，移动机器人的车体纵轴与 x 轴的夹角为 β。每个后轮的

动力学方程为

$$\begin{cases} T - f_i r = J_0 \dfrac{\mathrm{d}^2\theta}{\mathrm{d}t^2} \\ f_i = m\dfrac{\mathrm{d}v_i}{\mathrm{d}t} \\ v_i = r\dfrac{\mathrm{d}\theta}{\mathrm{d}t} \end{cases}, \quad i=1,2 \tag{10-39}$$

10.3.5 机械系统设计

1. 机械结构

MT-R 智能型移动机器人为 3 层结构：底盘动力系统层、计算机系统层、传感及运动控制系统层，各层用 4 根定位支撑柱连接固定，如图 10-51 所示。从外观上看可分为两层，底盘动力系统层和传感及运动控制系统层被外壳包容在一起。整机三点支撑，前面有两个驱动轮，后面有一个万向轮用于平衡，机体宽度为 480mm，总长为 490mm，高度为 490mm。

图 10-51 MT-R 智能型移动机器人的机械结构

底盘动力系统层装有电机、驱动器和电池，并可以扩展踢球装置，高度为 150mm。底盘后部安放聚合物动力锂离子电池，两个主动轮安装在底盘前部，差速驱动，轮子采用聚氨酯轮免充气轮胎，主动轮直径为 194mm，两轮间距为 401mm，轮轴中心线距整机最前端 190mm，距盘球前端面 118.5mm；一个从动轮安装在底盘后部中间，为自制不锈钢万向脚轮，耐磨尼龙轮体，轮径为 50mm，从动轮轴线与主动轮轴线最大距离为 282.5mm，底盘离地高度为 54mm。

中间层为计算机系统层，高 136mm，机体的底盘动力系统层和计算机系统层前后左右为可拆卸的包络外壳，用螺钉固定。其中前板向内凹陷，设计时其尺寸参考了 RoboCup 中型组比赛规则，在规则允许的前提下最大限度地具备好的盘球功能；计算机主板水平放置，ATX 电源放置在主板侧边，硬盘架空放在主板后方；机箱两侧面开孔，开关、按钮及接插口等引出到机箱侧面操作面板；机箱前后板斜面上开散热孔、扬声器孔，机箱整体靠 4 个强力风扇通风和铝壳体传导散热。

上层为传感及运动控制系统层，为长度 490mm、宽度 480mm、高度 78mm 的四周对称的 12 边形。顶箱各侧面圆周开 14 个圆孔和方孔，方孔与圆孔中心上下共线；在前面正中圆孔和左右相邻各两个圆孔共安装 5 个超声传感器和 5 个红外传感器，后面正中圆孔和下方方孔各安装 1 个超声传感器和 1 个红外传感器；顶箱面板上安装摄像头、无线网卡等，面板上预留的螺纹孔可扩展安装全景摄像头、立体视觉、三维数字罗盘、液晶显示器等设备。

MT-R 智能型移动机器人主体结构采用 3mm 厚铝合金板 AA5052-H32；机器人轮毂、轮盘、支撑柱等一些承力部件采用高强度硬铝合金 LY-12；底盘受力较大，采用不锈钢 SUS304。机械连接用的连接定位螺栓、连接柱及螺钉、螺母、垫圈等全采用不锈钢材料；箱体用铝合金板加工，工艺方法采用数控线切割裁剪、割孔，数控折弯钣金加工和焊接成型；承力结构零件采用数控机床加工成型；表面处理采用先喷砂处理然后阳极氧化的工艺。

2. 电机特性

MT-R 智能型移动机器人使用两只瑞士 Maxon 公司生产的 RE36 型功率 70W 的空心杯转子直流电机。该电机采用高磁能积的稀土钕铁硼磁钢、空心杯转子、石墨电刷、CLL（电容熄弧长寿命）技术，具有体积小、效率高、惯量低、寿命长的优势，并具有加速性能高、电磁干扰小、线性的电压、线性的负载、转矩波动小、可短时过载、结构紧凑的技术特点。RE36 电机性能参数如表 10-7 所示，特性曲线如图 10-52 所示。

表 10-7　RE36 电机性能参数

序号	参数	单位	数值	序号	参数	单位	数值
1	额定功率	W	70	12	最大输出功率	W	119
2	额定电压	V	24	13	最大效率	%	84
3	空载转速	r/min	6610	14	转矩常数	mN·m/A	25.5
4	堵载转矩	mN·m	730	15	速度常数	r/min·V	375
5	速度/转矩斜率	(r/min)/(mN·m)	9.23	16	机械时间常数	ms	6
6	空载电流	mA	153	17	转子惯量	g·cm^2	60.2
7	堵载电流	A	28.6	18	电机电感	mH	0.10
8	电机电阻	Ω	0.628	19	机壳到环境的热阻抗	K/W	6.4
9	最大允许转速	r/min	8200	20	转子到机壳的热阻抗	K/W	3.4
10	最大连续电流	A	3.18	21	绕组的热时间常数	s	38
11	最大连续转矩	mN·m	81.0				

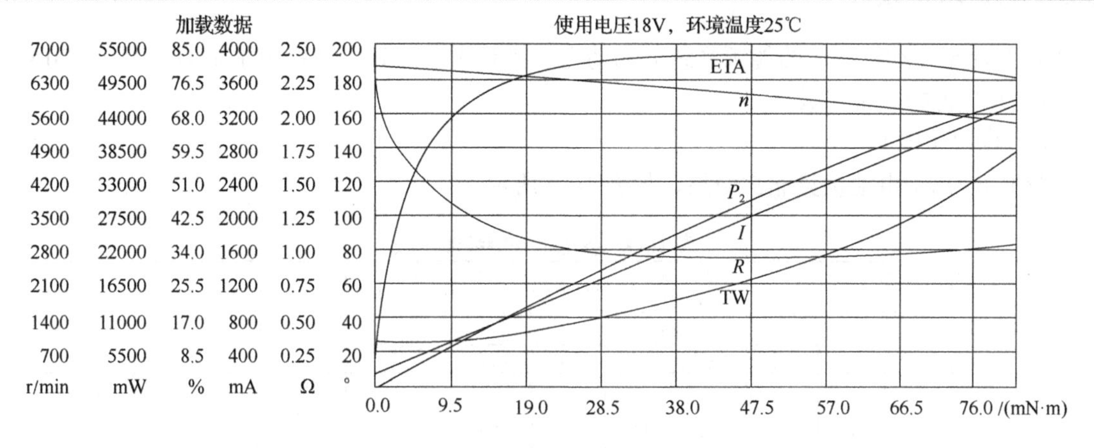

图 10-52　RE36 电机特性曲线

3. 齿轮减速器特性

为获得更大的转矩和相对较低的速度，MT-R 智能型移动机器人动力系统中使用两只 Maxon 公司生产的 GP32A 型行星齿轮减速器与 RE36 型直流电机配套。该型减速器为二级行星齿轮减速器，具有传递转矩大、性能高、尺寸小、输入齿轮与输出齿轮同轴的特点。GP32A 减速器特性参数如表 10-8 所示。

表 10-8　GP32A 减速器特性参数

序号	参数	单位	数值	序号	参数	单位	数值
1	减速比		33∶1	11	减速器长度	mm	36.3
2	精确减速比		529∶16	12	输出轴材料		不锈钢
3	减速级数		2	13	输出端轴承		滚珠轴承
4	输出的最大连续转矩	N·m	2.25	14	径向间隙	mm	Max0.14
5	允许瞬间输出转矩	N·m	3.4	15	轴向间隙	mm	Max0.4
6	输入输出旋转方向		相同	16	最大允许径向载荷	N	140
7	最大效率	%	75	17	最大允许轴向载荷	N	120
8	重量	g	162	18	最大允许安装力	N	120
9	平均升温	°	0.8	19	推荐输入转速	r/min	<6000
10	惯量	g·cm^2	0.8	20	推荐温度范围	℃	−15～80

4. 机械结构

MT-R 智能型移动机器人的机械结构如图 10-53 所示。

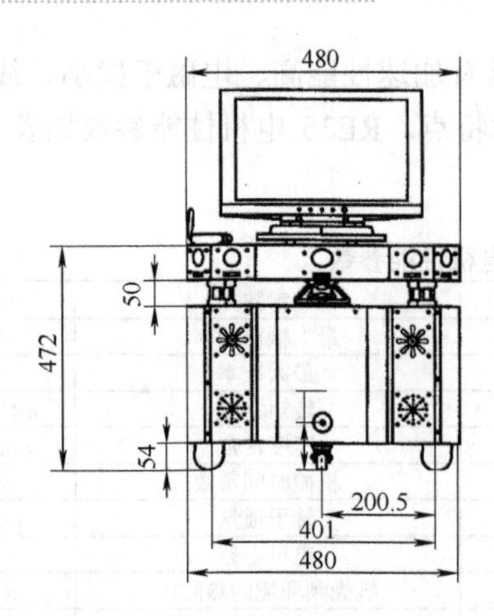

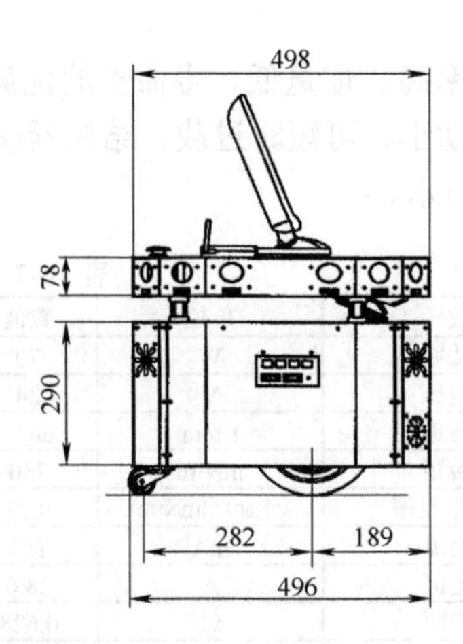

图 10-53 MT-R 智能型移动机器人的机械结构（单位：mm）

10.3.6 能源系统设计

MT-R 智能型移动机器人的能源系统分为动力和控制两个部分，分别由 1 组 DC 24V、20A·h 动力锂离子电池和电源控制板组成。

1. 动力锂离子电池

采用动力锂离子电池优势非常明显，如表 10-9 所示。

表 10-9 各电池性能参数比较

电池类别	公称电压/V	主要性能							使用成本 USD/h	评价	
		能量密度/(W·h/L)			功率密度/(W·h/kg)		寿命/次			优点	缺点
		理论	现状	将来	现状	将来	现状	将来			
铅酸电池	2	120	65	70	35	80	400	1000	0.3	可靠性高；价格低；工艺成熟；可密闭	能量密度低；过充过放电弱；低温影响输出
镍镉电池	1.2	240	150	210	60	80	500	1000	1.9	能量密度高；能快充电；可密闭；寿命长	材料成本高昂；Cd 对人体有害；怕高温充放电
镍氢电池	1.2	280	170	210	70	80	1500	2000	2.1	能量密度高；功率密度高；长寿命	Ni 稀少昂贵；价格高；怕高温充放电
液态锂离子电池	3.6	1000	120	400	100	360	500	3000	3.6	电压高；能量密度极高；功率密度极高	成本高；安全性差；怕过充电
固态锂聚合物电池	3.6	900	200	500	200	350	500	5000	5	能量密度高；功率密度高；电压高；不怕过充电；耐高温放电	生产工艺复杂；成本极高；单体容量小
动力锂离子电池	3.7	900	330	600	165	300	500	1000	2	能量高；功率密度高；安全可靠性高；成本低、工艺简单、产业化性能好	-25℃以下对电池充放电困难

2. 电源控制板

电源控制板结构如图 10-54 所示。

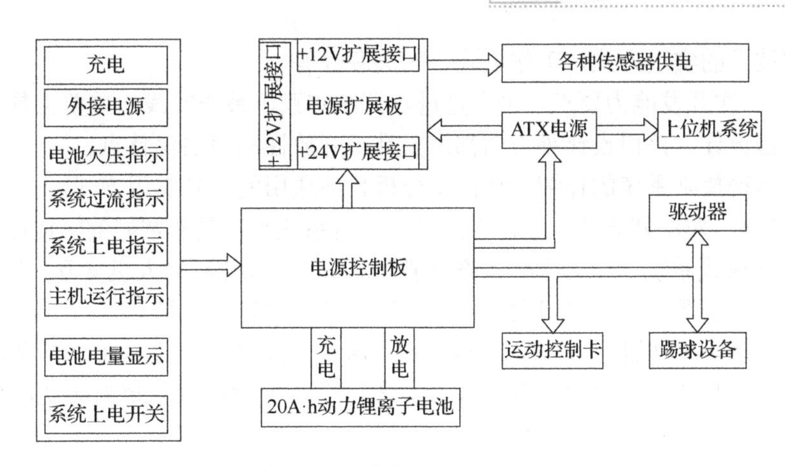

图 10-54　电源控制板结构图

电源控制板在 MT-R 智能型移动机器人中主要有以下功能。

(1) 优先级选择：系统默认为外接电源供电优先级高于电池供电优先级，当外接电源有+24V 输入时，电源控制板具备外接电源与电池供电之间的无缝切换，降低电池使用率，延长电池寿命。

(2) 过流保护：当系统稳定运动电流达到某一峰值电流时，系统具备过流保护功能，防止烧毁设备。

(3) 欠压保护：当电池放电到一定电压后，系统具备欠压保护及报警功能。

(4) 电池电量显示。

10.3.7　控制系统设计

机器人控制系统作为机器人系统的核心，它包括对机器人语音、图像、网络、运动及其他传感设备的控制，MT-R 智能型移动机器人控制系统主要由上位机（嵌入式工业级主板）和下位机（运动控制卡）组成。

1. 上位机（嵌入式工业级主板）控制系统需求分析

智能型移动机器人需要集图像、语音、网络、运动及传感于一体，概括起来，上位机控制系统的核心需求或功能如下。

(1) 控制系统的稳定性、可靠性、开放性、通用性、可扩展性。

(2) 良好的人机界面、可操作性及易上手。

(3) 能兼容语音、图像、网络及各种标准总线。

(4) 能满足各种机器人比赛的需求。

综合以上分析，选择嵌入式工业级主板作为上位机控制系统，从稳定性、可靠性及功能需求各方面都满足了以上需求分析，其控制系统结构如图 10-55 所示。

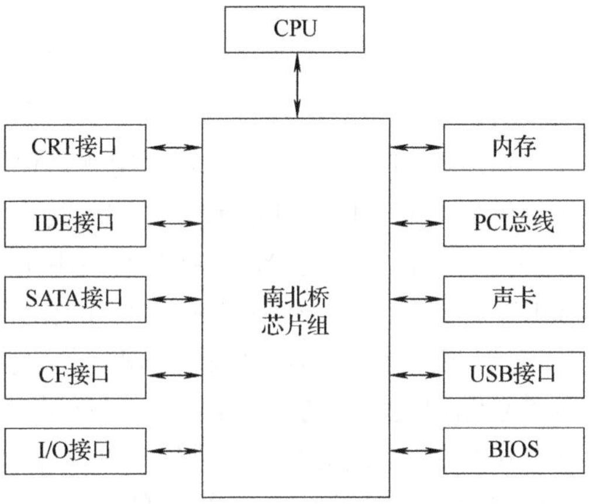

CPU
CRT接口
IDE接口
SATA接口
CF接口
I/O接口
南北桥芯片组
内存
PCI总线
声卡
USB接口
BIOS

图 10-55　上位机控制系统结构图

2. 下位机（运动控制卡）控制系统需求分析

机器人运动控制系统有多种实现方式，而其核心需求不止是带动电机运转，实现简单的闭环。MT-R 智能型移动机器人运动控制系统的核心需求或者功能如下。

(1) 作为学习运动控制系统的一个平台，要求运动控制系统能够把运动控制系统的基本实现方式、控制方式、运动过程、参数调节、典型系统、典型算法等体现出来。

(2) 运动控制系统必须综合当前最为先进的技术，是进行技术学习、算法验证的最佳平台，需模块化地呈现这些关键技术的实现方式、工作方式、相关联性等。

(3)运动控制的二次开发能力要求。平台是进行算法实践、系统实践的重要工具，在通信、电子设计、软件设计、电源设计、接口设计等方面都需要具备开放性和模块化特点。

为此，在得到运动控制系统的详细设计前，分析目前通用的控制实现方式。

(1)计算机+转接板+驱动器方式。这种方式对于专用系统来说是非常好的，具有速度快、处理能力强的特点，但作为开放式系统、学习平台，在计算机担负很多功能(如人机交互、图像处理等)时，这种方式就会被实时性、资源利用率等问题影响，所以不是一种好的选择。

(2)上位计算机+DSP 多轴控制卡+驱动器方式。这种方式将运动控制系统的规划+伺服闭环+放大器有层次、模块化地体现出来，同时伺服闭环的方式可选、参数可调节都为运动控制系统算法的实现提供便利。

(3)智能伺服模块。目前这是一个趋势，很多厂家在这方面进行了尝试，但概括起来，这种实现方式是前一种运动控制实现方式的缩减版本，在专用性上有独特之处，但是在方便学习内部结构、扩展性这些方面还是比较欠缺的。

通过以上深入分析，本书选择 DSP 多轴控制卡作为机器人下位机的运动控制系统，系统结构如图 10-56 所示。

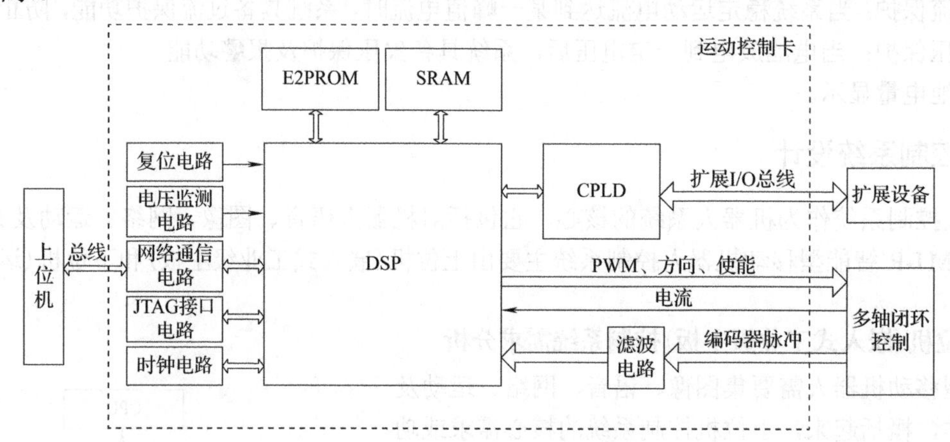

图 10-56 运动控制卡系统结构图

运动控制卡的核心处理器采用德州仪器(简称 TI)公司的 2000 系列 DSP 芯片，它是一种专门针对控制领域而开发的高性能 DSP 芯片。其主要特点为：采用高性能静态 CMOS 技术，降低了控制器功耗；独特的事件管理器模块，包括系统通用定时器、脉冲宽度调制(PWM)通道、捕获单元、正交编码脉冲(QEP)单元，正交编码脉冲单元可对光电编码器输出的相位相差 90° 的 A、B 两路脉冲信号进行鉴相和四倍频；模数转换(ADC)模块；串行外设接口(SPI)模块；串行通信接口(SCI)模块；CAN 控制器模块；可单独编程或复用的通用 I/O。为了满足机器人大量扩展传感器的需要和减少处理器外围数字逻辑器件的使用数量，该运动控制卡采用复杂可编程逻辑器件(CPLD)来扩展 DSP 的 I/O 端口和实现外围数字逻辑电路设计。采用 CPLD 不仅增强了运动控制卡的扩展性，还增加了电路板的可靠性和设计灵活性，其在线可编程特性使得数字逻辑电路设计如同软件设计一样简便。

除 DSP 和 CPLD 之外，运动控制卡还包括复位电路、时钟电路、电压监测电路、JTAG 接口电路、外部扩展存储器 E2PROM 和 SRAM 等。

10.3.8 驱动系统设计

机器人的前后左右移动要求电机能够实现调速及正反转，这就需要使用可逆 PWM 系统。可逆 PWM 系统分为单极性驱动和双极性驱动。单极性驱动是指在一个 PWM 周期里，电动机电枢的电压极性呈单一性(正或者负)变化。双极性驱动是指在一个 PWM 周期里，电动机电枢电压极性呈正负变化。由于单极性驱动较易于实现，该驱动系统采用单极性 H 桥方式来驱动电机。

单极性 H 桥驱动电路原理如图 10-57 所示，H 桥驱动电路主要由 4 个 VMOS 管组成，当电机正转时，要求 B2 导通，B1 截止，调节 A1 的输入信号 H01 的占空比实现对电机的调速，A2 的输入波形则要求与 A1 的输入波形反向；同理，当电机反转时，要求 A2 导通，A1 截止，通过对 B1 输入信号 H01 占空比的调节实现对电机的调速；B2 的输入波形则要求与 B1 的输入波形反向。

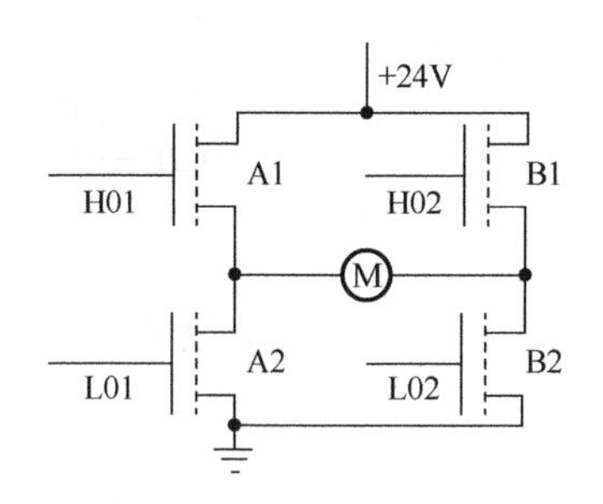

图 10-57　单极性 H 桥驱动电路原理图

基于以上的分析，该驱动系统采用对 PWM 信号、使能信号、方向信号的控制来控制电机，具体结构如图 10-58 所示。

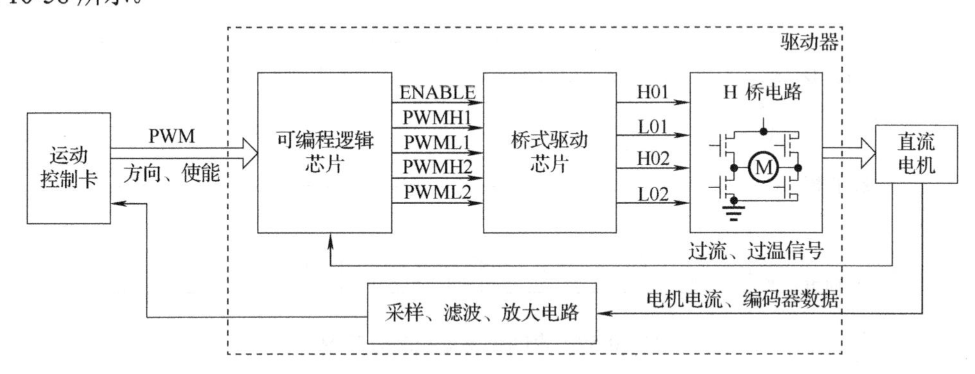

图 10-58　机器人驱动系统结构图

10.3.9　传感系统设计

任何种类的自主系统最重要的任务之一是获取关于其环境的知识，这是由不同的传感器感受测量并从测量中提取有意义信息而实现的。用于移动机器人的传感器种类广泛，有些传感器只用于测量简单的值，如机器人电子器件内部温度或电机转速，而其他更复杂的传感器可以用来获取关于机器人环境的信息甚至直接测量机器人的全局位置。MT-R 智能型移动机器人着重于提取有关机器人环境信息的传感器。因为机器人四处移动，它常常碰见未预料的环境特征，所以这种感知显得尤为重要。

在 MT-R 智能型移动机器人本体中具备编码器、温度、声呐、远红外线、CCD 摄像机等传感设备，可扩展的传感器包括立体视觉、全景视觉、两自由度云台、三维数字罗盘、陀螺仪、激光、GPS、加速度计等传感设备。

1. 声呐传感器

MT-R 智能型移动机器人可以安装 14 个声呐传感器，默认配置是 6 个声呐传感器，有效探测距离为 20cm～7m。

1) 声呐传感器工作原理

声呐传感器的测距工作原理如下：声呐激发出一束很窄的超声波在空气中传播，当遇到障碍物时，超声波返回。根据超声波的传递时间就能准确地计算出障碍物的相对距离。

MT-R 智能型移动机器人采用的是集成声呐传感器，它的特点是集成度高、使用简单、可靠性好，其控制时序如图 10-59 所示。

先将声呐的 INIT 信号拉到高电平，此时声呐换能器将激发出超声波。当超声波遇到障碍物时，超声波将返回，声呐传感器检测到回波信号后，将 ECHO 置为高电平。可以计算障碍物的距离：障碍物的距离=(INIT 高电平时间−ECHO 高电平时间)×声呐速度/2。

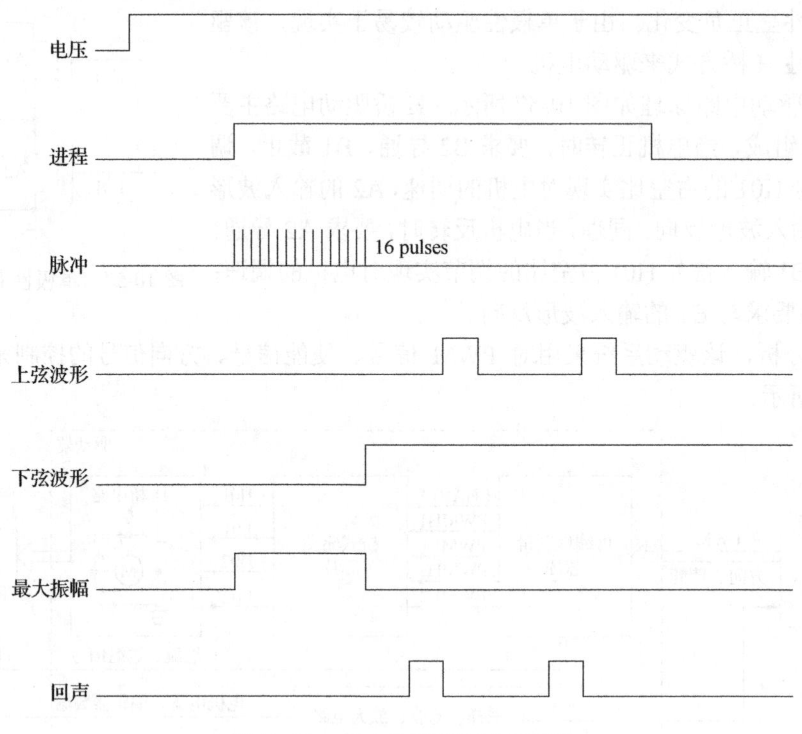

图 10-59 声呐传感器控制时序图

2）声呐测距模块参数

声呐传感器的测量范围为 20cm～7m；

声呐传感器的测量精度为±5%；

声呐传感器的测量频率为 20Hz。

声呐测距可以由用户选择不同的激发方式：可以选择单个声呐轮流测量，也可以选择任何几个声呐同时测量。

2. PSD

PSD（Position Sensitive Detector）是一种对入射光位置敏感的光电器件。当入射光照在器件感光面的不同位置时，PSD 将输出不同的电信号。通过对此输出电信号的处理，即可确定入射光点在 PSD 器件感光面上的位置。PSD 可分为一维 PSD 和二维 PSD。一维 PSD 可以测定光点的一维位置坐标，而二维 PSD 则可以检测出光点的平面位置坐标。

1）PSD 工作原理

应用 PSD 进行距离测量利用了光学三角测距的原理。如图 10-60 所示，光源发出的光经透镜 L_1 聚焦后投向待测体的表面。反射光由透镜 L_2 聚焦到一维 PSD 上，形成一个光点。若透镜 L_1 与 L_2 间的中心距离为 b，透镜 L_2 到 PSD 表面之间的距离（即透镜 L_2 的焦距）为 f，聚焦在 PSD 表面的光点与透镜 L_2 中心的距离为 x，则根据相似三角形的性质，可得出待测距离 h 为

$$h = bf / x \tag{10-40}$$

因此，只要测出 PSD 的光点位置坐标 x 的值，即可测出待测体的距离。图 10-61 为 PSD 的内部电路示意图。

2）PSD 性能参数与外部特征

（1）性能参数。

同许多传统的光电位置敏感器件（如象限光电池、CCD 等）相比，PSD 位置分辨率高、响应快、性能价格比较高，特别适合于对位置、位移、角度等的实时测量。由 PSD 构成的距离测量系统具有非接触、测量范围大、响应速度快等优点。

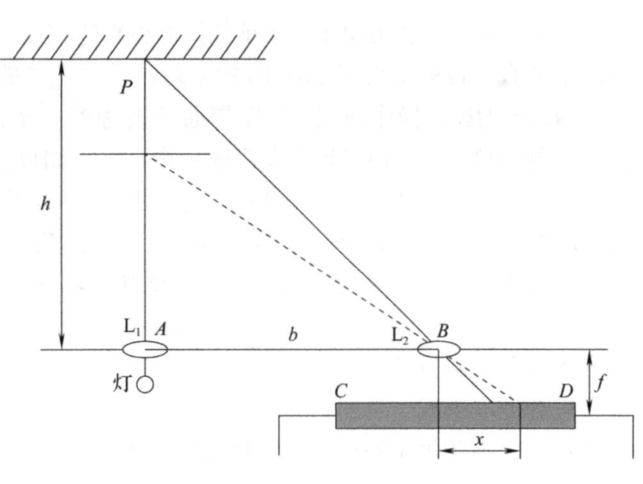

图 10-60 PSD 工作原理图

PSD 的测量范围为 10～80cm；

PSD 的测量精度为±30%；

PSD 的测量频率为 100Hz。

（2）外部特征。

PSD 输出电压与距离关系如图 10-62 所示。

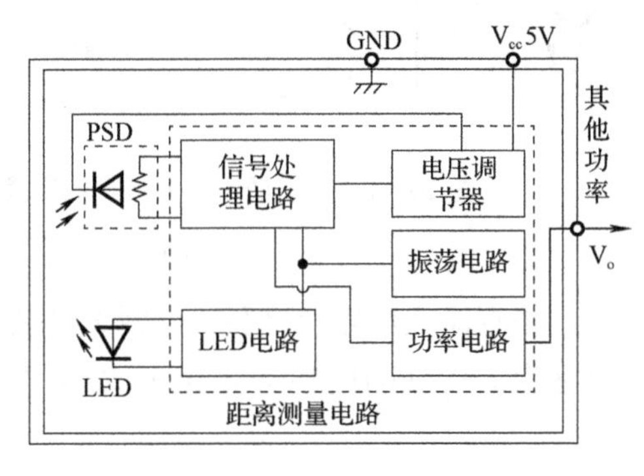

图 10-61 PSD 内部电路示意图

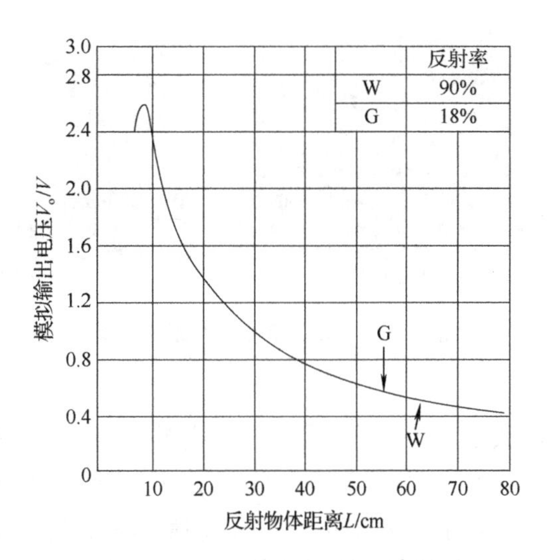

图 10-62 PSD 输出电压与距离关系

3. 激光传感器

MT-R 智能型移动机器人可以安装 SICK LMS200 型激光测距仪（简称 LMS200 激光测距仪），它是一个无接触式的测量系统，主要由激光扫描器、通信控制器、状态显示面板和电源组成。其中，激光扫描器主要起到发送和接收激光信号的作用；通信控制器主要起到将障碍物位置信息以异步通信方式发送至上位机的作用；状态显示面板主要起到显示当前激光测距仪工作状态的作用，如处于初始化状态或处于运行状态；电源主要起到为测距仪供电的作用。LMS200 激光测距仪可扫描范围为 0°～180°，角度分辨率为 0.25°～1°，距离分辨率为 10mm，最大扫描距离可达 80m，系统误差为±15mm。

LMS200 激光测距仪利用 TOF（Time Of Flight）原理计算障碍物与智能体中测距仪间的距离：激光扫描器在定义的时隙内向外发射激光束，并启动计数器，当这些激光束经反射后沿原路径返回激光扫描器后，停止计数器计数。此时计数器的值就对应激光传播的路程。

1）LMS200 激光测距仪与 MT-R 智能型移动机器人本体通信

LMS200 激光测距仪可通过 RS232 串口与 MT-R 智能型移动机器人通信，通信协议如表 10-10 所示。

表 10-10 激光测距仪与 MT-R 智能型移动机器人本体通信协议

描述	起始位	地址位	数据长度位		命令位	数据位	校验位	
通信协议	1	2	3	4	5	6～n	n+1	n+2

其中，起始位为 0x02h；地址位为 0x00h(发送)或 0x80h(接收)；数据长度位表示命令位和数据位的总字节数；校验位采用 CRC16 检验算法；命令位的具体定义如下：0x10h 为激光测距仪复位和初始化；0x20h 为配置操作模式，如配置通信波特率、分辨率等参数；0x30h 为请求测量数据；0x31h 为查看激光测距仪状态；0x77h 为设置激光测距仪，如设置其光学参数或校准等。

图 10-63 为 LMS200 激光测距仪在 MT-R 智能型移动机器人中的两种距离信息显示模式。其中，图 10-63(a)为基于直角坐标系的距离信息显示；图 10-63(b)为基于极坐标系的距离信息显示。

2)基于激光测距仪的直线目标特征提取及地图构建

几何特征提取通常是将被测的传感器数据与期望特征的预定描述或模板进行比较和匹配的过程。因为传感器的测量都存在某些误差，所以没有理想的一致解，而是一个优化问题。图 10-64 为根据测量点集合提取直线信息的示意图。由于测距传感器的测量含有噪声，所以不存在通过集合的单条直线，只能是给定某些优化的准则，选择最佳的匹配。

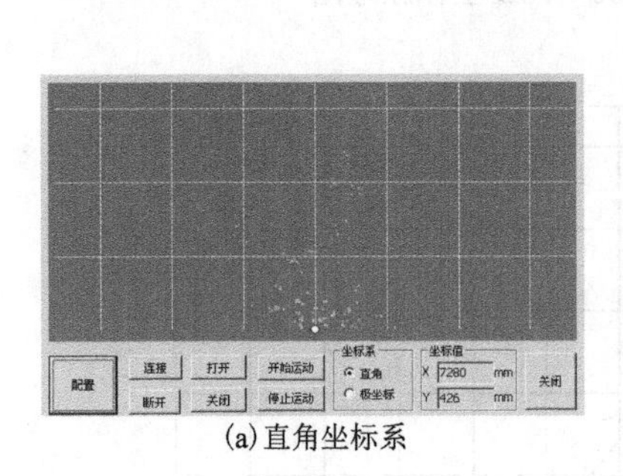

(a)直角坐标系

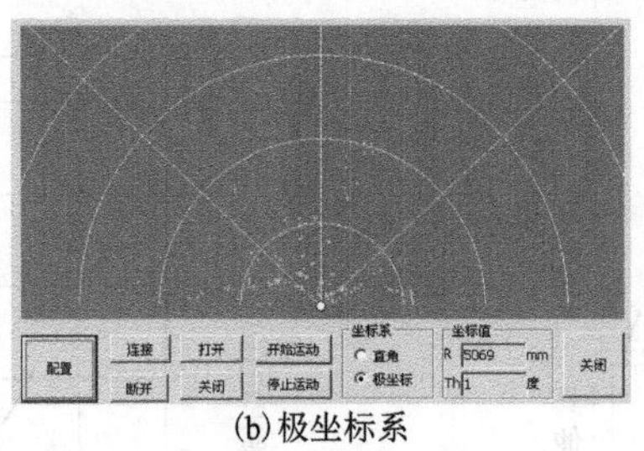

(b)极坐标系

图 10-63 LMS200 激光测距仪距离信息显示模式

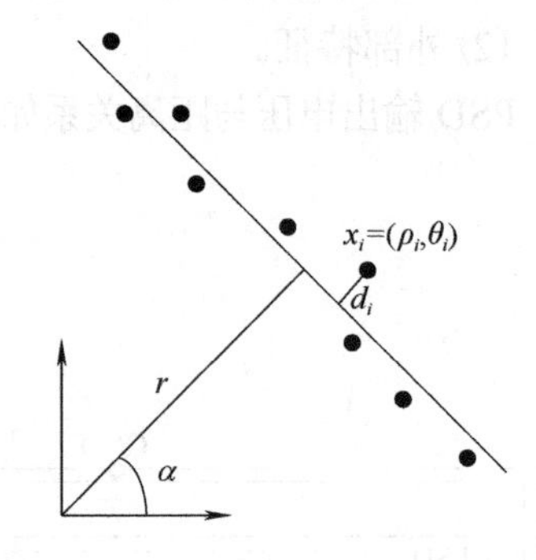

图 10-64 基于最小平方意义的直线目标特征提取

本实验设计如下：假定机器人激光测距仪处在极坐标系中，根据激光测距仪产生 n 个距离测量点 $x_{\mathrm{i}}=(\rho_i,\theta_i)$，并给定某些测量点 (ρ,θ)，可以计算相应的欧氏坐标为 $x=\rho\cos\theta$ 和 $y=\rho\sin\theta$。如果没有误差，要寻求一条直线，使全部测量点都在直线上，即

$$\rho\cos\theta\cos\alpha+\rho\sin\theta\sin\alpha-r=\rho\cos(\theta-\alpha)-r=0 \tag{10-41}$$

当然，由于实验中存在测量误差，式(10-41)不为零。

实验中以点和直线之间的最小正交距离 d 作为测量点 (ρ,θ) 和直线之间误差的度量。对特定的 (ρ_i,θ_i)，它与直线之间的正交距离 d_i 为

$$\rho_i\cos(\theta_i-\alpha)-r=d_i \tag{10-42}$$

实验中，根据机器人和环境的几何特性，激光测距仪所测量的距离值可能有它自己独特的不确定性，因此还需给每个测量赋予一个权值 ω。将所有的误差加权后加在一起，再对直线和全部测量之间的整个拟合程度进行量化：

$$S=\sum_i\omega_i d_i^2=\sum_i\omega_i[\rho_i\cos(\theta_i-\alpha)-r]^2 \tag{10-43}$$

优化的目标是，选择直线参数 (α,r) 使 S 最小。通过求解非线性方程组，可以得到

$$\frac{\partial S}{\partial\alpha}=0 \tag{10-44}$$

$$\frac{\partial S}{\partial r}=0 \tag{10-45}$$

可以证明，在加权最小平方意义上，方程的解为

$$\alpha = \frac{1}{2}\arctan\frac{\sum\omega_i\rho_i^2\sin(2\theta_i) - \frac{2}{\sum\omega_i}\sum\sum\omega_i\omega_j\rho_i\rho_j\cos(\theta_i\theta_j)}{\sum\omega_i\rho_i^2\sin(2\theta_i) - \frac{2}{\sum\omega_i}\sum\sum\omega_i\omega_j\rho_i\rho_j\cos(\theta_i+\theta_j)} \tag{10-46}$$

$$r = \frac{\sum\omega_i\rho_i\cos(\theta_i-\alpha)}{\sum\omega_i} \tag{10-47}$$

根据求得的直线参数(α,r)，MT-R 智能型移动机器人即可通过激光测距仪提取出期望直线目标的特征信息。图 10-65 为实验中 MT-R 智能型移动机器人通过 LMS200 激光测距仪获取的不同直线目标特征信息。其中，图 10-65(b)为根据图 10-65 (a)获取的直线特征信息；图 10-65(d)为根据图 10-65(c)获取的直线特征信息。

(a)凸型折线实物

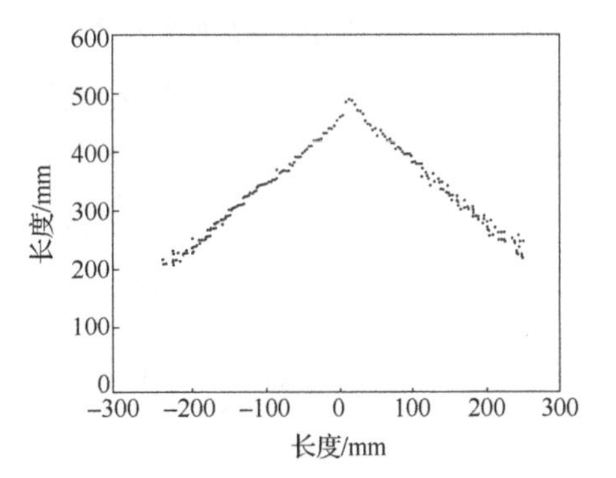

(b)凸型折线信息

(c)凹型折线实物

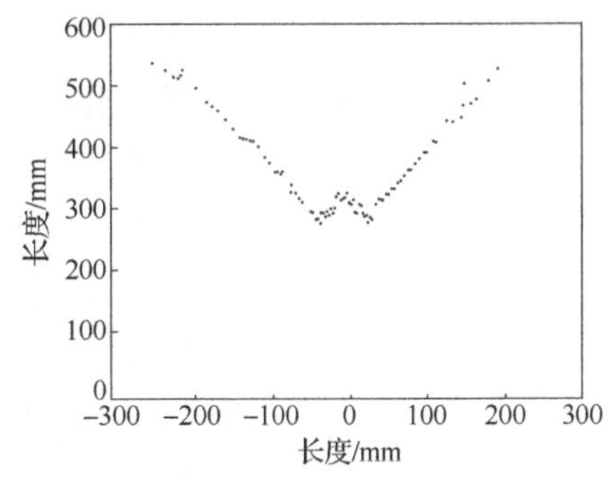

(d)凹型折线信息

图 10-65 基于激光测距仪的直线目标特征信息

图 10-66 为激光测距仪基于 3D 走廊的地图构建。

(a)信息获取

(b)地图构建

图 10-66 基于 3D 走廊的地图构建

4. 立体视觉

立体视觉是计算机视觉的一种重要形式，它通过模拟人类双目感知距离的方法，实现对三维场景的感知、识别和理解。其主要特点体现为能够获得具有深度感的远端操作场景，增强对非结构环境的理解。MT-R 智能型移动机器人立体视觉系统的重要功能集中表现在视觉导航和目标识别(人脸识别、物件识别)、跟踪、检测、定位等方面。

MT-R 智能型移动机器人可扩展的 Bumblebee2 立体视觉传感器主要由两台性能相同的面阵 CCD 摄像机和视频采集卡组成。其基本工作原理为：从不同观察点同时获取周围景物的两幅数字图像，利用三维重建技术，把数字图像合成三维几何信息，从而实现 MT-R 智能型移动机器人实验平台的立体视觉。

如图 10-67 所示，设(X,Y,Z)是空间点P在摄像机坐标系中的三维坐标，左摄像机位于传感器测量坐标系$Oxyz$的原点处且无旋转，像面坐标系为$O_L X_L Y_L$，有效焦距为f_L，像面中心为(u_{0L},v_{0L})；右摄像机坐标系为$O_R x_R y_R z_R$，像面坐标系为$O_R X_R Y_R$，有效焦距为f_R，像面中心为(u_{0R},v_{0R})。

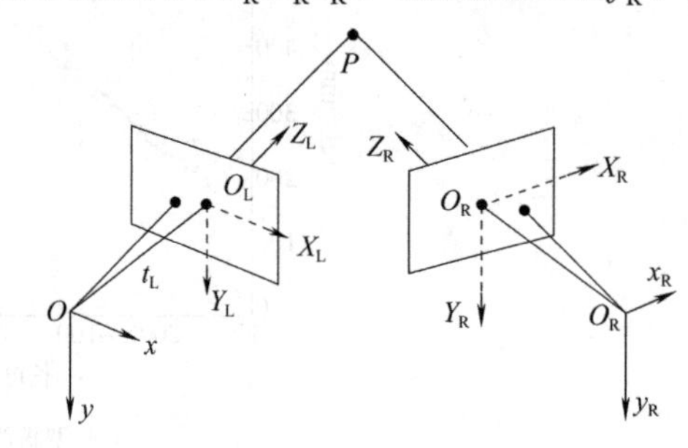

图 10-67　立体视觉模型

由单个摄像机的透视变换模型可分别得出左右摄像机的变换模型，分别为

$$\rho_L\begin{bmatrix}X_L\\Y_L\\1\end{bmatrix}=\begin{bmatrix}f_L&0&0\\0&f_L&0\\0&0&1\end{bmatrix}\cdot\begin{bmatrix}x\\y\\z\end{bmatrix}\tag{10-48}$$

$$\rho_R\begin{bmatrix}X_R\\Y_R\\1\end{bmatrix}=\begin{bmatrix}f_R&0&0\\0&f_R&0\\0&0&1\end{bmatrix}\cdot\begin{bmatrix}x_R\\y_R\\z_R\end{bmatrix}\tag{10-49}$$

$$X_L=(u-u_{0L})\cdot s_{x_L}\tag{10-50}$$

$$X_R=(u-u_{0R})\cdot s_{x_R}\tag{10-51}$$

$$Y_L=v-v_{0L}\tag{10-52}$$

$$Y_R=v-v_{0R}\tag{10-53}$$

其中，$\rho_L\neq0$，$\rho_R\neq0$；s_{x_L}、s_{x_R} 分别为左右摄像机的横纵像素转换当量比。

左摄像机$Oxyz$坐标系与右摄像机$O_R x_R y_R z_R$坐标系之间的相互位置关系可通过空间转换矩阵表示：

$$\begin{bmatrix}x_R\\y_R\\z_R\end{bmatrix}=\boldsymbol{R}\cdot\begin{bmatrix}x\\y\\z\end{bmatrix}+\boldsymbol{T}=\begin{bmatrix}r_1&r_2&r_3\\r_4&r_5&r_6\\r_7&r_8&r_9\end{bmatrix}\cdot\begin{bmatrix}x\\y\\z\end{bmatrix}+\begin{bmatrix}t_x\\t_y\\t_z\end{bmatrix}\tag{10-54}$$

式中，$\boldsymbol{R}$为右摄像机相对于左摄像机的空间旋转矩阵；$\boldsymbol{T}$为右摄像机相对于左摄像机的空间平移矩阵。

因此，根据两像平面坐标合成三维坐标的关系，即可得到被测物体点的三维空间坐标如下：

$$
\begin{cases}
x = zX_{\mathrm{L}} / f_{\mathrm{L}} \\
y = zY_{\mathrm{R}} / f_{\mathrm{R}} \\
z = \dfrac{f_{\mathrm{L}}\left(f_{\mathrm{R}}t_x + X_{\mathrm{R}}t_z\right)}{X_{\mathrm{R}}\left(r_7X_{\mathrm{L}} + r_8Y_{\mathrm{L}} + r_9f_{\mathrm{L}}\right) - f_{\mathrm{R}}\left(r_1X_{\mathrm{L}} + r_2Y_{\mathrm{L}} + r_3f_{\mathrm{L}}\right)} \\
\quad = \dfrac{f_{\mathrm{L}}\left(f_{\mathrm{R}}t_y + Y_{\mathrm{R}}t_z\right)}{Y_{\mathrm{R}}\left(r_7X_{\mathrm{L}} + r_8Y_{\mathrm{L}} + r_9f_{\mathrm{L}}\right) - f_{\mathrm{R}}\left(r_4X_{\mathrm{L}} + r_5Y_{\mathrm{L}} + r_6f_{\mathrm{L}}\right)}
\end{cases}
\tag{10-55}
$$

图 10-68 为实验中 Bumblebee2 立体视觉摄像机采集的图像信息。其中，图 10-68(a)为左目图像信息；图 10-68(b)为右目图像信息；图 10-68(c)为利用三维重建技术获得的深度图像信息。

(a)左目图像信息

(b)右目图像信息

(c)深度图像信息

图 10-68　Bumblebee2 立体视觉摄像机采集的图像信息

10.3.10　软件系统设计

1. 机器人软件需求背景

智能移动机器人是一种通过各种传感器系统感知外界环境，实现在复杂的未知环境中自主移动并完成一定任务的机器人系统。其实现需要多个功能特性各异的模块，如感知、任务分析、规划、推理、决策和动作执行等，并且各个功能模块以不同方式在不同层次协调工作。体系结构作为机器人的设计框架，从整体上联系着智能机器人的各功能模块，并在软硬件的实现上起着统一调配和决定性作用。因此智能移动机器人的体系结构决定了机器人本身的功能特点，也是首先要考虑的问题。该结构除具有自主性、智能性等基本特点外，还需要满足以下要求。

(1)既具有较强的应急反应能力，也具有远期规划能力。

(2)具有较强的扩展性，可以不断增强并完善自身的各项功能。

考虑到智能移动机器人体系结构的基本要求，软件设计采用基于多智能体的结构。多智能体系统(Multi-Agent System，MAS)是一种分布式智能系统，其结构方式类似一种网络形式，其中基本节点为智能体。分布式智能系统描述如图 10-69 所示。

2. 多智能体设备分解

依据上述需求，将机器人软件系统分解为若干智能体虚拟设备，大体上分为硬件接口设备、信息处理设备、反应性设备和规划性设备，如图 10-70 所示。

(1)硬件接口设备主要是指各种传感器(包括 PSD、超声、GPS、图像采集等)和远端通信设备(无线通信)。传感器负责主动(被动)探测外界环境和自身状态，通过简单数据处理将原始的传感器数据转化为相应的环境信息，并通过设备间的消息传递送给反应性设备。

(2)信息处理设备主要完成原始输入数据经由各种处理获取有用信息的过程。例如，图像处理设备完成从图像帧输入识别出有用目标信息，传感器处理设备完成传感器信息的滤波和信息加权融合。

(3)反应性设备将传感器信息直接映射为动作，经由串口设备发送到下位机执行，反应性设备除输入输出外，主要由两部分构成。

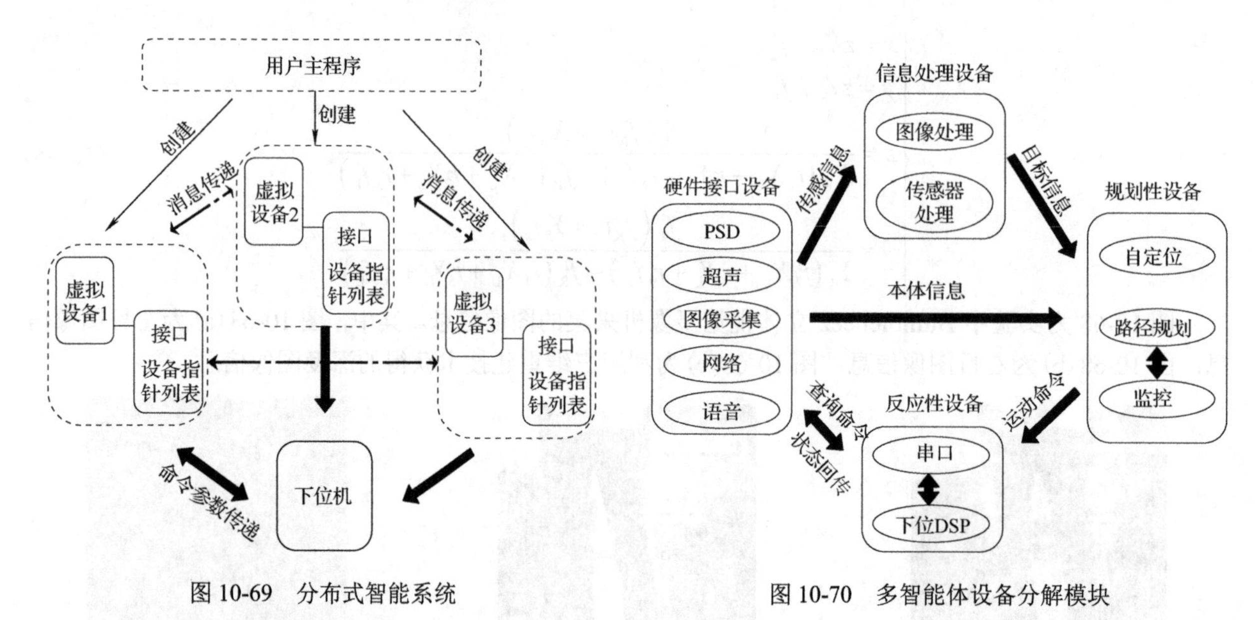

图 10-69　分布式智能系统　　　　图 10-70　多智能体设备分解模块

① 对应于不同输入的反应式动作规则库。

② 对多个动作的融合器。这里主要考虑的是动作融合的问题，可以采用模糊集合或其他学习算法来解决动作融合问题。考虑到反应性设备的实时性问题，软件里采用的是简单的模糊规则匹配(IF-THEN 规则)方法。

(4)规划性设备是指一般的任务规划，如机器人系统的自定位、路径规划等。其结构是基于任务分解的多级结构，随不同的任务和不同的抽象程度而不同。

3. 软件接口库相关设备

MTImageCapture 设备负责通过摄像头和图像采集卡等硬件设备采集图像。设计的主要参数是采集像素和采集帧率。像素决定了图像的可能清晰度，帧率决定了是否可以满足实时性要求。

MTImageProcess 设备主要包括图像的预处理和目标识别。在足球机器人系统中，目标高速运动造成的图像模糊、光照不稳定造成的颜色失真以及摄像头造成的畸变，都会影响视觉系统的准确性和稳定性。足球机器人视觉系统预处理主要包括图像恢复、图像增强和场地标定。图像恢复主要是补偿由光学镜头所带来的图像畸变；图像增强是根据比赛环境的光照条件和所选择的颜色模型调整图像的色度、亮度、饱和度、对比度和分辨率，使得图像的效果达到清晰和颜色分明；场地标定可以避免引入不必要的干扰。

M-TMotion 设备负责机器人的运动控制模块。通过获取图像、PSD、超声信息，确定任务规划或反应性动作。对于任务规划来说，通过路径规划模块设计任务序列，计算出机器人当前目标速度的大小及方向，然后根据机器人的运动学模型，将此目标速度分解为机器人左轮和右轮转速，并将此信息送至下位机，实现对左右两轮的转速控制。为了响应紧急事件，电机设备也可以直接执行反应性设备的运动控制命令。

MT-Motion 设备用于实现对机器人本体状态能量(如电池电量、电机电流等)的监控。当 MT-Motion 设备处于路径规划模式下时，用于对任务规划执行的过程进行监控，并根据执行结果完成对自身知识库的更新。

Network 设备用于和其他智能机器人或场外计算机通信网络。

MTPSD 设备用于红外传感器的操作命令及状态查询。

MTUltraSonic 设备用于超声传感器的操作命令及状态查询。

MTSerial 设备为虚拟串口设备，用于完成运动控制、超声红外设备、下位机间的命令或数据传输。

4. 设备间互动

在足球机器人系统运行过程中，多个设备之间的数据及消息传递相互交叉，存在一个设备的状态变化影响对其他多个设备操作的情况，也存在多个设备向同一个目标输出的情况。针对前者，在软件设计中采用观察者模式，通过定义设备间的一对多的依赖关系，当一个设备的状态或数据改变时，所以依赖于它的设备都得到通知并自动更新状态。这样可以实现多智能体的分布式管理。此外，观察者模式可以解决复合对象间的双向协作，例如，运动控制设备可以发运动命令或数据给串口设备，同时串口设备如果运行中出现故障，可以发送故障信息给运动控制设备，完成对相应错误信息的处理。针对后者，软件设计中采用异步决策、同步捆绑输出，不同的输出控制信号在不同的情况下决策产生，在不同时刻存入输出缓冲区，在模块执行时一并捆绑输出。

在软件设计中，将设备间消息分为命令消息或数据通知两种。命令消息主要完成设备的查询命令、设备启停命令等，数据通知主要完成设备数据指针、设定参数的传递等。

10.3.11　运动控制应用

运动控制(Motion Control)是指在复杂的情况下，将设定的控制方案、规划指令转变成期望的机械运动。运动控制算法主要通过某种控制方法实现对被控对象(通常为电机)的位置、速度以及电流的闭环控制，使其能够按照规划的轨迹运动。本节采用系统建模和模型辨识两种方法对 MT-R 智能型移动机器人进行运动方面的研究。

1. MT-R 智能型移动机器人建模分析

1) 建立直流电机模型

直流电机空载时的数学模型为

$$\frac{\Omega(S)}{U(S)}=\frac{1/C_e}{\dfrac{JL_a}{C_T C_e}+\dfrac{JR_a}{C_T C_e}S+1} \tag{10-56}$$

式中，$\Omega(S)$ 为电机转动的角速度(rad/s)；$U(S)$ 为电机两端的输入电压(V)；C_e 为电势系数(V·s/rad)；C_T 为转矩系数(N·m/A)；J 为转动惯量($\mathrm{kg\cdot m^2}$)；L_a 为电枢电感(H)；R_a 为电枢电阻(Ω)；S 为电机功率系数，$S\leqslant 1$。

以 MT-R 驱动电机为例，查其手册得：$C_e=0.0345\mathrm{V\cdot s/rad}$；$C_T=0.0346\mathrm{N\cdot m/A}$；$J=11\times10^{-7}\mathrm{kg\cdot m^2}$；$L_a=550\times10^{-6}\,\mathrm{H}$；$R_a=5.78\,\Omega$；额定电压$U=24\,\mathrm{V}$。由此可得该电机的数学模型为

$$\frac{\Omega(S)}{U(S)}=\frac{28.9}{5.054\times10^{-7}S^2+0.00531S+1} \tag{10-57}$$

以输入电压 U=24V 为阶跃响应，再经过拉普拉斯逆变换可得电机的转速曲线如图 10-71 所示。

由图 10-71 可得，输入 24V 电压，电机稳定后的转速为 6434r/min，与手册中电机空载转速 6400r/min 相比，其误差为 0.5%，分析其原因为建模中均考虑为理想情况下，未考虑转子的摩擦力等因素。

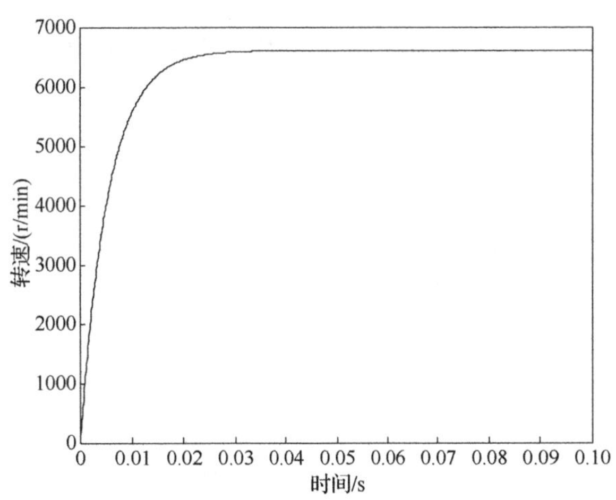

图 10-71　MT-R 驱动电机阶跃响应转速曲线

2) 建立驱动系统模型

MT-R 驱动系统的模型如图 10-72 所示。

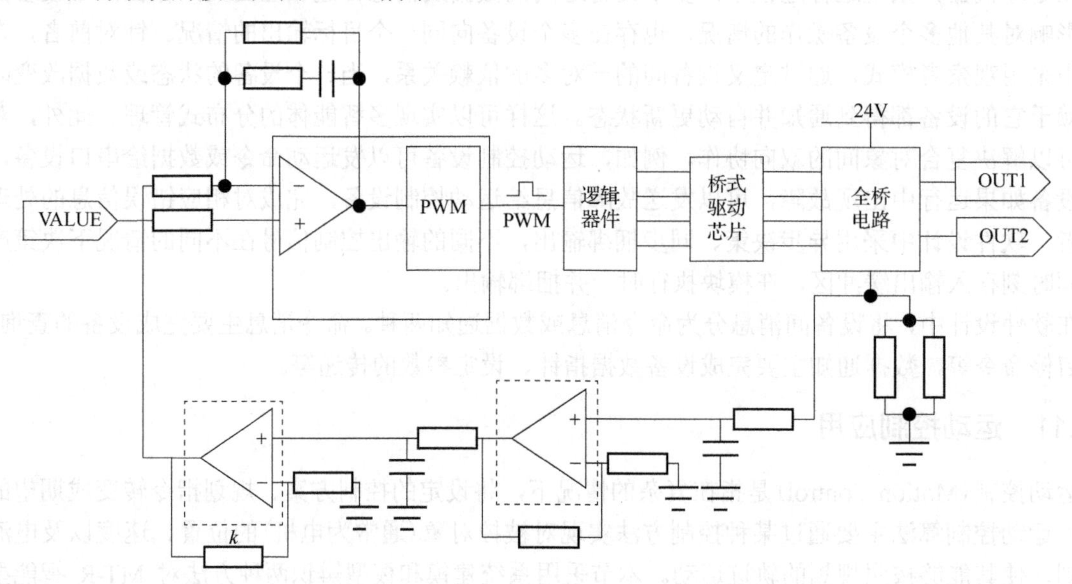

图 10-72　MT-R 驱动系统模型

3) 建立 MT-R 运动控制系统模型

MT-R 智能型移动机器人的运动控制系统结构如图 10-73 所示。

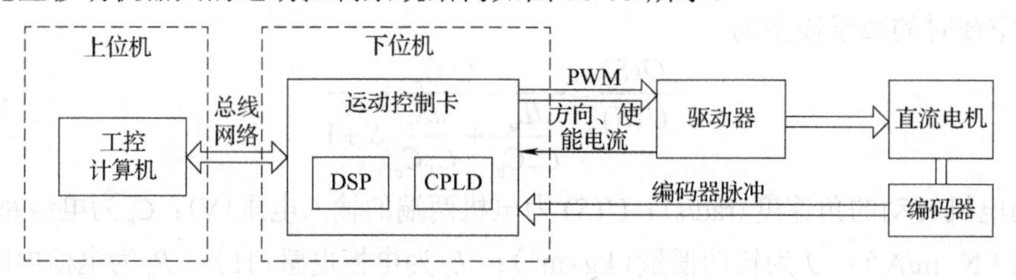

图 10-73　MT-R 智能型移动机器人的运动控制系统结构图

在 MATLAB Simulink 开发环境下，建立 MT-R 智能型移动机器人的运动控制系统模型，如图 10-74 所示。

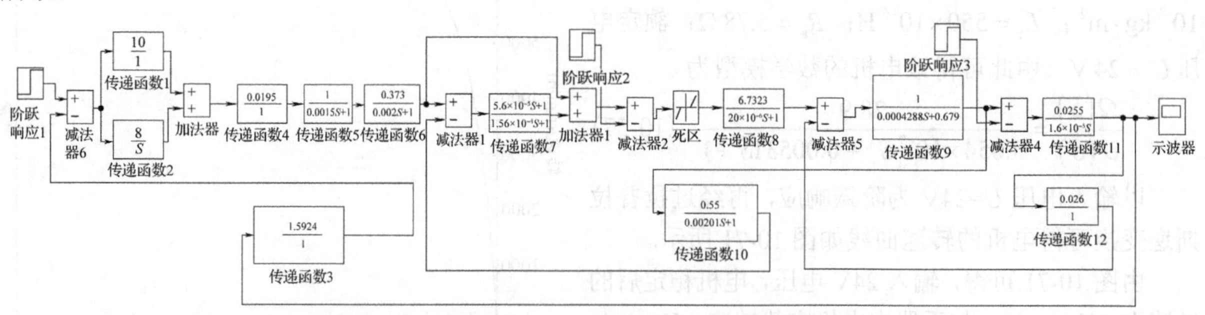

图 10-74　MT-R 智能型移动机器人的运动控制系统模型

2. MT-R 智能型移动机器人模型辨识

采用最小二乘法对 MT-R 智能型移动机器人运动控制系统进行辨识。一般的单变量离散系统可以由差分方程来表示：

$$
\begin{aligned}
&y(t)+a_1y(t-1)+a_2y(t-2)+\cdots+a_ny(t-n)\\
&=b_1u(t-d)+b_2u(t-d-1)+\cdots+b_{1+m}u(t-d-m+1)+\varepsilon(t)
\end{aligned}
\tag{10-58}
$$

式中，$\varepsilon(t)$ 为辨识的残差信号，为使得残差的平方和最小，即 $\min\limits_{\theta}\sum\limits_{i=1}^{M}\varepsilon(i)$，可以得出待定参数 θ 最优估计值为

$$\theta=[\Phi^{\mathrm{T}}\Phi]^{-1}\Phi^{\mathrm{T}}y \tag{10-59}$$

1）实测一组输入、输出数据

本实验中，通过运动控制卡输入一组阶跃响应控制信号至驱动器，驱动控制机器人的驱动电机，同时保存 500 组编码器反馈的脉冲数。

2）模型辨识

设定 MT-R 智能型移动机器人运动控制系统模型为二阶有时延模型，采用 MATLAB 系统辨识工具箱中提供的 ARX 模型，得到本机器人的系统模型。图 10-75 为 MT-R 运动控制系统曲线比较图，比较发现，实际阶跃响应与理论值还是比较相近的。

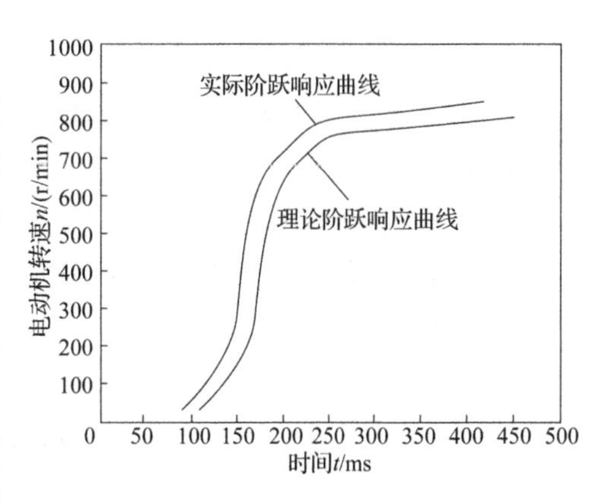

图 10-75 MT-R 运动控制系统曲线比较

3. MT-R 智能型移动机器人运动控制算法

基于模糊逻辑的模糊控制器的设计是以控制专家对系统的知识和经验为依据的，其并不依赖于系统精确的数学模型。然而模糊控制器中的控制规则和隶属函数的选取都具有较大的主观性，控制规则的合理获取和隶属函数的确定是设计模糊控制器的难点问题。为了解决这个问题，Yih 等提出了模糊神经网络控制，在未知非线性动态环境下采用基于观测器的输出反馈控制方法并在线更改模糊神经权值，以增强机器人的学习能力。本节综合考虑算法简单和控制有效这两方面的要求，在提出的论域自适应模糊控制的基础上，通过对运动趋势的分析，提出运动趋势分析型论域自调整的模糊控制算法。由直流电机的数学模型得

$$n=\frac{U_{\mathrm{a}}-\left(I_{\mathrm{a}}R_{\mathrm{a}}+L_{\mathrm{a}}\dfrac{\mathrm{d}I_{\mathrm{a}}}{\mathrm{d}t}\right)}{K_{\mathrm{e}}\Phi} \tag{10-60}$$

式中，U_{a}、I_{a} 分别为电枢电压、电流；R_{a}、L_{a} 分别为电枢电路总电阻、电感；K_{e} 为感应电动势计算常数；Φ 为每极磁通。

由式(10-60)可得，在保持励磁磁通不变的情况下，通过调节电枢电压可实现对直流电动机转速的控制。电枢电压的控制可采用单极性驱动可逆 PWM 方式来实现，且有

$$U_{\mathrm{a}}=\lambda\cdot U_{\mathrm{s}} \tag{10-61}$$

式中，U_{s} 为电源电压；λ 为 PWM 信号占空比。

因此，以实际位置值与期望位置值的偏差、实际速度值与期望速度值的偏差作为输入控制量，以 PWM 信号占空比的变化量作为输出量，可实现对机器人的运动控制。本节提出的通过对运动趋势的分析，实时地改变控制规则的论域自调整模糊控制算法如图 10-76 所示。

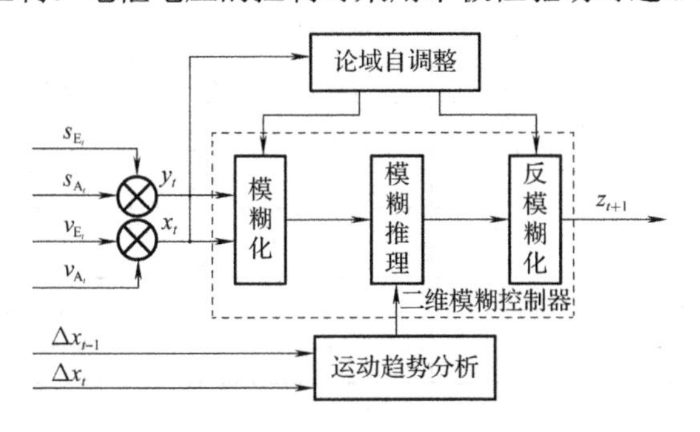

图 10-76 运动趋势分析型论域自调整模糊控制算法思路

图 10-76 中，s_{E_t} 表示 t 时刻的期望位置值；s_{A_t}

表示t时刻的实际位置值；y_t表示t时刻实际位置值与期望位置值的偏差；v_{E_t}表示t时刻的期望速度值；v_{A_t}表示t时刻的实际速度值；x_t表示t时刻实际速度值与期望速度值的偏差；z_{t+1}表示PWM信号占空比在$t+1$时刻的变化量；Δx_{t-1}、Δx_t分别表示$t-2$、$t-1$、t时刻速度偏差之间的差值。

1)论域自调整

图 10-76 中的论域自调整模糊控制的思想是：论域随着误差变小而收缩(也可随着误差增大而扩展)，并分别建立输入、输出变量的伸缩因子：

$$\alpha(x,y)=\frac{1}{2}\left[\left(\frac{|x|}{E}\right)^{\gamma_1}+\left(\frac{|y|}{D}\right)^{\gamma_2}\right] \tag{10-62}$$

$$\beta(x)=\left(\frac{|z|}{1}\right)^{\gamma_3} \tag{10-63}$$

式中，γ_1、γ_2、γ_3为常数，本系统中取$\gamma_1=\gamma_2=\gamma_3=0.5$；$E$为模糊输入量$x$的论域；$D$为时刻速度偏差之间的差值。

2)二维模糊控制器

图 10-76 中的二维模糊控制器(A)是一个带有中心平均解模糊器的双输入、单输出模糊控制系统。其数学模型为

$$f(x,y,z)=\frac{\sum_{l=1}^{M}\bar{z}[\mu_{A^l}(x)\cdot\mu_{A^l}(y)]}{\sum_{l=1}^{M}[\mu_{A^l}(x)\cdot\mu_{A^l}(y)]} \tag{10-64}$$

式中，$\mu_{A^l}(x)$为给定输入变量x的第l个模糊集的隶属度函数；$\mu_{A^l}(y)$为给定输入变量y的第l个模糊集的隶属度函数；$\bar{z}$为该模糊集的中心值；M为模糊集数。

该二维模糊控制器以被控对象(机器人)实际位置与期望位置的偏差y、实际速度与期望速度的偏差x作为模糊输入量，以PWM信号占空比的变化量z作为输出量。设计其模糊输入量x的初始论域为$[-E,E]$，并定义该论域为9个模糊语言。为考虑算法的简单、有效，取各个语言变量隶属度函数的形状为对称的三角形且模糊分割完全对称，分别为N(负)、NB(负大)、NM(负中)、NS(负小)、ZR(零)、PS(正小)、PM(正中)、PB(正大)和P(正)。同理，设计其模糊输入量y的初始论域为$[-D,D]$，其模糊化方式与变量x相同。为了保证PWM信号占空比的最大输出范围为$[0,1]$，设计模糊输出量z的初始论域为$[-\lambda,\ 1-\lambda]$(λ为上一时刻PWM信号占空比)，模糊化方式与变量x相同。设计该算法的初始模糊控制规则如表 10-11 所示。

表 10-11　初始模糊控制规则

y \ x	N	NB	NM	NS	ZR	PS	PM	PB	P
N	P	P	P	P	P	PB	PM	PS	ZR
NB	P	P	P	P	PB	PM	PS	ZR	NS
NM	P	P	P	PB	PM	PS	ZR	NS	NM
NS	P	P	PB	PM	PS	ZR	NS	NM	NB
ZR	P	PB	PM	PS	ZR	NS	NM	NB	N
PS	PB	PM	PS	ZR	NS	NM	NB	N	N
PM	PM	PS	ZR	NS	NM	NB	N	N	N
PB	PS	ZR	NS	NM	NB	N	N	N	N
P	ZR	NS	NM	NB	N	N	N	N	N

3)运动趋势分析

引入对机器人运动趋势的分析，即对相邻时刻速度偏差的差值分析。如图 10-77 所示，通过比较

$t-2$、$t-1$、t时刻速度偏差之间的差值Δx_{t-1}、Δx_t，分析机器人的运动趋势，及时、有效地改变模糊控制规则。

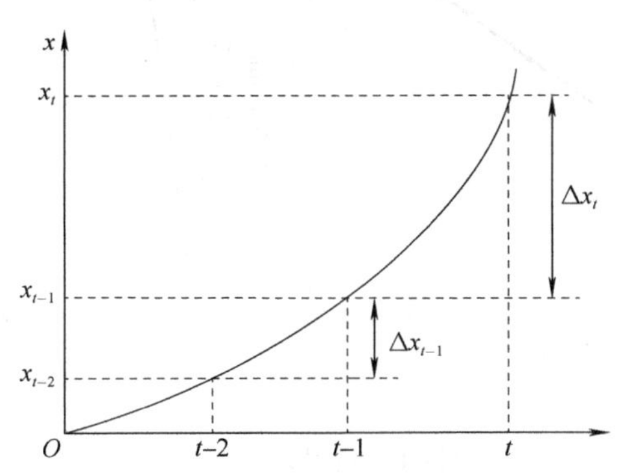

图 10-77 机器人速度偏差曲线

其中，

$$x_{t-2} = v_{A_{t-2}} - v_{E_{t-2}} \tag{10-65}$$

$$x_{t-1} = v_{A_{t-1}} - v_{E_{t-1}} \tag{10-66}$$

$$x_t = v_{A_t} - v_{E_t} \tag{10-67}$$

$$\Delta x_{t-1} = x_{t-1} - x_{t-2} = v_{A_{t-1}} - v_{A_{t-2}} \tag{10-68}$$

$$\Delta x_t = x_t - x_{t-1} = v_{A_t} - v_{A_{t-1}} \tag{10-69}$$

式中，$v_{A_{t-2}}$、$v_{A_{t-1}}$、v_{A_t}分别为$t-2$、$t-1$、t时刻的速度实际值；$v_{E_{t-2}}$、$v_{E_{t-1}}$、v_{E_t}分别为$t-2$、$t-1$、t时刻的速度期望值；x_{t-2}、x_{t-1}、x_t分别为$t-2$、$t-1$、t时刻的速度偏差值。

图 10-77 中，在$t-2$、$t-1$、t时刻，若位置偏差$y_t > y_{t-1} > y_{t-2} > 0$，速度偏差$x_t > x_{t-1} > x_{t-2} > 0$，且$\Delta x_t > \Delta x_{t-1}$，即$\mathrm{d}x/\mathrm{d}t > 0$，则$x$、$y$和$v_A$有继续增大的趋势。

当$y_t < y_{t-1} < y_{t-2} < 0$，$x_t < x_{t-1} < x_{t-2} < 0$，且$|\Delta x_t| > |\Delta x_{t-1}|$时，有$\mathrm{d}x/\mathrm{d}t < 0$，则$v_A$有继续减小，$x$、$y$有继续增大的趋势。

因此，应通过适当地改变模糊控制规则，加强调节力度，使y、x尽快收敛于零点。表 10-12 为通过以上分析所建立的模糊控制规则。其中，z表示t时刻原有的模糊控制规则；$f(x,y,\Delta x)$表示运动趋势分析函数。根据表 10-12，通过对运动趋势的分析，得到新的模糊规则，因此得到在t时刻输出的模糊语言。

表 10-12 实时模糊控制规则

$f(x,y,\Delta x)$ \ z	N	NB	NM	NS	ZR	PS	PM	PB	P
$y_t > y_{t-1} > y_{t-2} > 0$ $0 < \Delta x_{t-1} < \Delta x_t$ 且 $0 < x_{t-2}$	NB	NM	NS	ZR	PS	PM	PB	P	P
$y_t < y_{t-1} < y_{t-2} < 0$ $\Delta x_t < \Delta x_{t-1} < 0$ 且 $x_{t-2} < 0$	N	N	NB	NM	NS	ZR	PS	PM	PB
其他	N	NB	NM	NS	ZR	PS	PM	PB	P

图 10-78 为 MT-R 智能型移动机器人的运动曲线，其中图 10-78(a)为机器人以一恒定的加速度运行，图 10-78(b)为机器人以一恒定的加速度加速到期望速度后匀速运动，图中相对比较直的线为期望线，上部波动相对比较大的线为实际运动曲线。

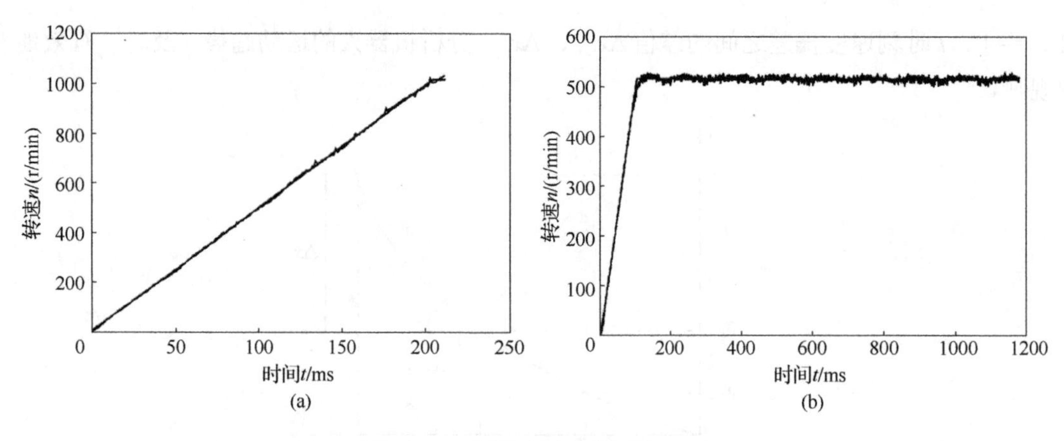

图 10-78　机器人运动曲线图

10.4　E100 变电站智能巡检机器人设计实例

移动机器人将环境感知与信息融合、动态决策与路径规划、运动控制与任务执行等多种功能融于一身，广泛应用于众多领域，是一个国家高科技水平和工业自动化程度的重要体现。其中，变电站智能巡检机器人是一种代替人工对变电站进行设备巡检的移动式机器人，可及时发现电力设备的热缺陷、异物悬挂等设备异常现象，对提高变电站巡检效率和质量、保证变电站安全平稳运行起到至关重要的作用。

10.4.1　组成与功能

亿嘉和科技股份有限公司通过对变电站智能巡检机器人市场需求以及技术发展的分析，研制出具有自主知识产权的 E100 变电站智能巡检机器人，如图 10-79 所示。

图 10-79　E100 变电站智能巡检机器人

E100 变电站智能巡检机器人主要由能源单元、网络传感单元、控制单元以及执行单元等组成。E100 变电站智能巡检机器人可以根据操作人员在基站的任务操作或预先设定的任务，自动进行变电站内的全局路径规划，通过携带的各种传感器，完成变电站设备的图像巡视、设备仪表的自动识别、一次设备的红外检测等，并记录设备信息，提供异常报警。操作人员只需通过后台基站计算机收到的实时数据、图像等信息，即可完成变电站的设备巡视工作。利用该机器人完成变电站设备的巡检，可以提高工作效率和质量，真正起到减员增效的作用，能更快地推进变电站无人值守的进程。E100 变电站智能巡检机器人主要具备以下功能。

1) 巡检路径

(1) 周期巡检：按既定路径周期性自主巡检。

(2) 半自主巡检：按运维人员指定的路径巡检。

(3) 应急/特定巡检：突发任务，运维人员可采用本地遥控器进行遥操作巡检。

(4) 状态反馈：通过建立的虚拟现实 3D 环境，反馈当前机器人位姿信息、任务序列。

(5) 控制方式：远程登录、局域网登录、本地遥控。

(6) 防碰撞：非接触式检测、接触式检测、紧急制动。

2)信息监控

(1)开关/报警指示灯：对关键部件的状态指示灯进行拍照，并自动识别当前开关状态。

(2)开关分合：对断路器、隔离开关的分合状态进行自动识别。

(3)二次数显表：拍照，并识别数显仪表读数或通过识别指针，自动识别当前表计数字，如 SF6 压力密度、油位、泄漏电流等。

(4)户外一次设备：外观拍照；进行精确定位温度采集、远红外成像，输出具体设备具体部位的温度，如接头温度。

(5)测温：按照 DLT664 规范对电流致热型和电压致热型缺陷或故障进行自动分析，并预警。

(6)可见光检测：分辨率不小于 1080 像素，最小光学变焦倍数为 30 倍，满足 GA/T 367—2001 附录 B 中一级系统探测部分的要求。

(7)声音检测：采用阵列式拾音器，对主变压器、电抗器运行噪声进行频谱分析和存储。

(8)微气象采集：采集环境温度、湿度、风速等信息。

(9)自检：机器人具备自检及报警功能，包括对驱动、控制、电源、通信、传感部件的自检，以及故障应急处理，通信中断后，自动返回待命区。

3)联动

(1)数据上传：将巡检结果(正常/报警/异常)及关键数据上传至生产管理系统。

(2)安防/消防联动：出现异常情况，可将信息上传至安防、消防系统。

4)信息反馈

报表：自动生成巡检报表，包括设备缺陷报表、巡检任务报表、历史曲线。

10.4.2 设计参数与性能指标

机器人的设计参数与性能指标反映了所能胜任的工作和具有的最高操作性能，是选择和设计机器人首要考虑的问题。E100 变电站智能巡检机器人主要针对 100kV 及以上电压等级的变电站，须满足国家对相关巡检设备的性能要求，所以以此为设计依据，确定 E100 变电站智能巡检机器人的主要设计参数与性能指标，见表 10-13。

表 10-13 E100 变电站智能巡检机器人设计参数与性能指标

分项	设计参数与性能指标
机器人本体	
尺寸/mm	920×640×1300(升降至零位)
重量/kg	81±2
外观结构	外壳表面无划痕、毛刺，外壳采用防静、防电磁场电涂层
电气连接	电气线无外露，内部接线整齐、线号清晰，无漏电现象
防护等级	IP54
静电放电抗扰度	满足 GB/T 17626.2—2018 第 5 章严酷等级：4 级
射频电磁场辐射抗扰度	满足 GB/T 17626.3—2016 第 5 章严酷等级：3 级
工频磁场抗扰度	满足 GB/T 17626.4—2018 第 5 章严酷等级：5 级
自检及告警	机器人本体各驱动设备、传感器、通信链路自检，异常声光报警
运行环境	
环境温度/℃	-30～50
环境相对湿度/%	5～95(无冷凝水)
最大风速/(m/s)	20(8 级大风)
大气压强/kPa	80～110
越障高度/mm	60
涉水深度/mm	100
运动特性	
驱动方式	四轴全转向全驱动
速度/(m/s)	全向(任意姿态)0～1.2
转弯半径	零转弯半径
运动约束	全向全动力运行
爬坡能力/(°)	20
制动距离/m	0.3(在 1.2m/s 速度下)

续表

分项	设计参数与性能指标
巡航时间/h	8(满负荷运行)
行走安全防护	3 级防护：激光雷达(非接触式) + 超声波(非接触式) + 安全触边(接触式)
导航	无轨化定位导航(激光导航)，定点停止定位精度为±10mm
云台	水平-180°～180°，俯仰-20°～90°，预置位数量为 4000 个
升降装置	有效行程为 0～400mm，运行精度为 1mm
无线通信	
频段/GHz	5.8
带宽/MHz	54
无遮挡传输距离/m	1000
数据传输	后台可实时监控可见光、红外线、音频、机器人本体状态等信息及远程遥控
巡检设备	
可见光	视频分辨率为 1080 像素×720 像素，最小光学变焦倍数为 30 倍
红外线	成像分辨率为 320 像素×240 像素，测温精度不低于 2K，测温范围为-20～300℃
拾音器	监听距离为 5m，频率响应为 20Hz～20kHz，灵敏度为-48dB
喊话与对讲	双向语音传输
照明	亮度不小于 600lm，照明距离不小于 30m
其他辅助设备	云台雨刮器、电加热设备

10.4.3 系统总体结构方案设计

机器人系统总体结构方案设计对机器人性能起着至关重要的作用，E100 变电站智能巡检机器人分为上下两级协同完成对机器人的控制，合理的模块化设计、有效的任务划分、标准化的开放式开发环境不仅方便安装和维护，而且提高了系统的可靠性。E100 变电站智能巡检机器人系统结构设计原理如图 10-80 所示。

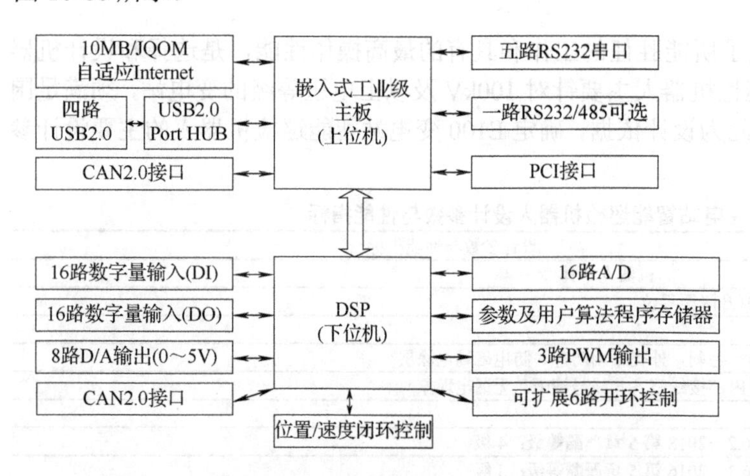

图 10-80 E100 变电站智能巡检机器人系统结构设计原理

10.4.4 运动学及动力学分析

轮式机器人是一个极为复杂的被控对象。执行机构的机械误差、自身质量和转动惯量、现场地面情况、轮胎充气程度、轮胎与地面打滑情况等诸多因素都会对轮式机器人的力学特性产生影响。另外，轮式机器人的速度与方向之间还存在耦合问题，因此轮式机器人可以看作一个非线性、强耦合的系统。建立一个能够反映系统特性简单而又实用的数学模型，对于轮式机器人设计和控制都具有十分重要的意义。E100 变电站智能巡检机器人采用全驱全向轮，四轮采用直接驱动式独立驱动模块，能够实现姿态与位置控制解耦，具有较好的越障能力。

1. 轮式机器人运动学模型

对于轮式机器人，考虑到车体的复杂性，可以将整个机器人的车体近似地看作一个刚体，车轮看作刚性轮。全向电动底盘采用四轮独立转向模式，四轮独立转向主要分为两种：一种是前后轮同向转向；另一种是前后轮反向转向。这两种转向方式各具特点，采用前后轮同向转向方式可以提高车辆的转向稳定性，其中前轮转角大于后轮转角；采用前后轮反向转向方式可以减小转弯半径，在较窄的空间内完成车辆的转向，提高了底盘的灵活性。

前后轮同向转向方式一般适用于高速行驶中的车辆，前后轮反向转向方式适用于速度较低的行驶状态。正常巡检任务中，行驶速度较低，所以主要采用前后轮反向转向方式，根据 Ackerman 模型构建巡检机器人四轮转向模型，如图 10-81 所示。

图 10-81 中，巡检机器人在转向行驶过程中，四个车轮绕一个瞬时中心进行圆周运动。其中 O' 为机器人转向的瞬时中心，R 为转弯半径，L_1、L_2 分别为质心到前后轴的距离，L_3、L_4 分别为转向中心到前后轴的纵向距离，N 为转向中心到左后轮的横向距离，M_1、M_2 为左右两车轮的轴距，$\delta_1,\delta_2,\delta_3,\delta_4$ 为 4 个车轮的转角，$\alpha_1,\alpha_2,\alpha_3,\alpha_4$ 为 4 个车轮的侧偏角，β 为机器人质心的侧偏角，F_1,F_2,F_3,F_4 为每个车轮受到的侧向力，μ、v 分别为机器人的纵向和横向速度，γ 为绕质心运动的横摆角速度。

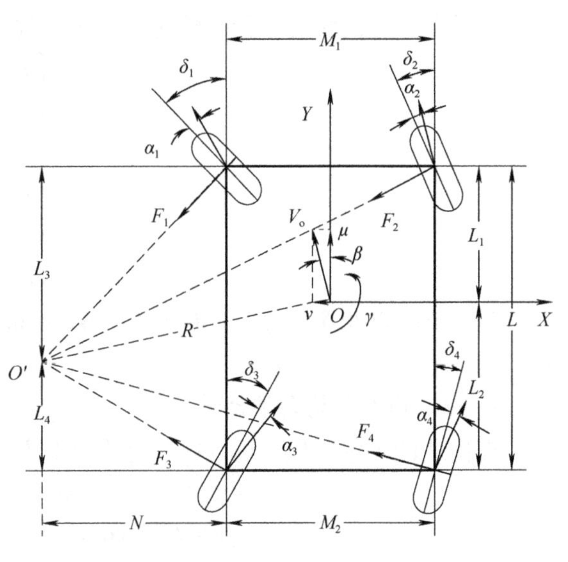

图 10-81 巡检机器人四轮转向模型

由巡检机器人四轮转向模型可以得到以下运动几何关系：

$$\begin{cases} \cot\delta_1 = \dfrac{N}{L_3} \\ \cot\delta_2 = \dfrac{N+M_1}{L_3} \\ \cot\delta_3 = \dfrac{N}{L_4} \\ \cot\delta_4 = \dfrac{N+M_2}{L_4} \end{cases} \tag{10-70}$$

当机器人转向时，前后车轮轴线延长线交于一点 O'，此时需要满足：

$$\cot\delta_4 - \cot\delta_2 = \frac{N+M_2}{L_4} - \frac{N+M_1}{L_3} = \frac{M_2L_3 - M_1L_4 + N(L_3 - L_4)}{L_3L_4} \tag{10-71}$$

由式(10-71)分析可知，巡检机器人左右两车轮轴距 M_1 与 M_2 相差越大，同侧车轮的转角差值就越大，导致机器人转弯半径增大的同时，可能引起各车轮轴线不能交于一点，机器人产生侧滑，因此，采取 $M_1 = M_2 = M$。

当只有前轮转向、后轮直行时，$L_3 = L$，满足：

$$\frac{1}{\cot\delta_2 - \cot\delta_1} = \frac{L_3}{M_1} \tag{10-72}$$

当前后轮转向相反时，$L = L_1 + L_2 = L_3 + L_4$，满足：

$$\frac{1}{\cot\delta_2 - \cot\delta_1} - \frac{1}{\cot\delta_4 - \cot\delta_3} = \frac{L_3}{M_1} + \frac{L_4}{M_2} \tag{10-73}$$

当前后轮转向相同时，$L = L_1 + L_2 = L_3 - L_4$，满足：

$$\frac{1}{\cot\delta_2 - \cot\delta_1} - \frac{1}{\cot\delta_4 - \cot\delta_3} = \frac{L_3}{M_1} - \frac{L_4}{M_2} \tag{10-74}$$

巡检机器人车轮同时转向纯滚动而不发生横向滑移情况，需满足 Ackerman 定理的条件：$\delta_1=\delta_3$，$\delta_2 = \delta_4$。此时，$L_3 = L_4 = L/2$，内侧车轮与外侧车轮转角关系为

$$\delta_2 = \operatorname{arccot}\left(\frac{2M}{L} + \cot\delta_1\right) \tag{10-75}$$

巡检机器人运动时，需要进行差速计算，以通过运动控制精确控制每个轮毂电机的速度。假设各车轮的转速为 n_1,n_2,n_3,n_4，各车轮的转弯半径为 R_1,R_2,R_3,R_4，根据三角函数，计算各车轮转弯半径为

$$\begin{cases} R_1 = \dfrac{L_3}{\sin\delta_1}, & R_2 = \dfrac{L_3}{\sin\delta_2} \\ R_3 = \dfrac{L_4}{\sin\delta_3}, & R_4 = \dfrac{L_4}{\sin\delta_4} \end{cases} \tag{10-76}$$

由于各车轮的转弯半径与转速成正比，故内侧车轮转速关系为

$$\begin{cases} \dfrac{n_1}{n_2} = \dfrac{R_1}{R_2} = \dfrac{\sin\delta_2}{\sin\delta_1} \\ \dfrac{n_1}{n_3} = \dfrac{R_1}{R_3} = \dfrac{\cos\delta_3}{\cos\delta_1} \\ \dfrac{n_2}{n_4} = \dfrac{R_2}{R_4} = \dfrac{\cos\delta_4}{\cos\delta_2} \end{cases} \tag{10-77}$$

当 $\delta_1 = \delta_3$ 以及 $\delta_2 = \delta_4$ 时，即满足 Ackerman 定理，内侧前后车轮与外侧前后车轮轨迹分别重合，巡检机器人的转弯半径最小。

2. 轮式机器人动力学分析

根据达朗贝尔原理，可以得到巡检机器人的动力学方程：

$$m\mu(\beta+\gamma) = F_1\cos\delta_1 + F_2\cos\delta_2 + F_3\cos\delta_3 + F_4\cos\delta_4 \tag{10-78}$$

$$\begin{aligned} J_z\gamma = {} & L_1(F_1\cos\delta_1 + F_2\cos\delta_2) - L_2(F_3\cos\delta_3 + F_4\cos\delta_4) \\ & + M/2(F_1\sin\delta_1 - F_2\sin\delta_2 + F_3\sin\delta_3 - F_4\sin\delta_4) \end{aligned} \tag{10-79}$$

式中，m 为整车质量；J_z 为整车转动惯量，由几何关系计算可得车轮的侧偏角为

$$\begin{cases} \alpha_1 = \arctan\left(\dfrac{v+L_1\gamma}{\mu - M\gamma/2}\right) - \delta_1 \approx \beta + \dfrac{L_1\gamma}{\mu} - \delta_1 \\ \alpha_2 = \arctan\left(\dfrac{v+L_1\gamma}{\mu - M\gamma/2}\right) - \delta_2 \approx \beta + \dfrac{L_1\gamma}{\mu} - \delta_2 \\ \alpha_3 = \arctan\left(\dfrac{v+L_2\gamma}{\mu - M\gamma/2}\right) - \delta_3 \approx \beta + \dfrac{L_1\gamma}{\mu} - \delta_3 \\ \alpha_4 = \arctan\left(\dfrac{v+L_2\gamma}{\mu - M\gamma/2}\right) - \delta_4 \approx \beta + \dfrac{L_1\gamma}{\mu} - \delta_4 \end{cases} \tag{10-80}$$

10.4.5 机械系统设计

E100 变电站智能巡检机器人机械结构主要分为底盘驱动系统、机身和骨架系统、云台升降系统、自主充电系统。

图 10-82 底盘驱动系统结构

1. 底盘驱动系统

底盘驱动系统(图 10-82)采用每个驱动轮独立运动，可行进中转向，原地 360° 转向。使用谐波减速器，具有大扭矩、高减速比、间隙小等特性。在每个轮子上都有安装减振器，缓解路面带来的冲击，迅速吸收颠簸时产生的振动，使车辆恢复到正常行驶状态，保障机器人平稳运行。

四轮采用直接驱动式独立驱动模块，模块式设计便于安装、维修、调试和生产加工。前进动力驱动模块(直流电机+谐波减速器+编码器)嵌套于轮毂总成内部，精简传动系统，结构紧凑，效率高，并且有双列深沟球轴承平衡轮胎行走时的径向力和轴向力以及弯矩。转向动力模块(步进电机+减速器+绝对值编码器)直接驱动轮胎转向，效率高，结构

简单，减速器内部自带交叉滚子轴承，可以有效控制轮胎各向受力。

1) 行走系统电机和谐波减速器选型

根据变电站现场实际情况和设备工作要求，设定小车最大前进速度为 1m/s；根据小车最大越障高度为 50mm 和小车离地间隙为 100mm 要求，选择 12in 聚氨酯实心轮胎，轮胎直径为 305mm，轮胎周长 =305×3.14=958 (mm)；选择谐波减速器，减速比为 81：1。

2) 转向系统电机和减速器选型

转向需求扭矩=(轮胎宽度/2)×车重×(9.8/4)×轮胎静摩擦系数=(50/2)×100×(9.8/4)×0.9/1000=5.513 (N·m)。

减速器承载的最大径向力=减速器与地面距离×车重×(9.8/4)×sin(最大坡度)/减速器交叉滚子轴承半径=350×100×(9.8/4)×sin(10°)/19=783 (N)。

因此，选用 SHFN-17 型承载式谐波减速器，额定扭矩 15N·m>5.513N·m，满足设计要求；减速器减速比为 100：1，减速器可以承载最大弯矩为 6367N(>783N)，满足设计要求。

步进电机扭矩需要 5.513N·m，现选用直流电机的扭矩是 6.3N·m，满足要求；电机需用转速=20×100=2000 (r/min)，电机许用转速为 3000r/min，满足设计要求。

2. 机身和骨架系统

机身外壳采用防静、防电磁场电涂层，密封性能好，经过反复试验进行工艺创新，制造夹具，采纳新工艺，使造型美观，如图 10-83 (a) 所示。骨架系统采用钣金焊接，部分铆接，使其牢固连为一体，有效支撑机器人各个部分，在骨架系统 4 个角各有一个把手，便于装卸机器，如图 10-83 (b) 所示。

3. 云台升降系统

云台升降系统采用线性模组，主要由滚珠丝杠和直线导轨组成，如图 10-84 所示。

(a) 机身

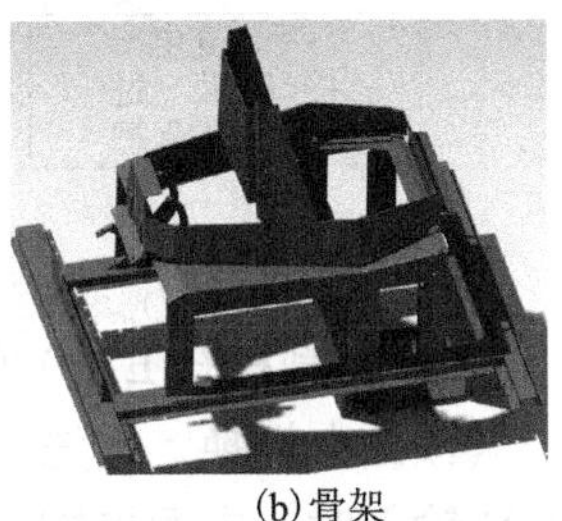

(b) 骨架

图 10-83 机身和骨架系统

1) 滚珠丝杠

滚珠丝杠是将回转运动转化为直线运动，或将直线运动转化为回转运动的理想产品。滚珠丝杠由螺杆、螺母和滚珠组成。利用它将旋转运动转化成直线运动的功能，把滚珠丝杠进一步延伸和发展，其重要意义就是将轴承从滚动动作变成滑动动作。由于具有很小的摩擦阻力，滚珠丝杠广泛应用于各种工业设备和精密仪器，可在高负载的情况下实现高精度的直线运动。

2) 直线导轨

又称滑轨、线性导轨、线性滑轨，用于直线往复运动场合，拥有比直线轴承更高的额定负载，同时可以承担一定的扭矩，可在高负载的情况下实现高精度的直线运动。

4. 自主充电系统

自动充电系统用于机器人进行自主充电，包括充电桩基座、巡检机器人充电腔室和可折叠伸缩电极。充电桩基座外壁设有电极收缩口，可伸缩电极安装在充电桩基座上，并且可绕安装点转动，从而收入电极收缩口内或伸出充电桩基座。巡检机器人充电腔室具有充电腔室门板，门板下端安装门板磁铁，以实现充电完成后门板的闭合。自主充电系统如图 10-85 所示。

变电站巡检机器人的自主充电基本过程如下：通过监测机器人自带电源的电压或限制运行时间的办法，确定需要充电的时刻；机器人自主导航回到充电坞附近；使用激光测距仪或视觉识别的方式，实现对充电座的定位；通过调整机器人位姿或控制充电臂的办法，实现机器人充电插头与充电座的对接；通过电压监测等办法判断充电插头与充电座是否对接良好，若发现对接不成功，则使用纠错功能模块进行对接回复处理；充电完毕后通过调整机器人位姿或控制充电臂断开充电插头与充电座连接，回到正常工作模式。

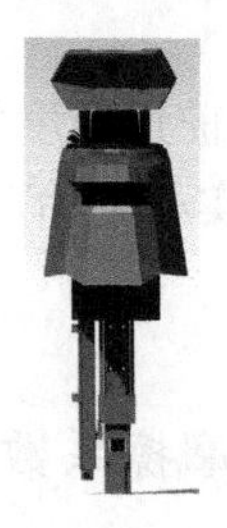

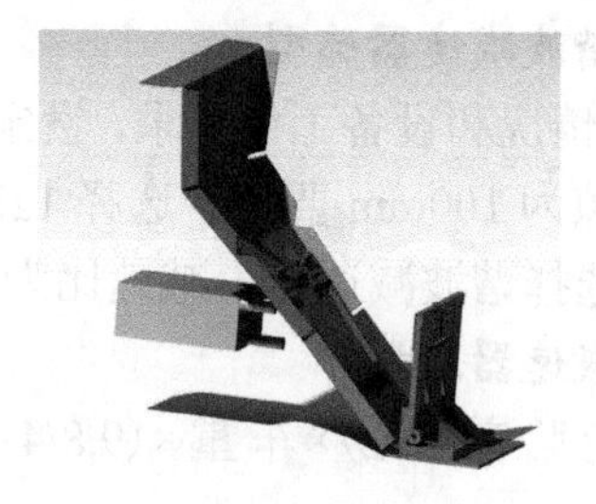

图 10-84　云台升降结构　　　　图 10-85　自主充电系统

10.4.6　能源系统设计

E100 变电站智能巡检机器人的能源系统分为动力和控制两个部分，分别由动力锂离子电池和电源控制板组成，能源系统结构如图 10-86 所示。

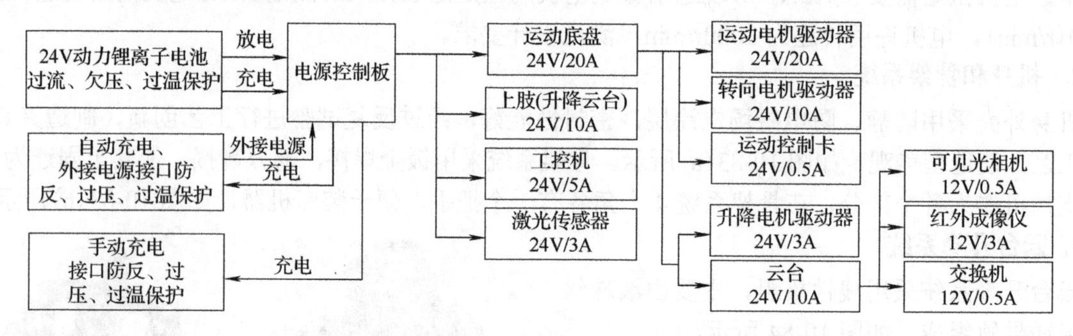

图 10-86　E100 变电站智能巡检机器人能源系统结构

电源控制板在 E100 变电站智能巡检机器人中主要完成以下功能。

(1) 供电切换、优先级选择：系统默认为外接电源供电优先级高于电池供电优先级，当外接电源有 +24V 输入时，电源控制板具备外接电源与电池之间的无缝切换，降低电池使用率，延长电池寿命。电源控制板供电切换结构如图 10-87 所示。

(2) 过流保护：当系统稳定运动电流达到某一峰值电流时，系统具备过流保护功能，防止烧毁设备。电源控制板过流保护结构如图 10-88 所示。

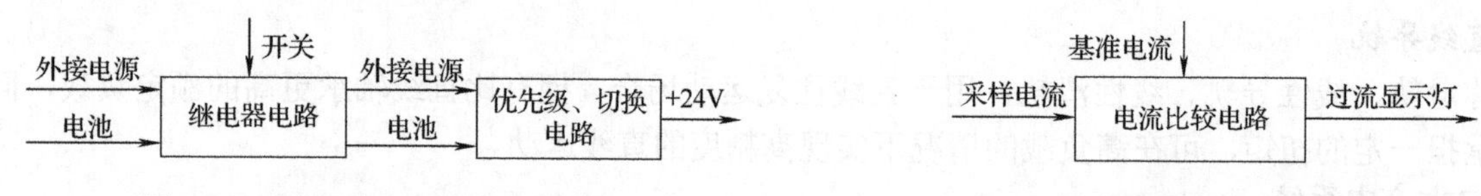

图 10-87　电源控制板供电切换结构　　　　图 10-88　电源控制板过流保护结构

(3) 欠压保护及报警：当电池放电到一定电压后，系统具备欠压保护及报警功能。电源控制板欠压保护结构如图 10-89 所示。

(4) 电池电量显示：电源控制板电池电量显示结构如图 10-90 所示。

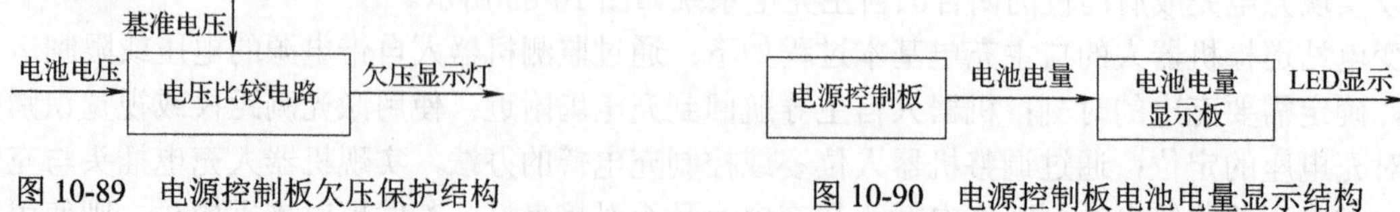

图 10-89　电源控制板欠压保护结构　　　　图 10-90　电源控制板电池电量显示结构

10.4.7 控制系统设计

机器人控制系统作为机器人系统的核心，它包括对机器人语音、图像、网络、运动及其他传感设备的控制，本机器人控制系统主要由上位机(嵌入式工业级主板)和下位机(运动控制卡)组成。

1. 上位机控制系统功能介绍

智能机器人集图像、语音、网络、运动及传感于一体，概括起来，上位机控制系统的核心需求或功能如下。

(1)控制系统的稳定性、可靠性、开放性、通用性。

(2)良好的人机界面、可操作性及易上手。

(3)能兼容语音、图像、网络及各种标准总线。

综合以上分析，选择嵌入式工业级主板作为上位机控制系统，用于采集各种检测设备及平台任务级控制，具体系统结构如图 10-91 所示。

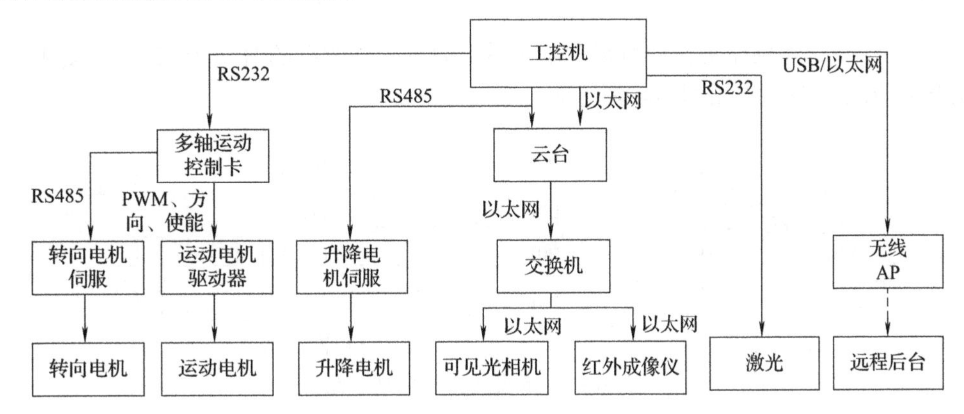

图 10-91 上位机控制系统结构图

2. 下位机控制系统选型

选择 DSP 多轴控制卡作为机器人下位机的运动控制系统，其优势主要体现在以下几个方面。

(1)TI 公司 2000 系列 DSP 芯片是针对电机伺服控制开发的 DSP 芯片，自身集成电机控制所需的各种功能，如 PWM 控制、编码器信息采集等，同时集成 SCI、SPI、CAN 总线通信，16 通道 10 位 AD 采集以及数字量输入、输出信号。

(2)采用 40MHz 工作频率，四级流水线，满足机器人运动控制实时性的要求，同时高精度的定时周期满足超声等对实时性要求较高设备的要求。

(3)独立的运动控制系统，实现多种总线通信，使系统更具模块化，易于维护及二次开发。

3. 下位机控制系统实现原理

运动控制卡控制系统结构图如图 10-92 所示。该运动控制卡的核心处理器采用 TI 公司的 DSP 芯片 TMS320LF2407，它具有高性能 16 位定点 DSP 芯片。主要特点为：采用高性能静态 CMOS 技术，供电电压仅 3.3V，降低了控制器功耗；两个事件管理器模块 EVA 和 EVB，分别包括两个 16 位通用定时器、8 个 16 位 PWM 通道、3 个捕获单元、1 个正交编码脉冲(QEP)单元，正交编码脉冲单元可对光电编码器输出的相位相差 90° 的 A、B 两路脉冲信号进行鉴相和四倍频；16 通道模数转换(ADC)模块；串行外设接口(SPI)模块；串行通信接口(SCI)模块；CAN 控制器模块；40 个可单独编程或复用的通用 I/O，能较好地满足机器人的需要。运动控制卡采用 Altera 公司的复杂可编程逻辑器件(CPLD)来扩展 DSP 的 I/O 端口和实现外围数字逻辑电路设计。

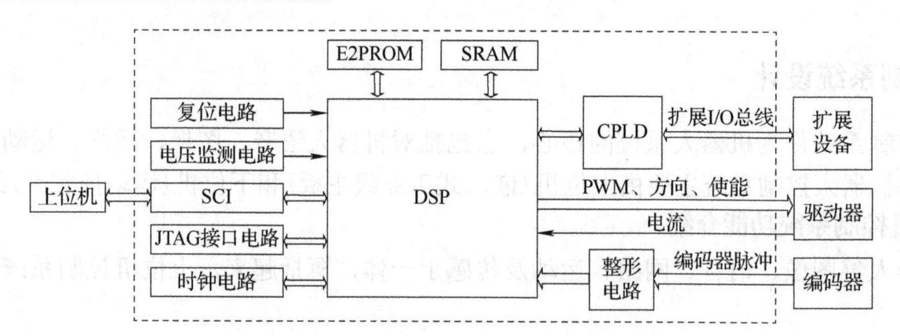

图 10-92 运动控制卡控制系统结构图

除 DSP 和 CPLD 之外，运动控制卡内还包括复位电路、时钟电路、电压监测电路、JTAG 接口电路、RS-232 总线驱动电路、整形电路、外部扩展存储器 E2PROM 和 SRAM。

10.4.8 驱动系统设计

同 10.3.8 节一样，此处也需要使用可逆 PWM 系统的单极性驱动的 H 桥方式，其驱动电路如图 10-93 所示，该机器人驱动系统结构如图 10-94 所示。

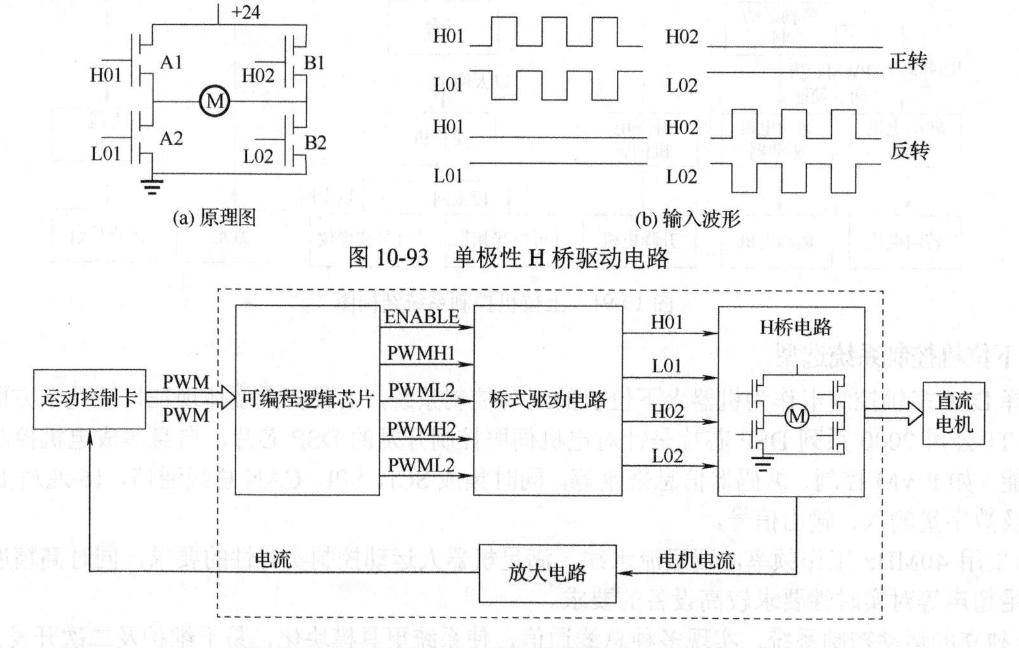

图 10-93 单极性 H 桥驱动电路

图 10-94 E100 变电站智能巡检机器人驱动系统结构

10.4.9 传感系统设计

1. 激光传感器

激光是机器人定位和导航使用的关键传感器，其工作原理是通过激光测量所在一个水平面上前方 0°～180°(或者更大范围)各个方向上与障碍物的距离。主控单元通过以太网获取激光数据，启动节点前主控单元应能通过 ping 命令访问激光设备。

与图 10-64 一样，巡检机器人可通过激光测距仪提取出期望直线目标的特征信息。由于测距传感器的测量还有噪声，所以不存在通过集合的单条直线，只能给定某些优化的准则，选择最佳的匹配。

由式(10-41)～式(10-47)求得直线参数(α,r)，巡检机器人即可通过激光测距仪提取出期望直线目标的特征信息。

2. 红外热成像仪

红外热成像仪是通过非接触探测红外能量，将其转换为电信号，进而在显示器上生成热图像和温度值，并可以对温度值进行计算的一种检测设备。

电力系统运行中，设备故障前都会产生发热现象，从而可以被红外热成像仪检测到。根据故障特点一般可以分为外部故障和内部故障。

(1) 外部故障。载流导体会因为电流效应产生电阻损耗，而在电能输送的整个回路上存在数量较多的连接件、接头或触头。在理想情况下，输电回路中的各种连接件、接头或触头接触电阻低于相连导体部分的电阻，则连接部位的损耗发热不会高于相邻载流导体的发热，但如果某些连接件、接头或触头因连接不良，造成接触电阻增大，该部位就会有更多的电阻损耗和更高的温升，从而造成局部过热，这种情况下易用红外热成像仪进行观测。

(2) 内部故障。电力系统中的内部故障主要是指封闭在固体绝缘以及设备壳体内部的电气回路故障和绝缘介质劣化引起的各种故障。这类故障出现在电气设备的内部，因此反映的设备外表的温升很小，通常只有几开，所以内部故障对红外检测设备的要求高。

本设计采用 FLIR 公司的科研型设备 A310 红外热成像仪。红外热成像仪为非接触式测温仪器，可很容易地获取温度信息。A310 红外热成像仪主要用于获取温度信息、截取红外热图、自动定焦。主控单元通过以太网获取红外图像数据，启动节点前主控单元应能通过 ping 命令访问红外设备。电力系统的电缆红外热成像如图 10-95 所示。

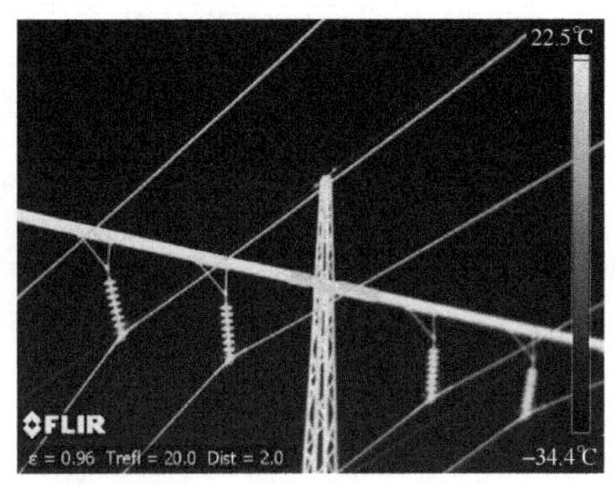

图 10-95　电缆红外热成像图

基于 A310 红外热成像仪，采用基于红外视觉的温度检测方法，主要包括模板学习阶段和实际检测阶段，如图 10-96 所示。

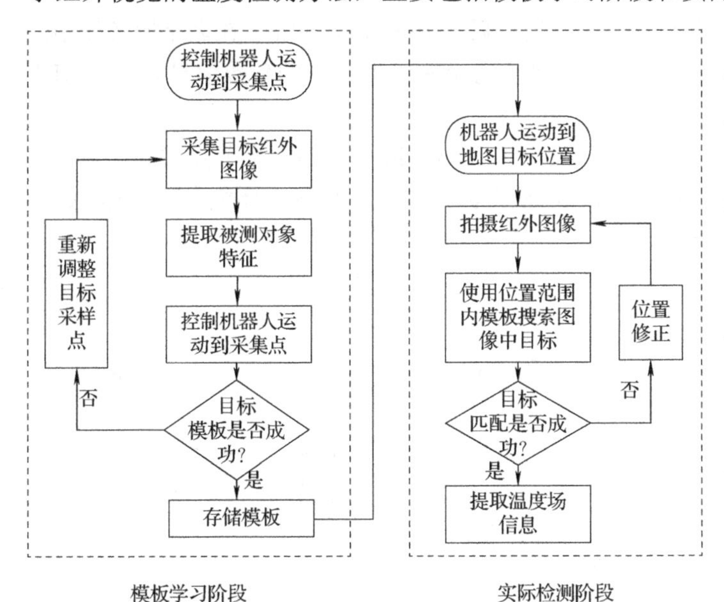

图 10-96　基于红外视觉的温度检测流程

模板学习阶段将红外图像与附加信息作为被测对象模板存储。实际检测阶段根据被测对象模板中的附加信息，拍摄被测对象的红外图像，判断该红外图像与被测对象模板是否匹配，如果匹配，则在该红外图像中提取被测对象当前的温度场。附加信息包括拍摄位置坐标、拍摄角度、被测对象编号等信息。红外图像提取、匹配可采用边缘检测算法实现。在检测时通过前期学习到的模板，在拍摄到的图像中匹配被测对象，分析被测对象本身及其周边环境的红外图像信息来获取温度场信息，大大增强了对设备故障类型及运行状态检测的准确性、实时性。目标提取后可以准确分析整个物体温度场分布，从而精确诊断变电站设备的状态。

3. 软件系统设计

1) 系统结构

变电站巡检系统是由移动站系统和后台系统构成的，二者通过标准 TCP/IP 协议由无线网络连接。移动站系统由一台或者多台巡检机器人构成。巡检机器人在变电站内自主运行，采集传感器数据(自然光图、红外热图、声音等)，对数据进行简单分析处理后，把数据提交给后台系统再次进行处理分析。后台系统接到移动站发来的数据，根据数据类型使用不同的处理算法，分析得到结果(仪表读数、设备温度等)，并将结果存储到数据库中，结合历史数据进行统计分析。

2) 巡检机器人软件框架

巡检机器人装载高清相机、红外热成像仪、激光等传感器，以及伺服驱动器、云台等设备，通过软件系统协调各种设备协同工作，完成巡检机器人在变电站内的工作。其主要的软件框架如图 10-97 所示。巡检机器人软件分为内核层、驱动层、功能层和应用层。

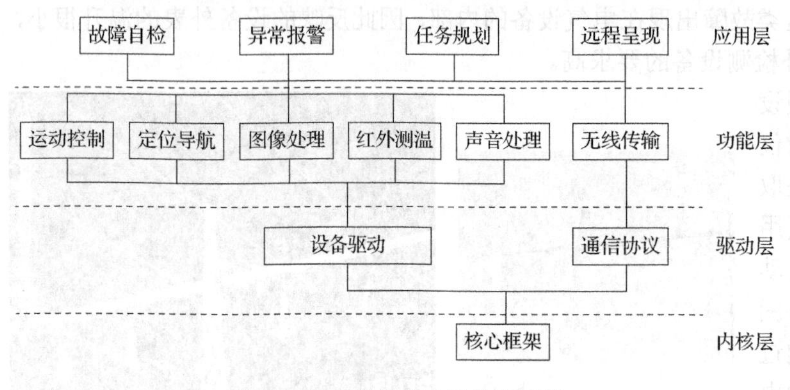

图 10-97 巡检机器人软件框架图

(1) 内核层。内核层是整个软件框架的底层，它定义了模块之间的通信协议、基本数据结构等基础功能，起到连接各基本模块的作用。内核层采用基于国际通用的跨平台分布式机器人操作系统(ROS)实现。ROS 已经广泛地应用于 30 多种机器人项目中，是一套成熟稳定的机器人核心软件框架。本书的巡检机器人软件使用基于 Linux 的 ROS 框架实现，服务器端采用基于 Windows 的 ROS 框架实现，二者通过网络实现数据通信，由于它具有分布式通信的特性，日后可方便地进行扩展。内核层结构图见图 10-98。

ROS 内核起到名字服务器和参数服务器的作用。节点启动后与 ROS 内核通信，在名字服务器中注册节点名字、Topic 名字、Service 名字和参数名字，在参数服务器中注册对应的参数信息。ROS 节点之间通过 Topic 和 Service 两种模式进行通信。

Topic 是一种单向的通信方式，其原理如图 10-99 所示。一个 Topic 可以由多个节点发布，也可以由多个节点接收。消息的传输模式由 ROS 内核自动管理，根据消息的类型和网络环境自动选择 TCP、UDP 或者内存共享的传输模式。

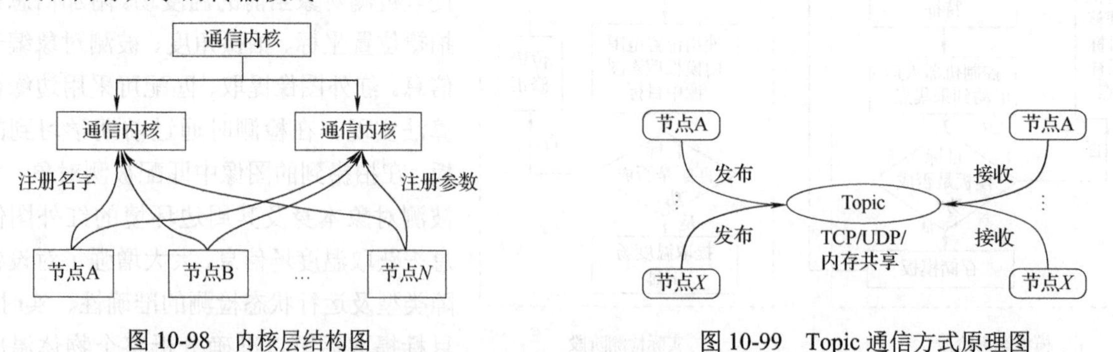

图 10-98 内核层结构图

图 10-99 Topic 通信方式原理图

Service 是一种远程过程调用(Remote Procedure Call，RPC)通信模式，客户端发送调用请求，服务端接收请求数据后执行请求，并把执行结果返回给客户端，如图 10-100 所示。

(2) 驱动层。驱动层是对各种硬件设备基本操作的封装，如控制电机转动、控制摄像头拍照等。设备驱动直接操作设备，同时向功能层提供良好的调用接口。无线传输的基本通信协议也放在驱动层，这里定义了对各种数据的打包方式，供无线传输模块使用。本书涉及的硬件设备主要有运动控制器、激光传感器、高清相机、红外热成像仪、云台、拾音器。其中，运动控制器采用串口通信模式，高清相机、红外热成像仪和云台采用基于网络的通信模式，激光传感器和拾音器采用 USB 口通信。

图 10-100 Service 通信方式原理图

(3) 功能层。功能层实现机器人系统的各个子功能，如定位导航、图像处理等。

3) 巡检机器人后台系统框架

后台系统由文件服务器、数据库、Web 服务器、打印服务器和监控中心组成，各部分功能如下。

(1) 文件服务器。文件服务器存储机器人运行的历史数据，如图像、视频等，同时对历史数据进行索引和备份。文件数据按照文件类型、巡检日期、设备名称分类索引，文件大小超出规定容量时，提醒工作人员对数据进行外部备份，或者自动删除早期的文件数据。

(2) 数据库。数据库存储机器人收集到的数值信息，如仪表读数、温度等。数据库保证现场 I/O 数据(读数、温度等)的实时更新，在第一时间发现变电站的紧急情况，具体实现采用现有的商业实时数据库系统。

(3) Web 服务器。Web 服务器方便变电站管理人员使用浏览器通过电力专网在线访问后台系统，获取变电站运行信息，查看机器人的运行状态。Web 服务器采用 Apache+MySQL+PHP 的架构模式。

(4) 打印服务器。打印服务器提供打印数据分析报表的功能。

(5) 监控中心。监控中心实时监控变电站的运行数据，监控机器人的运行状况。监控中心运行综合管理平台，记录系统登录日志、报警日志、异常日志，根据用户权限显示相应权限的内容。

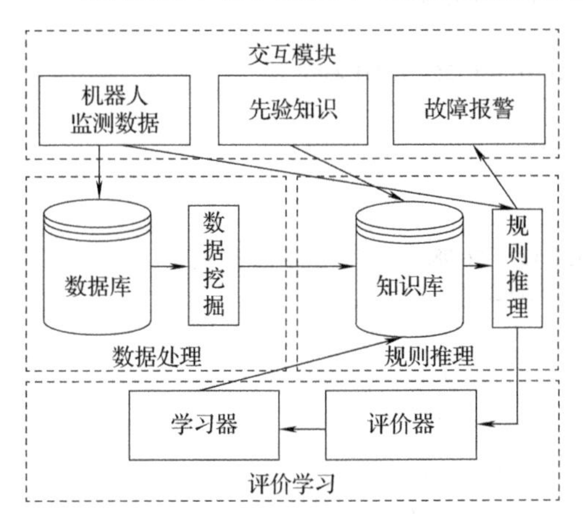

图 10-101 专家系统结构图

4) 专家系统

设计一种基于规则库的专家系统，对障碍进行特征提取，最后根据以往经验将平台运行过程中的标准运动状态及所对应的传感器信息以列表的形式列出。将这些知识信息转化为平台所能识别的语言存入静态数据库中。根据以上事实，制定一种高效、简洁、可扩展性好的规则，存储于知识库中。结合实时采集的平台运动的事实，由推理机通过推理决定这些事实与哪些规则匹配，并授予规则优先级，进而执行最高优先级的规则，触发平台的下一步动作，同时，将推理中产生的新信息放入知识库中。专家系统结构图见图 10-101。

习　题

10-1 试简述机器人系统设计基本方法与步骤。

10-2 试简述昆山 1 号机器人系统设计过程与步骤。

10-3 昆山 1 号机器人采用什么方法对其进行运动学、动力学性能分析?

10-4 轮式机器人通常有哪几种驱动方式? 各有什么优缺点?

10-5 MT-R 智能型移动机器人模型辨识采用什么方法?

10-6 简述 E100 变电站智能巡检机器人软件系统框架设计的特点。

参 考 文 献

艾青林, 黄伟锋, 2012. 并联机器人刚度与静力学研究现状与进展[J]. 力学进展, 42 (5): 583-592.
曹泉, 2016. 弧焊机器人系统控制器研究[D]. 南昌: 南昌大学.
陈海初, 江民新, 谢昌安, 等, 2015. 基于 XYZR 焊接机器人运动学的研究[J]. 热加工工艺, (9):193-196.
陈海永, 方灶军, 徐德, 等, 2013. 基于视觉的薄钢板焊接机器人起始点识别与定位控制[J]. 机器人, 35(1): 90-97.
陈海忠, 沃松林, 2014. 并联机器人系统的一种新型自适应滑模控制策略[J]. 机床与液压, 42(3): 30-34.
陈恒峰, 盛会, 郭辉, 等, 2016. 工业焊接机器人发展探析[J]. 农业科技与装备, (5): 60-63.
陈华斌, 黄红雨, 2013. 机器人焊接智能化技术与研究现状[J]. 电焊机, 43(4): 8-15.
陈健, 2015. 面向动态性能的工业机器人控制技术研究[D]. 哈尔滨: 哈尔滨工业大学.
陈立松, 2013. 工业机器人视觉引导关键技术的研究[D]. 合肥: 合肥工业大学.
邓桦, 2013. 机械臂空间目标视觉抓取的研究[D]. 哈尔滨: 哈尔滨工业大学.
邓勇军, 吴明辉, 陈锦云, 等, 2012. 移动焊接机器人的工件识别及焊缝起始位置定位[J]. 上海交通大学学报, 46(7): 1054-1058.
邓洲, 2016. 工业机器人发展及其对就业影响[J]. 地方财政研究, 16(6): 26-31.
方旭, 2014. 基于绳驱动的机械臂创新设计与研究[D]. 青岛: 中国海洋大学.
高金刚, 于佰领, 张永贵, 等, 2014. 机器人装配工作站设计[J]. 机械设计与制造, (4): 47-49.
龚仲华, 2016a. 工业机器人编程与操作. [M]. 北京: 机械工业出版社.
龚仲华, 2016b. 工业机器人从入门到应用[M]. 北京: 机械工业出版社.
管贻生, 邓休, 2013. 工业机器人的结构分析与优化[J]. 华南理工大学学报, 41(9): 126-131.
郭洪红, 2012. 工业机器人技术[M]. 西安: 西安电子科技大学出版社.
郭显金, 2013. 工业机器人编程语言的设计与实现[D]. 武汉: 华中科技大学.
黄文嘉, 2014. 工业机器人运动控制系统的研究与设计[D]. 杭州: 浙江工业大学.
黄勇, 2015. 基于 CPLD 的 SPI 接口设计与实现[J]. 数字技术与应用, (9): 124-127.
计时鸣, 黄希欢, 2015. 工业机器人技术的发展与应用[J]. 机电工程, 32(1): 1-13.
姜振平, 张文明, 李伟, 等, 2013. 七自由度焊接操作机示教系统设计[J]. 热加工工艺, 42(11): 215-217.
蒋志伟, 2013. 双光束激光焊接控制及其焊缝跟踪技术[D]. 武汉: 华中科技大学.
李国利, 姬长英, 翟力欣, 2014. 果蔬采摘机器人末端执行器研究进展与分析[J]. 中国农机化学报, 35(5): 231-236.
李瑞峰, 葛连正, 2017. 工业机器人设计与应用[M]. 哈尔滨: 哈尔滨工业大学出版社.
李铁柱, 2014. 焊接机器人在汽车焊装领域中的应用[J]. 汽车零部件研究与开发, (12): 64-67.
李亚林, 2012. 喷涂机器人在汽车车身涂装的应用与质量控制研究[D]. 长沙: 湖南大学.
李云江, 2016. 机器人概论[M]. 北京: 机械工业出版社.
梁妍, 原立格, 郝洋洲, 2016. 基于 STM32 的 CAN 总线接口控制系统设计[J]. 河南科技, (11): 95-98.
廖玉城, 曾小宁, 2013. 基于 MATLAB 与 Pro/E 码垛机器人动力学分析[J]. 工业自动化, 42(12): 4-8.
刘风臣, 姚赟峰, 2012. 高速搬运机器人产业应用及发展[J]. 轻工机械, 30(2): 108-112.
刘蕾, 柳贺, 2014. 六自由度机器人圆弧平滑运动轨迹规划[J]. 机械制造, 52(10): 4-5.
刘沛, 2013. 多传感移动焊接平台设计[D]. 南昌: 南昌大学.
刘启印, 柏赫, 2012. 常用机器人分类及关键技术[J]. 中国科技博览, (14): 213-213.
刘祥, 陈友东, 王田苗, 2014. 一种工业机器人切削加工的系统集成与仿真方法[J]. 机器人技术与应用, (6): 19-22.
刘越, 刘念, 赖长川, 等, 2016. 基于正弦摆焊的弧焊机器人焊缝跟踪系统的研究[J]. 机械与电子, 34(10): 76-80.
柳贺, 李勋, 刘蕾, 2014. 工业机器人可靠性设计与测试研究[J]. 中国新技术新产品, (14): 9-10.
马国庆, 2014. 移动服务机器人机械臂结构设计及其优化研究[D]. 哈尔滨: 哈尔滨工业大学.
孟强, 2014. 基于 STM32 的数据采集系统设计[D]. 南京: 南京林业大学.
缪新, 田威, 2014. 机器人打磨系统控制技术研究[J]. 机电一体化, 20(11): 8-15.
牛宗宾, 2013. 工业机器人交流伺服驱动系统设计[D]. 哈尔滨: 哈尔滨工业大学.
热米娜・帕尔哈提, 2013. 智能技术在工业过程控制自动化的应用分析[J]. 科技风, (3): 84.
唐定兵, 高晓丁, 薛世润, 2014. 基于 STM32F103ZET6 的开放式数控运动控制系统[J]. 机电工程, 31(8): 1062-1066.
仝勋伟, 2014. 码垛机器人动态特性分析及其优化[D]. 哈尔滨: 哈尔滨工业大学.
王德生, 2013. 世界工业机器人产业发展动态[J]. 竞争情报, (1): 42-52.
王东署, 王佳, 2013. 未知环境中移动机器人环境感知技术研究综述[J]. 机床与液压, 41(15): 187-191.
王航, 祁行行, 2014. 工业机器人动力学建模与联合仿真[J]. 制造业自动化, 36(9): 73-76.
王庆华, 2015. 基于单编码器反馈的多电机控制伺服驱动器的研究[J]. 价值工程, 34(16): 95-98.
王田苗, 陶永, 2014. 我国工业机器人技术现状与产业化发展战略[J]. 机械工程学报, 50(9): 1-13.
王晓珏, 2012. WFl60 工业机器人的模糊滑模控制方法研究[D]. 哈尔滨: 哈尔滨工业大学.

王占军, 赵玉刚, 刘新玉, 2015. 直角坐标型机器人机械结构与控制系统的设计[J]. 制造业自动化, (4): 18-19, 39.
王政, 2012. 开放式工业机器人控制系统及运动规划[D]. 哈尔滨: 哈尔滨工业大学.
魏禹, 2013. 跳跃机器人带传动系统的建模及仿真分析[J]. 应用科技, 40(2): 53-58.
文波, 王耀南, 2014. 基于神经网络补偿的机器人滑模变结构控制[J]. 计算机工程与应用, 50(23): 251-256.
欣迪, 2014. 库卡推出首款轻型人机协作机器人 LBRiiwa[J]. 汽车与配件, (45): 67.
熊炳卫, 2011. 摆动式焊缝跟踪涡流传感器特性研究[D]. 湘潭: 湘潭大学.
徐会正, 金晓龙, 2015. 工业机器人手腕结构概述[J]. 工程与试验, (3): 45-48.
徐建明, 丁毅, 禹鑫燚, 等, 2015. 基于顺应性跟踪控制的工业机器人直接示教系统[J]. 高技术通讯, 25(5): 500-507.
杨晶, 2012. 基于 Windows 的工业机器人实时控制软件的研发[D]. 哈尔滨: 哈尔滨工业大学.
杨龙, 2014. 基于立体视觉的工业机器人装配系统研究[D]. 广州: 华南理工大学.
姚磊, 覃正海, 2013. 浅谈焊接机器人系统自主集成实施的过程控制[J]. 装备制造技术, (12): 195-197.
叶艳辉, 张华, 高延峰, 等, 2015. 电弧传感器静态数学模型的试验研究[J]. 热加工工艺, (9): 185-186.
仪慧玲, 张仁杰, 2015. 基于 STM32 的步进电机 S 曲线加减速算法的优化[J]. 信息技术, (3): 178-181.
应胜斌, 雷必成, 周坤, 等, 2014. 基于物联网的禽畜智能养殖监控系统的设计[J]. 电子测量技术, 37(11): 86-89.
袁静, 林远长, 2015. 工业机器人检测系统研究[J]. 计量与测试技术, 42(6): 3-4.
张锋, 2014. 焊接机器人的应用进展分析[J]. 中国新技术新产品, (21): 4.
张福海, 付宜利, 2012. 惯性参数不确定的自由漂浮空间机器人自适应控制研究[J]. 航空学报, 33(12): 2347-2354.
张广军, 李海超, 许志武, 2013. 焊接过程传感与控制[M]. 哈尔滨:哈尔滨工业大学出版社.
张柯, 谢好, 朱晓鹏, 2015. 工业机器人编程技术及发展趋势[J]. 金属加工: 热加工, (12): 16-19.
张妹, 王滨, 鞠洪涛, 等, 2012. 基于 ARM9 和 CAN 总线的 TIG 焊机器人示教盒设计[J]. 电焊机, 42(6): 102-104.
张水波, 2011. 柑橘采摘机器人末端执行器研究[D]. 杭州: 浙江工业大学.
张涛, 陈章, 2014. 空间机器人遥操作关键技术综述与展望[J]. 空间控制技术与应用, 40(6): 1-10.
张洋, 2013. 原子教你玩 STM32(寄存器版)[M]. 北京: 北京航空航天大学出版社.
章平, 2014. 基于 ARM 的弧焊机器人示教控制系统的研究[D]. 南昌: 南昌大学.
赵巍, 李焕英, 叶振环, 2014. 机械工程控制理论及新技术研究[M]. 北京: 中国水利水电出版社.
赵欣翔, 2013. 考虑关节柔性的重载工业机器人结构优化研究[D]. 哈尔滨: 哈尔滨工业大学.
赵玉凤, 杨厚俊, 范延滨, 2016. μCOS-Ⅱ在 ARM Cortex A9 处理器上的移植与实现[J]. 工业控制计算机, 29(6): 10-11.
朱临宇, 2013. RV 减速器综合性能实验与仿真[D]. 天津: 天津大学.
朱同波, 蔡凡, 2012. 工业机器人结构设计[J]. 机电产品开发与创新, 25(6): 13-15.
朱晓明, 2013. 交流电源冗余切换装置的研制[D]. 杭州: 浙江大学.
FUSAOMI N, SHO Y, 2013. Development Of CAM system based on industrial robotic servo controller without using robot language[J]. Robotics and Computer Integrated Manufacturing, 29(2): 454-462.
FYSIKOPOULOSA A, PASTRASA G, STAVRIDISA J, 2016. On the performance evaluation of remote laser welding process: An automotive case study[J]. ScienceDirect, 41: 969-974.
HENSHAW C G, 2014. The DARPA phoenix spacecraft servicing program: Overview and plans for risk reduction[C]. International Symposium on Artificial Intelligence, Robotics and Automation in Space (i-SAIRAS). Beijing: Chemical Industry Press.
HULTMAN E, LEIJON M, 2013. Utilizing cable winding and industrial robots to facilitate the manufacturing of electric machines[J]. Robotics and Computer Integrated Manufacturing, 29(1): 246-256.
KALTSOUKALAS K, MAKRIS S, CHRYSSOLOURIS C, 2015. On generating the motion of industrial robot manipulators[J]. Robotics and Computer-Integrated Manufacturing, 32: 65-71.
KUL N, HA S, ROH M, 2014. Design of controller for mobile robot in welding process of shipbuilding engineering [J].Journal of Computational Design and Engineering, 4: 243-255.
STERNBERG D C, 2014. Development of an incremental and iterative risk reduction facility for robotic servicing and assembly missions[D]. Cambridge: Massachusetts Institute of Technology.
SUN Q, DI H S, LI J C, 2016. Effect of pulse frequency on microstructure and properties of welded joints for dual phase steel by pulsed laser welding[J]. Materials and Design, 105:201-211.
YOON H J, 2012. A study on the performance of android platform[J]. Computer Science and Engineering, 4(4): 532-537.